原子力と人間の歴史

ドイツ原子力産業の興亡と自然エネルギー

Aufstieg und Fall
der deutschen
Atomwirtschaft
Joachim Radkau, Lothar Hahn

ヨアヒム・ラートカウ＋ロータル・ハーン 著
山縣光晶＋長谷川純＋小澤彩羽 訳

築地書館

Joachim Radkau & Lothar Hahn
Aufstieg und Fall der deutschen Atomwirtschaft

Japanese Translation by Mitsuaki Yamagata
Published in Japan by Tsukiji-Shokan Pubrishing Co., Ltd., Tokyo

次のように語る専門家について感銘しないように。

「親愛なる友よ、これを私はもう二〇年も前からずっとそのようにしてきたんだよ」

――人は、ひとつの物事を二〇年もの長い間、誤ったまましつづけることもできるのである。

クルト・トゥホルスキー*（一九三二年）

日本語版への前書き

私にとって大変重要な意味を持つこの本が日本語版でこのたび出版されることは、大きな喜びです。私たちの国、すなわちドイツと日本の間の知や文化に関する関係は、大きな伝統を持っています。現在それは、原子力エネルギー問題について共通する論議を通して、新たな段階に至ったといえましょう。この問題、この分野で私たちには互いに語りあえる多くのことがあります。このことを私は、何度かの日本の旅の途上で、そして、ここドイツにおいて何人もの日本の研究者に訪問していただく中で知りました。

一九七四年に私は、原子力エネルギーの歴史の研究を開始しました。そして、私は、これをテーマとしたことで、歴史家としてそれまで思いもよらなかったような多くの体験と、多くの人々との出会いを得ました。その当時、すなわち一九七四年ですが、私は原子力エネルギーの支持者でした。ですから、私にとってドイツ連邦共和国におけるその進展は非常に遅々としたものでした。しかし、同じ年に私は、我が目を開かせ、ことの真相を明らかにする一つの体験をしたのです。私は、私の学生たちとともに近くにあるヴュルガッセン原発の視察を行いました。このとき付き添っていただいたのは、カールスルーエ原子力研究センターから来た物理学の女性研究者でした。ヴュルガッセンで私たちは、原発の責任者のお一人と議論しました。話題はもちろん安全問題にも及びました。けれども、大変がっかりしたことに、その研究者は、この問題にお手上げ状態だったのです。つまり、彼女はこう言ったのです。カールスルーエで彼女は、単に狭い専門分野しか担当していない。だから、安全問題など全般的な質問については言うべきことは何もないのだ、と。

また、そのときびっくりするようなことも起きました。私たちの乗っていたバスの運転手が議論に割って入り、そして、その原発の責任者を窮地に陥れたのです。彼は反原発市民運動の一員で、十分に情報を得ていたのでした。情報といっても原子物理学の理論に関するものではなく、その地の原発で今現在何が起きているかに関する情報です。その後何年も、絶えず新しい事故が、原発の運転が停止されるまで続きました。私には、この体験は一つの啓示でした。そのたぐいの技術にあっては、市民の積極的な関与が求められている——今日言うところの「市民科学〈Citizen Science〉」です——専門家に任せることはできない、と。というのも、生粋の専門家は、あまりに専門に特化しすぎているからです。そしてまた、大言壮語する自称専門家は、本当はロビイストだからです。その経験は、この問題分野に新たな批判的情熱を持って取り組もうという意欲を私に与えてくれました。

ドイツの環境運動においては、日本でも知られているように、そのやり方は一九七〇年以降、ジグザグな動きをしています。一九七〇年一〇月五日に有力週刊誌『デア・シュピーゲル』は、環境問題を初めてタイトルにしました。このとき、同誌では、環境保護の点で日本人はドイツ人よりもはるかに先を行っているというコメントがなされました。けれども一九七一年にボー・グナーソンの著書『環境保護に関する日本の切腹――あるいは、死による成長の終わり』〈邦訳書『大国ニッポンの悲劇――ルポルタージュ・公害先進国』文芸春秋、一九七二年〉がスウェーデンで出版されました。この本は、一九七四年にドイツでも新書版で出されました。その約一〇年後、再び極端に違う方向への転換がありました。すなわち、都留重人とヘルムート・ヴァイトゥナーの共著『私たちにとってのモデル――日本の環境政策の成果』が出版されたのです。このタイトルは、出版社が考えたものでした。その内容には、環境についての日本の対応への多くの批判も含まれていました。その当時、「日本の挑戦」はドイツの経済ジャーナリズムの中で大変好まれたテーマでした。一方、一九九〇年頃の「バブル」の崩壊については、ドイツでは長いこと関心を引くことはありませんでした。しかし、それから二〇一一年三月一一日、すなわち、福島原発の大惨事のニュースが入ったのです。そのすぐ後、人々は、知日派のドイツ人が次のように語るのを聴くこととなりました。ドイツでは脱原発は口先だけである。これに対して、日本では実際にすべての原発の運転が停止された、と。そうこうするうちに、安倍首相のもとでの日本の「脱原発からの撤退」がドイツにおけるマスコミの大見出しとなりました。福島の原発大事故後にドイツで公表されたエネルギー転換政策がどこまで現実性を持ったのか、これについてはドイツでも長く大論争が続いています。ある者にとっては、その転換は速すぎるものであり、また、ある者にとっては、あまりにゆっくりしすぎている。さらに、別な者は、一体全体エネルギー政策の転換はあるのか、と疑っているのです。ドイツ人と日本人の間には、地球の反対側にいる対話の相手方がこちらの国のことを距離をとって見ることによって、それぞれが有益なものを得ることができる数多くのテーマがあるようです。

ドイツに関することで、ドイツ人である私の視線からは気づかなかったであろうことを日本から見ることによって発見できるという例を一つ挙げましょう。福島大災害の印象がまだ生々しい中で日本へ旅した後、私はベルリンでヘルムート・ヴァイトゥナーに会いました。彼は、日本における環境保護問題を四〇年以上も追い続けている人物です。彼は、日本においてもまた、原発プロジェクトに反対する数多くの地域のイニシアチブがあることを私に教えてくれました。そうした運動について外国では知られていないだけだ。というのも、それらは局所的、地域的なものにとどまっている、親密な仲間のグループ内にとどまろうとしている、そして、東京に事務所を設けるのを尻込みしているからだ、というのです。ドイツの反原発運動の力強さにとって決定的なものであったのは、「実践的な一九六八年世代」のタイプの人々でした（私も、その世代の一人です）。もっとも、かつて彼らは——一九六八年の学生蜂起から生まれ、元々は原子力技術の敵対者ではまったくなかったので——相手方に学問的な専門知識、政治やマスメディアとの関係を与えたこともあったものでしたが。そうしたタイプの人々は、日本では稀であったと聞いています。この評価が実際に日本に関してどこまで当たっているのか、私には判断することができません。けれども、ドイツにおける展開から次のことが見てとれます。抗議デモだけでは十分ではない、学者や政治家、ジャーナリスト、そして、教会の代表者たちとの関係もきわめて重要である、と。その当時ヴュルガッセン原発では一人の弁護士が抗議運動の先頭に立っていました。彼は、連邦行政裁判所で、一九五九年の原子力法は安全が経済性に優先すると解釈したいわゆる「ヴュルガッセン判決」を勝ちとったのです。このことは、紛争案件における法廷の有用性を示したのです。

　日本の原子力産業史の歴史学者である吉岡斉氏〈九州大学教授〉は、一九九九年に著書『現代日本における科学、技術そして社会〈日本語版のタイトルは『原子力の社会史——その日本的展開』朝日新聞出版、一九九九年〉』で次のように予測しています。「もし将来、大事故が起こったなら、日本政府には、原子力エネルギーの生産を放棄する以外の選択はないだろう」。彼のその本から私は、日本とドイツの原子力技術の歴史の間には多くの類似があることを学びました。日本と同様にドイツでもまた、アメリカ製の原子炉タイプを引き継ぐことを誤りと考え、そして、独自の国産の原子炉開発に固執した原子力技術者たちがいました。もっとも、どちらの国でも、彼らは原子力エネルギー業界、すなわち電力業界を席巻できませんでしたが。ドイツ独自開発路線の最も著名な代表者であるルドルフ・シュルテン氏と、私とロータル・ハーンは仲のよい友人でした。私たちは、彼と非常にざっくばらんな会話をしたものでした。彼は、自身が考案した「球状燃料集積型原子炉」はリスクを最小にする、というのも、核分裂物質は球状の黒鉛の中に密封され、常に循環するので、原子炉は核分裂の連鎖反応を維持するのに必要な分の核分裂物質だけを内蔵しているからだ、と信じていました。

　しかし、黒鉛の火災が起きた一九八六年のチェルノブイリ原発大事故の後は、シュルテンもまた、太陽光エネルギーに希望を持つようになったのです。その当時、原子力技術を批判した多くの者もまた、太陽電池はきわめて高価なものと信じていました。その頃、太陽電池は、お金に糸目をつけない宇宙飛行だけのものだったのです。けれどもシュルテンは、太陽光エネルギー技術は高い発展の潜在力を含んでいると信じていました。そのために必要なのは、新しいタイプの技術者だけだ、機械づくりにたけた古手の技術者のタイプではない者だけだ、と。シュルテンは一九九六年に世を去りました。そして、彼の死後の展開は、彼が正しかったことを証しています。太陽電池の価格の劇的な下落は、エネルギー技術の最新史の中で最大の驚きです。

我が友人であり、同僚でもあるヴェルナー・アベルスハウザー氏はドイツ連邦共和国の経済史の標準版となる本の著者ですが、彼もまた、長年にわたって原子力エネルギーの支持者であり、太陽光エネルギーに対して懐疑的でした。しかし、ここ数年来、彼は方向転換を果たしたのです。核保有国にあって核兵器に費やすのを隠すために民生用原子力技術がどの程度の規模でいまだに必要とされているか、これを見てとったとき、彼は次のように明言したのです。「私たちドイツ人は幸いだ。私たちは核爆弾を製造していない。だから私たちは民生用原子力技術も必要としない。そして、ソーラーエネルギーに全力で取り組むことができるのだ」。ドイツよりもはるかに陽光に富む日本は、同じような幸せな状況にあるのではありませんか。

最後になりますが、この本を翻訳した我が同僚、山縣光晶氏に深く感謝いたします。氏は、森林・林業に関する造詣をもってすでに私の著書『木材と文明』を翻訳しています。原子力と木材は、私の長年にわたる研究者生活の二つの対極的な柱でした。私自身の原著にあるいくつもの不明確な点が、この翻訳作業において初めて見つけ出されました。これに関しても、山縣氏と私は連絡を取りあい、そのやりとりから私は多くのことを学びました。

ビーレフェルトにて

二〇一五年六月　ヨアヒム・ラートカウ

＊――クルト・トゥホルスキー（一八九〇〜一九三五年）。ヴァイマール共和国時代の最も重要なジャーナリスト・作家の一人であり、諷刺に富んだ辛辣な社会批評で知られる。

目次

第2章　「原子力の平和利用」という幻想——思惑の局面　44

第5章　忍び寄る没落から明らかな没落へ

総決算と展望

■本文中の＊の注と〈　〉は訳者による注記です。

ヨアヒム・ラートカウによる前書き

原子力は、いかにして未来のものから歴史になったのか

私が一九七三年から一九七四年にかけて興味にまかせて原子力技術——私にとって見知らぬ、そして、興奮をかき立てる世界の一つ——に手を染めはじめたとき、この分野のある企業経営者は怪訝そうに、私がその分野で何を探しているのかと尋ねたものであった。つまり、歴史家の仕事が問題とするのは過去のことであって、これに対して原子力エネルギーは未来のことだから、というのである。それからほぼ四〇年経った今日、原子力は、少なくともドイツでは歴史の一コマとなっている。それはまた、私にとっても自身の人生史の大きな一部となった。ドイツの原子力産業の歴史を最初に刊行した三〇年前には、それが歴史となる意味の根拠を述べなければならなかったが、今日では、そうした理由づけをすることそれ自体が歴史的な興味をひく。その当時は、私の教授資格論文のタイトルをまだ慎重に『ドイツ原子力産業の興隆と危機』としたものであったが——というのも、一九八〇年代初めには原子力を巡る争いの熱い第一段階がようやく少し鎮まった頃であったから——今日では明らかに「興隆と没落」という曲線がうってつけの表題といえる。この興隆と没落という曲線は、私と同じ歴史家世代の人間にはウィリアム・シャイラーの戦後のベストセラー『第三帝国の興亡』を想起させるものである。

疑いは何一つない。すなわち、原子力産業の興亡はドイツ連邦共和国の歴史の最もスリリングなドラマの一つである——いや、それどころか、おそらくは最も考えさせるドラマであろう。人はそれを悲劇として、喜劇として、あるいは犯罪小説として描くことができる。だから、ドイツ連邦共和国の歴史家がこの歴史をまったく避けて通り、私の一九八三年の仕事を超えるものがずっと出ていないことに、なおさら驚く。このテーマは、歴史家が好まない価値判断の全面的な挑発を受けているように思われる。素人は、技術的な詳細に踏みこむや、すぐにジャングルに入りこむ。さらに加えて、多くの関係資料は、今日に至るまで自由に入手したり閲覧することができない。だから私は、いつになったら以前行った仕事の続きをしようとするのかと、かなり前からいつも尋ねられたものであった。約六〇〇ページに及ぶ教授資格論文の文庫版を熱心に利用した方にとって、その本は、使い古されて

傷んでしまっている。また、出版社ではすでに絶版となって久しく、あちらこちらの古本屋でしか入手できない。多くの図書館では、いつもそうであるように、消えてなくなっている。

とはいえ、新しい版には、同時にまた最新の事情を反映していることが求められよう。しかし、いかにして私はこれをなすべきなのか。一九八〇年代に私は、ＦＥＳＴ（福音主義研究共同体研究所）* 主催の核拡散リスクに関するハイデルベルク対話会議の席上で、その当時ダルムシュタットのエコ・インスティテュート〈環境保全研究所〉の原子炉専門家であったロータル・ハーン氏と知りあった。彼はその頃、私に一緒にその本の続きを書かないかと提案してくれたのである。しかし、その後、私たちは何十年も他の仕事に時間をとられてしまった――それどころか、ロータルは、社会民主党・緑の党連立政権のもとで原子炉安全委員会委員長になったのである。

今、私たち二人が第一線から退き、そしてまた、福島の原子力発電所事故の後にドイツが原発から撤退することがかつての原発支持者たちからも承認された現在、我々の昔の企画を再び採用する時期が訪れたのである。すなわち、たしかに続きを書くのではないが、旧版に手を加え、部分的に新しく書き加え、そして、現在に至るまでの経過を綴った版を提示するという計画を。

＊――ハイデルベルクにある学際研究のための研究組織で、一九五七年から一九五八年にかけて設立された。ドイツ福音主義教会（福音主義諸教会の連合組織）、ドイツ・福音主義・アカデミー連盟等の福音主義（プロテスタント）諸組織によって担われている。三研究分野の一つに「平和、持続的発展」があり、エネルギーや温暖化問題にも積極的に取り組んでいる。

熱狂から懐疑へ

ロータル氏以上にこの仕事をするにふさわしい高い能力と資格を持つ人物を、私は思いつかない。つまり、私の原子力に関する諸場面との接触は一九八〇年代には断片的であるのが常であったが、まさにその頃より、彼には今日的な言い回しでいえば「完全にネットワーク化された」人脈があり、加えて、私には夢見るだけでしかない原子力関係の部内者の考えていることを提供できる職位に昇ったのである。彼は生粋の物理学者である。私は、そのたぐいのテーマには理想的である学際的な協力という仕事を、ついに彼と一緒に行うこととなったのである。歴史家であれば「歴史という観点からすればせいぜい興味深い」ものという文章を確定するにあたり外すのは「せいぜい」という字句だけだろうが、彼は物理学者の視線をもって、文章の短縮や書き直しを容易にしてくれた。たまたま歴史という観点からすれば「せいぜい」興味深いものである多くのことが、知らない間に再び今現在にとって重要な意味を持つこととなるのだ。無意味な助成資金を浪費し、不必要な緊張を生んだ欧州原子力共同体（ユーラトム）の失敗は、度を超えたヨーロッパ統一の有害さを前もって暗示したものである。また、原子力技術にある軍事的な潜在能力は、中近東であるか、極東であるかを問わず、気がつかないうちに常に新たな現実的問題となっているのだ。かつて原子力が一九五〇年代によき日を謳歌したように、「新技術」という新たな神話の印のもとに「ドイツよ、目覚めろ」といった警鐘のスローガンが、ハイテク技術と称するものの競争に、あたかもドイツ人が寝坊して乗り遅れたかのように、再び鳴り響いている。また、原子力技術への国の大規模な助成についての記憶は、再生可能なエネルギーへの助成に反対する目下急を要するキャンペーンにあっても役立つ。総じて原子力エネルギーの歴史は、技術に関する政策の諸問題のための尽きることのない多くの教材である。そこでは、昔の出来事の記録が前後でつじつまが合わない箇所を見つけると、いつもこれを解明してみようという新鮮で素朴な誘惑にかられる。

ロータル・ハーンと私は——偏見にとらわれない点でも、人間らしさという点でも——同じような心のバランスのとれた行動を実績として残してきた。二人とも原発からの方向転換に関わったが、それは容易なものではなかった。一九九〇年代に至ってもなお、再生可能エネルギーの潜在能力の全貌を見通すことは困難であった。すなわち、原子力エネルギーを現実的に代替するのは石炭であったとしても、石炭はといえば、これまた気候変動への警鐘によって同じように疑わしいものとなっていたのである。私たちは、二人とも原子力の「コミュニティー」に属する何人もの人物と良好な関係を持っていた。私たちは、彼らの知性と人となりを尊敬し、理解していた。また、研究者としての彼らの情熱は、彼らに反対する者の熱意や強い怒りよりも私には親近感を覚えるものであった。しかしながら、まさにトップに立つ者こそ、情熱的な研究者には己の視野を狭める能力があるというマックス・ヴェーバー*の言葉の最上の事例を提供しているのである。原子力技術のリスクの責任を原子力研究という偉大な名前のもとにとどめおくことが最善だと信じこんでいる者は、熱狂的な研究者にある取り憑かれたような狂気をよく知らないのである。

*——マックス・ヴェーバー（一八六四～一九二〇年）。ドイツを代表する社会学者、経済学者の一人。

悪魔のいない悲劇

原子力エネルギーの歴史は、たしかにスキャンダルだらけである。再三再四、リスクと故障事故に関する情報が伏せて隠され、そして、世間一般、いやそれどころか、管轄する政府諸機関でさえもがそれらの情報に近づけないか、あるいは、偽の情報を知らされたのであった。その限りでは、原子力のドラマの一部は完全に犯罪小説として書くことができる。あるいは、原子力コミュニティーのど真ん中に悪党が電話線を引いていたかもしれないが、しかし、問題の核心はそのことではない。大きな悲劇の様相を持つ別な歴史があるのだ。それは、あるいは、喜劇の様相でもある。早くも一九八三年に以下のことが私の目標となっていた。そして、その目標を私やロータルは現在も持っている。その目標とは、原子力産業の歴史を提示することである。すなわち、原子力技術のかつての信奉者にとっても、また、しばしば立場がぐらつくことのあるその他の人々にとっても読みうるような歴史、客観的で公正なものと識別される歴史である。歴史書の中には批判的な基調が支配的なものもあるが、そのほとんどは内部からの批判であって、外部からの批判ではないのが通例である。つまり、それらは、自ら責任を負うことが可能な原子力技術の開発とはどのような様相であったのか、という尺度に基づく批判である。専門誌である原子力産業〈アトムヴィルトシャフト〉誌の編集長を長年務めたヴォルフガング・D・ミュラーとのやりとりは、原子力技術にあっては客観性といったようなもの自体がテーマとなりうるという私の確信を強固なものにしてくれた。彼の著した原子力技術史の大著は、原子力ロビイストたちの願いからすれば、そもそも私の旧著に対抗する書物となるべきものであった。しかし、彼は、私のその本の中に何も大きな間違いを発見できなかった、と私に保障したのである。

我こそが原発に対する抗議運動だと証そうとする反原発パンフレットは、ここ四〇年来、有り余るほどある。けれども、原子力の中に悪——それが大資本という悪か、学問的な大妄想という悪か、核兵器を欲しがる権力政治という悪かは問わず——を見る、単なる道徳的な視線もまた、ドイツ連邦共和国の原子力エネルギーの歴史の理解を妨げるものとなる。そうしたやり方では、人はそこから何も学ばないのである。そしてまた、冷静かつ物事それ自体に即した分析なしには、新しいエネルギー政策も、同じような罠に陥る危険の轍を踏むこととなる。核分裂連鎖反応や放射能や原子爆弾に近いものから結論づけられる、原子力エネルギーのあの悪性のリスクが「再生可能な」エネルギーの場合には欠けるとしても、そうした罠は、問題の領域が見通しのきかないものであることや、視野が時代に束縛されていること、情報の評価の難しさ、そして、不確実性やオプションの数の多さを扱う能力に欠けることから同じように生じるのである。

私にとって原子力の歴史は、精神的にも人間的にも冒険となるものであった。連邦原子力省や原子力委員会や原子炉安全委員会の膨大な文書を手にすることができたのは、理解があったというよりも、むしろ幸運があったからである。それらの文書は、ボン近郊のハンゲラーにある連邦国境警備隊施設内のバラック倉庫で整理されないまま暫定的に積まれていたのである。ヴェルナー・ハイゼンベルク[*1]の書簡文書を見ることが私に許されたのは、ハイゼンベルクの家族との個人的な関係によるものであった。それらの書簡の中で私は、ドイツ連邦共和国の原子力政策の初期の時代にはハイゼンベルクの人脈の中でいくつもの糸が大きな糸にまとまり、第二次世界大戦の「ウラン協会」[*2]との連続性が生まれていく様子をまざまざと目にしたのである。私はハンス＝ウルリヒ・ヴェーラー[*3]のもとで一九八〇年に所論を教授資格申請論文へとまとめ上げたが、後日ヴェーラーは次のようにコメントしたものであった。「どの近現代史家」もこの教授資格論文執筆者に対して、その種のテーマについて「次のような理由から、むしろ止めるように強く勧めようとするだろう」、「なぜなら、資料の出典の問題が解決されていないままのように見えるからだ」。「けれども読者はびっくりする」だろうが、「この調査には、他の研究者がヴァイマール共和国あるいはドイツ帝国時代に関する何がしかのテーマを研究する際に得られるのと同様の堅固な経験的基礎があると理解している」、と。（ハンス＝ウルリヒ・ヴェーラー『歴史から学ぶとは、どのようなことか』ミュンヘン、一九八八年、九二頁）

＊1――ヴェルナー・ハイゼンベルク（一九〇一～七六年）。二〇世紀を代表する理論物理学者で量子力学構築に中心的役割を果たした。不確定性原理などを提唱。一九三二年にノーベル物理学賞を受賞。

＊2――一九三九年四月に帝国物理技術院総裁アブラハム・エッサウが招集、帝国教育省で開催した原子力の軍事利用向け研究推進のための専門家会議に集まった科学者グループの通称で、正式名称は「物理学共同研究会」である。

＊3――ハンス＝ウルリヒ・ヴェーラー（一九三一～二〇一四年）。ドイツの二〇世紀後半の最も影響力の大きかった歴史学者の一人。社会史の観点から歴史学を再構築。ベルリン自由大学教授、ビーレフェルト大学教授を歴任。

核爆弾の力

原子力に関する舞台の「ベテランたち」と語ることは、常に一つの体験であった。初期の時代の原子力大臣であったジークフリート・バルケ[*1]（一九〇二～八四年）と、私はほとんど信頼しあう関係を築くことができた。しかも嬉しいことに、私は、彼の個人的な膨大な文書の中であれこれ探し回ることを許されたのであった。私は、しばしばコニャックを片手によい雰囲気でなされた彼との雑談（一九七八年）を楽しく思い出す。ニュルンベルク法[*2]によれば半分ユダヤ人の血が流れていて、ナチス時代には数多の辛い目にあったバルケは、原子力の基礎がつくられた時代にその演出を行った大企業のグループの中で戦時経済のかつての経営陣たちが「火星・水星」クラブ[*3]で会合する様子を、怒りを押さえきれずに見ていたのであった。彼らとは違って、そしてまた、かつての上司であり、自分のことを無視するという形で冷遇したコンラート・アデナウアー[*4]と対立するものであったが、彼は、ドイツ連邦国防軍の核武装化に反対するゲッティンゲン宣言[*5]の署名者たちにあからさまな親近感を示していたのであった。

バルケは私に、ボン政府〈連邦政府〉初期の原子力政策を理解するためには、それがエネルギー政策とはまったく関係ないものであったことを何はさておき明らかにしなければならない、と教示してくれた。反原発運動においてまだ「原子爆弾」というテーマが本筋から逸れるものと受けとられていた時代に、かつての原子力大臣は、ボン政府の原子力政策の始まりが、その主張どおりの純真無垢なものではなく、原子力エネルギー開発を政治的に強行した他の国と同様に、軍事的な野心があわせて働いていたのではないかという私の疑念を確かなものとしたのであった。彼はフランツ・ヨーゼフ・シュトラウス[*6]との電話における会話のメモを私に示したが、そこには、原子力大臣がシュトラウスとほとんど接触を持てないことについての不満が表現されていた。バルケはまたイラン国王を訪問したことを私に語り、私はといえば、無邪気さを装って、なぜ石油国の支配者が原子力エネルギーに関心を持ったのかと質問したのだが、そのとき、彼は寛容な笑顔で、国王にとって大事だったのはただ爆弾という選択肢だけだった、と応じた。さらに私が、民生用原子力技術を持ったとしたら、原爆をつくるのは困難ではなかったのか、と質問すると、彼は笑顔で答えた。そうじゃないですよ、それは難しくないですよ、と。

その会話は、三〇年以上後になった今も私の脳裏に焼きついている。その当時、それを出版することは、私には配慮を欠くように思われた。今日でもなお私は、あのノーベル賞受賞者の未亡人、エリザベート・ハイゼンベルク(一九一四〜九八年)とのある夕べの長い会話を思い出す。私は、彼の手紙類を日がな一日調べることを許されていたのだ。彼女は、エルンスト・フリッツ・シューマッハー[*7](一九一一〜七七年)の妹であった。シューマッハーはといえば、一九三六年にイギリスに亡命し、人々の信奉を集めた『スモール・イズ・ビューティフル』(一九七三年)をもって英米の環境主義の教祖となった人物であり、妹の夫が義兄と技術問題について議論しようとしないことを嘆いたものであった。原子力技術のこの第一人者は、基本的に彼の思いどおりにはならなかったのである。ところで、やはりゲッティンゲン宣言の中でのハイゼンベルクの主な心配事は、付け足しのようにして浮かんだものであった――彼女はそのように私に断言したのである。その心配事とは、ドイツ連邦共和国における原子力研究もまた、軍事的な下心をもって推進されることとなる、というものであった。その恐れは、その後の時代にも小さくなることなく存在し続けた。

その頃入手可能であった文書類を基礎として私が慎重に構

成できたものは、そうこうするうちにハンス・ペーター・シュヴァルツのアデナウアーに関する大部の伝記で驚くほど数多く証明された。その一つは、連邦首相アデナウアーが一九五六年秋以降「ユーラトムの枠を超えて」「自ら核兵器を製造する」「チャンスを可及的速やかに得たいと考えていた」、というのも、彼は「米国の核の傘」をもはや信頼していなかったからだ、また、その際に彼が「公然と」考えたのは、「ドイツのオプションであり、ヨーロッパの核兵器ではなかった」、というものである。しかし、「まったくいまいましい原子力の歴史」によって頭がくらくらする、とアデナウアーが後年毒づいたことは、シュヴァルツの著書の中にも読みとれる。このアデナウアーの言葉を人は今日思い起こすべきである。

＊1――ジークフリート・バルケ（一九〇二～八四年）。CSUの政治家。アデナウアー内閣で連邦郵便通信大臣（一九五三～五六年）、連邦原子力大臣（一九五六～六二年。なお省の正式名称は、一九五六年までは連邦原子力問題省、一九五七年から一九六一年は連邦原子力エネルギー水利省、一九六一年からは連邦原子力エネルギー省）を歴任。この間、一九五九年から一九六九年まで連邦議会議員。大臣退任後、一九六四年から一九六九年までドイツ使用者団体連邦連合会及び技術検査協会の会長を務める。

＊2――ナチスの第三帝国における反ユダヤ主義、ユダヤ人排斥を制度化した三本の法律（「ドイツ人の血と名誉を守るための法律」、「帝国市民法」及び「帝国国旗法」）の総称で、ユダヤ系ドイツ人から公民権を剝奪するなどした。一九三五年九月に制定され、アウシュヴィッツに象徴されるユダヤ人迫害の決定の第一歩を意味するとされる。

＊3―ローマ神話で火星は戦争の神、水星は交易の神を意味する。火星・水星クラブとは、第二次世界大戦時に軍需産業で仕事をしていた者たちの集まりであった。ナチス政権で軍需相であったアルベルト・シュペーアの薫陶を受けた者が多かったが、ラートカウの訳者への私信によれば、「シュペーア幼稚園」の出身者はドイツの「経済の奇跡」にも一定の役割を果たしたという。

＊4――コンラート・ヘルマン・ヨーゼフ・アデナウアー（一八七六～一九六七年）。一九四九年から一九六三年までドイツ連邦共和国の初代の連邦首相の座にあり（うち、一九五一年から一九五五年は外相兼務）、戦後のドイツに内政、外交で大きな力をふるった。キリスト教民主同盟（CDU）の創立メンバーの一人でもある。

＊5――オットー・ハーン、ヴェルナー・ハイゼンベルク、カール・フリードリヒ・フォン・ヴァイツゼッカー、オットー・ハクセル、ハインツ・マイアー＝ライプニッツ、カール・ヴィルツらドイツ連邦共和国の著名な原子力科学者一八名が一九五七年四月一二日に署名した核兵器保有反対の宣言。連邦国防軍の核装備の動きに反対して、核兵器の製造、実験、使用にいかなる形でも参画しないとした。署名者は「ゲッティンゲンの一八人」と称される。本書第2章「ゲッティンゲン宣言の印象――平和利用対軍事利用」（七八頁）他を参照いただきたい。

＊6――フランツ・ヨーゼフ・シュトラウス（一九一五～八八年）。戦後ドイツを代表する保守政治家の一人。一九六一年から世を去るまでキリスト教社会同盟（CSU）の党首を務める。連邦政府で、原子力大臣、国防大臣、財務大臣などを、また、バイエルン州政府で首相を歴任。さらに、一九八〇年の連邦議会選挙では、連邦首相候補として選挙に臨んだ。

＊7――エルンスト・フリッツ・シューマッハー（一九一一～七七年）。ドイツ生まれのイギリスの経済学者。英国石炭公社の局長などを務める。

舵取りのいない展開

三〇年後、四〇年後に振り返って見るとき、私はたびたび煩悶する。すなわち、その頃は資料の大海の中を泳ぎ、水をはねながら、同時にまた原子力に関する争いの騒動に駆り立てられながら、私は、おそらく木を見て森を見なかったことが何度もあったのではないか。また、他の者が距離を置いてはっきりと見ていたのに対して、私はといえば、自分が開拓した材料の山によって多くの見方が隠されたままになってしまったのではないか。あるいは、原子爆弾は原子力エネルギーの世界規模のブームを理解するための鍵であり、今もそうなのではないか。全世界で原子力エネルギー技術を権力というオーラをもって囲いこむと同時に、また、世間から隔絶したところで常に莫大な助成資金を動かすすべを心得ていたエリートたちを台頭させたものこそ、実は原子爆弾ではなかったのか、と。

そしてまた、何度も問い直されたのは、次のことであった。なぜ反原発運動は、まさにドイツにおいて最も強く、しかも持続性があったのか。その決定的な理由は、ドイツ連邦共和国が核保有国ではなく、アデナウアーの原爆計画をエピソードのままにとどめおき、世間一般には極秘とせざるをえなかったという、単にそのことにあったのか。ドイツ人たちは指導的な原子物理学者の影響で、一九四五年以降は国家的な誇大妄想に心底うんざりしていたのか。人は、同じように敗戦国である日本を対極の例として持ち出すことができるかもしれない。日本は核保有国ではなく、むしろこれまでのところ核兵器の唯一の犠牲者であるが、それにもかかわらず、原子力に対する強力な反対は起きなかった。しかし、日本のエリートたちにとって核兵器というオプションの留保は、ドイツのエリートとは比べものにならないほど大きな意味を持っているように見える。というのも、日本は東アジアにおいて、ヨーロッパにおけるドイツ連邦共和国以上に孤立しているからである。

ヴェーラーは、私の一九八三年の本を政治史の新たなパラダイムとして理解した。この本を、「たとえば政治家一人ひとりのように明確にその人と判別できる主体が運動の中心となっているとは理解されえない、そのような世界」、「必ずしも計画されたものでなく、また、必ずしも大勢の者から望まれたものでもないものから最後には何かが生じる世界」における「政治を理解するための模範となるような価値を持つ」としたのである。ルドルフ・シュルテン[*1]は彼の名にちなんで命名された高温ガス炉の発明者であり、また、原子力関係内部での体制批判者であったが、彼もまた、原子力エネルギーの歴史に関する概観について私がある会合で講演したときに、報告者の一人として、まったく同じ意味で、「あらゆるものが、すべての人の意志に反してやってきた」ことをはっきりさせるときにのみ、人はその歴史全体を把握する、と言って深くため息をついたものであった。

その歴史は、距離を置いて見れば、ユルゲン・ハーバーマス[*2]によって述べられた「新たな見通しのきかなさ」の最良の例なのであろうか。そして、その当時、密林のような原子力の景色に魅了されていた私は、肝心なその点を見逃してしまったのであろうか。一九八三年の本の基調となるテーマは、可能とされる数多くの原子炉コンセプトの中に、自国による実験に裏打ちされた選別プロセスが一つもないことへの批判であった。かつての蒸気ボイラーの場合には、そのたぐいのプロセスはあったのである。しかし、原子力技術は、そうしたプロセスを用いるにはあまりにも複雑であり、かつ、リスクの多いものであったのだろうか。また、すべての関係者にとって、そのたぐいの課題はまったく荷が重すぎたのであろうか。

安全な原子力技術が原理的に可能かどうかという昔からの問いは、今日、私には単純素朴であるように思われる。それに代えて問われなければならないのは、こうである。ここで人は、いかにすれば安全についてのはっきりと定まった概念で一致できるのか、また、いかなる機関や制度が原子炉のコンセプトにおいて適した選択を行える状態にあるのか、そして、それはどのようにしてなされるのか。この点で、クラウス・トラウベ[*3]は、増殖炉建設の技術部門の長としての経験から一度ならず何度も私を強く叱責したものである。デア・シュピーゲル誌（一九八四年四月、七一〜七六頁）において、彼は私の本を非常に高く評価し、専門家らしく語ったが、しかし、最後に彼——酔いから醒めた、かつての増殖炉の陶酔者——は、この歴史家である私を次のように罵倒したのである。曰く、対案となる固有安全性を有する原子炉の開発について、そのたぐいの複雑な任務を背負わされた巨大プロジェクトの合理的なコントロールが不可能であることを理解せずに、そうした選択肢の開発が可能だったのではないかと思いこんでいるのであれば、「原子力技術の魅力」にしばしば自制を失っているのではないかと思われる、と。

ロータル・ハーンとの語らいの後にも、私は次のようにあれこれと思いを馳せる。おそらくそれが肝心な点であるのだが、原子力の歴史の本当の秘密は、原子力コミュニティーの最内奥の中核に全能の司令部らしきものが存在したことにあるのではなく、全体を網羅する舵取りと責任が実はどこにも存在しなかったことにある。最初の頃は、すべての糸がハイゼンベルクのもとに集まっていた。しかし、フランツ・ヨーゼフ・シュトラウスが後年の回顧録の中で次のようにあざ笑ったのは、あながち間違ってはいない。原子力政策の指揮監督をハイゼンベルクに委ねたとしたら、「その結果は混沌としたものとなっただろう」、と。後に多くの者は、ドイツ原子力委員会を大物の黒幕と見なした。しかし、きらびやかな名士たちが席に着き、原子力エネルギーの開発を舵取りすることができたかもしれないその委員会が、遠くから見えるようなものと違って、素晴らしい頭脳として機能していなかったことを書類の中に発見し、私は唖然としたのである。舵取りの中心は、実際はエネルギー産業界の首脳部にあったのであろうか。けれども、私がかなり後になってＲＷＥ社の文書類を入手したとき、最も驚かされたのは、このエネルギー産業の巨人にあっても長年にわたって定例の取締役会議がなかったことである。なるほどビジネスはそれなしにも進行したが、だとすれば、戦略の大がかりな協議は何のためにあったのか。

＊1――ルドルフ・シュルテン（一九一二～九六年）。原子物理学者で、ブラウン・ボヴェリ・シェ社などを経て一九六四年からアーヘン工科大学の原子炉工学講座の教授とユーリヒ原子力研究施設の原子炉開発研究所所長を務める。彼が開発した球状燃料集積型原子炉は、シュルテン原子炉と呼ばれている。

＊2――ユルゲン・ハーバーマス（一九二九年～）。現代ドイツを代表する哲学者。フランクフルト大学教授などを歴任。フランクフルト学派の一人で、公共性論やコミュニケーション論などで有名。

＊3――クラウス・トラウベ（一九二八年～）。一九五九年から一九七六年までドイツとアメリカの原発関連企業に勤務。最後は、インターアトム社の部長として、カルカーの増殖炉開発・建設プロジェクトの責任者となるが、その後、原発反対の立場に転向。一九七五年から一九七六年にかけて赤軍派との関係を疑った公安当局（連邦憲法擁護庁）の盗聴工作の対象となる。根拠のないこの盗聴事件は、一九七六年二月にデア・シュピーゲル誌にスクープされ、その責任をとった連邦内務大臣ヴェルナー・マイホーファーの辞任劇に発展する。その後、環境問題研究者として代替エネルギー問題等の分野で活躍。ドイツ反原発運動のシンボル的存在の一人である。

エネルギーの方向転換のためのいくつかの洞察

だからなおさらのこと、我々は、再生可能エネルギーの開発が同じように無計画に混乱することのないように気を配らなければならない。二五年来ずっと、私は、ラインハルト・ユーバーホルスト[*1]の対話の夕べに参加している。この対話集会は、彼が率いた連邦議会の「将来の原子力エネルギー政策」調査委員会[*2]（一九七九～八〇年）に端を発したものである。その集会で尽きることのない議論の対象となっているのは、いかにして政治は将来に関する多様な見取り図を扱うべきか、という問いである。そして、その議論は、原子力エネルギーの賛否を巡る昔ながらの激しいやりとりの応酬をはるかに超えたものとなっている。旧著を執筆した際にも、私は、時間というものの働きにとりわけ注意を払った。原子力エネルギー開発の過程で短期的な計画が長期的な計画へと再三にわたって変容し、他方、長期的な視野が近視眼的な利害関心によって実効性を失い、世の中の人々はすべてが混乱して進んでいると見ていたことに気づいたのである。今日では、

「持続性」という魔法の言葉をシンボルとして、我々はそのたぐいの複雑に錯綜する時間の働きをようやく正しく体験できるようになった。

　エネルギーの可能性のある将来像を見つつ、かつまた、ロータルの助言を得ながら、私は、本書で旧著のテキストを約半分に縮減し、そして、教授資格取得を念頭に置いて書きこんだ大量の脚注部分を省いた。というのも、この脚注部分は、部分的には今日に至るまで自由に入手できない記録文書にもっぱら関係するものだからであり、仮にそれらが今日まだ存在していたとしても、ほとんどの読者にとっては価値のないものと思われるからである。この分野で学問的な仕事に携わっているごく少数の方々は、一九八三年の初版本の中に然るべき脚注を苦もなく見つけるだろう。とはいうものの、当時の本の脚注の中から、私は、いくつかの取り上げるにふさわしいものをこの本に組み入れた。三〇年前に私は、物議を醸すいくつかの事柄を目立たぬように小細工をこらして脚注の活字の中に埋めこんだものであった。後に知ったのだが、自分の書いた本を理由にして法的に告訴されることがなかったことは、とにもかくにも大きな幸せであった。本書で私は、今日はっきりと語る。加えて、私は、より新しい知見をまとめた後年の一連の小論——とりわけチェルノブイリや福島の原発大事故についての論説——からいくつかを、手を加えて使い、また、記述を現状に近づけるために、それらにあるいくつかの知見をとりまとめた。

　とはいえ、とりわけ現在との架け橋を築いたのはロータル・ハーンである。彼は、多くの点で私の三〇年前の見方を批判してくれた。一九五〇年代から一九七〇年代までの段階に比べると直近の三〇年間については、多くのことを省いて縮めたが、これは避けがたいことであった。というのも、この三〇年間については、文書がまだ十分に入手できないからである。加えて、原子力の歴史は、とりわけ初めの三〇年間におおまかな形を整えたかのようであり、その三〇年間の中で学界や経済界のトップが合流し、また、その後一九七〇年代には緑の運動〈環境保護運動〉の多くの先駆者がまずは原子力に反対する闘いで名をなしていったように見えるからである。しかし、将来の歴史家は、没落のプロセスにも独自の魅力があることに驚かされてはならない。六巻からなるエドワード・ギボン[*3]の『ローマ帝国衰亡史』（一七七六～八八年）は、古代ローマ帝国史に関する近代的研究の発端となっているが、それには理由がないわけではない。かつて非常に熱狂的であった原子力コミュニティーが、まずは人目につかないところで崩壊しはじめ、徐々にその崩壊があからさまになっていく様相を叙述するギボンのような歴史家が将来おそらく現れるであろうことは、明らかである。原子力の歴史の解明にあたって、やるべきことはまだたくさんあるのだ。そして、常に熟慮のための材料を与え、まさに新しい世代のための新しい洞察を含むものこそ、歴史なのである。

＊1――ラインハルト・ユーバーホルスト（一九四八年～）。ドイツの政治家。一九七六年に二八歳の若さでSPDから連邦議会議員に初当選。連邦議会議員を一九八一年まで務めた後、ベルリン市政府の保健環境大臣となる。連邦議会で第一次エネルギー政策委員会の委員長（一九七九～八〇年）として活躍。

＊2――連邦議会調査委員会は、連邦議会規則第五六条に基づいて設置される委員会で、包括的かつ重要な事案の決定の準備のための調査を行い、結果を議会に報告する。四分の一以上の議員の動議があれば、議会は委員会を設置しなければならない。委員については各会派の同意を得て議長が任命するが、議員だけでなく外部の専門家を含めることもできる。

＊3――エドワード・ギボン（一七三七～九四年）。イギリスの歴史家。著書『ローマ帝国衰亡史』（一七七六～八八年）の叙述は、多くの政治家等に引用されている。

ロータル・ハーンによる前書き

時代についての一人の証言者の観察

　三〇年間にわたって続いた緊張感あふれる歴史についての生き証人として、私は、観察したことを再現し、解釈するとともに、後の歴史学による加工をできるだけさせないように出来事相互の関連性を指摘しようと思う。後になって史料の研究を手がかりに歴史を加工しようとする者のもとでなされるのとは違う重みづけや価値評価が、自分が体験したことについての回想から生まれてくるのである。多く出来事の展開について、私は「その場にいた」。あるときは当事者として、また、ある場合は単に観察者としてであった。とはいえ、素人よりもはるかに近くから観察したのである。当事者の多くと面識があったし、また、現在もそうである。私はその職務ゆえに、すべての対立するグループの内側を洞察することができたのである。

　その点で、私は、原子力エネルギーを巡る対立に関わった者のすべての役割、重圧と苦しみが理解できる。そのうちのいくつかについて、私は一緒に具体化することを許された。特に、私が仕事に就いていた最後の一一年間に、すなわち、最初は一九九九年から二〇〇二年まで原子炉安全委員会[*1]の委員長として、次いで二〇〇二年から二〇一〇年までは「施設及び原子炉安全協会」[*2]（ＧＲＳ）の会長（学術・技術担当）としてそれが許されたのである。それ以前は、職業生活のほぼ半分にあたる一九八〇年から二〇〇一年まで、私はエコ・インスティテュートでドイツにおける原子力エネルギー利用の様々な段階をごく近くから体験していた。他の国々や国際機関における展開についてもまた、私は多くの関係を持ち、いくつかの役割を果たしていたので、私には隠されたものではなかった。

　この本の製作に参加した第一の動機は、この三〇年間の原子力技術の開発を私がいかにして体験したかについて世の中に伝えたいという願望であった。この点に関して、私は、完璧であるとか、バランスがとれていると主張しようとは思わない。私が担当した部分は、専門家が専門的評価意見書の作成や技術的学術的なテキストを書く際に注意すべきルールにも従っていない。むしろ私にとって問題は、原子力技術の歴史についての私の体験や出来事の解釈とその関連性を描くこと――評価しつつ、しかも、ある種の立証責任なしに引き受けねばならないことであった。

この本の製作への参加のきっかけとなった第二のものは、歴史家とともに原子力技術の開発を根本から見直すことであり、その魅力が私を踏み切らせたのである。そのための我が共著者が名高い歴史家であり、技術史の第一人者であるヨアヒム・ラートカウであることは、私をとりわけ奮起させ、覚悟を決めさせてくれた。一九八三年に出版された彼の教授資格取得論文『ドイツ原子力産業の興隆と危機』は、その当時私を魅了し、また、今日もなお私にとって唯一特別な宝物庫となっている。

一つのテーマを歴史家と物理学者が一緒に論じることは、実際のところ大胆な実験ではないとしても、著者にとってだけでなく、出版社にとってもたしかに興味深いものである。仕事のスタイルや仕事に取りかかるやり方には、それほど大きな差はありえない。教授資格取得論文と、この論文から生まれた書物において基礎となる膨大な文献資料を扱い、評価した歴史家が一方にいて、もう片方には、もっぱら文献資料なしに歴史についての彼なりの解釈を提供し、ケチがつけられないよう身を守るために年数や発電所の出力などの技術的データを調べる物理学者がいるのである。あちらの歴史家はといえば、基礎となる文献資料や政治的なコンテクストに重点を置き、こちらの物理学者はといえば、テクノロジーや自然科学の相互関係に焦点を当てるのである。このことは、必然的に原稿の分量の違いという結果となった。

著者二人は長年の知りあいであり、互いを高く評価しているが、この本づくりの実験に寄与したのは、その事実だけではなかった。標準的な学術書となったヨアヒム・ラートカウのその本が、私が一九八〇年に原子力技術分野で職歴を歩みはじめた、その時代にまで及んでいたことも、やはり重要であった。それによって我々は、原子力産業の全体的な推移を第二次世界大戦後の出だしから福島原発の大事故に至るまで――きわめて正確にいえば、私が退職して年金生活を始めるまで――時間的な隙間をあけることなく概観できたのである。

エネルギーの転換がこの先どうなるかという問題は、この歴史家と物理学者の手に余る問いである。もっとも、これまでの経験をもとに、この「ヘラクレス的課題」[*3]であるエネルギー経済やエネルギー政策に関する挑戦に向けていくつか証言できるようにするために、我々は、そのテーマについての経験豊かな何人もの著名な識者と協議した。すなわち、政治の世界からはフォルカー・ハウフ[*4]、ミヒャエル・ミュラー[*5]、クラウス・テプファー[*6]。さらに、ヴッパータール気候環境エネルギー研究所のハンス＝ヨッヘン・ルーマン、太陽光発電についての歴史家であり、マイノファ・エネルギー供給会社のゲアハルト・メネール[*7]、そして、エネルギー需要予測の歴史の分析に携わっているヘンドリック・エアハルトといった面々である。本書の結論について我々二人が責任を持つことは、言うまでもない。

原子力産業の歴史のような複雑なテーマを扱う仕事は、どれも主観性をある程度は内在している。このことは、あの歴史家にも、この物理学者にも当てはまる。文献資料あるいは研究対象の選択それ自体が、知ってのとおり、すでに主観の影響下にあるのである。一〇〇パーセントの客観性は幻想である。けれども、努力可能なもの、また、この本から期待してもよいものは、公正公平さの試みである。すなわち、人物に対する公正公平さだけでなく、事実に対する公正公平さである。私見によれば、そのための前提は、人間同士のまだ片づいていないもめ事の清算であろうが、争いであろうが、傷つけたことであろうが、これらに類することであろうが、それはさておき、観察者と観察対象との間に報復心がないことである。私は、我々著者にはそうした前提が満たされていると考えている。

私の担当部分についていえば、私は、自分が原子力技術分野の三〇年にわたる仕事においてたしかに数え切れないほどの論争を行い、いろいろな面で憎まれもしたと断言できる。私が正しかったこともあれば、相手が正しかったこともあった。しかし、私は、原子力技術分野での職歴が緊張感と変化に富んだものであったこと、きわめて興味深い時代に踏まれたものであること、そして、物的にも人的にも最後には和やかに終わったことを確信している。私は、自分のアイデアの多くを他者にほとんど頼ることなく実現できた。そして、我が職業人生を満足して顧みている。だから私には、惨めになる理由も、欲求不満を発散する理由も、誰かと、あるいは、何かと決着をつけねばならない理由もない。私は誰も傷つけたくないし、批判したくない。私は、決して個人の利害に手を触れたくない。また私は、ある種のルールを守ろうと努めている。たとえば、私は、自分の役職や職業上秘密保持の義務を負っている書類についてその名前を口にすることはない。私は、福島原発の大事故以後になされた原子力政策の方向転換のライトを浴びて己の正しさを主張する、知ったかぶりの人間でありたくはない。

そうしたことに代えて、私は、すでに知られている、機密ではない事実を最良の知識と良識に従って、また、学問的、政治的、個人的な束縛から離れて、私自身の経験に即して再現することに努力する。私は、判断や評価や結論を学問的に証明することをほとんど意図しないのと同じように、完璧さについても要求しない。このことを、我が共著者は、一九八〇年以前の時代について素晴らしいやり方で行った。ドイツ原子力産業の興隆と没落に関して歴史家の知見と物理学者の観察から生まれたこの協働の試みは成功したと、私は期待している。

＊1――Reaktorsicherheits-Kommission（ＲＳＫ）。連邦政府の原子力行政所管大臣により任命される委員からなる委員会で、原子炉の安全性、

保障措置に関するすべての問題に対して大臣に助言する責任を持つ。また、州に対する連邦の監督を行う際にも助言する機能を有する。ＲＳＫは、一九五八年に当時の原子力所管大臣であった連邦原子力エネルギー・水利大臣のもとに設置された。原著刊行時には、連邦環境・自然保護・原子炉安全大臣のもとに置かれている。

＊2――Gesellschaft für Anlagen-Reaktorsicherheit mbH。直訳すれば「施設・原子炉安全協会」であるが、「原子炉安全協会」と訳されることが多い。連邦環境・自然保護・原子炉安全省からの委託を受けて原子炉安全技術分野での研究活動を行うとともに、技術問題について支援する機関である。一部は州の規制官庁からの委託事業も行っている。有限会社の法人形態をとっている。

＊3――ヘラクレスはギリシャ神話最大の英雄。転じて「巨大な」などの意味の喩えとして使われる。二〇一一年六月の政府施政演説で連邦首相メルケルは、脱原発とエネルギー政策の転換をヘラクレス的課題と呼んでいる（四二六頁参照）。

＊4――フォルカー・ハウフ（一九四〇年〜）。ＳＰＤの政治家。連邦研究科学技術大臣（一九七八〜八〇年）、連邦交通大臣（一九八〇〜八二年）などを歴任する。

＊5――ミヒャエル・ミュラー（一九六四年〜）。ＳＰＤの政治家。ベルリン市のＳＰＤ代表、ベルリン市環境大臣、ベルリン市長（二〇一四年〜）などを歴任。

＊6――クラウス・テプファー（一九三八年〜）。ＣＤＵの政治家。連邦環境・自然保護・原子炉安全大臣（一九八七〜九四年）、連邦国土計画建設都市計画大臣。国連環境計画（ＵＮＥＰ）の事務総長も務める。

＊7――フランクフルトに本社を置くドイツ最大の地域エネルギー供給会社。フランクフルト市が一〇〇パーセント出資する会社で、電力、天然ガス、熱の供給を行っている。ゲアハルト・メネールは、同社の企画調整部門の長で、哲学博士。再生可能エネルギー問題の専門家。

第1章

第二次世界大戦の原爆製造プロジェクトから「原子力の平和利用」へ

広島とハイガーロッホ――歴史的な重荷を負った原子力コミュニティーと内部の不和

一九四五年八月六日の広島への原子爆弾の投下という驚愕的なニュースは、その当時イギリスの「ホール収容所」[*1]に抑留されていたドイツ人原子物理学者たちの間に相反する葛藤の感情を引き起こした。すなわち、多くの者は、自分自身がその恐ろしい武器の開発に携わらなかったことについて安堵の気持ちを吐露したが、しかし、もっと強かったのは、アメリカの研究が圧倒的に優れていることへの困惑と、自分が無能な人間として衆人環視の中にいるのではないかという恐れであった。

ローベルト・ユンク[*2]は、ひと頃自分が原子力研究のパイオニアの中でも未来派の人物と見なされていると信じていたが、その時代、一九五〇年代のベストセラーの一冊となった自著『千の太陽よりも明るい――原子力研究者の宿命』（一九五六年）〈『千の太陽よりも明るく――原爆を造った科学者たち』平凡社、一九五八年〉の中で、原子爆弾を製造しなかったことをドイツの原子力研究者の消極的抵抗の行動の一つとして描いている。このテーゼは「ゲッティンゲン宣言」の時代にまことしやかに通用していたので、なおさらドイツでは拍手喝采をもって世間に受け入れられたのであった。

けれどもアメリカでは、そのテーゼは、即座に「激しい意見の対立」を引き起こした。というのも、アメリカの原子物理学者がふだん口にしてきた原爆製造の正当化の根拠は、それをもって薄弱になったかのように思われたからであった。今やアメリカ側と正反対の、責任意識のある科学者像としてドイツの研究者たちが突然出現したのである。もっとも、ユンクは、自分の好意的な解釈がドイツの原子力研究者たちの自伝的発言に基づいたものでは決してありえないことを自認していた。つまり、ユンクは、彼らは「終戦時にドイツに原爆がなかったことの説明として、政治的指導の欠如や技術的な困難を前面に押し出す」ことで満足していた、としたのである。とはいえ、もし彼らが実際に消極的な抵抗をしていたとしても、戦後、彼らはこれについて誇りを認めることができたのであろうか。

広島原爆投下についてのニュースによって錯乱状態に陥ったドイツ人研究者たちがすぐさまとった反応は、隠しマイクによってテープレコーダーで録音されていた。これまで公開されることのなかったそのいくつかの録音テープの内容については、又聞きの報告しか存在しない。それによれば、カール・フリードリヒ・フォン・ヴァイツゼッカー[*3]は、最初の驚愕がおさまり、そのニュースが本当であったことを人々が確信した後、「我々には成功しなかったと思う、なぜなら、それが成功することを、すべての物理学者は基本的に誰も望んでいなかったからだ」と述べたという。これに対して、エーリヒ・バッゲ[*4]は素っ気なく応じて、こう述べた。「そのようなことを言うのは、ヴァイツゼッカーの馬鹿げたところさ。それは彼には当たっているだろうが、我々すべてに通用しているわけではない」。バッゲ自身の手記は、大筋としてその言葉のやりとりと完全に一致しており、その報告が本物であることを物語っている。原子力研究者たちの親しい集まりの中でさえ、原爆製造を意識的に避けようとしていたのかどうかについて、それまで合意がなかったことが、ヴァイツゼッカーの言葉からも明らかになる。

おのずと本心が滲み出ているのは、その場でひそかに録音されたハイゼンベルクの、「倫理的な勇気」が必要だったかもしれない、という述懐である。だが、なんとそれは――何かひたすら原爆製造を妨げるという目標に突き進むのではなく、ナチス政府に「事を実現するためにも一二万人を雇用するよう」勧めるための――「勇気」であった。だからもちろん、彼は、終戦後もなお、ドイツの勝利は倫理上最高の目標だという思いの中で生きていたのである。オットー・ハクセル[*5]は筆者との対談の中で、ハイゼンベルクは――彼独自の世界で空想にふけって――ナチス体制がユダヤ人を虐殺したことを戦争が終結するまで信じようとしなかった、と主張している。

ドイツの原子物理学の実体を暴いた最初の本が世に出たのは、一九四七年のことである。著者サミュエル・A・ゴーズミット[*6]は、連合軍の侵攻後にドイツの原子力研究の軌跡を追ったアメリカ軍特命部隊の一員であった。ゴーズミットは、ドイツ「ウラン協会」は間違いなく原爆製造の意志を持っていたが、しかし、最も基本的な前提条件がわかっていなかったので、まったくそれにふさわしくない道をとってしまった、と明確に主張したのである。これは、原子物理学者にとっては職責上の名誉に関わる問題であった。その本で「ウラン協会」の主導的人物としてやり玉に挙がったハイゼンベルクは、旧知の仲であったゴーズミットに宛てた長い手紙の中で自己弁護を行った。手紙の中で彼は、原子爆弾の構造の諸原理を知らなかったとの批判、わけても、ドイツの原子力研究者はアメリカ人が広島に原子炉を丸ごと投下したと信じるほど大変無知である、というゴーズミットの仮説に対して、こと細かく、激しく抗議したのである。けれども、それならばなぜ原爆が製造されなかったのか、という肝心な点については詳細に語らずに飛ばしてしまった。彼は、「政治的な動機」については、人は口で語るほうがいいと述べている。また、「この問題を扱うことによって一般の人々が何かを得ることができるとは思っていない」とも述べたのである。

そうしたことすべてから、想定しうる歴史的真実をある程度再構成することができる。人は原子爆弾構造の原理を全体として知っていたというハイゼンベルクの断言は、たしかに正しかった。戦時中ドイツ人研究者によって事業化された重水炉[*7]は、たしかにその当時アメリカで優先された原爆のための核分裂物質獲得の方法ではなかった。しかし、それにもかかわらず――誤った計算を基礎に選択されたと言われているとしても――ウラン同位元素の分離という途方もない浪費の道を避け、かつまた、これと引き換えに、高度に発達したドイツ化学産業の能力を利用しようとするならば、それは原爆製造への最適の道であった。しかも重水炉は、当時アメリカ合衆国でプルトニウムを得るために建設された黒鉛炉に対して、非常に小さな寸法のもので機能しうるという長所を有していたのである。

では、それにもかかわらず、なぜ原爆は製造されなかったのか。原子力研究者たちの意図的な抵抗については、明らかに話の埒外である。とはいえ、原爆製造の賛否の決定にまったく立ちあうことがなかったという主張は、真実みがあるように思われる。その理由の一つは、重水炉は同時にまた平和的なエネルギー生産のための道であるから、というものである。もう一つ挙げられる理由はといえば、原爆製造のために必要な協力――学界内部の協力だけでなく、研究者と技術者との協力、学界と産業界との間の協力――は、ドイツの学界の構造によって、またナチス体制の構造によってかなり阻まれたから、というものである。

ドイツの学問の営為は、アメリカの「原子力都市」オークリッジやロスアラモスで具現されたような実践的に設えられた大規模な協力を独自の力だけで実現する能力がなかった。そしてまた、知識人に好意的であったフランクリン・ルーズベルト[*8]の政府と異なって、学問の世界に距離を置いていたナチスの統治は、科学者たちをその種の協力形態へと動かす能力がなかったのである。他方、こうした協力それ自体からは、原爆製造の必要に応じて研究の自由に相当程度干渉することをナチス政府にけしかけるような動機は起きなかった。その限りでは、原爆製造を目標にひた走ることへの障害がドイツの学界の構造から現実に生じていたことは、間違いない。けれども、ハイゼンベルクが、ゴーズミットに対して、ドイツの原子力研究者の動機についての公の議論は不毛なものとなると述べたのには理由があったのである。

その頃ゴーズミットが問題としていたのは、彼がハイゼンベルクに書いたように、何よりもアメリカの原子力学界で継続してなされている国家の管理や軍事的な管理に対する学界の防御の論拠を提供することにあった。それゆえ彼は、ナチスドイツの原子物理学に対する介入の失敗が、科学への「全般的な介入」が非効率であることの事例として見なされるように望んでいたのであり、だからこそ、ハイゼンベルクが彼の論証の仕方を支援しようとしないことに立腹して、次のように述べたのであった。「全体主義者の介入のもとで科学が遅滞したことについての生き生きとした叙述を我々に与えることが、あなたやオットー・ハーン[*9]にとって、なぜそうまで難しいのか」。しかしながら、実際には、一九四二年――まさにアメリカにおいて原子力研究が軍の管理下に置かれた年――の年初のドイツにおける原子力研究は、陸軍装備局の管轄から離れ、帝国研究評議会に移管されたのであった。すなわち、これは事実上学界の自己管理に委ねられたことを意味する。つまり、このこと、そして、自己管理が上からの独裁的な管理とは幾分違うものであったことが、原爆プロジェクトの進行を遅らせた理由であったのである。

戦時中、数個の研究グループが――互いに嫉妬心にかられながら、別々に――重水を減速材とする原子炉の建設に携わっていた。けれども、産業界が関与していなかった結果、重水が非常に不足し、ついに終戦の直前までたった一つの実験炉の稼働すら達成できなかったのである。連合軍の侵攻の直前である一九四五年の春にようやく、ハイゼンベルクの指揮下で作業する、ベルリン・カイザーヴィルヘルム物理学研究所（後のマックス・プランク協会[*10]）のグループが現れ、原子炉の稼働にはほど遠かったが、シュヴァーベンのハイガーロッホの地で往年のワイン倉庫に一基の重水炉を設置したのであった。しかし、たとえば、重水の量が不足したために試運転はできなかった。というのも、なんと、競合するクルト・ディープナー[*11]を中心とする研究グループが重水を引き渡す気がなかったからである。

その経験は、とりわけその後続いて起きた出来事に照らしてみると、ある意味では幾分屈辱的なものでもあった。すなわち、広島の原爆投下は、ドイツ人研究者の信条とは対照的に、核分裂爆弾の開発がごくわずかな年月で、しかも科学の観点から見ると、それまでドイツよりはるかに遅れていると見なされていたアメリカにおいても可能であることを示したのである。原爆は、投下されたのは日本の二つの都市であるが、そもそもナチスドイツの原爆への恐れから開発されたということ、また、ドイツの原子力研究者はその恐れを静めるための効果ある手だてを必要な時機に何も打たなかったということも判明した。ともあれ、原爆への道と原子力発電への道がまだ分かれていない原子力研究の当該部門においてすら、ドイツ人研究者には、彼らの実験施設が連合軍によって解体される前に自身の能力を明確に証す機会に恵まれなかったのである。

国際的な舞台において指導的であったドイツ人研究者たちは、アメリカの原子力研究の堕罪に責任を負っているのはそもそも自分たちであったと感じていた。しかしながら、それと同時に――それよりもっと怒りは激しいものであるが――その専門分野に関する能力に疑念を起こさせてしまったのはそもそも自分たちであった、という憤りの念を長く持ち続けていたのである。そうした諸状況から、ハイゼンベルクや他の専門家仲間のもとでは、西ドイツの戦後復興の過程で原子力平和利用の技術の分野においてドイツ科学界の能力をできるだけはやく証明しよう、またその場合、力の分散や、国と産業界との間に協力の意思疎通がなかったという戦時中の誤りを今度は避けよう、という強い個人的な動機が生まれた。いや、それ以上のものがあった。すなわち、戦時中、実際に平和利用の原子力技術のために何かをしていたことを遅ればせながら立証することが必要となったのである。連合国ドイツ管理委員会[*12]の法令によって原子炉建設やウラン加工がドイツに公式に禁じられた一九五五年以前の時代には、わけてもハイゼンベルクがドイツ連邦共和国の原子力政策の推進力として頭角を現していた。けれどもその際、彼は、連邦共和国の政治的、経済的可能性にその当時まだ限界があったのを目にして驚き、苛立ちをつのらせていた。

戦後まずはゲッティンゲンに、そして、その後ミュンヘンに設けられたマックス・プランク物理学研究所におけるハイゼンベルクを取り巻くグループは、専門家集団がまだ非常に限られたものしかなかったドイツ連邦共和国の原子力政策の初期の時代において、多くの情報や人脈が集まるコミュニケーションの中心となった。ハイゼンベルクの長年の友人であったカール・フリードリヒ・フォン・ヴァイツゼッカーは後に原子物理学から哲学に転じた人物であるが、彼は、原子力が物理学の専門分野をはるかに超えた思索のやりとりの焦点となることになにがしかの貢献をなした。第三の人物は、カールスルーエ原子力研究センターの草創期における主導的人物であったカール・ヴィルツ[*13]である。彼は、ファルプヴェルケ・ヘキスト社[*14]の社長であり、その当時、産業界において原子力技術に関する最強の宣伝家であったカール・ヴィンナッカー[*15]と緊密な関係を築いていた。ゲッティンゲンのマックス・プランク研究所の原子炉研究グループから頭角を現したのは、ヴォルフ・ヘーフェレ[*16]であった。彼は、後にカールスルーエの増殖炉プロジェクトを率いることとなる。しかし、未来の原子炉の分野において彼にとって有名なライバルとなる人物も現れた。その名前にちなんで名づけられた球状燃料集積型原子炉[*17]の設計者であるルドルフ・シュルテンである。

さらにヴォルフガング・フィンケルンブルク[*18]という、ハイゼンベルクの妻方の伯父であり、原子力産業において「最初の時代における抜きん出た人物」（ローベルト・ゲルヴィン）もいた。彼は、ジーメンス株式会社の原子炉研究部門を立ち上げ、そこで、後年放棄されることとなる重水炉コンセプトを押し通したのである。社内に「核分裂の基礎を導入する」ことが重要な問題となった一九五五年に、ハイゼンベルクに頼ったのは、ライン・ヴェストファーレン電力株式会社[*19]（RWE）であった。さらに、その当時までは、連邦首相もまた原子力問題についてハイゼンベルクに頼るのを常としていた。

オットー・ハーンは、核分裂の発見者として世間ではハイゼンベルク以上に「原子力時代」の先駆者として通用した人物であり、さらに、外部に対してドイツ原子力科学の表看板の役割を演じることも稀ではなかった。しかし、彼は、それらの人々とは逆に、原子炉開発に戦時中ほとんど関わることがなく、原子爆弾開発の秘密を漏らされることもなかった。彼はまた、一九四五年以降、マックス・プランク研究所の所長であったが、ハイゼンベルクのグループとは一線を画していて、彼らの増長した哲学的、政治的野心についていくことができず、また、これを欲することもなかった。彼は、核分裂の経済的利用についてはは急がなくてよいと信じていた。つまり、直近の未来ではなく、「より後になって」初めて「原子力のマシーン」は使い道を見出すだろう、しかもそれは、主として「石炭や石油が自由に手に入らないか、自由に使うことが難しい」「北極や南極、または砂漠など」で、と考えたのである。産業を志向したプロジェクト研究は、彼の意に反するものであった。こうして、一九五二年に彼は、「経済にとっての基礎研究の意義」と題する講演において、学問は、それ自身に委ねられ、研究者各自が「面白くて興味が持てること」を探究するときにこそ、経済に最も多くをもたらす、と述べたのである。これは、彼がノルトライン・ヴェストファーレンの研究共同チームの前で語った言葉である。しかし、そのたぐいの言葉はハイゼンベルクのグループとは別のこのグループの中でも、まったく虚しく響いたというわけではなかった。すなわち、このグループであらかじめ計画されていたユーリヒ原子力研究施設は、その組織運営の構造上、学問の自由の保障を求めていたからである。

原子炉開発をマックス・プランク協会の枠組み内に維持しようというハイゼンベルクグループの取り組みについて、ハーンは理解を示さなかった。というよりも、むしろ彼は、連邦首相の権力的な言葉によって無理強いされた原子炉専門家のカールスルーエへの異動を不本意とは思わなかったし、しかもそれを「まったく拘束力を持たないような形で」促進するよう模索した。この考え方をもって、ハーンはドイツの学問的営為の伝統、すなわち、基礎研究における個人主義は直接的、間接的にプロジェクト研究の分解を助長するという伝統を体現したのである。

　しかし、ハイゼンベルクグループと張りあっていたグループもあった。比較にならないほど吸引力は小さかったが、バッゲやディープナーを中心とするハンブルクのグループがそうである。それは、船舶用原子炉の開発に特化したハンブルク・ゲースタハト原子力研究センターの創始者たちであった。バッゲもまたハイゼンベルクのもとで博士号を取得したが、しかし、早くも戦時中に二人の間に競合関係が生じ、これが一九五〇年代に再燃したのであった。ディープナーはといえば、教授資格申請をハイゼンベルクの抵抗によって阻まれていた。一九五六年に創設された専門誌『原子力産業』が多かれ少なかれハイゼンベルクグループの影響下にあったのに対して、同じ年に創設された原子力エネルギー誌はバッゲとディープナーのグループの機関誌であった。

　ハイゼンベルクの言うところによれば、理論物理学者の実践的な野心に対する「実験物理学者たちの、戦時中に由来するであろう」昔の「恨みや報復感情」が改めて目につくようになったのであり、バッゲやディープナーが代弁者としてこれを実践したのであった。一九五五年にディープナーは、自ら起草したハンブルク船舶用原子炉研究協会の設立趣意書において、カールスルーエやミュンヘンにおける原子炉建設という「それ自体は喜ばしい自発的な動き」は「多かれ少なかれ純然たる基礎研究の代弁者たちから出たもの」のように見えるが、こうした動きについて彼自身は「現段階におけるドイツの原子力エネルギープロジェクトの開発は学術的な案件というよりも、むしろ本質的に経営者や技術者、テクノロジストの事案と思われる」ことを「明確に強調したい」、と述べている。ドイツ連邦共和国における原子力技術の開発の始まりが実践と乖離したものであったという批判は、後年、様々な立場の人間によって分かちあわれた。実験物理学者や技術者にとっては当然、原子力エネルギー開発において理論物理学者が主導的な地位に就いているのは実際のところかなり不条理なものであった。そして、「物理学者の原子炉」という言葉は、その不満を表す語となったのである。

　理論物理学というよりも実験物理学の範疇に仕分けられたのは、ハイゼンベルクグループに対抗する極であり、時期によってはきわめて影響力のあったミュンヘン工科大学のハインツ・マイアー＝ライプニッツ[20]である。ドイツ連邦共和国初の原子炉、通称「卵形原子炉〈アトムアイ[21]〉」は、彼のイニシアチブによってミュンヘン近郊のガルヒンクに設置された。すなわち、アメリカから原子炉一式をもらうことによって、彼は、昔ながらの重水炉のコンセプトに固執したヴィルツやカールスルーエのセンターに先んじたのである。ドイツ原子力委員会の事務局長は、マイアー＝ライプニッツについて、同委員会原子炉作業部会においてただ一人、派閥を持たない権威者であり、ヴィルツの「指導的役割に対抗する重しである」、と評価することをわきまえていた（一九六一年）。マイアー＝ライプニッツに近い実験物理学者のハクセルは、カールスルーエにおいてヴィルツの対抗者として実績を上げた。

絡みあったその全体的な関係——おそらく一九四五年以前に遡るグループ形成とライバル意識——については、ドイツ連邦共和国の原子炉や原子力に関する初期の歴史の理解のために目をとめておかねばならない。すなわち、原子力技術分野において制度的、経済的な利害関心がいまだ独自のダイナミックな動きを生み出していなかった時代には、原子力政策は、後年におけるよりもその性格においてはるかに個人的な思い出や、個人間の相性のよさなどによって決められていたのである。後に人は、「原子力コミュニティー」という語を好んで口にした。けれども、それは、決して和やかな一家ではなかったのである。

＊1——もともとは第二次世界大戦中にイギリスの諜報機関がスパイ養成のためにケンブリッジ北西のホールに設けた施設。ここに一九四五年七月三日から一九四六年一月三日までドイツの原子物理学者が収容された。その中には、ヴァイツゼッカー、バッゲ、ハクセルの他にハーン、ハイゼンベルク、ゲルラッハ、ヴィルツなどがいる。

＊2——ローベルト・ユンク（一九一三〜九四年）。評論家、ジャーナリストであり、また、未来研究者としても著名。

＊3——カール・フリードリヒ・フォン・ヴァイツゼッカー（一九一二〜二〇〇七年）。物理学者、哲学者、平和研究者。ハンブルク大学哲学科教授などを歴任。リヒャルト・フォン・ヴァイツゼッカー元大統領の兄。

＊4——エーリヒ・バッゲ（一九一二〜九六年）。原子物理学者。ハンブルク大学教授、キール大学教授などを歴任。ハンブルク・ゲースタハトの造船海運原子力利用協会（GKSS）創立メンバーの一人。

＊5——オットー・ハクセル（一九〇九〜九八年）。ドイツの原子物理学者。ゲッティンゲン大学、ハイデルベルク大学の教授を務める。一九七〇年から一九七五年までカールスルーエ原子力研究センターの学術技術部長。

＊6——サミュエル・A・ゴーズミット（一九〇二〜七八年）。アメリカの物理学者、ネバダ大学教授などを務める。第二次世界大戦後、ドイツの原爆開発状況調査のための米軍の機関の技術顧問を務めた。

＊7——原子炉は、炉内での核分裂にともなって発生する中性子の速度を下げるための減速材によって、重水を使用する重水炉、軽水（普通の水）を使用する軽水炉、炭素からなる黒鉛を使用する黒鉛炉に区分される。重水炉と黒鉛炉は、燃料として安価な天然ウランを使用できるが、軽水炉は、軽水の減速材としての特性から濃縮ウランを燃料とする必要がある。軽水炉には沸騰水型原子炉と加圧水型原子炉がある。なお、高速増殖炉は、プルトニウムの生成に高速中性子を必要とするため減速材を使わない。

＊8——フランクリン・デラノ・ルーズベルト（一八八二〜一九四五年）。民主党出身のアメリカ合衆国第三二代大統領。アメリカの第二次世界大戦参戦を決定した。戦争終結と戦後処理に向けたカイロ会談（一九四三年一一月）、ヤルタ会談（一九四四年二月）を行うが、同年四月に任期半ばにして急死。原子爆弾の開発計画であるマンハッタン計画を承認、推進した。

＊9——オットー・エミール・ハーン（一八七九〜一九六八年）。化学者（放射化学）、物理学者。原子核分裂とトリウムの発見により一九四四年のノーベル化学賞を受賞。戦前のカイザー・ヴィルヘルム協会の最後の会長を務めるとともに、戦後、その後継組織であるマックス・プランク学術振興協会の会長を一九六〇年まで務めるなど、ドイツの科学界を代表する人物の一人。核兵器反対でも知られる。

＊10――物理学者マックス・プランクにちなんで名づけられたドイツを代表する学術研究機関、マックス・プランク研究所の運営組織。なお、マックス・プランク研究所は、化学・物理・工学分野、生物・医学分野、人文科学・社会学分野の諸研究所の総称で、本書に登場するマックス・プランク物理学研究所はその一つ。予算は連邦政府、州政府の公的資金によっている。

＊11――クルト・ディープナー（一九〇六〜六四年）。原子物理学者。なお、ディープナーの活躍は、戦後というよりも、むしろ、ナチス体制における原子力関係機関におけるもののほうが大きかったようである。

＊12――一九四五年七月のポツダム協定に基づいて設置された、無条件降伏後の占領地ドイツの統治のための機関で、米・英・仏・ソ連の四国の占領軍最高司令官で構成された。ドイツ管理理事会とも訳される。

＊13――カール・オイゲン・ユリウス・ヴィルツ（一九一〇〜九四年）。物理学者で原子炉の専門家。ゲッティンゲン・マックス・プランク物理学研究所で原子物理学部門の長（一九四六〜五七年）。カールスルーエ原子力研究センターの設立に尽力、一九五七年から同所の中性子物理・原子炉研究所所長兼カールスルーエ大学正教授として、ドイツ初の研究用原子炉FR2の計画づくりなどに活躍する。

＊14――一八六三年に染料メーカーとして設立され、発展した世界有数の総合化学会社で、戦前にIG・ファルベンに統合されたが、戦後、その解体にともなって一九五一年にファルプヴェルケ・ヘキスト株式会社として再設立された。その後同社は、一九七四年にヘキスト株式会社に改称した（ファルプヴェルケ・ヘキスト社も含めて一般的にヘキスト社と総称されることが多い）。なお同社は、一九八七年以降国際的な企業合併の動きの中でたびたび名称を変えつつ、二〇〇五年の合併により消滅した。

＊15――カール・ヴィンナッカー（一九〇三〜八九年）。ファルプヴェルケ・ヘキスト株式会社社長（一九五二〜六九年）、ドイツ原子力フォーラムの議長、フランクフルト大学客員教授（応用化学）などとして活躍。

＊16――ヴォルフ・ヘーフェレ（一九二七〜二〇一三年）。原子物理学者で、ドイツの高速増殖炉の父とされる。一九六〇年から一九七二年までカールスルーエ原子力研究センターの高速増殖炉プロジェクトを率いる。ヴィーン近郊のラクセンブルクにある応用システム分析国際研究所副所長（一九七四〜八〇年）、カールスルーエ工科大学やヴィーン工科大学客員教授としても活躍。

＊17――Kugelhaufenreaktor。この原子炉では、直径六センチの球状燃料要素が連続的に原子炉炉心上部から供給され、流動層となり炉心で燃焼し、炉心下部から取り出される。燃料交換のために原子炉を停止する必要がない。日本では一般的にペブルベット型高温ガス炉と訳されているが、ドイツでは高温ガス炉の種類の一つではあるが、ペブルベット型高温ガス炉とまったく同じものであるとはされていない。したがって、本書では原語に即して「球状燃料集積型原子炉」と訳している。また、「Kugel」も「球状（ペブルベット）」あるいは「ペブルベット」と訳されることが多いようであるが、「球状」と訳している。なお、我が国の原子力関係者の中では、かつて「たどん型原子炉」と呼ばれたこともあった。

＊18――ヴォルフガング・フィンケルンブルク（一九〇五〜六七年）。原子炉分野などでの実験物理学者。一九五五年からジーメンス社で原子炉開発部門を率いた。また、エアランゲン・ニュルンベルク大学の客員教授、ドイツ物理学会の会長などとしても活躍。

＊19――一八九八年に設立されたエッセンに本社を置くドイツ第二位の電力会社。二〇〇〇年にE・ON社が生まれるまで最大の電力会社であった。

＊20――ハインツ・マイアー＝ライプニッツ（一九一一〜二〇〇〇年）。実験原子物理学者。ミュンヘン工科大学教授、ドイツ学術振興会会長（一九七三〜七九年）、国際純粋・応用物理学連合会会長を歴任。なお、原子炉安全委員会（RSK）の第二代委員長を務めた。

＊21――原子炉圧力容器の形が細長い卵のような形をしていたことから、アトムアイ（卵形原子炉）というニックネームがつけられた。

原子力政策――アデナウアー、エアハルト、ハイゼンベルク

一九五一年からハイゼンベルクを頂点に戴いた一連の原子力研究者は――まずは、ドイツ研究評議会の特別委員会において、そして、一九五二年二月からはドイツ研究振興協会[*1]（ＤＦＧ）の原子物理学評議委員会に結集して――ドイツ連邦議会[*2]の場で、原子力技術にドイツがしっかりと目標を定めて参入するよう迫った。早くも一九五二年一月には、連邦首相宛ての書簡でハイゼンベルクは、原子炉建設をドイツの原子力政策プログラムの「第一段階」と記した。とはいえ、一九五三年においてもまだ彼は、「技術的に使用可能な」原子炉建設のイメージを容易に描けなかったのだが。しかも、その当時は連合国ドイツ管理委員会法が適用されて原子炉建設あるいはウランやトリウム金属の製造が公式にはまだ禁止されていたのである。そうはいっても、それらの核分裂物質あるいは減速材である重水や黒鉛の保有と使用の特別許可が得られる見込みは、なくはなかった。つまり、原子炉建設のための実験室規模の試験は、不可能ではなかったのである。ちなみに、その当時原子力研究者の仲間内では連合軍の規制が真剣に受けとめられていないばかりか、一過性のものと思われていたという印象を受ける。

欧州防衛共同体[*3]（ＥＶＧ）条約は、新たな展望を開いたかに見えた。この条約は、一九五二年五月に各国政府によって署名されたが、しかし、一九五四年にはフランス国民議会が条約批准を否決したことによって挫折した。その取り決めは、ドイツ連邦共和国に毎年五〇〇グラムのプルトニウムの生産と最大一五〇〇キロワットの実験用原子炉を設ける機会を提供するものであった。その当時、世界で唯一の電力生産用原子炉であったアメリカのＥＢＲ‐Ｉ実験増殖炉[*4]が全体で一〇〇キロワットの発電能力しか有していなかったことを考えると、それは、かなり大きなものであった。また、そうしたことからもハイゼンベルクの苛立ちが高じていたことが説明される。しかし、議会での批准は宙に浮いてしまったが、アデナウアーがきわめて慎重に追求した、まさに欧州防衛共同体条約との関係は、その当時、連邦首相にとって、原子力エネルギーが非常に慎重に取り扱わねばならない政治案件であったことを理解させるに十分なものである。つまり、ドイツの将来の原子力関係諸活動に関するその最初の予兆は、早くもパリにおいて不安を引き起こしていたのである。

一九五二年二月、ドイツ研究振興協会は、ハイゼンベルクを委員長とする原子物理学のための委員会を招集した。しかし、連邦政府が原子力科学者たちのイニシアチブに反応を見せはじめたのは、ようやく同年の年末になってからであった。原子力エネルギーの所管は、その当時、連邦経済省にあった。

同省では、一九五二年一一月二〇日にルートヴィヒ・エアハルト[*5]を議長として、ハイゼンベルクも出席して「ドイツ原子力エネルギー委員会の創設に関する」初めての協議が開催された。最初の発言者は、ハイゼンベルクであった。その際、彼は、欧州防衛共同体条約をすでに済んでしまった事案のように引きあいに出した。彼は、ドイツに「原子炉」を建設することが最優先だとし、その場合の最大の課題を、そのために必要なウランの調達だと見た。つまり彼は、「アメリカが買い占めているから、外国からの購入はほとんど不可能なので」、ドイツのウラン鉱床からの供給を第一に考えたのである。原子炉建設という目標に向かって舵を取ったその露骨さは、刮目すべきところがある。さらに驚かされるのは、締めくくりの言葉、すなわち、原子炉建設は「私企業によって資金調達されねばならない」という言葉である。

一九五三年二月二三日に経済省で行われたさらなる協議において、「原子力技術に関する事業の計画段階が開始される」とともに、三つの委員会――ウラン調達委員会、原子炉減速材製造委員会、「技術及び財政全般に関する委員会」――の設置が決定された。この協議について、ハイゼンベルクは連邦首相の求めに応じて詳細を報告している。これに対して、「本来の原子力エネルギー委員会の設立」――その当時、懸案となっていたテーマ――は、連邦首相の指示でその頃は論議されなかった。この点については、錯綜してはいたが、非常に様々なイメージが急速に生まれていた。そして、時折このことが連邦首相と経済相との間の意見の食い違いを生み、あるいは、原子力省という特別な省の設置の決定につながることにもなるのであった。その背景に、とりもなおさず経済自由化の程度に関するエアハルトとアデナウアーとの間の意見の相違があることがわかる。

ハイゼンベルクや、ウラン調達委員会委員長と減速材製造委員会の委員長――フライブルクの地学者フランツ・キルヒハイマーとカール・ヴィルツ――は、すでにはやばやと次の点で意見が一致していた。すなわち、将来の原子力委員会は、反応が鈍くてうんざりすることの多い経済省から可能な限り独立して活動すべきであるという点である。キルヒハイマーはハイゼンベルクに対して、原子力委員会の本拠地は「ゲッティンゲンしか」ありえない、事務所を何箇所かに分ける場合には「技術者と科学者」に有利なようになされるべきである、と断言した。つまり、「そうでなければ、科学者である委員が行う提案は官僚主義や経済界の代弁者の抵抗で挫折する危険がある」としたのである。

そうこうしているうちに、経済省においても原子力委員会に関する案が作成された。これについて人々は、管轄権限を有して当事者能力のある経済大臣諮問会議ではなく、むしろ大臣の体面を保つための諮問委員会といったものを思い浮かべた。ドイツ研究振興協会のある代表は、ハイゼンベルクに対して、その種の委員会は「不幸な産物」であり、その案では「人が本来欲しているものが何であるかを正しくわかっていない」ことに苦しむこととなる、と苦情を述べた。特に彼が不満だったのは、どの案でも、いくつもの省や産業分野の代表者が委員会の構成員になることが予定されていたことであり、さらに、委員会は諮問に答えて単なる意見を述べるだけで、責任は経済大臣のもとにとどめておくという、その性格であった。彼に言わせれば、その案に代えて、委員会は「ごく少数の非常に高い地位の人物」で構成されるほうがよい、しかも、実施機関として参加する連邦政府諸省に対して、法令に基づく管轄権限の枠内で拘束力のある指令を出すような仕組みを「場合によっては」持つべきであった。人々が原子力を新たな時代の支配者として見なしたがる時代に、学問の支配という、ある種の現実離れした理念がまかり通っていたのである。

ところで、連邦首相アデナウアーにとって、彼の内閣の経済大臣の原子力エネルギー事案における専門知識のなさと怠惰は、到底納得のいくものではなかった。すでに一九五三年二月に彼は、エアハルトに宛てて次のように書いている。すなわち、将来の原子力委員会の議長については自分の手に留保して然るべきである――もちろん「個別問題」における経済省の指揮監督を侵害はしないが。というのも「ドイツの原子力エネルギー委員会の創設」は――エアハルトが強調するような――単に「経済的な性格」を持つだけでなく、「全世界に反響を起こすような」「大きな政治的な影響や意義を持つ事案でもある」からだ、としたのである。アデナウアーは、ハイゼンベルクにこの書簡の複写を許可した。とはいえ、アデナウアーはその案件に最高の政治的優先度を与えた、また、原子力委員会に指針策定権限の一部を割譲した、とハイゼンベルクがその書簡から結論づけたとすれば、彼は連邦首相を根本的に誤解していたのであり、また、この誤解で苦い落胆を経験することとなる。

アデナウアーが原子力委員会の議長を自分のもとにまずはとどめおこうとした動機は何であったのか。はっきりしているのは、経済省がこの新しい分野を独占することを阻止しようとしていたことである。同じように、アデナウアーがその事案をもっぱら軍事政策上の観点と欧州防衛共同体条約との関連で見ていたという前提を置くこともできる。もし彼が、原子力技術を主として学術政策や経済政策の、もしくはエネルギー政策のテーマであると見ていたとしたら、この分野に個人的に介入することなどほとんど思いもしなかっただろう。とはいえ、経済省はといえば、いうまでもなく憲法に基づいて強く異議を唱えることで、原子力委員会の議長を自らのものにするという考えを連邦首相が改めるよう努めたのであった。こうして、一九五五年に原子力委員会が創設されたときには、その計画はもはや口にされなくなっていた。しかし、経済省もまた、原子力技術に関する同省の権限を放棄せざるをえなかった。経済省の管轄権限からその分野を外したことは、原子力技術の開発がそれにともなってエネルギー政策から切り離されたという意味で、その限りでは後世に大きな影響を与えるものであった。

ところで原子炉の本拠地にどこを選ぶかという問題に関して鋭い対立が生まれ、その影響は非常に長く残った。ハイゼンベルクは、ミュンヘンをその場所とする動きに強く関与した。ミュンヘンで、原子炉は、ハイゼンベルクグループの新たな拠点であるマックス・プランク物理学研究所と連携することとなっていたからであった。これに対して、決定を保留したアデナウアーは、時間稼ぎをしながら、決定を迫るハイゼンベルクに対して、世間一般への説明がまったくなおざりにされていると警鐘を鳴らした。こうして炸裂した争いは、マスコミにおいて大きく取り上げられることとなった。ハイゼンベルクは、一九五三年には立地問題に解決をもたらしたいと考えていた。けれども、連邦首相の決定がようやく下されたのは、パリ条約発効とメッシーナ会議[*6]後の一九五五年七月になってからであった。その決定は、ミュンヘンではなく、カールスルーエとするというものであった。[*7] ミュンヘンは、本拠地になることと引き換えに「卵形原子炉」を得るとされた。マイアー＝ライプニッツのイニシアチブとハイゼンベルクの尽力に食い違いがあったのである。原子力大臣としてその立地を巡るいがみあいの真っただ中にいたフランツ・ヨーゼフ・シュトラウスは、この争いの性格をボン〈連邦首都〉とミュンヘン〈バイエルン州州都〉とバーデン・ヴュルテンベルク州の間のダイヤモンドゲームであると描写したものであった。

ハイゼンベルクは、立地の決定を彼個人への侮辱として受けとめ、そして、その結果、連邦政府を表立って批判するのをもはや控えようとしなくなった。その手始めとして、彼は、その直後に開催されたジュネーブ原子力会議〈原子力平和利用国際会議〉にドイツ連邦共和国を代表して出席することを了解していたが、これを撤回した。このことは、原子力エネルギー史の道標となる出来事から自身を外すことを意味していた。それでもなお彼は、ややしばらくの間、ミュンヘンを原子力研究の中心にしようと手を尽くした。これに対して原子力委員会においてハーンは、「妥協」として、「原子炉をカールスルーエにも、また、ハイゼンベルク教授殿のためにミュンヘンにも予定すればいい」と聞こえよがしの辛辣な言葉で提案したのである。とはいえ、ハイゼンベルクは、ドイツ人専門家が不足していることから数ヶ所で同時に原子炉開発を行うことは不可能と考えていた。「カールスルーエで開発が行われる場合には、それをミュンヘンで行うことはできない、ケルンでも、ハンブルクでもできない」としたのである。このことはまた、ユーリヒ原子力研究施設へと帰結することとなるノルトライン・ヴェストファーレン州の諸計画、そしてまた、ハンブルクの船舶用原子炉開発にとっても敗北を意味していた。感情が逆撫でされたような反応であり、それによってハイゼンベルクは政治的に孤立した。

当時の原子力大臣シュトラウスは、同じ頃に原子力委員会に対して、ハイゼンベルクが教授然としてプリマドンナのような態度で次のように威嚇した、と漏らしている。すなわち、「カールスルーエが選ばれたとしたら、私は生涯、原子炉には関わりたくない」と。決定はカールスルーエのままで変わらず、こうしてハイゼンベルクは、現実に原子炉研究から身を引いた。それに代えて彼は、ミュンヘン近郊のガルヒンクにおけるプラズマ物理学研究所の設立に大きく関与したが、しかし、なんと、これに隣接した「卵形原子炉」とは何の関係も持つことがなかったのである。

ハイゼンベルクが回想録で回顧したように、カールスルーエを原子力技術開発の本拠地にするというアデナウアーの決定の結果、彼の中に湧いたのは、連邦政府の原子力技術開発についての最終的な目標は本当に平和利用なのかという疑念であった。まだ一九五二年の年末には、ハイゼンベルクは、欧州防衛共同体条約が遅滞する中で前に進められた原子力研究に対する一人の平和主義的な医師の疑念を、質の劣ったものとして遠慮会釈なく突っぱね、また、ドイツ連邦共和国の原子力政策の平和性への国内外の信頼を何よりももたらすだろう原子力委員会という構想に強く肩入れしたものであった。

しかし、原子炉開発がカールスルーエに立地することによって地理的にも己から離れてしまうと、彼は、原子炉開発といえば自分だと考えるのをやめた。原子力研究のトップには学者のエリートが立つべきであるという願望と夢は、打ち砕かれた。カールスルーエ原子力研究センターの人事政策は、彼を不信感でいっぱいにした。ハイゼンベルク一門のヴィルツは、カールスルーエでますます孤立していったのである。

ハイゼンベルクの目から見て原子力政策のテンポは非常に緩慢であり、これについて彼が満足していないことは、すぐに世間に知れわたった。早くも一九五四年には、彼は「原子炉建設の決定の引き延ばし」に対する抗議から経済省の原子力政策計画委員会を辞め、また、同じ理由から、その頃原子炉建設の準備のために設立された「物理学研究協会」[*8]と距離を置いたのである。ジュネーブ原子力会議が行われているときには、彼はマックス・プランク協会の部内限りとされた「連邦政府の現在の原子力政策」の中で次のような批判を行った。それは、この政策は「他のほとんどすべての国々の原子力政策とは逆に、ドイツには原子力技術に参入する特段の緊急性がないこと、外国に大きく先を越されるとしても何も支障がないこと、一方、原子力エネルギーの商業化にドイツが参入することは外交政策上おそらく不信を生む可能性があり、だからこそ避けねばならないこと」を前提としている、というものであった。

ハイゼンベルクは、連邦政府によってジュネーブ会議に派遣されたオブザーバーの報告を介して警鐘を鳴らしていることを世に知らしめた。その報告は、「ジュネーブから得たドイツ連邦共和国のための教訓」という見出しのもとに、冷めた、しかも性急さを諫める結論を引き出したものであった。また、それはジュネーブ会議が「明確に証明した」ように「現在、世界のどこでも、原子力エネルギーで稼働する発電所を決められた供給条件や供給期限をつけて発注したり、購入することができない」こと、さらに、人は「今や何か新しい産業分野が生まれた、つまり、原子力産業のようなしろものができあがりつつある」と信じてはならないとしたものであった。ジュネーブ会議に対する連邦政府のそうした危機的ともいえる反応の鈍さは、ハイゼンベルクを憤らせた。というのも、彼からすれば、ドイツの「原子力官庁」の設置と原子力法の制定の時期は、ずっと前に到来していたからである。

その当時、社会民主党[*9]やその他の野党勢力の中で国の原子力政策は非常に遅滞しているという印象が生まれていたが、ハイゼンベルクは、そうした印象が生まれることにあずかった。ノルトライン・ヴェストファーレン州次官のレオ・ブラント[*10]は、一九五六年の社会民主党のミュンヘン党大会での「第二の産業革命」と題する基本方針を示した演説において「今世紀最大のドイツの科学者の一人が」最近次のように彼に語ったことに言及した。すなわち、「楽観的になってはいけません。私たちは、何も生まないでしょう」。この「偉大なドイツの科学者」は、「五年間もの長きにわたって、警鐘を鳴らして原子力政策の痛いところを突いていた」、と述べたのである。彼がハイゼンベルクであることは、疑いない。ちょうどその頃であるが、レオ・ブラントは原子力委員会において原子力大臣のシュトラウスを苦しい立場に追い詰め、また、シュトラウスはシュトラウスで、ハイゼンベルクが「原子力委員会に不信感や対立を持ちこむ」ことがないようにしようとしたのである。

＊1――ドイツの学界最大の自治組織であり、基礎研究の支援を最重要事業としている。私法に基づく協会で、大学、研究機関、学術団体、科学アカデミーが加盟している。日本の学術振興会に相当する組織である。

＊2――ドイツの国会は、連邦議会と連邦参議院の二院制をとっている。我が国の衆議院にあたる連邦議会は、一八歳以上の国民から選挙で選出された連邦議会議員で構成され、連邦法の立法権、連邦首相の選挙権等の権能を有する。一方、連邦国家制度における連邦参議院は、我が国の参議院と違い、各州の意思を連邦法の立法や連邦行政に反映させる権能を持ち、議員は、各州の大臣の中から任免される。

＊3――欧州防衛共同体（ドイツ語ではＥＶＧ）は一九五〇年にフランスの首相ルネ・プレヴァンが提唱したヨーロッパ全体を網羅する超国家的な防衛軍設置の構想であり、これに基づいて一九五二年にフランス、ドイツ連邦共和国、イタリア、ベルギー、オランダ、ルクセンブルクにより欧州防衛共同体条約が調印されたが、フランス議会での批准がド・ゴール派の多数で否決されたことなどにより、発効しなかった。

＊4――ＥＢＲ－Ｉ実験増殖炉は、アメリカの国立原子炉研究所（現アイダホ国立研究所）の施設としてアイダホ州の砂漠に設けられた世界初の高速増殖炉であり、一九五一年に世界初の原子力発電に成功したこと

でも有名。本書でも言及されているように一九五五年に運転員のミスで部分的な炉心溶融事故を起こした。一九六四年に稼働は停止された。その後を引き継いだのはEBR－IIである。

＊5――ルートヴィヒ・エアハルト（一八九七～一九七七年）。CDUの政治家、経済学者。一九四九年から一九七七年まで連邦議会議員。この間、一九四九年から一九六三年までアデナウアー内閣で連邦経済大臣を務め、社会的市場経済の理念に基づく経済政策を展開。戦後ドイツの経済復興と繁栄の父とされる。アデナウアーの退陣後、一九六三年から一九六六年まで第二代連邦首相を務める。

＊6――一九五五年六月にイタリアのシチリア島のメッシーナで行われた欧州各国の外相会議で、欧州経済共同体（EEC）と欧州原子力共同体（ユーラトム）の創設を決めたメッシーナ宣言が出された。これに基づいて、一九五七年にEEC設立条約とユーラトム設立条約がフランス、ドイツ、イタリア、ベルギー、オランダ、ルクセンブルクの六ヶ国で締結された。両条約は、一九五八年に発効した。

＊7――この決定に基づき、一九五六年に連邦原子力大臣によってカールスルーエにおける原子力研究施設の運営組織として有限会社形態の「カールスルーエ原子炉建設・運営協会」（KfG）が設立された。同協会は、その後「カールスルーエ原子力研究協会」（GfK）、さらに「カールスルーエ原子力研究センター」（KfK）と改称されたが、いずれも有限会社形態であった。当初の出資者（有限会社社員）は連邦とバーデン・ヴュルテンベルク州であり、出資割合及び事業予算の負担割合は連邦が九割、同州が一割であった。この間、一時期は産業界が出資者に加わることもあった（一〇一頁参照）。カールスルーエ原子力研究センターは、その後何回か名前を変えたが、二〇〇一年に連邦教育研究省の研究計画の実施機関として一五の巨大中枢的研究機関を束ねたヘルマン・フォン・ヘルムホルツ協会が設立されるとともに、その一つとなり、さらに、二〇〇九年に「ヘルムホルツ協会カールスルーエ研究センター」に改称され、現在に至っている。なお、原著では特に必要な箇所を除き統一的な名称として「カールスルーエ原子力センター」が使われている。

＊8――ドイツ製の原子炉開発に関心を持ったヘキスト、AEG、バイエル、クルップ、ジーメンスなど化学、機械製造、電機、金属産業の一六社が一九五四年一一月、デュッセルドルフに設立した協会。有限会社形態をとり、各社は一〇万マルクを出資した。ヘキスト社のヴィンナッカーとメンネが主導した。

＊9――社会民主党（SPD）。ドイツの社会民主主義の中道左派政党で、CDUと並ぶ二大政党の一つである。一九六九年のゴーデスベルク綱領で階級政党から国民政党に転換。一九六六年以降、他党と連立政権を組む中で、たびたび連邦政府、州政府の政権を担当している。

＊10――レオ・ブラント（一九〇八～七一年）。一九五四年からノルトライン・ヴェストファーレン州経済交通省次官。同州立ユーリヒ原子力研究施設（KFA。現在のユーリヒ研究センター）の創立者と見なされている。ルドルフ・シュルテンと親交があった。

原子力政策の原点――科学者か、産業界か

ドイツ連邦共和国の原子力エネルギー開発の初期の時代におけるハイゼンベルクやその他の原子力研究者の役割から、人は、ボンの原子力政策の原点は学界にあったと一般的に結論できるのであろうか。あるいは、原子炉建設の準備のために一九五四年に創設された「物理学研究協会」――この名称は、むしろ符牒であるが――がすでに産業界のおもだった名前を連ねたものであったことには、より深い意味があったのであろうか。しかし、研究協会の単なる会員であることは、原子力技術への純粋な関心の指標としては、十分ではないのである。

原子力エネルギーに真剣に関与したのは——振り返ってみると驚きであるが——最も初期には化学産業、特にファルプヴェルケ・ヘキスト社であった。同社は、早くも一九五四年春には重水製造可能な事業体として原子炉建設の準備に携わっていたが、その際、我々がこれから見ることとなるように、同社の関心は、明らかに間違った前提に依拠していたのである。ヘキストの社長ヴィンナッカーは、結果的に、誕生しつつあった原子力産業の表看板となった人物で、研究協会の代表としてジュネーブ会議に参加した。もっとも、自認しているように、彼は当事者能力に欠けていたので、「ハーンの学問的な名声を享受する」ことに頼ったのである——とはいえ、ハーンはといえば、原子炉についても多くを理解していなかったのだが。

後にその参加者によって、原子力技術の平和利用の運命の一瞬と陶酔的なトーンで記されることが習いとなったジュネーブ原子力会議自体、ドイツのチャンスという観点ではヴィンナッカーにとって決して楽観的な雰囲気のものではなかった。産業側が原子力エネルギーについてようやくはっきりと関心を抱くようになったのはその後のことであり、とりわけ連邦政府によって任命される原子力委員会を通じてであった。一九五三年初めに地質学者のキルヒハイマーは、将来の原子力委員会に産業界がかなりの規模で参加することが支障になるのではないかと恐れていた。一九五四年の秋には、経済省の原子力政策計画委員会においてハイゼンベルクと、委員会の長であった産業融資銀行の頭取との間に「意見の著しい相違」があり、これがハイゼンベルクの委員会からの脱退という結果を招いた。さらにその意見の相違は、原子炉建設の立地の決定の引き延ばしや、最終的にミュンヘンとは逆に下されたその選択に産業界が一枚噛んだのではないかという、彼の疑念を目覚めさせたのである。

社会民主党の連邦議会議員カール・ベッヒェルト[*1]は、理論物理学の大学正教授であり、かつ、一九六二年から一九六五年にかけて連邦議会原子力エネルギー委員会の委員長であったが、彼は、一九六〇年にフランクフルト社会民主党教員協会が招聘した講演で次のように述べた。「かなり前から原子炉建設が着手されていたが」、それには相当の理由がある。すなわち、「抜け目のないコンツェルンの社長たちが学界に言いくるめられ、それ以外になすすべがなかったからだ」、と。一九五二年の終わりにハイゼンベルクがあるラジオ放送の講演で——ある化学会社の書簡はそのように理解しているが——「近い将来、産業界の大部分は原子力産業になるだろう」と明言したこと、また、一九五五年には大きな影響力を持つ経済評論家のエドガー・ザリーン[*2]が含みを持たせた言い方で、原子力にあっては、問題は「明日の現実」であり、「したがって今日、石炭産業や鉄鋼産業、化学産業などの大小の製造業は、その新しい状況に長期計画や投資を対応させ、照準をあわせるべきである」と断言したことを読むと、ベッヒェルトの主張は誇張でないように思われる。

ドイツ産業連盟[*3]（ＢＤＩ）会長のフリッツ・ベルクは、もともと本業が自転車のスポークやマットのスプリング製造業であったこともあり、その当時はまだ原子力エネルギーやオートメーションによる「第二の産業革命」というアイデアについて知ろうともしなかった。この理念は、むしろその頃は左翼のキャッチフレーズであった。ドイツ技術者協会[*4]（ＶＤＩ）でさえ、一九五五年に入るまでは原子力技術にほとんど関心がなかった。後年、技術者の観点からカール・ヤロシェク[*5]が原子力技術開発の黎明期に「ジャーナリスト的段階」と「素朴な物理学的段階」という、技術者の経験から学んでいない二つの段階を見てとったのも理由がなくはなかったのである。

原子物理学は、原子炉開発の初期の時代には、後年に比べて非常に大きな役割を演じていた。一方そうはいっても、原子炉建設がとりわけ工学技術の事案であり、物理学の事案ではないことは明らかであった。民生用の原子力技術が長いことほとんど進展を見せなかった第二次世界大戦後のアメリカの経験は、物理学者はたしかに原子爆弾を開発できるが、しかし、産業的に使用可能な原子炉の建設はできないことを明白に証したのであった。「原子炉研究施設の本来の展開を最もよく保障するもの」としてマックス・プランク協会との「緊密な結びつき」を勧めていたハイゼンベルクも、原子炉建設のさらなる進歩は工学技術的な問題の解決にかかっていることを、不本意ながら一九五三年にすでに認めていた。

ハイゼンベルクの影響下で、計画委員会は、まず一九五四年に欧州防衛共同体条約によって許容された規模の枠組みで一・五メガワット〈一メガワットは一〇〇〇キロワット〉の小型原子炉の建設を決定した。その当時ハイゼンベルクは、研究センターではその種の小型原子炉しか建設できない、一方、五〇メガワット級の「大型原子炉」や、これを超えるものは、「どの大きな集落からも遠く離れた広大な空き地の中にある敷地に建てられるべき」である、という見解であった。しかしながら、そのようなごく小さな能力の原子炉は、産業的には魅力がないものであった。すでにカールスルーエの研究用原子炉（ＦＲ２）は、一二メガワット用で建設されていた。また、これに続いた「多目的研究用原子炉」（ＭＺＦＲ）は五〇メガワットであった。なんと、ハイゼンベルクが警鐘を鳴らしていたにもかかわらず、原子力研究センターそのものにおいてそのようなありさまであった。

にもかかわらず、ハイゼンベルクは経済界に対して学界の利害・関心そのものを代表してきたという説が広くまかり通っていた。しかし、むしろ彼は、経済界の利害・関心を先取りしようとしていたのであり、しかも、これは学界の同業者仲間に拍手喝采をもって受け入れられるようなものではなかったのである。原子炉プロジェクトをマックス・プランク協会内にとどめておこうというハイゼンベルクとヴィルツの努力は、「様々な産業人」の願望に沿うものであった。これに対して、多くの学者は原子炉建設を喜んで産業界にまかせようとしたようである。原子炉センターを産業界のもとに置くというハクセルの助言は、大学における従来の原子物理学研究の維持を懸念したものであったが、こうした懸念は、多くの同僚たちによって共有されていた。国家機関や、プロジェクト絡みの産業界との協力を、大多数の学者たちは学問の自由に対する脅威として受けとめていたのである。

すでに一九五〇年代初めにハイゼンベルクは、新しく設立された研究評議会の会長として、学界と国家との協力関係の緊密化に取り組む中で、政治的影響から学問を守るために闘ったドイツ学術扶助会[*6]と激しく衝突していた。その際、両陣営は、それぞれナチス時代の経験に基づくものであったが、まったく逆の手法や結論を得ていたのである。ハイゼンベルクは、原子力政策に関与するにあたって、学界の集団的な利害・関心を何も体現しなかった。原子力の初期の時代において彼は、学問と経済と政治の間を取り持つ才覚、あるいは、今日的な言い回しをすれば「ネットワーク化」する才覚によって鍵を握る人物となった。しかしながら、それらの三分野の協力は、結局のところ、むしろ無計画な性格のものとなったのである。

*1――カール・ベッヒェルト（一九〇一～八一年）。理論物理学者で、終戦直後にギーセン大学学長、その後マインツ大学の理論物理学研究所所長、ドイツ物理学会会長を務める。また、一九五七年から一九七二年までSPDの連邦議会議員。原子力エネルギー水利経済委員会委員長。反原子力、平和活動分野でも活躍。「反原発運動の父」とも言われている。なお、ベッヒェルトは、ゲッティンゲン宣言が核兵器には反対するが、原子力の平和的利用に賛成するものであったことから、この宣言に署名しなかった。

*2――エドガー・ザリーン（一八九二～一九七四年）。経済学者、経済評論家。ハイデルベルク大学、キール大学の教授の後、一九二七年からバーゼル大学正教授。一九六一、六二年に同大学学長を務める。

*3――第二次産業、第三次産業分野の企業の全国団体を会員とする産業界のナショナルセンターで、一九四九年に設立された。日本の経団連にも似た団体で、ドイツ産業団体全国連合会とも訳される。二〇一四年現在で、自動車、化学、鉄鋼金属、エレクトロニクス、紙パルプ、観光など三七産業の全国団体が会員となっている。

*4――一八五六年に設立されたドイツ最大の技術者団体で、エンジニアの仕事の支援、助成、利益代表を使命としている。二〇一四年現在、一五万四〇〇〇人の会員（技術者、自然科学者）を擁する。

*5――カール・ヤロシェク。工学博士、ダルムシュタット工科大学教授（熱工学）などとして活躍。RWE社顧問も務めた。

*6――ドイツ研究振興協会（DFG）の前身で一九二〇年に設立された。

第二次世界大戦の遺物――重水炉とウラン遠心分離機

戦時中につくられた原子炉諸計画の後年への影響は、ドイツ連邦共和国における最初の原子炉の型式選択の際の決定プロセスにはっきり表れた。細部の技術が歴史についてもの言う力を持つことがここで早くも示されているのである。カール・ヴィルツとヴォルフ・ヘーフェレは、一九六一年に次のように書いている。まさにその頃批判されるようになったカールスルーエの重水炉FR2について「その起源である一九四〇年のハイゼンベルクの最初の仕事にまで真っ直ぐに延びる線を追うことができる」と。後にハイゼンベルクその人も、ドイツの会社によって最初に外国の原子力発電所――アルゼンチンのアトゥチャ原発――へと納入された原子炉が「我々が戦時中に計画したのと同じように天然ウランと重水から成り立っている」ことは「おそらく偶然ではない」と、意味深長に指摘した。しかし、一九四五年春のハイガーロッホで見られたような、目標が達成される前に諦めてしまうという成り行きは、重水炉路線にあっては、後にそこかしこで繰り返されることとなる。

第二次世界大戦中にドイツの原子炉開発は、とりわけ重水が不足したことで挫折した。原子炉開発が一九五〇年代に再開されると、すぐにそれは旧知の暗礁に再び乗り上げた。戦時中と同じように、人はノルウェーのノルスク・ハイドロ社[*1]を頼りとしたが、しかし、同社は何らの詳しい説明なしに「我々は、今後数年以上、重水を供給できる可能性がないと見ている」と伝えてきたのであった（一九五二年）。その後も長年にわたって重水は隘路となったまま残った。IG・ファルベン・コンツェルン[*2]の後継会社もまた、最初の頃は助言のすべを知らなかった。一九五二年の終わりに次のように報じている。レヴァークーゼンのバイエル社[*3]の研究所長もまた、一九五二年の終わりに次のように報じている。「戦争の間、ロイナの地で重水を得るためにずっと行われていた作業は、今日よく知る人物を誰も見つけることができないほど極秘の作業であった」。つまり、重水に関する専門知識という点では、そこに何らの連続性もなかった。けれども、たしかにヴィルツに率いられたマックス・プランク研究所原子炉部門にはその専門知識があり、そこでは人々は奇妙な頑強さをもって古いコンセプトに固執していたのである。

重水炉が是と決定されることにともなって、化学産業界における重水製造会社にとっての大事業が明確な形をとって姿を現した。そして、後年、ヴィンナッカーの談話において「より大胆な展望をもって」とされた、ファルプヴェルケ・ヘキスト社の原子力技術への関与がそうした確実な状況の中で始まったのである。当時ヴィルツは、ドイツ産の重水の値段が外国産のものの二倍となれば、それ自体「いい売れ行き」を見込める、と言ってあらぬ期待を持たせた。この誤った思いこみは、結果的にヘキスト社を重水製造の実験施設建設へと仕向けることになったのである。一九五四年四月、ヴィルツは原子炉減速材製造委員会委員長として同社及びデグッサ社[*4]と最初の協議を行った。彼はその際、両社は「いかなる対価を払ってもドイツの原子力エネルギー開発に参画する気がある」という印象を得たのであった。原子物理学者の目からすると、中性子の扱いに優れている重水炉は理想的なコンセプトであった。

それと反対に、アメリカの「スイミングプール型原子炉[*5]」は、物理学者の視点からすると劣ったものであった。この原子炉は、ジュネーブ原子力会議で一見に値するものとされ、また、マイアー＝ライプニッツがミュンヘン研究所のためにアメリカから調達したものでもあった。これは、減速材として普通の水を使った原子炉であり、また、核燃料としてアメリカ産のものしか入手できない濃縮ウランを使うものであった。この原子炉はドイツ初の原子炉であったが、しかし、原子力エネルギーの歴史においてはヴィンナッカーとヴィルツによってごくおおまかにしか語られていない。来るべき時代は、まさにその軽水炉路線となったというのに、なんということであろうか。しかし、「卵形原子炉〈アトムアイ〉」の調達は、原子力政策的な動機というよりも、むしろ研究所の戦略的な動機から出た単なる掘り出し物であった。すなわち、後に自ら公然と認めているように、マイアー＝ライプニッツは、「職員を軽率に増やしてしまった後に定員について事後承認を得るため」に「卵形原子炉」を必要としたのである。さらに、ミュンヘン研究所のために英国産のより完璧な原子炉を注文する計画が浮上したとき、原子力大臣シュトラウスは「ミュンヘンの連中に対して、発注しないように」次のように「緊急に警告した」のである。「自分はそのために自由になる予算を用意できない」と。

＊1——一九〇五年に肥料事業からスタートしたノルウェーの会社で、今日ではアルミニウム生産、再生可能エネルギーなどの事業を行う。リューカン工場はヨーロッパ唯一の重水拠点として有名であった。

＊2——第二次世界大戦前のドイツの独占的な化学産業トラスト。一九五一年に解散。バイエル、ファルプヴェルケ・ヘキスト、ＢＡＳＦ、アグファなどの一二社に分割された。

＊3——一八六三年に染料メーカーとして創業した世界有数のドイツの総合化学会社。本社をレヴァークーゼンに置く。

＊4——エッセンに本社を置く現在のエヴォニク・デグッサ株式会社の前身。大手の特殊化学メーカーで、エヴォニク社と合併（二〇〇六年）する前の時点でドイツ第三位の化学会社であった。

＊5——軽水を減速材に使った代表なタイプの研究用原子炉。水泳プールに似た水槽に、濃縮ウランを吊り下げた形をしている。日本でも、日本原子力研究所（現原子力研究開発機構）、京都大学、立教大学などにこのタイプの原子炉があった。

原子力エネルギーの経済的な基本的枠組み

エネルギー産業において大きな影響力を持った原子力エネルギーの先駆者、ハインリヒ・マンデル[*]は、一九七〇年代に飽くことなく世論に対して次のように訴え続けた。原子力発電所に関する決定は単なる電力コストの問題であるが、批判者は、数量的に考える能力がないので基本的に批判者たりえない、と。しかし、一九六四年、すなわち決定がなされた時期には、別なことが読みとれる。そのとき、彼は原子力発電のコストはまだ正確には計算できないことを認めたが、しかし、同時にまたこうも強調したのであった。つまり、人はリスクに驚愕してたじろいではならない、というのも「大規模な技術開発はどれも」「経済的には半ば暗やみの中で」成し遂げられるものだからだ、と。言わんとしたのは、原子力技術開発は明瞭な経済的条件のもとに置かれているのだが、それをはっきりさせることが大変だということである。実際、電力需要の分野では、その条件を求めるのは非常に難しいのである。

　したがって、原子力エネルギー産業部門は、経済の営みの決定的な駆動力が需要にあると見る経済理論に対抗する論拠たりうるかもしれない。最初の原子力発電所の建設は、なるほど電力コストに左右されるものではなかった。しかし、資金調達の可能性に左右されるものであったことは間違いない。つまり、原子力エネルギー開発と経済全体との関係は、とりわけこの点に求められるのである。エネルギー産業において、一九五〇年代、そして一九六〇年代初めに再三にわたって――これは原発の観点だけではなかったが――新規投資にあたってまず問題になるのは資本の調達であることが強調された。その当時の資本不足は、とりわけ原子力エネルギーに打撃を与えた。というのも、電力産業における資本集約度は、いうまでもなくその当時の諸情況からすれば非常に高いものがあり、だから、大きな重荷として受けとめられていたそうした構造的特性は、原子力技術が加われば、さらに厳しさを増すからであった。

　原子力エネルギーのコスト構造は、おおまかに見れば、最初からはっきりとした形をとっていた。「高価な原子炉施設――安価な燃料」とは、一九五五年八月のジュネーブ原子力会議時のハンデルスブラット〈商業経済新聞〉紙の一面を飾った見出しであった。一九五七年のことであるが、フランクフルター・アルゲマイネ紙のある解説委員は、より大きな生産能力へと向かう原子力プログラムにあって最も難しいのは資本の調達にある、と述べた。有力な銀行家たちは、その当時一五〇〇メガワットの原子力発電容量のために見積もられた二五億マルクを今後八年にわたって「工面する」ことなど「まったく不可能だ」と思っていたのである。だからこそ、まずもって国によって助成がなされたのであろう――しかし、その財政が働く余地とは、どのようなものであったのだろうか。

＊――ハインリヒ・マンデル（一九一九～七九年）。一九六七年に取締役会の一員になるなど、長年にわたってRWE社に勤務。一九六七年からアーヘン工科大学客員教授。一九七三年から一九七九年までドイツ原子力フォーラム議長を務める。

原子力政策と公的な財政措置の展開

連邦原子力省がまだゴーデスベルクのラインホテルに居を

構えていた初期の数年間は、同省の予算はほとんど取るに足りないものであった。というのも、同省がスタートしたのは、「七月の嵐」こと、当時の財務大臣であったフリッツ・シェファー[*1]（一九五七年まで在任）の厳しい緊縮財政政策の時代にあたっていたからである。とはいえ、実際の歳出は――驚いたことに――そのわずかな原子力予算額を常に下回っていた。それゆえ、そのごく小規模の予算は、原子力技術開発の内側に発する理由から説明せざるをえないのである。

原子力省と財務省との激しい対立が勃発したのは、一九六〇年頃である。その当時、ようやく特定の重点課題の達成に目標を置いて始まった原子力技術助成施策は、連邦銀行が公的予算全体に課した抑制的な歳出政策と衝突したのである。その後も、財政政策全般のそうした雰囲気は、原子力政策の中にもはっきりと感じられた。連邦予算の赤字は、一九六〇年代前半に縮減したが、しかし、一九六五年から急激な増加に転じた。その赤字縮減時に緩んだ財政規律は、一九六五年に同様に大幅に増えた実験用原子炉と実証炉のための歳出の大きな枠組みを形づくる条件となった。原子力エネルギーの歴史は、テクノロジーの合理性と財政政策の堅実性がひそかな親和性を持っているという悪しき事例を提供している。

最初の実証用原子炉の建造にとって直接的に重要な意味があったのは、マーシャル・プラン[*2]に遡る公的資金セクターであった。すなわち、連邦政府管理の欧州復興計画〈ERP〉特別資産と、公法上の金融機関であるドイツ復興金融公庫[*3]〈KfW〉によって供与された、あるいは、保証された借款である。この二つの資金源は、エネルギー供給の再建に本質的に関与した。というのも、ドイツ復興が果たされた後、そこに財政的な余地が生まれていたからである。自身を「資本市場を補完するもの」と理解していた復興金融公庫は、一九五七年頃から普通の発電所への融資を行う動機がなくなっていた。というのも、そのために必要とされる資本市場はすでに回復していたからである。これと反対に、鉱業はなおも復興金融公庫の資金をあてにすることができた。なぜなら、エネルギー供給の確保は、引き続き重点分野であったからである。もっとも、一九五九年から一九六二年まで復興金融公庫貸付は減少傾向にあった。最初の実証炉への資金調達に関する折衝がなされていたまさにそのときに、復興金融公庫には十分とはいえない貸付枠しかなかった――これは原子力技術の誕生のための財政政策的な基本条件の隠された部分を示唆するものである。

戦後の物不足を理由とした公的な投資統制は、自由主義経済的な教義には反するものであったが、そのようにしてその機能の一部は原子力技術を優遇するものへと変容しはじめたのである。「経済の奇跡[*4]」にとってのマーシャル・プランの意義は伝統的に過大評価されているが、原子力エネルギーの確立にマーシャル・プランが遠くから栄養を与えていたことは注目すべきである。優遇された利子の欧州復興計画資金を投入した復興金融公庫借款は、一九七五年のブラジルとの原子力発電所に関する野心的な商談にあっても、引き続き重要な役割を演じていた。もっとも、その種の支援だけではドイツ初の原発建設には十分でなかったのは、いうまでもない。

＊1――フリッツ・シェーファー（一八八八～一九六七年）。CSUの政治家。戦後一九四五年にバイエルン州の初代首相。その後、連邦財務大臣（一九四九～五七年）、連邦法務大臣（一九五七～六一年）を務める。

＊2――正式名称は欧州復興計画。第二次世界大戦で荒廃したヨーロッパ諸国の復興のためにアメリカが推進した復興計画で、一九四七年に策定。提唱した国務長官ジョージ・C・マーシャルの名前からマーシャル・プランと呼ばれている。ドイツ連邦共和国は一九四九年に参加した。

＊3――ドイツの戦後復興を目的に、一九四八年にマーシャル・プランの資金の配分のために設立された国営金融機関で、戦後復興の目的達成後は、中小企業、ベンチャー企業、環境保護、インフラ整備、途上国援助などの分野の公的資金融資を行って現在に至っている。資本金の八割は連邦共和国が、二割は州が所有する。

＊4――アデナウアー時代に連邦経済大臣エアハルトの経済政策（エアハルト経済政策）が奏功し、ドイツ連邦共和国の国民総生産は、一九四九年の共和国発足時に比べて一〇年間に名目で四倍に、特に工業製品輸出は六倍に、また、一九五七年には完全雇用水準に近づくなど経済の復興と繁栄が果たされた。この時代はドイツ「経済の奇跡」と呼ばれている。

原子力産業と民間資本の好景気

ドイツ連邦共和国における原子力研究の立ち遅れた状況や、原子力コンビナート全体に関する経済的な展望の難しさと並んで、最初の頃は、資本不足や、関係産業の生産能力の限界ギリギリの、あるいは、能力を超えた操業が、産業界が原子力技術に参入するにあたってのきわめて大きな障害となっていた。これを別な表現で述べれば、当時は原発よりも儲かって、しかも信頼の置ける投資のチャンスが有り余るほど自由になる状況にあったということである。けれども、一九五〇年代末以降、状況は徐々に変わっていき、そして、一〇年後にはドイツ連邦共和国経済の状況は、潤沢な当座資金と、ある部分では設備過剰の発生を特徴とするものとなった。

　欠けていたのは、原子力技術における産業投資の水準の決め手となる信頼の置ける基盤であった。ドイツ原子力委員会が最初から経済界の有力な人物を数多く名誉職的な委員として得ることができたという状況から、早い時期から原子力技術への強い関心が産業界に広くあったことが推測できる。けれども、このことは、その関心が一九五〇年代に資金調達に関するより強い関与の端緒となりえたことを意味するものではない。業界の機関誌である『原子力産業』のある統計は、産業界の支出が一九六〇年には連邦及び州の支出額の五分の一以下にすぎないと推定した。それどころか民間経済界の支出割合は、国家財政支出と比べると長年にわたって減少傾向にあったのである。たとえば、一九六五年には、マンデル（RWE社）自身が民間経済部門の割合はたった一〇パーセントにすぎないと見積もっていた。

その後、資本不足が緩和される時代になっても、エネルギー産業は、原子炉を選定する場合に特に重要なことは、たとえより高いランニングコストを甘受せざるをえないとしても、設備投資コストの最小化である、というおおまかなルールに従っていた。特に軽水炉の決定は、ほとんどそれを論拠にしてなされた。しかし、一九七〇年代になると、より小さな設備投資コストを優先するという考えは、察するに、もはや以前のようには強調されなくなったようである。それは、資本が潤沢に手にできる時代であり、石油危機やウラン価格の高騰、あるいは、使用済み核燃料再処理の技術的、経済的諸問題が長期的な供給保証の点でより都合のよい核燃料利用を望ましいものと見なした時代、さらに、高速増殖炉の「コストの暴騰」がまったく新しい尺度をつくり出した時代であった。もし、まだ資本不足一色の時代に人が「第一世代」の原子炉タイプに決定的に縛られずに、さらなる学習過程に余地を残していたならば、ことによると安全の観点からより優れた原子炉タイプを選定できていたかもしれない。

一九六〇年代末になると、経済的条件は、すべてがすべて原子力発電所にとってかつてないような好ましいものとなった。すなわち、当座資産は潤沢で自由にできるようになった。また、資本集約度が全般的に向上した結果、原発への投資は、一〇年前のような枠組みから生まれるような小さな規模ではなくなり、むしろ高度にオートメーション化された原子力発電所は一九六〇年代末に強まった合理化ブームに最も適したものとなったのである。一九六九年にマンデルは次のように告げることができた。「賃金がいやも応もなく上昇の一途にあるのを見ると」、「賃金の割合が大きくなればなるほど」「種々のエネルギー生産企業の状況は、ますます困難なものとなる、と。賃金割合の最小化を志向する戦略から生まれたのは、原子力エネルギーを原則的に肯定する評価であった。加えて、節税を理由に潤沢な資本が設備投資へと向かう一方で、より儲かる新規投資分野が縮減傾向を示していた時代には、原子力発電所の経済的リスクは、もはや往時のようなぞっとするほど大きなものではなくなっていた。短期的に見れば原子力技術によって損失が出ることは脅威ではあったが、しかし、このことは、市場におけるチャンスとともに減価償却の程度が企業の経営計算を決める時代には、ほとんど重要な意味を持たなくなっていたのである。

だからこそ一九六九年に原子力発電所の発注が継続的な潮流へと膨れあがったとすれば、その時代は、原子力産業内部の独自の発展からというよりも、むしろ全般的な経済発展から説明されるものである。一九六六年にアメリカで起きた原発の「爆発的な発注」は、その融資信用性を高め、増大する資本の流れを原子力産業の水路へと導くことに寄与した。電力産業の資本不足は、一九六〇年代末には過去のものとなった。最大の電力生産者であるＲＷＥ社は、一九六九年、ビブリス近郊にその当時世界最大の原子力発電所を発注し、それどころか、その大部分を自己資金で楽々と賄った。一九六七年から六八年にかけてのＲＷＥ社の決算は「潤沢な当座資産」があることを示したが、それは、売上高が伸びたことだけでなく、投資が減少したことに起因したものであった。一九六八年の決算では、減価償却費の額が投資額よりも多くなっていた。

利益を約束する投資分野が不足していることもまた、産業界の意欲を原子力技術へと向かわせた。「ＲＷＥ社は数百万マルクの虜になるよう強いられているかに見える」と報じた一九七二年のある新聞記事は、新たな投資に向けられる減価償却費の額は、現在の約五億五〇〇〇万マルクから今後五年以内に一一億マルクに倍増するだろう、とコメントしている。一九七〇年以降の時代になると、ＲＷＥ社の場合には、自己資金による資金手当の割合は増大の一途にあった。すなわち、一九七〇年から一九七一年にかけての三〇パーセントから、一九七二年から七三年には四八パーセントに上昇したのである。一九七四年のある新聞記事は、ＲＷＥ社の信用余力は、「一〇億マルク以上があるので、まだしばらく使い尽くされることはない」と報じた。

電機産業は、一九五〇年代に急成長を体験した。後年のある証言によれば、電機産業のキャパシティーは、その当時とりわけ連邦鉄道の電化によって原子力技術にまで力を回す余地がほとんどない状況にあった。家庭の電化やテレビの普及もまた、電機産業部門に長年にわたって大きく確実な利ざやをもたらしていた。

そうした状況は、一九六〇年代が進む中で変化しはじめる。すなわち、家電製品、さらにそれ以上にラジオやテレビ、オーディオ音響製品のブームが一九六〇年以降に起き、電機産業にあっても設備過剰が生じたのである。早くも一九六〇年代の初めには、ラジオやテレビの市場の激しい価格競争が知られることとなった。それから数年後、電機産業は、洗濯機の「常軌を逸したような価格の下落」についての嘆きを口にする。一九六六年から一九六七年にかけての景気後退は、電機会社の国内売上高にはっきりと見てとれるような減少をもたらした。だから、なおさら各社は外国との取引に頼ることとなった。一九六〇年代を通じた電機産業の状況にとって、原子力技術は願ったりかなったりのものとなったのである。すなわち、電気機器生産のそれまでのブームが去った後の大規模な新しいエレクトロニクス技術のプロジェクトとして、そして、同時にドイツの電機会社の世界市場での威信を保障するための手段として。

そうした歴史の縦断面を、我々は幅広く先取りして見てきた。そこに描写されたいくつもの文脈から何が結論としていえるのだろうか。原子力技術の歴史は他から切り離して観察してはならないことを思い出していただきたい。また、新たなエネルギー技術は、現にある需要への反応としてではなく、産業の設備過剰に対処するための、あるいは投資先を探す当座資産のための活動分野として、確かな地位を占めていったことを思い起こしていただきたい。原子力技術への移行がそうした状況の中で起きたことは、いずれにしても早くから明らかであった。すでに一九五〇年代半ばには原子力は将来有望な部門と見なされ、そのときからこの部門の計画は、いわば産業界の手の内にあったのである。

原子力技術の選択や原子炉のタイプの選別をどのように人は判断するのか、このことは、全体の展開を解釈する上でも重要である。たとえば、マルクス主義的な見方からすれば、資本主義の危機の終局の際に生じる「利潤率の低落傾向」が重要な問題となる。その見方は、もし原子力エネルギーが経済的でないと判明するとすれば、没落傾向から脱するための逃げ道がどんどん少なくなっていくことを暗示する。加えて、原子力産業の興隆は、支配力を強めようとする資本の取り組み——すなわち、賃金割合の最小化に向けての取り組み——が利潤を高めようとする取り組みよりも強くなっていくことを仄めかす。さらに、その結果続いて起きる危機は、手におえなくなった固定コストによって資本主義が窒息し、合理的に行動する能力を失っていくさまを示す教材である、というものである。そうした見方とは逆に、自由主義かつ経済的な見方からすれば、そのプロセスの中に資本主義そのもののダイナミズムが示され、寡占的地位を持った巨大コンツェルン自身、もはや従来の利潤源泉に頼ることはできず、利潤機会が減少することによって新たな市場開拓に拍車がかかることが明らかになる。要するに、資本利回りの低下は、原子力技術を進歩と見るか、そうでないと見るかによって、正反対の結果となる。

原子力技術が失敗の投資であることが判明した今日にあってさえなお、自由主義的な立ち位置を救うための可能性といえるものがまだあるかもしれない。原子力技術を優遇することが特に経済外の影響、政治的影響によるものであったことや、その種の歪みに邪魔されなければ、市場には別のよりよい選択肢があったかもしれないことが明らかになるとすればの話であるが。これと反対に、もし、惨めな原子力産業の現状は、中央の国家的計画の欠落が招いたものという結論が出るとすれば、国の干渉をよしとする立場は強化されるかもしれない。次章以降に提示する研究は、その一つひとつの立場のための論拠を随所で提供することとなるのであろう。総合的な結果として突きとめられるのは何か。これは、現在までのところ、まだはっきりしない問題である。

第2章　「原子力の平和利用」という幻想——思惑の局面

原子力技術の意志決定の場と政治的なキーワード——イギリスの道か、アメリカの道か

ドイツ連邦共和国の原子力政策の初期にあたる一九五五年以前には、理論的に可能な原子炉タイプが紛らわしいほど多様にあることは、まだほとんど視野に入っていなかった。これに対して一九五五年には、それまで一目瞭然であった舞台が見渡すことのできないような様々な次元へと急激に広がっていった。すなわち、一九五五年二月に公表されたイギリスの原子力発電所一〇ヶ年計画、同年アメリカでまとめられた原子炉五ヶ年計画、さらにジュネーブで開催された第一回原子力会議は、原子力技術の可能性を満杯にしたものであった。

当然のことながら、原子力政策において路線を決める者は、複雑に入り組んだ可能性の全貌をまったくと言っていいほど理解できなかった。題材は、政治的なアクセントが置かれた数個の簡単な選択肢に還元され、そして、これによって素人にもその相貌がわかるようになったのである。政治家たちがすぐに理解できたのは、一九五五年頃の選択肢、すなわち、アメリカの道を行くべきか、それともイギリスの道を行くべきか、という選択肢であった。その当時、特にイギリスは、性急な原子力の先駆者たちにとって実用原子力発電所の継続的な建設と、これを踏まえた高温技術のさらなる開発に取り組むという目標に向けて先を行く存在であった。これに対して、〈化石燃料による〉エネルギーコストがドイツ連邦共和国とは比較できないほど非常に低かったアメリカでは、原子炉の発注は、まずはためらいがち、かつ、散発的になされるにすぎなかった。さらに、イギリスの原子炉は天然ウランによって運転され、アメリカにおいて軍事目的で設置された施設のように多額の経費がかかるウラン精製施設を必要としないこともあり、イギリスの原子炉路線が推奨されたのである。

一九五七年春、ドイツ原子力委員会の使節団がイギリスを

視察旅行した。ジーメンス社のある取締役は、「きわめて印象的であった」として、次のように記している。「原子力の中心地」コールダーホールは、「すべてが安全性の観点のもとに建設されたものであり」、「天然ウラン原子炉についての当初の懐疑は、完全に雲散霧消した」。その後五年以上経ってもなお彼は、懐疑的な者をイギリスに送り「視察して情報収集する」ように勧めている。つまり、「そのたぐいの視察をした後には、排撃者転じて擁護者となる」としたのである。ドイツ原子力政策の早い段階における視察旅行の印象には、工業化時代初期における事業家たちの取り憑かれたような旅行熱を想起させるような意味があった。しかし、この時代と同じように一九五〇年代においても、驚嘆の念は、すぐに嫉妬心へと転じたのである。英国の原子炉タイプを直接的に継承するような取り組みは、ほとんどなされなかった。というよりも、むしろ人は、コールダーホール原子力発電所を天然ウラン路線の成功として理解し、これをもってドイツの重水原子炉を肯定する論拠と解釈したのである。

　イギリスの原子炉プロジェクトの主たる目的は、しかしながら、電力生産だけでなく、プルトニウムの生産でもあった。一九五五年のイギリスの原子力計画は、たしかに「プルトニウムのすべてが民生用目的に使用されること」は「きわめて望ましい」と表明し、そして、これを将来の原子炉燃料として理解するすべを心得ていた。これに対して、社会民主主義の経済学者フリッツ・バーデ*——その当時の原子力への陶酔に深い懐疑を抱いていたごく少数の者の一人——にとって、英国の原子力発電所計画に関するそのたぐいの説明は、エネルギー不足の脅威と言われるものを正当化するための通常の論法であるだけでなく、もっともらしく見せかけた現実の隠蔽以外の何ものでもなかった。彼は次のように言った。「大方の報道では、コールダーホールは原子力発電所として紹介されている。これは事実と合致していない。コールダーホールは、イギリス軍参謀本部の要請で建設された、原子爆弾のためのプルトニウムの製造工場である。この爆弾工場は、発電所という衣をまとっているにすぎない」。生産されたエネルギーとは、原爆製造過程で生まれる廃棄産物にほかならないというのが真実だ、としたのである。

　それに対して、ノルトライン・ヴェストファーレン州の社会民主党の原子力政策の主導者であったレオ・ブラントは、英国を志向した戦略を擁護して闘った。一九五六年のことであるが、彼は、石炭供給の隘路と称されるものにイギリスもドイツ同様に直面していることをその論拠としたのである。この点で、新しい原子力大臣シュトラウスが次のように応じたのは、当を得ている。すなわち、「英国の計画について電力不足を埋めるためという観点だけで見てはならない」、「この場合、英国の原子爆弾計画も考慮しなければならない」。イギリス人は「どのような原子炉タイプからもプルトニウムを得よう」としている、「それをもって原子爆弾の在庫をそれなりに山積みできるように」、と述べたのである。プルトニウムの使い道は原子炉の核燃料以外にはないと思われる――というヴィルツのプルトニウムの使用目標についての説明にあった無邪気さは、将来国防大臣となるシュトラウスにはまったく欠けていたのである。

*――フリッツ・バーデ（一八九三〜一九七四年）。経済学者としてキール大学正教授、世界経済研究所所長などを歴任。また、一九四九年から一九六五年までＳＰＤの連邦議会議員として活躍。

「我らが旗印である天然ウラン」、そして、プルトニウムへの衝動――戦略的意志決定としての燃料の選択

英国の道をとるか、米国の道をとるかという意志決定は、おおまかにいえばドイツの原子炉で使用される核燃料に関する意志決定であった。すなわち、天然ウランとするか、それとも濃縮ウラン（天然ウランには〇・七パーセントしか含まれていない放射性同位元素ウラン２３５の含有量が人工的に高められたウラン）とするか、という決定である。その当時、民生用原子力技術の基本問題そのものとして広く世界的に認識され、しかも、しばしば政治的にも重荷を背負わされたそれらの選択肢の及ぼした影響は、詳しい観察に値するものである。

核燃料の選択は、ドイツ連邦共和国の燃料自給自足の達成に努めようとするとき、とりわけ戦略的な意志決定となり、因果関係を持つ一連の結果を生むこととなった。濃縮ウランに決定し、しかも核燃料の自給自足に固執した場合には、ウラン濃縮施設を建設せざるをえなくなる。これに対して、天然ウランを採用するという決定は、論理的な必然性はなかったとしても、その当時一般的には高速増殖炉と使用済み核燃料再処理施設の建設を決定することに結びつくものであった。というのも、天然ウランとすることは、とりもなおさずプルトニウム、すなわち、核分裂物質獲得の唯一の道に決定することでもあったからである。

機械工学的プロセスとしてのウラン濃縮と、化学的プロセスに関係する再処理という二つの道は、多種多様な産業分野の参加を必要とするものであり、様々な利害関係者の結合をよりどころとしたものであった。双方の核燃料は、それぞれ異なる原子炉タイプを要求し、また、異なるタイプの原子炉を可能にした。すなわち、天然ウランは、重水や黒鉛のような特によく作用する減速材を必要とするが、これに対して、濃縮ウランの場合には減速材として軽水で足りるのである。減速材の違いは、原子力発電所の全体構造に影響を与えた。それどころか、影響はそれ以上のものであった。二つの道は、ドイツ原子力産業に異なる国際的な方向をとらせたのである。時間に関する見方もまた、様々に異なるものであった。天然

ウランにあっては、増殖炉や核燃料再処理施設の建設によって初めて長期的に確保されるものであるとしても、比較的高い核燃料自立性が当初から保障されているように思われた。一方、濃縮ウランの場合には、同位体分離施設の完成に至るまでアメリカに依存することとなるのであった。自給自足は、公式にはナチス体制の終焉以降ずっと指導目標として議論されていた。しかし、初期の原子力政策の楽屋裏では自給自足目標は派閥づくりのためのものと化していたのである。

後年の者の目から見ると、人々が核燃料問題に大きな価値を置いていたことは、驚嘆に値する。その当時こそ、そうしたことに代えて、安全に稼働し、機能的にも信頼を置くことができて、技術的、経済的にも計算が成り立つ原子力発電所はいかにすれば得られるかという問題について、とりわけ熟慮すべきであったのに。しかし、原子炉を実務的に扱った経験に欠けていた時代、さらに、原子力技術のシンボル的価値が特に重要視されていた時代には、核燃料の自給自足という目標は、政治的に利用可能な根拠を手っ取り早く与えるように見られていたのであった。

「原子炉」作業部会の中で早くに形成されていた天然ウランを是とするコンセンサスの前に立ちはだかったのは、マンデル（RWE社）その人であった。最終的には原子力発電所に出資し、運転することになるはずの電力産業の視点を持つ彼からすると、天然ウランを是とする論証は最初から怪しげなものであった。米国の原子力所管官庁がかなりの量の濃縮ウランの輸出を許可した一九五六年五月、彼は、同作業部会において「天然ウランで始めることと、濃縮ウランで始めることのどちらが経済的であるかという問題に関する議論が起きること」を希望した。しかし、作業部会の他の委員たちは、経済性の観点に関わろうとしなかった。ことにフィンケルンブルク（ジーメンス社）は、天然ウラン派を掌握していた。ハンブルクグループの総帥バッゲもまた、「外国からの濃縮ウランの調達について悲観的だ」と述べていた。最終的には、「すべての提案や勧告は、濃縮ウランの輸入から相当程度自立している状態に達することを目指す」ことで一致したのであった。

けれども、そのすぐ後に天然ウラン戦略は、米国から帰国して濃縮ウラン調達のチャンスについて楽観的な意見を表明したシュトラウスとハクセルの報告によって逆風を受けることとなった。アメリカが用意した供給規模は、関係者にとってその当時、大きな驚きであった。ドイツ最初の原子炉計画の提示に先立って開かれた一九五六年末の原子炉に関する情報交換会議の席上、マンデルは濃縮ウランを用いた原子炉が有利になるように精力的な攻勢をかけた。彼の言葉は重みを持っていた。というのも、RWE社は、原子力委員会を考慮せずに既成事実をつくることができたからである。カール原子力発電所の軽水炉の購入に関してもそうであった。こうして、その後すぐに構想がまとめられた原子炉計画では軽水炉も採用され、また、一五〇〇キログラムの濃縮ウランの調達についても書き加えられたのである。

その後、もちろんヴィルツは、「エルトヴィレの成果が、作業グループが当初想定していたものと部分的に著しく乖離していることに驚いた」のであった。とはいえ、基本的には天然ウランの使用という支えがあってこそ、独自の開発が可能になる、とも述べている。一九五九年になってもなお、原子力産業誌の公式見解を述べる記事は、時代がどうあろうと、それは今後とも「エルトヴィレ・プログラム」*の本来的な意義であると主張したものである。さらに一九六二年になっても、この間に連邦原子力省からカールスルーエの原子力研究センターへと転じたヴァルター・シュヌールは、情熱的に次のように追憶したものである。「ドイツ連邦共和国は天然ウラン原子炉の開発を旗印にしていた」

重水炉タイプのようなある種の天然ウラン原子炉をプルトニウム再処理や増殖炉への第一歩として推奨するのではなく、むしろ正反対に、それが核分裂物質をうまく利用することを通じて高速増殖炉や再処理をまずは不要にする原子炉であり、しかも、その核燃料の密度が比較的小さいことから軽水炉に比べてより高い安全性を有する原子炉であると考えることもできたであろう。こう見てみると、ドイツの専門委員会における議論は、その当時、原子力技術の国際的な威信の決定打となった軍事技術的な基本的条件という口にはされない存在によって、とにもかくにも歪められ、錯綜したものとなった。天然ウラン路線にはいくつものそれなりの根拠があったであろうに、なんとプルトニウムにその唯一の意義を見出していたのである。しかしながら、プルトニウムの軍事的意味は、議論においてはまったく禁句であった。それに代えて、多かれ少なかれ思惑的なものであった、プルトニウム戦略のための恣意的、かつ、くるくる変わる論証が俎上にのった。武器技術以外には、プルトニウム239の使用可能性は、まだほとんど知られていなかった。何はともあれはっきりとしていたのは、プルトニウムが「きわめて技術的に好ましくない特性」を有していることであった。特にそうした事情は、先に述べた原子力政策の決定の経済的、技術的合理性に疑問を呈することの格好な論拠となっている。

*――ドイツ原子力委員会の原子炉専門部会が一九五七年に作成した原子炉等開発の行動計画。当初は非公式のものであったが、後にドイツ初の原子力計画と見なされるようになった。その成立及び内容については一一四頁、一八六頁を参照いただきたい。

原子力技術における進歩信仰――将来の原子炉「諸世代」を予告するもの

歴史に関する理解とは、原子力技術の場合には、過去の状況の再構成を意味するだけではない。それだけでなく、むしろそれ以上に、起こりうるかもしれない未来の再構成でもある。というのも、なにしろその当時のドイツ連邦共和国では、原子力技術は現実のものではなく、まだ空論だったからである。原子力技術のための莫大な出費は、尋常ではない正当化を要求した。それは、数千年以上影響が持続する放射能を持つ「核廃棄物」の最終貯蔵に終わりがないこと——とりわけ早くから世に知られ、世論でも話題にされた原子力技術の難しさ——と釣りあいをとるための論拠として、その際限のなさは、同じように時間を超越したような次元の恩恵をもたらす、というものであった。アメリカ原子力委員会の初代委員長であったデビッド・Ｅ・リリエンタール[*1]は、一九六三年に次のように告白している。原子力技術にあっては、最終的に電力生産の新しい道以外のものは何も生まれない、加えて、従来の方法よりも安くなることすらないだろうということを、人々がもし一九四六年に知っていたとすれば、議会は数十万ドルもの多額の助成を用立てようなどとはしなかっただろう、と。彼は、原子力の主人公たちが陶酔感に今にも水を差そうとするような動きから身を守ろうとしているのを、皮肉たっぷりに次のように指摘している。「増殖炉だ。これこそ原子力に関する最新の決まり文句だ。誰かが旧式の原子炉について君に質問したら、『増殖炉』とだけ言うがよい。そうすれば、君はすでに窮地を脱しているのだ。というのも、未来は増殖炉原子力発電所のものだからだ。誰か、この予言を疑うことのできる者がいるかね」

　一九五〇年代初期には、いずれにしろ人々は増殖炉を未来の夢だと考えるのではなく、アメリカの実験増殖炉ＥＢＲ－Ｉをもって夢はすでに現実のものであると信じていた。しかし、そのごく小さな発電容量（〇・一メガワット）は、後の試験施設でごく普通に見られた規模をはるかに下回るものであった。ハイゼンベルクは、ハンブルク海運クラブにおける一九五三年の講演で、あたかも増殖炉産業がすでにアメリカには実際に存在するという馬鹿げた印象を引き起こすような話をした。つまり、米国では高速の中性子で作動する原子炉に移行しているとして、以下のように詳しく述べたのである。それらの原子炉は、「いわば制御された原子爆弾」だ。しかし、「私の知識によれば、そうした高速増殖炉で事故が起きることはまったくない」。「増殖炉問題」は、アメリカでは解決済みだ、と。このハイゼンベルクの言は、もっぱら理論的な観点のもので、誤解を招くような効果を持つ模範例であった。その当時、原子物理学理論では実際のところ増殖炉の問題は「解決済み」と見なされていたが、しかし、巨大技術における具体化、経済的な現実化はといえば、既存の知見は、まだ微々たるものであった。あまりにも早く増殖炉に決まったのは、そもそも軍事的な理由からであった。というのも、核爆弾製造という目的のためには、まさに原子炉の増殖特性だけが使われたからである。

増殖炉に抱いた陶酔感は、アメリカからドイツ連邦共和国に伝播し広まった。一九五五年に社会民主主義学術協議会によって編纂されたある書籍では、「誰の頭にも浮かんでいるものこそ」「いわゆる増殖プロセスだ」とされている。同じ年、経済学者のエドガー・ザリーンは、アメリカのデータによれば増殖炉の場合には発電コストは一キロワット時あたり〇・〇〇五六プフェニヒとなると報じた。[*2]だから、一九五六年にフィンケルンブルク（ジーメンス社）がある原子炉計画への提言において「できるだけ早期に先進的な増殖炉や他のプルトニウムをベースとした原子炉を手がける」よう急き立てたのも、驚くほどのことはない。あのマンデルでさえ、「将来の」原子力「発電所」は増殖炉になるだろうことは絶対に確かであると表明したのである。いや、それどころか、彼の上司であり、原子力技術に対してなおも慎重であったハインリヒ・シェラー（RWE社）でさえもが、一九五六年に、「原子炉計画というものを説明する際に、あらゆる思考は、いかにして人は増殖炉に迅速にたどり着くかに向けられる」と強調していたのである。「どの計画も増殖炉に向かうべき」である、と言明したのは、最初の軽水炉をドイツ連邦共和国に持ちこんだ、まさにマイアー＝ライプニッツであった。そのようにして「原子炉」作業部会は、プログラムに沿って行われた一九五七年一月のエルトヴィレ非公開会議において、「独自の開発計画は最終的にトリウムまたはウランを原料とした増殖炉を目標にしなければならない」ことを「全員一致で確認」したのであった。これこそ、いわゆる「エルトヴィレ・プログラム」の基本路線であった。

たしかにそうした言い回しは、人々が増殖炉を対岸の現実として遠くから眺めているのではないことを認識させるものである。すなわち、試験増殖炉ＥＢＲ－Ｉは一九五五年一一月に事故により壊れ、このことが、ものの見方を変えたのである。一九五六年二月、ヴィルツは「残念ながら」と言って、次のように述べている。「プルトニウムの再処理も、増殖プロセスでのその応用も、とりわけ技術的な難しさがあることを示している」、また、「アメリカでも」増殖炉は「まだ開発の非常に初期の段階に」ある、と。けれども、まさにそうした状況は、プルトニウム技術や増殖炉技術において国際的なリード役たらんとしていたカールスルーエ原子力研究センターに結果的にチャンスを提供したのであった。「カールスルーエは増殖炉の開発事業に関心あり」との報せが原子力委員会に最初に伝えられたのは、一九五七年五月のことであった。

＊1――デビッド・エリ・リリエンタール（一八九九～一九八一年）。ユダヤ系アメリカ人で米国の法律家。一九四六年から一九五〇年までアメリカ原子力委員会（ＵＳＡＥＣ）の初代委員長を務める。
＊2――二〇〇一年のユーロへの完全移行以前のドイツ連邦共和国の貨幣の単位で、一マルクの一〇〇分の一が一プフェニヒであった。

増殖炉陶酔の蜃気楼——核融合炉

増殖炉は、専門家たちにとってすでに一九五五年頃には原子力に関する功名心の焦点となっていたが、物珍しさを求める世間における期待はさらに高いところへと向かっていた。すなわち、「原子力時代」のビジョンの真の光源は核融合だと、世の中ではすでにたびたび取り沙汰されていたのである——核融合は人類が必要とするエネルギーのすべての解決を約束する、しかも、「きれいな」やり方で、と言われていた。その後の数十年間を見ると、核融合は、近づくというよりも、むしろ遠ざかっている。核融合研究は、核分裂に基礎を置く技術の傍流である独自の複合的研究となり、半世紀後になってもなお、わずかなりとも産業的に魅力あるような段階にまで達していない。だから、核融合のその後の展開については、本書ではこれ以上追及しない。とはいえ一九五〇年代半ばには、それは原子力に関するいくつもの将来計画の中心となる構成要素であった。

太陽で進行しているエネルギーの放出に手本を見出した核融合エネルギーの理論的な考え方は、核分裂エネルギーのコンセプトと同様に古いものであった。そして、最初の原子爆弾から七年後に核融合に基づく最初の水素爆弾が点火されたとき（一九五二年）、素人は、核融合炉も同じようにして核分裂原子炉のすぐ後を追うこととなると信じたのである。一九五四年のことであるが、外交政策誌のある論説記事は、核融合が「二年以内にほぼ実用可能なまでの状態になる」という荒唐無稽な予想を立てた。そうなれば、「魔法に等しい」核融合は、あらゆるウラン資源を二束三文にするだろう、としたのである。興味津々の世間の人々は、その当時、核融合における進歩を漠然と仄めかすものについてすら非常に敏感であった。一九五五年八月のジュネーブ原子力会議では、核融合は討議対象から外され、散発的、暗示的に触れられるだけであった。しかし、逆説的ともいえるが、同会議はこのテーマによって世間の大きな関心を引くこととなったのである。

ジュネーブ原子力会議が核融合に距離を置いたのには、十分な根拠がある。すなわち、核融合炉に関しては、実際のところ具体的に伝える情報が何もなかったのである。けれども、その頃、水素爆弾からの暗示に敏感であった世間は、その沈黙から何か組織的に公表を控えているものがあるのではないかという疑念を抱くようになっていた。新任の原子力大臣シュトラウス自身、就任初の記者会見の場でジュネーブ会議の「おそらく」唯一のセンセーションは核融合に関する示唆であると言及した。この場合に問題となったのは、とりわけ会議議長であったインドの原子物理学者ホミ・バーバ[*1]のコメント、すなわち、およそ二〇年以内に核融合の具体化が見込まれるというコメントであった。会議出席者は、「そのような発言が確信を持ってなされた」ことに驚愕し（ヴィルツ）、とりわけ、耳を澄ませて聞いていたジャーナリストたちは、代表団のメンバーたちに殺到し、それまでまったく語られることのなかった核融合について質問を浴びせたのであった。

　バーバによる、おそらくは口からでまかせの二〇年という期間は、そのときから現在まで核融合を予測する際の慣用句となったのである。その当時、原子物理学者パスクアル・ヨルダン[*2]は、軽量シェルターの中での放射線治療を併用することにより「どのがんも化学療法によっておそらく治癒可能となり、かくして、無害なものとなるであろう」までの期間として「二〇年」を挙げたものである。一九五五年に展望された二〇年間がほぼ経過した一九七三年になって、核融合発電所は二〇年以内に競争力を持つこととなろうという予言が再度なされた。核融合からエネルギーを獲得できるまでにはなお四〇年経過することを考えたほうがいい、と「水爆の父」と称されたエドワード・テラー[*3]が述べたとき、それは、その当時の尺度で測れば最も暗い悲観主義的な言葉であった。

　ところで、ハイゼンベルクは一九五六年に原子力委員会において、「まず使用すべきは、巨大な埋蔵ウラン資源である。核融合は、まだ遠い先のことだ、という立場」を代弁していた。しかしながら、その彼の庇護のもとに一九六〇年にガルヒンクにおいて、核融合研究に専念するプラズマ物理学研究所（ＩＰＰ）が設立されたのである。とはいえ、ハイゼンベルクは、折に触れて原子力大臣バルケに次のように言ったものである。たとえ核融合炉が現実のものとならなかったとしても、それに向かう道には、出費し甲斐のある多くの価値ある発見があるものだ。彼方に遠ざかれば遠ざかるほど、核融合炉は産業的な銭金勘定に煩わされない原子物理学の基礎研究の寵児――あるいは、もしそう言いたいのであれば、「生きるための方便」となる、と。こうしてＩＰＰはマックス・プランク協会の枠組みの中にとどまり、巨大研究への移行に抗することができたのである。

　その当時、核融合を巡る世論はすでに再び沈静化していた。というのも、米国やソ連が第二回ジュネーブ原子力会議の場でその分野における彼らの実績を提出したからである。その際に明らかになったのは、核融合炉は「多くの期待に反して、明らかに予測できない遠い将来にある」（ヴィルツ）ことであった。その次の、六年後にようやく開かれたジュネーブ原子力会議は、核融合研究の全般的な退潮ぶりを記すものであった。一九五八年に「マスコミ報道でお祭り騒ぎとなった」核融合研究の「成果」は、その間に計測の誤りであると証明された（ギュンター・キュッパース[*4]）。一九六〇年代末になると、レーザー光線照射をシンボルとして、再び核融合に関するマスコミの成果報道が始まった。しかし、それによっても、核融合炉はまだ近づいたとはいえないような状況にあることが常に判明したのである。つまり「核融合」というテーマは、誤ったセンセーションのための合言葉的なものとなり、禍根を誘うものとなったのである。一九七〇年代に太陽エネルギーを再び発見した世論においては、かつて太陽の模倣として賛美された核融合エネルギーは、ほとんど忘れ去られた存在となっていた。ましてや、核融合技術の環境に対する優しさが疑わしいものとなっていたから、なおさらであった。

一九六九年にゼネラル・エレクトリック社[*5]が核融合研究を中止した後、同社と提携していたAEG社[*6]の代表者は、一九七〇年末に行われたドイツ連邦議会の公聴会で、「核融合炉は、この世では到底かなわぬものである」と説明した。また、マンデル（RWE社）もまた、核融合について聞かれると、何を問われているのかわからないというとぼけた態度をとったのである。それどころか、IPPの所長は懐疑的な者に対して次のように証したものである。核融合の計画は、「冒険的である」。「一億℃は、夢のような素晴らしい温度だ。そこには何も疑いはない」。この問題が解決されるものであるか否かについて、人は今日なおはっきりとわからない。「それほどこの問題は難しい」。その当時設けられた原子力発電所にあっては、なんと、まだ三〇〇℃をはるかに超えるまでに至っていなかったのである。

ところで、最終的に世界を席巻した原子炉については、驚いたことにその長所、短所に関する議論がほとんどなされなかった。その原子炉とは軽水炉である。軽水炉は、政治家の原子炉でも、物理学者の原子炉でも、技術者の原子炉でもなかった。それは、国産の核燃料の自給自足を約束するものではなかった。その中性子経済[*7]は際立って良好なものではなかった。その蒸気タービンは、より高温の蒸気温度を進歩と見なす技術者たちから「水車」と嘲笑されたのである。しかし、軽水炉は、多くの言葉を必要としない単純なプロセスを有していた。すでに一九五五年にわかっていたのであるが、その資本コストは他の原子炉よりも明らかに小さかった。減速材や冷却材として通常の水を使用するという長所もまた、まさに素人に次のようなひらめきを与えた。水はどこにでもあるではないか。また、水蒸気について発電所で何十年も経験を積んでいたではないか、と。

「水を使用することで、人は習熟した分野と同じように動ける」。RWE社顧問のヤロシェクは軽水炉に関してそのように述べた（一九六二年）。だが、それを証明するのに彼が用いたのは、加圧水型原子炉[*8]が「申し分なく」稼働している二隻の米国の原子力潜水艦だけしかなかった。ドイツにおける諸プロジェクトの中でも、加圧水型原子炉は船舶動力として最も早く登場した。実際のところ、この濃縮ウランで稼働する原子炉は、その当時、特に潜水艦のために開発されたのであった。というのも、天然ウラン原子炉は、潜水艦の動力用には大きすぎるからであった。加圧水型原子炉が広まったのは、明らかに次のような理由からでしかなかった。すなわち、それは単に一番早くに存在していたからであり、かつまた、ゼネラル・エレクトリック社やウェスチングハウス社[*9]の当該事業分野責任者の中では資本強化に最も資するものとして支持を得ていたからである。欧州原子力共同体〈ユーラトム〉の一九五六年のある会議においてもなお「全員一致して」、加圧水型原子炉の開発は「将来性豊かなものではない」ものと見なされていた。たとえば、この原子炉のタイプがまさに席巻していったことをフィンケルンブルクは、「一九六三年という年の驚愕」と受けとめていたのである。

技術的にどんなに完成されたものになったとしても、軽水炉には基本的な欠陥が残されていた。すなわち、濃縮ウランへの依存、核燃料の利用の面で比較的劣っていること、効率が低いこと、燃料交換の際の原子炉稼働の停止、そして、その結果として核燃料を原子炉に長期間装塡する必要があること、さらに、このため炉心溶融が起きた場合には高いリスクを負うようになることである。それゆえ、合理的かつ経済全体を志向する意志決定プロセスにあってはこの種の原子炉タイプが唯一絶対的なものとはなりえないことは、ほとんど疑いの余地もないのである。

＊1――ホミ・バーバ（一九〇九～六六年）。インドの原子物理学者。一九四八年から同国の原子力委員会委員長を務める。また、第一回ジュネーブ原子力会議で議長を務めた。なお、インドの核兵器開発を主導したとされる。

＊2――パスクアル・ヨルダン（一九〇二～八〇年）。原子力物理学者。ベルリン大学教授、ハンブルク大学教授を務める。

＊3――エドワード・テラー（一九〇八～二〇〇三年）。ハンガリー生まれでアメリカに亡命したユダヤ人理論物理学者。原子爆弾計画を推進したロスアラモス国立研究所で戦後、水爆計画に携わる。また、戦後はシカゴ大学教授を務めた。

＊4――ギュンター・キュッパース（一九三九年～）。物理学者、哲学者。ミュンヘン・ガルヒンクのマックス・プランク・プラズマ物理学研究所の一員。

＊5――ゼネラル・エレクトリック社（GE）。一八七八年に設立された米国の会社。原発を含む重電、家電、機械、軍用機器の製造・販売、金融、不動産等を扱っている世界最大の複合企業である。

＊6――一八八三年に設立された世界有数の総合電機会社。設立当初は、ドイツエジソン応用電機会社という名称であったが、その後すぐにAllgemeine Elektrizitäts-Gesellschaft（総合電機会社）に改称。AEGはその頭文字をとったもの。重電から家電に至るまで幅広い部門を手がけた。一九九六年にダイムラー・ベンツ社と合併し、その傘下に入る。

＊7――原子炉内で核分裂によって生成する中性子と、炉内の各種材料に吸収される中性子との差し引き勘定を中性子経済という。

＊8――核分裂反応によって生じた熱エネルギーで、一次冷却材である加圧水（圧力の高い軽水）を三〇〇℃以上に熱し、一次冷却材を蒸気発生器に通し、そこにおいて発生した二次冷却材の軽水の高温高圧蒸気によりタービン発電機を回す方式。発電炉として、原子力発電所の大型プラントの他、原子力空母などの小型プラントにも用いられる。

＊9――一八八六年創業のアメリカの総合電機メーカーで、一九九九年にバイアコム社に買収されるまで存続した。加圧水型原子炉の開発・製造で独占的な地位を占めていた。同社の原子力部門（ウェスチングハウス・エレクトリック・カンパニー）は一九九八年に英国核燃料会社（BNFL）に売却されたが、その後、二〇〇五年にBNFLから東芝に売却され、現在は東芝グループの一社となっている。なお、この売却に関

しては、三菱重工業やＧＥ社も大きな関心を示したという。

「原子力の時代」という神話——一九五〇年代の統合のイデオロギーとしての「原子力の平和利用」

枯渇することのない豊穣の玉手箱

一九五〇年代に流行った原子力技術のイメージが通常の電力生産だったとしたら、人は、その当時たくさんの流行小説や専門書にあったような、新時代のシンボルに原子力をかつぐという考えに至ることは難しかったであろう。けれども当時、人は、原子力を多彩な期待や願望と結びつけていたのである。すなわち新しい発電所動力についての見通しは、常に中心にあったというわけではなく、全体的に見れば、それはむしろ、より高次の目的から逸れる頑迷さとして時には軽蔑的に言及された、種々の通俗的な考えの一つだったのである。原子物理学者のヴァルター・ゲルラッハは一九五五年に、原子力による「技術の革新」など「話題にもならない」、むしろ人々は「単に暖房の別な可能性」を有したにすぎないと、端的に述べているが、その種の控えめな物言いは、当時のジャーナリズムではほとんど異端なものであった。

連邦原子力大臣バルケの見解を反映した原子力産業誌のある匿名の記事は、一九五九年に次のようにたしなめている。曰く、「原子力エネルギーの国民経済的な意味」を「ただひたすら狭い視野で、すなわち、エネルギー供給の観点だけで」見てはならない、と。原子力大臣は、この分野を所管する連邦議会の委員会に対して、電力生産に限定することは原子力技術の第一段階の目印にすぎないと、繰り返し強調したものである。我が省は、「〈電力〉エネルギー生産のプロパガンダのための省ではない」。己の所掌権限を本当は科学省へと拡張したかった彼は、そのように断言し、そして、自分の省の予算は「一種の原子物理学の教則本である」と、意味深長に示唆した（一九五八年）。実際、原子力関係の歳出にあっては、その総花的なばらまき方式は、最初の頃の一過性の現象であり、発電原子炉への予算の集中は増加の一途をたどっていくのである。

原子物理学者パスクアル・ヨルダンは、一九五四年に強調された書式の印刷物で次のように告げた。「実践的な原子物理学者や放射線物理学者の助言を得た場合に、作業コストの著しい引き下げが達成できないような産業分野や、製作所、あるいは少なくとも中規模の工場はない」。いかなる反論をも容赦しないその主張の論証法は、ヨルダンが同じ文書で明らかにした原子物理学に必要とされる知識とコントラストをなしている。ザリーンもまた、一九五五年に似たような口調で「すでに今日、製造業の大小の事業体は、石炭産業であろうと、鉄鋼産業であろうと、化学産業であろうと何であろうと、この新しい状況に」――すなわち原子力技術の台頭と称されるものに――「長期計画や長期投資をあわせる定めにある」とうそぶいた。なんと、よりによって彼はここで電機産業を飛ばしているではないか。

オットー・ハーンやフランツ・ヨーゼフ・シュトラウスの巻頭言を載せた、つまり、半ば公式の書籍である『私たちは原子力によって生活することになる』（一九五六年）はジュネーブ原子力会議の総括として刊行されたものであるが、この本は、原子力の平和利用の「予測もつかないようなチャンス」について語り、とりわけ生物学、医学、農業の分野に言及している。同じ年、ハイゼンベルクやザリーンの文章を載せたある論文集の序文でも、原子力の平和的利用は「暮らしのあらゆる分野にとって」「まったくとどまるところのないもの」として賛美された。「いかなる疑問もなく」と、そこには述べられている。原子力は「我々のこの画期的な時代を、経済史的にも社会史的にも、他の時代から今このとき、そして、見通すことができないような長期にわたって」区別することとなる、というのである。南ドイツ銀行によって一九五六年に編纂されたある書物は、電力生産だけに役立つ「単一目的の原子炉」はむしろ例外となる、原子炉は、通常はそれに加えて、他にも広く役立つような高レベル放射線の生産に寄与するようになるだろうという印象を与えうるものであった。一九六〇年になってもなお、原子力産業誌のある記事は次のように総括している。「かくして原子力産業は、国民経済全体にとって新たな知見の、新たな課題の、新たなチャンスの尽きることのない豊穣の玉手箱を開ける」

それでは、その多様なチャンスと称されたものは、具体的にどこにあったのであろうか。思い起こしていただきたい。その当時、「第一世代の」原子力発電所がすぐにでも増殖炉によって、さらに、ほどなくして核融合炉によって取って代わられるだろうことは明白だという考えが通用していたことを。「第二世代」「第三世代」の原子炉は、「原子力時代」ビジョンの本来の光源であった。問題となったのは、従来のような通常の電力生産ではなく、どの時代にも通用するコストのかからない、資源や立地条件といった問題から解放されたエネルギー供給であった。核燃料の輸送の容易性や、増殖プロセスを手段としたその再生可能性は、天然のエネルギー資源の世界的な分布の不均衡性を正すことを約束するものであった。つまり、核燃料の途方もなく巨大なエネルギー密度は、原子力が小型の機械装置のために創造されたかのような誤った結論に早い時期からつながったのである。

原子力は立地に左右されないと誤って考えられたが、この考えは、プロセス熱の利用を容易にするように思われた。巨大技術や微細技術についての百花繚乱の展望が未来の確かな現実であるかのように「原子力時代」に関する文献によって具体的に描写されるのが、日常茶飯事となっていた。たとえば、放射線化学による化学産業の革命がそうである。あるいは、海水の淡水化、砂漠灌漑、原子力エネルギーを使った極地の開発がそうである。また、船舶や潜水艦だけでなく航空機や機関車、いやそれどころか、なんと自動車や戸建ての家屋の空調設備への小型の原子炉の使用も考えられていたのである。エレクトロニクスによる計測技術の革命は、原子力科学へと切れ目なく連続する形で描かれた。原子力は、まったく異なる諸分野を関連する一つの構造へと一体化させることを可能にするかのように思われた。ドイツ連邦共和国はたしかに公式には原子爆弾の製造を放棄していたが、それはそうとして、平和利用としての核爆発を使った大規模な景観の改変、運河の開通、地下深く埋蔵された鉱物資源の開発が期待されていた。「原子力の平和利用」に抱いたそれらすべての希望の背景となったのは、持続的な平和や国際協力を力ずくでも勝ちとるであろうと人々が期待した核兵器の存在であった。

　ドイツ連邦共和国においてとりわけ注目されたのは、放射線化学の可能性であった。それは、思惑の段階では、原子力技術によるエネルギー生産より上位に位置づけられることも稀ではなかった。ハイゼンベルクは一九五二年頃に、経済省における原子力技術の「経済的意義」に関する原子力協議のために第一に核化学を挙げ、しかも、エネルギーの観点は「当分の間、意味がない」と記した。現時点で現実的な目標は「核化学のためのウランの燃焼だ」と彼は記している。原子力技術の最も幅広く、しかも未来を担う活躍分野はエネルギーではなく、放射線化学であるという考えは、長年にわたって連邦原子力大臣であったバルケが最も好んだ考えであった。というのも、彼自身が化学分野の出身であり、加えて、彼の小さな省を強力な経済省のエネルギー部局から妨害されないようにしなければならなかったからである。

　しかし、「放射線化学の産業的な応用に向けた大きな始まり」は、なかなか実現しなかった。よりによって化学産業そのものが放射線化学に対して熱狂することを自制していたのである。化学産業は一九六〇年以降、放射性同位元素の産業的な使用がきわめて少ないことの責任は原子力法と放射線防護令[*1]にあるとした。もっとも、その当時放射性物質の化学的利用について産業界が大きな関心を持っていたかどうかは、疑わしい。

　草創期の高揚感の中で原子力に付与された種々の可能性のうち他の多くのものは、ほとんどうまくいかなかった。核分裂のプロセスで出る熱の利用に対しては、早い時期に「ほとんど克服不可能な立地問題」（ヤロシェク）が立ちはだかった。この目的のためには、原子力発電所は大規模な産業コンビナートのごく近傍に設けられねばならないが、しかし、これについては「フォルクスヴァーゲン社の代表自身」、野草や低灌木しか生えていない荒野が近くにあるにもかかわらず、「何一つ可能性はない」と見ていた。後にヴィルツ[*2]は、親しくなったヴィンナッカーに対して、ヘキスト社の社内エネルギー生産用原子力発電所というアイデアを開陳した。それは彼の事業にプロセス熱を供給するはずのものであった。「そうなれば、そこではすべてが放射能まみれになったかもしれない。それでヘキスト社は終わってしまったかもしれない」、このように彼は筆者に嘆いたものである。馬鹿げたいくつもの目論みの極みは、一九五五年にアメリカの暖房機器製造会社によって一九五八年に完成する見込みがあるとされ、ギリシャ系フランス人の原子力熱狂者アンゲロプロス[*3]が信じこんだ住宅における核分裂プロセス熱の利用であった。なんと、それは然るべき場所に置かれた「ベビー原子炉」で家屋の暖房を行うというものであった。

砂漠の灌漑や原子力エネルギーによる南極・北極の温暖化もまた、まさに「左翼の者」が原子力時代ビジョンについて抱いていたイメージであった。「極地は人が住めるようになる。また、砂漠には花が咲くようになる」と、アンゲロプロスは夢中になって語った。エルンスト・ブロッホ[*4]は、哲学に関する彼の主著『希望の原理』の中で、原子力エネルギーは「平和の青色をした希望の大気の中で、砂漠から豊穣の農地を、氷河から春を創造する。数百ポンドのウランやトリウムは、サハラ砂漠やゴビ砂漠を消滅させ、シベリアや北アメリカ、グリーンランドや北極の地をリビエラに変貌させるに十分である」と熱狂的に記した。一九五七年には、フリードヒ・ポロック[*5]のような比較的冷静な批評家でさえ、原子力技術の「社会経済的効果」にあっては、海水の淡水化による砂漠灌漑が優先されると考えたのである。イスラエルの大統領であったダヴィド・ベン＝グリオン[*6]は、それをもって同国が原子力研究に足を踏み入れることを正当化した。

社会民主党の科学技術政策の先駆者であったレオ・ブラントは、一九五六年にミュンヘンで行われた社会民主党の党大会で、原子力技術がどのように砂漠灌漑や原生林の農耕地化、極寒の荒野の開発に役立つかについて酔いしれたように演説した。お人好しにも彼は、あるアメリカの会社の社長の言葉を借りて次のように語ったのである。「一〇〇万ドルという並はずれてわずかな金額」と引き換えに、一対の木箱におさめられた小型の原子炉を得ることができる。それらの木箱は、氷の中あるいはアマゾンの砂礫の中〇・五メートルほどの深さに埋められる。「最終的に一本の電線がそこから延びてくる」、そして、この電線は一万人の住民に電力を供給することができる、というのである。また、「航空機用の原子力動力装置」――核燃料に「魂を入れる」一つの応用――も「目前にある」としたのである。

その当時、何の批判もなしに社会民主党の党大会に受け入れられ、そして、ゴーデスベルク綱領[*7]の前文に痕跡を残したそれらすべてのおとぎ話は、一九六〇年代には色あせたものとなった。すなわち、原子力を巡る対立が起きるよりもすでにかなり前から、原子力技術は当初のカリスマ性を失っていたのである。原子力による航空機エンジンや機関車エンジンは、小さな原子炉それ自体に含まれる核燃料の潜在的危険によってすぐに、議論しうるようなものではなくなった。人が住まない地域を原子炉によって開発するという、すべてのインフラストラクチャー問題をあざ笑うような夢想もまた、同じように破綻した。原子力による海水の淡水化についてはソ連がカスピ海沿岸のシェフチェンコ近郊のその種の施設で先行したものの、それさえも当初見込まれたような国際的な競争は起こらなかったのである。

「原子力エネルギーが主に効果を発揮する領域は、コントロールされた小規模あるいは最小規模の爆発の分野」である。この場合、原子力エネルギーは「地球の巨大な改変や地表の景観を変えることを可能にする」。核拡散防止条約に反対する演説で一九六八年になってもなおそのように主張したのは、キリスト教社会同盟党首フランツ・ヨーゼフ・シュトラウス[*8]の私設顧問であった。その弾劾演説は、「鉄道機関車のための原子力エネルギーモーター」についても同じように夢物語を語るものであった。それはその当時、核兵器の非拡散に対する抵抗を隠すための、不自然で信じがたいような無理な言動であったが、思惑段階の多くのテーマが総じて「核拡散防止条約」反対のキャンペーンにおいて再度よみがえったのである。実際には、原子力技術はとうの昔に単純明快に発電所の動力に集中しており、これに対応して「原子力時代」というビジョンは、その頃、はかなくも消えていたのである。

＊1――原子力法は、一九五九年一二月に制定、一九六〇年一月に施行された連邦法で、正式名称は「原子力エネルギーの平和的利用及びその危険の防護に関する法律」。放射線防護令は原子力法第五四条に基づく法規命令（我が国の政令に相当）で一九七六年一〇月に制定、一九七七年四月に施行された。正式名称は「放射線の被害の防護に関する連邦法規命令」。いずれも制定後、たびたび改正されている。

＊2――世界有数の自動車会社フォルクスヴァーゲン社の本社のあるニーダーザクセン州ヴォルフスブルク市の東側には人口希薄な三万四〇〇〇ヘクタールの広大なドゥレムリンク湿原が、また、西側には一五〇〇ヘクタールのバルンブルッフ湿地帯が広がる。このことを指していると考えられる。

＊3――テオドロス・アンゲロプロス（一九三五～二〇一二年）。ギリシャの映画監督。『永遠と一日』『アレクサンダー大王』などが代表作とされる。

＊4――エルンスト・ブロッホ（一八八五～一九七七年）。ドイツのマルクス主義哲学者。戦後、ドイツ民主共和国のライプツィヒ大学の哲学教授となるが、ベルリンの壁建設を契機にドイツ連邦共和国に移り、テュービンゲン大学客員教授を務める。代表作に『希望の原理』、『ユートピアの精神』などがある。

＊5――フリードリヒ・ポロック（一八九四～一九七〇年）。社会学者、経済学者。フランクフルト大学教授（一九五一～六三年）。マックス・ホルクハイマーとともにフランクフルト学派を率いた。

＊6――ダヴィド・ベン＝グリオン（一八八六～一九七三年）。イスラエル

の政治家。一九四八年五月、イスラエルの国家設立を宣言。第一次中東戦争時に首相に選ばれ、その後、首相を通算二期務める。
＊7——一九五九年に首都ボン近郊のゴーデスベルクの地で開催された社会民主党党大会で採択された綱領。階級政党を放棄し、社会民主主義の国民政党への転換を図ったもので、一九八九年のベルリン綱領まで同党の基本綱領であった。
＊8——キリスト教社会同盟（CSU）。バイエルン州を本拠地とするキリスト教民主主義・保守主義の政党。キリスト教民主同盟（CDU）の姉妹政党で、連邦議会ではCDUと統一会派を組んでいる。なお、バイエルン州ではCDUはないので、CSUと競合しない。

原子力への陶酔の高まりとその終焉

そのすぐ後になって、人は、ノスタルジーなのか、嘲笑なのか、あるいは、今では原子力技術との現実的な関係ができているというかすかな嘲りの思いを込めてなのかは別として、一九五〇年代中頃の時代を早すぎた、そして、誇張された陶酔の段階であったと回顧したのであった。AEG社の経験豊かな古参の巨大発電所建設技術者であったフリードリヒ・ミュンツィンガー[*1]は、彼のようなエンジニアにとっては笑止千万な素人芸的な楽観主義に対して、ことのほか辛辣なあてこすりを口にする人物であった。その彼はといえば、一九六〇年に、世界は「ある長い期間」「原子力についての異常な精神状態」に捕らえられていた、そうした状態の中で、「石油が水同様に安い」「ごく小さな」開発途上国であってさえも「原子力発電所の迅速な建設を激しく」求めたものである、と嘆いた。「数年前はまだ優勢であった、そうした感情の横溢」は、「商売上のプロパガンダ」に利用され、そして、「公表されないほうがよかったかもしれない数々のことが主張され、印刷された」。人は「原子力発電所の建設は、技術に関する、日曜の午後の散歩のような気楽で寛いだ気分の道楽のようなものであるという幻想を蔓延させてはならない」。また、「原子力はちっぽけな人間の運命の重荷をこれ以上ないような仕方で楽にするだろうといった予言から身を守ったほうがいい、なぜなら、それは専門知識によって裏打ちされた一点の曇りもない法螺《ほら》話」だからだ、としたのである。

経験豊かな技術者や会社経営者の典型的な嘲笑の的となったのは、物理学者やジャーナリストたちによって強力に先導された原子力に関するプロパガンダであった。RWE社の顧問であった熱工学技術者のヤロシェクは過去を振り返って、そこからただちに原子力に関する展望の評価における天真爛漫な段階の全容を次のように構成した。「ジャーナリズム的な段階」、「天真爛漫な物理学の段階」、「経済的な計算ミスの段階」である。そして、それらは、すべてがすべて、経済専門家や機械製造技術者が一家言を持っていた時代以前の、原子力の先史の構成要素だ、としたのである。

事実、専門家と思われていた人々の国際会議であった一九五五年のジュネーブ原子力会議は、たしかに原子力への陶酔を世界中に広めたのである。カールスルーエの高速増殖炉プロジェクトの長であったヘーフェレは、一九六三年に次のように言明した。第一回ジュネーブ原子力会議と関連して、世界中に「沸き立つような（略）けれども不自然な楽観主義」が生まれた、と。それを「不自然な」と彼は呼んだ。というのも原子力技術の将来の見通しについては、「まだ物事の内なる論理自身によって担われたものではなく、むしろ別なところにある動因、すなわち、コントロール下に置かれた軍縮という動機に担われたものだ」と考えたからである。

　ドイツ連邦共和国では、ジュネーブで扉が開かれた原子力の民生用利用の展望は、国家主権の回復と時期が重なったこともあって一層強いものとなった。しかし、フランスの原子力の歴史においても、その時代は「原子力への陶酔時代」で通っていた。それどころかフランスの原子力官庁のある人物は、コミュニケーションを好むジュネーブの雰囲気の中で原子力に関する多くの秘密が公になったことを、一七八九年八月四日の夜にフランス封建貴族たちが領地を自主的に明け渡したことになぞらえた。[*2]

　早くも一九五四年に電力産業の懐疑的な代表者たちは、「多少憂慮しつつ」、イギリスの発表を根拠に「原子力の奇跡」がドイツ連邦共和国のマスコミ報道における「願ったりかなったりに見えるテーマ」となった、そして、それによって「ますます頻繁に」扱われるようになるだろう、と断言した。続いて一九五五年には、「原子力プログラムを仕上げようとする」米国の「ほとんど熱病的な」活動が加わり、まだジュネーブでの会議前であったが、ドイツ連邦共和国でも本格的な「新聞記事や雑誌の記事・論文、講演の流れ」があふれ出すこととなった。原子力への陶酔の起源は、それゆえ、ジュネーブに集まった科学者たちだけに求められるのではなく、世間がそれを必要とし、期待したことにも求められるのである。展示会や関連の催し物をともなったジュネーブ原子力会議は、その陶酔感によって一九世紀の万国博覧会を思い起こさせるシグナル的な効果を得た。また、その陶酔感は、目をこらしてよくよく見ればジュネーブではまだ原子力が産業として妥当であるということが何一つ提示されていなかったことを忘れさせたのである。

　アメリカではすでに第二次世界大戦終結後の早い時期に、一九五〇年代中葉の原子力への熱狂の多くを先取りした第一波の原子力楽観主義のブームがあった。もちろんその当時米国は核兵器を独占していたので、後年の原子力陶酔感に比べると、核戦争への不安によって楽観が陰ることはほとんどなかったのである。その後、民生用原子力エネルギーが広島原爆投下後何年も実現しなかったことから、最初の熱狂は再び悲観主義に転じた。楽観主義と悲観主義の間の揺れは、原子力技術の思惑的な時代の特徴であった。たとえば、一九六〇年のことであるが、バルケは、彼の省が時折「原子力についてのヒステリーと無力感の間で身をすりつぶされる」と嘆いたものである。そこで問われたのは、そうしたぶれがどれほど深く大きいものなのかということであった。

一九五〇年代にとりわけ懐疑的になっていたのは、原子力発電所に最終的に資金を出し、その経営リスクを担うこととなるエネルギー産業であった。彼らには慎重になる理由があった。また、化石燃料が潤沢に手に入った時代に、浪費的な新エネルギー技術について責務を引き受ける何らの動機も持ちあわせていなかった。加えて、彼らは、まさに増設されたばかりの従来方式の〈火力〉発電所をすぐに時代遅れにするかもしれない「原子力時代」のビジョンに親近感を抱いていなかったのである。その当時最も著名で頑固な原子力悲観主義者の一人に、RWE社顧問のオスカー・レーブルがいた。彼は、再三にわたり簡潔な計算を用いて原子力への陶酔感に冷水を浴びせたのであった。彼は、エネルギー供給企業[*3]〈EVU〉を原子力に酔いしれた大海の中に浮かぶ醒めた島と称賛し、「希望あふれる雰囲気が充ち満ちていた。原子力時代の幕が開いた。未来が始まった。ただ一つのグループだけが態度を保留していた。大電力供給会社のグループだ。その中の最大の会社こそRWE社であった。それらは、その黄金時代を信じていなかった」と述べた。レーブルは、原子炉供給会社に対して約束した低い価格を保障するようRWE社が求めるやいなや、彼らの声が小さくなる様子を、嘲笑して描いている。レーブルの懐疑は、RWE社で原子力問題を統括していた取締役シェラーとも分かちあわれたものであった。そのシェラーはといえば、後の慣行に反するものであったが、一九五七年に経済省とのある協議において「核廃棄物の除去」をコスト計算に入れ、核廃棄物除去のプロセスが電力生産同様に「さしあたり」非常にコストがかかるものとなろうと述べていた。

原子力エネルギーに対して懐疑的であったのは、言うまでもなくルール石炭会社[*4]の代表者たちであった。一九五六年にライン・ヴェストファーレン経済研究所〈在エッセン〉のある所員は、「原子力エネルギー分野のほとんどの専門家」は「核分裂がエネルギー需要を賄うことに寄与できるようになるにはまだ長い年月がかかると確信している」と断言した。石油産業の代表者たちも同様の見解であった。すなわち、ハンブルク・エッソ株式会社の経済部長は一九五七年に次のように述べている。「多くの専門家」は、原子力技術における規模の大きな投資にあたって「慎重になっている」。さらに彼は、その根拠としてRWE社を持ち出した。「原子力エネルギーはまだ遠い先のことだ」という見出しをつけた一九五六年五月のフランクフルター・アルゲマイネ紙のある記事は、アメリカの石炭・石油産業の代表者たちの発言を引きあいに出していた。

そうした見解は、その当時、連邦経済省内にも存在した。

ある局次長は、一九五七年のエネルギー関係のとある会議で次のように断言した。今日、原子力発電の一キロワット時あたりのコストについて質問する者がいるが、その質問は「一〇年早い」。また、今日コストがどれほどになるのかを知っているとする者は、「この事案について何も理解していないこと」をそれによって証している、と。同省内では、原発電力のための厳密なコスト計算を提供できるなどと、誰もまったく考えもしなかった。たとえば、ある課長は一九五八年に、原子力発電キロワット時あたりのコストデータは、今もなお三・四プフェニヒから三〇プフェニヒの間を変動していることを認めた。はっきりいえば、人はコストに関して何もといっていいほど知らなかった。

もっとも、それでなくても正確に根拠を示して証明しうるコスト計算も、原子力への陶酔感を抱かせるような切迫した連邦規模の電力需要もなかったのである。原子物理学者ゲルラッハは、ある公開講演（一九五五年）で「そのたぐいのウラン原子炉から得られる電力は、キロワット時あたりいくらかかるのか」という問いと、これに対応する計算の試みを「そもそも、かなり馬鹿げたもの」として退け、これに関連して次のような注目すべき断言をした。「思うに、その種の経済的な考慮は原子力エネルギー問題とまったく無縁なものであると、そもそも人は最初から言うべきなのだ」。彼にとって原子力エネルギーの促進は、「近い将来に」脅威となる破局的なエネルギー窮乏を念頭に置いた、善なることを無条件に実行せよという倫理的至上命令として生じたものであることは明らかであった。物事の「質に関する」その論証は、当時最も率直なものであった。けれども、その頃すでにそれらと並んで——一九五八年のアメリカの雑誌『ニュークレオニクス』がそうであるが——原子炉コストに関する詳細な計算を立てる、まぎれもない「病癖」もあった。

その当時の幾多の懐疑主義者たち自身が、顧みれば楽観主義者として動いていた。たしかに専門家の中にはジャーナリズム的な誇張から距離を置こうという、よいムードもあるにはあった。しかし、誇張の源は、世間で専門家として通用していた専門ジャーナリストであることがしばしばあった。この点で考えねばならないのは、原子力の場合に考慮しなければならないその当時の様相の数の多さを目にすると、今日も同じであるが、誰が完璧な意味での「専門家」に該当するのかが、きちっと定義されていることがほとんどないということである。だから、一九五六年に発刊された原子力産業誌の連載記事は「いくつかの国の一九六〇年における原子力エネルギーの見通し」に関する概観を発表したが、驚くことに、その結論はといえば、原子力エネルギーの見通しはドイツ連邦共和国のものが最もよく、また、電力コストが大きく上がる場合には、すでに一九六〇年時点で電力総生産量の八〇パーセントを下らない量を原子力エネルギーでカバーしうるという内容であった。その仮説のでたらめさは、付帯資料からは読みとれない。同じ年にレオ・ブラントは、社会民主党ミュンヘン大会の演説で、顧みればグロテスクで馬鹿馬鹿しいような気分の原子力への陶酔を数多く口にした。そして、その際に彼は、己の予想を仮説と認識させるのではなく、確固とした事実として提示した。たしかに彼は原子力技術という意味での専門家ではなかったが、しかし、その経歴や地位から、社会民主党にとっては、あらゆる情報を入手できる専門家として通用していたのである。

憚ることのない原子力への全面的な陶酔について、同じように極端なケースを提供していたのは、後年マリオン・グレーフィン・デンホーフ[*5]が「偉大なる魔術師」と回想したエドガー・ザリーンであった。彼は、たしかに原子物理学者ではなかった。しかし、原子力発電所の建設が多角的な次元を持った経済全体の問題であることが認識されるようになると、彼は、その理想的な保証人と見なされるようになったのである。彼の原子力に関する論文は、原子力省からその反対者に至るまで、多くの人に明らかに影響を与えた。ザリーンは、仮説や、「もしそうであればこうだ」式の発言で満足せず、一九五五年には次のように主張したものである。「確実に」原子力エネルギーは「必ずや数年以内に」世界経済にとって重要なものになるであろう、と。さらにその一年後、彼は次のように強調した。「原子力発電所の建設に関して到達した状況を鑑みるに、都市の外側という場所柄によって原子炉を後から付設することが許容されないような熱発電所が今後設置されなくなることは、自明と言える」、と。

一九五五年の終わりには、ドイツ銀行で頭取同様に力のあった冷静なヘルマン・ヨーゼフ・アプス[*6]すら、「原子力エネルギーがそれほど遠くない将来に必ずや最も重要なエネルギー源」となることは可能であると見なしていた。一九五七年に公共経済学会のある冊子は、「西欧、特にドイツ連邦共和国が、どの予測によっても、この一〇年以内に世界最大の原子力市場になる」ことは「事実」であると叙述した。著名な外交政策誌は一九五四年に社説で二年以内の核融合炉の実現を予言したが、一九五五年にその編集兼発行者の一人は、立地条件の縛りがあるために「平和利用の原子力技術は石炭に乏しい国々の工業化の手段として日々、重要なものとなっていくだろう」と信じこんでいた。『防衛と経済』誌のある社説は一九五八年に、石油はすぐに原子力エネルギーに取って代わられ、その後は「貧民街の最後の一画にある石油ランプでだけ」使われることとなるだろう、それゆえアラブの石油産出国のナショナリズムなど気にする必要はない、と予言したものであった。

一九五七年一一月二日、ドイツ労働組合総同盟[*7]（DGB）の決起大会で原子物理学者ハクセルは「人間の役に立つ原子力エネルギー」と題して講演したが、彼は、「すべて承知の上で控えめな態度」をとり、予測を控える慎重な専門家として登場した。とはいえ、その彼自身、次のように主張して憚らなかったのである。「天からの贈り物のごとく」「一番よい時期に原子力エネルギーが我々の助けになる」。それは「思いのままの量のエネルギーを生産すること」を可能にし、「必ずや数年ならずして」競争可能となろう。同様に、「数年もしないうちに」放射性同位元素の応用が「それまで原子力研究に費やされてきた総コスト」以上のコスト節減をもたらすことは「確実」となるだろう、と。その当時、ファルプヴェルケ・ヘキスト社の取締役でドイツ産業連盟（ＢＤＩ）の副会長でもあったヴィルヘルム・アレクサンダー・メンネ[*8]は、雇用主側の原子力エネルギーについてのスペシャリストとして予言した。すなわち、彼は、ジュネーブ原子力会議の直後に原子力発電開発に照準をあわせるよう呼びかけ、そして、原子力産業誌の第一号の発刊に寄与したのである。同誌で彼は、たしかに「原子力に関する異常な心理状態」から距離を置き、「世論」についてわかっている、と書いた――この場合、彼は、その心理状態を「明日には必ずや石炭が原子力に代替されうるだろうという信仰」だと主張したのである。とはいえ、その一方で、きっと一〇年以内に「大きな原子力発電所が我々のエネルギー生産のかなりの割合を引き受ける」ことになるであろうと考えていたので、実際はひどく楽観的であったのである。現在も、そして将来もそうであるが、新たな技術革新を事実であると予言し、部内者や堅実な現実主義者として振る舞う、専門家と思われている人々の「ニュー・テクノロジー」に関する新たな仮説に私たちが出会うとき、ご覧のとおり、かつての原子力への陶酔は、いつも非常に多くのこと教えてくれる。

　予想外に早い時期のそうした楽観主義にとってとりわけ評判が悪かったのは、一九五七年五月の、いわゆる三人の「ユーラトム賢人」による「ユーラトムの目標と課題」に関する報告[*9]であった。「賢人」の一人でドイツの代表であったフランツ・エッツェル[*10]は、連邦首相の信頼厚いグループの一員であった。しかし、彼は、原子力を論ずる能力に欠けていたので、その報告の起草にあたってリーダーシップを発揮できず、また、その結果、首相の野心的な意図の実現に一つも貢献しなかった。「賢人」報告――原子力の国際的な歴史についての最も浅薄な記録文書の一つ――は、なんと一〇年以内にユーラトム六ヶ国において総計一万五〇〇〇メガワットの原子力発電容量を生み出すという目標を生真面目に設定したのである。もっとも、同時にその報告が、その目標は「野心的である」とし、「我々六ヶ国において現在個々に策定されているプログラムの総計より非常に大きいことは疑いもないこと」を認めたので、一万五〇〇〇メガワット目標がどこまで本気であったのかという疑念も引き起こされた。ドイツ連邦共和国の一九五七年の原子力計画は、全体で五〇〇メガワットの原発建設を計画しただけのものであり、かつ、この目標自体がまずは非常に高いものであることは明らかであった。つまり、そのユーラトム賢人報告は、ドイツではそもそも議論になりうるようなものでなかったことは間違いなかろう。

バルケは、その報告に沈黙を守ることを決断した。というのも、報告を巡る論争は、彼が距離を置くよう心がけていた「エネルギー産業にそもそも触れるもの」だったからである。報告に沈黙できなかったのは、一九五六年二月に経済省内で組織された「エネルギーグループ」であった。当初そのグループは原子力エネルギーを無視していた。一九五七年一月に、そのグループ内で「原子力エネルギーの将来の意義に関する実に様々な意見が出されている」ことが知れ渡った。けれども、そのグループの意見の大半は、原子力エネルギーは来る一〇年内にはまだエネルギー供給に何ら言うべきような価値ある貢献を期待させないものであり、それゆえ、まずはテーマとする必要はない、というものであった。とはいえ、「三賢人の報告」の案文並びにエアハルトがエッツェルとバルケと行った会談によれば、原子力エネルギーは「エネルギーグループ」のテーマの一つに採用された。しかし、その際、経済省と原子力省の代表者たちは、そのユーラトム賢人報告にはしっかりとした基礎となるものがないという点で一致した。けれどもそれは、まだ原子力発電所が一つも稼働していない時期に「原子力」というテーマが政治分野においてはやばやと現実性を帯びることに寄与したのであった。

原子力への陶酔は、後によく主張されたような、すべてがすべて実践的な効果のない、ジャーナリストによって煽られた表面上の大騒ぎだけであったのではない。たしかに産業界や国のハード面での投資は、その後何年も非常に小さかった。しかしその当時、政治や経済の組織、国内組織や国際組織の次元では、その後の数十年の展開にあらかじめ計画的に組みこまれたそれぞれの選択肢に、危急の際の将来のエネルギーとして原子力エネルギーが定められていたのである。一九五〇年代においては、社会のほとんどすべての権力グループが思い描いていた原子力エネルギーに有利になるような基本的なコンセンサスは、それがまだ当時は拘束力のないものであり、しかも、コストと手間のかかる難しい決定手続きにかけられることもなかったので、なおさら容易にできあがったのである。

原子力技術を促進するための「協会や団体」が一九五五年以降にドイツ連邦共和国において「大地から湧き出たキノコ」のように数多く生まれた――それは、原子力省や原子力委員会さえも持て余すほどの規模であった。ドイツ労働組合総同盟同様にドイツ産業連盟も、錚々《そうそう》たるメンバーを含む原子力問題のための作業部会を設置した。連邦レベルだけでなく、州レベルでも原子力委員会が生まれた。数多くの大学や地方自治体が原子炉に並々ならぬ関心を示した。「原子力時代」は、社会民主党のゴーデスベルク綱領への道に付随するイメージであった。とりわけ欧州原子力共同体は、思いのほか早くやってきた原子力への陶酔なしには考えられないであろう。原子力技術の平和的利用がすぐに大々的に現実のものとなるという想定がなければ、それは軍事的な野望によって刺激を与えられた事業として存在するだけで、それとともにその体裁を失っていたかもしれない。

＊1――フリードリヒ・ミュンツィンガー（一八八四～一九六二年）。発電所建設技術者。蒸気ボイラーや火力施設の専門家としてAEG社で活躍した。

＊2――一七八九年八月四日は、フランス革命の中で憲法制定国民会議が貴族の封建的特権の廃止を宣言した日である。

＊3――エネルギー供給企業（EVU：Energieversorgungsunternehmenの略称）。電力、ガス、暖房等の熱の生産・供給の事業を行う企業の総称である。なお、ドイツでは、電力、ガス、暖房等の熱の生産・供給の事業を包括して行う企業が多い。本書では、ほぼ電力企業と読みかえても差し支えない。

＊4――炭鉱法に基づき一九六八年に設立された株式会社で、ルール炭鉱地域の二八炭鉱会社のうち一九社がこれに加わった。今日のRAG株式会社の前身である。

＊5――本名、マリオン・ヘッダ・イルゼ・デンホーフ（一九〇九～二〇〇二年）。戦後のドイツを代表する女性ジャーナリスト。週刊新聞『ディ・ツァイト』の編集長などとして活躍した。

＊6――ヘルマン・ヨーゼフ・アプス（一九〇一～九四年）。ドイツの銀行家。一九四八年から一九五二年までドイツ復興金融公庫の理事長を務めるなど、戦後ドイツの経済復興に大きく関与。一九五七年から一九六七年までドイツ最大手の銀行ドイッチェバンクの頭取（監査役会議議長。なお、ドイツの株式会社では、監査役会は業務執行監督機関であり、株主総会で選出された監査役会が取締役会を任命する）を務めるなど、ドイツ経済界の大立者として活躍。ドイツ原子力委員会の委員でもあった。

＊7――個別労働組合を傘下に置く八つの産業別労働組合団体からなるドイツ最大の労働組合上部団体。すべての産業分野を網羅し、六〇〇万人以上の組合員を擁する。「ドイツ労働総同盟」とも訳される。

＊8――ヴィルヘルム・アレクサンダー・メンネ（一九〇四～九三年）。戦後、IG・ファルベンの解体に参画。ヘキスト社の設立発起人の一人で、一九五二年から一九七〇年まで同社の取締役。一九四九年から一九六八年までBDIの副会長を務めるなど経済界で活躍。また、FDPの連邦議会議員（一九六一年から一九六九年、及び一九七二年）。この間、一九六五年から一九六九年まで連邦議会経済中小企業問題委員会委員長を務める。

＊9――一九五七年五月一七日に出された「ユーラトムに関する三賢人報告」。三賢人とは、ルイ・アルマン（フランスの鉱山技術者、一九五九年までユーラトム初代委員長）、フランツ・エッツェル及びフランチェスコ・ジョルダーニ（イタリア学術会議会長）である。

＊10――フランツ・エッツェル（一九〇二～七〇年）。CDUの政治家。一九四九年から一九五三年、一九五七年から一九六五年に連邦議会議員。この間、一九五七年から一九六一年、連邦財務大臣を務める。

押しのけられた太陽光エネルギー

「原子力時代」というビジョンは、それまで人々を魅了していた将来の世界のエネルギー供給の可能性に関する他のビジョンを押しのけた。無尽蔵のエネルギー源――太陽光、風、潮の干満――を巨大技術で利用するという未来の夢は、その当時すでに長い歴史を有していた。RWE社取締役のシェラーは、一九四八年になってもなお企業提携を擁護するために「将来の十二分な水力利用の素晴らしい意義」を次のように強調した。すなわち、増大する電力需要を満足させることができるのは、「その永遠のエネルギー源」だけである。また、それは技術的にも「最もエレガントで、きれいで、経営的にも確実な電力生産の方法だ」としたのである。世界動力会議[*1]もまた、その当時、原子力以外の新たなエネルギー源に取り組んでいた。その会議のドイツ作業部会の委託で、ドイツで最初のエネルギー学者であったヘルベルト・F・ミュラーは一九五二年に、将来のエネルギー需要を賄うためには「原子力エネルギーの働きだけにまかせてはいけない」ことを証明してもらうために、ハイゼンベルクに問いあわせたものである。けれども、ハイゼンベルクは、おそらく「この二〇年内は、まだ石炭火力発電も水力発電も原子力エネルギーより安いだろう」と、注目に値する同意を与えたものの、その証明についてはする気がなかった。

オーストリアの原子物理学者であり、同時にまた同国の平和運動の頭脳であったハンス・ティーリンク[*2]は、一九五二年に次のように書いている。原子力の利用は、太陽光エネルギーや水力エネルギーの可能性がすべて調べ尽くされたときに、ようやくその責任を負うこととなる、と。しかし、彼は科学のそのたぐいの責任意識を信用しておらず、次のような奇妙な言葉をつけ加えた。「私は語った。それで私の魂を救った」。旧約聖書のエゼキエル書に由来するこの言葉は、良心のアリバイを示す慣用句[*3]である。すなわち、人々が私の警告を聞き入れずに地獄に堕ちたとしても、せめて警鐘を鳴らしたことで己の魂を救う――聞いてはもらえないだろうが、というものである。

インド原子力委員会委員長ホミ・バーバは、一九五五年のジュネーブ原子力会議で議長を務めた人物である。一九五二年に彼は、太陽光エネルギーの熱心な信奉者として登場した。けれども、その後、彼はそのテーマについて沈黙したのである。太陽電池の開発は、一九五〇年代半ばにはっきりとした進展を見せ始めた。しかし、それと時を同じくして、慣習的に太陽光エネルギーと結びつけられていた将来ビジョンは、今やむしろ原子力エネルギーをもってその像を描く方向へと転じたことが明らかとなった。無尽蔵のエネルギー源の開発は、増殖炉や、太陽エネルギーにも似た核融合炉にも向けられた。こうして一九七〇年代になると、太陽光などの再生可能なエネルギー源は、まるで新たに発見されたエネルギーであるかのように世間に影響を与えることとなるのである。

＊1――現在の世界エネルギー会議の前身で、一九二四年に第一回会議が開催された。
＊2――ハンス・ティーリンク（一八八八～一九七六年）。原子物理学者であるが、戦後、ヴィーン大学哲学学部長も務める。一九五七年の国際

パグウォッシュ会議の共同創立者。一九五七年から一九六三年までオーストリア国会議員（オーストリア社会党）。
＊3——旧約聖書エゼキエル書の三－一九の「あなたが悪人に警告したのに、悪人が自分の悪と悪の道から立ち帰らなかった場合には、彼は自分の罪ゆえに死に、あなたは自分のいのちを救う」に由来する慣用句。

原子力楽観主義と住民の不安

原子力に陶酔する中で取り沙汰されたのは、「世間一般の」意見であろうか、それとも、「新聞、雑誌などで発表された」意見であろうか。原子力への陶酔は、たしかに政治やジャーナリズムでしばらくの間ほとんど何の抵抗もなく広まっていったが、それはそうとして、広範な国民各層の思いに沿ったものであったとはいえない。一九五八年に行われたエムニド・アンケート調査[*1]は、成人住民の三分の二が「原子力エネルギー」に原子爆弾とその影響を自然に連想したという結果を、また、三分の一が「原子力エネルギーの平和利用」についてまだ何も聞いたことがなかったという結果を出した。「平和的原子力技術」の「肯定的なイメージ」は、庶民の中よりも上層の知識階層の中に「大変大きく」存在したのである。同じ頃、アレンスバッハ研究所[*2]が行ったサンプリングによるアンケート調査は、無条件で原子力エネルギーに賛成しているのは国民のわずか八パーセントにすぎないこと、これに対して、原子力エネルギーはいつの日か核戦争につながるだろうと恐れている国民が一七パーセントいる、という結果を記録した。先述のドイツ労働組合総同盟の「人間の役に立つ原子力エネルギー」大会（一九五七年）に向けた主張で、ルートヴィヒ・ローゼンベルク[*3]は、大半の人間にとって原子力エネルギーはあいもかわらず「広島の原爆のキノコ雲」によって象徴されるものであり、平均的な市民にあっては原子力技術への不安が重くのしかかっていることを前提にしていた。

そうした背景のもとでは、原子力への陶酔は、ある種の防御的な性格を有することとなる。すなわち、度を超えたような陶酔ぶりの多くは、考えの違う沈黙の多数者がいること——そしてまた、原子爆弾への不安が現にあることから説明が可能である。とりわけ原子物理学者の国際的な集団それ自体、エリート意識を維持し、自分たちが死神の手下ではないことを世界に示すために、「原子力の平和利用」の恩恵への信仰を必要としたのである。

＊1——エムニドはドイツ最大手の世論調査機関の一つ。
＊2——一九四七年に設立されたドイツ最古の世論調査機関。
＊3——ルートヴィヒ・ローゼンベルク（一九〇三〜七七年）。一九六二年からドイツ労働組合総同盟の会長。

早すぎた楽観主義の破綻

原子力に高揚して陶酔していた段階だけでなく、それに続いてやってきた奈落もまたはっきりとした特徴を持っていた。とりわけ、その後突然出現し、先行した悲観主義の時代を思い出の中に追い払いたいと願った段階における視点からすると、その特徴ははっきりとしていた。一九五六年初めには早くもアメリカから、ジュネーブ原子力会議によって引き起こされた「熱狂のうねり」と、「原子力エネルギー時代」を現実のものとする信仰は、すでに一部で「より慎重な、そして、懐疑的な評価に取って代わられた」との報せがもたらされている。その頃イギリスからも、原子力発電についてのそれまでのコスト計算は信頼の置けないものであり、原子力発電所は当初の想定よりも高くつくだろうという報道が流された。OECDの前身であるOEEC[*1]の一九五六年の報告は、英国の評価をもとにして、原子力エネルギーは一九七五年になっても「西ヨーロッパのエネルギー総需要の八パーセントもおそらくカバーすることはない」と現実的な想定をするに至った。その報告の全体的なトーンは、その後ほどなくして提出された「ユーラトム賢人」――この名誉ある称号の欺瞞性はすぐに露顕したが――の報告と鮮明なコントラストをなしている。

一九五七年にドイツ連邦共和国で始まった石炭の売れ行き不振の危機は、原子力エネルギーに関する諸計画に当初、ほとんど影響を与えなかった。その当時実際に燃料自給は原子力計画の目標となっていたので、石炭危機をドイツ連邦共和国が国内産の値段も安く品質もよい化石エネルギー源の欠乏に次第に苦しむようになる証拠にすることもできた。そうした雰囲気に大きなショックを与えたのは、外国からもたらされたシグナルの音であった。

一九五八年は、明確な節目の年であった。その当時、米国の原子力産業においては「公然とした危機」が察知されていた。しかも、それは、まさに最初の原子力発電所が稼働した直後のことであった。その一年前には、ドイツ原子力委員会ではまだ、「すべての新規の技術開発は、当初の困難を克服した後は時間とともに著しく安くなる」という「直近二世紀の歴史」の教えと称するものにヒントを得て、最初の原子力プログラムが正当化されようとしていた。しかし、そのときまさにアメリカでは「原子力発電所の場合のコストの逓減」がまだ話題にならなかったばかりか、期待に反してコストが上昇の一途であることが示されていたのである。一九五七年に運転が開始されたシッピングポートの加圧水型原子炉のコストは、アメリカの石炭火力発電所の場合のキロワット時あたり二・〇プフェニヒから三・五プフェニヒというコストに対して二一・八プフェニヒとなったのである。

ドイツ人たちは、とりわけ、核融合炉の迅速な実現の希望がついえた第二回ジュネーブ原子力会議（一九五八年）において、そうした国際的な見通しの変化に直面することとなった。「ジャーナリストと科学者同士の問答遊び」が一九五五年よりも「よりよく」機能し、誤解がまぎれこむ余地のほとんどなかったその会議は、全般的な雰囲気として覚醒への転機を際立たせたものであった。それは、ドイツ連邦共和国においてだけでなく、アメリカにおいてもそうであった。

そうした懐疑は、その翌年ストレーザにおけるＯＥＥＣ主催の原子力エネルギーの産業面での展望に関する情報交換会議によってさらに強まった。その会議では、原子力発電のコストが初めて体系的に、そして、楽観的な予測理論ではなく既往の体験をもとにして公に説明された。さらに、とりわけＲＷＥ社顧問の頑固一徹なオスカー・レーブルのおかげで、競争力のある原子力発電所がいまだにどこにも存在せず、しかも、近い将来もほとんどないだろうということが明らかにされたのである。

ドイツ原子力委員会では一九五八年に、大きな影響力を持った「原子炉」作業部会が「状況を悲観的に判定する」に至った。一九五九年初めに、その悲観主義は、たしかに一旦は再度「秘密に満ちたやり方で」（ヴィルツ）、ことにその頃エネルギー産業の融資シンジケートによって計画されていたシュツットガルト原子力発電所を根拠として、開発に有利な評価をするほうに変化した。しかし、その後一九六〇年初めのシュツットガルト原発プロジェクトの挫折は、原子力に関する市場の評価の下落を明白にした。加えて一九六〇年には、あたかも普通の生産物として原発の電気がすでにあるかのような幻想をそれまで広めてきた英国のコールダーホール原子力発電所のうわべばかりの名声が、色あせたものとなったのである。一九六二年にはフィナンシャル・タイムズ紙が「原子力の氷河期」と書き記した。それは、ドイツ産業連盟から連邦原子力大臣に伝えられた一つのシグナルであった。一九六〇年前後の一般的な状況は、純粋に経済的に見ると、原子力エネルギーの全体的な進路の根本的な見直しのきっかけを与えうるものであったかもしれない。ましてその当時のドイツ連邦共和国では、その分野ではまだごくわずかの投資がなされていたにすぎなかったから、なおさらその可能性はあっただろう。それだけに、その種の根本的な見直しが一度も議論の組上にのらなかったのは、なんとも奇妙である。エネルギー技術の代案となる選択肢は、一九六〇年代初めには原子力への陶酔の時代と同様にほとんど議論されなかったのである。

一九五〇年代終わりに広まった、短期的な産業的チャンスという観点からの原子力技術への悲観主義は、種々の機関や関係者によって様々な形で克服されていった。原子力大臣にとっては、実用原子力発電所へと急速に移行するよりも、むしろ幅広い裾野を持つ原子力研究の構築のほうが重要であり、彼は、そこに自分の路線の正しさが認められたと見た。ヤロシェクのような事業評価の専門家は「原子物理学者から折に触れて悲観主義者と呼ばれた」が、それは、とりもなおさずその当時、原子力大臣の目にはよい徴候であった。事態が商業的には悪化したことによって、中枢的研究機関は長期的な未来プロジェクトに向けて発奮することができた。こうして、一九六〇年にカールスルーエで高速増殖炉の開発が始まったのである。

ドイツ産業連盟理事会の中の原子力楽観主義者であったヴィルヘルム・アレクサンダー・メンネ（ヘキスト社）は一九五八年に、産業界の取り組みの真剣度について世間が疑問視しているが、これに「対抗して原子力の鐘の力強い音が響かねばならない」と主張した。一九五九年五月には、原子力技術の推進のための四つの団体が一つに統合されて設立されたドイツ原子力フォーラム[*2]（ＤＡｔＫ）によって、中央のコントロール下の世論対策が始まった。原子力のブームが下火になったことで犠牲となったものの一つは、わけても新自由主義的なコンセプト、すなわち、産業界がリードし、国家には支援的機能のみを託そうという考えであった。早くも一九五九年五月のストレーザにおける会議の場でドイツの代表は、その新自由主義的なドグマであやうく他国の出席者の笑いものになりかけたのである。折しも、ドイツ連邦共和国においても、原子力技術の開発は基礎研究だけでなく、これを超えて実証用原子力発電所の建設に至るまで国によって資金提供されて然るべきであるというコンセンサスが生まれていた。だから、市場における一九六〇年前後の原子力についての評価の下落は、結果的に原子力技術がより強力に政治に頼ることへとつながっていったのである。

＊1――ＯＥＥＣ（欧州経済協力機構）。マーシャル・プランの受け入れ体制を整備するための機関として、一九四八年にヨーロッパ一六ヶ国により設立された。
＊2――「ドイツ原子力産業会議」と訳されることもある組織。

「原子力時代」の政治的、イデオロギー的力点

思惑の時代において唯一の現実であったのは、原子爆弾や水素爆弾である。一瞥すると、原子力に酔いしれた年月がまさしく核兵器の脅威という危険を誰もが意識するようになったのと同じ時代であることは、矛盾するような印象を与える。それは、もはやアメリカだけでなくソ連もまた核保有国である、その時代であった。一九五四年に始まったのは、世界中に広く広がる原子力楽観主義だけではなかった。同じ年に目にすることとなった日本の漁船「第五福竜丸」は人々に大きな衝撃を与え、核実験の死の灰による健康被害に関する論議も起きたのである。不幸にも第五福竜丸は、一九五四年三月

一日にアメリカの最初の水爆実験の危険水域に入ってしまったのである。一九五〇年代中頃には、「アメリカ科学者連盟」の核実験反対キャンペーンが始まった。〈一九五七年〉七月には核実験に反対する第一回国際パグウォッシュ会議[*1]が開催された。また、同年四月には、ドイツ連邦共和国の指導的原子物理学者たちがゲッティンゲン宣言で、連邦政府によるドイツ連邦国防軍の核武装への取り組みに抗議したのである。

原子力への陶酔と同時に、世の中の人々には核兵器の危険への認識があった。そして、この同時性から両者の密接な関連を推測できることは言うまでもない。つまり、核兵器について公然と議論できるようにしつつ、しかも、その一方で原子力科学が死の道具であると見られないようにするために、原子物理学者たちは、平和的原子力技術という視点を用いたのである。平和的原子力技術は、そうした視点から軍事的な原子力技術を批判できるような選択肢を提供した。また、核戦争の危険が世人の意識に切迫したものとなればなるほど、なおさら人はそれとは反対の肯定的なイメージを必要としたのである。核爆弾への恐れは「原子力時代」の諸構想にも含まれていた。すなわち、核爆弾は平和を強いる。この平和は石炭や石油を巡る国家間の争いを終わらせる「平和的な原子力」によって確固たるものとなることが約束されている、というものであった。

その当時すでに過去となったものを背景に、その反動として「原子力時代」のイメージが現れたのである。その頃、少なくともヨーロッパ人は、多くの凄惨な戦争の光景が続いた一世代を超える時代を後にしていた。そして、その時代に起きた多くのことは、悲観的な世界像をもってようやく克服されうるものであった。しかし、一九四五年の講和それ自体、すぐに新たな、しかも人類を絶滅させるような戦争への恐れによってより一層陰りが出てきたのである。また、平和であれ、好景気であれ、豊かさの向上であれ、それらに信を置くことができるかどうかは、まだ長いこと不確実なままであった。困窮の世界や限られた資源を巡る戦争の世界、より強い者、情け容赦ない者が支配する世界に対して、「原子力時代」の世界は、満ち足りた国、対立が和解する国、終わりなき進歩とよき精神の支配する国として好んで描かれた。それは、希望の少ない時代が長く続いた後に、人が再び長続きする平和と豊かさを信じはじめた、ちょうどその時代のファンタジーだったのである。「原子力時代」の諸構想がどんなに矛盾したものであっても、十分に発酵していないものであったとしても、それは、過ぎ去った数十年を背景にして、歴史的な輪郭を備えることとなったのである。一九五〇年代に人気があった「原子力時代」本は、今日、多くの書庫でほこりまみれになっているが、それらの本のユートピア的、そう、多くの場合に陶酔的でもあった性格は、そのように理解される。

「原子力時代」というスローガンは、国際的な現象となっていた。一九五四年には早くも、「原子力時代の概念と表現」は、「そこかしこで、新聞やラジオの中で、会話や世界各地から入ってくるニュースの中で目にすることができる」と報じられている。そのスローガンの発祥の地はアメリカであった。米国では、最初の原子力発電所建設よりかなり前に、すでに「アトミック・エイジ〈原子力時代〉」が広告のキャッチフレーズとなり、また、「ファンタジー豊かな冗談」のための一つのテーマとなっていた。しかし、この「アトミック・エイジ」には、最初から深刻な実体があった。核爆弾をつくる能力が原子力技術とともに世界中に広まることを阻止するための技術的な道はおそらくないことである。このことは早い時期に専門家の中で認識されていたので、新しい平和的な世界秩序、すなわちソ連との意思疎通が必要であるという確信は、「原子力の平和利用」への希望と結びついた。だからこそ、「原子力時代」のイメージは、ほとんど必然的に冷戦や「マッカーシズム」[*2]に対する辛辣な皮肉となったのである。『これが君の原子力時代だ』というタイトルの本（一九五一年）は、平和はソ連も原子爆弾を保有することでより確かなものとなった、と情熱的に述べた。ソ連のスパイと称される者を猛り狂ったかのように狩った一時代における勇気ある言葉である。アルベルト・アインシュタイン、ロバート・オッペンハイマー[*3]、デビット・E・リリエンタールによって、米国の原子力研究には進歩主義的なイメージがあった。「社会主義者の島」は、国家による原子力研究複合体について語るときによく口にされる言葉となったのである。

原子力技術に関するあるポピュラーなハンドブックは、原子力エネルギーは「過去になかったような、産業、経済、社会の最大の革命をもたらす」、また、その歴史的な意味と比較できるのはアメリカ大陸の発見だけだ、と予言した。一九六〇年には「キリスト教会協議会（ＮＣＣ）」が平和的な原子力エネルギーに賛成する声明を発表したが、それは次の言葉で始まるものであった。「キリスト教徒は希望に満ちた現実主義をもって原子力時代の来臨を見ている」。原子力時代に結びつけたこの世界規模での融和の呼びかけは、反共産主義の過激な「アメリカ・キリスト教協議会（ＡＣＣＣ）」によって激しく攻撃されたが、ここでもまた「原子力時代」が政治的に強調される場合の特徴が表れている。

西ヨーロッパでは、特に想像力豊かで意欲的な「原子力時代」のイメージは、社会主義の著作家のもとでつくられることが多かった。原子力への陶酔の典型例を提供するのは、フランスの社会主義者アンゲロプロスである。国際政治に関して、彼は原子力エネルギーによる東西の「融合」を期待した。大きな影響力を持ったベルギーのトロツキスト、エルネスト・マンデル[*4]にとってもまた、原子力エネルギーは新たな時代の始まりのシンボルであり、新しい産業革命の駆動力であった。同様に、イギリスの社会主義者であり、著名な科学史家でもあったジョン・D・バナール[*5]も「原子力時代」に期待をかけ、そして、その素晴らしい新エネルギー技術を、尻込みする民間経済界に委ねることに警鐘を鳴らしたのである。

けれども、その新しい信仰は、政治の第一線からかけ離れたものであった。とりわけその魅力は、政治の世界には通用しなかったのである。一九五〇年代半ばの、原子力エネルギーと結びついた新産業革命のイメージは、統合のコンセプトとして、とりわけ西ヨーロッパの統合に役立つものであった。一九五五年六月のメッシーナ宣言[*6]は、予定されている原子力共同体の創設を次の刮目するような主張をもって根拠づけたのである。すなわち、原子力エネルギーは「ここ数年内の「新たな産業革命」を期待させるものである、「それは、一、二世紀前の産業革命よりも限りなく大きなものとなろう」、というものであった。この厚化粧した楽観主義は、いうまでもなく、当時まだ明白であった原子力技術の軍事的可能性を隠すための迷彩色の役を果たしていた。核爆弾について沈黙していた「原子力時代」のコンセプトは、その当時最も重要な事実を口外されぬままにしていたのである。

希望と恐れがその時々で交互に入れ替わることは、経済学における歴史学派の最後の重鎮であったエドガー・ザリーンの著作にとりわけはっきりと見られる。原子力エネルギーの時代は、彼にとって「産業革命の新たな一段階」だけでなく——二重の定義ぶりに注目してほしいのだが——「技術が創造主の仕事を簒奪する」「新たな画期的な時代」を意味していた。ザリーンは、そのように大袈裟な希望を述べながら、「最後の審判のような恐怖が迫っている。誰もそれを秘密にしておくことが許されない」と、バロック的な明暗のある口調で告げたのである。しかも彼は、軍事的な原子力利用技術だけでなく、平和的な原子力利用にも危険性を見ていた。すなわち、彼は原子力産業が「独占的な力と国家の干渉主義的な力の重みを増すことになるだろう」と、きわめて現実的に認識していたのである。それどころか、彼は、「並べてみると過去のあらゆる独裁は単なる稚拙な作品にしか見えないような、そうした絶大な権力が官僚化する危険が迫っている」と警告するまでになった。しかし、原子力技術への道は強引に成し遂げられてはならないとする、単純、かつ、わかりやすい結論は、禁句である。というのも、変えることのできない運命のようにして、人はすでに「原子力時代」に携わっているからである。

＊1——一九五七年にバートランド・ラッセルとアルベルト・アインシュタインの宣言の呼びかけを受けて一一人の科学者によって創設された科学と世界の諸問題に関する国際会議で、核兵器と戦争の廃絶を目的としている。

＊2——アメリカ上院議員ジョセフ・レイモンド・マッカーシーの告発を契機に発生したリベラル勢力排斥運動で、多くの政府職員やマスコミ関係者が共産主義のレッテルを貼られて攻撃された。

＊3――アルベルト・アインシュタイン（一八七九～一九五五年）は、ドイツ生まれの理論物理学者。相対性理論、光量子仮説に基づく光電効果など数々の画期的な理論を提唱。一九二一年にノーベル物理学賞受賞。チューリヒ工科大学教授などを経て、一九三三年にナチスの手を逃れて米国に渡り、以降、米国在住、プリンストン高等研究所教授を務める。原子力の軍事的利用の可能性について言及したルーズベルト大統領に宛ての一九三九年の書簡は、同大統領が推進した原爆開発のマンハッタン計画の契機となったと言われる。アインシュタイン自身は、一九五五年に英国の哲学者バートランド・ラッセルとともに核兵器廃絶や戦争の根絶を訴えるバートランド＝アインシュタイン宣言を出した。ロバート・オッペンハイマー（一九〇四～六七年）は、ユダヤ系アメリカ人の理論物理学者。第二次世界大戦中、米国のロスアラモス国立研究所所長を務め、マンハッタン計画を主導したことで原爆の父として知られる。戦後は、プリンストン高等研究所所長やアメリカ原子力委員会のアドバイザーを務めるが、水素爆弾など核兵器反対の立場をとった。なお、共産党との関係による機密安全保持疑惑から一九五四年に事実上公職追放され、以降FBIの監視下にあったとされる。

＊4――エルネスト・マンデル（一九二三～九五年）。フランクフルト生まれのベルギーのマルクス主義経済学者、社会主義の理論家。第四インターナショナルの指導者の一人。ブリュッセル自由大学で教えた。政治的には西欧トロッキストの一人としてソ連共産党や西ヨーロッパ諸国の共産党に批判的に対した。なお、トロッキストとは、ロシアの革命家で初期のソ連の中枢で要職を務めたトロッキーの永久革命などの信条を支持する者の総称である。

＊5――ジョン・デスモンド・バナール（一九〇一～七一年）。イギリスの物理学者。X線結晶構造解析の先駆者。ロンドン大学教授やロイヤルアカデミーの会員であったが、ソ連やハンガリー、ポーランド、チェコなどの科学アカデミーの会員でもあり、政治的にはイギリス共産党員であった。

＊6――一九五五年六月一、二日、欧州石炭鉄鋼共同体（ECSC）外相会議が「メッシーナ宣言」を採択。欧州経済共同体（EEC）及び欧州原子力共同体（EAEC：Euratom、ユーラトム）の創設を決定。その後、一九五七年三月二五日、EEC設立条約（第一ローマ条約）及びEAEC設立条約（第二ローマ条約）が調印される。

社会民主党と「原子力時代」

社会民主党と、同党に近いグループでは、「第二の産業革命」にも似た「原子力時代」を、野党の政権批判コンセプトにしようとする兆しが繰り返し見られた。この取り組みは、核兵器による死に反対するキャンペーン〈アンチ・アトムトート・キャンペーン〉において頂点に達した。このキャンペーンは、社会民主党や労働組合がその運動を見捨てた後も、原子力時代誌において続き、一九五〇年代の平和主義的野党勢力と一九六〇年代後半の「新左翼」との間をつなぐものとなったのである。とはいえ、「原子力時代」に内包されていた批判的な潜在力は、実際には利用されなかった。たしかにその概念は、すでに早い時期に社会民主党指導層の耳に入っていた。たとえば、カルロ・シュミット[*1]は一九五五年春に「原子力時代の政治」について報告している。また、同じ年の年末にフリッツ・エルラー[*2]は、原子力エネルギーとともに社会史の新しい一章も始まった、と表明した。さらにヴァルデマール・フォン・クネーリンゲン[*3]は、その頃、「往々にして原子力やオートメーションを目印にして時局の諸問題を」見ていた。けれども、それは、何らの実践的かつ改良主義的な結果を持たない茫漠とした修辞的な力強さにとどまるのが常であった。

「原子力時代」は、批判的に分析され思想的に手が加えられるよりも、むしろ表現の問題として一段と自在に操られていった。復古的な特徴を持つ時代の真ん中で、原子力は、階級闘争とはもはや無縁の、新しい種類の革命的な自動装置を据えつけたかのように思われた。一九五六年の社会民主党ミュンヘン党大会の席上、レオ・ブラントは原子力の多様な恩恵についての彼の作り話を矛盾なく開陳することができた。それは、原子力のプロパガンダにある、ありとあらゆる誇張を無批判に真に受けたものであり、また、それを確実な事実と称したものであった。その演説は、彼の後に続いて演説した者、その中にはヘルベルト・ヴェーナー[*4]もいたが、彼らによって絶賛されたのである。そこには、何か議論すべきようなものは、ほとんど見出されなかった。それらに続いて決定された社会民主党の「原子力計画」は次のように述べている。原子力エネルギーは「人類にとっての新時代の始まりの皮切りとなるものである」。ウランやトリウムに含まれるエネルギーは、「人間の理解するところでは、無尽蔵である」。だから、なおさらのこと、核融合は、エネルギーを得るにあたって地下資源への依存を全面的に打破することとなる。「原子の本源的な力」と「原子力の時代」に頼ることで、一九五九年一一月の社会民主党ゴーデスベルク綱領のあの「ほとんどカンタータ風[*5]」な、政治的拘束力のない（テオ・ピルカー）前文の二つの要素——不安と希望——が始まったのである。

それは、専門家の中の原子力への最初の陶酔が虚脱感に席を譲るようになった時代のことであった。「原子力時代」の明暗の交錯は、それらと関係を持つかわりに、社会的な対立に取って代わることとなる。

＊1——カルロ・シュミット（一八九六〜一九七九年）。SPDの政治家。一九四九年から一九七二年まで連邦議会議員。この間、連邦参議院担当の連邦大臣や連邦議会副議長などを歴任。憲法である連邦基本法の制定並びにSPDのゴーデスベルク綱領の作成に強く関与した。

＊2——フリッツ・エルラー（一九一三〜六七年）。SPDの政治家。一九四九年から一九六七年まで連邦議会議員。この間、連邦議会防衛委員会副委員長、ヨーロッパ会議ドイツ代表などを歴任。

＊3——ヴァルデマール・フォン・クネーリンゲン（一九〇六〜七一年）。SPDの政治家。SPDのバイエルン州代表、連邦副代表（一九五八〜六二年）、バイエルン州議会議員（一九四六〜七〇年）、連邦議会議員（一九四九〜五一年）などを歴任。

＊4——ヘルベルト・ヴェーナー（一九〇六〜九〇年）。SPDの有力な政治家で、SPD副党首、連邦議会におけるSPD会派代表、ドイツ問題担当連邦大臣（一九六六〜六九年）などを歴任した。

＊5——カンタータは、バロック時代にイタリアで始まり、ドイツなどで発達した宗教音楽などの声楽曲。転じて、カンタータ風とは、「壮麗な響きの」という意味と考えられる。

ゲッティンゲン宣言の印象――平和利用対軍事利用

将来の核戦争への恐れ、核実験に起因する健康被害への不安は、本来であれば原子力の民生用技術にも批判的に光を当てる方向へとつながるべきであったであろう。というのも、民生用原子力技術もまた、核兵器の拡散や放射性物質の放出の危険を含んでいたからである。それにもかかわらず、ドイツ連邦共和国の原子力研究のエリートたちが署名した一九五七年四月のゲッティンゲン宣言では、核兵器への警告は、無造作にも「あらゆる手段をもって」平和的原子力技術を促進しようとの呼びかけと結びつけられたのであった。その当時ごく当たり前のように思われた、そうした付帯的な声明は、その後、原子物理学者たちの中で権威あるものと見なされるようになった「核兵器による死」反対運動においても見られた。実際のところ、中枢的原子力研究機関は独自の関心から民生用原子力技術と軍事的原子力技術との間のよどみない移行を維持することに努めていたが、しかし、「平和的な」原子力技術が広まることによって、初めて「平和的な」原子力技術は軍事的な原子力技術をこの世界から無くすというような印象がまさに得られたのである。「原子爆弾は発電所を熱することができる」、このように一九六〇年に南ドイツ新聞〈ジュートドイッチェ・ツァイトゥンク〉の奇妙な大見出しは、原爆があたかも原子炉内に消え失せることが可能であるかのように主張したものであった。

民生用原子力技術に潜む危険性は、その当時まだ認識されていなかったのであろうか。少なくとも、ある種の危険は最初からきわめて明白であり、しかも後年に比べると当時は一層目につくものであった。核拡散の危険、すなわち、原子炉から原子爆弾に使われる核分裂物質を取り出す可能性である。ゲッティンゲン宣言ができた頃には、軍事的目的にも役立つそうした実用原子炉[*1]が、たしかにあったのである。核拡散の問題がない「平和的な」原子力技術は、事実、未来の課題であったのであろう。しかし、それが原理的にありえるのかどうかは、常に疑わしかった。

たしかに一九六〇年代に入っても、核分裂物質を十分長期にわたって原子炉内にそのまま置いておきさえすれば、軍事的にはもはや使用できないプルトニウム同位元素が生ずるという理論(その後、誤りであると証明された理論)があった。しかし、その場合でも、それは原子炉を動かす人間の善意を前提としたものであったのである。その理論について報告したあるアメリカの著述家(レオナード・ビートン)は、米国政府によってなされた原子力技術の普及について最初から「自殺行為的な進路」であったと烙印を押したものである。「ウラン原子力発電所はどれも、(中略)必然的に原子爆弾製造工場である」、そうオットー・ハクセルは一九五二年にすでに明言し、そして、次のようにつけ加えた。「危機の時代、ましてや戦時には、いかなる政府も、生産されたプルトニウムによって軍事的な力を得ることを見逃すことはない」。このことは、最良の国際的なコントロールもまた、いざという場合には機能しないことを意味した。その当時ハクセルは、そうしたことからさらに次のような結論を出すことができた。「そうした状況は（中略）経済面でのエネルギー獲得や、この分野での技術開発を大幅に締め出すものである」。しかしその簡明な論理が、続く時代の思考能力につながることはなかった。他でもないハクセルその人が一九五七年に、原子力技術を「天からの贈り物」と公然と称賛したのである。けれども、それにもかかわらず、核拡散の危険への警鐘は、繰り返しあけすけに口にされた。

原子炉に関する半ば公式の、そして、常に新しい版を重ねたパンフレットの著者の一人であるヴェルナー・クリフォート[*2]は、一九五六年に次のように警告した。「平和的な」原子力エネルギーもまた「危険である」、そして、安全の分野において生じている課題は「ほとんど見通すことができないほど多い」。それどころか、彼は、七八歳になるフレデリック・ソディ[*3]の言葉を引用した。この原子力科学の初期の、豊富なビジョンを持った先駆者は、イギリスの原子力計画を「気が狂っている」と宣言し、そして――後に原子力に反対する者が好んで使うようになった要求を先取りしたかのように――環境に対するあらゆる危険を否認した原子力の宣伝者たちに対して、原子炉の煙突の頂上に立ってみるがよい、としたのである。

ドイツの原子力科学者の中でも世に最も知られたオットー・ハーンは、一九五〇年に次のように述べている。「大きな原子力のマシーン」は、「事実、平和的目的に仕えるものであるが、同時にまた永続的なプルトニウム生産の場でもあるのだ」。なるほど彼は、この警鐘の言葉を単に「最も大規模な施設」に関して述べたのだが、しかし、彼にとってその当時それらは一〇〇メガワット級の原子力発電所であり、すなわち後年の尺度で測ればごく小さな発電容量の施設であった。ユーラトムの様態を決めた、ジャン・モネが率いた「ヨーロッパ合衆国のための行動委員会[*4]」は一九五六年に、「エネルギーを生産する原子力産業」は「好むと好まざるとにかかわらず、原子爆弾も製造する状況にある」と断言した。同じ年、原子力大臣シュトラウスは、軍事的利用を阻むために要するコントロール分野を線引きすることは「不可能ではないとしても、きわめて困難である」と言明した。行動委員会、原子力大臣双方とも対立する相手方の利害関心からよく似た結論に達したのである。すなわち、行動委員会は、できるだけ広範なコントロールを獲得しようとして、一方で、ドイツ原子力大臣はいかなるコントロールも阻止しようという関心から。

広島原爆投下直後の一〇年は、ドイツ国民の中で原子力の問題性はまだテーマにはなっていなかった。再軍備を巡る議論でさえ、全般的には、あたかも核兵器などないかのように行われていたのである。米国がまだ世界規模で核兵器の覇権を握っていた時代、そして、広島や長崎の原爆を生き延びた者の後遺症が米国の報道管制の結果まだほとんど知られていなかったその時代には、広島被爆のショックは、再び押しのけられたのである。けれどもソ連が核兵器の保有で追いつき、放射能被害に関する悲劇的な報告が世界中の人々の耳に達し、加えて、危険の度を増す核実験をともなった核兵器保有国同士の競争がエスカレートすると、原水爆と放射能の死の灰への恐怖は誰もの現実となり、そして、日常会話の中のものとなった。

一九五四年から一九五五年にかけてドイツ連邦共和国の人々の中では、まだ不安による陰りのほとんどない原子力への最初の陶酔が続いていたが、国民の中に――原子力省内で関係者が動揺しつつ確認したように――「ここにもあそこにも放射能への不安心理」が広がり、そして、放射能を心配する手紙が原子力省に殺到した一九五六年は転機の年となった。そうした不安は、民生用原子力技術に対しても多く向けられた。それは、原子力関係者が再三嘆いた反応であり、感情的な連想に基づくものも多かったが、しかし、そもそも合理的な根拠のあるものであった。一九五九年のある世論調査は、原子力利用に無条件で賛成する国民はわずかに八パーセントしかいないが、これに対して国民の一七パーセントは原子力エネルギーがいつの日か核戦争につながることになることを恐れているという結果となった。核実験停止[*5]の二年後の一九六五年になってもなお原子力フォーラムの事務局長は、核実験に起因する放射能物質の降下に関するニュースが「原子力エネルギーの平和利用に対する国民の不信を常に新たに」かき立てる、と嘆いたのであった。

ゲッティンゲン宣言のテーマと効果が定まったのは、とりわけそうした背景の中であった。ことに大きな意味を持ったのは、核兵器に対する抗議だけでなく、平和的原子力技術を軍事的原子力技術から目に見えるような形で切り離そうとすることであった。そのたぐいの宣言の成立は、通常まったくないような、そして、人々の関心をかき立てるような出来事であり、いささかの説明を要する。すなわち、署名者の多くは、察するに、社会民主党よりもキリスト教民主同盟[*6]に近い人々であり、忠誠心に葛藤しつつ政府への公然とした批判に踏み切ったのである。社会民主党員の原子物理学者ベッヒェルトは、一九五五年からずっと同僚の専門家たちにその種の声明――それは、彼の考えでは原子炉安全委員会への要請を含むべきものであった――を迫っていたが、まずは抵抗を受けたものであった。その際、彼によればハーンその人も、人々の中に「原子力の平和利用」の危険性という考えが広がらないようにするために、原子炉安全委員会に関する条項を消そうとしたという。

一九六〇年の年末のことであるが、物理学誌は、繰り返し行われた読者アンケートに続いて、宣言署名者の「一八人」に対して、彼らがなおも一九五七年四月の宣言の立場に立っているか否かというアンケートを行った。その結果は、たしかに肯定的なものであったが、しかし、特筆すべきは、そうしたアンケートがお膳立てされたもののように思われることである。ゲッティンゲン宣言に続いて、原子力研究者のエリートたちが原子力に批判的なグループと持続的にコンタクトすることはなかった。さらに、核拡散に関する安全な平和的原子力技術への努力も、後に続かなかった。

「ゲッティンゲン一八名」の声明の最大の動機は、明らかに国内世論の、さらにそれ以上に国際的な世論の疑念に対してドイツ連邦共和国の原子力技術開発を守りたいという願望であった。後日、共同署名者のヴィルツは、その宣言の功績はカールスルーエにおける研究について「東側諸国からも西側諸国からも決して」軍事的意図があるのではないかという嫌疑をかけられなかったことであった、とした。他でもないハイゼンベルクは、一九四五年以降ずっと外国から敵視されていることに非常に苦しんでいた。彼は、国際的な「原子物理学者ファミリー」から排斥されていると感じていた。つまり、彼の友人たちは政治亡命先で敵対者になり、彼自身は、絶えず自分がナチス体制に奉仕し、沈黙していたという非難にさらされていると見ていたのである。改めてドイツの核武装の協力者として疑われることになれば、それは彼にとって生存への脅威を意味した。原子力研究センターをカールスルーエとするという立地についてのアデナウアーの決定ともあいまって、そのたぐいの憂慮は最終的に彼を世間から逃避させ、また、彼はドイツの原子力研究者の中で一匹狼的に振る舞うようになったのである。

その当時すでに国民の間に広がっていた原子力発電所に対する不信感を背景にすると、ゲッティンゲン宣言の「核兵器による死に対する闘い」のキャンペーンが、良心誌を取り巻くグループを例外として、民生用原子力技術に反対するものではなく、これをむしろ明確に推進したこと、原子物理学者をアデナウアーの権威に対抗する権威にしようとしたことに大きく寄与したことがわかる。あるスローガンに「一八人の原子物理学者よりも一人の連邦首相のほうが賢いのか」という表現があった。民生用原子力技術と軍事的技術は互いに緊密に関係していると広範な国民層は感じており、また、現実にもそうであったが、そのスローガンでは対立の構図がつくり上げられたのである。

＊1――商用原子炉または商用炉ともいう。
＊2――ヴェルナー・クリフォート。物理学者。実験物理学に関する専門書のほか『水爆誕生についてのヒアリング――物理学者の責任』(一九

五五年）などの著作がある。ヴュルテンベルクのハイデンハイム市長も務めた（一九四六〜四八年）。
＊3――フレデリック・ソディ（一八七七〜一九五六年）。イギリスの化学者。ノーベル化学賞受賞。原子核崩壊、同位体研究で有名。
＊4――フランスの外相、ジャン・モネが主導し、一九五五年一〇月に設立された欧州連合構想推進のための委員会。ユーラトム及びEECの創設に大きな影響を与えた。
＊5――一九六三年八月に米国、ソ連、英国間で締結された部分的核実験禁止条約により、地下核実験を除く核実験は停止されることとなった。
＊6――キリスト教民主同盟（CDU）。キリスト教民主主義、自由主義、社会保守主義を基本綱領の中心に据える政党。姉妹政党のキリスト教社会同盟（CSU）と連邦議会で統一会派を組み、ドイツ連邦共和国成立後、たびたび連邦政府、州政府の政権を担当している。

経済戦略の構成要素としての原子力エネルギー

電機産業主導下の原子力産業

原子力発電所の建設にあたって電機産業の大コンツェルンが主導的役割を担うであろうこと、また、いずれにしろ下請け業者としての新規参入企業にもチャンスがあるであろうことは、原子炉建設が本格化するやいなや、すぐさま明白になった。カール・アム・マイン近郊におけるドイツ連邦共和国の初の原子力発電所の発注にあたって、事業者として選定されたのはジーメンス社とAEG社だけであったが、その二社は、いずれもその原子炉タイプのメーカーであるアメリカのウェスチングハウス社とゼネラル・エレクトリック社の代理店として受注したのであった。もともと取次代理店はジーメンス社だけであった。にもかかわらず、その後AEG社も受注することとなったが、その経緯に発注者であるRWE社が意図的に競争を促したことが見てとれる。一九六〇年代全体を通じて原子力発電所の発注は両社にほぼ均等に配分されたが、このことは、供給側が独占的地位を持つことを阻止しようというエネルギー産業の、最終的には虚しく終わった努力を証すものである。

とはいえ、最後にはジーメンス社が勝利したのだが――当初はAEG社が先行し、後に両社の原発部門は統合されてKWU社[*1]になったにもかかわらず――その勝利は、その二つのコンツェルンの全体的な状況からだけでなく、両社の代理店としての歴史からも説明できる。ジーメンス・コンツェルンは、当初から原子力に関する独自の専門的能力を得ることに注力し、早くも一九五〇年代中葉には著名な原子物理学者フィンケルンブルクの指導のもとに原子炉開発部門の構築を始めた。生涯頑なに重水炉を擁護して闘ったこの人物ならではの意向は、会社にとってたしかに高くつくものであったが、しかし、最後には同社の原子力技術の独立性の基礎を築いたのである。これに対してAEG社はといえば、ゼネラル・エレクトリック社に依存したままであり、そのアメリカのパートナーに見捨てられたところ――たとえばヴュルガッセン原子力発電所のタービンシャフトのケース――では敗北したのである。

ジーメンス・コンツェルンは、首脳部の結束の固さと、その顔ぶれが変わらないという点で、AEG社に比べると原子力技術の要求に沿う長期的な視点で案件をよりよく処理できる状況にあった。これに対して、AEG社は、近視眼的な利回り追求の視点で原子力に関する意志決定を下していたのであり、それゆえゼネラル・エレクトリック社からその当時、最も単純かつ安価であった沸騰水型原子炉[*2]をほとんどそのままの形で引き受けたのであった。AEG社の経営者たちは、原子力委員会においてあからさまに会社の代理人として振舞ったものであったが、これに対してジーメンス社の人間は、早い時期から、国益と思われるものを志向する専門家の役割を理解していた。こうしてジーメンス社は、政治案件となった事業分野について、より適切に準備を整えたのであった。

＊1――KWU（クラフトヴェルク・ウニオン社）は、一九六九年に設立されたジーメンス社とAEG社の共同出資子会社で、発電所、特に原子力発電所建設事業を行った。

＊2――沸騰水型原子炉は、軽水を原子炉冷却材と中性子減速材に用いる原子炉で、軽水を炉心で沸騰させて直接タービン発電機に導き、電気を得る。東京電力福島原子力発電所の原子炉などに使われ我が国の原発の主流となっている。

在来型の発電所にあわせた原子力発電所

電機産業のコンツェルンにとって原子力発電所は、数ある案件の一つにすぎなかったが、そのコンツェルンが優勢であったことから、原子炉建設を既往のエネルギー技術開発にできるだけ幅広く適合させることが原子炉建設の開発条件の一つとなった。原子力技術がまったく新しい技術なのか、それともそれまでのエネルギー技術が統合されたものなのか。これについては、そもそも、ことそれ自体によって決められるものではなく、原子力技術を用いて何をつくるか、そして、どの産業部門が原子力技術の開発にあたって主導権を握るのかに左右されたのである。もし化学産業が主導権を握っていたとしたら、おそらくは再処理とプルトニウム利用事業への歩みが達成目標となり、原子力技術は最初から質的に明確に新しいものとなっていたであろう。クルップ社であろうがグートテホフヌンクス・ヒュッテ社（GHH）であろうが[*1]、重工業が優越したとしたら、プロセス熱利用における彼らの技術を用いた高熱処理技術への移行が推し進められていたであろう。原子力産業が寡占的ではなく、むしろ中小企業的な構造であったとすれば、こうした構造は、場合によっては、開発途上国や人がほとんど居住していない辺鄙な地域の需要という観点から繰り返し求められた、中小規模の発電容量で経済性に優れた原子炉の選択へとつながったかもしれない。

原子力技術がまったく新しい、それに特化した産業部門によって開発されていたとしたら、核反応プロセスに適合したエネルギー生産の新たな方式もおそらく広まっていたかもしれない。そうなれば、原子力大臣バルケが述べたように、「放射線エネルギーが熱を介する回り道をとらず直接的に、いわゆる直接変換することで電気へと変わること」が理論的には可能となっていたかもしれない。しかし、人は、原子力技術を従来の石炭をベースとした火力発電技術に幅広く適応させることもできたのである。こうして原子力発電所は、在来型の発電所と原理的にはほとんど違いのないものとなったのである。違いはといえば、燃焼炉が単に原子炉に代替され、そして、蒸気循環が熱の排出だけに使われるのではなく、中性子減速にも役立てられることであった。それ以外は、すべてが原理的には古いままであるかのようであった。

もっとも、そうとはいえ、一連の大きな技術革新の必要が生じたことも事実である。そして、この技術革新のある部分の決め手となったのは、軽水炉原子力発電所〈軽水型原子力発電所〉の形態で結実したように、まさに化石燃料系の火力発電所の全体的な構造への適応であった軽水炉原子力発電所の出力密度は、瀝青炭火力発電所のそれよりも約一四〇倍高かった。このことだけを見ても、その制御と排熱の問題は、著しく大きいものであった。排熱のために従来のように通常の水だけを使う場合には、それに起因する腐食破損をリスクに入れなければならなかった。まさに普通の水という在来型の冷却材は、一連の問題をともなうものであった。というのも、化石燃料系火力発電所では日常茶飯事であった導水管の亀裂や破損は、原子力発電所では、放射能汚染の危険を引き起こすものであったからである。軽水炉型原子炉においても、管の漏損は通常の出来事であった。とはいえ放射性物質の漏れを最小限にするためには、原子炉をタービン家屋から切り離して、二次循環系がその間にさらに接続されねばならなかった。そして、それは「原子炉格納容器」、すなわち、高いガス密度で覆われた一次循環系を取り囲む必要があった。このことは、とりもなおさず結果的に原子炉格納容器を外界からの破壊や内側からの破壊——飛行機の墜落あるいは原子炉内部での爆発——から守るという要求を生じさせることとなった。それは、当初の計算に組みこまれていなかった一連の措置であり、それが通用するかどうかや効果は常に疑問のままであった。NUKEM社[*2]のある顧問は、かつて一九五八年に「一基の原子炉における単純な事柄が、新たな物理的状況によってまことに複雑な技術的産物になった」と指摘したが、この指摘は当を得たものであった。特に彼は、強い放射線の作用によって素材に新種の物性問題が生じることを示唆した。安全が本質的に素材の問題であることは、一世紀も前から蒸気ボイラーの爆発の経験が示していた。けれども、原子炉技術の「安全哲学」は、この事実に対してなすすべもないままであった。

まさに発電所技術の歴史を隅々まで熟知することによって、原子力技術が従来の技術とは同じものでないと理解することができたのである。その最もよい事例を提供したのは、経験豊かな発電所建設技術者であったミュンツィンガーであった。彼は、一九六〇年に「蒸気力と原子力それ自体の典型的な違い、並びに、その二つを導入する場合に起きる現象の違い」に関する示唆に富んだ概論を著した。これに対してヴァルター・ゲルラッハなどの一部の物理学者は、原子力発電所における熱の電気エネルギーへの変換は、これまでの方法と違いが「まったくない」と主張した。「ユーラトム賢人」報告は、既存技術が原子力発電所の大きな部分を占めていることを強調した。それどころか、よりによってバルケもまた後年、洋服などに使われるファスナーの発明は最初の原子力発電所の構造の発明よりも天才的だった、と言ったのである。

けれども原子力発電所のその強調された在来型の設備は、物事本来の性質に基づくものではなく、産業の構造に根ざすものであった。爆発の危険性のある蒸気生産技術のまさにその中に、すでに外部の者が入れない協業的な共同作業の長期にわたる伝統、自覚的な伝統があったのである。一九六九年に原子力産業誌のある記事は、原子力エネルギーの導入そのものも火力発電所の「独占状態」を「まったく変えるものではなかった」ことの理由として、重機製造における伝統意識を挙げた。その記事は、「過去数十年に熱原子炉の数多くの多様な創案が水面下に存在した。案はどれも紙の上では最善のものと証明されうるものであった。そうしたものがあったにもかかわらず、また、種々の実験用原子炉や発電用原子炉を大金を費やして建設していたにもかかわらず（中略）火力発電所をきわめて簡単に変形させたような原子力発電所のコンセプトが、競争に勝利することは明白だ」というものであった。マンデル（ＲＷＥ社）は、すでに一九五九年に次のように予言している。「開発途上にある原子炉建設の種目の中で近い将来成功する見込みがあるのは、在来の技術に広範に依存し、技術的に最も簡単なものだけである」

発電所建設の未来プロジェクトの古いものの一つにガスタービンがあった。ガスタービンは、ＲＷＥ社の創立者であったフーゴー・シュティンネス[*3]にとっては進歩的技術の化身であったが、しかし、すでに約半世紀このかた工業的な普及に向けた取り組みがなされてきたものの、成果はなかった。とはいえ、それでなくても原子炉にあっては特にガス冷却が提案されていたので、未来の発電所をその旧式な夢と原子力エネルギーの組みあわせでつくることは魅力的であり、しかもこれに対応した計画は欠くことがなかった。ことに高温ガス炉の開発過程では、発電所技術において伝統的に進歩と見なされたものすべてが高温ガス炉と結びつけられた。より高温への移行だけでなく、廃熱利用やガスタービン、原料の持続的な装塡がそうであった。しかし、種々の技術革新をそのように組みあわせることは、エネルギー産業にとって非常にリスクの大きいものとなったのである。

リスクの非常に大きな組みあわせに代えて、発電所建設者たちは、原子力技術の不確かさについて次のようなおおまかな決め事で応えた。すなわち、複数のリスクを足しあわせてはならない、それゆえ、なおさら原子力発電所のうちの在来型の部分においては、少なくとも石炭火力発電所の場合のように古くから守り続けられている構成要素を考慮に入れなければならない、というものであった。それらは、明瞭に口にされることはほとんどなかったが、しかし、実際の展開から読みとられた安全哲学であった。それが原子力のリスクについて適切な考慮であったかどうかは、疑問である。というのも、むしろその戦略は、見通しがきかずわかりづらい潜在的危険に対してお手上げであることを証しているからである。原子力発電所における故障事故に関する一九七四年のある研究は——原子力産業誌の記事によれば——次のような結論を下している。原子力発電所の「在来型の」構成要素を「できるだけ問題ないように、リスクがないように仕上げようとする」努力こそ、明らかに実践においては「まさに正反対の結果につながることとなったのだ」、すなわち原子力発電所の故障事故に対する脆弱性を高めたのだ、と。

*1——クルップ株式会社は、エッセンに本社を置いた一九〇三年創立の重工業メーカー。グーテホフヌンクス・ヒュッテ社（GHH）は、鉱業・機械製造会社から出発し、ドイツ有数の機械・プラント施設製造企業となるが、一九八六年にMAN・コンツェルンに吸収合併され、今日に至る。
*2——RWE社の子会社で、原子力技術関係企業。三五二頁ほか参照。
*3——フーゴー・シュティンネス（一八七〇〜一九二四年）。ドイツの産業家、政治家。

「エネルギー供給途絶」への恐れ——本当にそれはあったのか

原子力技術に対するエネルギー産業界の戦略

現代の西洋的文明は化石燃料源の枯渇とともにいつの日か終わりを見ることとなるという想定は、古いものではない。そしてまた、将来についてのその種の不安に対する反証にもそれなりの歴史がある。マックス・ヴェーバーは、「化石燃料の最後の五〇キログラムが燃やし尽くされる」時点を近代の経済体制の終焉に等しいものとした。これに対してオスヴァルト・シュペングラー[*1]は、西洋文化のそのような凡庸な没落について耳にするのが不愉快なので、「石炭埋蔵の枯渇が何世紀もしないうちに起きると口にすること」は一九世紀の流行であったと片づけたのであった。彼によれば、西洋文明の終わりをもたらすものは「資源に欠くが如きありふれた状況」ではなく、「ファウスト的な考え」[*2]の衰えであった。ヴェルナー・ゾンバルト[*3]もまた、石炭埋蔵が枯渇した後の経済や生活は太陽光エネルギーを基盤に継続しうるだろうと思っていたのである。それはさておき、化石燃料源の終焉は、実践的な行動への強烈な刺激にはならなかったとしても、すでに一九世紀以降ずっと問題となっていたのである。

*1——オスヴァルト・シュペングラー（一八八〇～一九三六年）。哲学者、歴史学者。主著は『西洋の没落』（一九二二年）。
*2——ファウストは、中世ドイツの民間伝承の主人公（錬金術師、魔術師、占星術師など）。ゲーテなどの多くの文学作品にテーマとして登場。シュペングラーがいう「ファウスト的な考え」とは、無限の空間に憧れ、その空間を征服しようとする欲求を指す。
*3——ヴェルナー・ゾンバルト（一八六三～一九四一年）。ドイツ歴史学派の経済学者、社会学者。

「エネルギー供給途絶」についての論議

一九五〇年代中頃に世の中でしばしば話題にされたのは、将来のエネルギーについての困窮であった。すぐにでも「エネルギー供給が途絶える」という標語が、その当時台頭したのである。振り返ってみれば、石炭売上げが危機的状況の中で、「エネルギー供給が途絶えること」についての論議が同時に起きたのは、逆説的ともいえるものであった。けれども、その概念が蔓延するようになるいくつかの状況がその頃一斉に起きたのである。すなわち、戦後の石炭の窮乏は、いまだに真新しい記憶のままであった。ドイツ連邦共和国では一九五〇年代半ばまで、再三にわたって石炭供給に隘路が生じた。一九四九年の「エネルギー危機の対処に関する法律」は、一九五三年まで延長された。産出コストが増大することによって石炭の値段が将来ますます高くなるだろうことも、同時に認識されていた。「経済の奇跡」の年を重ねるごとに、成長が永久に続くという想定で物事を考えることや、エネルギー消費が必然的に増大し続けるという結論をそこから導くことに人々が慣れるようになるにつれ、石炭の値上がりは、より一層はっきりと感じられるようになっていった。その経済成長の過程で石炭産出が停滞する場合には、供給に空白が生じることとなろう。ならば石油はどうなのか。一九四八年のRWE社のある報告書は、それについて驚くような予測を立てた。「とりたてて言うような産出の増加」はもはや期待できない。石油は「ヨーロッパのエネルギー計画にあっては（中略）度外視」することができるだろう、というのである。その当時、ニーダーライン地方の瀝青炭はRWE社の切り札であった。

一九五〇年代後半からの予期せぬ石油の氾濫は、「エネルギー供給が途絶えること」についてのすべての予測が嘘であったことを明らかにしたかのようであった。たしかに、鋭角的に増加する石油輸入をまさに「エネルギー供給が途絶えること」への警告シグナルと見てとることもできた。エネルギー供給源の自給自足を規範として置く場合には、そのように見ることができたのである。その当時のドイツ連邦共和国では、そうした思考の仕方は、潤沢に存在する国内の石炭の通常の供給に対応したものであった。加えて三人の「ユーラトム賢人」の報告（一九五七年五月）は、エネルギー自足という規範を全ヨーロッパに設定したものであった。したがってその報告は、「エネルギーの逼迫」は「経済的な進歩を決定的に阻む」ように思われるという結論を下し、そして、これを「将来展望を左右する」「新たな現実実態」と呼んだのであった。

いうまでもなく、その報告についての連邦経済省の見解は、「その報告の中心」をなす「エネルギー供給の中断という概念」は「経済政策的にも、経済理論的にも使えないもの」である、なぜなら、採算のあうエネルギー生産という「基本的要請」がそこではごく簡単に扱われているにすぎないからだ、というものであった。後に、ある石炭志向の情報誌は、原子力エネルギーの「立役者たち」は「エネルギー供給が途絶えるというテーゼをもって石炭の敗北をたくらんだ、なぜなら、そのテーゼはドイツにおける炭鉱の設備過剰に寄与すると同時に、ユーラトムにあっても固着観念化したからだ」と憤慨した。「エネルギー供給の中断という不快な概念」が石炭鉱業の危機を引き起こしたという非難は、後に好んでなされるようになった。しかし、現実はむしろ、石炭と原子力エネルギーのより短期志向の保護主義のための論証に長期的な予測が曲解して用いられたように見える。

一九五五年のことであるが、ヘルベルト・F・ミュラーに率いられたカールスルーエ工科大学エネルギー産業研究所は、二〇〇〇年までに「はかりしれない影響を持つエネルギー危機」が起こるに違いない――というのも、エネルギー需要が恒常的に増大すると思われるから――という予測を出した。そして「その危機の始まりは、およそ一九七五年頃と見込まれる」というのである。それに続いて何年もの間、「エネルギー窮乏」という重苦しい悪夢が、原子力エネルギーの開発の加速を支持した数多くの出版物で呼び起こされたのであった。もっとも、将来の「エネルギー供給の中断」への恐れがその時代の原子力への陶酔の真の動因であったかについては、疑わしい。そうした長期的展望を持ったそれらの出版物の著者らが本当に真剣であったとしたら、彼らは、原子力エネルギーと並んで、それ以外のエネルギー選択肢についても気を配って然るべきであったであろう。これは、ミュラーその人によって述べられた結論の一つである。けれども「エネルギー供給が途絶えること」についての見通しは、たしかに一九五〇年代半ば以降、実践的な筋書きのためのテーマ、いや、それどころか投資決定のための動因になりえたかもしれないが、それ以上に、はなはだ茫漠として、しかも疑わしいものであった。

そもそも連邦原子力省内でも、石炭の売上げが危機に瀕していた時代であったからなおさらであるが、原子力技術がエネルギー面で持つ意味を考えることは、むしろ先送りされていたのである。バルケは一九五七年に片眼をつぶりながら、差し迫った「エネルギー供給の中断」について「とりわけ世間で重要な問題だと思われている、そのたぐいの事態」だと述べたものであった。さらに一九六四年になってもなお原子力省は、ある電機メーカーからの関連する問いあわせに対して、「当省内では電力需要やこれに関連する問題に関するリポートは何一つ作成されていない」と伝えたのである。原子力委員会内部でもまた、エネルギー需要の予測に関してあれこれ思い煩うことはなかった。

そうはいっても、『ドイツにとっての原子力産業――急げ』という、南ドイツ銀行の行員の筆になる一九五六年のある記事は、「ドイツは採算性の立場からすると原子力発電所を持つ宿命を負わされている」という結論に至った。ドイツ連邦共和国の比較的高いエネルギー価格水準は、電力の安い国々と競争する産業界からすれば不愉快なことであった。だから「エネルギー供給が途絶えること」について人は真面目に信じていなかったとしても、原子力エネルギーは長期にわたって化石エネルギーよりもはるかに安価となるという思惑は存在したのである。そうした相対的な魅力は、「エネルギー供給の中断」というスローガンともあいまって強迫的な必然性に仕立て上げられていった。とはいえ、エネルギー産業界における原子力技術の最強の立役者であったマンデル自身、一九五九年に公然と次のことを認めている。「今日、そして、近い将来においても、有無を言わさず原子力エネルギーによって穴埋めされざるをえないようなエネルギー供給の中断は存在しない。エネルギーの量的な問題は存在せず、あるのは単に価格の問題だ。世界にはまだ、将来のための十分な石炭と石油がある」

ドイツ電力事業連合会の会長は一九六一年に、ドイツ連邦共和国内の必要性からすれば原子力エネルギーに「費やす時間は十分にある」と断言した。原子力エネルギー開発の背後にあるのはもっぱらこれを必要としている輸出関係業界であり、だから、特別なリスクを分かちあうことをエネルギー産業に期待してはならない、としたのである。まさにこれが肝心な点であった。一九五〇年代、六〇年代には、エネルギー産業は、原子力発電所の高額な施設設備コストと予測しえない運転リスク、さらに経済復興の過程で新設された数多くの石炭火力発電所の原発技術との競合を恐れていた。しかし、そうはいいつつも、エネルギー産業界の原子力技術に対する戦略は、否定的なものばかりとは決していえなかった。少なくとも彼らにあっても早い時期に、原子力エネルギーを将来の目標として定めていたのであった。「原子力時代」というイデオロギーを根本的に問題視するような考え方は、原子力産業では散発的に見られるにすぎなかった。とはいえ、彼らの利害関心を巡る状況から、様々な実践的な結論が生まれたのである。

原子力技術は遠い将来になって初めてドイツ連邦共和国の電力供給に用いられるという洞察は、おのずと長期の実験段階を強く求め、特定の原子炉タイプをはやばやと決めることには逆に働くという結果になったのも首肯できる。とりわけそれは、製造者の中での競争を維持するために生まれたものであった。マンデル（RWE社）は、第一次原子力計画に助言した際に、「原子炉タイプを一つだけに限定する」ことに警鐘を鳴らした。その一方で、エネルギー産業には近々原子力発電所発注に移行する動機があるとする見方から、これに対応するためのまったく違った戦略も生まれた。そうなれば、比較的安価なアメリカ製の軽水炉原子炉を用いることや、電力生産事業者が、コストのかかるドイツ独自の展開に関与することに責任を負うような取り組みに抵抗することは、エネルギー産業界の仕事となるのであった。

原子力エネルギーに対抗する立ち位置をとる必要性は、一九五〇年代には特にエネルギー産業内部の対立から生じたものであった。戦後、企業同士の結合が経済的に目的にかなうものかという古い論争が、再び激しく燃え上がった。地方公共団体の公営エネルギー事業体は、巨大なコンツェルン企業からの自立を図った。この闘いの地平の中に原子力エネルギーが浮上したとき、それはルール炭鉱とアルプス山麓地域の水力との巨大な企業結合は将来もはや必要なくなるという考えを是とする論証として、すぐさま論争に採り入れられたのであった。これに対してコンツェルン企業はといえば、企業結合経営の防衛を念頭に置いて当初から彼らのエネルギーコンセプトを展開したのである。

振り返って見ると、一九五五年の後すぐに原子力技術へと突き進もうとしたのが、最初は公営エネルギー事業体であったことには唖然とする。一九五六年の終わりに連邦保健省のある専門家は、ニュルンベルク輸出クラブにおける講演で次のように憤って述べた。「比較的大きな都市はどこも原子炉を持とうとしていて、それが今日では彼らの基調となっている。他のたくさんの工場を誘致するほうが、そのたぐいの悪魔の工場を定住させるよりも危険がないのに」。しかし、保健省は、原子力政策に口出しできなかった。ルール炭鉱鉱区にごく近い地域であってさえもそうであり、一九五六年頃のことであるが、デュッセルドルフ市公営企業局は原子炉計画を持ち出したのであった。その後数年も経たずしてできた「シュツットガルト原子力発電所共同事業体」（AKS）計画は、実現に近づいた初の大プロジェクトであった。最初の原子力に関するあふれんばかりの期待が苦い白けた気分に変わった後の時代であったが、市町村や郡レベルの地方公共団体公営企業連合（ＶＫＵ）は、原子力エネルギーについて強い関心を示し、そして、その動因は「コンツェルンからの自立を維持すること」であるとした。自立のためには、人は「何らかの代価を払わなければならない」。多くの地方公共団体は原子力発電所の建設を真剣に検討できないとしても、「採算のとれる原子力発電所の存在は」、地方公共団体が依存している電力コンツェルンに対して、それだけでも「価格圧力」として作用することとなる、というのである。ちなみに、五〇メガワット級の公営原子力発電所は、後年の尺度からすればお笑い種《ぐさ》のような規模であったが、地域の枠を超えるコンツェルン企業の「マンモス原発」よりも「はるかに迅速に競争能力を持つようになるだろう」という期待がそこにあったのである。

大規模なエネルギー生産事業者は独占的な地位を維持するために小規模原子力発電所を使った実験を抑制したが、その動機はそうした対立から生じたのであった。シェラー（ＲＷＥ社）は、すでに一九五六年に次のように明言している。アメリカの経験からすると、原子力発電所の経済性は「おおかにいえば七〇〇から一〇〇〇メガワットの規模でようやくものになる」と予測される、と。それは、その当時の発電容量のはるかに先を行く、そして、後の展開によって明確に証明された予測であった。地方公共団体の自給自足への強い意欲を押さえこもうという大企業の取り組みから生まれたのは、大発電所への移行に的を絞ることであった。それは、エネルギー供給側の都合や原子力技術の諸条件ただそれだけから生まれたものであり、必要もなければ、得策といえるものでもなかったといえよう。

ドイツ連邦共和国で最大の、突出した電力生産事業者であったＲＷＥ社に特に求められたのは、原子力技術に対して二重の戦略をとることであった。ＲＷＥ社における原子力技術の始まりは、時期的には、瀝青炭への大規模な転換がなされたときと一致する。すなわち、瀝青炭の約八〇パーセントが同社によってコントロールされることとなった時期である。こうして、そこから目標の競合が生まれた。レオ・ブラントは、一九五六年に原子力委員会に対して、ノルトライン・ヴェストファーレン州では「目下のところ、半数の行政地区が瀝青炭のために掘り起こされている」、と警鐘を鳴らした。「ここには途方もない額が投資されている」、「その減価償却は五〇年先へと延びる」だろう。だから人は、原子力発電による電力生産のための「前衛的な計画」を関係者たちから同時に期待してはならない、としたのである。一九五二年にシェラーは、「瀝青炭は、この先一〇〇年はますますヨーロッパの電力生産の中心となるだろう」と語った。彼はそれに関して「原子核分裂の時代」を一つのよりどころとしたが、それは、「近々」人は瀝青炭採掘に最も適した方法を開発すると「一〇〇パーセントの信頼性をもって」断言するためであった。その行間にあるのは、驚くなかれ、鉱山における核爆発の投入への期待である。

ＲＷＥ社の首脳たちの原子力技術への二律背反的な姿勢は、一九五六年から五七年にかけてのシェラーのいくつかの言明に明瞭に表れている。彼は、一方ではＲＷＥ社監査役会を前にして、「将来の原子力エネルギー生産を見て、新しい炭田の開発や水力発電所の建設を思いとどまるように説得しなければならないと有力な人間たちが思いこんでいる」のは「理解できない」、というのも、「原子力エネルギーは近い将来にはまだ単なる補完的なエネルギー資源であって代替的なものにはならないからだ」と言明した。彼は連邦経済省でのエネルギー問題に関する話しあい（一九五七年）において、原子力発電所についての衆人周知の懐疑者であったＲＷＥ社顧問のレーブルの見解をともにすると述べたのである。そのレーブルはといえば、「近い将来、原子力エネルギーに言うに値するような何らの展望も認めていない」人間であった。

もっとも、シェラーは懐疑を持ってはいたものの、彼の論証は、きわめて唐突に別な次元へと跳躍する。「とにもかくにも」「全世界で原子炉の技術開発は熱心に取り組まれている」。それに参与しない国はどれも、「将来、工業国として何の役割も果たさなくなる」。ドイツは「原子力エネルギーを成功裡に導入することがあらかじめ定められているのだ」。これ以上待ってはならない、行動が肝要なのだ。そうシェラーは述べたのである。こうしてＲＷＥ社は、米国製の沸騰水型原子炉を備えた実験用原子力発電所カールを発注することとなったが、それは、原子力委員会の計画を考慮せずになされたもので、軽水炉のドイツ連邦共和国における普及を先導したのであった。そして、この軽水炉の普及は、最終的には中長期的な諸計画を蹂躙したのである。

とはいえ、その当時カール原発は、単に観測気球として考えられていたにすぎず、長期的には何も決まっていなかったとの話である。後にシェラーは、カール原発の建設を決定した際に彼は「原子力発電所の性急な建設によって国は愚かなことをしようとしている、我々は原発をコントロール下に置いて、その愚行を自らの手でもっとうまくやりたい」という「考えになっていた」ことを認めている。これは単なる冗談であったのか。退職し第一線を退いたシェラーは、重水で稼働するカールスルーエ多目的研究用原子炉の建設の技術的監理を「趣味」として名誉職で引き受けたが、これによってシェラーという人間が原子力技術に対して筋が通った懐疑を持つにもかかわらず、それに甘いところがあることが明らかになったのである。原子力技術は、まさにその当時、カリスマ性を持っていた。すなわち、その経済的利用について疑わしく思い、まともにそれに関わろうとしなかったとしても、それに携わることは、人に新たな自負心を与えたのである。

それにもかかわらずバルケは、エネルギー産業を自分に敵対する者と見なしていた。彼が一九六〇年に連邦首相府に苦言を呈したように、なおも瀝青炭に依拠していたＲＷＥ社は、「プロパガンダのあらゆる道具を使って」「原子力産業を夢の世界のように見せよう」としていた。原子力大臣には、「ドイツのエネルギー供給企業の近視眼的態度」に対する抜き差しならぬ憤懣が生まれていた。シュターデ原子力発電所とヴュルガッセン原子力発電所の発注の少し前である一九六七年になってもまだバルケは、エネルギー供給企業の態度に関して人はもはや「いかなる幻想」も抱くことができないので、商業用原子力発電所のかわりに引き続き実証用原子力発電所を建設することは得策とはいえないのかどうか考えるよう仕向けた。これに対して、ＲＷＥ社における原子力エネルギーの先駆者マンデルは、原子力に関する計画にあたって「あいかわらずエネルギー供給企業を加えずに計算がなされている」ことに苦言を呈していた。

　そうした状況は、産業界と所管省では原子力計画の達成のために必要とあれば、公益事業的性格を論拠にエネルギー供給企業に責任をとらすことができると踏んでいたことを説明しているのであろうか。原子力省側からその筋への「ある種の圧力」があったことは、実際、原子力産業によって記録されている。また、産業界の一部にもそうした圧力を同省にかけさせることを期待した人間が明らかにいたのであった。連邦経済省次官自身、時にはこの点で原子力大臣と同じ目標を追った。ルドガー・ヴェストリック[*1]は、グンドレミンゲン・プロジェクト[*2]に参加することになおも抵抗していたバイエルンヴェルク電力会社に対して一九六二年初めに次のように書いた。彼の見解によれば「バイエルンヴェルク社は、国有企業としてその分野に関しても経済全体についても考慮しなければならないことを、忘れてはならない」。けれども、公益事業的性格を盾にとったエネルギー供給企業側の主張は、まだ散見されるにすぎなかった。その当時、ほとんど同じような内容の書簡をＲＷＥ社に送った経済相エアハルトは、詳しくいえば、なんとその一文を省いたのである。「公益事業」という概念は陳腐化していた。この概念は新自由主義的な言葉遣いにはなかったのである。

＊1――ルドガー・ヴェストリック（一八九四〜一九九〇年）。ＣＤＵの政治家。一九五一年から一九六二年までエアハルト大臣のもとで連邦経済省次官を務める。その後、一九六三年に発足したエアハルト内閣で一九六四年まで連邦首相府長官に就任、さらに同年から一九六六年まで特命担当の連邦大臣を務めた。

＊2――一九六二年一二月に建設が開始され、一九六六年八月に商業運転が開始された沸騰水型原子炉グンドレミンゲンA号基（二五〇メガワット）のプロジェクト。

石炭側の抵抗はどこで続いていたのか――回避された対立

そもそも、人は石炭との関係がドイツ連邦共和国の原子力エネルギー史の中心的、かつ、一番厄介なテーマであろうと予想するに違いない。一世紀以上続いた経済上の石炭の基幹的な位置や、ドイツにおいて歴史的に築かれた石炭利権の力を考えると、そしてまた、石炭がそもそも原子力エネルギーの自然本来の対抗者だったであろうことに目をとめると、そう思わざるをえないのである。原子力政策における実践的な第一歩が石炭危機と時期を同じくしていたので、石炭と原子力エネルギーの対立は、なおさらそうしたことを思わせるのかもしれない。それどころか、公的な意志決定プロセスを機能させるために、人は石炭と原子力エネルギーの公然とした対立を望まざるをえなかったのかもしれない。ただそうすることによってのみ、原子力エネルギーの経済面や健康面でのリスクを判断するための現実的な物差しが得られたのかもしれない。

事実、石炭と原子力エネルギーとの抜き差しならない関係がなくなることはなかった。とはいえ、そのテーマは関連文献ではごく片隅でしか扱われなかったので、全体的にはほとんど忘れうるようなものであった。というのも、その対立は通常、表立って争われることがなかったからである。この点でドイツの状況は、炭鉱業が原子力エネルギーに対して対抗能力を有していた英国や米国とはっきりと違っていた。原子力関係者の中で「ドイツ炭鉱業のひそかな抵抗」が話題となることは、ほとんどなかった。特筆すべきは、そうした抵抗が「秘密のまま」にしておかれたことだけでなく、それが根本的なものではなく、単に原子力エネルギーの「急速な」発展に対して向けられたものであったにすぎないことである。

それなのに、石炭が最初の厳しい売上げ危機を体験し、また、「エネルギー供給が途絶える」という予測が草創期の原子力への陶酔同様に嘘だとわかった一九五〇年代末の状況はといえば、あたかも原子力エネルギーに反対するキャンペーンができあがったかのようであった。舞台裏では、それ相応の世論操作がなされていたのである。ルール炭鉱の企業連合は意気揚々と英国の原子力エネルギー計画の遅延に関する報告を連邦首相に届けさせたが、この計画はといえば、かつて原子力への陶酔のきっかけとなったものであった。バルケは、石炭業界は「原子力エネルギーについての関わり方が過剰だと演出する」機会をいつも利用している、と苦言を呈した。それにもかかわらず、そのキャンペーンにおいて根本的かつ徹底した抵抗があったという印象はない。

たしかに一九五四年には、原子力懐疑主義者が「エネルギー産業における日常的な諸問題」の論争の中に石炭に有利な論証として放射能の危険を持ちこむこともあった。しかし、注目すべきことに、石炭に同調する者は、そうした大変効果のある論証の仕方を避けたのである——おそらくは、健康へのリスクの観点で自らも傷つくことを意識していたからであろう。総じていえば原子力エネルギーの先駆者たちも、石炭火力発電所の環境への有害性を論証に用いないことでそれにお返しをした。マンデルは一九七一年に、誰も相手に対して何か批判をしてはならないという、ある種の膠着状態をつくり出した。つまり、たしかに原子力発電所は石炭火力発電所に比べて環境負荷が「少なくとも数百倍も少ない」が、しかし、「核燃料サイクル全体を見ると」、再処理施設による放射性物質の放出は「原子力発電所のそうした長所を帳消しにする」と述べたのである。よりによって、なんと後に原子力の教皇となる人物が口にした再処理施設の並外れて大きなリスクについての驚くような示唆ではないか。ゴアレーベンの再処理施設を巡る原子力論争は、理由のないことではなかったのである。

一九六四年にリンゲン原子力発電所プロジェクトを巡って石炭エネルギー側と原子力エネルギー側との公然とした対立が起きたのは、新たなエネルギー技術がルール石炭鉱区の手の届くところに初めて進出したからであった。けれどもルール炭鉱企業連合会[*1]は、プロジェクトの阻止に向けた取り組みを何もせずに、ルール石炭会社がプロジェクトに加わることを目標としたのである。だから、連邦研究省次官のヴォルフガング・カルテリーリ[*2]が「石炭側の大反攻」と受けとった成り行きは、マスコミでは「石炭側は原子力側に色目をつかっている」という見出しで報道されることもよくあった。それどころか、一九六六年のことであるが、ヴィルヘルム・アレクサンダー・メンネなどの原子力の長年の先駆者は、炭鉱業は「従前から原子力問題に十分な理解を持っていた」とまで断言したのである。彼は、石炭のための助成措置に原子力エネルギー側が距離を置くことについて警鐘を鳴らした。原子力エネルギー側が最後には公的助成から何らかのものを受けとれるかもしれないと期待したのである。

石炭側と原子力側との大きな対立が予想に反して結局起こらなかったのは、どのように説明されるのであろうか。当初それなりの役割を果たしたと思われるのは、原子力は電力生産についての様々な見方の一つと見なされ、しかも、まさに原子力大臣がエネルギーという目標について少なくとも度外視することを一時期真剣に考慮していたという状況である。しかし、遅くとも一九六〇年代初めからは、原子力技術の分野が電力生産で優勢になったことに疑問の余地はない。とはいえ、同じ頃であるが、原子力発電は決して「明日の現実」ではなく、電力生産のかなりの部分が原子力エネルギーで賄われるまでには、むしろまだ相当長い時間がかかるだろうことも判明したのである。だからこそ、石炭が石油との競合から追いやられた時期になると、石炭側と原子力側との和解の可能性が生まれたのであった。早くも一九五九年から一九六二年にかけて行われたエネルギーアンケート調査に表れた石油側に好ましい結果は、原子力エネルギー側同様に石炭側をも守勢に追いこんだ。「原子力時代に橋渡しする石炭」という大見出しを掲げて、ディ・ヴェルト紙はルール炭鉱企業連合会の専務理事の声明を報じている。すなわち、彼は、「ドイツのエネルギー供給が国外の資源に突然、しかも大きく頼ること」に警鐘を鳴らし、「むしろ原子力エネルギーが国産石炭の代替となりうる」と述べたのである。もともとエネルギー自給自足の方途として設定された原子力は、「供給の保障」に照準をあわせたエネルギー政策を巡る闘いにおいて同盟者になりうると石炭側から目されたのであった。原子力発電所が当初大騒ぎで吹聴されたよりもはるかにゆっくりと進行していることが判明していただけに、なおさらそのように思われたのである。

それどころか、そうした論拠はRWE社の首脳部でも取り上げられた。長いこと原子力技術に対抗する瀝青炭戦略の擁護者であったヘルムート・マイゼンブルク[*3]は、次のように告げて最終的に両者を一体化させた。「我々は、石油の時代を飛び越え、瀝青炭と石炭を基礎として原子力時代に直接到達することとなる」。ライン・エネルギー株式会社の取締役であり、エネルギー問題で能弁をふるったフリッツ・ブルクバッハー[*4]は、必要に応じて原子力神学と瀝青炭神学との間を行きつ戻りつした。彼は、エネルギー源に関して我々を決して「見殺しにすることはない」「神の創造」は、人間が将来もエネルギー消費に「けちけちしなくてもいい」ように原子力という配慮を下さった、とあるときは明言したかと思えば、別な機会には、瀝青炭は「電力生産のための最も高貴なエネルギー源」であり、これによって「我々は神の摂理によるドイツ連邦共和国における電力生産の安定装置」を持ったと称賛したのである。

原子力エネルギー側は、初めの頃は石炭側から彼らの戦略を借用した。経済省のある代表者は、一九五七年に「ユーラトム三賢人」の報告書について次のようにコメントしている。この報告では供給安全性という考え方が「原子力エネルギーの急速な発展が必要であるとする論拠として」取り上げられているが、「一方、その論拠はこれまで常に国産の石炭のためだけに主張されていたはずだ」。同じ頃であるが、ルール炭鉱企業連合会のエッセンにおける年次総会の席上、ウラン鉱山の採掘量が不足していることについての「厳しい批判」が連邦政府によってなされ、「ドイツ国産ウラン供給」の必要性が話題になった。さらに時代が下ると、供給の安全確保という旗印のもとに「石炭側と原子力側」の連帯について誓約がなされ、そのときからそれは、原子力発電所反対者に対抗するものとなっていったのである。シュタインコーレ株式会社[*5]（Steag）は、一〇〇パーセント支配権を持つ子会社（STEAG原子力エネルギー会社）を通して原子力発電所分野に参入したが、特に重点を置いたのは原発大手になおざりにされていた燃料サイクル分野であった。ドイツ連邦共和国最大の民間鉱山会社であるゲルゼンキルヒェン鉱業株式会社[6]（ゲルゼンベルク社）もまた、一九六四年から原子力関係の既存体制の当初の抵抗に逆らって再処理技術、すなわち、一言でいえば原子力エネルギー開発において継子《まま こ》扱いされていた分野に参入した。そのようにして、石炭側と原子力側との戦術的かつ修辞的な同盟が――すぐに判明するように――決して堅固なものではなかったとしても、現実の基盤を得たのである。

公的助成にあってもまた、石炭側と原子力側に相互の助成モデルの借用があるのがわかる。最初の原子力発電所は、それまで特に炭鉱業用であった資金源に権利を主張した。すなわち、ドイツ復興金融公庫である。他方、石炭火力発電所については、一九六六年に施行されたいわゆる第二次石炭火力推進法[7]をもって、それまで原子力発電所の事案に適用されてきたモデルに沿って助成がなされることとなったのである。すなわち、原発に対する助成はそれまで石炭火力発電所のコストを上回る分についてなされていたが、このときから、新規に建設された石炭火力発電所については、石油火力発電所のコストを上回る分について助成がなされることとなったのである。この石炭側への助成は、原発側の代弁者たちに、彼らの側からも「原子力発電所建設のための応分の支援」を要求する根拠を提供した。時はまさに、実証済みの原発に対する国の助成を「徐々にスタート」させることそれ自体が可能であるかのように思われる時代であった。

まさにその当時のことであるが、石炭側と原子力側との連合を形成しようという取り組みがまったく違うやり方で強化された。すなわち、ユーリヒで開発された高温ガス炉のプロセス熱による石炭のガス化プロジェクトである。すでに米国では「原子力産業の眠れる巨人」として称賛されていた原子炉のプロセス熱の工業的な利用の可能性に関する漠然とした見通しが、石炭側と原子力側との抜き差しならない対立を目の前にして、あたかも呼び出されたかのようにして登場したのである。今やマスコミ報道の見出しには、高温ガス炉は「石炭を救う」こととなる、「石炭の時代」が原子力エネルギーの手を借りて始まった、シュルテン原子炉によってルール炭鉱は新たな隆盛を迎えた、などの文句が並んだ。鉱業・エネルギー産業労働組合議長のヴァルター・アーレント[8]でさえ、高温ガス炉の大御所レオ・ブラントによって流布されたスローガンを取り上げ、これを真に受けたのである。とはいえ、それは現実には未来という夢を奏でる音楽であり、内輪では純然たるプロパガンダで通っていた。つまり、原子力による石炭ガス化など決してものにならなかったのである。その結末は、石炭側と原子力側はやはり競合者であるというものであった。そして、連邦政府の原子力計画に対して一九七〇年代半ばに始まったノルトライン・ヴェストファーレン州経済大臣のホルスト・ルートヴィヒ・リーマー[9]の抵抗は、再三回避されてきた対立に最終的な決着をつける発端となったのである。遅かりし、といえよう。なぜなら石炭の力は、すでに過去のものとなっていたのである。

＊1――一九五二年に設立されたルール地帯の炭鉱鉱業会社の企業連合で、一九九九年まで存続した。

＊2――ヴォルフガング・カルテリーリ（一九〇一～六九年）。雑誌編集長、弁護士、連邦国防省の前身のブランク機関などを経て、一九五九年七月から一九六六年一〇月まで科学技術研究所所管の省（当初は、連邦原子力エネルギー・水利省、一九六一年から連邦原子力エネルギー省、一九六二年から連邦学術研究省）の次官を務める。

＊3――ヘルムート・マイゼンブルクは、一九五七年から一九七四年までRWE社の役員を務め（取締役であり、監査役会の一員でもあった）、電力事業を担当した。一九七〇年代にはドイッチェバンクの監査役会のメンバーでもあった。

＊4――フリッツ・ブルクバッハー（一九〇〇～七八年）。CDUの政治家、エネルギー経済学者。一九五七年から一九七六年まで連邦議会議員。ケルン大学名誉教授。

＊5――一九三七年創業の石炭火力発電所による電力生産・供給を主力とする電力会社Steag社の旧名。旧名の正式名称はシュタインコーレ・エレクトリツィテート（石炭電力）株式会社。ドイツ第五位の電力会社である。

＊6――ゲルゼンキルヒェ（エッセン）に本社を置いた一八七三年創業の鉱業会社。

＊7――石炭産業の安定とドイツのエネルギー市場の世界市場からの自立を図るために、一九六五年から一九六六年にかけて「石炭の火力発電所での使用を促進する法律」と「電力事業における石炭使用の保証のための法律」が施行され、特に石炭火力発電所の建設が促進された。

＊8――ヴァルター・アーレント（一九二五～二〇〇五年）。一九四八年から産業労働組合鉱業・エネルギーで活躍、一九六四年から一九六九年まで議長。また、SPDの政治家として一九六一年から一九八〇年まで連邦議会議員。この間、一九六九年から一九七六年までブラントとシュミット内閣で連邦労働大臣を務めた。

＊9――ホルスト・ルートヴィヒ・リーマー（一九三三年～）。FDPの政治家。弁護士。一九七〇年から一九七九年までノルトライン・ヴェストファーレン州の経済・中小企業・交通大臣を務める。その後、一九八三年まで連邦議会議員。

二股をかけて保身を模索した空理空論――初期の原子力エネルギー戦略の基本的性格

本項のタイトルは、初期の原子力政策を通底する性格は根拠のない空理空論的性格のものであるということから発している。そこからいかなる戦略が生まれたのか、これは詳細な考察に値する問題である。原子力エネルギーの場合にも――アメリカの原子物理学者アルヴィン・ワインバーグ[*1]が一九七一年のクリスマスに行った有名な告白を引用すれば――「ファウストがしたような永遠に続く悪魔との契約」を人間が結んだことが実際は問題になっているのに、産業側の関心事は、劇的なところが一つもない、リスク最小の見かけは通常のビジネスを、少なくとも発電所運転事業者にとってリスクが最小のビジネスを原子力からつくることであった。その場合に決定的な意味を持ち、原子力エネルギーにあってとりわけ魅力的な可能性があったのは、リスクの最も大きな部分を国と社会に押しつけることであった。人はそれ以外にも、原子力発電所の在来型の技術の割合をできるだけ高めたままにしておくことによってリスクを限定的なものにしようとしたのである。

もっとも、原子力エネルギーのビジネスは決して「普通のビジネス」ではなかった。この分野で落後したアメリカのある企業が自らの苦しみに満ちた経験からコメントしているように、「原子力の諸プロジェクトはエネルギー需要の通常の伸びからは生まれない。プロジェクトは、同じような調子でよどみなく進行する、予見可能なビジネスでは決してない。一般的に一つのプロジェクトは、政治的な力や個々の人格を包摂するある特定の状況の結果である」。ハンス・グリュム[*2]は次のような素晴らしい指摘をしている。すなわち、原子炉タイプの運命を決定づけたのは、その原子炉の路線を幾多の困難や後退を乗り越えて一貫して「突き進む」「能力ある推進者」の——原子力の隠喩だが——「臨界量」がまとまるか否かであった。ところで、その場合、「諸力がまとまる動因」は、「軍事的、国家的、産業的など」「非常に様々なもの」があり、しかも、「時間の経過とともに変化しうるもの」なのだが、としたのである。原子力プロジェクトは、重工業界のいくつかの声望ある大企業の取締役が後ろ盾となる場合や、著名な学者をよりどころにできた場合、さらにドイツ原子力委員会のコンセンサスを得られるようなものである場合、そして、米国の原子力委員会や原子力産業に著名な保証人を有する場合に、手堅く信用力のあるものとなった。それはまさに、開かれた議論から逸脱したある種の合理性であった。

ドイツ連邦共和国では、後年見られたような規模の国家の関与は最初から計画されていたものではなかったが、それにしても、国家にも二股をかけて身の安全を図ることができるかどうかは、初期の頃には原子力技術に関するプロジェクトの成功条件の一つであった。それゆえ最初の頃、原子力の産官学複合体は世間から公認されることを頼みとしていた。また、だからこそ、このことは彼らの宣伝普及の基本的な考え方となったのである。原子力プロジェクトは、リスクを公共に肩代わりさせるために、国家的な利益に向けて形を整えることが必須であった。選択肢がないという誤った思いこみもまた、原子力エネルギーについて根拠がないのに確実な考えであると思わせることに寄与した。つまり、いろいろなことがあるとしても、他に選択の余地がないがゆえに実現しなければならないエネルギー源である、と思わせることに寄与したのである。こうして一般の者の意識の中で対案となるすべての選択肢が排除されたことは、原子力への最初の陶酔が残した甚大な負の遺産であった。ところで原発建設事業者や運転事業者の側の大企業にとって、巨額の資本支出をともなう原子力技術は、市場独占の戦略に組みこむことができるという長所を有していた。このことから——原子力技術それ自体が、採算がとれるものであるかどうかには関係なく——市場の力によって、そして、代替財がないことによって利益が上がるようになるという期待を人は抱いたのである。

＊1——アルヴィン・ワインバーグ（一九一五〜二〇〇六年）。一九五五年から一九七三年にかけてオークリッジ国立研究所の所長を務めた。
＊2——ハンス・グリュム。オーストリアの原子力科学者。ヴィーン工科大学教授。ザイバースドルフ原子力研究センターの部長を務めた。

原子力計画策定——国か産業界か科学者か はっきりとせず、定まらない評価——原子力発電所開発における国家の役割

連邦経済大臣エアハルトは、一九五四年に連邦首相府次官に対して、自分の見解によればドイツ連邦共和国では核燃料の「産出や使用」の領域における「経済的な活動」は「国の仕事とすべきではない」、それはもっぱら民間企業のイニシアチブの課題である、と率直に表明した。彼は、国家活動は「何らかの」監督措置に限定されるものであり、しかも、これもまた「必要最小規模に」制限されるべきことを承知していると言いたかったのである。原子力省は、必ずしも中庸ではなかったとしても、エネルギー政策よりも学術問題により大きな関心を示していたので、その限りではエアハルトの指針に合致していた。

それどころか、原子力関係案件についての国の助成政策は、当初は産業界そのものからの激しい反発を受けた。財政政策問題を所管したドイツ原子力委員会第五小委員会〈経済・財政・社会問題〉の定例会議において同委員会副議長アプスは、「原子力への投資についての税制優遇」の問題から一つの基本的な問題を提起し、そして、次のように諭した。「私企業でありつつ、同時に国から税制優遇や直接的な支援を求めようとすることはできない」。そうは言ったものの、その数ヶ月後のことであるが、彼は「たしかに、きわめて非経済的な実験用原子力発電所」に対して「事業開始を容易にする国の助成を与えること」を容認したのである。RWE社は、一九六〇年代初めまでは国の助成に対して一貫して反対の立場をとっていた。シェラーは一九五五年に、原子力関連部門へのいかなる国の補助金にも反対したとき、経済省の拍手喝采を得た。しかし、一九五七年の終わりになると、彼は「国の関与」に対する抵抗を、とにもかくにも実用原子炉の分野に限定した。さらに一九六〇年から六一年にかけてのことであるが、最初の実証用原子力発電所の建設についての事前協議の際にRWE社は、「いかなる直接的助成も、さらに助成に類するものも避けたい」としたが、なんと、同時にまた「通常ないような高額の債務保証を要求して」「下請け会社への助成」を「事実上の条件」としたのである。

ジーメンス社もまた、「会社を幾分なりとも拘束する条件のついた連邦政府の支援は、望ましいものでは決してない」として、当初は国の助成に特別な関心を表明しなかった。原子力技術の開発に関しては、連邦ではなく「将来の買い手」と話しあうことが一番望ましい、と考えたのである。同じような路線をたどったのは、その当時、原子力政策に積極的であったファルプヴェルケ・ヘキスト社である。一九五五年には、それらの企業は、カールスルーエ近郊に計画された原子炉の予定地から国を完全に締め出そうとしたようである。その原子炉施設の公共性を認めることについて、彼らは応分の義務が課せられることを恐れて一度たりとも関心を持たなかった。それどころか、一九五七年にメンネは、ユーラトム条約の中で予定されている、欧州原子力共同体のいわゆる共同企業体に対する非課税措置は「民間企業のイニシアチブどころか国家のイニシアチブさえも」阻むような「危険な状況」をつくり出すだろう、と警告したのである。もっとも、ドイツ初の実証用原子力発電所は、「共同企業体」の非課税措置というメリットがなければ完成が難しかったであろう。原子力委員会においては、ヴィンナッカーが国の助成を受けることについて繰り返し激しく反対した。そして、ある企業がその誘惑に抗しなかったときには、ひどく憤慨したものであった。一九六〇年になってもなお、レオポルト・キュヒラー（ヘキスト社）は、「経営上、利潤につながるような事業、産業の一般的な発展や事前準備の事業に国が助成することに対する根本的な疑念」を口にしていたのである。

後年の見方からすると、国の贈り物に対するそうした抵抗は非常に奇異に思われるが、その動因は、何であったのか。キュヒラーは、後年まさに原発批判者の口から聞くことができるような、ある種の経済倫理的な理由を述べている。それは、「民間企業は、国の保護監督を拒否するのであれば、開発コストを自分自身で背負うリスクも受け入れなければならない」というものであった。そのコストの水準について当時人が受け入れがたいイメージをまだ持っていたことは、疑いようもない。カールスルーエ原子力研究センターに当初産業界が出資したのは、コストをきわめて過小評価し、また、副次的に生じる儲けを過大に評価していたという単純な事情から部分的に説明される。一九五五年に連邦財務省は、必要とされる事業資本を当初は五〇〇万マルク、さらに後になると一五〇〇万マルクと見積もった。また、一九五六年に原子力省が後の大規模な事業の初期資本を二〇〇〇万マルクに増額しようとしたが、それは当時すでに野心的なものであった。その頃、産業界の出資者は、そうなれば、センターが一定期間後に十分な利益を持ったまま整理解散することとなった場合に、定款の規定どおりに「利益余剰金が（中略）公益的目的だけに使用される」ことになるのを恐れて、センターの公益的な位置づけに反対する姿勢をとった。

原子力技術における国の行きすぎた関与を拒絶した動機は、大企業にあっては自由主義的な教義から発したものではほとんどなかった。そうでなければ、その後に苦もなくなされた方向転換は説明がつかない。原子力エネルギーは、自由市場においてではなく、原子力委員会によって魂を入れられた大企業の協業的な主体的運営に身を委ねたのである。産業界の参画は、必ずしも原子力エネルギーに照準をあわせた開発を目的としたものではなかった。逆にその当時RWE社の代表者やGHH社の代表者（パウル・ロイシュ）の中では、開発がコントロール下に置かれようとしている、巨額の国の助成によって原子力セクターが急速に膨張する恐れがあると思われていた。しかし、国の支援は助成がなければまったくチャンスがないはずの厄介な中小企業の競合者を育てることとなる、という心配が大企業の中にあることを人は見抜いていた。そのことは、折に触れてはっきりと口にされたのである。RWE社が比較的安価な軽水炉に肩入れしていたことは早い時期に見てとれるが、同社の経営陣の中には、とりわけ公的助成は「国のコストで非経済的な原子炉も建設する」ことへ誤って導く可能性があるという懸念があった。

つまり国の助成に対する拒絶は、大企業にあってはその当時の状況では自己の利益を考慮したものであった。他方、まさに原子力に陶酔していた者の中には、国の力強い介入を必要と見なし、民間企業の思惑に全面的にあわせて設えられた連邦政府の構想の効果に疑問を抱く声があった。ハイゼンベルクは一九五五年に次のように述べている。見たところ、連邦政府は「開発事業の資金調達は基本的に民間経済界によってなされうる」と想定しているようだが、そうであれば、政府は「他のほとんどの国と異なる立場」をとっている。それは必然的に――「私企業の資金はいずれにせよ十分ではない」ので――外国の優位が「将来さらに拡大すること」へとつながるのだ、としたのである。フリッツ・マルゲール*は、地方公共団体の公営エネルギー企業を代表して一九五六年に、「もしドイツにおける原子力エネルギー開発は純然たる私企業の手から出発しなければならないというテーゼを立てるとしたら、我々は否応なくもっと不利な立場に立つこととなる」という信念を主張した。自由主義を徹底することは特に「大企業や巨大コンツェルンの側」を擁護することとなるが、とはいえ、これに関しては「大きな意見の相違」がある、と彼は指摘したのである。

社会民主党は、最初は「原子力エネルギーから生まれる要求は私企業の力を超えている」という立場をとっていた。そうした予測は、その当時原子力エネルギーに関する説明に特に社会民主主義的な落としどころを与えたかのように思われた。一九五七年のフォルクスヴィルト〈経済学者〉誌のある記事もまた、経済界が「独力で」必要な額の資金を調達する状況となることは「ほとんどありえない」と見なしていた。この点で特に効果的であったのは、常に外国についての示唆であった。その後何年もの間、一般的な世論調査は、国のより強力な関与に有利な結果を示した。ここでも転機は、初期の原子力への陶酔の破綻と、採算があうような原子力発電所は世界のどこにもないし、近い将来もないように思われるという明確な洞察であった。

さらに、核保有国に対するドイツ連邦共和国の立ち遅れが近年ますます拡大しているという観察も、それらに加わった。ストレーザで開かれた酔いをさますような会議（一九五九年）で、フランクフルター・アルゲマイネ紙の記者は、ドイツの参加者が市場経済についての信条は原子力産業にも有効であると力説したときに、諸外国の代表の表情の裏に「あわれむような苦笑を噛み殺そうと苦労しているさまが見てとれた」とコメントせざるをえなかった。あるドイツの財界人は、会議をすぐに抜け出し、「市場経済をもってしては、それはなしえない」と教訓を簡潔に書きとめたものであった。同じ年、ある財界代表者はキリスト教民主同盟の政治家であるフリッツ・ブルクバッハー宛てに長い覚え書きを送ったが、その中で彼は、国の支援の拡大を迫ったばかりか、さらに、全世界で原子炉技術は「そもそも軍備の申し子としてともに育っているところでのみ基本的な進歩を遂げている」とさえ述べたのであった。なんと当を得た示唆なのであろうか。ブルクバッハーは、その覚え書きを重要であると思い、ただちに原子力大臣に渡した。

一九六二年初めのことであるが、インドゥストゥリークリーア〈産業報道〉紙は、「国が禁欲的であることをかつて支持した人々もまた」今日では「国に求める」傾向がある、いや、それどころか、「国によって既成化された事実を私有化あるいは儲けの多い民間出資の軌道へと急速に移行させるのは不可能であると完全に自覚している」ことは意義深いと記した。さらにエドゥアルト・シューラー（ＡＥＧ社）は一九六三年に、「大がかりで本格的な経済計画の策定」――一九五〇年代の自由主義の正統派の者からすれば共産主義的に響く呼びかけともいえようが――を強く求めたのである。参加企業各社がカールスルーエ研究センターで得た経験は、その方向転換に寄与することとなった。一九五六年には、事実、産業界はまだカールスルーエの原子炉建設・運営協会〈カールスルーエ原子力研究センター〉の定款の各条項に抵抗を示していたが、一九六三年になると、コストの上昇や、ますます産業的な利用が難しくなるのを目の当たりにして、持ち株をその国営企業に贈与したのである。ある式典でなされたその贈与は、見かけは産業界の公益的な行為であったが、実は、より遠い将来を志向した研究や開発に資金面でもはやこれ以上関与しないという産業界の決定を露わに示したものであった。それによってその行動は、シグナルとしての効果を得たのである。

＊――フリッツ・マルゲール（一八七八〜一九六一年）。マンハイム市電力企業体など四社が一九二一年に合同で設置したマンハイム「大火力発電所」の所長を一九二三年から務める。

原子力省、原子力委員会、そして、原子力フォーラム

連邦原子力省は、アデナウアー政権の省庁の中ではユニークな存在であった。また、それがそもそもなぜつくられたのかについては、容易に説明がつかない。初代の原子力大臣に任命されたシュトラウスもまた、「なぜ原子力省なのか」という問いに十分な答えを与えることがなかった。ある者などは、原子力問題のための省は、答えるために存在する省ではなく、問いを受けるために存在する省である、とちゃかしたものである。ドイツ連邦共和国とよく比較される諸外国には、原子力に特化した省庁の創設の手本となるようなものがなかった。だから原子力に関する行政の対象となるものがまだまったくないといってもいい国、原子力技術が一度たりとも国家の基本的な案件と思われていなかった国で原子力省が設置されたことは、なおさら奇妙な印象を与えたのである。

シュトラウス自身も、その新設の省が「我が国の省庁行政組織の古典的な図式には（中略）ほとんどあわない」ことは「疑いようもない」と認めた。連邦政府による研究・技術政策の時代は、一九五〇年代中頃にはまだ到来していなかった。連邦経済省とマックス・プランク協会で先行してなされた折衝においても、原子力問題のイニシアチブを急き立てる産業界や学界からの意見の中でも、全体的に見れば、独自の省の設置という考えは長いことなかった。思考は、〈大臣を組織の長とする〉原子力省の設置ではなく、核保有国を手本にして原子力委員会あるいは原子力庁を設置することを巡ってなされていたのである。ジュネーブ原子力会議後の一九五五年九月になって初めて、物理学会において、原子力エネルギー問題を一人の連邦大臣に託すべきという提言がなされた。

大臣が所管するこの新しい役所は、それまで「特命担当大臣」であったシュトラウスその人のために特別につくられたのである。このことから人は原子力省の設置はわけても彼の仕業であったと結論を下すことができるのか。シュトラウスに関する伝記作家たちは、彼の野心はすでにその頃には国防を所管することに向けられていたと報じている。つまり、そこに至る中間段階としてむしろ航空省の大臣ポストを得たかった、だからこそシュトラウスは――彼ではなくアデナウアーによる発案である――原子力問題を託されることを、むしろ「気の進まない仕事」として、また、ひそかな冷遇と受けとめていた、というのである。連邦首相にとって原子力分野はその頃とりわけ西ヨーロッパの統合の梃子としての意味を持っていたが、首相にあっては、当該分野を何らかのやり方で経済大臣の管轄から引き離すという取り組みが既定路線と

なっていったのである。その際、彼は、原子力に特化した省の設置が彼のヨーロッパ政策の障害になるなどと予見することはまずなかったようである。

この、原子力省の成立に際して、むしろ偶然のように生じた状況によって、必然的にその省の存在の正当性が容易に批判のやり玉に挙げられることとなった。エアハルトは、最終的に原子力の推進役となる省がないことを恨み、また、シュトラウスの後を継いだ大臣バルケもまた、己の省の持つ意味を同じように完全に確信してはいたものの、その意味について口にしてやりあうことはほとんどなかった。原子力省の意味については、なかでもエネルギー産業の側からしばしば疑問が出された。バルケは数年の在職を経て、己の省は余計なものと見なされているのではないかと疑うようになり、そして、「この省の存立が正当なものであるかどうかを連邦首相が決定するよう主張」しようとした。その後もなおゴーデスベルクのラインホテルに居を構えた原子力省の要員は、「官庁はごく小規模に、専門家委員会は大規模に」するという原則に沿って意図的に小規模に維持された。省内では数少ない原子力技術の専門家の一人として通用し、また、そのたぐいの人間として法学系の官僚と張りあう関係にあった次官ヨアヒム・プレッチュは、大きな行政組織は新しい技術に何も寄与しないことを確信していた。「そんなに速く――失礼、官僚のトップとして腹蔵なくいえばの話だが――役人は新技術を学ばない」

フランツ・ヨーゼフ・シュトラウス（在任期間：一九五五～五六年）

連邦国防大臣として連邦国防軍の核武装への転換を推し進めたシュトラウスは、国防大臣になる前は原子力大臣として民生用原子力技術に対して明確に距離を置く戦略、待ちの姿勢の戦略を追求した。それは後の彼のイメージからすれば驚くようなことであった。原子力発電所の速やかな建設など、彼は知ろうとすらしなかった。というのも、技術的・経済的な前提条件の不明瞭さを厳しい視線で見てとっていたからである。彼はむしろ研究や人材育成を優先していた。その頃原子力に心酔した多くの者は英国に視線を向けていたが、彼らと違って、シュトラウスは米国をよりどころとした。また、彼は一九五六年五月にアメリカに外遊し、その地で己の待ちの姿勢に意を強くしたのである。彼は、なかでもアメリカ原子力委員会の委員長である共和党のルイス・シュトラウス[*1]や「プライベート・パワー」の信奉者たちと会ったので、なおさら、その確信を深めたのであった。

外遊から帰ると、彼はドイツ原子力委員会に対して、「言うに値するような規模で営まれている原子力の経済的利用は米国のどこにもない」と報告した。さらに、「学界が独占している中心地」にあっては誤った展開を長年にわたって追い続ける傾向がある、だから、遅れてやってきたドイツ連邦共和国は、大きな損失を省くこととなるだろう。ドイツは、たしかに「一〇年から一五年の後れをとったが、しかし、同じ時期にアメリカが平和的な原子力開発のためになしたであろうことを、今や我々はその九五パーセントまではコストをかけずに引き継ぐことができよう」。「失われた時間――得られたお金だ」。こうした観点から彼は、「真逆に解体する時代」とまで語ったのである。

そうしたことすべては、ハイゼンベルクグループから発した競争心理や、その当時のドイツ原子力委員会、特にその中でも影響力のあった原子炉作業部会で形成された意見とまったく相容れないものであった。つまり、原子炉作業部会では、早い時期に原子力発電所建設におけるドイツ独自の開発を軌道に乗せようとしていたのであり、また、実用規模のものをそこに押しこみ、しかも英国を手本にしようとしていたのである。しかし、シュトラウスの原子力大臣としての短い在任期間は、同省の顧問委員会との対立を表面化させなかった。

その当時、原子力政策について政治的に最も重要な対立があった分野は、各州との関係であった。というのも、連邦基本法[*2]によれば研究助成の所管は連邦と州の競合分野であり、いくつかの州は当初、独自の原子力政策を実施するための有力な施設に着手していたからである。ここでもまた、シュトラウスは時間稼ぎをしようとしたのであり、さらに一度などは次のように言って、まずもって連邦政府にその財政政策における優位性を発揮させようとまでしたのである。「連邦が補助金を与え、助成し、調整するなどして関与することに人が慣れてしまったら、連邦の調整行為が必要だとする考えは一層強くなるだろう。あたかも連邦は最初の一マルクを献呈するに先立って、州の管轄権限に連邦権限を拡大するという根本的な要求をもって登場するかのように」。実際のところ、原子力政策についての連邦の指導的立場は、諸州との大きな対立なしに冷徹に進められ、拡充されていったのである。

シュトラウスは、原子力法の整備にあたって、やはり引き延ばし戦術を決断した。就任早々、彼はそれを「これからの半年」の「喫緊の課題」の中の第一のものと呼んでいたが、しかし、その後すぐにドイツ原子力委員会において次のように表明したのである。「原子力法がないことがドイツ連邦共和国での原子力エネルギー利用の発展を阻んでいるという、世の中でしばしば広く行きわたっている主張は、まったく根拠がない」。野党に転じた自由民主党[*3]〈FDP〉は、その当時、独自の原子力法案を提案して主導権を握ろうとしていたが、同党のスポークスマンは、所管省におけるこの案件についてのきわめて「不明瞭な躊躇」に激高して、次のように述べた。「半年以上前から考えられるすべての方法を駆使して」「何らかの声明を出すように」と同省に迫ったが無駄であった、と。

そして彼は、シュトラウスが所管する役所に対して、誤って「泰平の長い眠り」という汚名をなすりつけたのであった。

連邦経済省は、それまでに原子力法の第八番目となる法案を提出していた。一九五七年の初春にようやく連邦政府案が連邦議会に上程されたが、しかし、一九五七年七月二日の第二回審議において、その法案は、まさに政府の肝煎りでつぶされたのである。なぜなら、よく言われているように、政府は、法案で予定された平和利用についての厳しい制約を決定したくなかったからであった。そのことから、前もってなされていた引き延ばし戦術の動機を推測することができる。すなわち、シュトラウスは民生用原子力技術の法的な制約が避けられないか否かを時間をかけて見極めようとしていたと考えられるのである。

＊1――ルイス・シュトラウス（一八九六～一九七四年）。米国の共和党の政治家、銀行家。アメリカ原子力委員会の指導的メンバーとして、一九五二年一一月のマーシャル諸島での米国初の水素爆弾実験など水爆実験に大きく関わった。一九五三年から一九五八年まで同委員長を務めた。

＊2――ドイツ連邦共和国基本法。憲法に相当する基本法律。なお、基本法における連邦と州の関係については三七五頁の注をご覧いただきたい。

＊3――自由民主党（ＦＤＰ）。中道右派の自由主義政党。少数政党であるが、ドイツ連邦共和国成立時から一九九八年までほぼ一貫して、ＣＤＵ・ＣＳＵあるいはＳＰＤと連立を組んで連邦政府の一翼を担ってきた。なお、二〇一〇年から再びＣＤＵ・ＣＳＵと組んで連立政権を担っている。

郵政大臣から原子力大臣へ――ジークフリート・バルケ（在任期間：一九五六～六二年）

シュトラウスの後を継いだジークフリート・バルケは、その点で決定的に異なる心情の持ち主であり、それどころか、一九五七年にはゲッティンゲン宣言の署名者の側に公然と立つまでになった人物であった。シュトラウス以上に強くバルケは、ドイツ連邦共和国の主権がまだ不安定な状況と、諸外国の疑念を容易に引き起こしかねないドイツの原子力についての野心が広まることに神経をとがらせていた。彼は、バイエルンのヴァッカー化学会社の部長から立身した人物であった。この会社は、一九四五年まではＩＧファルベンの五〇パーセント子会社であり、その後はヘキスト社の配下にあった。彼はナチス時代には半ユダヤ人として格付けされて、大学教授としての職歴を歩むという本来の目標は駄目になった。こうして一九四五年以降の彼は、経営陣の中に存在する戦時経済に端を発するある種の仲間意識に対する辛辣な感情とともに、学問に何らかの意味を求めようという願望を持ち続けたのである。

化学会社の経営陣には数多くの非妥協的な人物がいたが、バルケもまたその一人として一九四五年に同社の経営陣に昇進し、さらに、バイエルン化学工業協会の理事長職が彼に譲られた。後年、原子力大臣を退任した後、彼はドイツ経営者団体連合会（ＢＤＡ）会長と技術検査協会*（ＴÜＶ）の会長になった。一九五三年のこと、その頃プロテスタントのバイエルン人を閣僚の一人に求めていたボンの連立政権内の複雑な人事のルールによって、彼は連邦郵政大臣の官職を手にした。大臣の職務面では、彼は、オートメーション化問題を所管し、ジーメンス社と最初の接点を持った。彼は連邦大臣になってからキリスト教社会同盟に初めて入党したので、同党で一勢力を築くことはなかった。

専門的な知見に裏打ちされた自身の能力や産業界とのつながりを信頼したバルケは、独自の政治的権力をつくることは不要と考えていた。すなわち、彼は、「政治家というものは」たいしたことがないものと話し、また、自分自身をむしろテクノクラート的な人間と理解していたのである。とはいえ、はっきりしているように、ボンにおいて彼は、経済界との関係や専門家的な識見を政治に機械的に持ちこもうとしなかった。長年にわたる政治活動の後、バルケは連邦首相府次官に対して、大臣在職中に首相は一度たりとも自分と管轄事案について話したことがなかった、原子力問題について首相は自分ではなく「第三者の側から」情報を得ていた、とこぼした。

アデナウアーが一九六二年一二月に内閣改造を行った際、バルケは大臣職を免じられたが、彼はそれを世間に先んじて知ることはなかった。この、ある種の冷酷な罷免は、バルケに対するとりわけ化学産業界からの同情の声をもたらしたが、連邦首相への非常に激しく辛辣なその声は、アデナウアーの声望が退陣直前に経済界においてどん底に達していたことを明らかにするものであった。辞めた後にはバルケ自身もまた、ボンの政府内の「半ば昏睡状態の伝統主義」について軽蔑するように語った。アデナウアー時代の末期において経済界の多くの者が連邦の首都の政治的な営みの刷新をいかに激しく迫っていたか、これを原子力分野は明確に示している。

バルケは、原子力エネルギーを民生用に限定することを承認し、またドイツ連邦共和国独自の原子力技術について関心を示すことによって、原子力大臣として前任者のシュトラウスとの違いを示した。それどころか、当初バルケは、大規模な原子力発電所建設への迅速な移行を擁護したのである。とはいえ、在任期間の後半になると、彼はシュトラウスと同じようにより大きな産業用原子力発電所プロジェクトへの急速な移行を戒め、研究や技術開発のプライオリティーを強調することを常とした。彼は、そうした指針を手にして、国際的な開発状況についての不十分な知識から生じた、コストのかかる誤った投資に水を差すことで、ドイツ連邦共和国の経済界の現実に即した利益を代弁したのである。加えて、そうした方向付けは、とりわけ彼の経済政策に関する利害関心にも合致していた。彼が最も所管したかったのは、一九六二年に後任の者がそうなったように、本当は科学省であった。バルケは鉄鋼化学について強調したが、この態度は、化学産業界の人間としてそこに個人的な必要があったことを表している。すなわち、彼は、再三にわたって鉄鋼化学による核分裂プロセスのエネルギー利用を優先させたのであった。

＊――技術検査協会（略称TÜV、テュフ）は、社団法人の形態をとるが、連邦及び州の法令に基づく指定機関として安全に関する技術上の検査を行う行政代行機関である。現在は、テュフ・南、テュフ・ラインラント、テュフ・北など五機関がある。ミュンヘン技術検査協会は現在のテュフ・南である。

原子力省内のせめぎあい

バルケは、たしかにその当時の原子力政策を彼一人だけで決めていなかった。ましてや、彼には詳細な輪郭を持ったコンセプトも錬磨された実行能力も十分になかったから、なおさらであった。後年彼は実用原子力発電所に照準をあわせた原発建設を毛嫌いするようになるが、そのことで原子力委員会や原子力フォーラムの決議に表現された原子力産業の指導者層の戦略と衝突した。そして、その戦略はといえば、省内の官僚たちの中にもその傾向はあったのである。ディ・ヴェルト紙には一九六〇年に原子炉産業という執筆者名で書かれた「原子力大臣バルケが実践よりも研究を優先するという個人的な好みと一線を画すこと」に期待するという記事が掲載された。また、インドゥストゥリークリーア紙は、「この評価の高い連邦原子力大臣が政治的な押しの強さを使うすべを心得ていたらいいのにと思う。けれどもボン政界の舞台場面の観察者は、教養あるバルケ教授殿は保健省の女性大臣殿よりも繊細で感じやすいという意見である」として、これを望ましいことと考えていた。一方バルケはといえば、彼の省の計画づくりに限定的な役割しか割り当てられていない原子力委員会を自分と同一視していたのであった。自身が語ったところによれば、彼は原子力計画案に一度として関与したことがなく、またこの計画を真に受けたことがなかった。ドイツ初の実証用原子力発電所の建設は、省内の下部のレベルで、しかも、バルケの当時のすべての意図に反する形で検討され、決められたのである。

大臣就任後すぐにバルケは、連邦における科学政策の集権化に力を入れた。一九五七年二月、彼はアデナウアーに対してそれに対応するある提案を行ったが、これに関してドイツ研究振興協会（DFG）会長は、「これには少々驚いた」と述べたのであった。ドイツ研究振興協会と原子力大臣との関係は最初から厄介なものであった。というのも、驚くなかれドイツ研究振興協会の首脳部自身が原子力計画策定そのものを行うことを目指していたからであり、またその際、大学研究者たちの支持を取りつけていたからであった。バルケが己の省の活動に対するドイツ研究振興協会の「ひそかな闘い」について嘆いたのも、理由がなくはなかったのである。バルケが彼の科学政策に関する諸計画を積極的に主張しはじめた一九六〇年以後、その科学に関する自己管理機関とバルケとの関係は先鋭化していった。同時に彼は、「学問の自由」という原則に常に苛立って反応したのであった。

原子力技術の開発を平和的目標に限定することに最初から賛成していた彼が、それにもかかわらず最終的には科学の軍事技術的意味の増大を是とする論拠に手を伸ばし、あまつさえ、科学の国家による掌握と「合理化」の必要性を強調するために中性子爆弾*に関する初期の計画を指示していたとすれば、彼の動機は怪しげなものとなる。彼は、第二次世界大戦における敗北の責任はドイツに学術に関する組織が欠如していたことにもあるとした。そして、「戦争を成功裡に行うことが科学の唯一の任務だと評価しえないとしても」、政治が研究をコントロールすることは必要だと強調した。

バルケが原子力大臣職を辞した後、ようやく原子力分野は「連邦科学研究省」に所管が移された。しかし、後にヴォルフガング・カルテリーリは、彼に次のようなお世辞を言った。在職中は原子力省を「新技術の助成についてもおろそかにしない」科学省へと改組する「決定的な路線変更」をなされた、と。この付言によれば、「研究と技術」のための将来の省は、あらかじめすでにプログラムに組みこまれていたのである。

＊――核爆発の際のエネルギー放出において中性子線の割合を高め、生物の殺傷能力を高めた核兵器。

ドイツ原子力委員会――見かけ倒しの優秀な頭脳

原子力委員会設置についてのいくつかの計画は、連邦原子力省設置についての諸計画よりも前に遡るものであった。しかも、大統領や議会と直接回線がつながっていた米国の強力な原子力エネルギー委員会という手本は、「原子力時代」の陶酔と同様に、ドイツ連邦共和国においても一九五五年以前に野心的なコンセプトを台頭させた。ドイツ原子力委員会は、その後、原子力省の単なる諮問機関として設置され、議会や他の省庁と関係を持つことなく独り立ちしていったが、これは当初の諸計画に比べると著しく限定的なものであった。ドイツ原子力委員会は、議会からうまく遮断されていた。原子力政策を所管する連邦議会委員会は、見たところドイツ原子力委員会から助言を受けたことはなかった。ある社会民主党の議員は、「原子力委員会は、完全に省の陰に隠れている。我々は、委員会について見たり聞いたりすることがそもそも非常に少ない」と嘆いた。

原子力委員会は当初、二五名の委員で構成されていた。そのうち少なくとも一三名は民間企業の人間に割り当てられていたが、これに対してドイツ労働組合総同盟（ＤＧＢ）を代表したのは唯一ルートヴィヒ・ローゼンベルクだけであった。エネルギー産業の出身者も二名だけであったが、一方で学界は、ボスのオットー・ハーンとハイゼンベルクを頂点とする八名の者によって代表された。議長を務めたのは原子力大臣であった。ハーン、ヴィンナッカー、そして、レオ・ブラントが、順次、副議長に任命された。ドイツ原子力委員会には、五つの専門委員会（①原子力エネルギー法制、②研究及び後継者養成、③原子炉の技術的・経済的問題、④放射線防護、⑤経済・財政・社会問題）が属した。そして、それぞれの下に作業部会があった。また、広い意味では、さらにその下に、一過性の臨時委員会が設置されることがあった――ドイツ原子力委員会は、戦略的な考慮によるよりも、むしろ臨時委員会の決定によって機能していたのである。

個々の作業部会は、その後、複数の専門委員会に属することとなった。作業部会が本当の下部組織ではなく、多くの事案を一括して処理する専門部会であったことが、すでにそこに暗示されている。特にこのことは、第二専門委員会及び第三専門委員会に属した原子炉作業部会について当てはまった。経済界の関心はその部会に集中し、そして、同部会はドイツ原子力委員会の最も活動的で影響力の大きい専門部会へと急速に成長したのである。ドイツで最初の原子力計画、いわゆる五〇〇メガワット・プログラム（一九五七年）は、とりわけ同部会の産物であった。この計画は、「エルトヴィレ・プログラム」の名称で進行した。というのも、それはファルプヴェルケ・ヘキスト社の所有する、ワインで名高いエルトヴィレ迎賓館での作業部会の会議（一九五七年一月）に遡るものであったからである。一九六四年のことであるが、ドイツ原子力委員会の事務局長は、原子炉作業部会は「ドイツ原子力委員会におけるほとんどすべての、きわめて難しい問題の協議や助言」を行ったことを認め、そして、「その作業部会が特に外で――企業の会議室や原子力研究センターで――会議を行うことを好んだ」ことは悪例となるものだと、苦言を呈した。

ドイツ原子力委員会のエネルギーに関する中核組織であった原子炉作業部会と対照をなしたのは、長年ルートヴィヒ・ローゼンベルク（一九五九年にＤＧＢの副会長、一九六二年に会長となった）が率いた第四専門委員会「放射線防護」であった。この専門委員会は、非活動的であり、また影響力もなく、ほとんど添え物にすぎないように見られていた。同委員会は、当初五つの作業部会を統括していたが、時の流れの中でそれらすべてを他の専門委員会に持っていかれて失ったのである。同委員会は、ドイツ原子力委員会内部で激しい批判を受けた放射線防護令の案に関与することがなかった。驚くなかれ、同委員会は、一九五八年の春から一九六〇年の末までの決定的な時期に一度も招集されなかったのである。委員長ローゼンベルクは、その機能不全を正当化しようとさえした。その後の時代にもこの専門委員会は、いつも散発的に、長い中断後に開かれるだけであった。同委員会は、省かドイツ原子力委員会そのものかは別として、意識的に公然と冷遇されていたのである。

それに対して、豊かな影響力を持ち、燦然と輝いていたのは、最初は統括する作業部会が一つだけで、それどころか後にはそれをまったく持つことがなくなった第五専門委員会「経済・財政・社会問題」であった。この委員会の案件は、様々な省庁や経済界首脳と連携しつつ、原子力技術関係施設の資金調達モデルをつくり出すことであった。同委員会に属したのは、財政分野の大立者たちであった。すなわち、連邦首相の子息であり、ライン瀝青炭会社の代表であったコンラート・アデナウアー[*1]以外に、ドイツ産業連盟会長のオットー・A・フリードリヒ、ドイツ労働組合総同盟議長のルートヴィヒ・ローゼンベルク、石炭業界のリーダーであったハインリヒ・コスト[*2]、さらにRWE社や巨大化学産業、エッソ石油会社、アリアンツ保険会社の代表たちもいたが、しかし、これに対してジーメンス社やAEG社の代表は欠けていた。

ドイツ原子力委員会の審議や助言の信頼性について、当初シュトラウスは「ある種の紳士協定」以上のものと理解しようとしていたが、それをドイツ原子力委員会事務局長は、その後、内務省やボンにおける州の代表部に対して容赦なく貫き通そうとさえしたのである。同じ頃、メンネは第五専門委員会の委員長として、部内に次のことを理解させるように仕向けていた。すなわち、彼が説明を受けた限りでは、「原子力委員会の審議や助言の信頼性は、原子力委員会やその下部の専門部会において委員諸氏が代表する会社や団体内部の内輪の協議を不可能にすることを意味するものではない」というものであった。これに対して、ドイツ原子力委員会審議や助言に関する連邦議会への報告については、議論にすらならなかった。

そうした世間から遠く離れたドイツ原子力委員会のありようは、関与した会社や中枢的研究機関になおさら大きな影響を自由に行使することを可能にさせるものであったが、しかし、委員会の決定能力に長期にわたって有利に働くわけではなかった。むしろドイツ原子力委員会は、対峙する中立的な第三者や独立した機関などほとんどない政党の利害関心の対立や並存によって麻痺の度を高めていったのである。ドイツ原子力委員会本体も、一九五八年からは毎年わずか一回だけ会議を開くことが習わしとなった。専門委員会の頻度もまた、急速に落ちた。どうにか継続した仕事も、すぐに作業部会の中で、ことに後年は臨時委員会の中でなされるだけとなった。

連邦において連邦原子力省や原子力委員会と並ぶ第三の機関は、一九五九年五月に設置されたドイツ原子力フォーラム（DAtF）であった。それは、公式には民法上の団体であり、実質的には原子力に利益を有する者の中央組織、広報機関であった。そして、構成、主張、機能の仕方において原子力委員会と似ていた。組織もまた、産官学の代表者が一体となっていた。それどころか原子力フォーラムは、かつての自由民主党党首トーマス・デーラー[*3]という、アデナウアーと衝突したこともある個性の強い一人の政治家をも活動的な協力者として獲得したのであった。原子力フォーラムはロビー団体に甘んじることを望まず、原子力エネルギーの発展の良心となること、そして、「これと並行して」その促進と「すべてのその種の取り組み」を「できるだけ緊密に関連させること」を目的に掲げた。

　原子力フォーラムの議長は、他でもなく、原子力委員会の基調をつくったヴィンナッカーその人であった。けれども、それ以外は構成の点で原子力委員会メンバーに多く偏ることは避けられた。こうして、フォーラムではエネルギー産業が幾分強く代弁されたのである。また、監理評議員会には連邦議会議員がすべての会派から出席した。議会や世間を相手方とした原子力フォーラムは、原子力委員会よりも自分のほうがはっきりとした総合的な指針をつくれる状況にあると見ていた。原子力委員会がまだ総花的な実験プログラムを追求していた時代に、その後原子力委員会からも同意を得ることとなった、ある原子力フォーラムの決議（一九六一年）は、次のようにはっきりと述べたのである。「原子炉建設においてはるか先を行く外国に追いつく道は一つしかない。すなわち、実用原子炉の独自の開発と大規模施設の設置だ」

　世論対策が原子力政策の核心の一つになるのと同様に、原子力フォーラムの持つ意味も大きくなっていった。すでに一九六三年に次官カルテリーリは、シュヴァルツヴァルトにおけるウラン採掘作業がメンツェンシュヴァント村の抵抗によって阻止されたことを見て、自然保護についてのアセスメントの結果、純粋に法律的なプロセスは「ほとんど望みがないもののように思われる」、だからまずは一度原子力フォーラムの助けを借りて国民一般の支持を取りつけるほうがよい、とコメントした。その種の課題は、後年、原子力政策の主柱の一つとなり、それゆえ原子力フォーラムは原子力委員会よりも長らえたのである。

＊1――コンラート・アデナウアー（一九〇六〜九三年）。コンラート・ヘルマン・ヨーゼフ・アデナウアーの長男。一九七一年までライン瀝青炭株式会社の代表取締役を務めた。

＊2――ハインリヒ・コスト（一八九〇〜一九七八年）。鉱山技術者であり、一九六一年までライン・プロイセン鉱業化学株式会社社長、一九六四年まで鉱業連合会会長を務めるなど、鉱山業界を代表する人物であった。

＊3――トーマス・デーラー（一八九七〜一九六七年）。ＦＤＰの政治家。一九四九年から没年まで連邦議会議員。この間、一九四九年から一九五三年まで連邦法務大臣、一九五四年から一九五七年までＦＤＰの党首。また、一九五七年から一九六一年まで連邦議会原子力エネルギー・水利委員会委員長を務める。

「エルトヴィレ・プログラム」——曖昧な政府の原子力計画策定

再三にわたって提起されたのは、ドイツ連邦共和国の原子力エネルギー開発をどの程度まで行動計画によってコントロールされたものとして想定するのか、あるいは、「自然発展的な」プロセスとして想定するのかという問題であった。この問題は、その種の複雑に絡みあった技術の開発を理路整然と計画することがそもそも可能かどうか、という根本的な問題と結びついていた。この二つの問題は、本書のそこかしこで扱われる。人は、原子力に関する計画づくりの扱いにくさに繰り返し突き当たる。しかし、開発のための効果的な行動計画づくりは、そもそもその当時真剣に試みられたのであろうか。

いつからドイツ連邦共和国の原子力計画というものが存在するようになったのか、これについて資料上は明確ではない。すでに原子力大臣シュトラウスの時代に、時折「三段階のプログラム」、あるいは、少なくとも「そう呼ばれる」行動計画についての言及があった。また一九五七年に成立した「五〇〇メガワット・プログラム」ないしは「エルトヴィレ・プログラム」は、後年「最初のドイツの原子力計画」の一つとして数えられることになるが、連邦政府の公式の行動計画であったことは一度もなく、そして、それが持つ意味の解釈やその拘束力も評価が定まらないままであった。また、後にできあがったいくつもの原子力計画の場合も、どこまで真剣で拘束性のある計画づくりがなされたのか、はっきりしていない。

エルトヴィレ・プログラムは、成り立ちからしてドイツ原子力委員会全体のプログラムではなく、その中の活動的な専門部会であった原子炉作業部会の所産であった。同部会は、一九五七年の一月二五日から二六日にかけてファルプヴェルケ・ヘキスト社のエルトヴィレ迎賓館における非公開会議でこのプログラムの構想をまとめた。その成果は、部会を取り巻く人々の要望に沿うものであった。原子力委員会は、作業部会のこの行動計画を一九五七年末に我がものとし、このためにコスト計画を立てたが、それは一九六五年までに総額八億マルクから一一億マルクを見込んだものであった。基本的に燃料や建設資材を考えて構想されるプログラムの場合に本来ならそれらを担当する作業部会は、エルトヴィレ・プログラムに対して批判的に距離を置き、このプログラムがないかのように独自の計画を作成した。この部会の中で承認され、原子力プログラムに真っ向から反対した次のコメント、すなわち、「天然ウラン志向には（中略）広範な基盤に立った健全な発展という利益」がないというコメントは、その後、議事録から削除された。エルトヴィレ・プログラムが外部に対して公式な性格を持ちあわせていなかっただけでなく、原子力委員会内部でもはっきりとした拘束力を持っていなかったことは、とにもかくにも明らかである。

エルトヴィレ・プログラムの基本的性格は、ドイツ連邦共和国の核燃料の自給自足という目標から生じたものであった。だからそれは、天然ウラン使用の原子炉の優先、電力生産よりも高いプライオリティーが置かれたプルトニウム生産、さらに、最終目標としての増殖炉開発であった。また、このプログラムは大部分が英国や米国の計画を組みあわせたものであることは間違いなかったが、外国製の原子炉タイプの輸入に対してドイツ国産原子炉開発を言葉の上だけでも優遇することによって、独特の特徴を持つこととなった。けれども、ヘキスト社やジーメンス社を代表したヴィンナッカーやフィンケルンブルクにとって、核心となったのは予定されていた五つの原子炉プロジェクトの中でもイギリスやアメリカにひな型がほとんどなかった原子炉プロジェクト、すなわち重水炉プロジェクトであった。

プログラムの中に含まれた原子炉プロジェクト——それぞれ一〇〇メガワットの様々なタイプの五つの原子炉——は、前述したプログラムの原則から必然的に生まれた結果ではなく、単に各社で先行していたプロジェクトを書きとめたものにすぎなかった。一九五七年秋——その種のコスト計算すべてにまだ数多くの知られていない要素がつきまとった時代——に、その当時の原子炉開発グループ四つのすべてが、キロワットあたりの予想コストをそれぞれ約五プフェニヒと見積もったが、ここにすでに原子力の利益を享受する者のカルテルが暗示されている——それは、続いて第五番目に参入したAEG社が皮肉たっぷりの態度をとりながら、ようやく受け入れることができた数値であった。

いきなり大規模な原子力発電所へ

後になって見ると一〇〇メガワットという発電容量は奇妙なものである。つまり、それは、実験用原子力発電所にとっては大きすぎるものであり、実証用原子力発電所にとっては小さすぎるものであったからである。どのケースでもエルトヴィレ・プログラムは、まだ採算性を目標としない、実験用施設と実証用施設を併せ持つ実験プログラムのように思われた。もっとも、一九五七年には、通常の実用原子力発電所の発電容量はまだ一〇〇メガワット前後であった。この発電容量の原子力発電所は当時「大規模施設」で通用していた。そして、そのプロジェクト化は、それが真剣に考えられている限りは、リスクを承知の上で、長期の実験をせずに即座に事業規模の施設へと大きく飛躍しようとすることを意味していた。

何メガワットが「大きなもの」あるいは「小さなもの」を

意味するのか。それは、明らかにその当時、年々変化していた。初期の時代にはそこかしこでアメリカの会社の代理人たちの言葉を引きあいに出して、原子力発電所は一〇〇メガワットを大きく超える場合にようやく採算がとれることとなる、という主張がなされた。それどころか経済性については、六〇〇メガワット以上のもので、いや、一〇〇〇メガワット以上のもので初めて採算がとれることとなるという、後で妥当なものと証明された予測すらあったのである。早くも一九五八年に連邦原子力省内では、一〇〇メガワット級の原子力発電所は原型段階のものであるという解釈がなされ、さらに、この場合、原子力プログラムは「実用原子力発電所の建設を意図的に後退させた」という主張がなされたのであった。AEG社は一九六〇年に「五〇〇メガワット・プログラムの徹底した実行」を提言したが、このとき同社は、一〇〇メガワット級の施設を第三世界への輸出に適したような小原子炉に仕立てたのであった。

一九五六年から一九五七年にかけてのドイツの原子力に関する貧弱な専門能力を基盤としたエルトヴィレ・プログラムは、必要に迫られてとられたある種の弥縫策であり、それは何らかのプロジェクトが具体化したときに全体的な計画を何も持っていないという状況を回避することを意図したものであった。一九五九年になってもなお、原子力省のある職員は、「まぎれもなく無知の者である我々は」原子力について経験のある国々に対して、どうすれば独自の能力をはっきりと知らしめることができるかという問題に取り組んでいたのである、と述べた。そうしたコメントは、初期の時代に原子力政策に関して公表されたものの背後にある、明るみに出なかった考えをくっきりと浮かびあがらせるものである。

エルトヴィレ・プログラムは、たしかにきれいに飾り立てた建前も含んでいた。先に引用した職員が事細かな提言について諫めたと同様に、マイアー＝ライプニッツが「プログラムを緻密に形づくることは胡散臭い」と思ったのは、おかしなことではない。というのも、そうした提言は、ドイツの経験の欠如を容易に漏らすものであったからである。一九五九年の年初から原子力産業誌では入念に考えられた次のような解説記事が回を重ねていった。すなわち、五〇〇メガワット・プログラム（今や「実験プログラム」と銘打たれていたが）は「プロジェクトの事前準備段階から脱せない状況にあった」。あるいは、企業の原子炉開発は「暗礁に乗り上げている」、「天然ウランは過去のものだ」などの言葉が徘徊している、というものである。

一九六二年にグンドレミンゲン沸騰水型原子力発電所で最初の原子炉A号基（二五〇メガワット）の発注が認められたことで、五〇〇メガワット級のものが改めて現実みを帯びてきた。これと引き換えに、質に関するエルトヴィレの原則は、沸騰水型原子炉タイプの選択によってなおさらおろそかにされることとなった。「五〇〇メガワット・プログラム」は、まさにそのもともとの意味に従えば、ドイツ独自の開発や核分裂物質の自給自足のプログラムであった。そして、少なくとも原子炉作業部会の中では、それを十分に承知していたのである。たしかに原子力大臣は、その当時RWE社に宛てて、「いわゆる五〇〇メガワット・プログラムの枠組みの中で」開発されるプロジェクトはグンドレミンゲン・プロジェクトによって「新たな刺激」を得ることとなろう、と記した。しかし、「そのプログラムは原子力省内の既定路線と一致しているかどうか」という問題が作業部会で討議されると、出席した局長のうち一致していると思った者は、わずか一名だけであった。その後数ヶ月もしないうちに作業部会の中で、グンドレミンゲン・プロジェクトによってエルトヴィレ・プログラムは世間で評判を落とすこととなるという懸念が再び口にされるようになったとき、その局長は、「五〇〇メガワット・プログラムについて過去に異なる様々な考えがあったこと」を思い出し、そして、「ことは成り行きにまかせよう、なぜなら（中略）エルトヴィレ・プログラムは特に歴史的意義を持っているのだから」と勧めた。省内ではその当時、米国製の軽水炉を擁護する声が強くなっていた。この視点からすると、天然ウランやドイツ独自路線の開発の賛同者は「トイトニア〈ドイツ〉」派であったのである。

数年後、グンドレミンゲン・プロジェクトとこれに続く軽水炉原子力発電所自体がヴィンナッカーやヴィルツによって行動計画と呼ぶにふさわしいプロジェクトと解釈し直されることとなった。ヴィルツは、自分はいくつかの違う印象もあるが、「行動計画同士の間に、もしくは、現実に起きてしまったことと、起こりつつあることとの間に矛盾はほとんどない」と考えた。実態が規範的な力を持つことがよくわかる言葉ではないか。もっとも、一九六四年に原子力産業誌は、実際に建設された原子炉あるいは建設中の原子炉はすべてがすべて「プログラム」の埒外であることに気づいたが、それは少しはまともな見方であった。

原子力ナショナリズムとユーラトム政策

世界規模の競争——原子力政策につきまとう強迫観念

原子力エネルギー開発の基本データは、その構造や利害、結果だけではない。そのテンポ、ダイナミズム、そして緊張もそうである。時間という次元を注視することによってそれらの際立った特徴を得るという、まさに歴史に関する研究は、把握が難しいそれらの諸相に光を当てることを可能にする。出来事の速度や加速度についての分析は出来事の過程を技術的に評価するための手がかりを与える。すなわち、それは、学習過程に要する時間、経験を収集し、評価・活用するための時間があったかどうかを究明する手助けとなるのである。

原子力開発は国際的な競争下にあったが、そうした観点でとりわけ考慮を要すると思われるのは、その国際的競争の雰囲気である。また、原子力技術に関する実験が量的な競争によってどの程度踏みにじられたのかという問題についても、考慮を要する。国際競争の闘争的な雰囲気は、ドイツ的な特性ではない。いや、その反対である。すなわち、それは、そもそも核保有国の軍拡競争をもって始まったのである。非核保有国は、原子力の民生用技術においても一般的に控えめに振る舞った。醒めた目で見れば、ドイツ連邦共和国には代価を払ってまで外国に競争を強いられるような理由は何もなかった。原子力大臣シュトラウスは原子力産業の「世界市場を巡る闘い」と第三世界を巡る「競争」をキャンバスに描き、また、「原子力ではるかに先行する他国」に追いつくという目標を設定したが、他でもないシュトラウスその人が内輪では、「我々が一〇年遅れていること」はここでは有利に働く、そして、ドイツ連邦共和国は、他国の経験を待ち受け、これを利用することで多くの時間とお金を節約できる、という考えを代表していたのである。我々はすでに彼の次の言葉を聞いていたが、それはなんとも露骨なものであった。「失われた時間――得られたお金だ」。老いたフリードリヒ・ミュンツィンガーは、原子炉建設における競争心理に強く警鐘を鳴らし、そして、同時代人として彼が経験した一九一二年の「タイタニック号」の破局を思い出したものであった。

それなのに、科学者や経済界の者、政治家、ジャーナリストたちは、そもそも核兵器競争に発する闘争な雰囲気に再三にわたって染まり、自身も力強く付和雷同したのであった。特にそれによって原子力技術の底流には、ごく最近に至るまで表には出ない不合理な響きがつきまとっていたのである。第一回ジュネーブ原子力会議の前であるが、一九五五年のハノーファー国際見本市でメンネは、原子力エネルギーの産業的利用のために「世界中どこでも」なされている「大規模な取り組み」と、「工業国がそれなしでは将来生存しえなくなるであろう」「エネルギー源を巡る競争の始まり」について非常に誇張して語ったものであった。原子力コミュニティー内部の異端児であったバッゲが、「原子力エネルギーの平和利用を巡ってなされる、とりわけコストのかかる競争に割って入ることが一体目的にかなうものなのかという疑問は、一瞬たりとも議論のテーマとなることはなかった」と一九六〇年に述べたのは、至極もっともである。

工業国であるのかないのかが問題と言われた原子力エネルギーを巡る国際競争では、その競争は最初から固定観念のように思われていて、エネルギー産業の懐疑主義者によって真剣に異議を唱えられることは一度たりともなかった。ハーンやシュトラウスが巻頭言を書いた、レーヴェンタール[*1]とハウゼンの共著の本『私たちは原子力によって生活することになる』(一九五六年)は、「世界中で今日もし大規模な原子力エネルギー利用の開発に成功しなかったら、いかなる国も今後数十年のうちに工業大国として存在しえない」ことがわかったとした。しかし、実際はといえば、はるか先を行くものは世界のどこにもなく、今日ではすでに忘れ去られた高温ガス炉の開発にあってさえも、一九六〇年頃にカルテリーリはドイツとフランスは「競争」していると認識していた。一九五九年一〇月にユーリヒにおける小型高温ガス炉の実験炉の建設が始められたとき、マインツのアルゲマイネ・ツァイトゥンク紙は次のように喜びの声を上げたものであった。「ドイツは最初の原子力競争に勝利した」

レオ・ブラントは、一九五六年の社会民主党の党大会で次のように警告の声を響かせたが、このとき、彼もまた原子力技術を、生存を左右する問題と見なした。「大変である。以前は指導する立場であったが、今では技術や経済面で先行する国々への仲間入りに後れをとった国は。(中略)君たちの生活水準は立ち遅れたままとなり、政治的、経済的独立は、新たなタイプの植民地的依存によって危険にさらされることになるのだ」。それゆえ、人は、「競争にとどまる」ために「すべてを投入」しなければならない、としたのである。そうした性急で刺激的な語り口をもって、彼は社会民主党の先頭に立った。そのようにして同党の連邦議会議員ルートヴィヒ・ラッツェル[*2]も、一九五九年の年初の議会において、最後の審判は間近に迫っているといった口調で次のように警鐘を鳴らした。今しなければ、「ドイツ人は原子力について立ち遅れた国民」となる。「我が国を科学や技術の面で完璧にするには、まさに今をおいてない」

＊1――ゲアハルト・レーヴェンタール(一九二二～二〇〇二年)。ドイツの著名なジャーナリストで公共放送のZDFを拠点に活躍。ヨーゼフ・ハウゼンもジャーナリスト。

＊2――ルートヴィヒ・ラッツェル(一九一五～九六年)。SPDの政治家。連邦議会議員、マンハイム市長などを歴任。一九五六年から五七年にかけて連邦議会原子力問題委員会の副委員長。

仮想の増殖炉競争

増殖炉開発の加速化における世界的競争という妖怪、すなわち、費用便益分析のいかなる考え方も徹底的に排除した巨大プロジェクトの幻影は、とりわけそれに目標を置いた恣意的なやり方で呼び起こされた。あるときはフランスが、またあるときはアメリカが、さらに後には英国あるいはソ連が、増殖炉競争における競争者としてことあるごとに名前を挙げられた。わけても最初の増殖炉実験施設、すなわちカールスルーエにおける「高速ゼロエネルギー施設」(SNEAK)[*1]の建設は、フランスのカダラッシュにおいて同時並行的に建設されていた施設と競合するものであった。抜きつ抜かれつの競争は、双方の施設が同じ夜――一九六六年一二月一五日から一六日にかけての夜中——に臨界に達するというほど激しいものであった。そうした経緯は増殖炉開発が行われた雰囲気がどのようなものであったかうかがわせる。カールスルーエ増殖炉プロジェクトの長であったヴォルフ・ヘーフェレにとって、そのクリスマス前夜は、世紀の一瞬として長く思い出に残るものであった。カダラッシュからの報せが届いたとき、なんとカールスルーエでは人々が夜を徹して懸命に同じ作業をしていたのである。

　同じ頃、増殖炉開発分野でアメリカの進歩と称されるものも始まり、開発のテンポが速まった。ヴィルツは一九六四年に次のように説明している。ドイツの開発は「水使用の原子炉[*2]の分野においても、いわゆる進歩的な原子炉の分野においても」また増殖炉の分野においても「もっぱら世界市場におけるドイツの産業とアメリカの産業との競争という観点で見られなければならない」と。アメリカの産業は一〇年以内に高速増殖炉を固定価格で市場に供給することになるという、一九六四年に熱心に流布され、だからこそまさに信ずるに値しない報道を、カールスルーエでは、原型炉段階への軽率な飛躍の論拠、すなわち、それまでなされてきた開発からは決してそれが有機的な産物として生まれないという論証に利用したのであった。というのも、カールスルーエではまだ一度も実験用増殖炉が建設されていなかったのである。一九六六年に中枢的原子力研究機関は、増殖炉は、アメリカで建設されなければヨーロッパで建設することになると、はったりをきかせて、大きなリスクのある実験用高速増殖炉であるアメリカのＳＥＦＯＲ実験炉[*3]同様のものの建設を彼らの側でも前進させようとした。

　しかし、一九六六年一〇月五日に、米国初の高速増殖炉であるデトロイト近郊の「エンリコ・フェルミ」増殖炉[*4]が重大な事故により停止され、また、一九六〇年代末になると、米国は、増殖炉の原型炉の建設についてヨーロッパ諸国に先行を委ねたことを知らせようとするまでになったのである。もっとも、そうしたことすべては、増殖炉開発における競争心理を緩和したといえるものでは決してなかった。一九七〇年には、いつもはほとんど注目されることのないソ連の増殖炉開発が、「攻勢的、かつ、時代的にも有望な巨大テクノロジープロジェクト開発を躊躇ばかりして止めることがあってはならない」ことの証拠を示唆するものとして使われた。また、一九七一年には、イギリスとフランスの開発が同じように使われたのであった。ヴィルツは、第四回ジュネーブ原子力会議（一九七一年）から「解決策はただ一つしかありえない。究の緒をしっかりと締めることだ」という挑発的するような教訓を引き出した。それは、原子力産業誌がすでに七年前に第三回原子力会議から引き出していた教訓と同じものであった。一九七二年から一九七三年にかけて、英米のマスコミでは「増殖炉競争」や「増殖炉の闘い」という文句が記事の見出しとなった。競争は大部分が想像上のものにすぎなかったが、その競争の心理は、国際的にナトリウム増殖炉への投資を誘う結果となった。そして、巨額の投資がなされた後、一九七〇年代末頃にその安全の問題は増殖炉開発に初めて真の危機をもたらしたのであった。

＊1――Schnelle Nullenergie-Anordnung Karlsruhe。通常「高速臨界実験装置」と訳されている。出力がほぼゼロに等しい炉である。
＊2――Wasserreaktor。軽水炉を指している。
＊3――アメリカの高速増殖炉の実験炉。Southwest Experimental Fast Oxide Reactor（サウスウェスト酸化物燃料高速実験増殖炉）の略。
＊4――エンリコ・フェルミ原子力発電所内に設けられた高速増殖炉の実験炉。一九六六年の事故は、原子炉炉心溶融事故の最初の事例とされる。

欧州原子力共同体とアメリカのユーラトムプログラムの失敗

西ヨーロッパの統合についての関心は、一九五〇年代中頃は原子力への関心と質的に似通っていた。つまり、それは、現実に裏打ちされたものというよりも、将来への期待に支えられたものであった。それはたしかに経済全体の長期的な利益に相応したものであったが、しかし、たとえ社会の広範な構成員の漠然としたコンセンサスに支えられたものであったとしても、実物的な利益という点では不確かな基盤しか持たなかったのである。それはまた、様々な、相矛盾するものもある取り組みの隠れ蓑として役立つこともありえた。その影響力は、特定の個人やモネの行動委員会のような小グループと強く結びついたものであった。いずれにせよヨーロッパという理念は、「原子力時代」という理念と同じように、一九五〇年代当時の時代意識を形づくった統合の大きな神話の一つであった。そして、欧州原子力共同体（ユートラム）というアイデアの中に、その二つの神話は一体化したのである。

そもそも原子力技術の場合にはヨーロッパ諸国の協力は当然考えうるものであった。経験を国際的に交換することや核燃料サイクルの高額な開発コストを数ヶ国に分散することなどの経済的技術的メリット同様に、政治的な視点からもまた、協力は望ましいものであった。原子力コミュニティーと密接関係を持たない政治家は、原子力技術がヨーロッパ統合にあっての先駆者的な機能としてうってつけのものであることに思いを馳せることができなかった。

それにもかかわらず、一九五五年六月にメッシーナ会議で決議された欧州原子力共同体には、ドイツ連邦共和国の原子力エネルギー開発を危うくしないとしても、その妨げになると懸念されるものがある、というコンセンサスがドイツ連邦共和国の利害関係者グループの中ですぐに生じた。ユーラトムが機能不全の度を増し、意味を失って消えていく一九六〇年代半ばまでの間を見ると、ユーラトムに対する闘いが当初からあり、そして、それは絶えず再燃し新しい標的を定めたのであった。ユーラトムへの批判は、ドイツ連邦共和国でもフランスでも怪しげなグループの中に最初から存在した。それは、原子力共同体というコンセプトの黒幕が誰かについて真剣に問わねばならないほど強く、広がりのあるものであった。

メッシーナ宣言は、「原子力時代」の神話がすでに全盛期を迎えていた時代、原子力技術の民生利用分野にあっては利害も競合関係もまだほとんど形成されておらず、原子爆弾へのフランス人の強い意欲もまだ目に見えるまでにはなっていなかった時代に出されたものであった。だからメッシーナでは、原子力分野でのヨーロッパの統合は、欧州統合の問題の中で「大変重要かつ最も容易に解決しうる問題」と思われた。ユーラトムは、欧州石炭鉄鋼共同体によってあらかじめ与えられた部門統合のモデルに従うものであった。石炭鉄鋼共同体の最高執行機関においては、普遍的な欧州経済共同体というアイデアよりも先にユーラトムというアイデアがあったように思われる。石炭鉄鋼共同体最高機関の委員長を一九五二年から一九五五年にかけて務め、また、ヨーロッパ統合の心酔者として著名であったフランスのジャン・モネは、欧州原子力共同体の推進力にもなった。西ヨーロッパの統合は、とりわけユーラトムを通じて、具体的には、フランス独自の原子力技術の莫大なコストにドイツが関与することを通じて、フランスにとって魅力的なものとなったのである。

欧州石炭鉄鋼共同体を占領下の時代の余計なしろものと見なし、単に何らかの包括的な経済共同体だけに関心があったドイツ連邦共和国の側では、人々は、ヨーロッパ統合の新たなスタートに際して原子力部門を優先することを避けようとしていた。ユーラトムの実現へのさらなる刺激は、メッシーナの後に――後で振り返れば驚くことに――アメリカの側からやってきたのである。その当時、将来の原子力世界市場における主たるライバルは英国だと見ていた米国は、ユーラトムを英国とバランスをとる存在として、また、将来の原子力関係の輸出のための取引相手、コントロールの執行機関として評価していた。ボン政府が米国内部の意見の食い違いを見て、ユーラトム執行機関の下にあることを避ける二国間の経路でも米国の核燃料を得られると期待したとすれば、それは錯覚であった。ユーラトムに有利に働いた米国の圧力は、むしろ継続的かつ容赦のないものであった。ワシントンの政府は、政治的圧力をビジネス上の疑似餌と結びつけ、そして、濃縮ウランを格安で提供することによってユーラトムの成立を促進しようとしたのである。いずれにせよ、こうした米国の動きによってドイツ連邦共和国やフランスでは、天然ウランや独自の開発を支持したグループへの不信が起き、また、すぐさまユーラトム反対の動きとなったのである。

ドイツ産業界からすぐさま激しく異議が唱えられたユーラトム執行機関による核燃料の独占は、民間経済界の核燃料に関する権利の停止と原子力産業の国有化をそもそも要求した左派との妥協の産物として行動委員会の中で成立した。原案ではユーラトムによって担保されるはずの原子力エネルギーの平和的利用に専念するという路線もまた、左派とドイツの代表への、成り行きでまぎれこんだ譲歩であった。交渉で最終的に決着したコンセプトは、当事者能力を持って核燃料の独占を担う力は原子力分野には存在しないというたぐいのものであった。ドイツ原子力委員会はドイツ連邦政府によってユーラトム交渉から意図的に隔離されていて、途中で説明を受けたことすらなかった。フランス側の相方であるフランス原子力庁（ＣＥＡ）もまた、うまくいっていなかった。

フランスの原子爆弾の共犯者としてのユーラトム

ユーラトム設立の前段階において相反する立場があったが、それは一九五六年にヨーロッパ同位体分離施設[*1]という野心的なプロジェクトの際に初めて形をなしたものであった。このプロジェクトのために投入された研究グループには、共同体の六ヶ国の他にもデンマーク、スウェーデン、スイスの代表が加わった。その推進力は、当時このプロジェクトに最も強く関わったフランスであった。けれども、対立はすでに技術の選択肢に関する問題の中に存在していたのである。米国で実証されたその施設の速やかな完成に関心があったフランスがきわめてコストのかかるガス拡散法を貫徹しようとしたのに対して、ドイツやオランダは、当時だけでなくその後もそうであるが、遠心分離法を優先した。この意見の相違は、濃縮ウラン一グラムあたりの価格を二五ドルから一六ドルに引き下げ、長期供給契約を締結する用意が米国にはあるという一九五六年一一月一七日のドワイト・Ｄ・アイゼンハワー大統領[*2]の声明によって一層険しいものとなった。この声明は、英国首相のハロルド・マクミラン[*3]によって「新しいマーシャルプラン」として称賛される一方で、ヨーロッパの濃縮ウラン施設側からは反対に「異常なダンピング操作」であり妨害工作であると見なされた一歩であった。こうしてそのときから、ヨーロッパの施設で濃縮されるウランは米国から輸入されるウランよりも二倍から三倍高い価格になると見込まれることとなったのである。だからそのプロジェクトに対するフランス以外のほとんどの参加国の関心は、弱まることとなった。「ユーラトム三賢人」報告書（一九五七年）においては、ヨーロッパの同位体分離施設なるものの建設は、推奨されることすらなかった。また、フランスの原子力ナショナリストたちは、驚くほど高価なウラン濃縮のコスト転嫁の手段として原子力共同体を概ね評価していたが、彼らの中ではヨーロッパの同位体分離施設の見通しとともにユーラトムへの関心も消えていったのである。

まさにそのフランスの目論見は、ドイツ連邦共和国の原子力関係者の間ですぐさま同位体分離施設プロジェクトに反対する声を台頭させることとなり、そして、その声はユーラトムプロジェクト全体への不信に結びつくこととなった。人々は、独自の天然ウランコンセプトが危険にさらされるのを知った。そして、ドイツはフランスの原子爆弾にともに資金を出すこととなるのではないかという疑念を抱いたのである。フランスが原爆に手を伸ばしたことがド・ゴール時代[4]に明らかになると、その疑念はいよいよ強まった。インドゥストゥリークリーア紙に掲載されたある「民衆の冗談話」は、ユーラトムを「フランスの原爆を平和的に製造するためのヨーロッパ共同体」と名づけたものである。『陽気な原子力』という詩集は、こう唱《うた》っている。「なるほど、爆弾を僕はつくってはならない／だが、とにもかくにも陽気な顔をして／原子力・民生目的の役に立つことや／僕らのお金を彼らに転がすことはしてもいい／自分たち独自の爆弾を望む連中に」。その際に、誰が「彼ら」であるかについて、その諷刺の真意は疑いを何一つ持たせない。

＊1――複数の同位体が混ざった状態の物質を対象として、特定の同位体の組成を変化させる作業をいう。ウラン濃縮は、核分裂性のウラン235の濃度を高めるために行う同位体分離である。天然ウランには核分裂を起こさないウラン238と、これを起こすウラン235が含まれている。その二つは、中性子三個分のわずかな質量差によって区別することができるが、化学的性質等にほとんど差異はない。そこで、気体の拡散速度の質量による違いを利用して同位体分離を行うガス拡散法や遠心分離法といった質量差を利用した同位体分離技術が一般に用いられる。

＊2――ドワイト・デヴィッド・アイゼンハワー（一八九〇～一九六九年）。冷戦初期の合衆国第三四代大統領（一九五三～六一年）。一九五三年の国連総会で「平和のための原子力」演説を行った。なお、この「平和のための原子力」という概念は、「原子力の平和利用」とも訳される。

＊3――モーリス・ハロルド・マクミラン（一八九四～一九八六年）。第二次世界大戦後、イギリスの保守党内閣で国防相、外相、蔵相を歴任後、一九五七年から一九六三年まで首相を務める。

＊4――シャルル・ド・ゴール（一八九〇～一九七〇年）がフランスの大統領であった一九五九年から一九六九年までの時代。フランス第五共和制憲法のもとに一九五九年に大統領に就任したド・ゴールは、アルジェリア戦争で混乱したフランスの政局を安定させ、経済成長を成し遂げ、外交面でもフランス独自の地位を確立するなど手腕をふるった。

虚構の崩壊――平和利用のみの原子力共同体

一九五六年夏以降、ドイツにおけるユーラトム反対勢力は、フランスの軍事筋と核武装のパイオニアたちから予期せぬ助けを得た。彼ら先駆者は、まさにフランス原子力庁の中にもいたが、同庁は、独占的かつ平和的利用に厳格に制約される原子力共同体によってフランスの原子爆弾への道が閉ざされることを見越して大騒ぎになっていたのである。アルジェリア戦争[1]を背景に演出された危機を煽るような人々の声は、フランス国民議会が厳しい議論の末に一九五六年七月一一日にユーラトムへの加盟をたしかに承認したものの、その承認に、原子力技術の軍事的利用の可能性についてはユーラトムの管轄権限としてはならないという条件をつけたことへとつながった。フランスの社会党自体、この立場に転換したのであった。エジプトによるスエズ運河の国有化[*2]への反動としてその後ほどなくしてフランスで沸き起こった戦争の熱狂、そして、核兵器のプレッシャーのもとにアメリカとソ連によって強要されたスエズ戦争の停戦は、原子爆弾へのフランスの取り組みに拍車をかけた。

フランス国民議会の決定の一週間後、「ヨーロッパ合衆国のための行動委員会」は、その新たな状況を討議した。ルネ・プレヴァンは一九五四年にすでにフランスの国防大臣として原爆製造の同調者に譲歩していた。その討議に出席した彼は、自立性を持つ軍事部門をユーラトムの枠組み外に置くことによって、場合によってはあるかもしれない英国のユーラトムへの加盟が容易になる、と仄めかすことでドイツ人の討議相手に方向転換への誘い水を送った。これに対して、ドイツ側の出席者の一人である社会民主党党首のエーリヒ・オーレンハウアー[*3]は、国民議会の決定は「しかし、我々のさらなる仕事に非常に、きわめて深刻な問題」を投げかけている、「我々にとって平和的利用に専念することこそが原点の一つだ」と苦言を呈した。とはいうものの、すぐに彼は、「心配」は必ずしも「非常に重大なもの」ではないので、「我々には委員会の意図が決定的な点で危うくなっているのがわかる」として牽制した。その当時ドイツ労働組合総同盟の経済部局の長であったルートヴィヒ・ローゼンベルクもまた、「個々の国において起きることには関わりなく」という付帯条件を口にすることで原子力の平和利用という信条を弱めたのであった。

他方ヘルベルト・ヴェーナーは、「フランスの決定によって新しい状況が生まれたというのであれば、これをもみ消そうとすべきではない」と激高した。彼は、その数日前にミュンヘンの社会民主党党大会において煮え切らない態度で、欧州原子力共同体は「まだまったくの張り子の虎であり」、「本来の狙いを思い起こさせるのはその名称だけだ」と言って、危機感を口にしていたのである。しかし、その彼が今や社会民主党執行部宛ての内部文書において、当初のユーラトム構想に含まれていた平和的利用の保障を社会民主主義の不可欠条件であると表明するようになったのであった。とはいえ、この条件を維持することは、おそらくユーラトムの挫折を意味するものであった。また、超国家的権能が予定されているユーラトム条約は右派の政党には目障りな万国共通の社会主義の特徴を備えていたので、なおさら社会民主党はいかなる場合にもリスクを冒したくなかった。ドイツ連邦議会のユーラトムを巡る審議において最も強くユーラトム構想を我がものとして主張したのは、政権与党の発言者ではなく、他でもない社会民主党の議員ルートヴィヒ・ラッツェルであった。無邪気さを装って、彼は原子力共同体を平和的利用に限定することについて称賛し、一方で、「防衛目的」のためにと決められた核分裂物質をユーラトムの監視から除外することを定めた不気味な第八四条には通り一遍に触れただけであった。その際ラッツェルは、「どこからその特別な分裂物質がやってくるのか」というごく素朴な問いを発することだけで満足したのであった。ゲッティンゲン宣言が出されてからまだ日も浅く、またドイツ連邦国防軍の核武装に対する反対キャンペーンがその頂点に向かおうとしている時期に、そうしたいい加減な対応があったことには、かなり驚かされる。

ドイツの核兵器生産の可能性、あるいは、少なくとも西ヨーロッパの核兵器共同生産の可能性を留保しようとしたドイツ国内のすべての人々——常にフランツ・ヨーゼフ・シュトラウスが代表格であったグループ——にとって、フランス国民議会の七月の決定は、安堵と、自分たちの主張の正しさの証明を意味したものであった。フランスが核武装した場合には、対等性を根拠に人はドイツ連邦共和国にも同じことを要求できた。つまり、ユーラトムは、本来の狙いとは正反対にフランスの核爆弾開発を形を変えて動かす装置として機能しえたのである。遅くとも、シュトラウスが原子力大臣から国防大臣に異動した一九五六年一〇月には、ドイツ連邦内閣内には然るべきことを考える動きがあった。いうまでもなく、そうした目論見の弱点は、まさにフランスの原子力ナショナリストが原爆製造への入口をよりによってドイツのために開けておくことなどこれっぽっちも考えていなかったという点にあった。他でもないシャルル・ド・ゴールその人は、政権の座に就いた後すぐに、それに対応した動きを禁止した。けれども、それらすべては、世間一般の人々がまったく知ることのなかった出来事であった。

＊1——一九五四年から一九六二年にかけて行われたアルジェリア独立戦争。その過程で、フランス第四共和制はアルジェリア独立承認に反対する軍部の動きによって崩壊の危機に瀕し、第五共和制憲法の制定につながった。

＊2——一九五六年、エジプト大統領ナセルが、当時イギリスとフランスが経営権を握っていたスエズ運河会社によって経営されていたスエズ運河を国有化することを発表した。これを契機に英仏がスエズ地区に軍を侵攻させ、スエズ戦争（第二次中東戦争）が勃発した。

＊3——エーリヒ・オーレンハウアー（一九〇一～六三年）。一九五二年から一九六三年までSPDの党首で、連邦議会のSPD会派を率いた。

核兵器開発の原子力技術——「原子力の平和利用」の背後で

原子力技術の民生用利用がまずは思惑上のものであった時代には、すべての人々が原子力技術の応用を現実のものとして目の当たりにしたのは、ただ一つしかなかった。すなわち、爆弾製造における応用である。全世界にとって広島は、長いこと、原子力エネルギーが実際に存在することの目に見える唯一の証拠であり続けた。まさに原爆以外の原子力技術の可能性がすべてまだ目に見えるものでなかったがゆえに、その軍事的な利用可能性は特別なものを持っていた。まして、原子力技術に関する経済的な展望に再び陰りが出てきた一九五〇年代終わり頃には、なおさら原子力技術の軍事的な価値をいずれにせよ確保しておくことに、改めて重点が強く置かれることとなったのである。

ところで、ドイツ連邦共和国は、まさに独自の核武装の放棄を条件にしてＮＡＴＯ[1]への加盟を達成した。第二次世界大戦の記憶がまだ生々しく、ドイツ連邦共和国が西側陣営に属しているかどうかもまだ不確かと思われた初期の時代には、アデナウアー政府の視点からすれば、条約に対するドイツの忠実性を揺るがしかねないあらゆる要素は意識して避けねばならなかった。つまり、原子力技術の武器技術への転用可能性は禁句であり、そして、このタブーは、内部文書のやりとりにおいても厳守されていたのである。原爆反対運動[2]の高まりを目にして、人は、外国に対してだけでなく、自国民に対しても注意を払わなければならなかった。たとえば、一九五八年のことであるが、カールスルーエ近郊で計画されていたプルトニウム研究所は、カルテリーリ次官の示唆を踏まえて「ウラン変換〈トランスウラン〉研究所」と改名された。というのも、プルトニウムについて世間で知られていたのは、軍事目的だけであったからである。また、かつてのフランスの原爆開発の指導者であった人物がその研究所のトップになるとの話がフランス側から漏れたとき、憤ったカルテリーリ次官は、その場合に「国民の不安」が予期されると指摘し、バルケもまたその人物の任命を阻止したのであった。

しかし、ここで問題となっていたのは、外部に向かっての印象だけであった。ドイツ連邦共和国を原子力技術の開発を超えた実際の、あるいは潜在的な核保有国とするという目論見が、内部ではやはり一つの役割を演じていたのではないか。軍事的な動機は本書執筆のために入手できた文書類の中に表れていなかったとしても、そのことは想定されうるのではないか。というのも、その技術が軍事技術に転用可能であることは、関係者すべての周知の事実であったからである。あるいは、入手できた文書類がものを語っていないことを理由に、人は核兵器に対して実際に関心がなかったと結論づけねばならないのであろうか。原爆への関心が現実に広く行きわたっていたとしたら、人は、「孤独な決断」の中でアデナウアーが表明した原爆製造の放棄に、内部の計画策定作業までもが拘束されていると感じていたのであろうか。同じくアデナウアーによって署名されたプルトニウムと濃縮ウランの生産の放棄に関する文書は、いずれにせよ原子力関係の諸専門部会における議論では考慮されなかったのである。

それはそうとして、原子力技術がドイツ連邦共和国の公表されている動機や意図からまったく独立して軍事に発する構造にあらかじめ組みこまれていたこと、そして、今日でもそうしたことが幾分なりともあることを忘れてはならない。ウラン濃縮や再処理は、民生用原子力発電所の核燃料サイクルの鍵を握る技術であるだけでなく、従来も、そして、現在もなお核爆弾製造の基幹的技術なのである。ドイツ連邦共和国の原子力技術開発がドイツ国内の電力供給の必要ではなく、核保有国や、ブラジル、インドあるいはイランといった第三世界を主導する国々における販路の可能性を志向していたとしたら、重要なのは軍事技術に転用可能である原子炉という戦略だけであった。というのも、手本となる諸外国のもとでは、原子力技術は軍事機関の陰で開発され、すでに言及したようにして軍事機関によってあらかじめ形づくられていたからであり、また、大国になりたいという野心を抱いていた開発途上諸国の場合、原子力発電所の経済性がまだ不透明であった時期には、彼らの威信は原爆の魅力に依拠していたからである。そうしたことから、想像上の世界市場への原子力技術の志向は、まさに「軍備政策に関する願望」——もし、そうした願望が現実にあったとしたらであるが——を志向することの符牒として機能していたのである。

*1——NATO（北大西洋条約機構）。一九四九年に英仏などヨーロッパ一〇ヶ国と米国、カナダの間で締結された北大西洋条約によって発足した軍事同盟。ドイツは一九五五年に加盟した。なお、二〇一四年現在、二八ヶ国が加盟している。なお、冷戦下でNATOに対抗して、一九五五年にソ連を中心とする東側共産圏諸国の軍事同盟であるワルシャワ条約機構が創設されたが、同機構は一九九一年に廃止された。

*2——ドイツ語では「原爆による死への反対運動（Anti-Atomtod-Bewegung）」と表記される。

アデナウアーと原子力

アデナウアーにあっては、幸福感に酔いしれた「原子力時代」というビジョンは何ら重みのあるものではなく、原子力技術の軍事的価値のみが現実のものであったことがわかる。これを示唆するのは、連邦共和国原子炉センターなるものを設立しようとした際の、ハイゼンベルクを苛立たせたアデナウアーの当初の躊躇であり、また、将来の原子力委員会の議長を自らが引き受けるという一時期あった計画である。その当時アデナウアーは核兵器に関心がなく、また、通常兵器から核兵器に重点を移すことを誤りと考えていたので、彼にとって一九五四年のドイツの核兵器生産の放棄は難しい決断ではなかった。ユーラトム計画によって、原子力は、連邦首相にとって結果的にヨーロッパ政策上価値あるものとなったが、しかし、この点でも目的のための手段にすぎなかった。政権の末期に至るまで、アデナウアーは民生用原子力技術に対して目を見張るほど冷淡であり、その無関心ぶりはむしろますます高まっていったのである。

だからなおさら驚かされるのは、最初の原子力法案が、平和的利用に限定された内容となっていることを理由とした連邦首相の干渉で一九五七年七月二七日に没になったことである。それ以上に目立つのは、カールスルーエ原子力研究センターの運営機関の設立に際して問題が生じた一九五九年の初めに、アデナウアーがこれに個人的に干渉したこと、また、一九六〇年秋にマスコミ上でその軍事的な価値について旋風を巻き起こした「有名な遠心分離機」[*1]を一九六一年初めに、驚くなかれ、ヴィンナッカーに要求したことである。アデナウアーは死の直前に「核拡散防止条約」反対のキャンペーンに参与したが、いつもの彼らしくないそのヒステリックなやり方は、幕が下りた後の奇妙な小劇であった。そうしたことすべては、白髪の連邦首相の思いの中で、原子力技術は第一義的に軍事戦略上の事案であり続け、これに対して、「平和的な原子力エネルギー」は彼の気持ちを動かすものではなかったことを暗示している。

シュトラウスもまた、民生用原子力開発がスタートした際には、原子力大臣として奇妙なことにほとんど功名心を見せなかった。けれども、早くも一九五六年七月にヴェーナーは、「原子爆弾をも製造しうるような地点へとドイツ連邦共和国を導くこと」に「結果としてなった、三位一体の産業界・シュトラウス・政治の体制」について語っている。シュトラウスがきわめて真剣にドイツの核兵器生産を目指していたことは、それをもっていうことはできない。けれども、核兵器生産の可能性を彼は切り札として保持しようと願っていた。シュトラウスはハクセルがゲッティンゲン宣言に署名したことをいまいましく思っていたが、そのハクセルが筆者に対して回想したように、シュトラウスは彼に対して、とはいえ自分はドイツ連邦共和国が独自の核兵器の製造を成し遂げることができると思うほど愚かではない、と保証したのであった。しかし、そのための可能性を彼は、国際的な交渉の切り札として手にしたかったのである。「その種のものを、政治家として理由もなく放棄することはない」。シュトラウスが手に入れようと努力した連邦国防軍の核武装からある種の論理をもって生じた結論は、ＮＡＴＯの核戦略に関する決定にドイツ連邦共和国もまた関与する必要があるというものであった。また、バミューダ会談[*2]（一九五七年三月）以来ずっとアメリカとの原子力に関する協力関係の途上にあった英国の、人を驚かせるような成果は、核に関する決定に関与する権利を手に入れるためには国家は独自の核武装能力を切り札にする必要があることを実証したかのようであった。

核化学者であり社会民主党の連邦議会議員でもあったカール・ベッヒェルトは、後年、ドイツ連邦共和国の反原発運動の創始者の一人となった人物である。その彼は、後に委員長を引き受けることとなった連邦議会原子力エネルギー委員会において一九六〇年に次のように述べた。「原子炉を巡るお祭り騒ぎの裏側には軍事的な利益が存在するようだ。人はプルトニウムを欲しがっている。だから原子炉が建設されることとなる」。議事録には、この発言についての反論は一つも記録されていない。とはいえ、ベッヒェルトは、具体的な情報を自由に手にすることができなかったようである。原子力委員会の初期の原子炉計画策定にあたってプルトニウムが優位を占めていたことは、多方面から証明されている。同時にまた、プルトニウム生産は、軍事的な思惑が実際に初期の原子力政策に関与していることの明白な指標でもある。ともあれ、長期的には原子力施設が稼働すれば、いずれにせよプルトニウムは副次的に産み出されたであろう。しかし、プルトニウムを可能な限り迅速に入手しようという努力はなされたのである。フィンケルンブルクにとってそのテーマは、彼が——別な観点から見ると問題を抱えていて、少なくとも特に長所があるわけではなかった——重水炉を決断したとき、道標となる一九五六年五月の「ドイツ原子炉プログラム」において最後には決定的なものとなった。すなわち、この方法によってプルトニウムは「速やかに」自由に手に入ることとなる、としたのである。

しかし、プルトニウムが爆発しやすさだけでなく、毒性によってもその新技術最大の危険源であることはその当時すでに承知の事実であったのに、何のためにそのように急がれたのか、また、できるだけ高いプルトニウム収量への関心は何のためであったのか。事実、マイアー＝ライプニッツは、すでに一九五七年に原子炉作業部会で「そもそも、なぜそのように多くのプルトニウムが必要とされるのか」と疑問を投げかけた。アフルレート・ベットゥヒャー[*3]（デグッサ社）は、それにまともに答えず、「ウラン235の使用は目的にふさわしいものではない。プルトニウムの使用が経済的に唯一正しいのだ」とはぐらかした。しかし真実はといえば、一九五七年にはプルトニウムの経済的観点に関してはほとんど知られていなかったのである。その翌年、計画中のプルトニウム研究所に関する原子力省内の協議の際にカルテリーリが、そのような研究所が必要かどうかを議論しようとすると、省内の最も早い時期の技術専門家の一人であったヨアヒム・プレッチュは、その研究所は原子炉核燃料としてのプルトニウムの利用可能性の研究のために必要である、と応じた。そして、これに関して彼は、「プルトニウムをすぐにでも使える燃料要素に加工することは、これまで外国でも成功したことはない」と有益な助言を加えたのである。それだけでなく、彼はまた、「原子炉でプルトニウムという燃料要素を利用することについては、そもそも満足いくような解決はまだなされておらず、この仕事はいつの日か破綻するに違いない。こうしたことは、十分考えられる」と認めた。「プルトニウムの特性の結果、課題はきわめて困難で長期を要するものであり、莫大なコストがかかるものであることについて理解しなければならない」、としたのである。事実そうであった。その当時、少なくとも内部では、人は時として策略に関して歯に衣を着せずに話していたのである。

そうしたことから明確になるのは、近いうちに原子炉で必要とされるであろうテスト用の原子炉核燃料として、プルトニウムは俎上にのりえなかったことである。そして、こうした状況は長いこと劇的な変化を見せなかった。それゆえ「原子炉核燃料としてのプルトニウム」という決まり文句は、同時にまた、軍事技術に関するオプションを望ましい形で留保するための合い言葉として機能していたと思われるのである。「原子力エネルギーの初期の時代に」――ここで意味しているのは、ドイツ連邦共和国内の初期の時代であるが――欧州復興計画の「中心を占めていたのは軍事的目的と政治的考慮であった」と、後年、折に触れてはっきりと口にされたものであった。

プルトニウムに照準をあわせた原子炉プログラムは、いうまでもなく、どちらかといえば意図の表明であり、その拘束力は一般に公認されたものではなかった。また、その実現も大方は最初の試みの段階で停滞したままであった。すべてがすべて原子力技術開発は、軍備政策上の枠組み条件によってある程度それらしい形をとっていた。原子力委員会やカールスルーエ原子力研究センターの初期の首脳部の中において、原子力技術の開発を軍事技術のオプションも含むような段階へと可及的速やかに持っていくべきであるという意見が支配的であったことは、ほとんど疑いの余地がない。ただ、それをもって、真剣に核武装を志向していたと言うことはできない。軍備のそうした可能性をNATOやユーラトムあるいは核拡散防止条約の交渉の際に切り札として行使できれば、それで十分だったのである。ドイツの原子力開発が軍事的な利益を目標として舵取りされたものであったとは認識できないし、また、その蓋然性もほとんどない。判明していることからすれば、アデナウアーやシュトラウスにあっては、その意志があったとしても、そのための実効性のある道具立てを欠いていた。しかも、原子力委員会による開発の舵取りは、公に明らかにされ公認された目標という意味ではろくに機能していなかったから、なおさらであった。

いずれにせよ一九五〇年代のフランスの展開は、原子爆弾製造への路線変更が「決議なし」になされうるものであることを証したかのように思われる。フランス原子力庁（CEA）の研究者の中では軍事技術的目標に反対する声があり、フランス政府もまた、一九五〇年代半ばに至るまでは、原子爆弾製造に向かってことを動かさず、せいぜい原爆製造の可能性を白紙として留保しなければならないとする声明を出す以上のことはしなかった。けれども、すでに一九五〇年代初めには、プルトニウム生産を優先することが決定されていた。そして、平和時の経済的な応用がなかなか実現されなかったことから、プルトニウム生産は原爆製造によってのみ意味を持つこととなったのである。

似たような進行は、ドイツ連邦共和国でも考えうるものであったし、そうなれば、「国産」を強調したプルトニウム戦略が早い時期に米国の軽水炉の攻勢によって蹂躙されることもなかったかもしれない。米国の原子力産業においても、およそ一九六三年から一九六四年にかけての原子力の分野における軽水炉の商業的台頭や核実験の停止は、プルトニウム生産への関心を低下させた。それはそうとして、ドイツ連邦共和国では、核武装は国家自立に必要であるというコンセンサスがフランスにおけるよりもはるかに小さかったことは、考慮されねばならない。こうした状況は、いかなる場合にも暗黙の核軍備に対抗して存在していたようである。

＊1——第二次世界大戦中からドイツではずっと、もともと軍事的な意図から発したウラン遠心分離の開発が行われていた。これは長いこと気づかれないようになされていたが、一九六〇年に発覚し、国際的なセンセーションを巻き起こした。というのも、それは原爆製造の鍵を握る技術であったからである。

＊2——一九五七年三月にバミューダ島で行われたアイゼンハワー大統領とマクミラン首相の会談で、原子力分野を含む米英両国関係の強化が確認された。

＊3——アルフレート・ベットゥヒャー（一九一三〜二〇〇二年）。原子物理学者。親衛隊大尉としてナチスの軍事科学研究に参画し（ダッハウ強制収容所での人体実験に関わったといわれる）、戦後オランダに勾留される。その後、デグッサ社を経てユーリヒ原子力研究施設に転じ、一九六〇年から一九六六年まで科学技術部長を務める。

第3章

つくり上げられた事実——計画にはなかった軽水炉の勝利

強化された国家介入——原子力エネルギーとエネルギー産業の方向転換

原子力発電所の国家助成モデルの生い立ち

採算のとれる原子力発電所は当面見込めないと人がおおまかに理解していた一九五〇年代の、遅くともその終わり頃から、開発のさらなる進行において国が基幹的役割を担うこととなった。スタート段階の援助として何らかの国の助成が必要であることは、たしかにそれ以前から想定されていた。それは、エネルギー産業に対する資本支援が戦後復興時代からよく知られていたから、なおさらであった。けれども、原子力発電所はすぐにでも採算がとれて、安全に運転できるという考えから最初は出発したので、資本調達はまぎれもなく通常の資金調達問題の一つと考えられていたのである。エルトヴィレ・プログラムの勧告は、「特定のサイドから」の資金調達が保証されていると見られる、という曖昧で、まぎらわしい暗示的な文言で始まっている。

すでに一九五七年には、原子力委員会によって、とにもかくにも一つの原則がまとめられ、それに人はのちのちも固執した。それは、原子力発電所の建設にあたってエネルギー産業に対しては、従来の石炭火力発電所建設の場合に必要とされるのと同様の規模の自己資本の投下しか期待できないというものであった。エネルギー産業を事業リスクから解き放つことについては、まだ話題になっていなかったように思われる。一九五七年には、その後もそうであったが、エルトヴィレ・プログラムで計画された発電容量の原子力発電所は従来型の火力発電所よりも約三倍高くつくというおおまかな計算がなされた。原子力委員会においては、その計算から、コストの三分の二は「特別な支援または助成措置で調達されねばならない」との結論が出された。連邦原子力省もまた、留保条件はつけたものの、その見解と同じ立場をとった。グンドレミンゲン、リンゲンそしてオープリヒハイムの実証用原子力発電所のための資金計画においても、その三等分モデルが見てとれる。すなわち、エネルギー産業の自己資金分担分として、概算額一億マルクが見積もられたのである。残りの三分の二の額を賄うために、すでに言及された非課税の積立金〈一〇〇頁〉と並んで、当時は欧州復興計画資金が提言された。いずれにせよ、それは「他にまったく道がない」場合のみのためであったが。

それに続く時代には、連邦経済省は、投資資金の調達は民間経済界の基本的な責務であり、連邦が負担できるのは事業の損失の一部だけである、という原則を押し通した。それはまさしく、その間、投資よりもリスクへの連邦の関与に大きな関心を抱くようになったエネルギー産業の希望に沿うものであった。このことは、原子力発電所の場合に新種のリスクについての理解がすでにあり、経常的な事業の損失だけでなく、故障事故の場合の損失についても考えていたことを示している。「損失リスク」は——と原子力産業誌は書いている——「あらゆる種類の実験用原子力発電所建設に対する抑止力となる大きな要因」となった。そして、エネルギー供給企業は、連邦による損失の一部引き受けだけではなく、全面的な引き受けでなければ決して満足しないだろうということをわからせようとしたのである。

その点では、連邦財務省までもが、連邦が引き受ける事業損失の上限を原子炉一基あたり一億マルクに設定することで、当時としては非常に太っ腹なそのルールに最終的に同調したのである。それは、その後さらに大型のグンドレミンゲン原発にとっても十二分と見られた額である。連邦の保証付きの一億マルクという金額が後年グンドレミンゲンで要した修理作業によって丸ごと必要とされるなどとは、その当時、予見することすら難しかった。計画された五基の原子力発電所のための連邦の損失保証の総額は、原子力の「損害事故」のための連邦の賠償義務の上限——その当時五億マルクに設定されていた——と一致していた。投資経費は基本的に建設主によって調達されるというルールは、「連邦及び州の保証引き受け、ドイツ復興金融公庫の介入、あるいは、欧州復興計画特別基金発行の長期債券の保証による」資金調達が容易にできるようになることで緩和された。

一九六〇年前後に原子力関係者の考えの中で、ある全般的な方向転換があったことが確認される。すなわち、国の助成を志向するメンタリティーの台頭である。助成頼みの原子力産業の反対者であることを公言していたヴィンナッカーその人さえも、一九六〇年に原子力大臣に対して、「産業界からの苦情処理に忙殺されている」と伝えたものであった。彼は、あらゆる方面から「原子力産業からは何一つ生まれないだろう」という不平不満が出ている、その責任は、なかんずく財務省の狭量ぶりにある、としたのである。もちろん財務省次官は同じ頃、連邦議会原子力委員会の席上で次のように言明した。「わずかな資金をもって産業界がいくつかの計画に参画し、それらの計画に国の資金を要求するとは、いやはや驚きである」。「実際、産業界は、まずは連邦に要求し、くれないなら何もしないぞ、とうそぶくことに慣れてしまった」、と述べたのである。驚くなかれ、人々は財政政策的にはどうやら連帯の時代にいたのである。

他方、原子力の産官学複合体は、国家債務を膨張に導いた力の前衛部隊であった。大規模原子力発電所の建設を急がなかった原子力省においてさえ、財務省が原子力を特別扱いする必要性を長年理解しようとしなかったことについての憤懣が広がっていた。原子力大臣のバルケは、できるだけシュトラウスを避けようとしていたが、その彼は一九六一年に当時国防大臣であったシュトラウスに対して、財務省は「連邦予算が赤字の瀬戸際にあるのは、原子力省のせいだという立場に明確に立っている」、また、「彼らの書簡の書きぶりたるや、行儀作法も心得ない乱暴なものであり、だから、あの省と折衝する気にならない」と、不満を述べたのである。

熾烈な駆け引き――最初の実用原子力発電所の資金調達

グンドレミンゲン・プロジェクト（当初はベルトルトスハイム・プロジェクトであった）のための資金調達交渉は、原子力省、財務省、経済省、そして、発注者のRWE社やバイエル社との間でほぼ二年にわたって行われた。その際、特徴的であったのは、主要なテーマが、投資総額の水準というよりも国のリスク関与の種類であったことである。すでに一九六〇年の終わりには、強大なRWE社が自身の「現在の買い手市場のポジションを原子力発電所のために利用し尽くそうと」考えていること、そしてまた、「国家的課題」である原子力エネルギーについての責任を自ら引き受けようなどと露ほども思っていないことが、省庁の代表者たちに明らかになった。その原子力発電所が二年後についに発注されたとき、原子力省の首席交渉官は、記憶に値する次のような総括を行った。「国家機関や国家を超えた機関が絶えず急き立てなければ、そしてまた、より重要なのは、それらの圧倒的な支えがなければ、この計画は、間違いなく成立しなかった、あるいは、いまだに成立していないだろう」。原子力産業とエネルギー産業が自力では一つにまとまるまでに至っておらず、しかも、原子力エネルギーが市場経済の法則に従って再び世の中から忘れ去られるかもしれなかった、原子力エネルギー開発のその決定的な段階において、すべては、国のイニシアチブにかかっていたのである。

国のリスク関与がどのような形をとるべきかについては、一九五九年一月の取り決めにもかかわらず、いまだに懸案のままであった。原子力省では、新しい技術について一般的なルールを得ようという取り組みが長いことあったが、しかし、目標には達していなかった。ＲＷＥ社の意向はといえば、当初は、莫大な保証の要求を提示することで問題全体を転嫁し、製造業界の事業案としたいというものであった。つまり、このエネルギーコンツェルンは、特別なリスクを負う気もなかったし、助成を受ける側でいることも望まなかったのである。しかし、その後、同社は直接的な助成を甘受することとなった。交渉の際に概算一億マルクに固定された出資額は、発注側の企業連合の自己出資であった。かつて原子力委員会においてコストの三分の二は国の助力によってカバーされて然るべきというおおまかなルールがつくられていたが、この結果から、国は三分の二以上の費用を持つに違いないことが判明したのであった。

原子力省の首席交渉官であったヴォルフガング・フィンケ*が歯ぎしりして総括したように、最終的な「調整案」は参加したエネルギー企業に次のような利点をもたらした。それは、同案が「明らかに彼ら自身の、おそらくこれ以上ないような悲壮な表現によれば、彼らが是認できる最大の額である」最小の自己負担で原子力技術に関する有益な経験を手に入れ、「これにともなって、同時にドイツのエネルギー産業における主導的地位」を不動にする、というものであった。彼は、そうした資金調達のやり方を「一方の、本質的に国によって代弁される経済全体の利益と、もう一方の、自己の目標に照準をあわせた両社の、まったく例を見ないような形式の結合」と呼んだ。彼は、グンドレミンゲン・プロジェクトへの助成という「実験」は、「二回、おそらくは三回は繰り返される」ことになろうとも、「将来のための先例」となってはならない、とたしなめた。それをもって彼は、繰り返される数を正確に予測していた。将来も適用されることとなる「グンドレミンゲン助成モデル」が、最初からすでに口にされていたのである。実際にそれは、ユーラトムによる補助がなくなる中で、アメリカの軽水炉の採用が問題となったリンゲン原発やオープリヒハイム原発にも適用された。

ドイツ独自の展開をなおも熱望し続けた原子力委員会の作業部会は、そうは考えていなかった。この部会は一九六四年春に、エネルギー供給企業に対して、「自分たちは、公的セクターに対して実証済み原子炉を外国から購入することだけは今後も勧めない。とりわけ、あなたがたが原子炉タイプのどれかを代弁しているのであれば」、と伝えた。とはいえ、グンドレミンゲンと違って、リンゲンやオープリヒハイムにおいては建設の指揮はドイツ企業のもとにあり、それどころかオープリヒハイムでは、米国産の部品がまったく使用されなかったと称されていたことから、作業部会の願望は、ある程度まで考慮されたのである。

一九六三年から一九六四年にかけて、グンドレミンゲン、リンゲンそしてオープリヒハイム以降に建設される原子力発電所には同規模の連邦資金を用いた助成を行わない、という合意がなされた。一九六三年秋にある会社の情報誌が、連邦研究省は高温ガス炉を備えた実証用原子力発電所に最初の三原発と同じ助成措置を「原則として」与えようとしている、と主張したとき、省内では強い調子で「それはしない」とされたことを書き添えておこう。殊勝な決意ではないか。しかし、現実には、高温ガス炉と高速増殖炉は、後に比較にならないほど多額の国家資金をもって助成されたのである。カルカー近郊に建設された増殖炉とハム・ウェントロープ近郊に設けられた高温ガス炉原子力発電所という、「第二世代」の原子炉の原型炉にあっては、事業リスクは九割まで連邦が引き受けたのであった。そこで国によって調達された資金の割合は、最初の実証用原子力発電所の場合よりもはるかに大きく、いやそれどころか、本来であれば発電所の所有者となるエネルギー企業の自己資金が単に「補助金」として通用しうるにすぎない程度にまでなったのである。

本来は事業リスクに対処するために予定された国と私企業の分担割合の調整は、最終的には投資コストにまで拡大した。増殖炉と高温ガス炉の場合にはすでにその建設に予期しえないリスクが含まれていたので、そうした国への包括的なリスク転嫁には理由がないわけではなかった。ＲＷＥ社は、増殖炉原型炉をカールスルーエ小型ナトリウム冷却原子炉施設〈ＫＮＫ〉の実験用原子炉のようなモデルに即して資金調達することを当初から迫られていた。後年判明したことだが、カルカー近郊に建設された増殖炉は、ほとんど実験用施設以外の何ものでもなかった。というのも、経済性を達成するに至るまでには、さらなるいくつもの増殖段階を差し挟むことが必要であったからである。

総じていえば、原子力技術の調達のために巨額に膨らんでいく国家による資金は、驚くことにほとんど撤廃されることがなかった。後に、完成した多目的研究用原子炉〈ＭＺＦＲ〉をテーマとしたジーメンス社の映画が、税金によって資金調達されたその原子炉をすべてジーメンス社の業績として称賛したとき、省内では怒りに満ちた文書がしばしば見られたものであった。けれども、それは別として、原子力エネルギーの興隆に関する当時のジャーナリズムの中では、それが公的な資金調達による展開であることが、まさに忘れ去られたのである。連邦会計検査院自体、原子力への助成の膨張に手が出せなかった。一九六〇年代半ばに至るまでの会計検査院は原子力技術について厳格であったこと、さらに、いくつかのケースでは原子力技術関連施設のプロジェクト化が規則どおりに進められたのかどうか、企業の納品は契約どおりの手続き、価格でなされているかどうかについて詳しく調査されていたことを、人は連邦政府出版物の中で追うことができる。それどころか、どちらかといえば世間並みと思われる原子力委員会の総額七三五マルクのある日の昼食代にまで、異議が唱えられたのである。しかし、原子力関係の歳出が億マルクの大台に達し、さらにこれを超えたとき、その展開は会計検査院が手を出せないものとなった。時折なされた批判に、そのなすべのなさが見てとれるのである。原子力技術への助成は、ほとんどコントロールがきかない自由に振る舞える世界となり、そして、その財政に関する姿勢は、軍備における資金の使い方を志向したものとなった。その経済的な不透明性もまた、原子力技術の母胎となった軍需産業を思い起こさせるものであった。関与した一人の政治家は、筆者との対談（一九七五年）の中で次のように回想している。ようやく連邦会計検査院に対して、原子力技術に関する物件の受注企業を軍需企業と同じように鷹揚に扱うことを、すなわち、詳細な検査を放棄しなければならないことを少しずつ教えることができるようになった、と。驚くなかれ、そのたぐいの「学習過程」が大切であったというのである。

「ニュー・テクノロジー」が公的資金のたがを外すための魔法の言葉となったまさにその時代に、原子炉をもはや「ニュー・テクノロジー」として開発するのではなく、実証済みの発電所施設として投入することを模索することで、エネルギー産業は一つの転換を成し遂げた。それにともなう状況は、表面的にはまずは逆説的なものであった。一九六七年は、過剰生産が原因となって起きた多くの鉱山の雪崩を打ったような閉鉱が迫りくるドイツのエネルギー危機への不安をはなはだ的外れであるかのように思わせた年であったが、よりによってその年に二つのドイツ初となる商業ベースの原子力発電所が発注されたのであった。その後一九六九年には、ビブリス原子力発電所を皮切りに一連の原発発注が始まり、一九八〇年代初めになるまで続いた。その大きな転換の背景は、関連各社に保管された文書資料をのぞいて見ないことには完全に解明されない。しかしながら、入手可能な原資料は、エネルギー産業にあった原子力技術に関するためらいを克服するために、政治的な刺激が推進力として意味を持っていたことを示している。

シュトルテンベルク時代の原子力政策

ゲアハルト・シュトルテンベルク*が連邦研究大臣に任命された一九六五年一〇月から、原子力政策は、将来トップに立つこととなる政治家であり、押しの強さと包括的なコンセプトをまとめる能力を持つ人物によって初めて長期にわたって

*――ヴォルフガング・フィンケ。一九五五年にゲッティンゲン大学で哲学博士号を取得後、連邦経済省を経て、一九五七年原子力省に転じ、以降一九八六年まで同省を後継した省（原子力エネルギー省、研究省、教育学術省、研究技術省）で部課長職を歴任。また、一九八六年からキール大学客員教授。

率いられることとなった。前任の大臣たちと違って、彼は北ドイツを代表する者であったが、そこでは彼の力添えで――カールスルーエやグンドレミンゲン、オープリヒハイムに負けず劣らず――原子力の商業的台頭が成果を上げていた。彼は、担当した研究や技術開発が産業の将来を保障する意味を持つことを然るべく強調するために、一九六六年から一九六七年にかけての不景気を利用するすべを十分心得ていた。早くも在職中の最初の数ヶ月の間に、財務省との厳しい折衝において三つの新たな実験用原子炉とカールスルーエ使用済み核燃料再処理施設――後年それらすべては、多かれ少なかれ無意味なものであることがわかったのだが――に連邦財政を出動させることを押し通したとき、シュトルテンベルクは原子力産業界の目にとまり、一躍有名になった。ヴィンナッカーは、普通であれば口にしないような最大級の賛辞を繰り返しながら、新任の大臣は「きわめて困難な課題」を「目標を一途に追求し、しかも、一貫した交渉を主導することで」、「関係各界の者すべてが非常に満足できるような解決策をもたらした」と高く評価したのである。

その当時、連邦政府の原子力計画策定において新しい動きが表面化した。経済の全体的な雰囲気は、目に見えて変化した。産業では当座資産の過剰と設備過剰が目立つようになりはじめたのである。原子力発電所の従前の比較的高かった資本コストは、人を驚かせるようなしろものではなくなった。

同時にまた、アメリカとの「テクノロジーギャップ」という イメージを社会一般に広めて混乱を煽ろうという動きは、一九六〇年代半ばに米国で目立つようになった原子力発電所の商業的台頭が、ドイツ連邦共和国においてもすぐにシグナルとして認識されることを考えて生じたものであった。景気後退は経済政策におけるケインズ主義の復活につながり、膨張した国家予算から原子力技術が分け前を得るための御膳立てができていた。新たに深刻化した石炭危機は、そうした政策全体の様相の中で結果的に産業構造政策を正常なものであると理解させることに役立った。そうしたことすべては、石炭の在庫量が増大する時代に原子力エネルギーの商業的な台頭が起きたというパラドックスを説明している。

ドイツ連邦共和国初の実証用原子力発電所、すなわちグンドレミンゲン原発は一九六六年に稼働した。リンゲン原発とオープリヒハイム原発が一九六八年に続いた。仮にさらなる原子力発電所の発注前に、その当時、十分な時間をかけて原発運転の経験が収集されていたとしたら――ましてや、化石燃料源の過剰を目前にして原発増設を急ぐ理由は何もなかったからなおさらであるが――それらの施設にはそれ相応の意味があったことであろう。しかし、人はそんなに長くは待てなかったのである。ドイツ原子力産業は一九六六年には目に見えるほど神経質になっていた。原子力産業誌は次のように書いている。「爆発的な注文」は米国では、「ドイツ側から見ればほとんど不安を覚えるほどの規模に達した」。また、ドイツ連邦共和国は、輸出国として早急に追随することを強いられた、と。まさに景気後退期にあったドイツの産業界にとっての輸出の持つ非常に大きな意味は、輸出のための論拠の説得力を強めた。とはいえ輸出案件の発注を得るためには、参考となる施設が自国に必要であった。だからなおさらのこと、商業ベースの発注が実際に行われないことは、原子力産業内の「不快感の高まり」の原因となったのである。この場合、人は、採算のとれる原子力発電所のために必要な五〇〇メガワットから六〇〇メガワットの発電容量が、それまで「ドイツ連邦共和国における通常型の火力発電所の場合に具体化された規模を約一〇〇パーセント」上回ることを認めた。エネルギー産業の尻込みぶりは、皮肉にも理解できるものであった。

*——ゲアハルト・シュトルテンベルク（一九二八〜二〇〇一年）。キリスト教民主同盟の有力な政治家。連邦議会のCDU・CSU会派副代表として活躍するとともに、連邦政府において連邦学術研究大臣、財務大臣、国防大臣を歴任。シュレースヴィヒ・ホルシュタイン州の州首相も務めた。

原子力エネルギーに参入するための条件——RWE社

一九六六年から一九六七年にかけてRWE社の役員会では、なおも原子力懐疑主義者が主導権を握っており、マンデルは原子力の先駆者として困難な立場にあった。彼の友人たちは、彼の早すぎた死の原因となったがんの病を、会社内で長く続いたごたごたに帰したものであった。一九六五年末にたしかに彼は、RWE社は「ことによると」他社とともに、その中にはスイスの企業もあったが、オーバーラインにおける六〇〇メガワット級の原子力発電所の建設を「予定している」と報せることができた。しかし、この、リスクを広範にまき散らすような漠然としたプロジェクトが目標となることはなかった。RWE社顧問のレーブルは、将来の原子力発電のコスト計算に対して従来どおり不信感を抱いており、そのすぐ後に原子力産業誌において、当時ユーラトムを期待する根拠となった楽観的なコスト予測を容赦なく批評した。レーブルは、仮に原子力エネルギーによって発電コストの節約ができたとしても、それは起点となるデータが変われば容易に無となりうるほど非常に小さなものである、と欠陥を並べ立てた。加えて、原子力のキャパシティーが大きくなるにつれてそれ自体がもたらす、「有意な量にまで増大する放射能を持つ核分裂生産物の蓄積を危険がないように除去し、収納することに始まり、困難の一途をたどる立地問題に至るまでの」「まったく特殊な困難」について指摘した。一九七〇年代に完全に露呈した原子力発電所のジレンマは、実は、その頃すでに予見されていたのである。「将来の原子炉タイプの開発のために時間と静寂に身をまかせるべきだ」というレーブルの提言は、その状況に完全にふさわしいものであった。瀝青炭の支持者で、かつ、ＲＷＥ社役員会においてマンデルの敵対者でもあったマイゼンブルクは、原子力エネルギーは「とりあえず過大に評価されるべきではない」、「近い将来も、瀝青炭は引き続きＲＷＥ社の主要エネルギー源である」と常に主張した。

　同じ頃であるが、発電所建設業界は、「もし六〇〇メガワット級のいくつかの原子力発電所の発注がドイツのエネルギー供給企業からすぐになされないのであれば」、彼らの原子炉建設グループを解体することとなる、そうなれば、増殖炉全体の開発を埋葬できると言っても差し支えないだろう、と迫った。いずれにしろ、それはまた、エネルギー産業の長期的な展望と交錯したかもしれない方向転換であった。エネルギー産業と原子力産業が、原子力エネルギーの必要性の観点から全般的かつ長期的には意見の一致を見ていたとしても、ともに互いに共通の土台を見出せない状況において、改めて連邦研究省は――すでに最初の実証用原子力発電所に関する交渉の際にそうであったように――鍵を握る役割を得たのである。

　一九六六年末、研究省とＲＷＥ社との間で、内容的な細かさにおいても、率直さや鋭さにおいても、それまで通常なかったような形の意見交換が行われた。その際、同省の新たな役割に関する合意がなされたが、それは、同じ頃に軌道に乗ったシラー経済政策時代[*1]のコンセプトである「集中的な行動」という精神のもとで、国の介入と公的資金の大盤振る舞いをもって広範な現場第一線での利益の洗い出しと、幅広い視野に立った経済政策をやり遂げようというものであった。シュトルテンベルクは、エネルギーコンツェルンに対して、原子力発電所の建設が近い将来実行可能になると思えるような「条件の一覧表」をとりまとめてほしいとの希望を表明した。

　ＲＷＥ社は、その七週間後に詳細な覚え書きをもってそれに応じた。その覚え書きに掲げられた要求は、経済政策全体に関するものであり、同時に、エネルギー産業としては原子力発電所の建設の必要性がほとんどないことをわからせるものであった。覚え書きの基調は、ＲＷＥ社は近い将来原子力発電所を自分から必要とすることはない、それゆえしぶしぶこれを承諾せざるをえない、だからこの要求を出すことができる、というものであった。原子力エネルギーの導入のための「必須の前提条件として」という書き出しで、研究大臣宛てのＲＷＥ社の重要な書簡は始まる。その「必須条件」は「近年見てとることができた規模と同じか、あるいは、それ以上の規模で電力消費が増大する」ように思われる。またこれは、とりもなおさず「生活水準や工業生産が同じようにさらに増大すること」を前提としている、というのである。一九七〇年代には原子力エネルギーは経済成長のための条件として宣伝されたものであるが、これに対して、その当時は原子力エネルギーのための条件として成長志向の経済政策が求められたのである。経済界の指導的なグループの中では、経済の後退の責任はエアハルト流の緊縮金融政策にあるとされた状況の中でのことであった。

ところで、注目に値するのは、RWE社の目からすれば、原子力の導入のためには不景気になる前の経済成長に戻ることだけで十分なのか、むしろより強力な成長が必要とされないのかという問題について確信すらなかったことである。このエネルギー産業界の巨人は、電力消費が今後も同じような規模で続く場合には採算のとれる原子力発電所がまったく考えられないことを、次のように詳しく説明した。すなわち、最近ようやく大規模な瀝青炭田が開発された。そこで生み出された採掘容量はRWE社にとって原子力エネルギーよりも「明確に優先される」ものである。また、第二次世界大戦後の復興のおかげで、エネルギー産業は、「比較的新しい施設を十分に」駆使することができる。だから、その操業の早期停止を原子力発電のコスト有利性によって相殺することなど「不可能」だ、としたのである。ちなみに「電気の消費が減退傾向にある中で、大きな発電容量が現在使われないままとなっている」という状況であった。「現在議論されている原発エネルギーコストをもって競争に参入する」という条件であれば、「集中的に電力を使用する新たな生産分野のために」人は苦もなく「数百メガワット」を自由に手に入れることができる。とはいうものの、RWE社は、原子力エネルギーの進歩に「高い関心を抱いている」、それには「確実な保障と諸条件が満たされる」必要があると、先を急ぐかのように断言した。さらに、ガス料金の大幅な引き下げという人を惑わすような願望を最終消費者に持たせ、「天然ガス待望心理」に導くような「天然ガスプロパガンダ」にまずもってけりをつけねばならない。「天然ガス待望心理」に「時機を失しないように歯止めがかけられなければ」、「少なくとも調理や熱いお湯の給湯、暖房など、電気の応用分野の拡大傾向に水を差す結果になりうる」というのである。その要求から、当時RWE社の役員会が直面していた戦略問題を十分見てとることができる。ガス産業と電力産業は、すでに数十年来、第一線で争っていた。というのも、地方公共団体のエネルギー自給の取り組みとコンツェルン企業との争いが同時に問題になっていたからである。一九五〇年代そして一九六〇年代に急速に進出した天然ガスは、ガス中毒の危険がないので、イメージが傷つくことはなかった。それは、すでに弱体化していた地方公共団体の立場を強くした。一九六〇年代半ばには、公営エネルギー事業体は天然ガスへの転換に「熱狂的に」取り組んでいたのである。

天然ガスは、一九六〇年代末には原子力エネルギーに代わる選択肢と見なされ、実際にその後ドイツ連邦共和国のエネルギー供給において、原子力エネルギーに見込まれていたような一定の地位を占めた。そうした状況の中で、大電力生産事業者にとって原子力への参入は、とりわけ反天然ガス戦略として得策であった。にもかかわらず、原子力エネルギーの方向に進路を変更することは、ＲＷＥ社には容易ではなかった。シュトルテンベルク宛ての書簡では、要求の一覧表が最後通告的な口調でさらに続いた。「許認可手続きにおける現在の曖昧さ」はこれを最後として断固除かれねばならない、というのがその一つの点であった。「グンドレミンゲンの進展が危ぶまれていることに見られるように、認可された発電所の運転開始が異議申し立て手続きなど行政法上の諸手続きによって問題を提起されかねないのは、理屈抜きで耐えられない」というのである。書簡の原文では、通例の部分許認可手続きについては、上部からの圧力によって政治的結論が内部で迅速に確定されるようにしてほしいとの要請がなされている。この手続きは、安全性の報告が原子炉建設後の段階で提示されるのを常としているのにもかかわらずなされるものであった。それをもって、来るべき原発を巡る紛争の情景はあらかじめ描かれていたのである。すなわち、八百長ゲームで双方が向きあっているという印象を批判者たちに与える公聴会である。

安全報告が長年引き延ばされたことについての原子炉安全委員会の苦言を熟知していた担当省の課長は、引き延ばしの責任の相当な部分は建設事業者と原発事業者側にあることを承知していた。にもかかわらず、彼は、手続きの「改善」と「簡素化」は国の立場からも支持されうる、と認めた。それが実際にどのように進行したかについて、地方の一般の人々は、その後まもなくヴュルガッセン原子力発電所の建設が始まった際に経験することとなった。すなわち、ヴュルガッセンでは、異議申し立て人たちは、認可手続きが純然たる茶番劇にすぎないことを体験したのであり、また、まだ個別的ではあったものの、そうした手続きは、一九七〇年代に雪崩のように急激に膨らんだ信頼性の危機を初めて顕在化させ、怒りを生み出したのである。

もっとも、省内では、その当時ただＲＷＥ社の要求に弱腰で応じただけではなかった。むしろ内部では、原子力発電所の「真の競争」を通じて「早い時期に原子力エネルギーに移行する」ようＲＷＥ社に文字どおり強いるべきであるという提案もなされたのである。巨大エネルギー企業に対する次のような激しい批判の声も上がった。ＲＷＥ社の書簡は「私企業であるＲＷＥ社の利益が、国によって代弁される国民経済上の全体の利益といかに異なっているのかを明確に」表している。ＲＷＥ社の瀝青炭投資が「必要な原子力エネルギーの迅速なる導入」をいかに遅らせているかについて、「驚くような明確さをもって」示している。瀝青炭の独占は、「政府の政策、この場合は我が省の政策だが、これによって原子力エネルギーがドイツの市場で競争者として導入されることがなければ」、RWE社が「早晩」エネルギー価格の主導権を握るのを許すことになる、と。RWE社が原子力ロビーの最強の砦として登場する原子力紛争の勃発よりほんの数年前には、同社は、まだ原子力の最強の敵対者だったのである。

大臣は、まずは競争を促進することで、RWE社を挑発した。シュターデ原発とヴュルガッセン原発の発注がなされる直前の一九六七年七月、原子力フォーラムは、原子力にとって最終的な打開の助けとなる推薦リストを提示した。それは、とりわけ特別融資などの資金調達支援策と強力な減価償却の繰上償還措置を取り上げたものであった。シュトルテンベルクは、自分は商業用原子力発電所は「国の援助なしに」建設されるべきものと基本的に主張してはいるが、その提案を「入念に検討してみよう」、と即座に保証した。シュターデ原発とヴュルガッセン原発についての事前協議において、彼は、すでに以前から介入し、成果を上げていた。その二つの原発の発注契約は、一九六七年七月のほとんど同じ日に、つまり、検討に集中的に取り組んでいることが誰の目にも明らかになるようにして、許可されたのである。すなわち、プロイセン・エレクトラ社[*2]のヴュルガッセン原発の発注と、HEW社[*3]と組んだNWK社[*4]の子会社のシュターデ原発の発注である。一方はAEG社に、もう片方はジーメンス社に発注された。原発建設にあってはその当時、二つのコンツェルン同士の競争を最終的に利用することができたのであった。

その全体の経過は、RWE社にとって明白な挑発を含んでいた。それまで同社は、安い瀝青炭価格のおかげで常に有利な立場にあり、競争者たちの羨望の的となっていた。ところがここに、かつて拡大するRWE社の対抗馬としてプロイセン国によって設立されたプロイセン・エレクトラ社が、同じように安いと称される原子力エネルギーという切り札を出したのである。実際、ヴュルガッセン原発とシュターデ原発の発注者の戦略は、RWE社による安い瀝青炭電力に多少なりとも対抗するという野心に支配されていた。今やRWE社は、長距離輸送の場合にコスト面で割にあわなくなる瀝青炭から離れて、長期的には原子力エネルギーをもってその立場を維持しなければならないという印象を得るに至ったのである。

原子力エネルギーの先駆者であったマンデルは、七年間、役員補の地位にあったが、その後、一九六七年についにRWE社役員会の正規の役員へと昇進した。それは、野心が満たされないまま次第に苦悶が高じていった後のことであった。彼は、すでに長いこと、原子力エネルギーといえばマンデルである、と言われるほどの人物であった。こうした評判は、瀝青炭を切り札とするエネルギー企業の経営者にとって、リスクなしではいられないようなものであった。実際そうしたリスクを彼は常に感じていたのである。一九六〇年代末に至るまでは、彼をRWE社の考え方そのものを代表する人物と見なすことは決してできない。むしろ彼には、同社の経営トップに決定的な敵がいたのである。仕事上も個人的にも、彼とヘルムート・マイゼンブルク、すなわちＲＷＥ社役員の中の二人の技術者間の敵対関係は、とりわけ目立つものであった。

ルール炭鉱と生涯、一蓮托生の関係にあったマイゼンブルクは、長いこと原子力エネルギーに対して懐疑的であった。そして、一九六六年にはこれを、化石燃料が潤沢でなくなった場合の、単に遠い将来のための逃げ道と見なしていた。さらに一九六七年二月になってもなお彼は、ＲＷＥ社の経営評議会に対して、原子力発電による電気は「我が国では他の国々に比べてまだ関心を引くようなものではない」と説明した。「普通の消費者にとって」原子力発電所は「実際には何も意味がないしろもの」であり、「混乱を生むこと」に適しているにすぎない。具体的には、電気料金契約締結者に、将来安い電気料金を請求できるかもしれないというはかない望みを抱かせるものだ、としたのである。彼の考え方を全体として見れば、彼は、「技術における流行は最大の危険である」と言明する伝統主義者であった。そして、一九六六年になってもなお三〇〇メガワット級原発を、まずは「ＲＷＥ社の標準規模」として固執しようとしたのであった。

ズデーテン地方[*5]からの戦争難民としてやってきたマンデルは、マイゼンブルクとまったく異なる気質の人物であった。彼は、一からやり直した人物であり、はやばやと米国を志向した。彼は、ＲＷＥ社のそれまでの状況にとらわれずにものを考え、進んで世間一般と接触し、また、エネルギー産業全体のための戦略を練った。それと同時に事実と数字を重んずる人間であり、冷徹な専門家として登場することを最も好み、しかも、浜辺で休暇を過ごす際にも数字を頭にたたきこんで覚えようとするような人物だったので、彼は、原子力産業界が思惑的な段階から抜け出そうとしているときに、その世界の中で連帯と信頼を周りに広めるために生まれてきたかのようであった。

マイゼンブルクは、マンデルに対してきわめて厳しい非難の矛先を向けた。すなわち、マンデルが原子力発電による電気は特に安いものとなると主張することでＲＷＥ社の「商売は駄目になる」としたのである。彼は、一九六七年から一九六八年にかけてＲＷＥ社の大口電力購買者、ことにルール地帯に居を構えようと計画していたアメリカの化学会社やアルミニウム会社がＲＷＥ社との契約において原子力発電による電気の条項を要求したことの責任がマンデルにあるとした。ＲＷＥ社は、一九六六年にフリマースドルフ第二瀝青炭火力発電所（二三〇〇メガワット）という世界最大の火力発電所を完成させたばかりであった。瀝青炭は、原子力エネルギーの巨大な競合相手であった。というのも、どちらも火力発電所の大きな資本コストが原因となって、定常的なベースロード電力用[*6]としてしか論議されなかったからである。

一九六九年初めのことであるが、RWE社は大株主としてゲルゼンベルク社に資本参加した。それは、特にマイゼンブルクによって行われた投機的ともいえる統合であり、電力の巨人の石油への参入のシンボルとなるもののように思われた。それまでRWE社は、石油火力発電所をただの一つもつくったことがなかった。しかし、まさにゲルゼンベルク社に関わることによって、RWE社の役員会は、近東からの原油輸入のリスクが高まりつつあることを洞察することとなったのである。一九七三年にゲルゼンベルクというお荷物を連邦に押しつけ厄介払いできたのは、喜ばしいことであった。まさに本業から石油へのその逸脱行為は、RWE社役員会において原子力エネルギーの代替となる選択肢はないという確信が固まることに本質的に寄与したように見える。とはいえ、世間一般では原子力の信奉者がまだ安値であった石油輸入の不確かさを手がかりに議論した様子はなかった。というのも、その種の論拠は、その当時きわめて容易に石炭への補助のために使われたからである。

一九六九年、RWE社は、ビブリス原子力発電所の発注によって劇的な進路変更を行い、原子力産業のトップの座についた。それまでRWE社の慎重さは——同社はドイツ最大のエネルギー企業であっただけでなく、カールやグンドレミンゲン原発を建設していたが——原子力エネルギー導入にあたっての「心理的問題」を生んでいたので、その転換は大きなシグナルとなった。今や、原子力エネルギーを巡る呪縛は破られたのである。その上、RWE社においては、すでに一九六七年初めに、原子力エネルギーに参入する場合には、単なる六〇〇メガワット級の原子炉を相手にしてはならないことが決まっていたのである。検討はすでに、九〇〇メガワット級どころか一二〇〇メガワット級の方向へと進んでいた。そして、あるRWE社の声明は、一二〇〇メガワット級にさえとどまってはならないと結論づけたのである。「想像力の欠如だけが」——ファンタジー、想像力とは、原子力産業の中では何かを得ようと努力することすらほとんどしない能力を意味したが——「最終段階」を見るように技術者を誘惑する、というのである。

とはいうものの、人は同時に、回転軸一本のタービン一式を装備した一二〇〇メガワット級の原発は「現時点では技術的に実現の確実性がない」ことを認めていた。けれども、その二年後にRWE社は、投機的なやり方であるが一二〇〇メガワットの発電所設備を発注することで商業用原子力エネルギーへの参入を果たした。それは、広く世間を驚かせた冒険的ともいえる飛躍であった。なんとビブリスの地に生まれたのは、当時世界最大の原子力発電所であった。それはその後、ドイツ原子力産業の最も名高い作品となった——ただし、それがドイツ原子力産業に対する最大の攻撃の対象となるまでは。

一〇〇〇メガワット超級への飛躍へと原子力産業をたきつけたのは、研究省であった。ビブリス原発発注の少し前に同省の広報官は、続行中の米国のプロジェクトを仄めかしながら、ドイツ連邦共和国では人は六〇〇メガワット級に甘んじていると、苦言を口にした。エネルギー産業のある代表者は、もちろんこれに鋭く応酬して次のように言った。人はそのたぐいの問いに「歓喜の叫び声ではなく、ある種の繊細な感覚をもって近づかなければならない」。「後に必ずや一〇〇〇メガワット超級に移行するのであれば」、「十分な協議」がなされねばならない、と。工学技術的には六〇〇メガワットから一〇〇〇メガワット超級への移行は、単に量的な規模が大きくなるだけではなく、質的な飛躍であった。それどころか、ヴィンナッカーは一九六七年に、六〇〇メガワット級への急速な移行に警鐘を鳴らし、そして、そのような発電容量の増強よりも、原子炉のさらなる技術的改善が必要であることを明言していた。たしかに化学産業界の慎重さもまた、その巨大なビブリス・プロジェクトがRWE社とBASF社[*7]の「一つか二つの六〇〇メガワット原子力発電所」の設置に向けた共同計画に圧力をかけようとすることから生じたものであることが判明している。それらすべては、RWE社が発電容量の増強を手がかりにして、このとき原子力分野で主導権を独占しようとしていたことと、目標を設定して発電容量を拡大させたそのテンポに光を当てるものである。原子力エネルギーの商業上の台頭は、少なくとも市場についての理解と同様に、権力について理解する中で記述されねばならない。

＊1――一九六六年から一九七二年にかけて連邦経済大臣（一九七一年から連邦財務大臣兼務）であったSPDのカール・アウグスト・フリッツ・シラー（一九一一〜九四年）が提唱した物価水準の安定、高水準の就業率、貿易の均衡、適度な水準の経済成長の持続を目標とした経済政策。

＊2――一九二三年から二〇〇〇年まで存続したドイツ第二位（二〇〇〇年時点）の電力会社（本社はハノーファー）で、シュレースヴィヒ・ホルシュタイン州及びニーダーザクセン州、ヘッセン州及びノルトライン・ヴェストファーレン州の一部に電力供給。二〇〇〇年にバイエルンヴェルク社（一九二一年設立のバイエルン州最大の電力会社）と合併してE・ONエネルギー株式会社となる。

＊3――ハンブルク電力会社の略称。一八九四年に設立され、ハンブルク市内に電力と熱を供給した。二〇〇二年にスウェーデンのファッテンファール・コンツェルンのファッテンファール欧州会社の傘下に入り、二〇〇六年に旧名はなくなる。

＊4――ハンブルクに本社を置いた北西ドイツ発電所株式会社の略称。ニーダーザクセン州西部、ハンブルク市、シュレースヴィヒ・ホルシュタイン州の一部の電力を供給。一九〇〇年に設立され、一九八五年まで存続。

＊5――ズデーテン地方は、現在のポーランド南西部のシレジア地方とチェコのボヘミア地方にまたがる一帯で、かつて多くのドイツ人が住んでいた。これを口実にナチスドイツがポーランドに侵攻し、第二次世界大戦が始まった。

＊6――Grundlastbedarf。電力需要の「底」の部分で、常に使われている電力。ベースロード発電所は、電力供給網における一日の需要の最低

水準であるベースロード（基礎負荷）の要件を継続的に満たす信頼性の高い発電が可能な発電所。

＊7――ドイツ有数の世界的化学会社。第二次世界大戦前は、バイエル、ヘキストなどとともにＩＧファルベン・コンツェルンを構成した。ＢＡＳＦは、バーデン・アニリン・ソーダ・ファブリク（Baden Anilin Soda Fabrik）の頭文字をとったものである。

片隅から中心的な政策へと昇格した原子力政策

原子力政策は一九六〇年代半ばまで、むしろ個別産業分野政策として片隅の存在であったが、一九六七年になると次第に経済全体の事案として理解されるようになった。一九六七年一月に連邦議会は、所管委員会の提言を踏まえ、連邦政府に対して、エネルギー需要を賄うため原子力エネルギーの割合を増やすことに力を入れるよう要請した。原子力フォーラムとドイツ産業同盟の原子力委員会は、一九六七年秋に、それまで発電用燃料法によって既成事実化していた石炭への助成が原子力エネルギーに不利に働くことがあってはならない、という見解で一致した。原子力エネルギーの政策上の順位が引き上げられたことは、同じ頃、核拡散防止条約に関する世の中での激しい論議や、同年末に構想がまとまり、翌一九六八年に公表された第三次原子力行動計画がそれ以前のプログラムと違って連邦政府の公式の行動計画になったことにも示されている。

しかしまた、国の営為がより強まることで国が原子力エネルギー開発の実質的な指揮者になったかといえば、そうではなかった。国の官僚主義は、その種の複雑に複合したプロセスの指揮を効果的に手中におさめることができる能力を構造的に持ちあわせていなかった。そして、結果的に国の官僚主義は、産業界や巨大研究関係者への力の集中をむしろ促進することに寄与したのである。シュターデ原発とヴュルガッセン原発に関する事前協議においてエネルギー企業がＡＥＧ社とジーメンス社に対して価格を交渉決裂寸前まで値切ろうとしたとき、連邦研究省は、原子力産業における競争を促進するかわりに、苛立って大口の発注を迫る競合会社のＡＥＧ社とジーメンス社にブレーキをかけようとした。その直後に反動としてジーメンス社やＡＥＧ社によってクラフトヴェルク・ウニオン社（ＫＷＵ）が設立された。こうした力の一極集中が国の原子力に関する計画策定の妨げになる可能性があることが予見されていたにもかかわらず、同社は、ボン政府が設立に同意するであろうことを初めから計算に入れることができたのである。一九六七年末に行われた研究省代表者とジーメンス社との協議は、製品供給産業の不利が実際に明確になった場合や、ドイツ原子力委員会の事務局長によって異議を唱えられたときに、産業界が「ヨーロッパ経済の将来の利益のために必要とされる大企業になるよう」に努力するのをボン政府が支援することを認めさせるものであった。

エアハルト経済政策的な市場経済の反独占主義の信条は、驚くなかれ、そこまで忘却されていたのであった。それどころか、当時のボン政府の政策は、政治が機能する余地を開いたかもしれない原子力エネルギーと石炭との競争を排除しようとした。まさに石炭危機が深刻化した時代に、エネルギーの担い手である両者の差し迫った衝突は、国の巨額の債務保証をもってなされたルール石炭会社の設立によって回避された。国家の経済面での活動の拡張は、最後には納税者の負担の上で機能して、経済における利益共同体を助長したのである。

独り歩きする未来の原子炉──巨大研究独自のダイナミズム

増殖炉プロジェクトに巻きこまれたカールスルーエ──研究炉施設から巨大研究センターへ

カールスルーエ原子力研究センターとユーリヒ原子力研究施設は、設立後長年にわたって急速に成長し、二〇〇〇から三〇〇〇人の共同研究者を擁する巨大研究複合体へと発展を遂げていく（なお、カールスルーエは、当初は単なる「研究炉」であったが、その後、関連する他の部門も加わる）。もっともこれは、当初から目論まれたものではなかった。また、その成長に論理的必然性があったかどうかについても、同様にはっきりしない。そもそもドイツ連邦共和国では、軍事施設的な起源を持つことがよく知られていた米国のオークリッジあるいはロスアラモスのような原子力都市を手本にしようという考えはなかった。一九五六年にシュトラウスは次のような、今日でも銘記すべき教訓をアメリカから持ち帰った。それは、「科学を独占するような中心地をつくり出す以上に危険なことは何もない。そこで誤った発展が一旦幅をきかせたら、それは、修正や反対なしに長年そのまま続く」というものであった。驚くべき先見の明ではないか。

一九六二年には、まだカルテリーリ次官は連邦議会原子力問題委員会に対して、人は原子力研究を「基本的に昔ながらの古典的な教育機関で行う」ことを考えている、と断言した。その例として、彼はいくつかの工科大学とマックス・プランク協会を挙げた。そして、能力が十分にないところにだけ特別に原子力研究施設を設立しようとしている、としたのである。一九六七年に出された巨大研究所に関する彼の評価報告書には、多くの懐疑がちりばめられていた。彼は、そうした施設の建設のための「第一の、そして、最も重要な理由」は原子爆弾や月世界への宇宙飛行といったたぐいの巨大プロジェクトである、と述べた。この二つの投機的な企ては似たような研究所の「設立ブーム」を引き起こしたが、しかし、それらには「具体的な目標設定から導き出された機能」はない。

そうした機能は、それにふさわしい研究所を生み出すはずであったが、しかし、当初は「むしろ逆に」「単に抽象的な潜在能力と威信だけを約束するような研究所」が存在し、それらは「その成立過程で、そしてまた第一義的に、志向すべき機能の模範を既存の施設に求めた」としたのである。この嫌みな言葉は聞き過ごすことができない。中枢的原子力研究機関の拡大は、所管省の原子力予算の割合の増大を要求するものであったにもかかわらず、その実際の規模を見ると、省内で計画されたようには進展していなかった。その拡大は、それどころか、原子力研究関係者や原子力産業界の指導者たちの中で形成された意見にもまさに逆行したものであった。軽水炉がドイツの研究中枢機関の関与なしに普及しはじめたちょうどその頃、カールスルーエとユーリヒにおける成長のきわめて強力な推力が生まれた。それは、様々なことが重なりあってできあがったことであり、後に省の担当官たちの目からすると不条理という印象を与えるものであった。

カールスルーエ原子力研究センターは、もとはといえば、主としてその地に設置された研究炉ＦＲ２を用いた研究用の施設であった。カールスルーエはその計画が終結し原子炉が完成した後もさらに成長したが、その主たる推力となったのは、まずは「多目的研究用原子炉」（ＭＺＦＲ）――それは必要に迫られてカールスルーエの地に建設された、というのも、ドイツの原子力行動計画にとって重要な意味を持つその原子炉を引き受けるエネルギー企業が見つからなかったからである――であり、その後は高速増殖炉開発がより強力な推力となった。引用したカルテリーリのコメントは、カールスルーエの成長が増殖炉プロジェクトから必然的に生じたものなのかどうか、あるいは、逆にカールスルーエは、すでに軌道に乗った成長プロセスを永続的なものにするために、増殖炉プロジェクトを我がものにしようと引き寄せ、野心的な次元のものへと発展させるものだったのか、という疑問に根拠を与えるものである。

増殖炉という目標は、ドイツ連邦共和国の原子力に関する計画策定が始まったときにすでに存在した。増殖炉を志向したのは、ハイゼンベルクやヴィルツのグループだけではなかった。マイアー＝ライプニッツもまた一九五六年に「どの計画」も「増殖炉へと向かわねばならない」と強調したのである。一九五七年のエルトヴィレ・プログラムは、ドイツの開発プログラムは「最終的にトリウムまたはウランを用いる増殖炉を目的としなければならない」という「全員一致の確信」を表明した。トリウムまたはウランを用いる増殖炉は、そのプログラムではまだ選択肢の一つとして理解された。後に二つの増殖炉は、カールスルーエとユーリヒにおいて並行して開発された。けれども、ドイツ原子力委員会の計画ではプルトニウムが基準となったことから、カールスルーエが鞍替えしたプルトニウム増殖炉の優位が生じたのであった。

それにもかかわらず、カールスルーエにおける増殖炉開発は、一九五七年以降も長年にわたって学術的な事前検討段階にとどまっていた。アメリカには増殖炉がすでにほぼ成熟したテクノロジーとして存在するかのように、そしてまた、増殖炉建設に向けてただちに舵を切ることが可能であるかのように、それより少し前には思われていた。しかし一九五五年一一月に起きたアメリカの実験増殖炉ＥＢＲ－Ｉの深刻な故障事故に関する詳細が判明すると、そうした構図は変化した。その情報は、同じ構造の増殖炉には固有の安全性がまったくないだけでなく、さらに、出力を上げた場合の爆発に弱いという危険性を暗示していた。こうしたことから、本当はすべてが、高速増殖炉の道を避けること、あるいは、故障事故の可能性が少なくとも理論的には中性子の制御によって狭い範囲で保つことのできる熱増殖炉に進路を限定することに、プラスの材料を提供してもよかったのであるが、そうはならなかった。

カールスルーエで増殖炉開発が始まったのと同じ頃、アメリカでは近い将来増殖炉への経済的な需要が見込めるかどうかについて徹底した議論がなされた。カールスルーエの研究者たちもまた、まずは「ある種のうしろめたさ」を感じたので、一九六〇年代の初めになってもまだ理論的な研究で満足していたのである。プロジェクトへのユーラトムの強力な関与に当初、人々が反対していなかったという事情は、躊躇と不安の表れである。これに対して、それに続く時代、すなわち、開発がエンジンを全開にして推し進められ、原型炉の建設が間近に迫っていた時代になると、ユーラトムの強い関与や指導による研究センターのヨーロッパ化がプロジェクトの統率者ヘーフェレによって徹底的に阻止されたのである。

カールスルーエ原子力研究センターが独自の生き残りと成長を保証するためのプロジェクトを差し迫って必要としたとき、そこでの増殖炉開発は文字どおり憑かれたような状況になっていった。産業界がカールスルーエの運営機関から撤退し（一九六三年）、研究センターが原子力発電所のために利用される状況にほとんどないことがますます明らかになると、開発継続のための根拠を提供したのは野心的なプロジェクトだけであった。そうした動機からすれば、増殖炉プロジェクトは、とりもなおさず原子力計画策定の初期の段階の遺物、商業的な電力生産ではなく、むしろプルトニウム生産に照準があわせられていた段階の遺物であるかのように思われる。

その増殖炉プロジェクトの非常に投機的な性格もまた、これが初期の段階の産物であることを証している。野心的なプロジェクトを求めるという動機は、巨大研究の中に生き続けることとなった。また、初期の段階でこの未来プロジェクトは、その頃エネルギー産業によって主導権を握られた原子力技術の現実との関係を失った。重水炉路線を基礎にして従来型の原子力発電所から増殖炉、特に（中性子で制御される）

熱トリウム増殖炉へと徐々に向かう展開も、考えられるものであった。これに対して、軽水炉から高速プルトニウム増殖炉への展開は、一九六〇年代末に水蒸気型増殖炉に反対し、ナトリウム〈冷却高速〉増殖炉を可とする決定が下されたときには、まだ向こう見ずな跳躍であった。

後に、ヘーフェレによって克明に記されている「増殖炉開発の開始」の日付は、カールスルーエにおける一九六〇年四月一日である。その頃、状況は有利であった。すなわち、というのも、カールスルーエではその当時、研究用原子炉FR2のための計画策定作業が終了し、その結果、ヘーフェレが記したように、カールスルーエの「計画樹立能力」が「自由に使えるようになった」からである。増殖炉プロジェクトはそうした状況のもとで、タイミングよく生まれた。このプロジェクトは、長期的に見れば、研究センターの能力の全面的な稼働を約束するものであった。というのも、それまで核保有国のいくつもの増殖炉プロジェクトがたどった金属燃料要素の道が隘路に陥っていたことや、だからこそ新規に始めた国にとってはチャンスでもあるが、増殖炉プロジェクトという奸計の苦い隠し味もそこに潜んでいることが、その当時判明したからである。

その頃、原子力委員会においても増殖炉への陶酔はほとんど感じられなかった。原子力委員会の当時の見方からすれば、カールスルーエのプロジェクトにあってなされていたのは、不利な結果が出た場合には中止することもあるという明確な指示のもとになされた、可能性のある原子炉タイプの事前選定のための単なる計画作業であった。人はまだ、一度走りはじめた行動計画を押さえこむことや、否定的な結果が出た場合には計画を打ち止めにすることの難しさについて十分わかっていなかった。増殖炉開発は仮定の話だとあいかわらず言われ、次期の三年間のためにわずかに二五〇〇万マルクしか予算計上されていなかった一九六〇年に、原子炉作業部会は詳細な説明を放棄したのである。

しかし、当時予定されていた三ヶ年の計画策定段階が終わる前に、すでにカールスルーエでは「新設された部門もある、総勢二〇〇人の研究員を擁した数個の研究所」がプロジェクトに取り組んでいた。その人数は、その後何ヶ月もしないうちに約三〇〇人に増えた。カールスルーエ原子力研究センターの理論部門の初代の長であったヴォルフ・ヘーフェレは、一九五〇年代終わりに、第二次世界大戦中に設立されたアメリカの原子力の中心的施設の一つであるオークリッジ国立研究所に一年間派遣され、増殖炉開発とこれに適した研究組織の問題を現地で学んだ。彼は、大規模で一極集中的なプロジェクト研究、すなわち、オークリッジで使われていた言葉でいうところの「ビッグサイエンス」の熱狂的な主張者として帰国した。彼が再三にわたって引きあいに出したのは、オークリッジの所長、アルヴィン・ワインバーグであった。もっとも、この人物は、他の原子炉タイプを優先し、競争相手であったアルゴンヌ原子力研究センター[*1]のプロジェクトであった増殖炉に批判的に対し、次第に原子力から離れていったのではあったが。ヘーフェレは同じ頃、米国の「国立研究所」の軍事的な起源や、軍事的に決められた原子力技術の開始段階を克服する必要性を指摘していたが、しかし、ドイツ連邦共和国内の中枢的原子力研究機関をアメリカの水準にまで拡張するよう遠慮会釈なく主張した。彼は、率直な話し方を好み、それを実行することができたのである。

宇宙物理学の出身で、アイオーン[*2]のビジョンに共感を覚えていたヘーフェレは、この間にともすれば消えかけていた一九五〇年代の「原子力時代」の陶酔感に増殖炉の未来シナリオで新たに活力を与えようとした。彼は、引用されることの多いロックム福音派アカデミーでの講演において、アルヴィン・ワインバーグを引きあいに出しながら、「原子力都市とロケット発射基地」をエジプトの古代ピラミッドや中世の大聖堂と同列に並べた上で、さらに、原子力都市という合理性の観点からは背信的ともいえるような「合理的には理由づけができない、時代を具現化する活動」という説明を加えたのである。後に彼は、増殖炉建設をまさに太古の人類による火の初めての利用と比べることまでやってのけた。プロメテウス[*3]の行為との比較は、それまでは核融合炉のためにとっておかれることが常であったのだが。

増殖炉開発のコストはすべてがそれまでの慣例を上回るものとなることを、ヘーフェレはすでに一九六三年に驚くほどあっさりと認めた。それは、ボン政府においても一九五〇年代の緊縮的な財政規律がゆるみはじめた時代であった。ヘーフェレは、彼のプロジェクトを圧倒的な正当性の証明をもって周到に理論武装していた。すなわち、その種の巨大な企画は、「そのために支払われる対価が現実離れしたものになろうとも、また、他の重要な事案が放置されざるをえなくなるとしても、それはそれとして」、「国民の自己主張」の一つである、としたのである。さらに、実際に「その進歩のために今求められる」対価は、「数量からして人が驚くようなものであり、また、何か真新しいものが想像できるような、それほど高い」ものである、とした。プロジェクト科学は、とヘーフェレは一九六五年に語っているが、「高度に技術化された国家が生き延びること」を保証する。それは「政治的には国防の位置に」届くものであり、同じように財政上も国防に近い位置にある。増殖炉建設のコストについていつもは控えめに述べていたとしても、彼にあっては、そうした発言の合間から真実をさらけ出す時間が常にあった。増殖炉開発コストが後に、すべての見積もりをあざ笑うかのように、数十億マルクの大台――初期の尺度からすれば到底理解できない金額――に膨れあがったとき、この数字は、ヘーフェレによってプロジェクト化された規模に照らしてみれば何も驚くようなものではなかったのである。原子炉タイプの選定にあたって、従来型の冷却水蒸気型増殖炉ではなく、たしかに非常に効果的ではあるが、しかし、リスクの大きなナトリウムを使用して冷却する新種の増殖炉タイプに決定が下されたときにも、それは同じ路線上にあったのである。

一九六〇年代中頃に、連邦研究省においても増殖炉フィーバーに感染する時期がやってきた。公文書作成などを手がかりにして、どのように所管省の官僚主義に火がついたのかがわかる。「技術の欠落」に関する警鐘、研究・技術政策にとって有利な好景気、資本過剰状態の拡大、そして、ネオケインズ主義への動きの中で強まる、歳出を好む政府の姿勢。それらがまとまって働き、ある風土を生み出した。それは、増殖炉開発へのあらゆる財政的な手だてが可能となった風土であり、また、先行した時代における原子力政策のむしろ衒学的で倹約的なスタイルと鮮やかな対比をなす風土であった。

一九六五年のことであるが、原子力フォーラムと政府代表や連邦議会議員との間で、「増殖炉開発の思いもよらない急速な展開は、原子力技術における転換を惹起した。そして、それは原子力行動計画に集中することを強いている」という意見の一致が見られた。後に厳しい批判をすることとなる省課長のヴォルフガング・フィンケですら、その当時はヘーフェレを諸手を挙げて称賛していたのである。増殖炉開発は、カールスルーエにおいて「ヘーフェレ教授の統率下にあるチームの国際的名声が高まり続けていることが最もよく証しているように、最良の人物の手中にある。そのチームでは、プロジェクトのすべての部分を調整し、とりまとめ、新しい方向に向かわせるために、人はすでに何年も前から最新の計画作成手法を手にしていた」と、彼は原子力委員会において断言したものである。調整が難しい個人主義や、科学者に目的達成に向けた努力の意識が欠如していることに政治家たちが立腹することはそれまで珍しいことではなかったが、彼らも、ついにヘーフェレに意中の人物を見出したと思った。まったく真剣みを欠いた、どっちつかずで拘束力のない紙の上に書かれただけの多くのプロジェクトの後に、国際社会に提示しうる、徐々に実体を備えていくプロジェクトを持ったダイナミックな力が初めて明らかになったのである。

増殖炉への熱狂は、一九五〇年代末に開発を停滞させた燃料要素問題が解決したと思われた後の一九六〇年代半ばには、国内だけでなく国際的な現象であった。一九六六年五月にはロンドンで最初の大規模なヨーロッパ増殖炉会議が開催されたが、それは、あるフランスの代表が表明しているように、「高速増殖炉がデビューした舞踏会」となった。原子力産業誌は、その会議では「初期の原子炉開発の過ぎ去った時代を回想させ」そしてまた「今日ではほとんど見られなくなっている」雰囲気が支配していた、と勝ち誇ったように書いた。そして、「ある大きな、はるか未来にまで達するような課題に取り組んでいる人々の熱狂」と書いたのである。

ヨーロッパという理念だけを見て、ユーラトムの現実を見ていなかった者は、高速増殖炉はヨーロッパ諸国の協力のための申し子であったと信じこんだ。実際に、ユーラトムは増殖炉プロジェクトのために必要とされた「大量のウラン」の調達にあたって、「多大な」協力を行い、また「フランスの高速増殖炉との緊密な結びつき」も生まれたのである。しかし、ユーラトムが強く関与した、あるいは、ユーラトムの指導を得た「欧州の増殖炉」という考えは、ヘーフェレによって断固として却下された。だからなおさらのこと、同じ頃に「オランダやベルギーが」ユーラトムによって「カダラッシュと統合するのか、それともカールスルーエと統合するのか」という選択の前に立たされたとき、ヘーフェレにとってそれは勝利を意味していた。この頃、カールスルーエ原子力研究センターは、SNEAK（カールスルーエ高速ゼロエネルギー施設）の完成をもって、やはり同じ頃に類似の施設MASURCAを設置したフランスのカダラッシュ原子力センターと文字どおり競争に突入した。

＊1――一九四六年に設置された原子力の平和利用のためのアメリカ最初の国立研究所。

＊2――ローマ帝国周辺に興ったグノーシス主義における至高者に由来する諸々の神的存在をアイオーンと呼ぶ。高次の霊、超越的な階梯圏界、永遠などを意味する言葉である。

＊3――天上の火を盗み人間に与えてゼウスの怒りを買い、コーカサスの山上に鎖でつながれたギリシャ神話の英雄の神。

大きな飛躍への途上

本当の実験用増殖炉は、カールスルーエにもカダラッシュにおいても予定されていなかった。ナトリウム冷却高速増殖炉の二つの主要な技術革新、すなわち、高速中性子の流れと爆発性のあるナトリウムの冷却材としての使用は、それぞれ別々の施設（カールスルーエではSNEAKとKNK）でテストが行われたのである。「第一世代」の多くの従来型の原子力発電所にあっては、人は実験的に自ら手で触れて直接確かめることを決して怠らなかったが、これを、よりによって最新の方法の、最もリスクの高い原子力技術開発において放棄できると思ったことは、原子力エネルギーの歴史上とりわけ説明困難で奇妙な出来事であり、その胡散臭さは、プロジェクト首脳部の苛立ちだけでなく、技術者問題への彼らの無関心にも光を当てるものである。

すでに一九六〇年代末に増殖炉の原型炉の建設開始が予定されていたが、アメリカのSEFORの実験がようやく一九七一年に完了したことを考えあわせると、そのスケジュールのいかがわしさは高まる一方である。カールスルーエも参加したその実験は、驚くなかれ、ナトリウム冷却高速増殖炉に十分な安定性が内在しているかどうかを初めて調査したものであった。慣れていないナトリウムという冷却材の機能の仕方をテストすべきKNK施設では、そもそも一九七二年になってようやく「非常に複雑かつ難しい試験運転」を始めることができたのである。

増殖炉開発にあたってのその性急さは、いつもであれば権威として引きあいに出されるのを常としたアメリカ原子力委員会が、当時――まだ試験増殖炉「エンリコ・フェルミ」の失敗の前のことである――より大型の増殖炉原型炉を建設する前に包括的な研究プログラムを実施していたことや、あるいは、ただちに原型炉へと移行することを望んだ大企業とプログラム実施に関して「粘り強い」闘いを行ったのと比べると、一層奇異な印象を受ける。それは、産業界の大方の者がその当時まだ増殖炉について比較的短期的で計算可能な利回りを約束していたことの一つの徴候である。ヨーロッパの関係者は、アメリカ原子力委員会に対抗するアメリカの産業界と同じ立場をとった。この場合、いうまでもなく考慮しなければならないのは、一九七〇年代にカルカー近郊で最終的に建設された増殖炉の持つ意味である。すなわち、その増殖炉は出力二八〇メガワットの発電容量に設定されたものの、実際は、むしろ原型炉としての実験増殖炉にすぎなかったのである。というのも、増殖炉の商業化に至るまでに、ほぼ四倍の発電容量を持った何世代もの実証用原子力発電所が介在することになったからである。

米国では、増殖炉への熱狂は、すでに一九六七年頃にははっきりと冷めていた。一九六六年一〇月五日に起きた増殖炉「エンリコ・フェルミ」の重大な事故は、安全についての疑義を軽く扱うことが増殖炉の場合には経済的にも命取りとなることや、エネルギー産業にとってはさしあたり慎重になることが得策であることを示した。

一方、とりわけドイツの原子力産業界においては、長期的視野は儲けの多い手近な目標によって押しのけられ、これが増殖炉の魅力を色あせたものにした。従来型の原子炉に限定する場合に数十年内に脅威となるウラン不足は、もはや重要な論拠ではなかった。そのかわりに重要視されたのは、増殖炉がどこにも経済的利点を見せていなかったことである。興味深いことに、電力生産コストの場合にだけまだ利点があった。しかし、この分野でも増殖炉は軽水炉との「きわめて険しい競争」に入ったのである。増殖炉の「魔術的な」特質、すなわち、核分裂物質の生産に関していえば、人は初めから時間という要因をほとんど気にもとめていなかった。けれども、増殖炉内での核分裂物質の増加は数週間あるいは数年ではなく、数十年続くことが次第に判明したのである。

しかし、ドイツ連邦共和国ではこの間、増殖炉開発のほとんどすべてが公的に資金調達されたので、増殖炉の経済的な基盤の弱体化は、まずは問題とならなかった。また、雪だるま式のコスト増大は、全般的に経済が成長している時代には重大な欠陥ではなかった。助成資金が一九六〇年代末に一〇億マルクの大台を超えたとき、連邦研究省においては「量子飛躍*」という言葉が書きとめられた。けれども、そのプロジェクトは、例を見ないような支出によって、むしろ一層容易ならざるものになったように思われる。コストの膨張は一九七〇年代を通じて続いた。しかも、時間に関するものの見方は、常に将来の方向へとずれていき、時間に関する正確な予測ができないまでになったのである。しかも、原子力の反対者の増殖炉への攻撃は、エネルギー産業界の関心の薄れが増殖炉開発の真の悲哀であることを覆い隠したのである。

*――物理学用語である「量子飛躍」とは、電子がある量子状態から別の量子状態にきわめて短時間に不連続に変化することをいう。転じて、ここでは予算額の桁が跳ねあがったことを意味している。

増殖炉と競合するユーリヒの高温ガス炉――企業のプロジェクトから巨大研究プロジェクトに

カールスルーエ原子力研究センターとユーリヒ原子力研究施設の並存は、一九六〇年代後半から、対称性という言葉に含意される対立を露わにした。両者は、ほぼ同規模であり、また、いずれも原子力発電所の「第二世代」の巨大プロジェクトに集中的に取り組んでいた。すなわち、カールスルーエはナトリウム冷却高速増殖炉に、ユーリヒはヘリウム冷却高温ガス炉に集中したのであった。それらは、少なくとも「原子炉戦略」と「燃料サイクル」の未来シナリオにおいて相互に関連しあうことを約束する二つのプロジェクトであった。

しかし、その意味、そして対称性は、決して最初から付与されたものではなかった。高温ガス炉は、最初は、高速増殖炉と一対になるものであることが理解されず、まずはあまりお金を食わず、短期的に商業化できる計画と見なされたのである。それゆえ、その開発は一九六〇年代半ばに至るまで産業界の企業共同体によって行われた――もっとも、すでにその頃、ほとんどの資金は連邦政府から得られたものであったが。ともあれ、後になってようやくユーリヒ原子力研究施設にその一部が移転されたのである。だから組織的な意味での発展は、カールスルーエが歩んだ方向とは逆の道をユーリヒはたどった。すなわち、カールスルーエでは増殖炉プロジェクトの始まりはまったく原子力研究センター内部であったが、これとは逆に一九六〇年代半ばには増殖炉原型炉計画策定の責任は、部分的に産業界に譲り渡されたのである。

ユーリヒ原子力研究施設は、組織構造の点でカールスルーエ原子力研究センターと当初から著しく異なっていた。それどころか、その対案となっていたのである。カールスルーエ原子力研究センターは最初から大学との関係を持たず、もっぱら原子炉開発に集中していたのに対して、ケルン近郊に計画され、ノルトライン・ヴェストファーレン州によって設立されたユーリヒ原子力研究施設は、ケルン大学、ボン大学、ミュンスター大学及びアーヘン工科大学のための研究施設として設けられたのである。むろん産業界の研究所もまた、ユーリヒ原子力研究施設の敷地内に設置されていたが。

レオ・ブラントは、一九五六年初めにドイツ原子力委員会の設立会議の席上で、ユーリヒに関して「臨機応変さや、研究者間の理性的な競争に合致しない」ことを理由に挙げて、「ドイツの中枢的原子力研究機関を一つにまとめるという計画に反対する」と述べた。一方、シュトラウスといえば、アメリカから帰国後の一九五六年五月に、「大規模な中枢的原子力研究機関を数ヶ所（中略）ドイツ連邦共和国内に設置することは、財政的理由から不可能である」と表明した。もっとも、その言葉の意味するところは、ドイツ連邦共和国にはアメリカ型の「大規模原子力研究センター」は存在する必要がまったくないというものではなかった。また、仮に必要があるとすると、ボン政府の側からすれば、その任にあるのはカールスルーエ原子力研究センターであった。ハイゼンベルクもまた一九五六年に、数ヶ所の原子炉研究施設への「力の分散」は、さしあたり専門家が不足しているので「重大な誤り」であると述べた。その一〇年後になってもなお彼は、ユーリヒという相容れない存在に対して、この研究施設は「連邦政府の所管官庁の勧告に逆らって、ノルトライン・ヴェストファーレン州によって、権力を全部掌握するという理由から設置された」と、執拗に批判したのである。ユーリヒ原子力研究施設は、ドイツ原子力委員会において一九六〇年代末までカールスルーエに比べて弱い立場にあった。だから、これに対応して、ユーリヒのプロジェクトは批判的に評価されたのである。ユーリヒの構造の弱さは、外部に向けてはやばやと閉ざされたカールスルーエに比べて、部外者にとって長いこと明け透けであったから、なおさらであった。

一九五六年という年は、後から数えてみると、ユーリヒ原子力研究施設の設立年にあたる。というのも、その年にノルトライン・ヴェストファーレン州政府と州議会において設立に関する決定がなされたからである。またユーリヒは、この計算からすると競争者カールスルーエと同じ年齢に達しているのである。とはいうものの、現実には、最初の頃は、ほとんどカールスルーエ原子力研究センターのようにはうまくはかどらなかった。ユーリヒ原子力研究施設の礎石は、一九五八年になって初めてユーリヒ近郊のステッターニヒャーの森に置かれた。また、一九五九年になってもまだ、ユーリヒ原子力研究施設の統率のための人材も、研究施設と連携する形で設けられた教授職の応募者も見つからなかったのである。一九六〇年にドイツ研究支援機構は、ユーリヒを巡る動きが近年「静かになった」、ユーリヒ原子力研究施設のために予定されていた作業グループの大部分は、「テュービンゲンからスウェーデンのエーテボリの間の各地に広く散ってしまった」と断言した。

　カールスルーエと比べると、黎明期のユーリヒ原子力研究施設にいかに駆動力が欠けていたかが明確になる。しかし、原子力エネルギー開発に焦点をあわせるための客観的な理由がなかったので、そのゆったりとしたテンポを指弾する必要はない。ましてやその後、最初の一〇年が終わる頃になって実を結んだ重点路線は、カールスルーエが素人にも危険が見てとれるナトリウム冷却高速増殖炉に決めたことに比べると、様々な観点でよりよく検討されていたので、なおさら必要がない。

高温ガス炉開発競争

　高温ガス炉の歴史は、増殖炉開発に比べると、その動因や担い手、開発の傾向において、一層不安定で、わかりにくいものに見える。このことは、あるときは「球状燃料要素」を、また、あるときは「高温の運転温度」を、しかしその後は増殖率やトリウムの使用を目印として強調したこと、あるいは、その原子炉タイプの名前の付け方の一貫性のなさなどにすでにうかがえる。それらは、技術的に何らの必然的な脈絡のない、きわめて多種多様な特性であった。そしてそうした事情は、結果的に取り組みを四分五裂させることにつながったのである。理論的には、トリウム増殖炉もしくはトリウム転換炉には数多くの方式を考えることができた。初期の頃にその名前「球状燃料集積型原子炉」の由来となった燃料要素の球形形状もまた、技術的には必然性はなく、繰り返し参加企業間の激しい論争の対象になったのである。一九五〇年代以降はブラウン・ボヴェリ＝クルップ社（ＢＢＫ）の球状燃料集積型原子炉と並んでグーテホフヌンクス・ヒュッテ社（ＧＨＨ）グループのＨＴＲ（高温ガス炉）プロジェクトがあった。また、一九六八年にはＢＢＫ社グループ内で激しい対立が始まった。

　球状燃料集積型原子炉は、そのオリジナリティーに関して公認されているとはいえないとしても、ドイツ独自の開発として喧伝されたが、これに対して、ＧＨＨ社グループは、ゼネラル・エレクトリック社が開発したアメリカの原子炉タイプの輸入を図った。それは、ピーチボトム近郊の実験施設で建設されたものの、アメリカ原子力委員会の受けはよくなかったしろものであった。一九六二年から一九六三年にかけて北西ドイツ発電所株式会社（ＮＷＫ）は、北フリージア地方のヴィースモーアに計画された最小規模（四〇メガワット）の原子力発電所用としてＧＨＨ社とゼネラル・アトミック社の高温増殖炉に関心を示した。

　原子力委員会と連邦研究省では、そのプロジェクトは、すぐに嫌われることとなった。というのも、ＧＨＨ社は、それでなくても独自の開発能力に欠けることから原子炉建設事業者として十分だとは見なされなかったからである。加えてアメリカ原子力委員会は、ヴィースモーア原発に要する高度濃縮ウランは、ゼネラル・アトミック社から原子炉が購入される場合にのみ自由に使えるようになる、と明言したのである。研究省では、ドイツの産業に従来関与してきた部分の供給しか残さないその種の条件は「ドイツの原子力産業という意味では無に等しい」ものであり、しかも「本省によって策定された原子力行動計画にも反するものである」と怒りを込めて主張された。これより少し前のこと、GHH社のプロジェクトが不当な競争相手であることがわかったブラウン・ボヴェリ・シェ社（BBC）の総支配人は、所管省でヴィースモーアに反対する激しい異議申し立てを行った。しかし、GHH社の高温増殖炉開発への関与は、ヴィースモーア・プロジェクトの挫折をもっては決して終わらなかった。まして、競合する「シュルテン原子炉」が最終的にまかり通るのではないかという疑念が絶えず起きたのであるから、なおさらであった。

変容する高温ガス炉――未来の原子炉へ

ユーリヒ原子力研究施設の実験用原子炉AVR[*1]は、建設開始（一九五九年）にあたってマスコミから高い前評判を得た。「原子力時代へのドイツの一里塚」として、それは、記事の見出しで高々と賛美された。また、他の紙面では、ドイツはAVRをもって初めて「最初」の原子力の修羅場を勝利した、と勝利宣言がなされたのである。しかし、その後その建設が七年かかったとき――それと対になったアメリカのピーチボトムの原子炉は、それどころか九年（一九五八～六七年）かかった――この原子炉を巡る賛美の記事は沈静化した。原子炉の案は、新しい知見を受けて再三にわたって縮小されざるをえなかった。その建設が最終的に完了したとき、「本質的な遅延」につながったすべての構造上の欠陥が類を見ないような率直さで公表された。

一九六〇年代初めまでは、より高温の運転温度への移行が発電所技術における進歩の王道と思われていた。けれども、その後、温度が五三〇℃以上になると「運転の信頼性が落ちる」ことが判明したのである。この温度をあえて超えたところでは、再び要求が引き下げられた。従来型の発電所建設におけるその転換は、高温ガス炉の商業面での可能性に疑問を提起した。これには軽水炉の成功も影響を与えた。その少し前には高温ガス炉をもってすぐに大きなビジネスができると一般的に思われていたが、一九六四年からはアメリカの産業界自体、政府の行動計画として高温ガス炉開発を進めさせようとしたのである。「第一世代」の原子力発電所の中では、そうした競合状態は絶望的なものとなったように思われた。

だからなおさらのこと、経費のかさむコンセプトをもって高温ガス炉を未来原子炉に格上げして文書上に位置づけることや、国の総合的な助成資金を請求できるプロジェクトに拡大するという計画は、魅力的なものとなったのである。高温ガス炉は、すでに一九六二年から一九六四年の間に連邦原子力省や原子力委員会では高速増殖炉とともに、同じような将来性のあるプロジェクトと呼ばれるようになった。ＢＢＫ社のアイデア豊かな首席設計者であり、ヘーフェレ同様にハイゼンベルクのグループ出身のルドルフ・シュルテンは一九六五年早々にユーリヒ原子力研究施設に転じた。

　ユーリヒに対する連邦政府の資金提供をますます強く迫っていたノルトライン・ヴェストファーレン州政府に対して、連邦研究省は、一九六四年末にカールスルーエの増殖炉プロジェクトを手本として提示した。それは、「このカールスルーエにおける野心的な、しかし、十分に熟慮された一五ヶ年計画は、トリウム増殖炉の分野におけるユーリヒ原子力研究施設の同じようなプログラムに関して十分検討するよう求めている」というものであった。その書簡を起案したプレッチュが参加した一九六四年九月の第三回ジュネーブ原子力会議を援用することで、デュッセルドルフのノルトライン・ヴェストファーレン州政府は、「増殖炉とはまだいえないトリウム高温ガス炉〈ＴＨＴＲ〉を超えた高温トリウム増殖炉のための段階へと可及的速やかに入ることには豊かな将来がある」と思われる、という示唆を得たのであった。州首相のフランツ・マイアース[*2]は、その助言をさりげなく即座に取り上げた。その後のユーリヒにおける開発については、希望する連邦政府資金を得るためにはカールスルーエの増殖炉プロジェクトとほぼ類似のものを提示しなければならないという明確な示唆がボン政府から来ていたとの観点から理解されねばならない。トリウム高温ガス炉の信奉者は、それが難しいものではないと保証した。つまり、既存の高温ガス炉にただ「増殖炉の帽子」を載せるだけで済む、というのである。その後、ユーリヒではトリウム増殖炉プロジェクトが地中からキノコが出るようにたくさん湧き出た。そして、州首相は、今やユーリヒにカールスルーエと同等の権利を持たすように迫ることができると信じたのである。

　ユーリヒにおける開発は、トリウム増殖炉を断念し、目標を高温ガス炉に限定したとすれば、より大きな実質を得たかもしれない。高温ガス炉については、すでに相当前から、明確な路線と企業連合、さらに、近い将来に完成する実験用原子炉があったのである。高温ガス炉のさらなる発展として計画されたトリウム増殖炉にあっては、計画を意気揚々と練り上げる段階はすぐに去った。一九六六年五月のロンドンにおけるある国際シンポジウムは、連邦研究省に次のことを認識させた。それは、「トリウム燃料サイクルの面で経済的な増殖炉に行き着くという展望は、不利という烙印が押された。

核分裂物質に毒性があるので、不純物のない増殖物質は、少量の燃焼と小さな出力密度の場合にだけ得られる。ウラン232の崩壊から生じる強度のガンマ線があることによって、とりもなおさず困難かつ高価なものになる物質を比較的頻繁に再処理する必要性が、そこから生まれる」、というものであった。一九七〇年代に、使用済み核燃料の再処理問題は原子力エネルギー開発全体の難関であることが世間に知られることとなり、そして、それは物質面でも制度面でも、トリウム増殖炉の安全がまだ確保されていない分野であると率直に語られた。「原子炉」作業部会は、その前からユーリヒの多くの増殖炉プロジェクトを疑いの目をもって注視していた。そして、「原子炉開発からすると、ユーリヒ原子力研究施設は、トリウム高温ガス炉の諸問題こそ自分たちが扱う問題だと考えているようだ」と簡潔に紹介したのである。それは、その後ユーリヒが我がものとすることとなったアイデンティティーであった。

トリウム高温ガス炉に実際にまだ多くの取り組まねばならない問題があること、開発はAVRの建設をもって本質的に完了するのではないことは、その当時すでにわかっていたし、将来は一層はっきりするはずであった。実用運転のために使用可能なトリウム高温ガス炉の設計は、大まかにいえば最終的に高速増殖炉同様のコストに達するような、莫大な資金を食う企てであることが明らかになった。AVRに限定した建設が可能であったトリウム高温ガス炉の開発は、一九六〇年代終わり頃にはまだ数多くの未知の問題を含んでいた。研究省におけるある文書は、一九六七年に、球状燃料集積型原子炉に関して人は「まだ驚くほどわずかにしか」知らない、と述べている。「核燃料サイクルの技術的データとコストデータは、まったくあてにならない。大規模な施設の投資コストはほとんど信頼できない。予見される発電コストの見積もりも欠けている」のであった。再処理問題は、球状燃料要素にあってはことのほか厄介であった。ユーリヒ原子力研究施設自体においても、一九六七年に、「トリウム原子炉の場合の再処理についての努力」は「印象に残るものではない」ことが是認されていた。そして、後の時代にも、その分野では本当の進歩はなかったのである。

ところで、問題があることが必ずしも短所というわけではなかった。それどころか、ある原子炉タイプが研究プロジェクトとして通用するには、多少問題があることが必要でもあったのである。こうして高温ガス原子炉路線は、はやばやと二つのさらなるプロジェクトと結びつけられたのであるが、それらのプロジェクトには長期の研究努力がまだ必要とされていたのであった。すなわち、熱効率と経済性を著しく高めることを約束し、発電所技術全体の先例ともなる技術革新であるヘリウム密封タービンのプロジェクトと、プロセス発生熱の工業利用化である。プロセス熱の利用は、高温ガス炉特有のチャンスであり、また、理論的には石炭ガス化のための利用を可能にするものであった。それはまた、原子力エネルギーと石炭の政治的に有益な連携を約束するものであった。その二つのプロジェクトは、ユーリヒが必要に迫られてそのトリウム増殖炉計画を撤回し、増殖炉という威光でトリウム高温ガス炉を飾ることを一旦放棄したとき、意味を得たのであった。

そのためにユーリヒ原子力研究施設は、カールスルーエ原子力研究センターでヘリウム冷却高速増殖炉が断念された後、折に触れてヘリウム冷却型の高速増殖炉計画に取り組んだ。それどころか、実現しそうにない未来のビジョンの中では、ヘリウム増殖炉は、高温ガス炉の「原子炉一族」の一つに編入されたのである。その系統図において、その二つの間から枝分かれして現れたのは、ヘリウムタービンを備えた高温ガス炉であった。一九六〇年代後半以降、いくつかの専門部会の中では、そもそもトリウム高温ガス炉をヘリウムタービンと組みあわせることは可能なのか、どのようにして組みあわせるのかという議論が長期にわたってかなり厳密になされた。蒸気タービンか、ヘリウムタービンかという意見の対立は、同じ頃カールスルーエでなされた蒸気タービンかナトリウムタービンかという選択肢に関する論争といくらか似通ったものがある。水蒸気を是とする決定が通り一遍の解決策であるのに対して、双方のケースとも、それらの選択肢は原子力技術が伝統とする未来についてのビジョンに合致したものであった。ガスタービンはそれ自体技術的な魅力にあふれたものであるが、発電所建設では半世紀来、その採用に向けた闘いが虚しく繰り広げられていた。ヘリウムタービンを備えたトリウム高温ガス炉は、その技術的な理想をついに満たすことを約束するものであったのである。高温ガス炉の建設会社であるBBC社は、同時にまたヨーロッパ大陸で最大のガスタービン製造会社でもあった。そして、GHH社同様に、とりわけガスタービンを経由して高温ガス炉へと至ったのである。

けれども、トリウム高温ガス炉の他の主要な参加者、すなわちユーリヒ原子力研究施設と、エネルギー産業側の参加企業であるヴェストファーレン連合発電所株式会社[*3]（VEW）は、トリウム高温ガス炉とヘリウムタービンを組みあわせることに再三にわたって反対した。両者の抵抗には十分な根拠があった。すなわち、その種の高温ガス炉は、費用がかかり、リスクが大きい。また、何世代にもわたって問題ありと知られていたガスタービンと組みあわせることは、プロジェクトにさらなる負担と遅延の脅威を与えるものである、とされたのである。こうした疑念は、最初はボン政府の中でもまかり通った。そして、一九六八年には、トリウム高温ガス炉の場合には蒸気タービンをそのまま使うことが決定されたのである。この決定は、しかしながら、各方面から集中砲火を浴びた。ドイツ研究支援機構で公表されたある投書は、「企業の政策に影響されることのない専門家の中では」「高温ガス炉発電所の開発は、蒸気タービンから離れてガスタービンの方向に進む」ことに疑問はない、と主張した。ヨーゼフ・ヴェングラー[*4]（ヘキスト社）は、原子炉作業部会で、ヘリウムタービンはドイツ人にとって、高温ガス炉開発に際してアメリカよりも優位に立つ残されたチャンスだ、今まさにそのチャンスが贈られているのに、と嘆いたものである。

マンデルその人は、高温ガス炉とヘリウムタービンの組みあわせを称賛した。とはいえ蛇足であるが、彼はシュルテンの友人ではなく、その原子炉計画に親しみを持っていなかったので、トリウム高温ガス炉の速やかな実現への関心を抱くことは難しかった。だから、トリウム高温ガス炉をヘリウムタービンと組みあわせることは、彼には何の意味もないことであった。政治的な意志決定を担っている者たちにとって高温ガス炉のシナリオがいかにまぎらわしいものであったのかを思い描くことができる。連邦政府では一九七〇年代に、ヘリウムタービン高温ガス炉（ＨＨＴ）プロジェクトが最終的に勝利をおさめた。しかし、その際にともに働いた動因は、シュルテンやＶＥＷ社にとっては胡散臭いものであった。一九七〇年代を通じてＨＨＴプロジェクトは、このプロジェクトと組みあわされ、かつ、少なからず問題を抱えた高温ガス炉プロセス熱による石炭ガス化プロジェクトと同様にほとんど進歩がなかった。

ハム近郊のウェントロープにおけるトリウム高温ガス炉発電所の建設決定は、「大臣――最初はシュトルテンベルク、その後、ハンス・ロイシンク[*5]――が個人的に介入したと言われる」「長期にわたる交渉の後」の一九七〇年七月にようやく下された。ケインズ主義的な処方箋に沿った国の発注による景気の活性化が喫緊の課題と見なされていた不景気の年、一九六七年に、研究省である決定が下された。それは、エネルギー産業の計算やプロジェクト実施企業の優柔不断さの犠牲にならないように、国の十分な助成によってトリウム高温ガス炉の今後を確実にするというものであった。一九六八年に公表された連邦政府の第三次原子力計画では、トリウム高温ガス炉は、高速増殖炉とある種の同じ地位を獲得した。同じ年、地方公共団体の公営電力企業六社が高温ガス炉発電会社（ＨＫＧ）を設立した。その後ようやく巨大エネルギー企業の一つも、ＶＥＷ社とともにそれに合流した。すでにリンゲン原発の発注（一九六四年）をもって原子力エネルギーのパイオニアの一社となっていたこの巨大企業は、ルール鉱区の門前で原子力についてＲＷＥ社と競いあうという戦略をそのときから継続することとなったのである。ＶＥＷ社は、ウェントロープに建設地を提供し、これをもって立地の選択に決定的な役割を果たした。

トリウム高温ガス炉の資金調達へのエネルギー産業界の参加は、もちろん、絵空事以上の何ものでもなかった。エネルギー産業の資金の割合は一九六二年から一九六四年の間に軽水炉路線の実証用原子力発電所の場合に三分の一弱であったとすれば、高温ガス炉の原型炉にあっては、一四分の一（六億九〇〇〇万マルクと見積もられた総コストのうちの五〇〇〇万マルク）に減少したのである。そして、これもまた、当初の非常に低く見積もられた費用を前提とした場合の話であった。トリウム高温ガス炉は、その当時、「圧倒的に高くつくドイツの原子力発電所」であった。そして、マスコミは、この点を強調することを怠らなかった。一九七二年からカルカー近郊で建設されたナトリウム冷却高速増殖炉（ＳＮＲ）のコストによって、初めてトリウム高温ガス炉はその陰に隠れることとなるはずであった。資金のほとんどすべてを公的資金から調達することを正当化するために、「今や、実証用原子力発電所についてではなく、実験用原子力発電所について語る」ことが通例となった。商業ベースの関連発注が起きず、そのかわりに、非常に高い発電容量のＨＨＴ実証用原子力発電所が計画されたことから、そうした名称は決して不当なものではなかった。それどころか一九七二年には、高温ガス炉はヘリウム密封タービンをもってようやく競争できるようになった、とさえ言われたのである。

建設決定とウェントロープの地における定礎の一年後、クルップ社は、建設共同事業体から撤退した。それは、原子力関係者の中でスキャンダルと見られた行動であり、高温ガス炉にとっての悪い徴候を意味するものであった。さらに、原子力に参画していた別のルール工業地帯のコンツェルン、すなわちＧＨＨ社が高温ガス炉開発を中止したのと、まさに同じ時期であった。国の助成を受けた原子炉開発ではなく原子力発電所の在来部分をより大きく担当した重工業界にとって、今や一連のシリーズとして建設されることとなった軽水炉の納入に参画するほうが未来原子炉に関与するよりも儲かることは、明らかであった。

すでに一九六八年にクルップ社とＢＢＣ社との間に意見の対立があり、それがマスコミの耳に届いたのである。その二つのまさしく異質の企業の間には、かなり前から意見の違いが生じていて、この違いがＡＶＲ建設の遅延にも作用していた。トリウム高温ガス炉の建設が近づくと、対立は再燃し、深刻化した。クルップ社は、トリウム高温ガス炉の中で唯一ドイツ的な特徴を残し、また、クルップの伝統にも合った球状燃料要素集積型のコンセプトを引き続き支持したが、これに対して、ＢＢＣ社にあっては、それでなくてもこの間に追随することとなったイギリスの開発路線に今や完全に転じるべきという考えを抱いたのである。もっともそのすぐ後にＢＢＣ社は、限定的なものではあったが、球状燃料要素集積型というコンセプトを受け入れた。しかし、それにもかかわらず同社は、その当時危機的なほど弱体化していたクルップ社に対して、原発建設にあっての主導権を貫き通したのである。

研究省内で巧みに文書に記されたように、その意見の対立は、覇権争いだけでなく、様々な企業が参加していること自体に起因した論争であった。BBC社は「クルップ社とは逆に、高温ガス炉について単に電力生産者として関心を持つだけであり、だからなおさらプロセス熱の生産者が持つような関心はなかった」のである。これに対してクルップ社はといえば、「ルール工業地帯最大のコンツェルンとして、同地帯の構造変化の枠組みの中で多様な利用が可能な原子炉をできるだけ広範な経済分野（石炭の液化、金属精錬）に提供することに価値を置いていた」のであった。しかし、どこでもあるように、原子力産業界でも最後には純然たる電力の利益が勝利をおさめた。産業側におけるそうした力関係の変位は、ユーリヒ原子力研究施設を高温ガス炉と結びつけたそのプロジェクトと調和するものではなかった。加えて、一九六八年には、すでに軽水炉のビジネスに参入していたBBC社が、トリウム高温ガス炉はすなわち我が社であるという考えをとらなくなり、それどころか、懐疑的な者に論拠を提供する事態となったのである。それでもなおトリウム高温ガス炉が建設されねばならないとしたら、決定的な刺激は、国や巨大研究からやってこなければならなかった。しかし、公的資金による資金調達は、公の議論を必要としたのである。

＊1——Arbeitsgemeinschaft Versuchsreaktor Jülich（ユーリヒ実験用原子炉管理チーム）が管理運営する原子炉の略称。

＊2——フランツ・マイアース（一九〇八～二〇〇二年）。CDUの政治家。弁護士。一九五八年から一九六六年までノルトライン・ヴェストファーレン州首相を務める。この間、一九六〇年から一九六一年にかけて連邦参議院議長。

＊3——ヴェストファーレン連合電力株式会社ともいう。一九〇六年創立の電力会社で、ノルトライン・ヴェストファーレン州内に電力を供給した。二〇〇〇年、RWE社に統合され、消滅。

＊4——ヨーゼフ・ヴェングラー。ファルプヴェルケ・ヘキスト社の取締役。一九五八年に設置された原子炉安全委員会の初代委員長を一九七一年まで務めた。

＊5——ハンス・ロイシンク（一九一二～二〇〇八年）。一九六九年から一九七二年まで第一次ヴィリー・ブラント内閣において無所属の連邦教育科学大臣を務めた。

科学者と産業界の間で——巨大研究の構造的問題

大学と緊密に連携して発展し、実験用原子炉AVRの建設については全面的に産業界の手にまかせたユーリヒ原子力研究施設においては、とりたてて言うべきような学問の伝統との対立も、産業界の利益との対立もなかった。一方、これに対して、大学と明確に分離する形で成立し、研究用原子炉（FR2）の建設を自ら引き受け、はやばやとプロジェクト研究への移行を成し遂げたカールスルーエ原子力研究センターでは、その二つの対立は、最初から決着をつける必要があったのである。

カールスルーエ原子力研究センターの研究用原子炉FR２の建設は、不快な驚きをともなうものであった。その驚きは、建設の完成を著しく遅延させたばかりか、学界と産業界との間で相互の責任のなすりあいや、将来とられるべき手法に対する様々な結果に帰着したのである。研究サイドの指導者であったヴィルツとハクセルは、うまく運ばないことの主たる責任を物わかりの悪い技術関係の実務家たちに押しつけた。一九六一年初めのことであるが、ヴィルツはハイゼンベルクに対して、類例を見ないような攻撃を技術者に加えることで心中の憤懣をぶちまけ、物理学者のことを自慢した。すなわち、原子炉の「技術面での構造の欠陥」に、「技術者の若気の過ちの報いがきたのだ。物理学者たちは、しばしばその過ちを指摘したものであったが、無駄だった。残念ながら、我々ではそれを除くことができなかった。技術者たちは単純にあらゆるものを仕上げることができると信じているが、残念ながら、こうした技術者の伝統的な流儀は、原子炉の技術にはまったく通用しないのだ」。しかし、原子炉の冷却が機能しないことが、今、判明したのだ。人はまもなく原子炉を検証するだろう。しかし、今の形ではこれを高い出力に持っていくことはできず、原子炉容器を交換せざるをえなくなる。そうなれば、「高い授業料が支払われる」こととなる、としたのである。けれども、彼、すなわちヴィルツは、「この授業料は、物理学者が工学も指導することとなる画期的な時代の幕開けにすぎない」と信じていた。対立の根本的な性格に光を当てる、一つの展望である。

ハクセルもまた、ドイツ産業界の不十分な知識に不首尾の原因があると見ていた。もっとも彼は、ほかでもない理論家ならそれをうまくできるとは思っていなかった。そして、数々の否定的な経験から、原子炉の諸問題は工学技術の分野にある、その解決は技術者の問題だという、正反対の結論を引き出したのである。物理学者と技術者との緊張は、すでにアメリカにおいて原子炉建設が始まったときからつきまとっていたものであり、また、カールスルーエでも常に出現した。その緊張の中で彼は、技術者の味方となり、そして、技術者と組んでヴィルツに代表される物理学者に繰り返し対したのであった。

しかしながら、物理学者であればうまくできたのかという疑問はあったにしろ、原子炉問題についての産業界のだらしない対応ぶりへの批判自体は正当なものであった。ドイツ産業界がすでに一九五八年にウラン燃料を「国際的に最高の基準で」生産できると思いこんでいたこと、そして、原子力産業誌がすでに一九六一年に「原子力の質に関する精神不安症」に対抗して――科学者たちの口車に乗って――批判的な論をくどくどと展開したのを読むとき、ヴィルツの以下の評価が、ドイツ原子力フォーラムが自ら認めた（一九六一年）

ように、事実であることが明らかになる。すなわち、カールスルーエの原子炉の建設は「大言壮語して喧伝された企業自体、施設の在来の部分に関しても原子炉技術の複雑な要求を一発で満足させるような状況になかった」ことを「明確に示している」、としたのである。産業界主導で行われたユーリヒＡＶＲの建設がカールスルーエＦＲ２の建設よりもさらに長く遅延したという事実もまた、過剰な学術的指導が困難さの決定的な原因であったとはおそらくいえないであろうことを示唆している。

一方ジーメンス社の原子炉部長は、ＦＲ２建設が長年遅延してきたのは「疑いもなく、技術に関する明確なトップの指導監督がないままそうした複雑な施設を建設することに最初から強い疑念を持っていた産業界の責任だ」と強く主張した。そこから人は将来のために次のことを学ぶことができる、というのである。「カールスルーエ原子力研究センターは、原子炉科学に自らを限定するか、さもなくば、ユーリヒ原子力研究施設と同じように産業界と協力するべきだ。もし、高速増殖炉に関連する原子炉技術の問題を真剣に受け入れるのであれば」。ＦＲ２が原子力研究センターの業績と見なされていたのか否かは、議論の余地が残る。巨大技術の施設の建設は産業側の指導の下になされるのが最善であるという考え方は、連邦原子力大臣や彼の配下の次官にも共有されていた。カルテリーリは後年、バルケ宛ての手紙で「あなたが引き入れた産業界の助けを借りることで、ようやく最初の原子炉を完成させることができました」と回想している。それを彼は、カールスルーエに将来建設される原子力技術の巨大施設を、原子力研究センターの管理の下に置こうというカールスルーエ側の取り組みに対抗する論拠として、論戦の土俵に持ち出したのである。カールスルーエ原子力研究センター内では、産業界に頼りすぎていたのではないか、あるいは、ほとんど頼ろうとしてなかったのではないかという意見の対立が、沸々と起きていた。その答えは、増殖炉開発を実験と理解するか、あるいは、できれば市場的に成熟した産物に直結する道と捉えるかにかかっていた。

増殖炉建設への産業界の介入

増殖炉建設の場合には、高速増殖炉は——もともと商業的な目的で始められ、その後、二次的に研究用原子炉と称されるようになったＭＺＦＲ、ＫＮＫ、ＡＶＲと違って——「ドイツにおいて産業界ではなく、ある中枢的研究機関によって構想され、始められた」唯一の大規模原子炉プロジェクトであったにもかかわらず、すでに早い時期に製造業とエネルギー産業から、その建設が産業界の参画の下になされねばならないとの要求が——しかも、ＦＲ２建設の否定的な経験を引きあいにして——出されていた。当初、そのプロジェクトに対する産業界の反響は、冷淡なものであった。しかしながら、カールスルーエ原子力研究センターがプロジェクトに一層集中することに産業界が好ましい影響を与えると考えたプロジェクト長のヘーフェレは、首脳部の一部の者と違って、増殖炉開発への産業界の参加を肯定し、そして、増殖炉原子力発電所の建設が研究センターの能力を超えていることを率直に是認する戦略を早い時期から追っていた。一九六六年頃、カールスルーエでは、あらかじめ実験施設を設けず、すぐに増殖炉原型炉の建設へと移行するという決定が下されたが、これは産業界をあてにしたことを意味するものであった。つまり原子力研究センターでは、発電所規模の増殖炉の建設を始められる状況にはまだ到底なかったのである。

　インターアトム社*は、「そのプロジェクトは、現在のところまだ大きな不安定要素を抱えているから」という理由で原型炉の建設への資金拠出に参加しようとはしなかったが、しかし、その建設は同社に託された。カールスルーエ原子力研究センターの手に残ったのは、わずかに付随する基礎研究計画の管理監督だけであった。建設の主導権の産業界への委譲は、ヘーフェレによれば、カールスルーエにおける「いくつもの苦い論争」に先行した、増殖炉プロジェクトに「深く食いこむ決定的な節目」であった。実際には責任の分割は、実務においてはごく限定的にしかなされなかった。なぜなら、「人は、まったく別な機関であれば普通はうまく処理される数多くの研究に関する細々とした物事を上手に仕上げるか、仕上がる一歩手前にまで進展させることができなかったからであった」（フィンケルンブルク）。

　状況は、カールスルーエ原子力研究センターの希望に反して、強大なＲＷＥ社が発注者としてＳＮＲ－３００〈ナトリウム冷却高速増殖炉３００〉の協議に加わったとき、一層難しくなった。目標の分散――核分裂物質増殖並びに電力生産――は、研究者とエネルギー産業界との間に対立を生んだ。増殖炉の建設開始は、何年も先に延びた。最後には、ＲＷＥ社は、コストの理由から増殖率を一以下にしておくことを強固に主張して、増殖炉プロジェクトの目玉となるものを台無しにしたのである。そうなれば、ＳＮＲ－３００は、もはや純粋な増殖炉とはいえなくなるのであった。最終的にカルカー原発が原子力反対者の標的になったとき、驚いたことに、擁護者の側には、古いユートピア的な夢を抱かせた増殖炉への熱狂は、ほとんど残っていなかった。反原発運動は、警棒を手にした警官隊と対峙していたので気づかなかったようだが、実はすでに疲れ切った敵と遭遇していたのである。

　カールスルーエ原子力研究センターの熱心さにもかかわらず、産業界の中では同センターについてある種の失望が広がった。重水炉路線を通じてカールスルーエと結びついていたフィンケルンブルクその人でさえ、ドイツの産業は、「それによって原子炉開発への参入がより容易になるだろうという何か漠然とした」本来の「期待」に反して、「カールスルーエの研究炉施設からこれまでほとんど何も得ていない」としたのである。産業界は一九六三年にカールスルーエ原子力研究協会（ＧｆＫ）にその出資分を譲与したが、しかしながら、この見たところ気前のよい行為には、とりもなおさず、そこから距離を置くという性格もあった。まさにその直前に、ヴィルツと産業側との間に激しい論争があった。そして、産業界においては、その当時連邦研究省内では産業界はカールスルーエ原子力研究センターよりも高く評価されているのだから、なおさらのこと、連邦政府の助成が将来はより一層産業界の原子力技術研究施設に役立つことになるだろうという期待が、しばらくあった。つまりカールスルーエ原子力研究センターは、増殖炉開発の場合には産業界に対して好意的であることを明らかにすべきあらゆる理由があったのである。というのも、産業界の利益は、政治家の中で研究プロジェクトの品質保証マークとして通用していたからである。

しかし、増殖炉開発の産業界への着実な移行は、学界と産業界とのコミュニケーションの欠如を嘆く声を沈黙させなかった。それどころか、双方に数多くの横のつながりがあるにもかかわらず、両者の利害関心が時の経過の中で嚙みあわないまま弱まり、また、十分な情報の流れがまったく維持されなかった、という確かな印象を持つことができる。産業界と原子力研究センターとの間の人材の交流もまた、当初想定されていたよりはるかに小さかった。

＊——Internationale Atomreaktorbau GmbH（国際原子炉建設会社）の略称。一九五七年にデマーグ社と米国のノース・アメリカン・アヴィエーション社によって設立された原子炉建設技術の専門会社。

カールスルーエの未来型原子炉にまとわりつく将来への不安

すでに一九六六年にカールスルーエ原子力研究センターでは、増殖炉に専念することの危険が明らかになっていた。原型炉建設が産業界の手に移ったとき、現状規模の原子力研究センターにはどのような意味が残るのか、という問題がすぐに提起されたのである。これは、最初からカールスルーエにあったプロジェクト研究の宿命的な問題であった。それは、関係者の中に存在する不安を常に表面化させるとともに、できるだけ長期のプロジェクトを構想するという願望や、目標に限界というものがない基礎研究に戻ることへの憧憬の存在を明らかにしたものであった。

そうしたことを背景として、研究省次官であり、カールスルーエ原子力研究協会監査役会議長を兼ねていたカルテリーリは、巨大研究の意義とチャンスについて刮目に値するような懐疑をともなった評価を下した。そして、一九六七年に公表された評価報告書の中で、「当初の使命を奪われた諸研究施設の単なる見かけだけの活動」についてあからさまに指摘したのである。その行間には、原子力に関する巨大研究施設の設置は基本的に断念することが望ましいという洞察があるのがわかる。そうした洞察は、オーストリアのザイバースドルフ原子力研究センターのある部長が書いた「いわゆる原子炉センターの危機」に関する論述（一九七〇年）の中でも透けて見える。むろん彼は、「研究機関は第一義的に、並外れた強い生命力を持っているので、水道の蛇口のように楽々とひねられるようなものではない」、また、「研究が全般的に隆盛を迎え、その価値が評価されるような時代に科学の強大な城塞の取り壊しを要求する」ことは「非現実的」であると指摘して、その種の異端者を擁護したのではあるが。とにもかくにもドイツ連邦共和国の中枢的原子力研究機関は一九七〇年以後「進行が停止させられ」、それどころか一九七三年には、縮小路線が指示されたのであった。

そうこうするうちに、ナトリウム増殖炉を巡る路線対立に付随して、カールスルーエ原子力研究センターの組織機構もまたフランクフルター・アルゲマイネ紙の科学担当論説委員クルト・ルジンスキー[*1]の激しい攻撃の公然とした標的となった。そして、その攻撃の矢は原子力政策の核心にますます触れるものとなり、ついには自由民主党連邦議会議員のカール・メルシュ[*2]によって連邦議会に持ちこまれるまでになったのである。驚くなかれ、なんと最初のセンセーショナルな反原発イニシアチブは、保守的なフランクフルター・アルゲマイネ紙から起きたのである。その批判には、必ずしもまとまりのあるものではなかったが、次のようないくつかの題材があった。その一つは、「技術者対物理学者」をシンボルとして闘われた増殖炉冷却材に関するカールスルーエ内部の意見の対立である。二つ目は、大学とは別のその研究センターに注ぎこまれ、カールスルーエの「学術」的業績とは何の関係もなかった――これは、すでにその頃広く行きわたっていた意見である――巨額の資金についての大学側の怒りであった。最後ものは、原子力研究センターのピラミッドのような職階構造に疑問を突きつけ、かつ、下位の職員が反旗を翻すことへとつながった、一九六八年前後の大学民主化運動であった。当時原子力産業誌ですら「原子力研究センターの権威的でヒエラルヒー的な構造」に苦言を呈したものであったが、しかし、そうした取り組みの成果は目に見えるようなものがほとんどなかった。一九七〇年、年の始まりとともに、巨大研究機関科学者同盟カールスルーエ部会の抗議を顧みることなく、高速増殖炉プロジェクト指導部の立場はさらに強化されたのである。

あらゆる緊張関係があったとしても、長期プロジェクトに関心を持っていた巨大研究機関と、中枢的原子力研究機関からの発注を歓迎しないはずがないとはいえ、市場での原子炉競争には我慢ならなかった産業界との間には、最後には双方が儲かるような共生関係が醸成された。そして、この共生は、相互の無関心ぶりと折り合っていったのである。

　目標に関する相互のコントロールと、経済全体の利益にかなうような目標の長期的な調整は、そうした事情のもとでは両者の間で話に出ることもなかった。巨大研究機関と産業界との協力の形態は存在したが、むしろそれは、「拮抗する力」のモデルにも、コントロールされた「密接な関わりあい」にも相当するものではなく、せいぜい不本意ながらの協力と呼べるようなものにすぎなかった。

＊1――クルト・ルジンスキー。科学ジャーナリスト、化学者。ベルリン工科大学に学ぶ。フランクフルター・アルゲマイネ紙の科学担当編集委員。一九五八年に同紙に科学・医学・技術の統合を理念とした科学記事欄を導入し、これを拠点に科学技術問題について健筆をふるう。

＊2――カール・メルシュ（一九二六年～）。FDPの政治家、ジャーナリスト。一九六四年から一九七六年まで連邦議会議員。この間、一九七〇年からブラントとシュミット内閣で外務省政務次官を務める。

「天につばする者は……」――カールスルーエとユーリヒの競争と調整

　すでに見てきたように、一九六〇年代に達成されたカールスルーエとユーリヒの大規模な二つの中枢的原子力研究機関の並存は、そもそも計画されたものではなかった。ドイツ原子力委員会の首脳陣の中にはユーリヒ原子力研究施設に対する批判的かつ懐疑的な基本姿勢が長いことあった。また、一九六六年になってもなおフィンケルンブルクは、同じような考えのハイゼンベルクに対して、自分自身「最初は原子炉作業部会の中でも、ユーリヒは建設されるべきではなかったという意見を代弁していた」と回想したものであった。最初は非常に異なる構造をして、異なる運営母体――カールスルーエにおいては主として連邦政府、ユーリヒにおいてはノルトライン・ヴェストファーレン州政府――を持った二つの中枢的原子力研究機関は、一九六〇年代半ばに至るまで調整することなしに、そしてまた、大規模なプロジェクトではあからさまな重複は避けられたとしても、相手が何をしているのか関知せずに発展した。むろん事業活動の重複を避けることは、さして難しいものではなかった。というのも、原子力技術の分野は十分大きかったからである。しかし、その一方ではるかに難しかったのは、ユーリヒとカールスルーエの事業を、協力の形態か、生産的競争の形態かはさておき、相互に有意義な関係に置くことであった。

　ノルトライン・ヴェストファーレン州がユーリヒ原子力研究施設の大部分を担っている限りは、ボンの連邦政府は、調整問題に取り組むことを強いられることはなかった。とはいえ、管理監督がユーリヒ原子力研究施設ではなく産業界の手にあったユーリヒの原子炉プロジェクトAVRとトリウム高温ガス炉はといえば、もちろん連邦政府から資金を受けとっていたが。一九六四年に初めてノルトライン・ヴェストファーレン州政府は、連邦がユーリヒ原子力研究施設も引き受けてもいいのではないか、と催促した。マスコミで報道されたように、ユーリヒは、すでに長年にわたって政治家の間では「底の抜けた樽」で通用していた。しかし、ようやく一九六七年に連邦政府と州政府は、ユーリヒ原子力研究施設に将来それぞれ折半して資金供与することで合意に達したのである。一九七〇年に連邦政府の分担分は七五パーセントに上がった。いや、それどころかトリウム高温ガス炉の運転リスクについては、九〇パーセントまで連邦が負担することとなったのである。

一九六六年に連邦研究省は、目前に迫ったユーリヒ原子力研究施設の資金の一部引き受けを契機に中枢的原子力研究機関同士の協力問題に真剣に取り組むことを考えたが、このとき起用されたのは、何にも左右されずに判断を下せる力を持ったドイツ原子力科学の長老ハイゼンベルクであった。彼は一九六三年にカールスルーエ原子力研究センターにおける開発の評価のために設置された委員会の議長となっていたが、すでに一〇年近く原子炉開発からほとんど遠ざかっていた。だから、単に限定的にしか「専門家」として通用しなかった。ハイゼンベルクを座長として、一九六六年夏にユーリヒとカールスルーエにおける研究活動の調整を強化するための六人の委員からなる専門家委員会が招集された。ことの状況からすれば、その際第一義的に問題となるのは、ユーリヒのプロジェクトを批判的観点で仕分けすることであった。ユーリヒ原子力研究施設は、委員会の結論を、不安をもって待ちかまえた。研究省の発表によれば、近隣に所在する諸大学と連携した、プロジェクトには関係のない諸活動については簡素化し縮減された。その大部分はユーリヒの研究活動に該当したようである。けれども、カールスルーエもまた、官僚たちの期待に沿って、無傷で済むはずがなかった。ある課長は次のように苦情を述べた。カールスルーエとユーリヒにおける研究組織や事業を比較すると「再三奇異に感じる」のは、「様々な考え方から生まれた、多額の出費を要する研究課題や事業が並存して好き勝手に成長していることだ」、と。

しかし、コストについて委員会がしたように厳密には見ずに包括的な「原子炉戦略」を堪能していたプレッチュの見方は、それと違っていた。「二つのセンターの成立の歴史は種々の起源を」持つが、しかし、「それらの巨大センター固有の生は、注目すべきことに、年月の経過とともにまったく似た方向に展開していった」と、彼は思ったのである。「やりたい放題」の背後に実は目的に適合するものがあることを見分けようとするそうした視線は、研究省による調整の余地をほとんど残さなかった。実際に、専門家委員会は、カールスルーエとユーリヒの独自のダイナミズムを多くは変えることができなかった。

ハイゼンベルクは、研究省に対して次のように口頭で、自分がユーリヒの計画策定に依然として確信を持てないことを理解するように促した。「すべてがすべて、ユーリヒにおけるコンセプトは（中略）漠然としていて不明瞭だ。ユーリヒのための理にかなった総合計画を見出すことは困難だ」。彼はまた、ユーリヒで新たに精力的に着手された「巨大計画」について懐疑的に批評した。一九六七年初めに専門家委員会評価報告書を大臣に送ったとき、彼は付帯書簡において己の不快感をわからせようとした。すなわち、計画されている巨大プロジェクトについて原子力委員会において将来、適切な時期に優先順位をつけ評価を行うことによって、「原子力委員会内で新たな議論が行われないまま個別のプロジェクトに関して既成事実がつくられること」は阻止できるであろう、としたのである。そのすぐ後に彼は、カールスルーエで計画された巨大加速器に対抗して新たな企図の実現を図った。カールスルーエ原子力研究センターは、一九六三年にはハイゼンベルクからすれば大きすぎるものとなっていたからである。

連邦研究省内では、通信連絡費や会議費の多大な出費をもって招集された委員会の成果に対して失望感が広がった。巨大研究の独り歩き、計画策定から既成事実化へのコントロールなしの移行、独立したエキスパートの欠如、そうした、後年の原子力に関する対立で一般的に見られるようになった諸問題は、その当時、省内では完璧に把握されていたように思われる。公聴会政策や、ドイツ原子力委員会の解体につながった諮問会議制度といった改革の試みの前兆はあった。しかし、中枢的原子力研究機関同士もまた、横の連携づくりに注力していたのである。両者は、一九七〇年に設立された「巨大研究機関協議会」の中心的担い手であった。原子力産業誌自身、一九七一年の原子炉会議に際して、種々の報告の「受理または却下」は「研究機関が握っている票数――ユーリヒであるかカールスルーエであるかはさておき、中枢的原子力研究機関と、大学あるいは産業界の持つ票数――がますます決め手になる」「危険性」が高まっていることに言及した。この指導的な業界誌の編集主筆であるヴォルフガング・D・ミュラーは、その分野の不透明性が増していることを自ら感じるようになった。内部のコントロールが話題になることは、ますます少なくなった。原子力に関する産官学の複合体のコントロールを世間が要求することとなったのも、筋の通らない話ではなかった。

あれも、これもの政策としての「原子炉戦略」

カールスルーエの活動とユーリヒの活動の調整は、本質的には、そこですでに以前から開始されていた巨大プロジェクトを文書上承認することに限定するものであったのは事実だが、しかし、双方のプロジェクトをどのような形で並存させるのかという問題はあった。具体的には、早晩そのどちらかが相手に席を譲らねばならないという競合的な選択肢と見る可能性もあった。しかしまた、両プロジェクトを補完的なものと理解し、あるプロセスの中で交互に補完しあうように位置づけるという、心地よい逃げ道もあった。そして、こちらの道が、長期的かつ体系的な、連邦全体に広がりを持つ燃料経済を志向した「原子炉戦略」とともにとられたのである。そのたぐいの図上演習は、まさに、中枢的原子力研究機関についての意味ある調整の問題が課題となったその当時よく見られた。そして、中枢的原子力研究機関の利益も、その決定に明白に関与したのである。

ナチス治下ではヴァイマール共和国を罵倒する言葉であった「システム」という言葉は、一九六〇年代には魔法の呪文となった。システム設計のレトリックがとりわけ早くに原子力コミュニティーの中で流行したのは、不思議なことではない。一九六五年このかたずっと、情報通のローベルト・ゲルヴィン[*1]は、「複雑な戦略検討が（中略）一般的に好まれるようになった」、と書いている。連邦研究省では、プレッチュが熱狂的にこのテーマを取り上げた。一九六五年の年末に彼は、それまで普通はなかったような「すべての開発路線の概観」という表題のもとに、原子力委員会の席上でその当時の国際的な傾向を引きあいに出しつつ、「原子炉建設において別個に追い求められた原子炉タイプの開発路線は（中略）すべての原子炉タイプを網羅する路線に取って代えられる必要がある」として、次のように書いた。すなわち、燃料経済という観点で、「およそ二〇〇〇年までに、あるいは、遅くとも来世紀半ばまでに」――現実政治に普通見られる近視眼的な姿勢と明確なコントラストを描く、例を見ないような時代展望――「それらのタイプにとって、好期、今後七五年間の原子力発電のためにうまく関与できる機会がある」。「それらの原子炉がともに稼働するのを（中略）探究すること」が「新たな原子炉戦略の目的である」、としたのである。そのたぐいの鷹揚な計画策定スタイルは、原子力技術が公的資金を気前よく使えるようになった時代だからこそ可能だったのである。そして、それはまた、一九六〇年代中頃の原子力政策の雰囲気の変化を特徴づけたものであった。

むろん「戦略」議論に際して、増殖炉、高温ガス炉、軽水炉それぞれの信奉者同士の融和に邪魔が入らなかったわけではなかった。ましてや、コストが急上昇する中で、ドイツ連邦共和国が財政的な理由からそれらのプロジェクトのどれにするか、途中で決定せざるをえなくなる可能性も度外視できなかったから、なおさらであった。カールスルーエとユーリヒとの調整が恒例となった年、一九六六年の雰囲気は、明らかに対立的なものとなった。そのシグナルとなる働きをしたのは、ミラノでの原子炉会議におけるゼネラル・アトミック社社長フレデリック・ドゥ・ホフマン――ドイツ系の移民で、ドイツ連邦共和国に大きな影響力を持っていた人物――の講演であった。その講演は、ナトリウム増殖炉が一般的に優遇されていることについての厳しい批判を含んでおり、また、この原子炉タイプにある未解決の技術的問題を指摘したものであった。ナトリウム増殖炉に対して、ドゥ・ホフマンは、高温ガス炉技術と結びついたヘリウム増殖炉を称賛した。これは、カール・ヴィルツが自家籠中のものとしていた増殖炉であった。同じ年、ルジンスキーはフランクフルター・アルゲマイネ紙でナトリウム増殖炉に対する激しい正面攻撃を開始した。たしかにナトリウム増殖炉に対して高温ガス炉というカードを、順を追って切りはじめたのは後になってからであったが、しかし、彼は、すでに一九六五年にユーリヒの高温ガス炉を「それまで常に使用されることなく日陰者であった」原子炉タイプとして言及していた。

ルドルフ・シュルテンと、ユーリヒ原子力研究施設の科学技術部長であったアルフレート・ベットゥヒャーは、一九六六年初めに熱トリウム増殖炉よりも高速増殖炉を優先することに対して公然とした批判を開始した。その際シュルテンは、それまで通常なかったような筆法を用いた。すなわち、熱増殖炉よりも「数千倍高い中性子速度」を持つ高速増殖炉における「なんともいたたまれないような」高エネルギーの集中について指摘し、そして、固有の安全が高速増殖炉に欠如していることを強調したのである。高速増殖炉にあっては臨界事故がありうるとシュルテンは説明し、そして、次のようにつけ加えた。もし、イギリス、フランス、そしてソ連において、それでもなお高速増殖炉が開発されるとしたら、「そこでは原子爆弾製造から副産物として生じるプルトニウムの蓄えが使用されているという事情もまた、疑いもなくともに作用しているはずだ」、と。増殖炉開発の合理性は、それによって根底から疑問視されたのである。

ヘーフェレは、同じ年に連邦研究省に対して、高速増殖炉開発が豊かな成果を上げながら進んでいるのにトリウム増殖炉まで開発する「理由はまったくない」と説明することで、それにやり返した。その年の春、彼は、最近行われたロンドンでのフォーラトム[*2]の会議は「高速増殖炉がもはや遠い将来に実現するプロジェクトではなく、すぐ目の前にある現実であることを証した」と時期尚早の勝利宣言をした。インターアトム社の部長ルドルフ・ハルデは、そうしたことを考慮すると、トリウム高温ガス炉もその一つに数えられる「進歩した転換炉」は「できるだけ」遅れるほうがいい、とつけ加えた。まさに原子力に関するパワーゲームである。

しかしながら、その後、トリウム高温ガス炉にもナトリウム増殖炉にも法外なコスト増加や遅延があることをカールスルーエとユーリヒのプロジェクト長たちが知り、互いに相手に対する批判的な意見を口にしづらくなった。内部的な用語のルールができあがったのは明らかであった。しかし、レオ・ブラントはそうした新しい用語のルールにこだわらず、切られたカードと、「安全の問題は常に同じものであり、すべての原子炉はいつも等しく安全である」というその大雑把な内容について不満を口にした。彼は高温ガス炉の安全特性から一つの理想像を描いたが、このことはプロジェクト長たち自身がやる以上のものであった。そして、慎重な言い回しではあったが、ナトリウム増殖炉の「目的適合性」や安全に関する諸特性についての疑問を明確に述べたのである。フランクフルター・アルゲマイネ紙で従来からナトリウム増殖炉に対抗して水蒸気型増殖炉を擁護してきたルジンスキーは、一九七〇年一二月に行ったヒアリングの後、高速増殖炉に代替する選択肢として高温ガス炉を勧める方向に次第に移っていった。

舞台裏では、SNRプロジェクトとトリウム高温ガス炉プロジェクトとのせめぎあいが続いていた。このことについては、テロリストとの関係を取り沙汰されて罷免されたSNRプロジェクトの首席設計技師クラウス・トラウベの本の中でとりわけ明らかになっている。彼は、たしかに全体として原子力に関する巨大プロジェクトについての倫理的責任を追及したが、さしあたり高温ガス炉開発――彼によれば「素人愛好家的な冒険」――を軽蔑的な批判の格好の標的とした。他方、高温ガス炉の主役たちは、原子力の主流と一悶着起こすことはなかったものの、一九七〇年代の原子力発電所を巡る対立を好機到来と見て、固有の安全という理想はその原子炉をもって達成できる旨を内密の情報として広めた。その当時、研究大臣であった社会民主党のハンス・マットヘーファー[*3]でさえ、「長期的視点で」高温ガス炉を優先する、と公言していたのである。たしかにユーリヒ原子力研究施設のある代表者は、まだ一九七三年には連邦議会委員会の公開公聴会において次のように強固に主張したものであった。曰く、自分は高温ガス炉同様に高速増殖炉にもほとんど反対ではない（「なんですって。私だってまんざら他の原子炉タイプと関係ないわけではありませんよ」）が、「しかし、礼儀をわきまえているので、もちろん高速増殖炉に反対するとは言いませんよ、カールスルーエにいる同僚たちに反対だとは」。こうして、「専門家たち」に関する開き直りともとれるような滑稽な印象を委員長ウルリヒ・ローマー[*4]に抱かせたのである。「問題はそれだ。まさしく、それが問題なのですね。これを証す礼儀をわきまえてという言葉が、すべてを漏らしている」。しかし、シュルテンは一年後の委員会公聴会で次のように説明した。すなわち、トリウム転換炉はプルトニウム転換炉よりも「プルトニウムの産出がおよそ数千分の一以下であり、長期間放射線を出し続けるアルファ線もそれに対応して数千分の一しかない」、また、高温ガス炉は固有の安全が高いので、事故が起きても非常用冷却システム〈非常用炉心冷却装置、緊急炉心冷却装置〉のスイッチを入れることが必要になるのは「ようやく四、五時間後」のことである。これに対して、「他の原子炉タイプ」――高速増殖炉の名前をことさら挙げることは避けているが――にとって「非常用冷却システムは一分以内に働かなければならない」としたのである。

けれども、依然としてユーリヒは、カールスルーエとの安全問題に関する険しい論争にあえて踏み出そうとしなかった。おそらくその論争は反原発運動の時代に大きな反響を呼んでいたであろうが。高温ガス炉の信奉者の控えめな態度には彼らなりの理由があったと考えることができる。トリウム転換炉ではほとんどプルトニウムが発生しないとしても、そこで増殖されたウラン233は、プルトニウムよりはるかに強力な放射線（ガンマ線）を持った。加えて、運転のためには、トリウム転換炉を「不安になるほど原子爆弾に近いものとする」（アレクサンダー・フォン・クーベ[*5]）高濃縮ウランが必要であった。特にトリウム高温ガス炉の設計者たちは、当初は完全な原子炉格納容器をまったく予定していなかったのであるが、しかし、一九七〇年代になると安全規格の向上を神経質に感じとるようになった。技術分野での事業担当者の言によれば、安全規格に関する新たな諸要求は、トリウム高温ガス炉にとって「革命的な」ものであり、「コンセプト全体を部分的に完全に手直し」せざるをえなくなるものであった。おそらくはユーリヒ原子力研究施設にとっても、トリウム高温ガス炉と組みあわされたヘリウム密封タービン並びにプロセス熱利用という未来プロジェクトが敏感な安全意識の犠牲になる恐れがあることを、深刻に受けとめないわけがなかった。そうしたことから明らかになるのは、原子力の産官学複合体それ自体の内部では、安全議論を一番真剣に行うことができたであろう人々から、それにふさわしいようなきっかけがほとんど出てこなかったことである。ユーリヒとカールスルーエとの調整は、一九八〇年に、よりによってあのヘーフエレがユーリヒ原子力研究施設の理事長に任命されたとき、過去を背景とする、まさにグロテスクな頂点に達したのであった。

＊1――ローベルト・ゲルヴィン（一九二二～二〇〇四年）。ドイツの著名な科学技術ジャーナリスト。シュツットガルター・ツァイトゥンク紙や南ドイツ放送協会などを経て、ミュンヘンのマックス・プランク協会に移り、広報部門を開設するなどした。

＊2――ヨーロッパ原子力産業会議の略称。フォーラトムは、ヨーロッパの原子力産業の業界団体で、ヨーロッパ共同体レベルで原子力産業のロビー活動を行っている。

＊3――ハンス・マットヘーファー（一九二五～二〇〇九年）。SPDの政治家。一九六一年から一九八七年まで連邦議会議員。一九七四年からヘルムート・シュミット内閣で連邦研究技術大臣（一九七四～七八年）、財務大臣（一九七八～八二年）、郵便電気通信大臣（一九八二年）を歴任。

＊4――ウルリヒ・ローマー（一九二八～九一年）。パーダーボルン総合大学の教授、SPDの政治家。一九五七年から一九七六年まで連邦議会議員。一九六九年から一九七二年まで連邦議会教育科学委員会委員長、一九七三年から一九七六年まで同研究科学技術委員会委員長を務める。

＊5――アレクサンダー・フォン・クーベ（一九二七～二〇一三年）。科学ジャーナリスト。ハノーファー・アルゲマイネ紙や西ドイツ放送（ケルン）などで活躍。原爆死反対運動にも関与した。

無計画な合従連衡による競合的展開——求心力を欠いた国、産業界、科学者

計画に反する軽水炉の一人勝ちと一九六〇年代の原子力計画

実際に建設された原子力発電所を見てみると、ドイツ連邦共和国の原子力エネルギー開発は、原発タイプの選定において最初から首尾一貫した真っ直ぐな路線を描いているような様相を呈している。すなわち軽水炉である。最初の実験用原子力発電所（カール）は軽水炉であった。同じように、最初の実証用原子力発電所（グンドレミンゲン）も軽水炉であったし、その後に続く二つの原子力発電所（リンゲンとオーブリヒハイム）もそうであった。ついには、最初に商業用に建設された大規模原子力発電所（シュターデとヴュルガッセン）も、また、これに続くさらに巨大な原発の原子炉群もそうであった。

他方、かつてハイガーロッホで始められ、FR2やMZFRを経てニーダーアイヒバッハ原発や、アルゼンチンのアトゥチャ原発の輸出受注へと向かった重水炉路線は、後年、MZFRが研究用原子炉に指定され、さらにニーダーアイヒバッハ原発がドイツ連邦共和国の原子力発電所リストから外されると、軽水炉の勝利の陰に隠れて忘れ去られていったのである。シュターデとヴュルガッセンの発注の後になされた原子力産業誌の主張は、「ドイツにおいても成果を上げた軽水炉開発」は、連邦政府の支援も得つつなされた、「目標をはっきりさせて取り組んだドイツ産業界の努力」の結果である、というものである。これはもっともらしい主張であった。その後、軽水炉の勝利は、原子力技術においても経済性の視点が他の説得力のない視点を圧倒したことの証拠として通用した。

けれども、実際に軽水炉が次々と出現した際に問題となったのは、目標を志向して計画され、その賛否の点で徹底的に議論された開発についてではなく、それ以外のすべてのことであった。高濃縮ウランを必要としたその原子炉タイプの普及は、我々が見てきた以上に、天然ウランやドイツ独自の開発を優先した当初の諸原子力計画と甚だしく矛盾するものであった。一九六〇年から一九六一年にかけて出版された原子力問題について公的な筋から出されたポケット版の本の中では、なおも——重水や黒鉛、さらには、それ自体議論の余地があり、後に消えていったテルフェニルなどと違って——軽水という減速材に関する単独の章立てはなかった。ドイツ連邦共和国におけるその原子炉タイプの普及にとって決定的であったのは、実証用原子力発電所グンドレミンゲン（一九六二年）、リンゲン、オーブリヒハイム（一九六四年）であった。それらは、すべてがすべて、国による資本やリスクの引

き受けによって初めて成立したものであった。そのことから、なぜ所管省や原子力委員会によって優先的に進められてきた重水炉路線がそれまでと同じように押し通されなくなったのかという疑問が出てくるのである。

ドイツ初の実用原子力発電所の原子炉タイプの選定

最初はベルトルトスハイム近郊に計画されたグンドレミンゲン原子力発電所には、競合していたＡＥＧ社やゼネラル・エレクトリック社の沸騰水型原子炉提案の他に、ジーメンス社による対案があった。もっとも、この対案で取り上げられたのは、ジーメンスによって開発された重水炉のタイプではなく、天然ウランで運転する英国由来のガス・黒鉛方式のマグノックス原子炉*であった。ジーメンス社は、応札にあたってイングリッシュ・エレクトリック社やバブコック＆ウィルコックス社と提携したのである。ベルトルトスハイムの地に当初建設が予定され、その後のグンドレミンゲンに計画された原子力発電所については、すでに巨大技術上ある程度実証された原子炉タイプだけが考慮の対象となっていたことは、最初から周知のことであった。だからこそ、米国製原子炉に代替する選択肢としてはイギリスのコールダーホール原発路線の原子炉しかなかったのである。

連邦政府のリスク関与の観点から、その当時、所管省の課長であったフィンケは、核燃料サイクルとあわせて二つの原子炉タイプの「蓋然性の高い総リスク」を評価しようとした。その際に彼は、ＡＥＧ社の入札価格の二億三七〇〇万マルクに対して、ジーメンス社のものが一億六九〇〇万マルクでしかないことに注目した。「核燃料サイクルのコストの発生」がＡＥＧ社の入札の「最大の個別リスク」であるとして、彼は次のように注釈を加えている。この費目は、「発生確率の高い総リスクの三分の一」を包含する。同じリスクは、ジーメンス社の入札の場合には、「英国原子力エネルギー庁の保証によって十分にカバーされる」ことに彼は気づいたのである。経済省の担当官もまた、ジーメンス社のプロジェクトの場合には、基本的に連邦政府のリスク関与はそれまで適用されてきた路線をベースに容易に行える、と思ったのである。

原子力発電所の発注者となるＲＷＥ社にとって、計算はまったく違ったものとなった。同社の関心は、ウラン濃縮も含めた核燃料サイクル全体のコストではなく、原子力発電所のコストだけであった。そして、このコストは、沸騰水型原子炉の場合には、マグノックス・タイプのわずか六一パーセントと見積もられた。それをもってＲＷＥ社にとっての原子炉タイプの選定は決した。マグノックス原子炉の比較的低い運転コストもまた、比較的高い固定経費を相殺することを約束するものではなかったから、なおさらそうなったのである。一九六二年の春、省内でもまた、ＲＷＥ社の手法にあわせて核燃料サイクルと結びついたコストリスクが外され、その結果、沸騰水型原子炉に有利なコスト比較は不本意ではあったが承認された。そうした経験の後に、ジーメンス社もまた、少なくとも迂回戦略として軽水路線に転じ、重水炉と並んで、加圧水型原子炉を手中に収めたのである。加圧水型原子炉は、重水炉と比較的うまく組みあわせることのできるもので、すでにアメリカでジーメンス社の長年のパートナーであったウェスチングハウス社の代名詞となっていた。一九六四年にジーメンス社は、オープリヒハイム原発で加圧水型原子炉の最初の注文を得た。これこそ、最後に他を圧することとなった原子炉タイプであった。

それでは、軽水炉の勝利はエネルギー産業の所産であったといえるのであろうか。完全に、という意味で考えると、そうではない。というのも、その頃エネルギー供給企業が原子力発電所を自発的に発注することは、まだほとんどなかったと見られるからである。つまり、国の包括的な助成があればこそ、彼らは原発の発注に動いたのである。連邦原子力省と連邦経済省によって原子力エネルギーへと追いこまれたRWE社は、一九六二年春に、バルケ原子力大臣とエアハルト経済大臣宛ての同じ趣旨の書簡において、次のように表明していた。「それほど遠くない将来にはっきりとした形をとるとされるエネルギーの途絶の観点から、すでに現時点あるいは近いうちに原発の建設開始が必要だ」と思う人間はいない、と。

大きな影響力を持っていたRWE社監査役会議長のアプスは、その当時、原子力エネルギー事案にはむしろ懐疑的な者の一人であった。一九六三年になってもなお彼は、米国における原子力エネルギーの商業化の始まりに関する報告に疑いを持ち、軽水炉の信奉者とは決していえなかった。そして、「ドイツの原子力行動計画は、国内の原子力発電所建設を最後に位置づけているのであれば、意味がある」と強調していた。以下のような十分な根拠をもって、彼は実験段階の継続を擁護した。すなわち、「なぜなら、化石燃料が現状のように潤沢に提供される場合には（中略）原子力エネルギーから電力を供給する必要性はないので、ごく近い将来のための行動計画は、もっぱら研究、開発、教育、そして、経験の収集に照準があわされるべきだ」としたのである。当時はまだエネルギー産業界も、産業界全体同様に、軽水炉が市場を独占することにほとんど関心がなかった。

軽水炉の普及を左右したのは、とりわけ開発の時期とテンポであった。エネルギー産業界は、しぶしぶながらも、すでに早い時点で原子力発電所の発注を承諾していた。だからこそ、長期的に見ればほとんど利点がないとしても、比較的安価で、複雑なところもなく、実証済みのように思われた軽水炉を選定することは、彼らにとって自然な成り行きであった。原子炉作業部会は一九六三年二月に、原子力発電所の発注条件について知見を得るために、エネルギー産業に対してアンケート調査を行った。「最初の回答」が出たのは、ようやく同年一一月であった。それは、ヴィルツの言葉を借りれば、「海外で実証済みの原子力発電所と同種のものとする場合にはグンドレミンゲンが適切なひな型になると考えている」が、まだ「実証されていないドイツ独自の開発の場合には」より高いリスクが前提となり、公的機関がそのリスクを然るべく負担することを期待するというものであった。その報告書は、エネルギー産業界が原子力発電所を発注しないことが最も好ましいと考えていたことをうかがわせる。驚くなかれ、一九七〇年代になってもなおエネルギー産業界は原発による電力の競争力を信じていなかった。米国のオイスタークリーク原発の発注が一九六三年に予定どおり行われたことについては、何一つ気づかれていなかったのである。

エネルギー産業界のそうした態度によって、最初の原子力発電所の建設は、原子炉タイプの選定も含めて、もっぱら連邦政府による保障の問題となったのである。そうした状況のもとで原子力省がどのようにして鍵となる役割を手に入れたのか。これについては、すでに描かれている。このことは、ドイツ原子力委員会それ自体にも当てはまる。原子力委員会は製造業とエネルギー産業との妥協を考え出す立場にあったかもしれないが、この事案に関しては製造業の利益がきわめて支配的であった。特筆すべきことに、ドイツ原子力委員会の文書からはグンドレミンゲンの前史に関する情報はほとんど何も得られない。しかし、原子力省の文書からは非常に多くの知見を得るのである。それゆえ、原子力省もまた、タイプの選定に意識的に影響力を行使したのではないかという疑問が提起される。

この点については、矛盾するような図柄が生まれる。バルケ自身、依然として、ドイツの独自開発を優先することは当然であり、大規模な原発への移行に焦点を絞るきっかけは何一つない、という考え方であった。一九六〇年の終わりになってもなお彼は、西ベルリンのための原子力発電所を計画していたベーヴァク社（ベルリン発電所電灯株式会社）との協議において、実証済みの原子炉を優先するのであれば、少なくとも英国製のコールダーホール・タイプを選べばよいという考えを擁護した。これと関連して彼は、米国の軽水炉の、多くの賛辞を得ていたその実証性に疑問を持ったが、それは不当なものとはいえない。原子力発電所の迅速な建設がアメリカ製の原子炉を真似ることを意味するとわかったとき、バルケは連邦議会委員会を前にして、次のような重要な説明を行った。「我々は、現下の経済的、政治的状況を目にすると、我がドイツには現在のところ大型の実用原子力発電所は必要ないと確信している。おそらく後になって、あるいは、自給自足に備えるという理由から（中略）我が省の仕事――このことを私は、ここで強調しよう――は本来の目的（中略）、すなわちエネルギーの途絶を原子力エネルギーから電気を生産することによりカバーするという目的から遠ざかってしまい、そして、完全に変容してしまった」。さらに彼は次のようにつけ加えた――グンドレミンゲンが発注される一年前のことである――とにもかくにも、原子力エネルギーへの需要が存在する場所は今日すでに、あるにはあるかもしれない。「北極地方か、南極地方か、はたまた大洋の中の島々においてだ」、と。北極の氷の大地を原子力エネルギーを手段として開拓することに夢中になっている人々がいるのを思い起こすことがなければ、冗談にしか聞こえない言葉である。その言葉は、いつしかバルケが彼の省内で実際に進行している出来事から遠ざかってしまったことを裏書きしている。早くも一九六〇年のシュツットガルト原子力発電所プロジェクトの挫折は、バルケに公然と向けられた激しい批判につながった。大型の原子力発電所の建設よりも原子力研究に大きな関心を持っているのではないかという疑惑を、人がバルケに抱いたのも故なしではない。

一九六一年にドイツ原子力フォーラムは、「独自に開発される実用原子炉によるもの」かどうかはさておき、「大型施設の設置」によって初めて「圧倒的に先行する」諸外国に追いつくことができる、というスローガンを掲げた。原子炉作業部会の一部の者は、今や目に見えて神経質になり、そして、「特定の原子炉タイプの建設について、その経済性は一〇年以内に初めて達成可能になるであろうと考え、その日が来るのを座して待とうとするのであれば」市場のチャンスをすべて棒に振ることとなる、と警告した。しかし、そのための決定はなかった。一九六二年春に原子力省に経済省から一連の文書が届いた。それは、「結局、大規模原子力発電所を建設することが必要である」、と主張したものであった。長いこと原子力技術にほとんど関心を示さなかったルートヴィヒ・エアハルトその人でさえ、原子力産業に最後には発注するよう、そして、「まったくの図上演習」にとどまらないよう、はっきりとRWE社に迫った。原子力省もまた、大臣の見解などおかまいなしに強まる原子力産業界の圧力に影響されていた。

「ドイツ流の」開発が支配的であったにもかかわらず、原子力省内にも、米国の原子炉戦略の公然とした信奉者がすでに存在した。わけても、グンドレミンゲンに関する資金調達交渉を率いた、精力的で一癖あるフィンケがそうであった。すでに一九六一年初めに彼は、アメリカ原子力委員会のコスト計算だけが信頼の置けるものであることをわからせようと仕向けていた。つまり、人はドイツ連邦共和国においても「常に」それを捉えておくべきである、と強調したのである。原子力省や原子力委員会において彼は、「ドイツ流の」原子炉という野心の批判者となった。高価ではあったがヘキスト社の重水炉を「たとえ一部分でも」アメリカ製より優先願いたいという、FR2の装備に際してなされたファルプヴェルケ・ヘキスト社の陳情を、彼は遠慮会釈もなく突き返した。RWE社や、ヘキスト社の競争相手であるジーメンス社、AEG社との、グンドレミンゲン・プロジェクトに関して彼が行った協議では、原子炉タイプやエルトヴィレ・プログラムについてはまったく話が出なかった。いや、それどころか、「RWE社による技術面に関する決定は、連邦政府の助成措置によって決して影響されるべきでない」ことが、明確に確認されたのであった。それは、ことの状況からすると、軽水炉にとっての障害が原子力省それ自体からも除かれたことを意味するものであった。そのようにして、原子力省はアメリカの原子炉の普及に加勢したのであるが、しかし、それは、何らかの長期的な計画案に基づいたものではなかった。

＊——マグノックス原子炉（マグノックス炉）は、天然ウランを燃料とする黒鉛減速炭酸ガス冷却型原子炉で、実用規模の発電用として世界で最も早い時期にイギリスで実用化された。

全体的な政治的環境と原子力政策

アメリカの原子炉がドイツ独自開発のものよりも優先することを容易にしたのは、一九六一年から一九六二年にかけての政治の全体的な雰囲気であったと推測される。一九六一年秋に外務大臣がハインリヒ・フォン・ブレンターノ[*1]からゲアハルト・シュレーダー[*2]に交代したことは、外交政策における空気の変化と、ド・ゴール治下のフランスとの関係を犠牲にしたケネディ[*3]時代の米国との協力強化の追求を意味していた。一九六三年のアデナウアー時代の終焉とともに、米国に与し、フランスに対抗するというオプションは、わけても「部分的核実験禁止条約」に関する激しい対立の前哨戦であった核拡散防止条約を巡る対立によって、一層強化された。それらすべてのことからすると、ドイツ連邦共和国における軽水炉の勝利は純然たる「一つの産業分野の」出来事ではなく、より大きな関係性の中にあったという推測は、十分納得できるものである。けれども、原子炉戦略はその頃、政治の次元で意識的に把握されていたとは思われない。とすれば、高濃縮ウランを供給する用意があるという米国の意向に長期的に信頼を置いていいものかどうかというデリケートな問題が検討されねばならないであろう。もっとも、そうした議論を強いたのは、まずは「核拡散防止条約」であった。

「米国」路線の信奉者は、ドイツ連邦共和国内でも国外でも、原子力ナショナリズムとの論争において経済的合理性の代弁者として登場した。しかし、実際のところ彼らにあったのは、むしろアメリカの技術の根本的な優越への信仰であったと思われる。純粋な経済計算は、米国製原子炉を十分肯定するものとならなかった。米国初の軽水炉原子力発電所（シッピングポート）は適切といえるしろものではなく、その建設者であったハイマン・リッコーヴァー提督[*4]もまた、軽水炉を特別魅力あるものにしようと考えていなかった。その採算性の非常に悪い運転は、世間一般に失望を引き起こし、そして、マンデルもまた、それは軽水炉のための原型炉として公認できるしろものではない、と強調したのである。勃興しつつあった原子力産業の厳しい教師であったリッコーヴァーは、後に原子力の批判者になった。軽水炉の出現の目印となるのは、後年回顧してみると、米国のオイスタークリーク原子力発電所の発注（一九六三年）であった。けれども、一九六三年から一九六四年にかけてのドイツ連邦共和国では、それはまだ軽水炉へのシグナルとして認識されることがなかった。グンドレミンゲン原発や、リンゲン原発、オープリヒハイム原発における原子炉タイプの選択は、まだオイスタークリーク原発から影響を受けていなかったのである。

ところで、オイスタークリーク原発の背景は、これまで公開された資料から推測される限りでは、少なくとも経済的なものでもあり、また非常に政治的なものでもあった。ケネディ時代には、原子力発電所建設は民間のイニシアチブが欠けているがゆえに、国がその引き受け手となるかのように時折見えたのである。こうした展望は、民間経済界を、そしてまた原子力委員会をも苛立たせ、原子力発電所の可及的速やかな建設に関する民間経済界や原子力委員会でのコンセンサスを容易にさせたのである。一九六五年になってもなおアメリカ原子力委員会は、軽水炉の経済的な便益が保証されているとは思っていなかった。しかし、一足飛びに大きな原子力発電所を望んだとしても、あるのは軽水炉タイプだけであった。ドイツ連邦共和国におけるのと同様に、タイプの選定は、本質的にテンポの問題であった。競争は創造的な混乱をともなうものであり、これが原子力政策の計画性のなさの一因となったのはわかるとしても、再現しうる歴史的経緯は、まったくもつれていて、それを経済的な原子炉への道として解釈することは難しいであろう。

ドイツ原子力委員会内部では、第三専門委員会と原子炉作業部会、とりわけそれらの委員長や部会長であったヴィンナッカーとヴィルツが次のことに心を砕いていた。すなわち、もしグンドレミンゲンについては軽水炉の選択が不可避であれば、少なくともそれに続く実証用原子力発電所は、できるだけ本来の意図にふさわしい別なタイプの原子炉を備えるべき、というものであった。つまり、「スタート時点での難しさを克服する」ただそれだけのために、その当時は、米国製の原子炉の引き取りを「是認しうるもの」と考えたのである。これに対して、将来の原子力発電所のためには、人は、「燃料である天然ウランを忘れてはならないことを強く」思い出すべきだ。「というのも、それだけが外国からの確かな独立を保証し、また、廉価であるからだ」、というのである。グンドレミンゲンがドイツの原子力行動計画に基本的に矛盾すること、そして、これを超えて別な方向への展開を定着させるよう迫ったことは、ヴィンナッカーとヴィルツによってはっきりと述べられている。既成事実は、しかし、彼らにもはっきりと影響を与えた。一九六四年にグンドレミンゲンに続く二つの軽水炉原子力発電所が着工されたとき、ヴィンナッカーは、それらはすべて計画に沿うものだと明言した。ヴィルツはやや慎重に次のように述べた。すなわち、行動計画からの乖離はいくつかあるものの、彼には「今日、行動計画同士、そして実際に起きたことと、今まさに起きていることの間に矛盾はほとんどない」「ように見える」、としたのである。その頃、増殖炉がボン政府の原子力計画策定の中軸に格上げされたので、カールスルーエの視線からしても原子力発電所の「第一世代」が行動計画に反していることは意味を失ったのである。

エルトヴィレ・プログラムに付随した否定的な経験や、プログラムに反した軽水炉の普及、そして、最終的にカールスルーエの高速増殖炉プロジェクトの抗しがたい魅力の高まりは、内情をよく知る関係者にとってのその後の原子力に関する諸計画の重みを必然的に小さくした。一九六〇年代の原子力に関する諸行動計画は、ただそうした背景をもとにして評価されねばならない。

＊1――ハインリヒ・フォン・ブレンターノ（一九〇四～六四年）。CDUの政治家。一九四九年から亡くなるまで連邦議会議員を務め、一九六四年まで二期にわたって連邦議会のCDU・CSU会派の議員会長。一九五五年から一九六一年まで連邦外務大臣を務める。

＊2――ゲアハルト・シュレーダー（一九一〇～八九年）。CDUの政治家で、一九五三年から一九六九年にかけて連邦政府で内務大臣、外務大臣（一九六一～六六年）、国防大臣を歴任。外相として東方政策や米英とのパートナーシップの強化に寄与。また、一九六九年の連邦大統領選では、僅差でSPDのグスタフ・ハイネマンに敗れた。

＊3――ジョン・フィッツジェラルド・ケネディ（一九一七～六三年）。民主党出身の米国第三五代大統領（一九六一～六三年）。在任中の一九六三年に暗殺される。東西冷戦の中でベルリン危機（一九六一年）、ソ連との核戦争の瀬戸際にあったキューバ危機（一九六二年）を回避したほか、米英ソ間の部分的核実験停止条約（一九六三年）を締結する。

＊4――ハイマン・G・リッコーヴァー（一九〇〇～八六年）。アメリカ海軍の軍人（海軍大将で退役）、原子力海軍の父と呼ばれる。海軍の原子炉開発の責任者となり、原子力潜水艦ノーチラス号の開発など原潜の開発、配備を推進。また、商業用原子力発電所の開発にも携わった。部下への厳格な教育、訓練でも知られる。

美しい建前としての計画づくり――紙の上だけだった一九六〇年代の計画

一九五七年のエルトヴィレ・プログラムは非公式のものであっただけでなく、非公開のものでもあったが――そもそもは原子炉作業部会の単なる決定にすぎなかった――まさに産業分野においてはかなり具体的かつ詳細なプログラムであった。一九六三年の原子力行動計画は、当初はエルトヴィレ・プログラムの新版と理解され、次いで「ドイツの原子力行動計画」そのものであると言及され、そして、ようやくその頃になって、遅まきながらエルトヴィレ・プログラムが公認される中で、「第二次原子力行動計画」として実施された。この「原子炉開発間近な行動計画」は、特定の原子炉タイプの名前を意識的に挙げず、タイプ選定の一般的な基準を挙げたにすぎなかった。この基準は、たしかにエルトヴィレ・プログラムのいくつかの原則を取り入れたものであったが、しかし、他のそれと張りあうようなものも導入していた。すでに最初の基準からして内部に矛盾をはらんでいた。すなわち、「原子炉タイプは、近い将来、エネルギーを産業に約束するものであるべきである」――軽水炉についての賛成を意味した――とする一方で、「また、中長期的な競争についての能力が期待される」――開発の余地がほとんどない軽水炉タイプに距離を置くことを意味した――としたのである。「経済性を判断する場合には、燃料サイクルが長期的視線で調査されねばならない」。これは、明らかに軽水炉に対抗した基準であった。これに続いて第二の基準は、原子炉プロジェクトには「国際的に存在する経験をも取り入れ」られなければならないとしたが、こちらは米国製の原子炉を是とする論拠として解釈されうるものであった。

　ところで、その原子力行動計画は、「ドイツでは、まだ原子力発電所の早急な整備を強いるようなエネルギー供給の途絶はない」ことを是認したものであった。たしかに将来のエネルギー供給の途絶についての予測は、まったくなかったのである。それにもかかわらず、それは、グンドレミンゲンに加えて、二つの大原子力発電所の速やかな建設を支持したものであった。一九七〇年にはすでに「大規模な原子力技術関連施設」が予告できるだろうという、検討の初期になされた原子炉作業部会の数人の者の提言は、最後のとりまとめ作業においては、もはや考慮されなかった。むしろ、「追加的なエネルギー源」としての原子力エネルギーの導入は「今日の知見によれば、約一〇年以内に予期される」と、漠然とうたわれていたにすぎない。「ドイツ連邦共和国において増大しつつあるエネルギー需要」を土俵に引き入れるべきという提言もまた、おかしなことに採用されなかった。人は、その当時、悪しき経験からエネルギーに関する予測について慎重であったのである。

　フランクフルター・ルントシャウ紙が第二次原子力行動計画の誕生の特徴を「痛々しい鉗子《かんし》分娩」と書いたのは、理由がないわけではなかった。所管省は、その最終的な文言のとりまとめ作業に本質的に関与したものの、世間一般からはその原子力行動計画と同一視されたくなかったのである。原子力大臣バルケの在任中に（彼は積極的に関与しなかったが）第二次原子力行動計画は実質的に成立したが、そのバルケや原子力産業誌が憤慨したのは、新しい研究大臣のハンス・レンツ[*1]がそれをドイツ原子力委員会の拘束力のない提言として放置したことであった。省庁官僚主義内の意見の相違と原子力についての展望の急速な変化は、そうした時間稼ぎの戦術に出た彼を力づけた。リンゲンやオープリヒハイムのプロジェクトによって、原子炉開発のための行動計画の諸基準はすぐに信用の置けないものとなった。一九六八年に公表された第三次原子力行動計画は、初めて連邦政府の公式な行動計画に格上げされた。その当時、短期間に再び多くの箇所を改訂しなければならないという心配なしに安心して行動計画に文言として書きこめるほどの堅固な構造と既成事実がすでにできあがっていた。

「第三次ドイツ原子力計画」は「第一次計画の躊躇と第二次計画の現実路線という二つの願望思考の間を揺れるもの」であった――そのように一九六八年にプレッチュは、一九五七年以降の行動計画の発展経緯の特徴を記している。しかし、これもまた願望思考であった。とにもかくにも、カールスルーエの巨大プロジェクトとユーリヒの巨大プロジェクト、すなわち高速増殖炉とトリウム高温ガス炉の並立が今や明瞭に出現したのである。しかも実証済みの原子炉に対する助成措置も可能となった。第三次行動計画の持つ本質的な意味は、それ以前のすべての行動計画が持っていたものよりもはるかに大きかった。とはいえ、その実質的な意味はむしろまだわずかなものでしかなく、明らかに最初から高くは評価されていなかった。一九六八年に出された原子力問題に関する文庫本においては、それに一章たりともあてられることはなく、様々な個別の分野との関連で言及されたにすぎなかった。また、その言及もごく大雑把なものであった。一九六〇年代はといえば、おおむね世の中では第一波の計画化時代と目されていた――これに対して、一九五〇年代は、計画づくりは公式には共産主義という汚名を背負っていた――が、よりによって計画の策定がとりわけ必要である原子力エネルギーの舞台裏に、茶番劇そのものが隠れていた。実際の、すなわち、原子力技術開発を積極的に規定した行動計画は、ドイツ原子力委員会の何もかも一緒にしたような諸行動計画ではなく、中枢的原子力研究機関の諸プロジェクトであった。そうした「本来の巨大プロジェクト」は、しかしながら、一九七三年に連邦議会の研究委員会において確認されたように、ボン政府から生まれたものではなく、「多かれ少なかれ自然な成り行きで成長したもの」であった。

連邦物理工学院総裁であり、かつ、長年ドイツ原子力委員会の委員であった人物は、ドイツ原子力委員会の計画手法はそれ以外の分野の手本となると信じていたが、それだけでなく一九六八年には、その計画策定は「テンポや成果の点で、現代技術の選び抜かれた分野における日本人の計画づくりの名人芸のドイツ版をつくり出した」と称賛したのである。計画づくりの具体的なイメージがあったフランスでは、もちろん人の理解は違っていた。ル・モンド紙は一九六五年に次のように書いている。なるほどドイツには原子炉はあるが、しかし、ドイツの原子炉行動計画というものはない、と。原子力省、そしてその後継の研究省では、原子力行動計画は明らかに重要とは見られなかった。一九六〇年代末に至るまでの同省の文書に「原子力計画」の先例を求めても、無駄である。原子力技術について前任者よりも大きな権限を持っていたバルケ自身、自分は原子力行動計画の案にまったく関与しなかった、と、筆者に対してまさしく誇らしげに断言した。一九七〇年までは、同省に計画策定を専門とする幹部はいなかった。原子力行動計画は、主として連邦議会や財務省に対して予算案の根拠を示すために使われた。思うに、同省にとっての原子力計画の意義は、ほとんどそれに尽くされていたようである。提案された原子力行動計画のドイツ原子力委員会による承認もまた、結局のところ、財務省向けになされた単なる義務の行使にすぎなかった。

すべてがすべて、国による原子力の計画づくりのチャンスという観点からすると、まさに負の学習プロセスであることがわかる。原子力ロビーに一九七〇年代の原発批判の嵐に対する理論武装がほとんどなかったのも、不思議ではない。省内において他の者と違ったように考える者は、まさにヴォルフガング・フィンケだけであった。彼は、社会民主党・自由民主党の連立政権時代が始まった後の一九七〇年のその否定的な経験を原子力産業誌のある記事に鋭く、大胆に表現した。ルジンスキーは、その記事を「連邦研究省から発された初めての批判的発言」と称えた。フィンケが行った総決算は、次のように破壊的なものであった。「最近一五年間の原子力発電所技術の開発では、その成功率は全体的には驚くほど低い。これに対応して、失敗は、数においても、個別のケースにおいても、規模においても異常に大きい。その数々の失敗は非常に高くつくものであり、それに国の関係諸機関は関与した。それらは、慎重になれという、将来の事案のための戒めとなるものであった。それらの機関から一九六五年までに出された予測だけでなく他の諸機関のものもそうであるが、予測のすべては間違いであり、それらから誤って導き出された費用便益分析は人を惑わすものであることが判明した。また、その比較に基づいてなされた決定は少なくとも信用の置けないもので、取り返しのつかない結果となるものであることも証された。国家の原子力行動計画や国家を超えた枠組みの原子力行動計画に責任を持つ者が手にした計画策定の道具立ては、苛酷な試練に耐えられず、製造業界やエネルギー業界の昔ながらの、そして常により慎重な計画策定手法に対して自らの主張を通すことができなかった」。もっとも、ここで人は、フィンケが初期の頃には「アメリカの」路線や軽水炉の擁護者であり、その普及は彼にとって経済合理性の勝利と同様の意味を持っていたことを思い起こさなければならない。彼のそうした総括が当たっていたのか、そして、製造業界やエネルギー業界が本当に国よりも優れた計画策定手法を有していたかについては、疑わしい。しかし、経済的な既成事実を生み出す力によって、彼らは、「自己充足的予言」[*2]ができたのである。

＊1——ハンス・レンツ（一九〇七〜六八年）。ＦＤＰの政治家。一九五三年から一九六七年まで連邦議会議員。アデナウアー内閣において一九六一年から一九六二年に連邦大蔵大臣、一九六二年から一九六五年に連邦研究大臣を務める。

＊2——ある社会的事象や状況に関して、誤った判断や思いこみが新たな行動を引起し、その行動が当初の誤った判断や思いこみを現実化してしまう場合、当初に生じた判断や思いこみなどを指していう趣旨の概念。Ｒ・Ｋ・マートン（一九五七年）の所論に由来する。

凋落する重水炉——現役の原子炉と未来の原子炉の亀裂の拡大

重水炉は、我々が見てきたように、ドイツではすでに第二次世界大戦時から受け継がれてきた原子炉タイプであった。そして、原子力政策の思惑的な時代において最も物事を貫徹する能力があった多種多様な利害関係者——学問、産業、権力政治の利害関係者——がそこで一つにまとまるように思われていた。ウランの大量使用とプルトニウムの豊かな産出をコンセプトとした、核保有国のウラン高濃縮施設には頼らないという観点に立つと、自動的にその原子炉タイプにたどり着くのであった。実際に建設された原子力発電所ではなく、計画を見る場合、重水炉は、長期にわたって世界中で軽水炉の最も重要な代替選択肢と思われていた。ドイツ連邦共和国では、重水炉は長いこと、とりわけ国の助成からたっぷりと恩恵を受けていた。このことは、カールスルーエのＦＲ２〈研究用原子炉〉やいわゆる「多目的研究用原子炉」（ＭＺＦＲ）だけでなく、ニーダーアイヒバッハ実用原子力発電所（ＫＫＮ）や、ドイツ製造業初の原発輸出であったアルゼンチンのアトゥチャ原子力発電所にも当てはまることであった。重水炉は、長年にわたってジーメンス社を後ろ盾としていた。それなのに、この原子炉タイプが結局、ほとんど実証されることもなく捨てられたのは、なおのこと奇妙である。

一九六四年に原子炉作業部会の委託でベットゥヒャー、ヘーフェレ、ヤロシェク、そしてマンデルによってとりまとめられた、ＫＫＮプロジェクトについての見解は、ことの理解に役立つ有益な序奏である。その評価報告書は、二つの中枢的原子力研究機関とエネルギー産業や軽水炉陣営との例を見ないような同盟関係を呈示したものであった。評価に携わる者たちが、重水炉部門に縛られていたものの、「アメリカの軽水炉の直近の価格動向に強く影響されていた」ことは明らかであり、彼らは軽水炉に対する競争力を決定的な視点として強調した。彼らは、重水炉の競争力に信頼を置いていないことをうかがわせ、そして、助成を受けている原子炉タイプの数がドイツ連邦共和国の財政的に過度な負担になりうると懸念を示したのである。その評価報告書は、重水炉がカールスルーエ原子力研究センターに後ろ盾をまったく持たなかったことを記録したものである。軽水炉だけでなく、高速増殖炉もまた、重水炉を土俵の外に押し出したのである。

軽水炉の成功の反動として、ドイツ連邦共和国以外でも重水炉信奉者の間では、そもそも特に簡単なタイプで通っていたこの原子炉が比較的高い増殖率を持つことを理由に、これを「進歩した転換炉」として立派なものに見せかけようとすることが好んで行われた。重水炉そのものは、もはや商業ベースで軽水炉と競争する必要がなくなり、むしろ公的資金からの継続的な助成を要請することができたのである。問題は、唯一次のことから生じた。すなわち、重水炉タイプがそのようにして立ち退かされた、原子力技術の将来の土俵が、その当時すでに別のものに占拠されていたからである。別のものとは、高速増殖炉と高温ガス炉であった。それゆえ、重水炉は、それらの自称原子力発電所の「第二世代」に向かう「中間世代」として折に触れて推奨されたのである。

そうしたこととの関連で、その当時、重水とトリウムとの、つまり、ユーリヒで進められていた高温ガス炉開発との組みあわせが宣伝された。その種の組みあわせは、純粋に技術的に見れば、十分な根拠を持つだけでなく、ドイツ連邦共和国の原子力エネルギー開発の新たな力の集中と継続を約束するものであったかもしれない。重水・トリウム原子炉、いや、それだけでなく重水・トリウム増殖炉という考えは、再三にわたって浮上した。バルケにとっても、それは重水炉路線を促進するにあたっての判断基準となるものであった。一九六四年からジーメンス社は、それに対応した研究を進め、この分野でユーリヒ原子力研究施設と協力しあった。その当時ジーメンス社は、高温トリウム増殖炉には高速増殖炉よりもさらに大きな長所がある、という印象をよみがえらせた。なぜなら、「この原子炉にあっては、高速増殖炉と反対に、解決されるべき新しい技術的問題は一つもない」からであった。たしかに天然ウランの問題の次元と比較すると、そう思われてもおかしくないような、楽観的すぎるような主張であった。ドイツ原子力委員会のある作業部会の一九六五年の議事録の中には、重水炉がカナダ側から「増殖炉の前段階の競合者として、そして——むろん長期的視点であるが——真の競争相手と見なされている」ことを示唆した記述が一九六五年に存在した。この文言は、カールスルーエ側の指摘で、驚くなかれ議事録から消されたのである。

重水炉タイプを組みあわせた計画の策定は、技術的にはそれ自体魅力に富んだものであったが、現実という重い手応えがない紙上のコンセプトにとどまった。あらゆる技術的な長所にもかかわらず、一九六〇年代後半にはトリウムをもって運転された重水炉は世界中どこにも存在しなかった。ドイツ連邦共和国においても、多目的研究用原子炉（ＭＺＦＲ）をもって重水炉路線はすでにカールスルーエに根を下ろしていたが、しかし、それは簡単にはユーリヒに移転できなかった。それに続く時代には、ユーリヒは、持てる力を集中することに努めねばならず、数多くの開発路線を縮減せざるをえなかった。ジーメンス社は、ユーリヒにおける同社の重水・トリウム転換炉を、巨大プロジェクトに格上げされたガス冷却型高温ガス炉の後釜に据えることに取り組んだ。しかし、そうした競争の場合、ユーリヒの状況を考慮すると重水炉は敗れざるをえなかったのである。重水炉とトリウムの同盟は、すでにある原子力陣形を邪魔立てするものであったのかもしれない。

原子力産業の最初の輸出受注

一過性ではあったが、重水炉は輸出品目として活気づいたことがある。とはいえ、それは、将来を担う「先進的な転換炉」としてではなく、天然ウランで運転されうる炉であり、したがって米国に依存しないこと――これはとりわけ中南米では魅力的なことであった――を約束する、比較的簡単に今すぐ使える原子炉としてであった。アルゼンチンが一九六八年にジーメンス社に重水炉原子力発電所を注文したとき、それはドイツ原子力産業にとって初の輸出受注となった。アルゼンチンのアトゥチャ原発におけるこのプロジェクトの場合に重要なことは、それがラテンアメリカにおける最初の原子力発電所であることであり、だからこそドイツ産業界における勝利の喜びは、なおさら大きいものであった。ちなみに、「世界のすべての指導的な原子炉製造企業」、その頂点にはアメリカの会社が立っていたが、それらの企業がこぞってこの発注を得ようと努力していたのである。この原発への参入は、それだけにとどまらず、広い裾野の関連発注を約束した。そして、そうした一連の関連発注は、遠く一九四五年以前にまで途絶えることなく遡るドイツの主導的企業の中南米戦略に組みこまれた。その当時ディ・ヴェルト紙は、原子力研究も原子力技術も、ともに「アルゼンチンやブラジルでも、チリにおいても、それらの国々が将来ドイツ連邦共和国と協力したいと望んでいる分野の頂点にある」ことがわかった、と書いたのである。同じ時期であるが、インドゥストゥリークリーア紙は、アトゥチャを巨大「ラプラタ・プロジェクト」――債権国群によるラプラタ平野の共同開発プロジェクト――への弾みになるものとして称賛した。「ドイツ連邦共和国のためのドル箱」となることが約束されていたのである。

けれどもアトゥチャが本当にドイツ産業界や、ことに重水炉路線の成功として通用できたのかどうか。これについては、経済界の消息通の中では疑問視されていた。原子力産業誌のある論説記事は、アトゥチャの受注は「今や、ドイツ連邦共和国、とりわけ連邦研究省は、ドイツの産業に対して、その種のプロジェクトの場合に必要な支援を与えることができる」ことを示したと書いたが、その記事は真の状況を暗示しているといえる。実際、アルゼンチンのその原子力発電所の資金は、最後の一プフェニヒに至るまで国によって調達された。ドイツ復興金融公庫を経由して、ボン政府は、一億マルクの無償資金を供与し、さらに七五〇〇万マルクの借款を与えたのである。総額三億マルクに達した売買価格のうち、残余の一億二五〇〇万マルクはヘルメス信用保険会社*を債務保証人とする長期銀行ローンにより調達された。原子力施設輸出の助成の強化を求める経済界の長年の叫び声は、ネオケインズ主義を旗印にした類例のないような気前のよさによってかなえられ、さらに追加の助成も視野に入ったのである。一九六九年には、研究大臣その人が、南アメリカ往訪の旅の途上で、原子炉輸出を個人的に仲介した。

しかし、その後、アトゥチャ協定がドイツの納税者だけでなく、ドイツの受注企業の負担で締結されたことが明らかとなった。そして、よりによってあの原子力産業誌が、成功と言われたその輸出の高い評判を次のように刮目すべき率直さで突き崩したのである。すなわち、「元請けの受注者が保証と資金調達のリスクを引き受け、その一方で、当事国は納入物件の一番大きな部分を自国産業のために留保するような輸出は、長続きする解決策ではない」としたのである。ちなみに、ドイツ連邦共和国独自の重水生産がなければ重水炉路線の基盤は脆いものであることがすぐに判明した。この容易に思いつくような必要条件がドイツ連邦共和国内ではほとんど考慮されなかったことは、奇妙である。そうした事情だけでも、総合的な計画策定に欠陥があったことに光を当てるものである。大量の重水は、当時、アメリカ原子力委員会からしか調達できなかった。状況は、高濃縮ウランの場合と似ていた。つまり、重水を使用する原子炉タイプは、そのような事情のもとではアメリカの覇権からの独立を約束されなかったのである。

当時、ヘキスト社は、一九五〇年代に開始した重水炉生産をはるか前から停止していた。というのも、期待していた補助金を連邦政府が拒絶したからである。ヴィンナッカー時代はその頃ヘキスト社でも終焉に向かっていたが、それでも彼は、一九六八年から一九六九年にかけて原子力フォーラムにおいて重水生産のためのドイツ製巨大施設の実現のために再度攻勢をかけた。その際、彼はヴィルツの支援を得たが、ヴィルツはといえば――必ずしも確信的ではなかったが――重水生産施設の建設のような行為は、重水炉路線が長期にわたって「適用されなくなる」とすれば、「特に高度な政治的な意味」を持つ、と述べたのである。だが、かつてヴィンナッカーとヴィルツが支配したドイツ原子力委員会の第三専門委員会は、その種の説明を単に記録にとどめただけであった。

また、省側から聞こえてきた声も、重水炉のチャンスが確実ではないことは、重水生産施設の建設を先延ばしにするための十分な理由となる、というものであった。一九六八年にマンデルは、大きな注目を集めた「重水炉の経済的展望」と題するフィンケルンブルク追悼講演で、フィンケルンブルクが大きな情熱を傾けたもの、すなわち重水炉も彼と一緒に埋葬しようとした。原子力エネルギーを巡る大きな対立が勃発する直前に、原子力コミュニティーは崩壊の傾向を示していたのである。

＊——世界の有数の信用保険会社で、ドイツ大手の金融グループ、アリアンツ・グループの一員。

ニーダーアイヒバッハ重水炉原子力発電所のでたらめな終焉

連邦研究省において一九六八年に作成されたある覚え書きは、D^2O〈重水〉原子炉が技術的な複雑さと出力密度不足が理由となって軽水炉と競争できないことを率直に明かしている。しかし、それでもなお、国から資金を得たニーダーアイヒバッハ重水炉原子力発電所の建設は、それが七年の建設期間を終えて一九七三年に運転できるようになるまで続行された——皮肉にも、なんと、すぐその後に閉鎖され、原子力発電所の解体という未解決の諸問題を実演して見せるために。

建設続行にとっての明らかに決定的な要因であったのは、慣性の法則と並んで、建設中止によって重水炉タイプの輸出のチャンスを危うくしたくないというという熱意であった。ジーメンス社は、アトゥチャ案件のすぐ後に研究省に対して、この間に台湾、ルーマニア、ユーゴスラビア、トルコ、ポルトガル、南アフリカ、インドから「我々の原子炉タイプ」への関心が表明されたことを伝え——もっとも、関心と称されたそれらの案件は、ただの一度たりとも受注にまではいかなかったが——さらに、次のように言明した。アルゼンチン案件の交渉の際に、ドイツの重水生産の欠陥と並んで、「我が国内に比較対照できる情報を提供しうる施設」がないことがいかに不利であるかを「深刻に」思い知らされた。だからジーメンス社は、ニーダーアイヒバッハ近郊の一〇〇〇メガワット原発に加えて、主として連邦政府から資金を得る六〇〇メガワットを下ることのない重水炉原子力発電所をさらに一つ持つことが一番望ましいと思っている、と。これについては、何一つ考慮されなかった。しかし、とにもかくにもアトゥチャは、ニーダーアイヒバッハにおける原発建設プロジェクトの打ち切り話を封じこめることに役立ったのである。一方、アトゥチャ原発のためにニーダーアイヒバッハ原発が果たした役割は、驚くなかれ、アトゥチャ原発に都合のいいようにニーダーアイヒバッハ重水炉原子力発電所（ＫＫＮ）から重水が抜きとられているのではないかと推量されるところまで大きくなった。輸出に心を奪われたドイツ連邦共和国のその様子は、グロテスクなものとなったのである。

ニーダーアイヒバッハ重水炉原発の歴史は、後日談も含めて、全体としてまったく芳しくないものである。それはまた、国の包括的な支援があるとしても、長期を志向した開発を徹底して追求することがいかに不可能であったか、さらに、短期的な経済性という要件も満足させるに至らなかったかを示している。それらに代わって選択されたのは、短期的視点からも長期的視点からも意味のない妥協であった。もっとも、この点に関していえば、実質的な決定は、フィンケルンブルクの抵抗に対抗して、バイエルン原子力発電会社によってすでに早い時期に下されていた。同社はといえば、プロジェクト化を発注したものの、その後、建設の決定を長年先延ばしし、最後にはその資金調達を他者に委ねた会社であった。

プロジェクト化や建設の結果、全般的に意欲喪失が見られるようになった――まして重水炉路線の原動力であったフィンケルンブルクの死（一九六七年）後は、なおさらであった。効率が計算値の四分の一にもならないという結果を最終的に生むに至った驚くべき構造的欠陥に、そうしたやる気のなさが表れているといえる。またコンセプトのなさは、ニーダーアイヒバッハ重水炉原発を、その異常に長い建設期間にもかかわらず詳細な実証であると評価しなかっただけでなく、運転開始一年後の操業停止を先延ばししなかったという点に際立って表れている。最後に問題となっていたのは、明らかに、国の助成のために必要な実績を出してみせることだけであった。発注者による完成検査と引き渡しの済んでいないその原発は、ボン政府との事前の申しあわせなしに建設事業者の一方的な決定によりスイッチが切られた。停止後に、それでもなおニーダーアイヒバッハ原発に実地経験から得られる価値を与えようとして、人は、ニーダーアイヒバッハで初めて原子力発電所の解体を実演したという宣伝文句を決めて使った。しかし、その取り壊し自体も、なかなか実現しなかったのである。ニーダーアイヒバッハ重水炉原発のグロテスクなありさまは、すべてがすべて、計画的な巨大技術開発の限界を実演してみせたものであった。それは、不透明に入り交じった国と私企業の演じ手たちによってなされたので、なおさらグロテスクなものとなったのである。

カールスルーエの「多目的研究用原子炉」の運命

カールスルーエの「多目的研究用原子炉」（ＭＺＦＲ）の歴史も、同じように混乱しながら進んだ。この原子炉の建設は、一九六一年にフィンケルンブルクが高々と鳴らすファンファーレとともに開始され、完成時に「世界の巨大重水炉原子力発電所時代の」「初めて独自開発されたドイツの実用原子炉」として祝われた。「多目的研究用原子炉」の自称三つの目的、すなわち、研究、プルトニウム生産、電力生産のどれが優先目的であるのかについては、宙に浮いたままであった。このプロジェクトに参加した者の中には武器技術の可能性も保持しようという動きがあり、これが混乱に拍車をかけたのである。

産業界の人間は、「研究炉」という名称に、その当時の公的助成の要件を考慮して選択されたレッテル以上のものを見なかった。これに対して、連邦研究省と研究諸機関の人間は、むしろ研究を真面目に行うことを考えていた。けれども、一介の研究用原子炉としては、それは、あまりに大きすぎるもので、他方、実証原子力発電所としてはあまりに小さすぎるものであった。ちなみにその炉は、さしあたりどの機能も十分満たすことができなかった。というのも、一九六〇年代全体を通して、わずかなりとも事故なしに運転できなかったからである。主要な問題は、漏出箇所が生じて起きた高価な重水の継続的な漏失であり、また、これと結びついた放射能漏れであった。カールスルーエの重水濃縮施設は、重水漏失に対応困難となることがよくあった。また、修繕は「要員を強い放射線の負荷にさらすので困難を極めた」のである。そうしたことから、次のように結論を出すことができる。すなわち、その当時、ドイツ連邦共和国では大規模な原子力発電所の建設の場合に、実際には軽水炉以外の選択がなかった、と。重水炉路線を貫き通すことができたとすれば、それは、より大きな発電容量のものへの移行をさらに長く待つ用意があるときだけだったかもしれない。

とにもかくにも、操業するまでに成熟した重水炉への道、わけても重水漏失を少なくすることは、主に工学的な経験の積み重ねの問題、つまり時間の問題であった。このことを証明したのは、豊かな成果を上げたカナダによる開発であった。MZFRもまた、一九七〇年代に基準とする動作信頼性に達した。ドイツ連邦共和国における重水炉路線の運命からは、むしろ原子力政策上の決定プロセスの欠陥が大きいと結論づけることはできても、軽水炉のコンセプトと比較して重水炉のコンセプトに根本的な欠陥があると結論づけることはほとんどできない。意志決定プロセスにあって、拙速なテンポと、実効性の高い計画の策定能力の小ささが、同じ方向に向けて作用していたのである。

一九七〇年代の濃縮ウラン価格の急速な高騰は、もし天然ウラン原子炉が現実に選択肢として存在していたならば、これに有利に働くこととなり、再度これに重みを与えたかもしれない。おぞましい再処理の問題は、一九七〇年代半ばから一般社会における議論の共通テーマとなったが、この問題は、再処理の断念を可能にする原子炉コンセプトに大きな魅力を与えたかもしれない。重水炉タイプにとって早い時期に認められた輸出チャンス——インドであれ、アルゼンチンであれ、ルーマニアであれ——は依然として存在し、目標実現に邁進する連邦政府の政策においてうまくいけば実現されたかもしれない。まさにブラジルの原子力関係者の中には、依然として重水炉の強力な信奉者がいた。しかしながら、彼らは冷淡に無視され、ドイツ・ブラジル間の原子力商談から外されたのであった。はたして、複雑に織りなした利害関係はあったが、それにしても重水炉の運命は、国と原子力産業との効果的、かつ、目標志向型の協力がいかに少ないものであったのかについて光を投げかける。

その原子炉タイプは、一九六〇年代にできあがった、今すぐ使える原子炉と未来の原子炉の分化の華々しい犠牲であった。そして、双方がそれぞれ自律的なダイナミズムを得た。すなわち、その一つは、軽水炉の短期的・商業的合理性によるものであり、いま一つは、以前天然ウランが約束したような自立性を贈ってくれると思われた巨大研究施設の整備と高速増殖炉の抗しがたい魅力によるものであった。重水炉のさらなる開発については、おそらく近い目標から遠い目標へと目標を移行させることが最も可能性があったと思われるが、しかし、大きく口を開けた時代の断裂の中にますます没していった。他のプロジェクトタイプの運命についてもまた、問題は明らかに一般的な法則性にあった。とりわけ理解に役立つのは、増殖炉開発内部のタイプを巡る対立である。

増殖炉タイプを巡る対立

増殖炉の「開発」は進化的な発展なのか

もし人が増殖炉開発の場合に一歩一歩手探りで前に歩み、実証済みのテクノロジーをできるだけ将来に手渡していったとしたら、それは技術史の知見に最も沿うものとなったかもしれない。原子力発電所の場合に様々な「世代」について語るとき、人はより効率と増殖率の高い未来原子炉が「在来の」原子力発電所から「生命体のように」発生することを規範として前提に置いた。在来の部品をできるだけ多く再利用することへの製造業の関心は、「実証性」基準に照準をあわせたエネルギー産業の安全哲学同様に、そうした継承のプロセスに向かうこととなった。

そうした条件は、最初に内部の増殖炉議論で考慮に入れられた。ヘーフェレは一九六〇年に「原子炉」作業部会を前にしてはっきりと次のように述べた。「我々の社会的構造を土台として、その上で」、「長期的な課題と、経済面や日常政治的な視点に立った短期的な利益が強く相互作用」しあう。「近い将来という尺度に（中略）沿って経済的に働くように増殖炉を建設することで、そうした状況に応じなければならない。そうでなければ、人は、長期的な課題に沿って物事の状況を認識することができなくなる」。現在と将来についてそれぞれの計画策定のそうした相互作用は、同時にまた、事業体個々の採算性と経済全体の利益でもありえたが、奇妙なことに増殖炉開発にあっては原型炉建設の主導権が産業界に委ねられたまさにその時代に、そうした相互作用は機能しなくなったのである。

ナトリウム蒸気か、水蒸気か

高速増殖炉の場合に、タイプ選定を巡る論争は、ドイツ原子力政策に関してそれまであった対立の中でも最も激しいものであった。冷却材としてナトリウムを使うべきか、水蒸気を使うべきかという技術的な二者択一は、同時に原子力技術の全体的な戦略におけるきわめて大きな差異を含んでいた。だからその意見の対立は、詳細な観察に値する。

最終的に増殖炉冷却で勝利をおさめた液体ナトリウムは、核保有国のもとでは最も早い段階で高速増殖炉用に予定されていた冷却材であった。比較的小型の原子炉と、これに相応した非常に高い出力密度を持った増殖炉だけを想定していた時代には、必要とされる冷却能力があるのは液体金属だけであった。原子力技術においては、最も容易に入手でき、それゆえ最も長期間資金が投じられ、そして、既成事実という体裁が得られるような解決策が簡単に勝利するのは、それまでなくはなかった。その点で、ナトリウムは原子力発電所開発において「完全に馴染みのない作業資材」であり、その厄介な特性と新種の様々な技術的問題点は早くから知られていた。一九六〇年代初めに非金属の燃料要素コンセプトの導入――これはカールスルーエの増殖炉開発参入にとっての道標となる転換であった――によって出力密度が低下したとき、ナトリウムのかわりにガス（ヘリウム）か水を冷却材として使うチャンスが生まれた。カールスルーエの増殖炉プロジェクトは、それまでの諸外国の開発について批判的な修正を加えた計画という意図をもって登場したのである。

ナトリウム技術の担当者として一九六三年にドイツ原子力委員会のメンバーに加えられたのは、ルドルフ・リッツであった。彼は、蒸気増殖炉の支持者であったが、後にナトリウムに「悪魔の道具」と烙印を押し、これを弾劾することとなる。リッツは、ナトリウムサイクルは「あらゆる原子炉サイクルの中で一番浪費的なもの」であり、かつまた、「原子炉それ自体のコストを上回るもの」であると指摘し、さらに次のように述べた。ナトリウムの利点は、その優れた熱伝導性と、これによって運転圧力を比較的小さくしうることにある。このことは、同時に安全性の根拠を示すものである。しかし逆に、危険で厄介きわまりない面が、ナトリウムの水や酸素との激しい反応に潜んでいる。爆発の危険を引き起こすのだ。それも、中性子制御を放棄することで、それでなくても他の原子炉と比べると根本的に新しい種類の潜在的危険を含んでいる原子炉においてその危険があるのだ、と。の抱える問題点は、増殖炉の場合には、ナトリウムの高熱がタービンによって導かれる水の循環に転移される蒸気発生器問題として表面化した。最適な熱の転移のためには、ナトリナトリウムの循環と水の循環の接触面はできるだけ広く、薄くすることが必要であったので、熱力学的に完璧にすることは、安全性の要件と衝突したのである。軽水炉の蒸気発生器の中に——在来型の発電所の配管システムでは総じてそうであるように——漏れ口が頻繁に見つかったので、見通しは、なおさら憂慮すべきものと思わざるをえなくなった。一九六六年にはまだ原子炉安全研究所内では、「ナトリウムと水との反応の研究」は将来になってから論じられるべき分野とされていた。それどころか、一九七〇年になってもなお、ナトリウム増殖炉に関する国際シンポジウムの締めくくりの言葉は、ナトリウムと水が反応した場合の蒸気発生器の反応について「まだ学ばなければならないことが多くある」「重要な問題」であると強調していたのである。ナトリウム増殖炉の固有の安全特性に関する根本的な認識は、総じて一九七一年になってようやく米国におけるSEFORの実験から得られたのである。産業界では、依然としてナトリウムは、冷却材として使用されることはなかった。

蒸気発生器のそうした特別な問題は、水を用いる第一次系サイクルを動かした場合には、なくなった。それで、高速増殖炉それ自体にあっても直接循環が達成できるという期待を人は抱いたのである。ところで、蒸気増殖炉のコンセプトをカールスルーエ原子力研究センターが知ったのは、いわば偶然の成り行きであった。そのコンセプトは、外国から戻ってきた技術者の一人、ルドルフ・リッツと結びついている。彼は、第二次世界大戦後、イギリスの原子力産業で身を起こし、その後カールスルーエ原子力研究センターに入所し（一九六一年）、原子炉建設部材研究部長になった。そして、外国で認められた実務家という名声を享受したのである。一九六〇年代中頃に顕著になった、原子力発電所「第一世代」における軽水炉の優勢は、一九六五年頃にカールスルーエで蒸気増殖炉の案が「前面に」出ることにつながった。「原子炉」作業部会は一九六五年に、その増殖炉に次のようなお墨付きを出した。蒸気増殖炉にあっては「大型部材の開発は、ほとんど経費がかからない。というのも、在来型の技術が問題となっているからだ」。かくして、「ナトリウム原型炉の準備」のために必要な総額は一億四〇〇〇万マルクと——非常に低めに——見積もられたのに対して、「蒸気プロジェクト」のために自由に使用できるのは、わずかに三八〇〇万マルクでしかなかったのである。「第二世代原子炉」における決定プロセスが第一世代と同じように進行したとすれば、かなり高い確率で蒸気増殖炉が選定されていたことであろう。また、客観的な経営経済的合理性のために闘うという意識は、ナトリウム増殖炉に対抗する戦士たち、すなわち、リッツとルジンスキーに安心と粘り強さを与えた。しかし、そうした安心と粘り強さを一九七〇年代の原子力に関する対立を前にした一時代に原子力技術の決定についての批判者たちの間に探しても、見出すことはほとんどない。一九六〇年代のドイツの世論にあったのは、唯一、ナトリウム増殖炉に反対するキャンペーンだけであった。

経済性の観点もさることながら、安全の観点でのナトリウム増殖炉に対する確かな疑念を、ルジンスキーはフランクフルター・アルゲマイネ紙において早くも一九六四年に表明している。けれども、集中的な攻勢にようやく乗り出したのは、蒸気増殖炉という経済的に大きな利点のある選択肢を手にした一九六六年であった。しかしながら、その年、カールスルーエにおける蒸気増殖炉の擁護者たちは、ナトリウムに与する者たちがますます隠し事をしていると感じるようになり、だから、短期的にせよ長期的にせよ、どの増殖炉タイプにするかについて必要とされるボン政府の決定が蒸気増殖炉の終わりを意味することを予期していたのである。その頃リッツは、追い詰められて反撃――ドイツ連邦共和国の原子力技術史上、類例を見ない行動――に踏み出し、直接、連邦研究省に掛けあい、増殖炉プロジェクトの首脳陣を「最も忌まわしい派閥支配」だ、ととがめたのである。

同じ頃、リッツからのインサイダー情報で理論武装したルジンスキーは、世論において闘いの論陣を張った。連邦研究大臣シュトルテンベルクは、ルジンスキーの最初の記事によって早くも「非常に不安に」なった。というのも、彼は、その結果待ち受けている「連邦議会予算委員会における難関」を恐れたからであった。ルジンスキーは議会に議席を置く政党、なかでも自由民主党と関係を持っていた。論争は、最終的にドイツ原子力技術史上初の公開公聴会（一九六九年一月二三、二四日）という結果になった。公聴会の開催は、ナトリウム増殖炉を是とする決定を覆すことにはならなかったが、しかし、原子力技術に関する公の議論に大きな影響を与え、将来に向けて再活性化させる最初のきっかけとなったのである。

科学担当編集委員のルジンスキーは、機械製造業者の息子であり、自身も職歴を積み重ねる中で金属工学やナトリウム化学を熟知していた。その彼は、リッツと同じようにして増殖炉プロジェクトの首脳陣を、実務家対理論家、技術者対物理学者、経済学者対自然科学者というスローガンのもとに攻撃したのである。宇宙物理学者としてスタートし、高揚感あふれる華麗な言い回しをしたヘーフェレは、その攻撃の格好の標的であった。ルジンスキーの「原子炉哲学」は、全体として見れば、軽水炉の代弁者たちが往々にして志向するものと同じであった。すなわち、それによれば、最良の原子炉とは、きわめてわずかな施設コスト、きわめて簡単な構造、実証された技術の最大の使用の三つを具備した原子炉であった。とはいえ、ナトリウム増殖炉に対抗して、蒸気増殖炉ではなく、より安全な――少なくとも理論的にはであるが――高温ガス炉というカードを切った一九七〇年代には、むろんルジンスキーは安全基準を最重視し、これにともなってある部分では原発反対者たちと歩みをともにした。こうして、彼の仕掛けた論争は、中枢的原子力研究機関の構造や国による技術に対する助成についての根本的な批判へと拡大した。一九七三年に彼は、連邦議会の研究・技術委員会に対して、巨額の資金をもって「最良の研究を撃ち殺すこと」ができる事例として原子炉開発を引きあいに出した。ところで、リッツとルジンスキーの論説や記事が歴史家の目を特に引くのは、原子力発電所技術史が今ここにある現実のものとなっていて、次の言説が論拠として使われるという点、まさにその点である。すなわち、蒸気増殖炉は「ドイツの蒸気ボイラー技術の首尾一貫した発展」として正当化されるが、これに対して、ナトリウム増殖炉は産業史的な連続性に欠けるがゆえに受け入れられない、という見解である。

ナトリウム増殖炉を否とし、蒸気増殖炉を是とするリッツとルジンスキーの論証には、もちろん限界も弱い部分もあった。それは、軽水炉、特に沸騰水型原子炉の印象をもとにしたものであり、また、その成り行きを経済的合理性と実践的な思考力の勝利と受けとめたものであった。これに焦点をあわせた蒸気増殖炉に有利なある論証は、軽水炉技術に長期的に不利になる見方を知っていた原子力政策に関する意志決定機関においては説得力がなかった。リッツはあるとき、「沸騰水型原子炉とDBR（蒸気・増殖・炉）との広範な類似性は、エネルギー供給企業の後者への移行を容易にするだろう」と論じたが、これは議論の余地のある論証であった。なぜなら、増殖炉開発を実際のエネルギー供給企業の戦略に沿って進めることは難しかったからである。その論証は、ほれぼれするほど簡単な一次冷却系を持った沸騰水型原子炉が「実証済み」だと称されていたのにもかかわらず、事故に弱いことが証明された一九七〇年代の展開によって否定された。蒸気増殖炉反対のキャンペーンは、沸騰水型原子炉反対のキャンペーンと似て、「簡単対複雑」というスローガンのもとに行われたが、それは、その当時でもすでに怪しげな指摘であった。原子炉安全研究所（ＩＲＳ）は、すでに一九六八年に研究省に対して次のことを指摘していた。すなわち、きわめて急速に加熱、加速された水蒸気の高速増殖炉での使用は、実証済みの水技術の特性を実際に持つものではない。また、それまで「知られていた、高温水蒸気冷却の増殖炉の案」は、「本質的にほとんどすべての点で信頼の置けるテクノロジーとはほど遠いもの」である、としたのである。これを見ると、リッツとルジンスキーが研究省で主張を押し通せなかったのも、驚くにあたらない。事実、原子力発電所の「第一世代」

は、軽水炉の出現以降、増殖炉開発の「生命体のような」進行を方向づけるための十分な手がかりを何一つ提供していなかったのである。より高い効率と増殖率に向けてさらに開発できるのは、水という効果的な冷却材と減速材を持った原子炉だけしかなかったのかもしれないのに。

リッツは経営経済的な合理性を論拠として蒸気増殖炉を擁護したが、彼には産業界の後ろ盾はまったくといえるほどなかった。公的なお金によって資金調達され、中枢的原子力研究機関で開発されていた原子炉は、近い将来、市場で取引されうるような産物として利用されることはなかった。産業界にとってもそれらは、とりわけ経済性の点で関心をそそるようなしろものではなかった。蒸気増殖炉のプロジェクト化を引き受けたＡＥＧ社は、開発の継続について一九六六年に「急を要するもの」と言明し、それどころか一九六七年にはロンドンのフォーラトム会議で外国の批判に対してプロジェクトを擁護した。しかし、増殖炉タイプの決定が研究省内で最終的に下されたとされる一九六八年になると、まだ真面目に蒸気増殖炉に力を入れてはいたものの、プロジェクトを処分することに目に見えて関心を持つようになった。同省の決定は、そうした状況のもとで、すでにあらかじめ形が整えられていたのであった。驚くなかれ、一九六八年四月、ＡＥＧ社と、同じように参画していたＧＨＨ社、ＭＡＮ社[*]は、同省の「高速増殖炉」委員会に、進行中の蒸気増殖炉のプロジェクト化作業を中止することを要請したのである。

同じ年に提出されたＡＥＧ社のある覚え書きは、「蒸気増殖炉は、経済性や技術的実現性についてますます有望だと評価されているが、それにもかかわらず（中略）長期的にさらに発展する十分な潜在力があることは証明されていない」という点ですべての増殖炉専門家が一致したことを強調した。

いつもであれば製造業の企業は、原子炉について単にその「経済性と技術的実現性」だけに関心を寄せ、長期的な発展潜在力には興味を示さないのが普通であったことを考えると、それは異例の論証であった。ＡＥＧ社の本当の動機は、やはり別なところに求められる。そして、その動機は、蒸気増殖炉を巡るそうした状況が「決定的なものとなったのには、技術とは違う外部の理由もあずかっていた」と同社が示唆したとき、他ならぬ同社自身によって明らかにされた。すなわち、ゼネラル・エレクトリック社は、「大変尽力したにもかかわらず」蒸気増殖炉のプログラムにアメリカ原子力委員会から資金を受けることに成功しなかった。「その結果、蒸気増殖炉のコンセプトの追求についての第三者の関心もまた消え失せた」のである。

当事者能力を持つあるエネルギー産業の代表者は、増殖炉決定にあって技術的視点は本質的に詭弁的な論証に用いられている、ナトリウムのために重要なのは「国際的な状況」だけである、と強調したが、これは当を得ている。ＡＥＧ社の視点からすると、リッツやルジンスキーが蒸気増殖炉を是とする最強の論拠と見た軽水炉の商業的普及は、まさに、この増殖炉路線の経済的長所に対抗する重要な理由となったのである。その当時、ＡＥＧ社もまた軽水炉の成功の分け前を期待できたのであるが、その成功の結果、人は近い将来、市場で軽水炉と競争できるような増殖炉をいかなる場合にも持とうとしなくなるだろうというのである。こうした状況の中で、ナトリウム増殖炉の利点は、リッツやルジンスキーからすればその評価を落とすように働いた事実の中に、すなわち、その開発はまだ長い時間と多額の支出を必要とするという事実の中に、まさに存在した。今日の視点からすると、市場で通用するような増殖炉が急速に広がるのではないかという心配は馬鹿げているという印象を与えるが、当時の実情はといえば人は本気でそう考えていたのである。たとえばマイアー＝ライプニッツは一九六六年に、未来の原子炉である増殖炉と転換炉のせいで、「今日稼働している原子炉」には「それほど遠くない将来に（中略）非常に小さな市場しか存在しなくなる」だろう、と予測した。一九六八年になってもなお、フィンケは、ある論文全体の中で「できれば増殖炉を待ちたい。というのも、今日ある原子力発電所は急速に老朽化するのではないか」という問いかけを検討する必要があると考えていた。

一九六八年のＡＥＧ社の覚え書きにある以下の叙述は、そうした背景の中で理解されねばならない。「軽水炉分野における進歩」のおかげで「今日設計されている増殖炉の経済的利点は（中略）非常に小さくなった」ようだ。今や人は、増殖炉にあっては「より高い出力密度を許す進歩した燃料への移行」によってのみ得られるような「経済性の決定的な改善」を期待しなければならない、と。その点でＡＥＧ社にとって肝心な問題は、開発可能な原子炉コンセプトに積極的であるというよりも、むしろ、軽水炉の利益を考えて、増殖炉との競争がはやばやと起きるのを控えめに阻止することにあったが、このことは、ＡＥＧ社の代表が一九七〇年に連邦議会公聴会で高温ガス炉の意義に疑問を呈したその言いぶりで明らかになる。すなわち、彼は、高温ガス炉は高速増殖炉よりも「商業的な応用にすでに近い状態にある」ことはたしかに認めるが、しかし、高速増殖炉の潜在力は高温ガス炉のそれよりも「もちろんはるかに大きい」と強調したのである。

彼の失言の核心は、しかしながら、それに続いた次のコメントの中にあった。すなわち「高温ガス炉は、最終的には、多かれ少なかれ一つの代用品、もしくは——あなた方がそうお望みならばだが——今日の軽水炉にとっては一競争相手にすぎない」。軽水炉の成功は蒸気増殖炉に最初は刺激を与えたものであったが、その軽水炉は、独占状態が大きくなるにつれて、この類似の増殖炉を舞台から追い出したのであった。そもそも未来の原子炉に向けて一貫した開発の発射台、自称その萌芽として考えられていた「第一世代」の原子炉は、商業化と競争の時代になると最新の各種の原子炉の推力となり、そして、それらをはるか未来へと伸ばすことに寄与したのである。そうしたダイナミズムは、最初は第一世代原子炉の中でも先進的なタイプと期待され、すぐに商業化される定めにあった高温ガス炉が「第二世代」の未来原子炉の中に変身し、その産業における普及が、経費のかかるヘリウム密封タービンや原発プロセス熱との組みあわせによって遠い将来に先送りされたときにも、同じように働いた。

そうした展開の過程で、産業界に対する中枢的原子力研究機関の機能も根本的な変化をこうむった。一般的な見解に従えば、中枢的原子力研究機関は、そもそも産業内で進行中の原子炉開発を支援するはずであったが、カールスルーエにおいてもユーリヒでもまだ重点が定まっていなかったことや、研究機関の関与なしに、いやそれどころか、研究機関の計画づくりと矛盾する形で開発された軽水炉の普及にともなって、その機能は考慮されなくなった。その後、研究機関が原子炉第一世代の分野に携わったとき、それは産業界の見方からすれば憂慮すべきものであった。というのも、国の助成を受けた者と競争することになるのを恐れたからである。すでに一九六三年に研究省は、「原子力研究センター（カールスルーエ）は、民間業界の経済的成功を十分に視野に置いて運営することのできる分野で活動するかもしれない」という産業界の「ある種の憂慮」を和らげなければならなかった。カールスルーエとユーリヒは、続く時代には、産業側の研究部門に長期的視点で随意契約による発注を行い、経営にゆとりを提供することによって産業界の役に立った。そのような視点で見れば、中枢的原子力研究機関の巨大プロジェクトが非常に退屈で、贅沢を極めたものであるとしても、それは有害なものではなかったのである。

しかし、それでもその場合、そうした条件のもとで膨張したプロジェクトは、経済的に使用可能な原子炉には決してつながることのない邪道ではなかったのか、という疑問は残ったままである。ハインツ・コルンビヒラー（AEG社）は、一九七〇年一二月の連邦議会公聴会で、中枢的原子力研究機関内部の「開発の指揮」に産業界を「強力に連結」すべきだ、なぜなら「現実的な核心へと開発を繰り返し立ち戻らせる」「雰囲気は、産業界にあっては、外部事情からの圧力によってできあがるからだ」、と主張した。けれども、産業界自身が必ずしも資金を出さなくてもよかったその種のプロジェクトの場合にも、中枢的原子力研究機関の影響が「現実主義」の保障となるものであったのかについては、増殖炉タイプ選定の決定の経験からすると疑わしい。

ナトリウムを是とする最終的な決定が下されたとき、特筆すべきことに、ヘーフェレは、蒸気増殖炉の技術的な長所が度外視され、科学的・技術的ではない諸々の理由が最後には決定的な影響を与えたことを、率直かつ記憶に値するような言葉で仄めかした。すなわち、「あるタイプの増殖炉それだけを見て評価することは適切ではなく、むしろ、たとえば時間という尺度、技術的成熟、競争条件、そして、戦略的思考などの環境に関する諸条件を考慮しなければならない。おそらく初めて明らかになるこの生々しい問題」を「蒸気増殖炉の評価にあたって」目のあたりにすることは「有益である」としたのである（ご覧のように、「環境〈Umwelt〉」という言葉には、その後すぐにその概念が得ることとなるエコロジカルな意味が当時はまだなかった）。後年、彼は、ナトリウム増殖炉とする決定は「苦渋の決断」であり、それによって個人的にも多くを失ったことを認めた。

ナトリウムという選択は、経済よりも中性子経済を、すなわち、経済的な電力生産よりも増殖効果を優先したことを意味する。結局それは、経済的な判断基準ではなく原子物理学の基準に沿ってなされた典型的な決定であった。また、実際にその決定は、経済に関する視点がまだ何の役割も果たしていなかった原子力技術の初期の局面から生まれたものでもあった。アメリカ原子力委員会の研究能力に頼ったその選択肢は、関係者の大部分がそのからくりを見抜くことのないまま、産業界を経由してドイツ連邦共和国におけるその事案の進行をも規定することとなった。この点についていえば、ナトリウム増殖炉という選択肢については、すでに一九六七年に米国それ自体においても、その当時、アメリカの増殖炉開発のテンポが停滞するほどの激しい論争を引き起こしたが、アメリカのそうした状況の持つ多様な意味あいは、ドイツ連邦共和国における決定では考慮されることがなかったのである。

＊——一七五八年創業のミュンヘンに本社を置く車両・機械製造メーカーのコンツェルン。現在、フォルクスヴァーゲン社が七五％の株式を持つ。なお、MAN社は、一九八六年にGHH社を吸収合併した。

負の学習過程としての増殖炉開発

ドイツの原子力研究には、そもそもそれ自体に外国の傾向から自立する能力があった。このことを示すのは、産業界から独立したプラズマ物理学研究所（在ガーヒンク）の路線である。この研究所は、国際的な傾向の変化に対抗して、独自の核融合技術を開発しようとした。カールスルーエの増殖炉開発の場合にも、独自に何かできることがあるという点に最初のチャンスがあると思われていた。一九六〇年代後半にリッツやルジンスキーは、蒸気増殖炉の技術が外国では捨て置かれているからこそ、ドイツ連邦共和国ではこの分野で大きく先行することができることを示唆して、とりわけ増殖炉を擁護して論陣を張った。その中でそれらの独自開発の取り組みは、記事にされたのである。

しかし、全般的な考え方、いわんや産業界の考え方は、一九六〇年代が進む中で変化した。原子力技術の速まるテンポと出費の増大は、新型の「安全哲学」を出現させた。すなわち、国際的な再保険である。これは、原子力のチャンスがいかに不透明であろうと、独自の戦略の正当性を否定しうるような代替選択肢はないという論法で安全を確保することを基本としたものであった。蒸気増殖炉は、常にナトリウム増殖炉と比較されざるをえなかったのかもしれない。これに対してナトリウムの道をとるときには、人は、競合する代替選択肢を恐れる必要がなかった。しかし、これは経済的合理性ではなく、官僚主義的な介入に対する防御が重要な問題となる助成システムの合理性であった。

中枢的原子力研究機関のプロジェクトと産業界のプロジェクト同士に深刻な亀裂が生じていたことは、経済界では周知の事実であった。経済界は、経済性とはほど遠いプロジェクトに最大の助成を与えようとする国に、その責任を押しつけた。もっとも、それに負けず劣らず、ますます国の助成に頼ろうとする原子力産業のメンタリティーの中に災いの根源があったことも見てとれる。増殖炉という決定は、連邦研究省ではもはや純然たる選択肢間の選定として捉えられたのではなく、あらかじめその構造が与えられていたという認識の中にあったが、その決定は同省内にある種の宿命論を残した。後に、一九七三年のことであるが、この負の学習過程は、増殖炉の選択肢間のコスト比較の欠如についてルジンスキーが行った新たな批判に対する同省の見解の中にはっきり表れた。「紙の上の研究は」と、同省は、再び一言も逃すまいと聞き耳を立てた連邦議会委員会に対して次のように説明した。「大変きめ細かくできるものだとしても、（中略）実際に動いているプロジェクトに対しては比較できるようなものを何も差し出すことができない。こちらには長く手間のかかる供給交渉の成果や、（中略）同様にコストに作用するような原子力法令に基づく許認可手続きの効果がすでに含まれているのだから」。二者択一についてのその尻込みは、選択肢の大半について理詰めの議論を行う能力のなさともあいまって、その後すぐに始まった原子力エネルギーを巡る大きな対立のための劣悪な踏切台となった。

核燃料サイクルにおける一貫性のなさとタイムラグ

最初から原子力専門家たちは、原子力発電所には原子力技術だけでなく、他の一連の、ある部分では非常にコストのかかる生産施設も欠かせないことで意見が一致していた。どの原発のケースにおいても、ウラン鉱石の製錬とこれを燃料に加工するための工場が欠かせなかった。加えて、濃縮ウランを必要とする原子炉のためには同位体分離施設が、そして、すべての原子力発電所にとって、「増殖された」プルトニウムを使用済みの核燃料要素から取り出すための施設（リプロセシング施設もしくは再処理施設）が不可欠であった。第二次世界大戦時代の経験から、まさに最後に挙げたその二つのプロセスが途方もなくコストがかかり、そして、技術的にも制御が困難なものであることを人はすでに知っていたが、しかし、それにもかかわらず専門家たちは、それらをひとまとめにしたオークリッジやハンフォードのような原子力都市の建設を要求したのである。しかし、原爆製造に要する基本的技術の開発は、すべての核保有国で国から長い間財政支援を受けて行われてきた。それらの都市ではそうした技術が扱われていたために、一九六〇年代終わりに至るまで民生用原子力エネルギー利用分野でできたことはといえば、もっぱら原子力発電所に限られていた。すでに一九五〇年代、そして、一九六〇年代初めに同位体分離や再処理についての関心が表明されたところでは、その際に問題になっていたのは民生用原子力技術だけではなかったという疑惑があるが、それには根拠がある。

ヘーフェレは、それより数年前にはまだドイツの再処理施設に関する諸計画にブレーキをかけ、ようやく一九六六年頃になってその立場を弱めたものであったが、その彼はといえば、一九六七年に次のように述べている。すなわち、「従来の国の助成」は「原子炉それ自体」を志向したものであり、これは「当然のこと」であった。「この問題の解決」、つまり、原子炉構造の問題が「ほぼ解決された」か、はたまた「解決間近な」今日ようやく、「原子炉以外にも、自己完結した核燃料サイクルという重要な問題」が生じている、としたのである。核燃料サイクルもしくは核燃料循環は、その当時まだ比較的新しい集合概念であり、発電所の外の、原子力技術に基づく設備のための概念であった。また、核分裂物質の増殖による原子力発電所の自給自足というイメージは最初からそこにあるにはあったが、その語や概念が初めて世論における議論のために一般に共有されることとなったのは一九七〇年頃のことである。「核燃料サイクル」を概念として受け入れる場合、それが含みを持たせた概念であることを知っておかねばならない。というのも、循環的なシステムにおいては、原子炉は炉内で自ら「孵化」する核分裂物質で大部分を運転することが可能になるというのであるが、原子力エネルギー生産が実際にこうしたシステムになるかどうかは、事実だとたびたび思われていたとしても、実際にすべてがそうなると保証されているとはいえないからであった。全体が完全に自己完結したサイクルなど、それでなくても、ありえなかったのである。

「燃料サイクル」の最も出費の大きい分野、すなわち、同位体分離や再処理はかなり後になって初めて原子力産業の民生用の計画づくりに取り入れられることとなったが、この事実は、原子力産業が軍事的な原子力技術によって長いこと当然のようにして蝕まれていたのかどうかに光を当てるものである。軽水炉の普及は、「核燃料サイクル」全体をまったく度外視することによってのみ可能であった。また、軽水炉の覇権は、核燃料サイクルの広範な部分のコストがベールに包まれたままであり、もっぱら納税者によって負担されていたことと結びついていた。原子力技術の起源が軍事的なものであることから形成されたそうした状況は、今日に至るまでずっと変わることなく続いてきたのである。シェラー（ＲＷＥ社）は一九六二年に「再処理と放射性廃棄物の処分は、原子力発電所の経済性計算における未知の大きなものである」と指摘したが、このことは、数十年後もなお多かれ少なかれ当たっている。

使用済み核燃料再処理──「国家的な」という任務

ウラン濃縮を目的とした同位体分離や、プルトニウム生産を目的とした再処理は、もともとは軍事的目的のために開発されたものであり、だから、核保有国にあっては長い間、国のなすべき仕事であり続けた。それゆえ、人は一般的に、それらの技術を「国家的な」任務と見なすことに慣れていた。こうした事情は、ドイツ連邦共和国においても同じであった。いわんや、アデナウアー時代には、ドイツ連邦共和国においても世界中どこでも、原子力エネルギー開発は軍事技術のオプションをも開くという想定が根底にあったから、なおさらそうであった。難しさは、ただ次の点だけにあった。すなわち、そのオプションはドイツ連邦共和国では大きな禁句であったので、その利害がいかに重大なものであるか、そして、必要な時期に大袈裟になることなく、必要とされる技術に国が大規模な資金供与を行うことを国民はどこまで信頼できるかに関して、内部ではっきりと意思疎通されることがまったくなかったことである。

それと関連して、さらなる一連の問題もまた未解決のままであった。すなわち、核燃料サイクル技術は国家次元で維持されるべきか、それとも、国際的な協力のために開放されるべきか、という問題。その種のプロジェクトは可及的速やかに着手されるべきなのか、それとも、ドイツ連邦共和国において明確な経済的必要性が存在するようになって、初めて着手されるべきなのか、という問題。純粋に経済的に見て、そうした技術の構築の必要性は一体全体あるのか、という問題。それらすべてを、さしあたり中枢的原子力研究機関の事案として理解しなければならないのか、それとも、そこから民間経済界のためのビジネスが生み出されうるのか、という問題。それらの問題である。国は産業界が、産業界は国が音頭をとるのを待ち、そして、そのどちらにおいても話は相手の事案だと考えていた。こうしたことが再三繰り返された。

そもそも原子炉構造と原子炉タイプの選定は、核燃料サイクルを含めてなされるものであると考えることはできたであろうし、それどころか、それは望ましいものであったかもしれない。実際、そうした考慮は、あるにはあった。たとえば増殖炉開発にあっては、人は当初、そのようにして再処理を含む「自己完結核燃料サイクル」を計画したのである。また、グンドレミンゲン原発のタイプ選定にあたって連邦研究省は、当初、核燃料サイクルコストを計算に入れようとした。けれども、当時、エネルギー産業界にとってその種の計算はまったく興味のないものであり、そして、彼らはこうした見方を貫き通したのである。問題を含む燃料サイクルが一九六〇年代に差し迫った事案となったとき、原子炉タイプの選定にあたって然るべき結論を得るには、時はすでに遅かったのである。

使用済み核燃料再処理に関する初期の諸計画

初期の頃のドイツの原子炉に関する計画の策定には、同位体分離施設の建設を避けようという願望もあわせて働いていた。このことは、天然ウランの選好の一つの理由であった。同位体分離の場合、きわめてコストのかかるものであることは最初からわかっていた。また、それまで主流であったガス拡散法に対してコストが著しく低下するという期待をドイツ製のウラン遠心分離機にかけていたとしても、国そのものからの巨大技術規模の資金手当が必要となることもわかっていた。これに対して、再処理の場合には、その種の技術としては当初はほとんど経費を食わないもののように思われていた。また、時にはそこに——たいてい奇々怪々な誤った計算をもとにしたものであったが——利潤を上げうるビジネスへの期待もあったのである。再処理の場合の、他よりもはるかに強い放射能による環境負荷は、人が安全問題をまだぞんざいに扱っていた時代には、ほとんど注意が払われなかった。

再処理プロジェクトは一九七〇年代に原子力発電所の批判者の最大の攻撃対象となったが、他方、これと比較すると、同位体分離はほとんど注目されることはなかった。実際、同位体分離の場合の放射能による環境負荷の危険は小さなものであったが、とはいえ、爆弾用核分裂物質の拡散の危険性は小さくはなかった。原子力技術の始まり、すなわち、原子力技術の危険性がとりわけ広島によって世の中に体現されたとき、不信感のやり玉に挙がったのは特に同位体分離であった——広島の上に投下された原爆の核分裂物質は、同位体分離によって得られたものであった。それは、一九六〇年にドイツ連邦共和国の遠心分離機開発に関する国際的な報道が巻き起こした国内の不信感にもつながるものであった。

ドイツ連邦共和国における同位体分離は一九六〇年以後、長く影を潜めたが——それは、よりによって軽水炉とともに、それへの需要が生まれた時代であった——他方、一九六〇年代の再処理の運命はといえば、ドイツ連邦共和国の原子力計画策定の重点の変位、矛盾、そして、構想力の弱さをあからさまにしたものである。首尾一貫した態度でプルトニウムベースの原子炉が近い将来実現することを信じていたとするならば、エルトヴィレ・プログラムに表現されたような原子力に関する当初の諸々の計画――増殖反応による独自の核分裂物質という、その当時設定された目標――から、再処理についての高い優先順位はおのずと生まれていたであろう。というのも、ただ再処理によってのみ、原子炉内で孵化されたプルトニウムが自由に手に入るからであった。当初は産業界における原子力利益の唱道者であった化学産業もまた、再処理を通じることでしか原子力技術分野での主導権を主張できなかった。事実、そのようにして再処理が繰り返し、しかも、意味深長な口調で語られたのである。しかし、人はまだ思惑的な段階にいたのであり、また、まさしく「リプロセシング」にあっては、言葉と行いの間に大きな乖離があったのである。

　エルトヴィレ・プログラム（一九五七年一二月）に関するドイツ原子力委員会のある文書は、再処理施設に一億二〇〇〇万マルクを見込んでいた。それは、原子炉建設経費に次ぐ二番目に大きな経費項目であった。また処理能力として、その当時としては莫大な年間五〇〇トンという数量が予定されていた。これに対して、一〇年以上も後にカールスルーエに設置された再処理実験施設は、なんと年間せいぜい総量四〇トンを処理できるものでしかなかったのである。もっとも、すでに一九五七年の資金調達実施計画は、実行は「おそらく」「かなり後になって」初めて成し遂げられるであろう、という現実的な文言をつけ加えていた。カールスルーエのために何はともあれ計画されたプルトニウム研究施設がプルトニウム「リプロセシング」のための「暑い小部屋」を備えるものであったことは、容易に推測できるであろう。しかし、それに呼応したかようなデグッサ社の進出は、一九五八年に、OEECの枠組みの中で計画されたユーロケミック*の実験施設を示唆する連邦原子力省によって拒絶されたのである。

　実際にその当時は、ドイツの原子炉から出てくる使用済み核燃料の再処理実験施設の必要性は、明確に見てとれなかった。いわんや、エルトヴィレ・プログラムで計画された原子炉発電容量は、その後急速に縮減していったから、なおさらであった。一九六二年にドイツの施設に関する諸計画に反対を表明したのは、マンデル（RWE社）だけではなかった。増殖炉プロジェクトの長として将来得られるであろう再処理能力をとりわけあてにしていたヘーフェレもまた、その当時は、それでなくとも軍事的な考えが背後にあるのではないかという疑惑があるその種の計画に引きこまれることを拒否した。彼は、再処理施設という専門用語自体はかなり早くから用いられているが、これが必要となるのは一九七〇年から一九七一年にかけてだ、と表明した。それだけでなく、ヘーフェレは「今日、すなわち一九六二年であるが、施設のタイプに関する決定が下されていないことをカールスルーエの高速増殖炉プロジェクトグループは幸せな状況として受けとめる」として、「今日、何らかのリプロセシング施設の建設に強く関与することは、時期尚早である」と強調したのである。

その反対陣営にあって原動力となったのは、影響力の大きいヴィンナッカーを頂点とするファルプヴェルケ・ヘキスト社であった。ヘキスト社にあって化学的プロセス工学部門の長であり、ドイツ原子力委員会の専門部会の参与でもあったレオポルト・キュヒラーは、早くも一九五〇年代末には再処理実験施設のための準備プロジェクトの起案にあたることとなった。ヴィンナッカーとキュヒラーは、ドイツ原子力委員会や世論においてヘキスト社のモデルに基づいて国から資金を得た実験施設の建設のために尽力するとともに、尻込みする中枢的原子力研究機関に明瞭な標的を定めた。一九六三年末にヴィンナッカーは、今や重点は原子炉開発から「核燃料サイクルと、これにともなう再処理に移さなければならない」と宣言した。そのためには「重化学工業」が必要である、「なぜなら、その見解によれば、そのような巨大技術のプロジェクトにあっては、カールスルーエは多大の貢献をすることができないから」であった。再処理をもってして初めて、とヴィンナッカーは一九六五年に次のように述べている。ドイツ連邦共和国における「原子力エネルギーのサイクル」は「完璧になる」、と。一九六四年にキュヒラーは、中枢的原子力研究機関は「再処理の問題に実際はまったく携わらなかった」と批判した。彼はまた、ドイツ原子力技術の「継子」という、再処理を指す決まり文句を造語した。それは、すぐに省内を飛び交うようになった隠喩であった。一九六三年にまだ同省のある担当官は、それがなければ本来「大変楽しい原子力の絵画」であるはずの「絵の構成と無関係な黒いシミ」だとして再処理の特徴をファンタジー豊かに表現したが、同時にまた、それなくしては原子力産業が「否応なしに」停滞する部門である、とも指摘していたのである。

加えて一九六三年から一九六四年にかけていくつかのプロジェクトが外国から持ちこまれ、「国産」であることを特徴とする再処理が切迫した問題となった。一九六三年に、ドイツ原子力委員会の一部の支持も得た連邦研究省は、フランスのイニシアチブによる「プルトニウム・リプロセシング」共同施設の建設についてフランス原子力庁（ＣＥＡ）と交渉を持った。それは、ウラン共同利用研究施設に直結するかもしれないプロジェクトであった。ドイツ原子力委員会内部では通常見られないようなものであったが――フランスの提案を断った場合に心配される「独仏関係の政治的な重荷」について、プロジェクトの支持者たちから警鐘が鳴らされた。

けれども、カールスルーエ原子力研究センターの首脳部は、フランスが技術的に著しく先行するその施設がフランス独自の必要に基づいて建設されることがありえたその時点で独仏共同施設を建設することには断固として反対した。ヴィルツは、そうした施設は「高速増殖炉のためにプロジェクト化される場合にのみ意味がある」と述べたが、もっともである。それは現時点では無理である、というのも、まだ増殖炉の核燃料についてはまったく知られていないからである、それゆえ独仏共同プロジェクトは「現時点ではカールスルーエにおける開発の妨げとして受けとられることとなる」と、彼はさらに述べた。高速増殖炉研究グループは、その施設を「時期尚早、かつ、高価すぎる」、また、そもそも「ふさわしくない」として拒絶した。いや、それどころか、「カールスルーエにおけるその施設の建設によって高速増殖炉開発へのフランスの影響が取り返しのつかないほど強まる危険」について明言したのであった。それは、カールスルーエがカダラッシュとの増殖炉開発競争を開始したその時代であった。カールスルーエにおける抵抗は、ボン政府にそれなりの影響を与えた。すなわち、研究省はＣＥＡに対して、拘束力のない、態度保留の返事を伝えたのである。

同じ頃、ドイツ連邦共和国における軽水炉の普及は、再処理にあってもアメリカの攻勢を活気づけた。アメリカ原子力委員会は、プルトニウムがドイツの手に渡るのを阻止しようと思えばできたであろうが、しかし、カールスルーエの実験施設の諸計画が具体化したその時期に、「ドイツ連邦共和国のための核燃料サイクル全体を引き受けよう」（ヴィンナッカー及びヴィルツ）という提案をしたのである。それは、ヴィンナッカーにとって狙いどおりの妨害工作となる提案であった。原子力発電所「第一世代」の中で踏みつぶされたと見られていた、国産原子力エネルギー開発の信奉者たちは、再処理の場合には米国に対抗する確固とした路線を押し通したのである。

＊――ＯＥＣＤ一三ヶ国の共同プロジェクトで、一九六七年から一九七四年までベルギーのモルで操業していた再処理施設。

最も嫌われたプロジェクト――カールスルーエ使用済み核燃料再処理施設を巡るいがみあい

産業界にとって重要だったのは、国の助成という恩恵をすべて彼らに保障されるようにするために、まずもって再処理施設をカールスルーエに置くことであった。しかしながら、カールスルーエでは、その贈り物はまったく歓迎されていなかった。増殖炉プロジェクトの実施に集中して取り組むことを妨げるばかりか、その種の施設から予期される高い放射能による環境負荷についてもまた心配されたのである。再処理に学問的な興味のない科学者の中では、その「熱く期待された化学」は「最も嫌われた」プロジェクトそのものであった。問題となったのは単なる小さな実験施設であったが、こうしてカールスルーエ使用済み核燃料再処理施設（ＷＡＫ）の実現は先延ばしにされたのである。

一九六四年、原子力産業誌は、ドイツの原子力関係者の中で通常はそれほど評価されていなかったユーラトムの局長ジュール・グレロンの以下の警告を掲載した。すなわち、再処理にあっては「猪突猛進は注意深く避けられねばならない」。「不必要で経済性のない、エセ産業施設の性急な建設」は、「単に時間とお金と労力の無駄遣いになりうる」ばかりか、「世間一般の意見に最悪の影響をもたらす」に違いない、としたのである。キュヒラーその人もまた、米国における再処理研究を知るためのアメリカ旅行後に、様々な研究室でその問題について「まったく正反対の答え」が得られていること、また、その当時実現されていた方法が将来も最適なものであると必ずしも見なされていないことを確認せざるをえなかった。連邦財務省が非難したように、当初二〇〇〇万マルクと見積もられたＷＡＫのコストは、一九六五年末には、すでに三倍の六〇〇〇万マルクに増加した。驚くなかれ、コストの増嵩は準備計画の段階ですでに存在していたのである。

プレッチュは一九六七年に、批判的なフィンケの新たな横槍に対して「いずれにせよＷＡＫは建設される。というのも、政治的な理由からもう後戻りできないからだ」と応じたが、このことは、合理性の欠如についての疑念をかえってはっきりと証したものであった。事実フィンケは、プレッチュが彼の言う「政治的理由」に同調しようなどとはまったく考えもせず、ＷＡＫ全体の論拠が見せかけであることを大臣に注意喚起したのである。経済的視線からすれば、同じ頃モルにおけるヨーロッパの使用済み核燃料再処理施設（ユーロケミック）が解散の危機にあったことを考えると、ＷＡＫの建設は、なおさら馬鹿げたことであった。なお、その危機は、ほとんどフル稼働したことがなく、製品価格面でもウィンズケールにあるイギリスの施設との競争に負けたことによるものであった。ＷＡＫは、建設開始の時点ですでに、ドイツ連邦共和国における原子力政策の比較的初期の、「国産」であることをより鮮明に強調した段階の遺物ともいえるものとなっていた。一九六七年にはまだ、カールスルーエ原子力研究センターは、現地に建設される再処理施設を最大限利用することに縛られたくなかったのである。

その限りでは、一九六六年に、当初は従来型の原子力発電所のために構想されたＷＡＫを高速増殖炉の要求に対応させることが可能と思われるような転機があった。ＷＡＫはこのときから増殖炉プロジェクトのダイナミズムの分身となった。再処理の平和経済的必要性が増殖炉開発との結びつきを通じてのみ確信を持って証明されるかのようであり、その動きは一層望ましいものであった。とはいえ、こうした可能性が実際に実践できるものであったか否か、すなわち、軽水炉の燃焼済み核燃料のリプロセシング技術と同じような技術が増殖炉にも応用されうるか否かについては、不明なままであった。

最終的には一九六七年に、国からの資金を得たWAKの建設が始まった。これにともなって、再処理もまた、公的資金の負担でなされる研究や未来プロジェクト分野の中に組み入れられ、こうして、経済的な採算性の圧力から解き放たれたのであった。それに続く時代の、経済ベースの再処理施設についての米国の経験は、初めて民間経済界のイニシアチブに冷や水を浴びせるものであった。一九六六年に稼働したウェスト・バレーの施設*は一九七二年に閉鎖された。それは、その投資コストがまったく回収されることのないまま、米国のすべての原子力発電所が放った以上の多量の放射能を環境に放出してしまった後のことであった。また、一九七四年に判明したことであったが、ゼネラル・エレクトリック社によって建設されたある施設は、技術的理由からそもそも稼働すらしなかったのである。


*――ウェスト・バレー再処理施設は、一九六四年に設立された米海軍向け核燃料や原発向け燃料製造・供給の核燃料サービス会社(Nuclear Fuel Services, Inc.)が運営したニューヨーク州の工場で、一九六六年から一九七二年まで操業した。

再処理は、そもそも必要なのか

原子力技術の開始早々にすでにできあがっていた、再処理は原子力エネルギーシステムを統合する構成要素であるという教義は、増殖炉の商業ベースの普及がいつかはっきりしない将来へと先延ばしになった時代にも、なお存続していた。

環境についての意識が高まる中でつくり出された「廃棄物処理処分」という概念は再処理を「核のゴミ〈放射性廃棄物〉」の最終の置き場と組みあわせるものであり、この概念は、当然それが必要であるという印象を強めた。化学産業界の一部は、国の助成を勝ちとるために、再処理をやむをえないことだと長いこと宣伝した。一方で国はといえば、さらなる原子力発電所の許認可を「廃棄物処理」の民間経済界による解決と絡めて通知するという、同じような論法で反撃に転じようとしたが、しかし、それを担うこととなる化学産業の拒絶にあったのである。

歴史を回顧すると再処理の軍事的な起源――歯に衣を着せずにいえば「プルトニウム生産」のことである――にまで遡ることとなる米国、すなわち、民間経済界ベースでの再処理に関してとことん否定的な経験をした米国では、この間、次のことが判明した。つまり、再処理をせざるをえないという強迫的な信条は以下の一連の前提条件に基づいているが、それらは長いこと確かめられたことがない、ということである。
①高度に燃焼済みの燃料にあってもまた、プルトニウム抽出は経済的な条件となりうる。また、環境負荷の制約下でも社会的に容認しうる規模のプルトニウムを抽出することは可能

である。軍事目的で得られるプルトニウムは、原子炉内の低燃焼の燃料残滓とあわせて核燃料から抽出されるが、電力生産には使われないので、コストや環境負荷について大きな考慮を払わなくてもよい。②再処理は、原子力技術の遅れを最終貯蔵*のためによりよいものにするか、もしくは少なくとも悪いものにはしない。③「核燃料サイクル」の構図が前提とするように、新たな核分裂物質の孵化のテンポについては、原発の現在の核分裂物質需要にあわせて維持できる。④プルトニウム原子炉は、経済ベースで可能である。

それらすべては仮説的仮定である。たしかに、それらの前に立ちはだかるような根本的な理論的根拠はなかったが、しかし、その工学技術的、経済的、環境保全的な一体性は決して保証されていなかった。証明されたのは、ただ、再処理の核爆弾製造技術上の価値だけであった。ドイツ連邦共和国において、きわめて長い間その不明瞭さが見過ごされてきたことは、奇妙である。軍事技術に関する様相をタブー視すること、再処理を経済合理性の枠外に置くこと、そして産学官の三者体制における意思疎通の欠如が両々あいまって、そうした当てずっぽうな汚点の原因となったのである。

*――Endlagerung。日本では、かつて「最終貯蔵」という語が原子力安全委員会報告決定など公文書等でも見られたが、近年、これに代わって「最終処分」という語が一般的に使われている。しかし、Lagerung というドイツ語の概念は、「処分」というよりも「貯蔵」であり、独和辞書にも Endlagerung を「最終貯蔵」としているものがある。これを踏まえ、本書では、「最終処分」ではなく、あえて「最終貯蔵」（文脈に応じて「最終貯蔵場」等も）を訳語としている。なお、「最終貯蔵」という語が「最終処分」という語に替えられた事情は、日本の原子力史を知る上で興味深い問題と考えるが、その解明はこの訳書の範囲ではない。

「核燃料サイクル」における目立たない部門

同位体分離、ウラン採掘、そして最終貯蔵は、長いこと原子力の舞台では比較的目立たないテーマであった。一九四五年以降途切れることなく取り組まれてきた同位体分離の場合、初期の時代には、天然ウラン志向という原子力に関する計画策定の本筋とは相反するものであったが、ある種の前進が顕著に見られた。米国の圧力のもとにドイツ製遠心分離機は秘密扱いされることとなったが（一九六〇年）、これによって、その当時初めて世間の耳目は遠心分離機に集まった。それは、さしあたりの宣伝広告のようなものであったが、その後、世論でも原子力委員会自体からも注目されなくなった。遠心分離機建設に関与した研究者の中では、その秘密化は鬱憤を生み出し、憤懣は途切れることがなかった。というのも、それ以後、その公表は限定的にしか許されなくなったからである。公表の規制を根拠とした遠心分離法濃縮技術開発作業部会（ＡＧＡＺ）の何かで埋めあわせをという要求は原子力省に拒否されたが、その要求は、結果的にいくつかの所管官庁が共管する手続きを生むこととなった。これがまた、一九六〇年代全体を通して続き、協調的な雰囲気の重荷となったのである。

濃縮ウランを用いる軽水炉の勝利がはっきりとした一九六四年以降、同位体分離技術を目的とした助成は、すでに注目すべきドイツの試みがかなりあったので、なおさら、時代の急務となった。しかし、当時そのテーマは、全体としてまだ時を得たものではなかった。その頃、増殖炉への陶酔は絶頂期にあり、また、世間の注目は増殖炉の代替選択肢としばしば見なされた同位体分離から完全に離れていた。ヘーフェレは、一九六六年に連邦研究省に対して意気揚々として次のように言明したものである。ドイツの、いやヨーロッパの同位体分離施設自体、「高速増殖炉が一九八〇年頃に稼働するようになれば、あまりに短期間の利用となるので経済的に割があわない」、と。

一九六〇年代全体を通じて、原子力政策の専門部会では、様々な同位体分離法のどれが優先されるべきかはっきりわからなかった。とにもかくにも、同位体分離法の場合には、異なるいくつもの方法が存在することや、それらのおよその特性、さらに、あいかわらず実証の必要性が国際的にあることなどについて明確に知られていたが、これは、再処理をともなう方法に対する長所として注意を引いた。それゆえ、その分野における意志決定プロセスは、時には混乱することもあったものの、原子力技術の他の大方の分野におけるよりも合理的に働いた。また、アメリカ原子力委員会によって宣伝された方法（拡散法）とは違う技術（遠心分離法）を、英国やオランダと組んで対置することにも成功したのである。構造が比較的簡単で安価であるように思われたことが遠心分離機を是とする効果的な論拠となって、その決定を容易にした。加えて、他の分野と違い、ウラン濃縮の分野においては、一九七〇年代に入ってまで実際に機能するような専門家のカルテルが存在せず、様々なプロセス工学間の論争がある程度率直に行われた。研究省は、片方の陣営からもう一方の陣営に関する批判的な情報をやすやすと手に入れることができた。権力の集中や圧倒的な量の助成に欠けていることは、政治的な意志決定を行う諸機関にとって最後には利点であることが明らかとなった。これは、技術政策のための普遍的な教えとなりうる結果である。

比較的自由な意志決定は、その分野では長いこと大企業の強い関与もなければ、中枢的原子力研究機関の関与もほとんどなかったことにより保証されていた。まさにこの技術にあっては、莫大なコストが最初からわかっていて、懸念されていた。原子量相互のごくわずかな違いに基づいて同位体を分離するウラン同位体分離の経費については、素人でも容易に想像できた。一九六〇年代末頃にようやく、ドイツの、もしくはヨーロッパのウラン濃縮施設の建設について産業界の関心が見てとれるようになった。その直後に、ほとんど予期せぬことであったが、長年ほとんど注目されることのなかった遠心分離機の経済的な見通しが好転したのである。一九七〇年頃には、産業界に近い新聞、雑誌の中でウラン濃縮は「明日の巨大ビジネス」として、また「巨額の富の重みを持つ輸出の将来」のための保証として称賛されることとなったのである。

ウラン埋蔵地の開発

核燃料の供給において追求された自立性が確保されるのは、ドイツ連邦共和国がウラン埋蔵地の所有権を獲得した場合だけであった。ウラン採掘については、本来、早い時期に高い優先度が与えられて然るべきであったであろう。というのも、核燃料の自立性という目標がドイツ連邦共和国の原子力政策の出発点であったからである。実際、時代的にはドイツ連邦共和国の原子力エネルギー史が始まるよりずっと以前のこと、一九五〇年にすでにフィヒテルゲビルゲ地方のマックス精錬所におけるウラン採掘作業が始まっていた。その初期の見通しを本質的に決めていたのは、大規模なドイツ国内のウラン埋蔵への期待であった。しかし、ドイツ産ウラン鉱石の販売について国の保障が得られなかったこと、そしてドイツ国内のウラン埋蔵地のほとんどが大きな利益を上げるような産出量を約束するものではなかったことから、当初の熱意はすぐに途絶えてしまったのである。残った期待は、特にシュヴァルツヴァルト地方のメンツェンシュヴァント鉱山に集中した。しかし、その地の採掘作業は、一九六〇年代を通して、観光客への影響を心配した村の頑強な抵抗によって阻まれた。このようにドイツ連邦共和国のウラン採掘の歴史は、核燃料サイクルの他の分野とも共通するタイムラグがあることを示している。すなわち、ウランへの需要がまだほとんど存在しなかった初期には、そうした状況にもかかわらずウラン埋蔵地の開発について熱心な取り組みがあったが、その後ウランの実需が明瞭になった時代になるとそれは萎えてしまったのである。

そうしたミスマッチは、一九六六年に研究省と原子力委員会において議論のテーマとなった。二、三の委員からは、ウラン採掘分野での民間経済界のイニシアチブの欠如について不満が口にされた。その当時、世界市場はすでに長いことウランの供給過剰状態にあった。一九五〇年代の原子力への陶酔と「当時、米国によって仕組まれた国際的なウラン狩り」(原子力産業誌)は、わけてもカナダのウラン鉱山において、文字どおり「破局」だと悲鳴が上がるほどの生産過剰という結果につながった。この警告のサインは、一九六〇年代後半に入ってまで影響を与えた。そうした状況のもとでは、ドイツの鉱業は、国の助成がある場合にのみ国内外におけるウラン採掘に動くことができたのである。しかし、世界市場でウランを安く調達できたエネルギー産業もまた、国の助成を受けたウラン採掘に反対した。というのも、世界市場における価格よりも高い価格のウランの買い取り義務が導入される可能性があったからである。すでに一九六四年に、ドイツ連邦共和国の一九八〇年代のウラン供給について心を砕いていたのは、その当時、エネルギー産業の中で原子力エネルギーの先駆者として孤立していたマンデルただ一人であった。それどころか、いつもであれば「国産の」という路線に反対していたフィンケも、アメリカでの原子力エネルギーの予期せぬような急速な台頭はすぐに自動的にウラン市場における需要ブームを引き起こす、と一九六六年に警告的な口調で指摘し、次のように述べた。「走行中の列車に乗り損ねない」ようにするならば、ドイツ連邦共和国は、今「可及的速やかに」ウラン供給の長期的な保障を手に入れなければならない。ドイツ原子力委員会の常設専門委員会もまた価格上昇を考慮に入れ、海外におけるウラン採掘権の獲得を勧め、これとあわせて「ウラン部門では民間経済界の古典的な原理が通用するという幻想にふけってはならない」。

ウラン市場の不況は一九七〇年代中途まで続いた。一九七二年になってもなお「低迷状態」が語られ、それは、あるウラン鉱業のリーダー的な企業の部長代理に次のような嘆息を口にさせたのである。「ウラン市場では、なかなか物事がうまく運ばない。このことは、この間、誰もが十分わかっている」。とはいえ、一九六〇年代中頃からは、進みはじめた原子炉発注ブームとともに、その不況は一過性のものにすぎないという仮説を裏づけるものもあったのである。その時代から、ドイツによる海外でのウラン採掘は進展を見せた。一九六五年末には、研究省の積極的な関与のもとに、それに対応する企業シンジケートが設立された。その重点は、最初はカナダやオーストラリア、南アフリカ共和国との交渉に置かれた。そして、その後は、シュトルテンベルクが推奨した「調達源の地理的分散」と一致するようにして、その取り組みはスペイン、ポルトガル、ガーナ、ソマリア、そしてナイジェリアへと拡大していった。ドイツ原子力委員会の所管作業部会は一九六七年に、海外でのウラン採掘は、将来「長期的な供給契約よりも優先」されるべきであるというスローガンを掲げた。

しかし、ドイツ連邦共和国における商業的な原子力エネルギーの出現だけでなく、「世界的な資源採掘ブーム」もまた、ウラン採掘作業のためのイニシアチブを強化した。ウラン採掘のための補助金は、一九六〇年代半ばまで約一〇〇万マルクにとどまっていたが、予算額ベースで一九六七年の二七〇万マルクから、一九六八年には五四〇万マルク、そして一九六九年には七〇〇万マルクへと増えていった。一九六八年のことであるが、連邦地質研究所の部長には「今や、特に本省の努力によって電力供給企業から鉱石商社あるいは鉱山会社を経て研究省や原子力委員会の第三専門委員会、第四作業部会へと切れ目なくつながるラインが構築された」ように思われた。一九七一年から一九七二年にかけて成立した国際ウランカルテルは、安価なウランの時代は長く続かないだろうという心配の原因となった。それにもかかわらず、ウラン採掘は、ドイツ連邦共和国の原子力関係の取り組みの中では片隅の出来事でしかなかった。一九七〇年代になってもなお、ドイツ連邦共和国のウラン供給は海外でのドイツの採掘権によって保障されていることや、カナダや南アフリカのナミビア共和国におけるドイツのウラン探査の最初の「成功」が外交政策上の紛糾事案を配慮したものであることについて、口にされることはなかった。

最終貯蔵場というテーマは、この問題が数十世紀に及ぶ次元のものであることはすでに早くにわかっていたのに——あるいは、まさにだからこそ——一九六〇年代にはほとんど問題にされなかった。この問題は、原子力技術の他のほとんどの問題よりも早くからわかっていた。最終貯蔵場は、その当時まだ、再処理と関連したプロジェクトになっていなかった。「廃棄物処理」という含みを持たせた概念は、その頃まだなかったのである。「放射性廃棄物」がまだほとんど存在しなかった初めの頃は、人は、最終貯蔵場の途方もない時間的見通し——プルトニウム同位体２３９は、二万四三六〇年という半減期を持つ——を歯に衣を着せずに論じることができた。そのようにして一九六一年にドイツ原子力委員会の所管作業部会の報告書では、考量されるべきは「とりわけ、一旦設置された貯蔵場をもって放射性物質の一世紀単位の堆積がなされるという事実」であるとされた。さらにその報告書は、「そうしたことすべて」が、「最終貯蔵場の種類に関する決定は、ひとたび下されると、最終的なものとなる」ことを示している、だから決定は「時間に迫られて下されてはならず、十分に検討されねばならない」としたのである。

何千年もの期間をあらかじめ考慮するという基本前提は、しかしながら、実際には実現不可能であった。一九六二年のある報告は、「鉱山廃坑の使用にあたっては気をつけよ」と警告している。けれども、一年後、操業停止中のアッセ岩塩鉱山を最終貯蔵という目的のために獲得するという願ってもないような機会が訪れたときに、問題が起きたのであった。その際、それが数千年を展望するものであったにもかかわらず、当時の所有者であったヴィンタースハール社から時間という圧力を受けたのである。驚くなかれ、それは、つい今しがたしたばかりの決心をもう忘れるほど速いものであった。アッセについての調査評価書は、「通常の状態のもとでは」「坑内浸水の危険はない」と太鼓判を押した。しかし、それは基本的に類語反復的な査定であった。というのも、浸水によって坑内が満水になるような出来事は、まさに「通常の」

ことではないからである。とにもかくにも、一定の条件下では岩塩坑の水没がありうること、しかし、「すぐ目の前にある時代には」「その種の出来事は考えられない」ことが容認されたのである。何千年もの超長期をあらかじめ考えねばならないプロジェクト、そのプロジェクトにしてそうであった。まさに将来を展望するにあたってのその不条理な時間的な感覚こそが諸々の問題のいい加減な扱いにつながったという印象を得られる。それは、我々がやり遂げなければならないのは目の前に現実にある問題だ、あるいは、将来の問題の解決は将来の世代がやればいい、というモットーに沿うものであった。それは、「持続性」というレトリックが使われる時代よりずっと以前の時代の出来事であった。

加えて、時間とともに危険性がなくなるものは、放射能の弱い物質に限定された。高レベル放射性廃棄物の最終貯蔵に関しては、その当時、まだ何も発案されていなかったように思われる。その直後に、坑内ではすでに亀裂がいくつもあって、そこから浸水していたことが一九六五年に露見したこともあり、なおさら単なる暫定的措置としてアッセは人々の記憶の中だけにとどめられた。ところが一九七〇年代になると、長期的な解決策について語るようにして、アッセがしばしば人の口に上るようになった。他の件では「国産を旨とした」原子力政策の支持者であるヴィンナッカーとヴィルツでさえ、最終貯蔵場の問題は「長期的に見ると、国内的な措置によって克服することができない」ことを認めた。そうした諸状況のもとでは、先延ばし戦術がとられたのも、驚くようなものではない。

原子力産業への独占的な集中――ドイツ原子力委員会の寄生

「核燃料サイクル」に関する包括的な計画策定のチャンスは、産学官の三者体制における一致協力とは逆の、まとまりを欠く拡散的な傾向によって妨げられた。その瓦解プロセスは、一九六〇年代の原子力委員会の機能不全にはっきりと表れている。そこでは、独り歩きの傾向を強める巨大研究が委員会の活力を奪うかのように働いたが、しかし、原子力産業において企業集中が進んだこともまた、委員会を萎えさせるように作用した。集中化の過程で一時的に「拮抗する力」の均衡状態が生まれたことはあったが、しかし、原子力産業は一九六〇年代末には独占段階に到達したのである。一九六五年にはまだマンデル(RWE社)は、次のことを示唆していた。「原子力発電所建設の分野では、企業グループがフランスには三、イギリスには三、米国には二、もしくは最大でも三あるのに対して、ドイツには七の企業グループが活動している」。その四年後には、ドイツ連邦共和国では将来、原子力発電所の主受注者に数えられるのはジーメンス社とAEG社が共同で設立したクラフトヴェルク・ウニオン社(KWU)

だけしかないことが、早くも明確になっていた。原子力技術に関与したルール工業地帯のコンツェルンは、それでなくてもドイツ原子力委員会においてその主張を貫徹する強力な力を育てることができなかったが、一九七〇年前後になると、独自の原子炉タイプの提供者としてチャンスを持つことがなくなった。すなわち、一九七一年にクルップ社、GHH社、デマーク社は、原子力発電所の元請け会社であることをやめたのである。ルール地帯の古い協調精神は、原子力発電所分野ではおかしなことにうまく機能せず、それまでその三社すべてが、それぞれ異なる、競合的な原子炉コンセプトを追求していた。ルール三社の撤退とともに、原子炉タイプの多様性は劇的に小さくなった。

KWU社の設立は、それ自体としては何らの路線変更も意味していなかったに違いない。ジーメンス社やAEG社にあっては、まさに新たな生産分野での共同出資子会社における協力は珍しいものではなかった。国内的にも国際的にも、電機産業の高度に集中化した体制は、すでに長いこと労働や市場の配分、価格や生産についての取り決め、さらには、より緊密な協力形態の動因となっていた。原子力分野はといえば、まさに技術においては知見の交換やリスク分散の必要性が強かったにもかかわらず、最初の頃はまだ、もっぱら競争が目印となっていた。思惑の時代の原子力ビジネスの最前線は、ジーメンス社とAEG社とのライバル関係を強化し、イデオロギー的なアクセントで装わせることに適していた。というのも、ジーメンス社はしばらくの間「国産」路線を、これに対してAEG社は最初からアメリカを志向した路線を代弁していたからであった。双方の戦略は、両社の社歴と相応するものであった。

RWE社を頂点とするエネルギー産業は、発注行為を通じてエレクトロ産業界の巨人間の競争を計画的に促進しようとした。当初束の間ではあるが、AEG社はカールとグンドレミンゲンの原発をもって先行したものの、その後の一〇年の発注は両社にほぼ均等に分けられた。フィンケルンブルクによれば、たしかに、最初からジーメンス社とAEG社との間で「何らかの調整を図ること」があった。一九六八年に入札公告されたビブリスの一一四五メガワット原子力発電所の案件に至るまで両コンツェルンは、繰り返し同じ入札案件に応札し、相互にカードを切りあい、しかも談合を行っていた。AEG社が蒸気増殖炉を、ジーメンス社がナトリウム増殖炉を引き受けた、別々の原子炉タイプのプロジェクト化の際に、両社は「一つのタイプの原子炉だけが建設されることとなる」場合の「互いの関与」を前もって契約で定めたのである。

同じ頃（一九六六年）にジーメンス社とAEG社による「タービン部門、発電部門、変圧部門の事業における協力の効果に関する」合同調査が始まった。その結果は、肯定的なものであった。激しいライバル関係にある企業を競いあわせてある種の漁夫の利を得ようとするかのような感のあるシュターデ原発とヴュルガッセン原発の発注（一九六七年）は、連邦研究省においても「恐喝」と見なされたものであるが、それは協力への刺激を強めていくこととなった。一九六八年に二つの共同の子会社の設立が決定された。この設立にジーメンス社とＡＥＧ社は、同数代表権を持って出資したのである。二つの会社は一九六九年四月一日に営業を開始した。二つの会社とは、ＫＷＵ社と連合変圧器会社の二社である。原子炉建設の分野では、その当時、唯一「次世代の原子炉の開発」だけが協力対象に組みこまれた。これに対して、軽水炉にあっては、「米国のパートナー」、すなわち、ウェスチングハウス社とゼネラル・エレクトリック社との「契約上の拘束」が効力を有しており、少なくとも製造業分野においては国内企業の連合を阻んでいた。これに比べて、原子力発電所の商談は、対外向けにいえば「両基幹企業のどちらかによる地方の、あるいは州クラスのもの」であったとしても、最初からＫＷＵ社が成功をおさめたのである。

はたして、原子力産業の顧客は、ＫＷＵ社設立の一年後にはすでに原子力発電所の価格の「約二〇パーセントから二五パーセント」の高騰について苦情を言わざるをえなくなった。バイエルンヴェルク社の社長は、ＫＷＵは企業合併規制法*の「格好の対象」である、と憤懣を露わにし、そして、計画されたオーウ原子力発電所の発注をこれ見よがしに先延ばしした。けれども、ＫＷＵ社は、ボン政府における肯定的な反応を計算に入れることができたのであった。同じ頃、政府の支援を受けてゲルゼンベルク社の大株主となり、かくして西ドイツ石油産業界における独占的地位に就く見通しを得ることとなったＲＷＥ社は、独占に反対して吐いた不満の言葉を、そっくりそのまま我が身に受けることとなった。

その後なおＲＷＥ社は、成果はほとんどなかったものの、原子力発電所ビジネスの提供者側にあって競争を維持することに努めていた。一九七一年にはルール地帯のコンツェルンが脱落した。こうして、まだ残るのはドイツ・スイス両国にまたがるブラウン・ボヴェリ・シェ社（ＢＢＣ）と、外国の原子炉企業だけとなった。エネルギー産業界は、国産であることを動機とするためらいが何一つないこと、また、「ますます施設を外国で調達する」状況になることを認識するよう仕向けた。マンデルは、非常にドラマチックな言い回しで、「競争の欠如」は「致命的だ」と述べた。その当時、ＫＷＵ社の社長自身が、同社設立の結果として「ドイツ市場におけるアメリカの競争相手の進出がある」ことを予期していた。けれども、そうはならず、数年後、ＫＷＵ社の首脳部は、ＲＷＥ社との良好な協力を称賛してやまなかった。安全の履行義務化の流れは一九七〇年代に、殺到する批判の嵐によって引き起こされたが、それは、ドイツ連邦共和国の原子力発電所が、当初はアメリカの原子炉タイプを受け継いだにもかかわらず次第に「ドイツ化」していくことに貢献した。こうした状況の中で、国際的な標準タイプはどれも定着できなかったのである。

一過性のものと思われたのは、BBC社だけであった。同社の原子炉部門は、一九七一年にドイツ・バブコック&ウィルコックス社と合併し、バブコック＝ブラウン・ボヴェリ原子炉会社（BBR）となった。さらに一九七三年には、RWE社からミュールハイム・ケーリヒ原子力発電所を受注し、米国製と英国製の原子炉のブローカーとして、また、KWU社に代わるいくつかの選択肢として鍵を握る地位を獲得した。しかしながら、その地位は、さしあたりミュールハイム・ケーリヒの受注だけにとどまった。おまけに、一九七五年にようやく開始されたその原発の建設は、裁判所の決定によって一九七七年に中止されたのであった。原子力を巡る舞台の中で、ミュールハイム・ケーリヒ原発は、「ミュールザムでクレークリヒなもの〈「労多くしてみすぼらしいもの」を意味する駄洒落〉」というあだ名を得た。一九八三年、BBCグループは、原子力発電所の元請け企業から撤退した。

原子力産業界における集中プロセスは、全般的かつ長期的な企業集中プロセスの一部であった。原子炉建設は、とりわけ原発施設群の規模の急速な拡大、長期的に設定されたあらゆる実験を踏みにじるような開発テンポの加速、さらには国家機関との関係が決定的な意味を持っていたことなどから、企業集中の駆動力となった。特に国の影響は、他の西側の核保有国におけると同様にドイツ連邦共和国でも経済分野の集中化を促進したのである。原子力技術のリスクはなお看過しえないものであったので、古くからある大企業の支援を得ることでリスク減少を図ろうとする傾向が全般的に見られた。しかしながら、基本的には軽水炉を信奉し原子力産業界の集中化の支持者であったフィンケでさえも、一九六九年に次のことを公然と認めたのである。すなわち、ドイツ連邦共和国で今まさに達成された企業集中度は、原子炉路線全体に反することとなり、「中枢的原子力研究機関と政府機関において考案された原子力発電所戦略やモデル計算すべてに対して、死を宣告するか、あるいは、瀕死の衰弱を宣告する」ことができるほどのものである、としたのである。

遅くともKWU社の設立をもって、ドイツ原子力委員会が原子力産業の意志決定過程に十分に関与できない位置にあることが明確になった。より早期の、まだ寡占的な段階においては、企業集中の進行は、ドイツ原子力委員会が機能することを邪魔立てするものではなかった。それどころか、理論的に可能な原子炉タイプが多様に存在することで非常な混乱が起きた時代には、原子力に関する決定の土俵の上を見通しよくすることで、委員会の仕事をある部分では容易にしたのであった。そうした中で「原子炉」作業部会は、プログラムに即して行われたエルトヴィレ会議の席上で、共同の原子炉プロジェクトを目標とした企業の結合を勧めることまでしたのである。さらに、「エルトヴィレ・プログラム」は、原子炉路線がいくつもありうる中で企業間協力によって下された選定に基づくものであった。けれども、企業集中が進んだ結果、ドイツ原子力委員会はもはや審議機関として用いられなくなり、機能しなくなった。

思惑の時代から既成事実をつくる時代への移行もまた、ドイツ原子力委員会の活動にとって根本的な意味を持っていた。思惑や観測気球の時代には、各種の意見が開陳されるドイツ原子力委員会の専門部会は、使い勝手がよかった。厳しい決定が下されることは、まだほとんどなかった。というのも、比較的規模の大きい産業投資の形をとらずに原子炉開発を現実のものとする限りは、多くのプロジェクトもしくは準備プロジェクトをいくつも並行して存在させることができたからである。包括的な資本投下が産業界に既成事実をつくり出したとき、そうしたことすべては変化した。今や公の決定プロセスへの関心はなくなり、かわりに現われたのは意志決定プロセスを組織的に妨害することについての関心であった。ドイツ原子力委員会の事務局長は早くも一九六一年に次のように嘆いたが、それももっともなことであった。「いくつかの原子炉プロジェクトがその実現に関する決定を行う段階に近づくにつれて、作業部会は、専門的にも心理的にも非常に難しい決定の前に立たされたかのように見えた。そうした決定においては、信望が厚く、派閥的なものに左右されない人間の重みが、状況によっては実り多い助言活動の存続に決定的な影響を与えることができるのだ」。しかし、専門的な能力が誰からも認められていて、かつ、発言に重みを持つような「不偏不党の」専門家を見つけることは、不可能なことを見つけるようなものであると次第に判明したのであった。

一九六〇年代末頃のドイツ原子力委員会の議事録は、総じて内容に乏しいものとなる。それは、世の中における議論が次第に実質をともなったものとなっていった、まさにその時代であった。技術に関する議論が世間一般に移ったことには、それなりの論理がある。原子炉作業部会が一九六九年に研究省から、トリウム高温ガス炉プロジェクト参加企業の「構造」は「生産的なものか」否かについて見解を求められたとき——その当時、クルップ社とBBC社との間には公然とした対立があったのである——作業部会は、文字どおり途方に暮れたのであった。結局、議事録には、「その件に関してなされた」「かなり長い議論」の中で作業部会としてはたしかに「産業政策的な問題に見解を表明することを躊躇するものではないが、他方、現在の部会構成に鑑み、産業構造の問題に作業部会として詳細な見解を述べる状況にない」、という玉虫色のコメントが記載されたのである。

フィンケが一九七〇年に下した「国家の、あるいは国家を超えた原子力行動計画に責任を持つ者が手にする計画策定の道具立て」に関する酷評には、現実的な理由があった。一九六六年にある学術誌のインタビューに対して、さらに劇的かつ詳しくドイツ原子力委員会への怒りをぶちまけたのは、匿名の同省職員であった（彼の怒りの一部は、宇宙委員会にも関係したものであった）。「たとえば、いくつかの専門委員会が開かれるのは二年に一回だ。委員会が開催されるときは、いつも我々に対する助言が問題となるのではない。そうでなく、逆に我々のほうが委員会に何が問題になっているのかを知らせ、そして、それについて彼らに助言しなければならないのだ――これこそ茶番劇そのものだ」。委員会による資金承認申請の審議は、「惨めなものだ」。委員同士のやりとりは、「あいもかわらず、すべてがすべて教授連中の行動様式によるものだ」。だから率直な批判に対してへっぴり腰である。委員相互の間でも、省に向けられた批判に対しても。「また、委員たちが時には本気になって研究省の政策に見解を述べることがあっても、それは無視される。これは、何でもないことだ。というのも、その見解は、どのみち十分に考え抜かれたものではないからだ。あるいは彼らが中立であったとしても、その理由はたいてい、彼らの見解には十分な根拠がないことにある」。委員会の顔ぶれはといえば、「内輪のグループがさらにその内輪のグループに席を振り分ける」という傾向が常にある。委員の名声もまた、マイナスだ。というのも、「人は地位が上がれば上がるほど、専門に関する造詣が少なくなるからだ」。この批判者は、次のような結論を下した。人は、その時々の問題に応じて開かれる臨時的な委員会か、あるいは、個々の専門家による評価報告書の意見を引きあいに出すだけでよい。ついでに言っておくが、研究省の専門家の能力自体を強化すべきである。「そのような非常に素晴らしい諮問委員たちがいるのだから、研究省は小さいままでよいという理論は、誤っている」。それ以来急速に増えていく諮問委員会制度や評価報告書制度に目をやると、それは、考慮に値する非常に有力な言葉であったといえる。

たとえ省庁官僚主義自身の利益を考えて先鋭化したものであったとしても、十分な理由のあるドイツ原子力委員会へのその批判は、委員会首脳部の資質についての後年の政治学的研究が素描した印象的な図式と、奇妙なコントラストをなしている。政治学研究による図式では、計画策定の意味が基本的に過大評価されているようであり、また、素人に対する専門家の優越や、官僚主義に対する資本の優越も時折その図式を描写するにあたっての副次的な決定要素となっている。社会民主党・自由民主党連立政府による審議会制度改革の過程でなされた一九七一年九月のドイツ原子力委員会の廃止は、すでに以前から長く進行していた崩壊過程に終止符を打ったにすぎず、ほとんどセンセーションを巻き起こさなかった。その連立政権の新時代の中で、研究省は長いこと要求してきた計画専門部局を得た。そうした全体的な経過は、表面的には利害関係者に対する国の勝利のような印象を与える。しかし、全体として見れば、そうした経緯でできあがった企業集中こそ、ドイツ原子力委員会を不必要にし、機能不全にしたものであった。研究省内の意志決定の一本化や、専門家を同省に配置することを呼びかけたのも、まさに原子力産業界であった。産業界の企業集中と官僚主義の拡大が同時並行的で、かつ、相互に結ばれたプロセスとして現れるのは、ここだけではない。

*――我が国の独占禁止法にあたる連邦法。

核拡散防止条約を巡る対立

民生用原子力技術の現実の利益と先延ばしされた利益

核兵器の不拡散に関する条約（「核拡散防止条約」）に反対して一九六七年から始まったキャンペーンは、ドイツ連邦共和国の外交政策ではなく、原子力技術の開発――これこそが、自称条約反対派にとっての問題であった――を背景にして見ると、矛盾した様相を示す。生成の途上にあったドイツ原子力産業は、長年、世間一般から注目されることがほとんどなかった。また、連邦議会や連邦政府内閣からも彼ら自身のなすがままに放置されていた。そうした状況の後に突然、原子力産業は、政治のテーマリストの頂点に位置することとなり、第一級の国家案件として出現したのである。それは、よりによって九一歳になる元連邦首相のアデナウアー老のイニシアチブによるものであった。その彼はといえば、首相在任中、民生用原子力について心を砕いたことなどほとんどなかったのであるが。

「核拡散防止条約」を巡る論争の外交政策的文脈については、すでに詳細な論述がいくつもあるので、本書はそれを扱わない。本書では、原子力産業界と原子力研究者の利害関心が果たした役割の解明だけを問題とする。反対キャンペーンのイニシアチブが彼らから発したものではないことは、広く知れ渡っている。反対は、むしろ、冷戦の最前線を背景にして事態の成り行きを観察していた政治家たちによって主導されたものであった。彼らは、とりわけ「ヨーロッパやＮＡＴＯを代償とした米国とソ連の結合」や「ドイツ連邦共和国の防衛のために米国が軍事力を全面的投入する覚悟が弱まること」、「ソ連からの反対給付がないままなされるソ連への譲歩」について強調したのであった。

核兵器の不拡散に関する条約（ＮＶＶ条約[*1]）は、その反対者たちから、さながら特にドイツ連邦共和国に向けられた作戦行動であるかのように扱われた。そうしたものの見方は、その当時はまったく理由がないものではなく、外国でもそうした見方が同じようにあった。というのも、一九六七年頃、ドイツ連邦共和国は実際に唯一の「核兵器の製造能力を保持する国」であり、その核兵器生産が恐れられ、同時にそれが理由となって圧力が加えられていたからであった。けれども長期的に見れば、ドイツを中心に置いてものを見ようとするそうした解釈は、的外れなものであった。つまり核拡散防止条約は、一九六三年の部分的核実験禁止条約の論理的な帰結であり、また、アイルランドが提案した国連総会の一九六一年の決議に遡るものであった。「核拡散防止条約」反対キャンペーン全体は、原子力に関する全般的な諸問題だけでなく、原子力産業の発展の現実実態そのものについても、条約反対者がほとんど認識していないさまをはっきりと明るみに出した。原子力産業の利害関心は、その対立の中でまずは脇役を演じただけであったのか。それとも隠れ蓑としてかつがれたのか。また、かつがれただけであれば、どの程度のものであったのか。それらについて究明されねばならない。

核兵器の不拡散に関する国際的な取り決めは、すでに何年も前から懸案になっていた。その直接的なきっかけとなったのは、一九六四年の中国初の核実験であった。一九六五年夏に米国は、第一次案を提出した。すぐさまアデナウアーは、その案について「我々ドイツ人にとっての悲劇」だと嘆き、そして、長期的にはヨーロッパをロシア人に引き渡す政策であると決めつけたのである。[*2] これに対して、キリスト教民主同盟の「大西洋」派と社会民主党は、その計画に総じて肯定的に応じた。大連立政権[*3]が始まる時点で出された連邦政府の課題に関する声明の中で初めて「原子力科学及び原子力産業の平和的な発展」を表舞台にかつぎ出し、これを害さないことを核拡散防止条約にドイツが将来参加するための条件とした者こそ、まさに社会民主党であった。

それがまさに、条約反対者が突然けたたましい警告の叫び声を上げて原子力エネルギーの平和利用への関心を沈静化させようとしていた状況であった。平和利用への関心は、一九六七年の年初には、核拡散防止条約を巡る論争における「まったく新しい視点」（テオ・ゾンマー）であった。それまで社会民主党は、原子力エネルギーの平和利用の促進と、軍事的利用の阻止はうまく折りあうものだという、旧式の、しかし、議論の余地のある考えを引っ張り出すことができた。しかし、社会民主党は初めて政権に参加することとなったので、反対陣営は、平和的原子力エネルギー開発の論拠を彼らの手からたたき落とそうとした。そのたぐいのことはお手のものであったアデナウアーとシュトラウスは、今や例を見ないほどの激しさで条約を攻撃したのである。そして、その勢いたるや、西側同盟諸国の中で通常あるような行動規範から極端に外れたものであり、ましてアデナウアーの首相時代に構築されたドイツとアメリカの信頼関係が背景にあることを考えれば、かなり矛盾しているようにも思われるものであった。普通であれば責任ある政治家のやることではないような、比類のないセンセーショナルな言い回しでなされたアデナウアーとシュトラウスの次のような二重唱は、悪夢のような不安を駆り立てた。「宇宙的なスケールの新たなヴェルサイユ条約」（シュトラウス）、「極めつきの、朝露のようにはかなく消える計画」であり、ドイツにとっての「死刑宣告」（アデナウアー）、それどころか「禁欲な輩の去勢」（シュトラウスのこの分野での私的顧問であったマルセル・ヘップ。フランスの国防大臣の証言による）などと、彼らは、核拡散防止条約に烙印を押したのであった。反対陣営の最も著名で、しかも、きわめて激しい唱道者であったヘップは、その直後にアデナウアーの死と時期をあわせるかのようにこの世を去ったが、それにしても、公然とした対立は長年続き、時として「大連立の命運を左右する問題」となったかのように思われた。社会民主党・自由民主党連立政権が登場した一九六九年一一月二八日に、ようやくその条約は、新しい連邦首相ヴィリー・ブラント[*4]によって署名された。しかし、連邦議会の批准については、なお四年待たれたのであった。

　一九六七年の春に始まったキャンペーンの発端となったのは、アデナウアーやシュトラウスの不吉な予言ではなく、一九六七年一月二四日に外交政策協会の面々を前にして行われたヴィルヘルム・グレーヴェ[*5]の講演であった。一九六一年に駐米ドイツ大使としてワシントンでケネディ政府と普通見られないような厳しさでやりあったことのあるグレーヴェは、冷戦時代に生まれた保守的思想の外交政策やハルシュタイン・ドクトリン[*6]の強固な擁護者であった。また、彼は、ケネディ政府の中にドイツ民主共和国に対する非承認政策を犠牲にしたソ連との調整という狙いがあるのを察知し、ケネディの圧力下に置かれることを余儀なくされた。グレーヴェのその講演は、慎重な言い回しではあったが、その後すぐに突如として始まったキャンペーンを主導するテーマを含むものであった。もっとも、彼の場合には、非経済的な動機が優越していることが明確に読みとれる。まずもって彼は、核兵器保有のシンボル的価値を強調し、それどころか、これと関連して、広島への原爆投下は敗北寸前で瀕死の日本を狙ったというよりも、むしろソ連に向けられたものであるという修正主義的歴史家ガー・アルペロビッツ[*7]のテーゼを受け入れて講演した。さりげなく、しかも特別な専門知識という印象を与えることなく、彼は、原子力研究や原子力産業を放棄することの否定的な影響に言及したのである。しかし、まさにこの論評が、大々的に書き立てられたのであった。

　グレーヴェの明確な目標は、西側共同の核戦力への道が核拡散防止条約によって妨げられるのを阻止することにあった。報道記事ではほとんど強調されることはなかったとしても、そもそもその点に条約反対キャンペーンの本来の動機があったのである。かつてド・ゴールに対抗して米国がカードを切った多角的核戦力[*8]（ＭＬＦ）という構想が総じて幻だと嘲笑された時期に、エアハルトとシュレーダーの連立政権はMLFに期待をかけたが、その期待は、一九六〇年代のドイツ連邦共和国の外交政策でもきわめてわかりにくい、怪しげなものの一つであった。けれども、そうした思いは、ドイツのド・ゴール親派の独仏核軍事協力への冒険的な思惑とも一緒になって核拡散防止条約を拒絶する激しい闘争となったのである。

その際に条約反対陣営によって見誤られ、もしくは、意図的に歪曲されたのは、ドイツ連邦共和国の原子力産業の現実実態であった。原子力産業の外側では、人はまだ、軽水炉を持ったドイツ連邦共和国が当時唯一の濃縮ウラン供給者であった米国にどの程度依存しているのかほとんど理解していなかった。ドイツ経済は「比較的小さなコストで」天然ウラン原子炉に切り替えることができる、というシュトラウスの顧問であったヘップの主張、また、大陸ヨーロッパの国々が「統一的な原子炉タイプを持って台頭し、これによってアメリカに対する重量感あふれる競争相手としてバランスをとることができる」という彼の希望的想定は、その間に生じた原子力産業の現実についての驚くべき無知を露呈するものであった。人はたしかに、ヨーロッパのウラン濃縮施設の設置によって米国からの独立を長期的には期待できた。しかし、これは、英国やオランダの協力でなされるものであり、明らかになったように、核拡散防止条約へのドイツの調印を前提とするものであった。

反対陣営によってたびたび主張され、あるいは、少なくともその主張の前提とされたのは、核兵器技術は民生用原子力利用にも大きな利点をもたらすという論法であった。原子力技術の成立の経緯は、このことを証明するかのように思われた。また、「スピン・オフ」、すなわち、先端軍事技術の残滓が産業的利用をもたらすという信仰は、世界を舞台にした軍拡競争の時代に最も好まれた仮説であった。それに対して、内実をよく知る者は、再三にわたって次のように指摘した。すなわち、原子力産業は、すでに軍事的なものからの刺激をもはや必要としない段階に入った。むしろそうした軍事的な影響がある中での刺激は、原子炉開発に逆行するように働く可能性がある、と。どのみち、このことは、軽水炉の経済的計算があいかわらず同位体分離施設や再処理施設を優先している限りでは、生半可な事実でしかなかった。しかし、その当時まだほとんど馴染みのなかった、それらの「核燃料サイクル」についての諸問題の中にまさに核拡散の危険が集中していたにもかかわらず、それらが抱える諸問題はほとんど話に出されなかったのである。

条約反対キャンペーンを主導するテーマは、条約案で必要とされた管理機関を介してなされるかもしれない産業スパイ活動への恐れであった。けれども、一人の専門知識のある観察者は、「原子力に関する知見」は「もはや何の秘密でもない」と断言したものである。このことは、ドイツ連邦共和国が原子力技術における独自路線を行くことをそれでなくとも放棄し、そして、西側陣営の中で国際的な開発路線に従うこととなったとき、なおさら当を得たものとなった。管理機関として予定された在ヴィーンの国連の下部組織、原子力エネルギー官庁（国際原子力機関[*9]、ＩＡＥＡ）は、それまでドイツ連邦共和国ではほとんど知られていなかった。とりわけソ連がその機関に参加していたことを知って、人は不安を覚えたのである。ドイツ連邦共和国もまた、ＩＡＥＡの中で代表が発言権を持っていたが、しかし、それまでほとんど影響力の行使に努めてこなかった。知らぬ間にスパイ嫌疑のうねりにさらされたのがわかったＩＡＥＡ自身、悪意のなさや真剣さを承知しつつも、嫌疑がかけられたことに「憤慨し、かつ、傷ついた」のである。原子力問題ジャーナリスト、ローベルト・ゲルヴィンは、ヴィーンの「原子力警察」に対して恐れを抱くことを「馬鹿げたこと、現実とかけ離れたもの」と表現したものであった。

軍事技術についての野心が必要以上の美辞麗句にくるまれて無理やり引きあいに出されたが、その野心こそ、平和利用目的の核爆発を阻止する核拡散防止条約の論拠となったものであった。ドイツ連邦共和国内の人口密集地域における地下資源開発のために、あるいは、山岳での障害物除去のために核爆発を投入しようという考えは、馬鹿げたことの最たるものであったかもしれない。平和的利用の核爆発という論拠は、しかしながら、条約反対者には、悪いものではなかった。平和的原子力技術を脅かすと称される危険について核拡散防止条約の側から証明することがいかに困難であるかを示す、一つの証拠である。

グレーヴェは、核不拡散の「経済的な帰結」についての彼の暗澹とした見通しを、なんとよりによって、条約で妨げられた平和的核爆発を示唆することに絡めた。マルセル・ヘップ、バイエルン・クリーア紙の発行人であり、キリスト教社会同盟党首シュトラウスの私設顧問であった彼は、それどころか「原子力エネルギーが主として活躍する分野」は「コントロールされた小爆発もしくは最小限の爆発の分野」にあるという主張をつくり上げた。すなわち、「大地の巨大な改変整備や地球表面を美化するような改変」を、彼は原子力エネルギーが提供する新たな可能性として約束したのである。その気ままでやみくもな空想は、姿を消してもう一〇年になろうとする初期の原子力への陶酔の足跡を全面的にたどるものであり、また、一九六〇年代末には類例を見ないようなしろものであったが、だからこそ、その夢想の中で元原子力大臣の私設顧問は、「機関車や牽引クレーンのための原子力エネルギー」を予言し、さらに「技術やビジネスのエル・ドラド〈理想郷〉」を、すなわち、原子力技術を基盤とするありとあらゆるものを描き尽くそうとしたのである。同じ頃、米国では技術的目的の実証に供する地下核爆発「プラウシェア〈鋤の刃〉」プロジェクト[*10]が、起こりつつあった反原発運動の最初の標的となった。もっとも、そのプロジェクトは、民間経済界においてもほとんど支持されなかったので、当然ながら、一九七一年に中止された。その自称「ビジネスのエル・ドラド」は、なんと米国それ自体においてさえ、そのような脆弱な基盤の上に立っていたのである。

核拡散防止条約を巡る公然とした対立全体を見ると、核戦争への恐れ、あるいは度重なる核実験による放射能汚染への不安については、驚いたことに、ほとんど感じとることができない。それより一〇年前に国際世論を動かしたそれらのテーマについての関心は、すでにかなり前から徐々に弱まっていったのである。新たな抵抗運動の矛先は、当時は通常兵器によるベトナム戦争にすべて集中していた。かつての原爆反対運動「原爆による死への闘い」は、一九六〇年代にはまだ名前を変えながら存続していたが、一九六〇年代も末になると「新左翼」の多彩な運動の中で消えていった。その新手の反対派の要求内容に照らして推し量ると、「核拡散防止条約」は、ほとんど些細なことにすぎなかった。というのも、この条約は、平和なき国際情勢の表面的な症状に取り組んだものにすぎず――しかも、不十分すぎるものであった――加えて、核保有国の覇権を固めたものだったからである。条約反対者のキャンペーンに対する最も効果的な反撃は、驚くなかれ、平和主義者の側からでも、ましてや、原子力への批判者の側からでもなく、まさに原子力産業界側から出た。つまり、条約のパートナーたちは、彼らの生存に関わる利害によりどころを求めたのである。

＊1――核拡散防止条約の英文略称はNPTであるが、ドイツ語略称はNVVである。

＊2――キリスト教民主同盟（CDU）の米国志向グループで、内務相、外相を務めたシュレーダーがその代表格であり、首相、経済相のエアハルトもその一員であった。キリスト教社会同盟（CSU）のシュトラウスに率いられた「ドイツのド・ゴール主義者」に対抗した勢力であったが、米国からは重視されなかった。ラートカウの訳者への私信によれば、連邦原子力省及びその後継の省においても、米国の軽水炉の路線を継承するという意味で「大西洋派」がいた。ヴォルフガング・フィンケがそうである。彼は、原子炉開発のドイツ独自路線の人々を「典型的なドイツ人」と揶揄した。

＊3――一九六六年から一九六九年までのCDU・CSUと社会民主党（SPD）の連立政権。CDUのクルト・ゲオルグ・キージンガーが連邦首相、SPDのヴィリー・ブラントが副首相の政権であった。

＊4――ヴィリー・ブラント（一九一三～九二年）。一九五七年から一九六六年まで西ベルリン市長を務めた後、一九六六年から一九六九年までキージンガーを首班とするCDU・CSUとSPDの大連立政権で外相兼副首相。一九六九年から一九七四年までSPDとFDPの連立政権で第四代連邦首相を務める。なお、一九六四年から一九八七年までSPD党首。連邦首相就任早々にソ連や東ドイツなど東側諸国との関係改善を図る画期的な新東方政策を打ち出し、東方外交を展開。一九七一年にその一連の政策によりノーベル平和賞受賞。なお、就任一ヶ月後に核拡散防止条約に調印した。

＊5――ヴィルヘルム・グレーヴェ（一九一一～二〇〇〇年）。国際法学

者、外交官。ハルシュタイン・ドクトリンの構想を発案したとされる。一九四五年からゲッティンゲン大学、フライブルク大学教授を歴任。一九四九年にアデナウアーの政策顧問グループ入りし、一九五八年から駐米ドイツ大使（一九五八～六二年）。駐日大使（一九七一～七七年）も務めたことがある。

＊6――CDUの政治家で外務省次官であったヴァルター・ハルシュタインにちなんで名づけられた一九五五年から一九六九年までのドイツ連邦共和国の外交政策の基本となる原則で、ドイツ民主共和国を外交的に孤立させることを目的としたものである。第三国がドイツ民主共和国と外交関係を結ぶことを「非友好的行為」と見なした。保守的思想の外交政策は正統的外交政策とも呼ばれる。ハルシュタイン・ドクトリンは、ヴィリー・ブラントを首班とするSPDとFDP連立政権で放棄された。

＊7――ガー・アルペロビッツ（一九三六年～）。アメリカの政治学者、歴史学者。原爆投下決定過程の研究で知られる。

＊8――アメリカのジョン・F・ケネディ大統領時代になされた提案で、NATO諸国の乗組員により運用される核弾頭搭載のポラリス型潜水艦や水上艦艇からなる艦隊を創設するもの。

＊9――国際原子力機関（IAEA）。原子力の平和的利用の促進と原子力の軍事的利用に転用されることの防止を目的として一九五七年に設立された国連の機関。二〇一二年現在、一五四ヶ国が加盟。

＊10――「プラウシェア」プロジェクト（Plowshare Project）あるいはオペレーションとは、民生用建設工事のための核実験の技術開発を目的としてアメリカ各地で行われた小規模（一五〇キロトン未満）の原爆実験プロジェクト。三一〇頁を参照いただきたい。この概念は、一九六一年につくられた。ソ連でも同じ頃、「人民経済のための核爆発」というキャッチフレーズのもとに、似たようなプロジェクトが行われた。

原子力産業と核拡散防止条約を巡る対立

ドイツ原子力フォーラムは、その条約案に繰り返し批判的な声明を出した。核拡散防止条約の反対者が、民生用原子力エネルギー利用の恩恵は彼らの側にあると錯覚していたことが、そのことから説明できるであろう。一九六七年二月二四日のことであるが、ヴィンナッカーは、原子力フォーラムの名で連邦研究大臣に一通の声明文を手渡した。それは、「核兵器を保有しない国々による平和利用目的も含む核爆薬使用の原則的禁止」は「問題がある」として、次のように表明していた。「たとえ今日、ドイツ連邦共和国にそのたぐいの爆薬を開発する意志がないばかりか、その状況にないとしても、そのさらなる技術開発は、結果だけでなく、それがすべての時代のためのものであることを考えると、見過ごされるべきではない」。もっとも、その助言は、明らかにヴィンナッカーの自筆であり、ドイツ原子力産業界の考えを代表するものとまではいえなかった。それは、ヘキスト社によってプロジェクト化された再処理施設――それまでドイツ連邦共和国の潜在的な核爆弾製造能力に欠如していた基幹的な部分――建設がカールスルーエにおいて開始された年であった。このことも考えあわせると、核拡散防止条約を目にしてヴィンナッカーは、実際に心の底から心配したのである。けれども、原子力産業界の大部分は、カールスルーエ再処理施設の運命などうでもよかった。

核分裂性物質移動の機器及びその他の技術手段によるコントロールについての妥協がすでに顕著になっていた一九六八年七月、原子力フォーラムは再度、核拡散防止条約についての批判的な覚え書きを公表した。それは、対立の最初の熱気がおさまった時期のことであったから、一九六七年二月の声明よりもなおさら人目を引いた。このとき、ドイツ原子力委員会もまた、ドイツ原子力産業の国際競争力が核拡散防止条約加盟によって阻害されうるという懸念を表明した。けれども、その覚え書きの全体的なトーンは、もはや原理的な反対ではなく、むしろ連邦政府は条文の本質的な改善を成し遂げたと言って、これを公認したものであった。今や問題は、条約案文の最終とりまとめの細部だけであった。まず第一に、IAEAのコントロールをユーラトムのコントロールに代えることが問題となった。その後、ボンの政策によって受け入れられ、かつ、推し進められるものであることが、根本的前提であった。にもかかわらず、原子力分野でスタージャーナリストに昇りつめたローベルト・ゲルヴィンは、詳細に、しかも鋭い言い回しで、ドイツ原子力フォーラムを次のように批判した。原子力フォーラムは、その声明をもって「間違いなく見当外れのことをしでかした」。まさに、輸出の利益を考慮すると、ドイツ連邦共和国は核拡散防止条約に否を唱えることができない。というのも、この国は、核分裂物質の供給を米国に「完璧に依存」しているからだ。核拡散防止条約のさらなる改善に向けた原子力フォーラムの提言の背後には、「ある種の世間知らずの完全主義」が隠れている、としたのである。

全体として見ると、ゲルヴィンがドイツ原子力フォーラムよりも原子力産業界の意見を再現していることが、はっきりわかる。すでに一九六七年春に出されていた原子力産業誌の最初の解説記事は、核拡散防止条約に対する新たな潮流の方向性を示すものであった。同誌は、条約反対者の「ヒステリー」について軽蔑するかのように言及し、条約に予定されているたぐいのコントロールは「何も目新しいものではなく」、米国によってすでに以前から実施されているものであることを指摘した。そして、ドイツ連邦共和国はその種の兵器のさらなる拡大を阻止するか、あるいは、わずかながらでも困難にするようないかなる進展をも基本的に歓迎すべきことを強調した。そして、「このことは、明言されるべきだ」としたのである。ドイツ研究支援機構は、すでに一九六七年二月二三日にゲルヴィンの筆になる『原子力エネルギーに関する特別報告』を多くの人に発送していたが、それは、条約反対論者の原子力に関する専門知識のなさを示唆するものであり、また、原子力技術の偽の親派を辛辣な皮肉で門前払いするものであった。「ドイツ連邦共和国においてこれまで時には本当に継子扱いされてきた原子力技術開発が突然さらされた、思いもしなかったような多くの抱擁の中で、それは本当に押しつぶされる恐れがある。だから、今は、実際の心配事を言葉にし、現在すでにある状況を直視すべき時期なのだ」。「直視」とは、具体的には、ドイツの原子炉産業が米国に依存していることを認識することであった。

当時の研究大臣シュトルテンベルクに関していえば、彼は、党の仲間たちにどのような形であろうと恥をかかせないよう苦心したものであるが、しかし、条約反対派とは明確に一線を画していた。連邦議会の委員会で、核拡散防止条約は軍縮交渉から発したものであるという見解を述べたとき、彼はまさしく適切な政治的文脈をつくり出したのであり、また、コントロール機関としてのユーラトムを留保することに関しておそらく「ＩＡＥＡと了解しあうよう努める」こととなるだろう、と予告したときは、その後成功することとなる交渉の実践的な道筋をすでに提示していたのであった。グレーヴェの講演後のあるインタビューについて、彼はそっけなく次のように述べたものである。人は「もちろん、枢要な政治家や外交官の場合でも」「必要とされる経済的・技術的に関する詳細な知識」を前提とすることができない、と。マンデルは、原子力産業界は核拡散防止条約の反対者と疑念を分かちあっているのか、という質問に、断固とした口調で「否」と答えた。また、核燃料の供給は条約署名によって危険にさらされるのか、という質問に対して、ぶっきらぼうに次のように応じた。「核燃料の供給が危険にさらされるのは、ドイツ連邦共和国が条約のコントロール下に置かれなくなる場合のみである」、と。一九六九年にグレーヴェは、核拡散防止条約についての批判を続けていることを理由に、外務省から箝口令をくらった。

一九六八年春以降、ヘーフェレに率いられたカールスルーエ原子力研究センターは、スパイ行為から守られた「ブラックボックス」を用いた、機器及びその他の技術手段による核分裂性物質移動のコントロールという離れ業のようなアイデアを巧みに取り上げて、技術的・実践的な基本的次元での核拡散防止政策の検討に多大な貢献をした。その「ブラックボックス」とは、放射性物質に直接関わるプロセスのすべてを自動化することの上に構築されたものであり――まさしく「オートメーション」神話である――すぐに中間的成果を出すことができるような新しいプロジェクトがそこからつくられる、そのようなしろものであった。ドイツ連邦共和国における核拡散防止条約を巡る議論の全体的な模様は、それによって根本的に変化することとなったのである。国家法制に関する論議は、技術に関する論議に対して次第に影をひそめていった。当初は独り立ちを意識した反抗的な萌芽であり、小さな添え物にすぎなかったものの中で選択肢のふりをしていたかのように思われたものが、今や、諸問題を実践的な着想でうまく処理するための端緒となったのである。

自動的なコントロールというカールスルーエで考案されたアイデアをもって、ドイツ連邦共和国は一九六八年に核兵器を保有しない諸国の支持を取りつけ、そのコンセプトは核拡散防止条約の最終条文に組みこまれた。ある専門的研究論文は、次のように大袈裟に見解を述べている。「普遍的な意味を持つ国際条約について、そのように真に、しかも確実に自らの利益を押し通すことができた」のは、「核拡散防止条約」をおいて他にはなかった、と。少なくともボン政府は、非核保有諸国と手を結ぶことによって、新しい作戦能力を獲得した。核拡散防止条約への大々的な批判については、このときからブラジルやインドなどの第三世界の国々の手に委ねられたのである。

「核拡散防止条約に関する議論における新しい要素」（ハンデルスブラット紙）として一九六九年初めに現れたのは、ウラン遠心分離というテーマであった。目前に控えたイギリスとオランダとの協力については、遠心分離機の両パートナー国がすでに核拡散防止条約に署名を終えていたため、ドイツが核不拡散に参加することで実現されるものであることは認識されていた。今やほとんどすべての経済関係の新聞、雑誌は核拡散防止条約への署名を迫ったが、そこへと導いたものこそ、そうした認識であった。「署名を、それもできるだけ速く」、これをフォルクスヴィルト誌は、両国との協力を巡る状況を打開する唯一の道と呼んだ。つまり、それ以外の場合にはドイツ原子力産業全体の崩壊が迫る、としたのである。

インドゥストゥリークリーア紙は条約反対陣営に対するリュディガー・プロスケ*の激しい攻撃を掲載したが、それは、経済に関するリーダー格の新聞雑誌ではほとんどなかったような激越なものであった。プロスケは言う。核拡散防止条約に反対する怒りの叫びは、「滑稽なもの」となった。条約反対陣営の論証は、「もはやいかなる人間も理解できない。なぜなら、きわめて非論理的だからだ」。「また、非論理的というのは、それらに正直さが欠けているからだ」。さらに反対陣営に条約反対の動機を正直に明らかにするよう迫ったプロスケは、その動機とは何かをずばりと指摘した。すなわち、「我々は、いつの日かきっと原子爆弾を自由にできるようになりたい」、という思いを白状するように、としたのである。そして彼は、条約の速やかな調印の呼びかけと、条約反対者への次のような要求をもって攻撃の論説を締めくくった。それは、条約反対者たちが核兵器の手がかりを残したいと願っていること、そして、それまで出された核兵器放棄宣言について真剣に考えていなかったことを告白する「勇気を持て」――そうなれば、それに関する情報がすべて与えられることになろう――というものであった。ハンデルスブラット紙は、連邦議会における核拡散防止条約の批准が滞った一九七三年秋に、「核拡散防止条約がなければ、ドイツの原子力発電所は冷たくなる」という大見出しを掲げて警告した。

核拡散防止条約反対の潮流は、遅ればせながら、アデナウアー時代の原子力政策の動機に光を当てるものである。思惑の時代には容易に平和経済的にカモフラージュできた原子力技術への軍事的関心は、原子力エネルギーの産業的台頭の時代に核拡散防止条約という具体例に照らして検証されたとき、背信的なものであったことが露呈したのであった。しかし、核拡散防止条約によって投げかけられた核爆弾製造のための核分裂性物質の拡散問題という観点からすると、はたして意味の開示プロセスが問題となっていたのであろうか。ドイツ連邦共和国の核拡散防止条約論議の過程で、とりわけドイツ原子力産業が米国に依存している実態が世間一般に明らかにされた。核拡散の危険よりもむしろ、特にそれが本来的な意味で問題となったのである。その限りでは、人は、核拡散防止条約を巡る対立を、彼らのグループ内部での「問題の本質をすりかえる転義的な」論議として特徴づけることができる。

＊——リュディガー・プロスケ（一九一六〜二〇一〇年）。ジャーナリスト。北西ドイツ放送、北ドイツ放送（一九六〇年、編集長）を拠点に活躍。ドイツのテレビ放送における政治特集番組（時事解説番組）の創始者とされる。

核拡散の危険に対する沈黙は続く

「問題の本質をすりかえる転義的な」核拡散防止条約論議の印象を強くする、さらなる意味の開示プロセスがあった。極端にいえば、核拡散の阻止に実際には真剣ではなかったことをはっきりさせるプロセスである。非核保有国の中での核兵器に転用可能な核分裂性物質の拡散を効果的に阻止しようと思ったのであれば、それらの国々での原子力産業の構築を、禁止しないまでも、厳格な規制のもとに置けたのではないか。原子力技術の巨大研究中枢機関はさておき、少なくとも増殖炉や同位体分離施設、再処理施設は、総じて禁止のもとに置けたのではないか。そうしたことを前提にすると、現実にときどき起こったように、ドイツ原子力産業の運命についての懸念は、実際に根拠があったのである。

カール・フリードリヒ・フォン・ヴァイツゼッカーは、一〇〇パーセントのコントロールは「実際には原子力エネルギーの平和利用の息を止める結果となる」と述べたが、これは間違っていない。しかし、世界的な原子力への陶酔を背景にすると、時代を画するようなそのたぐいの措置が国際的に通用しえないことは、最初から明白であった。議論が機器及びその他の技術手段による核分裂性物質移動のコントロールに限定され、また、産業スパイ活動につながるとの非難への配慮から施設のコントロール自体が意識的に条約の枠組みから外されたとき、つまり「核燃料サイクル」テクノロジーの拡散の危険についての取り組みがほとんどなされなくなったとき、原子力技術の基本的な諸問題は、追いやられたのである。

カナダ生まれの著名なジャーナリストで、原子力問題を専門にしたレオナード・ビートンは、そうした問題点を決して忘れず、それゆえ、原子力技術普及の根本的な反対者であった。彼は、歴史的な時間の広がりの中で考えるやいなや、核拡散防止条約に規定された保障措置の信頼性がいかに虚しいものであるかについて、次のように辛辣に注意喚起した。考えてもみよ、イギリスは適切なコントロールに関する協定をファールーク王[*1]と結び、これに基づいて一九五二年にエジプトに原子炉を建設した。しかし、「ナセル[*2]の統治体制がその種の植民地的な取り決めにどのような態度をとったのか（特にスエズ運河国有化後に）」。「あるいは、人は米国が同じことをキューバにおいて一九五二年にしたことについて思い浮かべる。（中略）しかし、非常に短期的な展望でなされた核拡散防止条約論議の中では、歴史という時空を実際に応用するための余地はなかった」

もっとも、歴史的な折り目節目を考慮に入れなくても、核拡散防止条約によって定着したＩＡＥＡの監視体制は、十分抜け穴だらけであり、総じて部分的にしか遂行できなかった。連邦議会による条約批准後数ヶ月も経たないうちに、インドの最初の核実験は、それを白日のもとにさらした。加えて、機器及びその他の技術手段による核分裂性物質移動のコントロールの実態については、しばしば話題になったものの、一九七〇年代末になってもなお、それが全般的に効果的に機能しているのかどうかについては判然としなかった。カールスルーエにおいて最初にそのアイデアを取り上げたカール・ヴィルツは、一九九〇年に筆者に対して次のように打ち明けた。そのコントロールの仕組みは、当時、状況に迫られてなされた即興的な産物であり、単なるスローガン以外の何ものでもなかった、と。時には、ヘーフェレその人ですら——エゴン・バール[*3]が筆者との対談で回想したように——原子力産業の圧倒的で妨害のない、実効性ある核拡散の監視など不可能だと考えていた時代であった。ヴィリー・ブラントが心を許した政治家、バールはといえば、その当時の状況の中で、自動化された核拡散コントロールの信頼性の背後にあるものを批判的に探る彼なりの理由があった。ブラントは、東西の緊張緩和と同様に原子力産業を望んでいた。というのも、現実のものか象徴なのかはさておき、その技術的な答えは、理屈抜きですごいしろものであったからである。

核拡散防止条約に反対する激しい闘争は、振り返ってみると、すでにその数年後には空騒ぎのようなものとなり、最後には、世間にはほとんど知られることのない原子力エネルギーに関する利害関係者の単なる政治的な世論操作であったことを露呈した。冷戦の塹壕から這い出てブラントの新政府のもとに集まった、まさにその核拡散防止条約の支持者たちが、民生用原子力技術と軍事的原子力技術との関連を故意に軽く扱うことに関心を抱く一方で、これとは逆に、野党側の強硬路線論者たちは、よい原子力と悪い原子力を峻別することを論じたことに見られるように現実主義者であった。原子力に関する最初の対立は、まさにその点で皮肉なものであった。ヴィルツとヴィンナッカーは、共同で執筆したドイツ連邦共和国の原子力エネルギー開発史（『理解されざる奇跡』一九七五年）において「核拡散防止条約」の章を次のようにきわめて率直に結んでいる。「しかし、一つ確実なことがある。いつの日か世界中で原子炉が動いているとすれば、そのたぐいの驚き（原注：一九七四年のインドの核実験に対するような驚き）はいつどこでも起きるだろう。人類は、誰でも世界中の好きな場所で、大きなお金をかけずとも核爆発の引き金を引けるような状況になるから」。たしかに、これもまた「理解されざる奇跡」に違いない。

＊1——ファールーク王（一九二〇〜六五年）。エジプト最後の国王で、在位は一九三六年から一九五二年。一九五二年にナセルらによるクーデターで王位を追われる。

＊2——ガマール・アブドゥル＝ナセル（一九一八〜七〇年）。エジプトの軍人、政治家で、第二代大統領。

＊3——エゴン・バール（一九二二年〜）。SPDの政治家。連邦首相ブラントの腹心で連邦首相府次官、特命担当連邦大臣として、ソ連など東側諸国、東独との関係改善の東方政策を立案。連邦経済協力大臣も歴任。

第4章

原子力関係者が目をそらしたリスクが世の中に衝撃を与える

原子炉の安全――原子力技術開発の傍流

「安全」の意味――一進一退の安全議論

当初から原子力におけるリスクは容易ならぬテーマであり、このことは内部関係者が一番よく理解していた。まだ原子力のリスクについての公での議論が、既成事実と投資された数十億の資金に縛られていなかった一九五五年のジュネーブ原子力会議の際にすでに、「安全」というテーマは切り離されて扱われていた。同会議では「安全性」は生物学者、遺伝学者、医学者が取り扱う事案であって、原子物理学者が扱う問題ではなく、会議の進行とは何の関係もなかった。フランスのあるオブザーバーは次のように苦情を述べている。「この二つの分野が完全に別々のものとされているのがはっきりとわかる。二つを隔てる大きな深い溝ができてしまっているのだ。協議はそれぞれ独立し、互いに平行線をたどっている。向かいあったまま、相手の意見にまったく耳を貸そうとしない。報道関係者の多くのオブザーバーどころか討議の出席者ですら、私的な会話においては、この状況に驚きを漏らしていたほどだ」(シャルル・ノエル＝マルティン『原子力――世界の未来なのか』一九五七年)。当時すでに原子力エネルギーの先駆者たちには、遺伝学と放射線生物学からは何もよい話を期待できないという理由があった。アメリカの著名な遺伝学者であり、ごく微量な放射線にさえも有害性があることを主張し、生物に対する放射線の「許容量」の存在という考え方に異議を唱えたH・J・マラー[*1]は、アメリカ原子力委員会の意向でアメリカ代表団から外された。ジュネーブ原子力会議の「放射能と生命」部会で行われた議論では、世界規模で原子力技術が強力に推進されていることへの「あからさまな非難」が含まれていた。

原子炉開発においても、初期の段階で安全への備えが切り離されて取り扱われているのがわかる。原子炉の安全コンセプトは設計から切り離され、後になってからようやく取り入れられるのが通例となっていた。軽水炉が優勢となることにより、「固有安全」のコンセプト――すなわち、原子炉自体の物理的特性によって最悪の事態においても被害の限度が保障されているというコンセプト――が、必然的に「工学的安全対策」という外部から作用する安全設備の背後に隠れてしまって影が薄れていった。こうして安全対策は原子炉自体の設計とますます切り離されていった。「安全」は、早くも技術的な理由から、コストがかかり、経済的利益に相反する、形式的で付加的なものになったのである。それゆえ「安全」という切り札が、しまいには原子力技術に批判的な一般大衆によって全部揃えて切り出されたのも論理的必然といえるものであった。

ところで、言うまでもなく、原子炉開発に不可欠な構成要素である別な種類の安全性への関心も存在した。それは機能の安全性、信頼性、事故に対する防護、原子力発電所を最大限意のままに操ることへの関心であった。関心が「安全性」から「有用性」及び「信頼性」に移り変わったことは、専門家の会議でもまさに問題定義における進歩としてうたわれた。「安全」とは、ここでは特に工学面の細部を完璧なものにすることを意味していた。こうした安全の概念は、原子炉コンセプトそれ自体が、原理的な有責性について疑問視される根本的リスクを背負っているのかどうかという問いから注意をそらした。原子炉安全性研究における歴史の中では、それゆえ進歩と後退が互いに入り交じっているのである。工学面の細部における進歩は、安全のコンセプトにおいては総じて後退として、両者は同時に出現しうるのであった。

ボンの連邦原子力大臣は、原子力発電所における最初のセンセーショナルな事故であった一九五七年一〇月一〇日のイギリス、ウィンズケールの原子炉事故[*2]の例からすでに教訓を得ていた。この事故は「典型的な工学面の不具合」が問題となったものであり、このことに目を向けると、連邦政府によって資金を供与されている原子力研究は「基礎を仕上げること」に限定されるべきではなく、「応用問題も含むもの」でなければならない。安全は紙の上の観念によってではなく、まず現場での実践によって保証されるという認識は、すべての世代の技術者たちの経験をよりどころとするものであった。しかし、原子力技術上の安全概念をあまりにも早く実用的なものに狭めた結果、安全の議論は、しまいには果てしなく続く、切りがないものとなったのである。安全設備と自動的に作動するシャットダウン・非常用冷却システムのために増大する費用は、原子炉の基本設計だけでも固有安定性が十二分に保証されるべきこと、もしくは、もしそれが不可能であれば、まさに原子力技術自体を断念することが必須であることから注意をそらしてしまったのである。

「安全」とはただ単に経験上実証されている危険の出所に対する予防措置を意味しているのか、もしくは、推測され、理論上考えられうる危険に対する予防措置も意味しているのかという問いは、原子力技術の支持者と反対者の間で、両者の一致を阻む最大の障壁となっている。エイモリー・B・ロビンス[*3]は、「おそらく」「数百万分の一グラム程度のプルトニウム」で人体に肺がんが引き起こされる、たった一基の高速増殖炉がその中に「数百万グラム」もプルトニウムを含んでおり、これは全人類を消滅させるために理論上十分な量のほぼ一〇〇〇倍だ、と示唆した。このことから、倫理的至上命令のように、原子力技術を根本的に放棄せよという要求が生じるように思われる。他方で、チェルノブイリ原発事故までは原子炉の故障事故による明白な人的被害が比較的少ないことに目を向けると、原子力発電所に反対することが不合理のように見られることもあった。技術上のリスクの歴史の中で、仮説の可能性と証明されている事実との矛盾がこれほど顕著になったことは、いまだかつてなかった。

　成功か失敗か、安全か大惨事なのかが、瞬時にかつ劇的に明らかになった近代の他の新種の技術の巨大プロジェクトを回顧すると、想像を絶するものという原子力の致命的なリスクを認識することができる。そうしたプロジェクトにあっては、指導的な技術者たちは、完成そして操業開始までしばしば苦しい緊張の中で時を過ごしていた。ドイツの二つの巨大な架橋の建設において、主任技術者が、橋が倒壊するのではないかという不安から自らの命を絶つことは起こりうる事態であった。これに対して、放射性物質の放出の場合には、橋の倒壊のように被害の影響がすぐに顕著に表れることを心配する理由がなかった。原子力技術の歴史の中では、実際のリスクに相応するであろう不安な緊張感について、人は、それと同じようには気づいていなかったのである。

　その際、原子力技術の新種のリスクは、かつての「原子力の時代」の警告者たちによって、時に注目に値するほどあからさまに認識されていた。半ば公式な本であるレーヴェンタールとハウゼン共著の『私たちは原子力によって生活することになる』のような、原子力への陶酔の初期の一例ですら、原子炉の運転安全性の観点から「根本的にすべてのこれまでのエネルギー源」とは異なっていることを次のように強調していた。「原子炉は、自らの内部で解放されたエネルギーのかたまりをほんの一瞬で何千倍にも増殖させることができるという独自の特徴を持っている」。停止させた後ですら、熱効果は持続している。廃棄物の除去についても、「かなり厄介だ」、と。しかし、その時代の原子力のビジョンにある精神的高揚感は、時折姿をのぞかす奈落をも耐えうるほど熱狂的であったのである。

　当時の原子力大臣であったシュトラウスが一九五六年にハイゼンベルクに核分裂物質による被害の可能性を問いあわせ

た際、ハイゼンベルクは長い箇条書きのリスト――それはほとんど重要なものではなかったが――をまとめて、シュトラウスに提出した。そして、ハイゼンベルクは次のように補足した。「被害の代償と賠償についての問題は非常に難しい」と思われる、なぜなら「晩発性の被害」と「遺伝的な被害」が「直接確認しうる被害」より「ずっと頻繁に起こるからである」。このような新種の損害にあっては原因となった者を訴えることが根本的にきわめて困難になりうること、それが明らかになっていたのだ。まさにこのような状況が不安を引き起こす原因となるに違いないのに。しかし、かわりに、この著名な原子物理学者にあっては、リスク問題への無関心ぶりが次の座右の銘の行間ににじみ出ているのがわかる。「知らぬが仏、見ぬもの清し」

たしかに一九五〇年代から原子炉技術は相当な進歩を遂げ、それは安全性への成果にも好ましい影響を及ぼした。しかし、この進歩を、まずは推測以上に正確に確かめることは難しいのである。原子炉の安全の技術面の細部にまで及ぶ成功の歴史は、これまでほとんどなかった。なぜなら、かつて設置された原子炉についての不都合な証言は、安全の歴史と否応なく結びついているからである。こうした観点で、一九七三年にRWE社の首脳部では安全性の予防措置の向上を歴史的に回顧しないようにと、むしろはっきりと注意喚起がなされたのである。原子力に関する弁明の微妙なジレンマをここに認めることができる。

＊1――ハーマン・ジョーゼフ・マラー（一八九〇～一九六七年）。アメリカの遺伝学者。X線による突然変異の発見でノーベル賞を一九四六年に受賞。

＊2――英国史上最悪の原子炉事故で、国際評価基準でレベル5の事故（事業所外へのリスクをともなう事故、三六一頁、表2参照）であった。

＊3――エイモリー・B・ロビンス（一九四七年～）。アメリカのロッキーマウンテン研究所所長として、再生可能資源、環境問題の研究で知られる。二〇〇九年のタイム誌の「世界で最も影響力のある一〇〇人」の一人に選ばれた。

なおざりにされた原子炉の安全研究

実験に基づく安全性の研究は、一九六〇年代の後半までドイツの原子炉開発において継子扱いされたままであった。ドイツでは原子力技術の自立への野望があったにもかかわらず、原子炉の安全においては、長い間外国の経験を信用するほうが選ばれてきた。それゆえ、安全という案件に関するドイツの見解は、長いことイギリスまたはアメリカの立場に追従するものにとどまっていた。ドイツの独自の要素は、多かれ少なかれ長期にわたる原子炉開発の遅滞または減衰の中に主に存在していた。そうしたことすべては、原子力技術の中に当時まだ存在していた、老フリードリヒ・ミュンツィンガーに体現されたドイツの技術者の伝統と際立ったコントラストをなしていたのである。一九五八年に、連邦原子力省から意見を求められたドイツ原子力委員会の作業部会でさえも、見えすいた理由を述べて、安全問題に関する方向づけのために企業の監査役会の代表者グループをアメリカに派遣したらどうかと助言をした。加えて、当分の間はイギリスとフランスにおける経験の研究で十分だ、としたのである。一九六〇年代中頃までは、「原子炉の安全」に対する予算は国家予算の中で一〇〇万マルク以下であった。なんと、原子力技術に対する総支出の中では、まだ一パーセント以下にとどまっていたのである。

一九六〇年代の後半になってようやく人々は、随所に不安を感じるようになってきた。ヨーゼフ・ヴェングラー(ヘキスト社)は、「ドイツ連邦共和国も安全の調査研究に対して本格的に資金を出すべきである」と警鐘を鳴らし、原子炉安全委員会(RSK)において、これまで「事故状況下における原子炉格納容器の冷却装置に欠陥がないという証明」が欠けていることを明らかにした。「冷却装置の開発」は、と言って、ヴェングラーは次のように続ける。「国民の安全への関心に最大の重点を置いた上で行うべきである」。しかし、このことについての議論は「完結させることはできなかった」。一九六七年に原子力産業誌もまた、シュターデ原発とヴュルガッセン原発の建設開始を指摘しながら、「我が国では外国の研究を十分に信頼できる時代は終わった」として、ドイツの原子炉の安全研究を精力的に要求した。しかし、まだ比較的わずかな資金をもってではあったが、言うに値するようなドイツの行動計画がようやく少しずつ動きはじめたのは、すでに原子力への批判が増してさらなる波紋を呼んでいた一九七〇年代初頭になってのことであった。

専門家気質が育っていく上で大きな転機になったのは、非常用冷却システムの有効性に疑問を投げかけた一九七一年のアメリカ原子力委員会によるいわゆるアイダホ実験であった。これは、ドイツにおける最初の原子炉の安全研究のきっかけとなった。もっともこの研究は、アイダホの実験結果がむろんドイツの原発にあてはまらないことの証明に供される定めにあった。これに続いてカールスルーエ原子力研究センターに設置された「原子力安全プロジェクト」は、プロジェクト長によると、「何はさておき問題の捜索者ではなく問題の解決者」であると理解されていた。このことによって、初めから安全研究の観点は外部から無理やり押しつけられ、かつまた、技術的な解決が予測できるような問題に限定されていたのではないか、という疑問がおのずと浮かびあがってくる。

ドイツ連邦共和国が原子炉の安全研究においてアメリカに大きく後れをとったという現実があるのに、ドイツ国内では原子炉の安全研究においてアメリカより多くのことを行ってきた、と原発擁護者たちは一九七〇年代後半に主張して憚らなかった。しかし、実際には、ドイツの原子力コミュニティーは、反原発運動の攻撃を受けてから初めて安全に特別な関心を持つようになったのである。あたかもドイツの原子力研究者たちが当初から安全にきわめて大きな関心を持っており、原子力技術の開発が初めから安全の極端な要求にも対応しているかのような倒錯した印象を、政府や関係機関が与えようとすることがよくあった。こうして一九七九年にシュトルテンベルクは、次のように歴史を回顧して、安全への疑念を鎮めることができると信じこんだのであった。すなわち、最初の段階からドイツ連邦共和国の原子力政策は、「進歩の盲目的な」信仰ではなく、高い責任意識のもとで行われてきていた。「長い間、連邦政府の科学分野での卓越した助言者であったオットー・ハーンやヴェルナー・ハイゼンベルクのような人々は、現代の多くの批判者たちよりもはるかに原子力の破壊的な可能性を知っていた」。それにもかかわらず彼らは、「原子力エネルギーの平和的利用に関して熟考し、学問的に十分吟味した上でこれを肯定」を示した、としたのである。

しかし、事実はといえば、原発についてまだ正確な実態が知られていなかった初期の時代に、ハイゼンベルクがそうした役回りにあったのは最初の頃だけであり、ハーンにあっては「ドイツの助言者」であったことは一度もなかった。そしてまた、この両者にあっては、いずれも原子炉技術の細部についての関心はごくわずかであり、原子炉の安全の問題に至っては興味がまったくなかったことがはっきりとわかっている。一九五〇年代のジャーナリスト界の著名な異端児エーリヒ・クビィ[*1]は、ハイゼンベルクの義兄弟であったが、彼は、早い段階でそのこと心配していた気配がある。しかし、一九五三年一二月一九日にこのノーベル賞受賞者は、次のように断言して、クビィの主張を退けたのである。すなわち、原子力施設の放射能汚染と放射性廃棄物の問題は、アメリカ人によってすでに成功裏に解決しているので、「危機や深刻な惨事が国民に起こる余地はない」としたのである。見せかけ——たとえそれが故意の嘘でなかったとしても——それは、民生用原子力技術のリスクに対するまったくの無関心から出たはったりであり、また、クビィのような素人はまったく意見を挟んではならないという確信をも、明白にしている。しかし、そもそも一流の原子物理学者は、その分野でもエキスパートであったのであろうか。

特徴的であったのは、一九五七年四月に連邦議会の委員会で原子力に関する質疑がなされた一場面であった。ルートヴィヒ・ラッツェル議員は、原子物理学者のヴァルター・ゲルラッハに原子炉の潜在的危険性に関する文献について質問をした。ゲルラッハは、次のように答えている。「私が把握している文献は、ある低速炉及び高速炉において物理的理由から起こりうることについてのみ取り上げている。原子炉と工学技術上の諸付属設備がともに作用しあうことによって生じる危険性について取り上げている文献も存在するかどうかは、私にはわからない。もし蒸気ボイラーが爆発したとしても、ただ局部に限定された事故が起こるだけであろう」と。仮に原子炉の責任者としてその件を手がけざるをえなくなったら、安全を守るためにどの程度力を入れるかという問いに対して、彼は、次のような典型的な回答をしたのである。「私は大学の教授であって、そのようなことに関わる立場にない」。一九五九年に同じ委員会でシュルテンは、核保有国が——シュルテンの言うところでは——「保有している巨大なプルトニウム生産発電所が（中略）正常時においても、大事故における発電所と同様の膨大な規模の放射能の発生を許しているとすれば、それは『勇気』の証である」として称賛したのであった。

当時の原子力技術開発の高度に思惑的な性質、そして、原子力に対する恐怖と期待される栄華との極端な明暗のコントラストは、そのいずれも原子力研究者たちのメンタリティーに影響を及ぼした。一九五九年にある老練な観察者は、「原子力研究者たちの顔つき」について次のように書いている。原子力研究の国際的な会合に集う参加者たちの横顔が互いに似ているのは「異様だ」。「彼らには二つのカテゴリーがある。ばくち打ちの顔と銀行家の顔だ。ばくち打ちの性格は、比較的若い研究者たちの顔によく見られる。（中略）これに対して、ベテランの研究者たちの顔は、冷静で、リスクを慎重に比較考量しながらも、高い抵当をとって勝負している銀行家の仮面に似ている」。そのいずれの顔にも、「しっかりとした責任感が十分に刻みこまれていない」のがわかる、としたのである。これは、原子力技術の周りに集まった人間のタイプについての、数少ない観察の一例である。原子力研究者たちが放射線生物学に関する懸念を無視するような遠慮会釈のない様子は、そうした印象を確固たるものとしている。

とはいえ、一九七〇年代に公の議論の場で一般に共有されることとなった原子力のリスクの大部分は、少なくとも基本的な特徴においては早いうちから知られていた。安全問題に関する認識の進展について探ってみると、情報としてはすでに長いこと存在していたが、にもかかわらず警告のシグナルとしてはまだ理解されていなかったものがあることに気づき、そのスケールの大きさに驚愕する。『原子物理学の科学社会学』[*2]という著書を一九六三年に出版したフリードリヒ・ヴァーグナーは、かなり後の時代になってさかんに議論されることになった危険の根源の多くを熟知していた。彼はドイツ連邦共和国における初期の時代にはまだ孤高であった警告者たちの一人であった。

もっとも、当時のジャーナリズムにおいては、原爆への恐怖が自動的に放射能への恐怖とは結びつくことはなかった。一部には、医学での診断と治療における有用性を信頼する放射線への肯定的な考え方がまだ優勢であったのである。社会民主主義の学者たちで結成された共同研究団体によって一九五五年に出版された全集『原子力の世界強国』の中で、ある著者は次のように夢中になって書いている。「大型の原子炉の中では、すべてが実際に放射能を帯びる。その放射能を帯びた材料を手にするとき、我々は、それで何ができるのであろうか」、と。驚くなかれ、放射能の害についてではなく、放射能利用の可能性についてだけが、数ページにわたって言及されているのである。一九六〇年代に入るまで、「放射能の家庭薬」つまり、「多くの製造会社と販売会社によって見当のつかないほどの個数の」「様々な形状をした」「ラジウム入り枕」が誰に対しても売られていたのである。そのような多くの調剤品の長期間にわたる発がん作用は、当時すでに疑うべき根拠があったにもかかわらず、まだ一般的には知れわたってはいなかった。一九六〇年になって原子力法に続いて公布された第一次放射線防護令（ＳＳＶ）の発効によってようやく、政府は、そのたぐいの多くのスキャンダラスな悪事に介入したのであった。

＊1――エーリヒ・クビィ（一九一〇～二〇〇五年）。ドイツのジャーナリスト。戦後ドイツに関する最も重要な時代史家の一人とされる。南ドイツ新聞の編集人などを歴任した後、ディ・シュピーゲル誌、シュテルン誌などの寄稿者として活躍。シューマッハーの娘と結婚したことから、ハイゼンベルクの義理の兄弟となった。

＊2――正式な書名は、『科学と危機に瀕した世界――原子物理学の科学社会学』である。

原子力政策の原罪――不十分な損害賠償義務

ヴォルフガング・フィンケは、連邦原子力省と、これを継承した省において、歯に衣着せぬ物言いをしてたびたび注目を浴びた人物であったが、彼は、一九六二年に原子力産業誌において次のように指摘した。「経済の停滞の真の原因は資本不足ではなく、原子力リスクの見通しがまったく立っていないことだ」。まったくもって現実的な意見ではないか。この分野では、理論上は、大手の災害保険会社が原子力リスクの監視役としての役割を果たせるはずであった。もっとも、それは、やむを得ない場合に彼らに損害の賠償をすべて負わせられたならばの話であるが。しかし、実際にはそのようなことはまったく問題にされず、原子力には民間の損害責任が参入する余地は完全にないということを、常に暗黙のうちに出発点としているように見えた。損害保険の専門家たちは、最初から、原子力のリスクについて民間業界をまったく考慮に入れないことを前提としており、それゆえ国にその引き受けを呼びかけていたのである。そして、国は、原子力問題にあってはおおむねすぐに対応する用意があったので、保険においても、新しいリスク分野を数値化できるかどうかについて長く思い煩う必要はなかったのである。

最初の原子力発電所であるコールダーホール原発の建設を

元請け会社として受注したイギリスのバブコック&ウィルコックス社の保険専門家は、すでに一九五四年に包み隠さずに次のように指摘している。「民間による原子炉の運営は、巨額の保険料を必要とすることとなるだろう」。そのためには、「政府からの援助に頼るしかないのだ」、と。アリアンツ保険会社の役員会メンバーの一人は、主たる責任は連邦政府が負うべきこと、また、放射線被害の大部分は法律上まったく損害賠償請求訴訟の可能性がないであろうことをあてこんで、すでに一九五六年には原子力エネルギーに関して大胆に振舞っていた。彼は、ある銀行家に宛てて次のように書いている。「私は、次のような印象を持たざるをえないのです。連邦政府は、原子力についての不安を考慮する際に、おそらく法務省の過大な心配に影響されすぎているのではないか。また、ことによると世間の感じ方に合わせてしまう危険からも完全に免れていないのではないかという印象を」

「原子力についての不安」という文言で言わんとしたのは、特にボンの連邦政府において明確となった路線である。それは、技術に関する被害の責任の場合には過失責任の原則ではなく危険責任の原則を適用させる、つまり、原因となった者に対して有責行為自体を証明できなかった場合でも、その者に賠償は要求されるという原則を適用させるというものであった。これはドイツ連邦鉄道にあってすら適用されていた原則であり、原子力技術のような分野においては最初から当然あるべき原則であった。というのも、この分野には安全に対する公共性の高い要求が存在するが、それにもかかわらず、個々の過失を前もって予見して証明することが比較的難しいからであった。しかし、保険代理人は、まさにそうした事情をあてにすることで、「原子力への不安」を克服できると考えた。なんと、実際には保険会社自身が原子力のリスクに対して不安を抱えていたのである。

保険会社の望むところによれば、そもそも「原子力への不安」を払拭しなければならないはずの国が、原子力のリスクの大部分を引き受けるべきであった。保険会社のスポークスマンは、頼りない言葉で次のように説明した。「リスク全部を引き受けることはできない。しかし、このことは、保険会社が儲けの多い保険事業を約束する原子力エネルギーの恩恵にあずかりたいと思っていないことを示すのではない」。アリアンツ保険会社の社長ハンス・ゴーデフロイは、原子力委員会において「専門家の側からすれば、原子炉の制御装置がきかなくなる可能性は限りなく低いと見なされている」のを認めた。そこからゴーデフロイは、こうしたリスクを保険で負担することができるという推論を導き出すのではなく、次のように意味深長に答えた。「そのような異常な事態は国家的な災厄と見なされ、国家が介入するべき問題である。損失を社会全体で分担して負うような問題ではない」

あるスイス人の保険の専門家は、連邦議会の原子力問題委員会に対して、政府の原発促進に対する潜在的な皮肉が感じとれる論証の中で、次のように説明をした。「国家が自国民を守る義務を負っていることは、一般的に周知されている明確な憲法上の法原理である。人為的な不具合によって、あるいは、何らかの理由によって制御のきかない動きをする可能性がある、固有の巨大なエネルギーが詰まった原子力生産拠点を許可することによって、国家はその原則に背くこととなる。だから国家は、結果の責任を一身に引き受け、当然の帰結としてそこから生ずるであろう責任を担わなくてはならない」としたのである。

将来の原子力研究センターとなるカールスルーエの研究炉施設の建設によって、損害賠償責任問題は差し迫ったものとなった。なぜなら、損害賠償責任への備えが欠けていることは、近隣住民の建設中止の訴訟提起の理由となり、それどころか、法律上の重要な反証を手にさせることとなるからであった。原子炉の建設・運営組織の首脳部の一人は、ボンで、近隣の市町村長と市町村議会[*1]が繰り返し次のように述べていることに困惑を示した。「我々は連邦政府と州政府への信頼を失った。なぜなら、いまだに我々の思っているような、損害賠償責任法の観点で正当な要求である法規が実現されていないからだ。社会が成立して以来明らかになっていることだが、国民が正当に守られるように、既存の一般的な損害賠償責任に関する諸規定と並んで、然るべき連邦法の諸規定がつくられるのであれば、ドイツ連邦共和国における平和的な目的のための原子力エネルギーの導入は本質的に平和的に推進されうる」、と。

けれども、当初は、「損害賠償への備え」、すなわち民間経済界によって調達されるべき最高賠償額を巡る熾烈な競争が長年続いた。ゴーデフロイは、一九五七年四月に三〇〇万マルクがドイツの保険業界にとって負担できる最高額であると述べた。次いで五〇〇万マルクまではなんとか呑もうとしたものの、この額は、原子力産業において問題となっている金額と比べると、損害賠償問題全体については国がやるべき事案として見なしていることを単に証明しているだけのごく微々たる金額であった。その後、最終的にほぼ一〇〇〇万マルクほどの金額である種の合意がなされたようである。その一方で、もっと小さな容量のミュンヘンのスイミングプール型原子炉のためにアメリカの保険会社が五〇〇〇万ドルの損害賠償額を用意するとの提案をしたことが知れわたった。ある専門家は原子力委員会において次のように不満を口にした。「議会で多数を占めている会派のその時々の思いつきで金額が一〇〇〇万、二五〇〇万、五〇〇〇万あるいは一億マルクに決められるのは、サイコロゲームのようだ。大惨事の際に、そのようにして決められた金額で間にあわせることができるかどうかは、はなはだ疑問が残る」、と。

連邦参議院では、「損害賠償上限額をすべて廃止するべきである」という提案がなされた。これに対して、ドイツ原子力委員会の所管専門委員会は、当初「全力を挙げて断固」反対したのだが、しかし、その「弾力的な規定」は、最後には原子力のリスクが見通しのきかないものであることを考慮して押し通されたのである。損害賠償措置の「方法、範囲及び金額」は二年ごとに原子力施設の許認可を所轄している行政官庁によって決定される（ドイツ原子力法第一三条第一項）。上限額は、「保険市場において経済的に許容可能な条件を得られるような」保険保護を志向するはずであった。八八企業の連合体として設立されたドイツ原子炉保険共同体（ＤＫＶＧ）は、一九六〇年に、「物的保険としてリスク一件ごとに一六八〇万マルク（中略）、損害賠償責任保険としては一四五〇万マルク」を用意できると主張した。しかし同時期に、アメリカの保険会社の同様の企業連合体はといえば、六〇〇〇万ドルを用意していたのである。[*2]

議論の多い問題を行政に押しつけて回避しようとするやり方は、特徴的で有望なものであった。原子力のリスクが見通しのきかないものであることは、実行にあたっての自主的な裁量に有利に働いた。もっとも、いずれにせよ民間側の損害賠償への備えの水準は、重要な問題ではなかった。というのも、連邦政府が主たる負担を担うこととなるのは、はっきりしていて、疑いようがなかったからである。すでにアメリカの保険会社は、原子炉事故を、起こりうるリスクの満額に近い金額についてまで賠償することはできない、と表明していた。一九五七年にアメリカでは、いわゆるプライス・アンダーソン法の法案が議会を通過した。それは、原子炉事故ごとの合衆国政府の損害賠償責任の上限を五億ドルと見込んだ内容の法案であった。ドイツ連邦共和国においても同様の事例が起こりうることは予測できた。実際に、原子力法の第三六条は、アメリカのその法律から五億という数字を引き継いだ上で、ドルをマルクに換算したのである。それを超過する規模の損害賠償請求については、将来の規定に委ねられた（法第三七条）。それはまさに、主導権を握っていた原子力法学者のハンス・フィッシャーホーフが皮肉を込めて述べたように、結局のところ原子力エネルギーの使用の促進を意味する、新手の損害賠償の限定であった。民間経済界だけでなく連邦政府さえも、そうしたやり方で、原子力のリスクの規模の大きさについて頭を悩ませることから解放された。そして、それとともに、働く可能性のあった損害賠償責任という抑制のメカニズムは、効力を失ったのである。

論議の余地のあった点は、原子力法の損害賠償義務に関する規定が、過失責任の原則に従うべきか、それとも危険責任の原則に従うべきかという問題である。最終的な解決策は、次のようなものと見てとれる。すなわち、原子炉と核分裂物質生産施設には絶対的な危険責任が適用され（第二五条）、それとは逆に放射性同位元素の例外の使用には、過失責任と危険責任を取り混ぜたものが適用される（第二六条）、というものである。先に引用したスイス人の保険専門家は、この違いを具体的でわかりやすい比喩をもって次のように説明した。原子炉と「その同族の建物」は、いわば「飼いならされていない野生の動物、（中略）常に見張られ、飼いならされねばならない動物だ。その一方で、放射性同位元素は飼いならされた動物――もちろんそれは危険性も持ちあわせているのだが――に喩えられる」と。連邦参議院は、放射性同位元素の使用にまで危険責任を拡張させようとしたが、ドイツ産業連盟や関連するドイツ原子力委員会の所管専門委員会は、これに対して激しく抵抗した。単なる過失責任の範囲にとどまらない第二六条の最終条文案については、保険業界も化学業界も不満を表していた。

それ以外の点では、原子力法は、原子力の潜在的危険性に対してまったく無力とは言わないまでも、多くの箇所で非常に緩やかであった。たとえば第三一条第二項では、物件毀損の際の賠償義務は「毀損物の通常価格の額まで」と規定された。フィッシャーホーフは一九五九年に、企業と地方自治体の公営水道事業にとってこの規定がどのように破滅をもたらしうるかについて、原発の大事故を仮定し、その情景をもとに具体的に叙述し、次のように要約した。すなわち、「物的損害賠償義務の制限と資産損害の除外は、実際には他のすべての利害関係者に対する原子力産業の優位の容認を意味する」、としたのである。「原子力エネルギーの解放による爆発」を故意に引き起こした者は、「他人の身体と生命」を脅かすがゆえに、「五年を下らない自由刑」に科せられなくてはならない（第四〇条）が、「有効な改悟」がある場合には、減刑を求めることができる（第四四条）。ここではこのようなグロテスクなやり方によって、危険責任が、属人的な権利義務に関わる過失原則に置き換えられた。つまり、原発事故は、法律違反者個々人の有責の意思に応じて罰せられているという、個人二者の間の審理のように扱われているのである。

最初から関係者内部では、原子力被害の可能性のかなりな部分は法的手段をもってしてはまったくつかむことができないこと、しかも、全国に原子力技術関係の施設が広がっていけばいくほど、その可能性はますます把握できなくなることが腹を割って話しあわれていた。ガス状の放射性汚染物質の出所を、もしくは、ことによると数十年前の放射性物質が原因で引き起こされたかもしれない晩発性障害の原因を、一体どのようにして法廷で明確に証明しろというのか。すでにボンでの協議における初期の段階で、いわゆる「匿名の」放射線障害に対して損害賠償責任への備えを行うという考え方は断念された。法的観点から見ると、「因果性の問題」は「すべての放射線防護のための中心問題」であり続けた。このようにして、放射線監督行政と放射線医学研究のほとんどは、はじめから法律的に結論を出せるようなしろものではなかったのである。

＊1――ドイツの地方行政制度には、日本のような市町村の区別はない。市町村に相当する地方自治体はゲマインデ（Gemeinde）である。比較的大きなゲマインデを市（Stadt）と称することがあるが、この呼称は沿革的なものである。本書では、ゲマインデを読者にわかりやすいよう原則として便宜的に市町村と訳している。同様に、その首長や議会（Gemeinderat）も市町村長あるいは市町村議会と訳している。なお、必要に応じて、個別のケースでは、その規模を参酌して村あるいは町と訳している。

＊2――一九六〇年当時のマルクの相場は、一マルクが約〇・二五ドルであった。なお、一ドルは三六〇円であった。

虚構の放射線許容量

すでに一九五五年に開催されたジュネーブ原子力会議の「放射能と生命」部会において、原子力官庁によって政策的理由から定められた「放射線許容量」、すなわち、原子力技術関係の施設設備にあって許容される放射線の周辺環境への負荷の上限値は学問的根拠を欠いていること、また、それ以下であれば放射線は危険性がないという「放射線量の限界値」が存在すると推定できる根拠がないことが、誤解の余地なく明らかにされた。一九六〇年代の終わりにアメリカにおいて原子力批判者たちが最初の標的にした、放射線許容量を方便として人を惑わすような行為については、当初から放射線生物学者と遺伝学者の中からも批判の声が上がっていたのである。フランクフルトで開催された「放射線防護の科学的根拠に関するシンポジウム」（一九五六年）における報告者の一人は、放射線許容量というものが存在しないことを前提に次の推論を導き出している。「我々が現在置かれている状況を思い浮かべてみると、これから一〇〇〇年の間に遺伝性疾患や放射線に由来する身体の不全に人類が苦しむであろうことを、今日ここにいる我々もともに決定していることをはっきり認識しなくてはならない」。それゆえ、次の世代ためには、文明の快適さの一部を放棄する「という考えを習得する」べきである、としたのである。

ごく微少の放射線量でさえも遺伝子に悪しき変異が懸念されることは、内部関係者の間で内密にされていたわけではなく、むしろ一九五七年一一月のドイツ労働組合総同盟の核兵器反対デモにおいても、連邦議会の所管委員会でも、同じように明らかにされた。原子力大臣のバルケは、その際に、根拠のある「許容限界」の設定が不可能であることを指摘するために、この機会を逃さなかった。「この限界というものは許容量の限界ではなく、むしろ安心のための限界なのだ」と言って、バルケは一九五七年の連邦議会のその委員会に次のように説明したのである。人は、さしあたり「すべての余分な電離放射線は危険である」と想定しなければならない。それゆえ、「技術設備においてすべての余分な電離放射線は断たれなくてはならない」ことが、まずは出発点となる。これらは法的プロセスにおいて「理屈抜きで強要」されるべきであり、「また、経済性に配慮することなく」行われるべきである、と。さらに、一九六二年に委員会で次のように述べている。「我が省内でも、許容量及びこれに類することについて議論することは通常なかった。まず第一に、我々はその話題を避けていたのだ。というのも、我々は自然科学者として人体が損傷を許容することはないとわかっているからである。そして第二には、遺伝的疾患を元に戻すことはなおのことできないからだ」

しかしながら、ドイツ連邦共和国における放射線防護の実践において、そうした認識からどのような結論が導き出されたのであろうか。バルケが放射線許容量という考え方を拒絶したことには、どのような意味があったのであろうか。もちろん連邦原子力省は、原子力技術施設において放射線の放出がまったくないということを執拗に主張していたわけではなかったであろう。もしそうであれば、ドイツ連邦共和国における原子力技術の発展は、おそらくなかったかもしれない。所管省は、放出を最小限にとどめ、その生物学的影響を切れ目なくコントロールすることを組織的に目指していたわけではなかった。むしろ、「許容限界」の過小評価は、この分野において独自の主導権を発揮することもなく、外国で実践されたことにただしぶしぶ従うという結果になった。安全の案件で揺れ動いていたバルケは、生物の進化における自然の放射線の進化史上の意味を信じており、次のように言っている。「放射能がなければ、我々はまだゾウリムシのままだったであろう」

一九七六年一〇月一三日に公布された新しい放射線防護令によって、ようやく放射能の放出による全身の負荷の年間許容最高値が定められた。この三〇ミリレムという新しい数値は、これまでの規定で設定されていた上限である五〇〇ミリレム――これは一九六〇年代のアメリカでも定められていた値であり、当時の欧州原子力共同体基準に相当する数値でもある――の一六分の一以下の値であった。一九六〇年のドイツの最初の放射線防護令がまだ五レムを「職業的に放射線を浴びやすい人々」にとっての年間最高許容量（第二五条）と見なしていたならば、この数値は一九七六年の政令（第二八条）においては、想定されうる最悪の事故における上限値であった。すでに一九七一年にアメリカ原子力委員会は、批判者たちの圧力を受けて、軽水炉の許容限界を年間五〇〇ミリレムから五ミリレムへと引き下げていた。

初期の批判点――放射性廃棄物のジレンマ

多くの放射性物質がとてつもない永続性を持っていることにより、最終貯蔵は、原子力関係者以外の中でもすでに早い段階で、原子力技術の、長い目で見て根本的に解決できない問題として認識されていた。それゆえ、関心を寄せる門外漢の間で原子力技術の内部技術的な危険性の根源がまだよく知られていなかった時代に、「放射性廃棄物」問題はすでに原子力のリスクの中では一番上位に位置していたのである。専門家たちも高レベル放射性残留物の取り扱いを、原子力技術の平和利用における「最重要問題」、いわゆる「枢要な問題」及び「最大の危険の根源」として強調していた。

特に、後に原子力エネルギー宣伝の指導的人物となるローベルト・ゲルヴィンは、原子力発電所の廃棄物による歴史的に前例のない生命への危機を強く訴えかけ、注意を喚起した。ゲルヴィンは一九五九年に次のように述べている。「アメリカにおいてすべてのエネルギー需要が原発によって賄われるのであれば、四五〇〇個の核爆弾を生産するのと同じくらいの量の放射能が毎週生まれることになる。今日わずか数キログラムの放射性核分裂生成物の除去に必要とされる莫大な費用を考えると、我々は、どのように孫やひ孫がこの膨大な量を、人体への放射線負荷が危険な程度になる前に解消することとなるのか想像することができない」。閉山されたアッセ岩塩鉱山という掘り出し物によって、放射性廃棄物問題を実践的に、すなわちその処理に要する時間的な次元について強く意識することなく取り組みはじめた一九六三年にも、ゲルヴィンは次のように警告をした。放射性廃棄物をロケットで宇宙に運ぶというソ連の原子物理学者の提案を「まぎれもなく確実な方法」であると称賛することで「子孫に一〇世代にもわたって重荷を背負わせることは傲慢である（一〇世代というのも、実際には大袈裟でなくだいぶ少なく見積もってのことだ）」。彼によれば、グンドレミンゲン原発においてわずか一日に発生した残留物だけで、一〇〇日経ってもなお「一〇〇万人都市の住民の息の根を止める」ことができる量の放射能が含まれているのである。

一九六一年に原子力産業誌に掲載された編集部の記事は、「放射性廃棄物」問題については、すでに決着した過去の問題として済ますことができると考えると報じた。しかし、その一方で一九六三年には、競合する雑誌である原子力エネルギー誌は、アメリカでは「いくつかの最も古い貯蔵施設には隙間ができており」、「ヨーロッパの基準からすれば、かなりの量が地下に漏れ出している」という不穏な事実を認めなくてはいけないことを暴露した。その後はアッセの事例を仄めかしつつ、「放射性廃棄物」という議題においては、岩塩岩株*の中が最適な貯蔵条件であるという、いつの間にか既成事実化された条件を強調することが慣例になった。しかし、一九七〇年代の原発論争の最初の段階に入ってもなお最終貯蔵は、原発批判の核心ではなかったとしても、問題であり続けた。そして、多くの「放射性廃棄物」スキャンダルによって現実の課題となったのである。数千年にわたる計画という恐ろしい不条理に目を向けると、最終貯蔵問題は依然として原子力技術における汚点の一つなのである。

*——地下建造物の階層構造にも似た形状で地中深くに及ぶ広大な貫入岩塩層。岩塩採掘後は、高い断面で大きな空間がほぼ水平状に広がって残るので、この空間を放射性廃棄物の貯蔵に利用する。

挑発的なリスクの広がり——プルトニウムと使用済み核燃料再処理

初期において特に注意を払われていた原子力技術に潜む危険——すなわち人間の遺伝子に有害な影響を与える可能性及び放射性残留物の行き先についての問題——は、原子力紛争の絶頂期にはむしろ影が薄くなっていたが、その一方で、別の二つの分野におけるリスクが以前にもまして注目を浴びていた。それは、爆弾製造に使われる核分裂物質の拡散の危険性及びプルトニウムの潜在的危険であった。まさにこの核拡散の危険が初期に注目されていた原子力技術における不都合な面の中心となっていなかったことは、実際、大きな矛盾であった。なぜなら、当時は核戦争への不安が一九七〇年代中頃よりももっと身近に迫っていたからである。国民の大部分の中では長いこと「原子力」は、発電所ではなく、爆弾と結びつけて連想されていた。まず専門家の間で、徐々に「原子力〈アトム〉エネルギー」という語に代わって厳格に「核〈ケルン〉」という語だけを使って話しあうという用語のルールがまかり通ることとなった。しかし、原子力エネルギーと原子爆弾との結びつきが一般の人々の中では感情的な連想としてまだ長くあり続けていたとしても、そうしたつながりの本質は不明瞭のままにされており、原子力の専門家たちの間でもあえて不明瞭なものと一般的に見なされていた。一九五五年のジュネーブ原子力会議の際にも、このテーマはタブーとされていた。時期的にも地域的にもこの原子力会議近くの一九五五年七月にジュネーブ四大国首脳会議[*1]——核軍拡競争の終結について根拠のない希望をかき立てた会議——が開催され、また、同様に一九五七年にはドイツ原子物理学者によるゲッティンゲン宣言が出されたが、それらの時期や場所が近かったことに世間は惑い、原子力の軍事的利用と民生用利用を代替選択肢として見ることへとつながったのである。

一般の人々は、特に核実験における死の灰と原子炉の放射性廃棄物を対比して危険に気づいた。とりわけこの点で批判的な論拠が伝えられ、これによって早い段階で「放射性廃棄物」問題が注目されるようになったことがわかる。核爆弾と、制御のきかない中性子をつくり出す高速増殖炉との比類も、しばしば不安のきっかけとなった。増殖炉が原子爆弾に近いものであることは、当時専門家たちによって、今日では唖然とするほど露骨に言及されていた。その当時、爆弾は、原子の中に潜んでいる力を実演するための一番効果的な方法であったのである。後に原子力産業誌の編集長となるヴォルフガング・D・ミュラーは、一九五四年に次のように簡潔に断言している。「原子爆弾も（中略）その本質からすれば一つの原子炉なのだ」

原子炉と原子爆弾の最も重要なつながりは、トリウム転換炉を除いたすべての原子炉が生産するプルトニウムにあった。これについて専門家の間では、疑いはまったくなかった。けれども、最初の原子炉はそもそもプルトニウム製造のためにつくられたのであった。しかし、まさにこの容易に知りうる事実は、原子力エネルギーの初期の論争においては、本来の重要性を認められることは少なかった。この自明の理をタブー化することが、ドイツ連邦共和国では必要になっていた。というのも、プルトニウム製造は初期の原子力計画策定の最重要目的であったからである。そして、このことはドイツ以外の国においても同様であった。ゲルヴィン自身も一九六六年に次のように驚きを述べている。「長年にわたる核兵器のコントロールと削減の交渉において、莫大な研究用原子炉及び発電所用原子炉の助けを借りた核兵器の自国生産の可能性についてようやく討議されるようになった。遅かりし、と言いたい」

プルトニウムが爆弾製造技術に使用できることについては最初から関心がある人々にはよく知られていたが、一九七〇年代に世間を不安に陥れたその核分裂物質の異常なまでの毒性については、初期の段階ではただの付け足しのようにして言及されていたにすぎなかった。その毒性は当時すでにある程度は知られていたが、続く時代に行われたそれに目的を定めた最初の実験によって、後に世人に衝撃を与えることとなった数量に関する結果がもたらされた。プルトニウムの放射線は比較的微弱であり、最大の危険は身体的接触によって引き起こされるという事情は、批判的な眼差しが特に放射線の危険に集中していた時代にプルトニウムから関心をそらした可能性がある。原子力を巡る既成の体制に属していない会社の出過ぎた振る舞いが問題となったときのことであるが、たった「一〇〇万分の一グラム」のプルトニウムに「死に至る影響を及ぼす」可能性があり、それゆえにこれらの物質の取り扱いにはまったく新しい予防措置が必要であることが、一九五九年にボンの連邦原子力省における文書によってたまたま明らかにされた。このテーマについて報道機関の記事にされることは珍しかったが、しかし、記事に書かれることがあったとしても、一九六〇年代の終わり頃まではプルトニウムはただ単に原子炉燃料として位置づけられており、この物質の毒性についてはいつも付随的に言及されるにすぎなかった。

最も印象深い例外として、また同時に新しい認識が最初に詳細に新聞雑誌で取り上げられたものとして、一九六七年のノイエ・チュルヒャー・ツァイトゥンク紙の記事が挙げられる。その記事では、プルトニウムは「よく知られている強力な毒物の青酸よりも一〇の九乗倍も毒性があると見なされており」、害を与えることなく体内に蓄積することができる許容範囲内での上限の容量は、およそ六〇万分の一グラムであると、正確に数値化されて報じられたのである。一九五九年にはすでに内部関係者の間では悲観的な評価がなされていた。これらは一九七〇年代には世間においてもよく知られたものとなった。いつもであれば穏やかな雰囲気の中で行われる原子力法制シンポジウムにおいてさえ、一九七四年に当時の連邦内務省の政務次官であるゲルハルト・バウム[*2]は、次のように注意を喚起した。「グレープフルーツ大のプルトニウムの塊は、今日地球上で生きているすべての人類の息の根を止めるに十分であろう」。政治的な建前だけではなく、その行間にあるものも含めて多くの政治家の言葉に目を向けると、原子力からの潜在的な離反が初期の段階ですでに始まっていた様相を知ることができるのである。

プルトニウムは原子力発電所において生ずる潜在的危険のごく一部分にすぎない。しかし、この神話化した黄泉の国の支配者にちなんで名づけられた物質[*3]は、最初から原子爆弾の核分裂物質として知られていた。そして、後にとりわけ増殖炉の開発によって特に差し迫った問題となり、原子力反対者の目には真っ先に最大の否定的なシンボル的価値を得ることとなった。より厄介なのは、原子炉で発生する放射能を帯びたそれらの核分裂生成物が見通しがきかないほど多数あることであり、それらの危険性は、大多数の一般の人々にとっては名前も知ることのなかった使用済み核燃料再処理施設との関連で特に差し迫ったものとなった。そうした物質の害についての研究において――それは特にストロンチウム90、クリプトン85、セシウム、初期にウィンズケール事故で信用を失ったヨウ素放射性同位体、そして長い間過小評価されてきたトリチウムに関わる問題であった――許容限界値を徹底的に引き下げることにつながる認識の進歩があった。しかし、まさにこの分野では、関心を持って批判的に問題をともに追っても素人には限界があったのである。

だから世間一般が再処理の固有のリスクについて理解するようになったのは、比較的遅くになってからである。特に、この「核燃料サイクル」の分野については、それでなくても長い間なおざりにされてきた。しかし、再処理における類例のない潜在的危険については、専門家たちの間では初期の段階ですでに認識されていたのである。ハクセルは、一九五七年の連邦議会の原子力問題委員会における原子力に関する質疑において、繰り返しこのリスクの分野の固有な特質について指摘をしていた。委員長のアウグスト＝マルティン・オイラー[*4]が「可能な限り早急に独自の再処理施設を得ること」はドイツのためであるとの見解を主張した際に、ハクセルは次のように警告をした。「本当の問題は、燃料要素がすべて使い尽くされたとき、つまり人工的に放射性物質が取り出され、凝縮されて、どこか別の場所に安全に保管されなくてはいけないときになってようやく現れる」、と。また、その数ヶ月後にハクセルは次のようにもっと明確に述べている。「原子力エネルギーの将来の開発が必然的にともなうことになる本当の危険性とは、私の見解では、忍びよる有害性のようなものに見える。それはつまり、我々が今後必要とするであろう多くの化学的処理施設が、あちこちで絶え間なく軽微な量の物質を我々の生活圏の水域に放つことによって生じる有害性なのだ」としたのである。それにもかかわらず、再処理施設という危険要因を、我々が今日すでに化学工業のために定めているものと同じ法令や規則によって規制できるという結論にハクセルが達したのは、なおさら奇妙なことであったが。なんと、第一次放射線防護令がまだまったく考えられていなかった時代に、すでにそうしたことが言及されていたのである。しかし再処理における特有の難しさをはっきりと認識することはできていたのだが、その危険にきちんと対応するための準備はまだ整っていなかった。

懐疑的な態度を示していたヤロシェクは、再処理問題において克服されるべき困難は、「我々は顔に汗して日々の糧を食べないといけない」[*5]という聖書の言葉を思い起こさせると、意味ありげに述べた。一九六五年にカールスルーエ原子力研究協会は、原子力研究センターの近隣に人が移り住むことを「センターの将来の原子力技術施設を特に考慮をして」制限しようと試みた。とりわけそれは、計画されていた使用済み核燃料再処理実験施設（ＷＡＫ）のことを意味していたのである。しかし、カールスルーエの原子力研究者にとっても、そのような施設がそばにあることは決して望ましいことではなかった。原子力研究センター内にある再処理実験施設から放出される放射線が「敏感な放射線防護用計測器に影響を与える可能性が指摘」されたことによって、ＷＡＫの建設開始は長年見送られてきた。それどころか、なんと、原子力研究センターがそのような施設の近隣にあることは基本的に無茶であるという見解までも登場するようになったのである（それは、原子力研究センターがそれでなくてもその他の面で有り余るほど放射線の負荷を強いられていたからであろうか）。

一九七一年にマンデルは、次のように説明した。原子力発電所そのものは、環境に与える負荷が火力発電所の一〇〇分の一とされているが、しかしながら、「現在の技術水準では」「再処理施設からの放射能の放出（特にクリプトン85）」は、すべての核燃料サイクル全体から考察すると、原子力発電所のこのような利点を帳消しにしてしまう、と。原子力エネルギーのパイオニアであるマンデルにとっても、再処理施設の環境有害性は原子力発電所自体のそれを一〇〇倍も上回ることを意味していたのである。長い間このリスクが重要視されてこなかったことは、再処理の諸問題が繰り返し放置されたことによって、とりわけはっきりと露見することとなった。

＊1――一九五五年七月にドイツ問題（主権回復、再統一）の解決、ヨーロッパの安全保障、軍縮を議題にして開催された米英仏ソ四大国首脳の頂上会談。

＊2――ゲルハルト・バウム（一九三二年〜）。FDPの政治家、弁護士。一九七二年から一九九四年まで連邦議会議員。この間、SPDとFDPの連立政権で、内務省政務次官（一九七二〜七八年）、内務大臣（一九七八〜一九八二年）を務める。FDP内の中道左派の代表格で、基本的人権の擁護に努めたことで知られる。

＊3――プルトニウムという名称は、冥王星（プルト、Pluto）にちなんで名づけられたものである。冥王星の名称はまた、ローマ神話で冥界をつかさどる神プルトから来ている。

＊4――アウグスト＝マルティン・オイラー（一九〇八〜六六年）。一九四九年から一九五八年まで連邦議会議員。一九五一年にFDPの連邦議会議員団長を務めるが、その後、一九五六年に同党を離脱して自由国民党（FVP）を結成、FVPとドイツ党（DP）の共同会派の議員団長として一九五八年には連邦議会原子力問題委員会委員長を務める。同年、ユーラトムの局長に就任し、連邦議会議員を辞職。

＊5――旧約聖書の創世記三‐一九の句。

正確さという単なる形式的なリスク対応――想定可能な最大規模の事故（GAU）

専門家の間において、そしてまた世間一般の中で行われた原子炉の安全に関する論議は、一つの歴史である。これとは別の、ほとんど触れられることのない歴史もある。すなわち、許認可官庁における安全基準の制定という歴史である。この歴史における際立った節目は、アメリカ由来のMCA[＊1]（最も信憑性のある事故）コンセプトの導入である。その際、ドイツにおいては、「最も信憑性のある」事故という言葉が「想定されうる最大の事故（der größter anzunehmender Unfall、略称GAU、ガウ）」として修正された。原子炉安全装置とは「本来（中略）ただの原子炉運転停止装置」であると理解されていた、とハインリヒ・マンデルの遺稿には記され、さらに次のように続けられている。一九六〇年代後半から、トラブルが起こった際の余熱の逃がし方が安全に関する考察の中心として前面に出てきた、と。技術的な意味からすれば、このことは疑いもなく大きな進歩であった。しかし、これは同時に視野を狭めるという代償を払って得られたものであった。ガウは、軽水炉にあっては一次冷却配管の突然の破損として定義づけられていた。それゆえ、最も重要な安全措置は、通常の冷却サイクルから独立した非常用冷却システムにあった。しかしその際に、特に炉心溶融や原子炉圧力容器の破損といった、別のより重度の原発故障事故のリスクが、技術的に排除しえないものであったにもかかわらず、考察からこぼれ落ちたのであった。

一九六〇年に連邦原子力省の原子炉安全担当官が明らかな懐疑をもって書きとめているように、安全対策を規定するにあたって最大事故を固定化することは、「通常の安全の実践においては見られなかった考え方」であった。けれどもひたすらゆっくりと、抵抗を受けながらも、その考え方はドイツにおいて徐々に浸透していった。MCAもしくはガウは、恣意的に想定された原子炉の最大故障事故であったし、そうであり続けた。しかし、その定義が実際の事故の分析に依拠したものであったのか、そして増大する事故経験をもとにさらに発展していったのかどうかは、はっきりと見極められない。一九五七年一〇月一〇日のイギリス、ウィンズケールで起こったセンセーショナルな原子炉事故は、放射能を帯びた雲が立ち上り、長い年月を経た後も過去に起きた最大の原子炉事故として記憶に残るものであったが、この事故はMCAの例には合致していなかったのである。

ドイツ原子力委員会の所管部会もまた、一九五八年に「最大限に制御されうる」事故と「最大限に想定されうる」事故の違いを明確に示した。一九五六年のフランクフルト放射線防護シンポジウムでは、あるフランス人報告者によって、何か特別に極端な想定を前提としていない、ガウをはるかに超える事故が次のように叙述された。すなわち、一〇〇メガワットの原子炉——この微小な容量は、当時は標準的なものであった——に火災が起きた場合、結果としてすべての放射能のわずか一〇分の一だけでも外へ排出されると、近隣の住民は「五〇キロメートル圏内に住んでいる人々まで（中略）一時間足らずで、職業的に放射能の負荷を受ける人が五〇年間に許容されている被曝量の一〇倍もの量のプルトニウムまたは核分裂生成物を体内に入れることになる」としたのである。

そして、彼は、原子炉は「原子炉から数十キロ内の周辺地域に住んでいる住人たちにとって」「常に危険を意味している」と結論づけた。上述したような事故は、しかしながら決して「想定されうる最大のもの」と見なしてはならなかった。ベルリン・ハーン・マイトナー研究所[*2]のカール・E・ツィメンは、一九六一年に所管省でガウについて次のような記憶に残る言葉を述べている。「信頼するに足る最大事故とは、客観的に記された規模ではなく、主観的な要因に左右されるものである。これは、ことの性格上仕方のないことである。（最大の可能性がある）そうした事故（これは、崩壊した建物の上空に立ち上る放射能を帯びた雲として、すべての核分裂生成物が瞬時に空気中に放出されるのと等しいものである）ただそれだけは、客観的に表現されるべきだ。それゆえ、諸種の原子力エネルギー施設に関する安全性報告における信頼するに足る最大事故の定義にあって様々に異なる哲学が露わになるのは、当然のことだ」。驚くなかれ、最大に起こりうる事故を根底に置くと、「地球上の人類が生きている地域」には原子炉を置くような場所など、ほとんど存在しなくなるのである。

すでにガウのための安全対策の要求は、原子炉建設において当初の実践で見なされていたものよりも高い要求となっていた。ガウのコンセプトがドイツ連邦共和国において支配的な標準として実践面でも普及するまでにはさらに何年もかかった。一九六四年に発注されたリンゲン原子力発電所は、対応する計算プログラムが欠けていたために、ガウが適用される原発には指定されなかった。主配管の破損はすでに設計基準に織りこまれていたものの、部分的な炉心溶融についてはは甘受しうるという考えが出発点となっていた。ガウのコンセプトの徹底した貫徹が当時意味したのは、技術的要求のある種の厳格化であった。

しかし、ガウの定義が多くの他の事故の可能性を考慮しておらず、原子炉安全研究の新しい洞察にも対応することができなかったために、それがあいかわらず軽く扱われていたことは、すでに周知のことであった。ガウは、とりわけその本質からして、原子炉に官庁の許認可が形式的に下りるようにする官僚主義的な虚構であった。MCAというコンセプトの恣意性と主観性は、当初から国際的に激しい非難の対象となっていた。一九六六年に原子炉安全研究所の会議において、ガウ設計に対して激しい非難が浴びせられたが、それはまさに、その中に含まれている放射能のリスクについての軽視への非難でもあった。また、それには「ガウ」の文書化、すなわち、アメリカのMCAにおける「信憑性のある〈credible〉」を「想定されうる〈anzunehmend〉」と翻訳したこと、つまり、他人ごとのような表現ぶりでその意味を弱めたことも含まれていた。「炉心溶融事故を信じられないものと見なすことは、ドイツの専門家の中では広く受け入れられていたように思われる」と、かつてのジーメンスの古参の社員で原子炉安全委員会の委員を長年務め、後に体制批判者となったルートヴィヒ・メルツは、一九八〇年に往時を回顧して述べた。一九八一年に筆者との対談で彼は次のように述べている。「不幸なガウ」は決して本当の安全の「哲学」などではなく、そのようなものに見せかけただけである。哲学とも経済とも関係がなく、単なる行政規則の虚構にすぎない、と。ガウの想定を超えた一九七九年のハリスバーグにおける原子炉故障事故の印象を受けて、カールスルーエ原子力研究センターの安全専門家であるディーター・スミットもガウの定着化に不快感を示した。一九八〇年の原子力法制シンポジウムにおいて、スミットは次のように警告している。このコンセプトは、「思慮を欠いた使用によって（中略）ただ単に許認可の前提として片づけることができる偽の合法性に変質しうるものなのである」。そうしたガウを巡る見解の違いに、我々は、すでに原子力抗争の問題に踏みこんでいることを知る。

＊1――MCA（Maximum Credible Accident）は、「その発生がありうると信じられる最悪の事故」あるいは「想定最大事故」などと訳されることもある。
＊2――ベルリンを本拠地とする自然科学の研究所。重点分野は新素材などの研究。実験用原子炉も保有する。

疑わしい進歩——原子炉リスクの定義における「確率主義革命」

当初からＭＣＡ、別名ガウへの批判の中には、このコンセプトが原子炉安全に大きな出費を要求することを批判する傾向もあった。特に、イギリスではアメリカ方式の費用のかさむ原子炉格納容器を断念しようとしていたため、この専門用語をアメリカから輸入することに対して批判の声が上がっていた。その際に根拠として主張されたのは、イギリスの原子炉タイプにおいて故障事故の可能性が限りなく低いというものであったが、それは「決定論的な」ＭＣＡコンセプトに対する「確率主義」側からの攻撃の基点であった。後になると、「決定論」と「確率論」の組みあわせが好まれるようになったが、ここで強調したいのは、それが最終的には原子炉のリスクがより低くなるという形での組みあわせだったことである。すなわち、初めに「決定論的」手法により故障事故の可能性が限定され、次いで、「確率論的に」「起こりうる損傷の影響及びその事故が生じる確率」としてのリスクが算出されたのである。これは原子炉リスクにおける「積の公式」であった。「確率主義」と「決定論」の対立がもたらしたと思われる認識の進歩は、結果としてこのような疑わしい形の合成となったのである。

海上の船舶における事故や火災による損害が起こる可能性の算定については、保険会社は数百年培った経験を持ちあわせていた。しかし、確率論的手法の原子炉のリスクへの応用にあっては、まだ比較的新しく、ほとんど実証されていない方法が問題となっており、専門家たちの間では、複雑な原子力技術と乏しい運転経験の視点からその信憑性について当初から疑念を持たれていた。確率計算が通用した古典的な分野は、豊富な経験と多くのデータが存在していて複雑性もほとんどない出来事を対象としていたが、原子力技術においては、どの観点から見てもそれとは正反対であった。確率の計算は、この分野では「試行錯誤」によって経験的学習を行うことができないという理由からやむをえず導入されたものであり、原子力技術はそのような計算をするのにふさわしい分野であることが判明したという認識を根拠としたものではなかった。

はるかに単純明快である石油などの火力発電所の蒸気ボイラーのリスク分析の場合ですら、これまで理論的にリスクをあらかじめ計算することに成功したことはなかった。たしかに一九世紀を通して、頻繁に起こる蒸気ボイラーの爆発を理論を用いて回避しようとすることが何度も試みられたものの、すでに起きた爆発の詳細な分析によってようやくリスク回避の効果的な前進が見られたのである。材料とその加工によって得た経験の積み重ねが安全性の向上にとって決定的なものであることは明らかであった。ボイラー爆発の様々な要因の関与割合に関する統計的に裏づけられた答えと理論を事故が起きた後になってから立てるなどということは、決して許されなかった。よりによって原子力技術の場合にはまったく別の方法で対応すべきであると考える理由はどこにもなかった。まして高圧技術の安全の経験が原子炉安全の入門として必須であると強調されていたので、なおさらであった。一九六九年にヘーフェレは、次のように説明している。「燃料の開発には詳細なテストが必要とされている。この場合、近年よく知られるようになった放射線の被害がすべて理論的には予知されていないことに気をつけないといけないのだ」。一九七四年のヴュルガッセン原発で起きた低圧タービンの破損は、事故が確認された後でさえも、「まずもって、まったく不可解である」とされていた。いわゆる「ユーラトム賢人」報告においても、この点では不適切かつ不正確な情報しか伝えられていなかった。「ユーラトム賢人」報告は、すでに一九五七年の時点で、「専門家全員」が、「(原子力技術の施設における) 事故の確率は限りなく低いということで一致している」と主張していた。実はその当時、原子炉の安全性に関する確率論的モデルの開発は、まだほとんど始まっていなかったのだが。

「信頼性分析」という新しい研究分野は、当時、最初は航空と宇宙飛行のために開発されたものであった。以前であれば、「一つの航空機は二度の墜落の後で安全になる」といったおまかな法則が通用したかもしれないが、宇宙飛行の場合、このような皮肉な言葉は莫大な費用がかかるものとなった。まだ比較的短い時間しか飛行実績がなかった宇宙船においては、材料の経年使用によって生じる問題はほとんど重要なものではなかったが、原子力発電所の場合には、これとは状況がまったく異なり、ましてや長年にわたる集中的な放射線による材料の壊変は、原子力技術上の未知の事柄であった。それゆえ、宇宙飛行の場合の「信頼性解析」の原子力技術への転移は、基盤がもろいものであった。一九六二年に開催された国際原子炉安全シンポジウムにおいては、「原子力の安全との関連で確率という言葉が述べられること」はなかった。その後すぐに指導的な原子炉安全専門家の一人となるアドルフ・ビルクホーファー*は、一九六六年に所管省の担当官に対して、原子炉事故の予測に確率論を使用することはただの流行現象にすぎないとして、嫌みたっぷりに次のように言った。「このような方法はそもそも根本から非常に問題である。私の見解では、損害が発生する確率を導き出せるような評価基準や評価基準値は、目下存在していない」

同じ頃に開催された原子炉安全研究所のユーリヒ会議でも同じような意見が述べられ、わけても議論を主導していたヴェングラー（ヘキスト社）によって「長々と執拗に」主張された。「確率分析に対抗する主要な根拠」が引きあいに出された。「統計は、多数の同種の要素の総数について有意性を語ること」を許容するにすぎない。そのような計算は、たしかに保険におけるリスク算定としては有用であるが、個々の事例における安全性の証拠としては「許されていない」。だから「重大な故障事故に対する唯一の安全として、発生確率がごくわずかであっても、これを大目に見ること」を認めてはいけない、としたのである。確率論に対するそうした懐疑をもって、当時もその後も、人は、アメリカ及びイギリスの原子力エネルギー機関に異議申し立てをすることができた。ボンの所管省の安全担当官は、一九六七年に、原子炉ごとの「特に個別に対応した安全の観点」を強調した。

けれども、そうしたリスク考察の新しい方法についてでは、たとえ最小の確率であるとしても、大惨事や原子炉に起因する死亡事故が起きる可能性を認める結果となる。このことが、結論として確率主義に対する歯止めとなった。一九六九年になってもなお、様々な専門委員会で次のような断言がなされていた。「原子炉故障事故に関する確率の数値を得ることはあまりにも難しい」「確率コンセプトは、まったく使用されることなく、ただ言及されているにすぎない」

そうした方法は、一九七〇年代、特に原子力論争が活発化している最中に根本的に変えられるべきであった。けれども、大惨事の確率を限りなく小さいとする詳細な数値データは、世の中では原子力エネルギーの立役者たちの格好の論拠となった。これまで注目されていなかった原子力技術の弱点を見つけ出すための手段として一役買うにすぎなかった「信頼性分析」は、世間に対する原子力技術の安全性の証明のために、許されざるやり方で使われたのである。理論的には、それ相応の前提条件のもとで、まさに確率的な方法論によって、原子力技術に対して悲観的な判断に達することができたはずであった。しかしながら、実際には、「防護システムが全体として機能しないという事態はきわめて稀である」と確率論者たちによって「常に想定された」のであった。それゆえに多くの機能障害が連続して起きる確率に代わって、特に個々のケースごとの細部の機能の働き具合についてすべて個別に計算しなくてはならない、というのである。「年数と消耗」についても確率論的モデルでは把握することができなかった。「確率論に関する意見」が「ドイツ語文献の中で」より一層浸透していることにも気づく。原子力技術の批判者はたしかに個々のケースで算出された確率が限りなく小さいことについて疑問を抱いていたが、彼らですら一九七〇年代には確率計算の使用について異論を唱えることは基本的にほとんどなかったのである。

意志決定に関わる専門委員会の内部の議論において一九七〇年代に「信頼性分析」が一九六〇年代よりも一層高い評価を得ていたかどうかについては、疑問の余地がある。エネルギー産業界は——理論へと向かうものか、理論から生じたものかは別として——実践においては、発注に際して従前どおりの原子炉タイプの維持を志向していた。原子炉安全研究所は、まだ実務上の経験が不足していることを示唆し、原子炉安全の通則の提案を先延ばしにした。当初より専門家たちからすれば、巨大技術における安全性が本質的に、材料、材料検査及び長期間の使用による材料の疲労現象について早い時期に行う調査に関する問題であることは、数世代にわたる経験からわかる自明の理であった。この分野では、理論的な予測ではなく、実際の経験のみが決定的な手段になることは明らかであった。知りうる限りでは、関係保険会社及び再保険会社は、賢明にも原子炉リスクの確率算定もしくは不確実性算定を信用していなかった。

仮説の計算という次元では、実際のところ外見上は大きな意味を持たなかったが、それにもかかわらず、確率主義は大成功をおさめた。ヴォルフガング・ブラウン（KWU社）は、一九八三年に片眼をつぶって「確率論的リスク分析」は「原子力技術の助言者が好んで取り組むプログラム」であると称した。ズッパーガウ（Super-GAU）という恐怖のシナリオが確率的方法論のテーマとして扱われることとなった。この手法は、表向きは原子力技術の批判者たちの見解に耳を傾けたものであった。しかし、それはまた、極小な故障事故可能性に、さらに極端に低い発生確率を掛けあわせることによって、この最悪の故障事故の可能性をいわばゼロに変えることを許容するものでもあった。この手法によって確率論的方法論は、原子力紛争によって生じた状況に巧妙に順応することとなった。こうして「積の公式」――リスク＝故障の規模×発生確率――は、いわばリスク調査の方法に関係する安全哲学の地位を獲得したのである。

それにもかかわらず、原子力エネルギーの支持者たちは、確率（ありそうにないこと）にあっての肝心な要素が厳密な裏打ちのある数値であることを真面目に信じなかった。巨大な故障事故の規模に関わる数値に独自の価値を認め、この数値を極端に小さな名目上の不確実性の数値と掛けあわせる前にそもそも安全性考察の中に含めるという考え方から逸れたのは、その当然の帰結といえるかもしれない。注目すべきことに、すでに第一次の連邦議会「将来の原子力エネルギー政策」調査委員会において原子力エネルギーに関する一九七九、八〇年の合意が成立していたが、当時これらはあまり重要な意味を持たなかった。多くの支持者たちはそうでなくても確率的な遊びをただいやいや行っており、不快感を示していた。当局の安全哲学者たちは全員、遅くとも巨大原子力プロジェクトの正当性が認められた時代以降ずっと、思索して結論を得る自由と、本物の哲学にある生の要素が彼らにはないという重荷を背負わされていた。彼らは原子力の熱狂的支持者たちの大部分を満足させることができなかった。原子力コミュニティーの内部ですら安全哲学の合意に至らなかったことは、驚くべきことではない。

＊――アドルフ・ビルクホーファー（一九三四年〜）。ミュンヘン工科大学の正教授（原子炉安全・信頼性）。一九七七年にGRSの設立に携わる。

原子炉リスクを限定する手段としての「安全哲学」

当初から今日まで、仮説として考えうる原子力技術の諸々のリスクは、非常に見通しのきかない領域であった。それにもかかわらず、原子力施設の建設を可能にするために、実践上意味のあるリスク並びに適切な安全対策の方法を定めるコンセプトが必要であった。その種の「安全哲学」にとって決め手となったのは、本質的には技術面での実現可能性であった。相次いで生まれた様々な安全哲学の中に、原子力技術の歴史のいくつかの局面が表れている。原子炉安全コンセプトにおける「哲学」という言葉の使用にあって問題となったのは、他の「ニュー・テクノロジー」でも好まれたアメリカ式思考方法であった。この思考法は、安全の意味は安全とは何かを考えるだけでは得られないという事実を考慮したものであった。安全について表向き「哲学的に」扱う場合の難点は、それが実際の故障事故の経験の分析から外れている点にあった。

すでに一九五〇年代に哲学誌は、原子炉の安全に関するアメリカの論究の中に「根本的前提としてのイデオロギー」という意味と「批判的な反省プロセス」という意味との間の独特の揺らぎが時折あることを示した。一九五六年にアメリカ原子力委員会の事務局長ウィラード・F・リビー[*1]は、原発の原子炉は「距離の原則[*2]」よりも「格納容器の哲学」をよりどころとすること――ここでいう「哲学」とは、明確な技術的安全対策を意味している――が望まれていると書いた。けれども、彼は、続く文章で次のように注目すべき断言をした。すなわち、「要するに、我々の安全哲学は、運転中の原子炉の潜在的危険は非常に高いということを前提としている」。それゆえに「国民の根本的な安全」は、重大な放射能放出を招く可能性があるあらゆる故障事故の可能性を考慮するよう促している、というのである。この叙述では、「哲学」は安全議論の門戸として、その後の時代に定められた「最も信憑性のある事故」（ＭＣＡ）の枠を超えていたのである。まだ原発が存在しておらず、また、既成事実が議論の重荷になっていなかった時代には、そうしたことが可能であった。

アメリカの原子炉安全の初期の歴史における優れたインサイダー研究の著者であるデービッド・オークレント[*3]は、「哲学」という概念の完全な意味での「哲学的アプローチ」として、安全システムの原子炉制御システムからの厳密な分離が根本的前提となることを強調した。それは制御システムが機能しなかった際に、最も必要とされるのは安全システムであろうという理由からであった。オークレントは、この「哲学的アプローチ」を、教会と国家の分離の原則に例えて述べた。

この根本的前提は、一九六六年以降ベテランの安全専門家であるシュテフェン・S・ハーナウアー[*4]によって、倫理的な必須事項に格上げされた。ハーナウアー自身が認めているように、それは、単なる技術的な細部の考察に基づくだけでなく、原理上の問題であった。同時にハーナウアーは、その両システムの完全な独立性が実現可能なものであると錯覚すべきではないと明言した。ハーナウアーの分離原則は、今現在実現可能であるものを超越した理想を含むという意味も持ちあわせている「哲学」であった。

原子力の「哲学」概念の相反する二面性に、我々は一九七〇年代のドイツにおける議論の中でも遭遇する。一九七四年一二月に行われた民生用原子力エネルギーのリスクに関する最初の連邦議会公聴会において、ヴォルフガング・ブラウンは、「原子炉安全の哲学」に次のような目標を定めた。それは、原子力産業界が当時特に懸念していた履行義務が適用されないようにするために、「原子炉のコアキャッチャー[*5]の必要性を、非常用冷却システムのもっともらしい信頼性と有効性によって排除すること」であった。ブラウンはそれに加えて、この「哲学」は「実際にどのようにコアキャッチャーがつくられるべきかを確認するために、炉心溶融の起こり方を詳細かつ根本的に精査する」責務を担っていると説明している。つまり、ここでの「哲学」は、調査的な機能を担っていたのである——最終的にはコアキャッチャーの根拠づけができないことを示すというある種の願望をともなうものであったとしても。

一九七〇年代の初頭まで「安全哲学」は、特に原子力施設に所管監督官庁からの許可が下りるようにするための役目を担っていたが、これは安全技術の前進を促すというまた別の、議論の余地のある役目とも絡みあっていた。一九七〇年代の紛争の中で、世の中の批判に対する原子力技術の正当性の公認は、安全哲学の中で最も重要な課題となった。関係する専門家の数の増加にともなって安全研究のプロフェッショナル化はますます進展したが、このことは、一方で「安全」の理解をより複雑にし、より経費のかかる「アプローチ」のコンセプトをつくることに寄与することになった。いうまでもなくそうした経費のほとんどは、すでに存在している原発が安全であることを立証するために費やされ、それらの安全性を向上させるためのものではなかった。したがって、安全哲学論議のテーマを見ると、再三にわたって議論を呼ぶようなテーマが取り上げられるものの、何らかのやり方で穏便におさめられ、切り捨てられ、放置されるという一貫した流れがあることに気づかされる。しかしながら、歴史的に類例を見ないことではあるが、批判的な公衆が介入したおかげで、この微妙な問題を長いこと議論の的から外しておくのは、容易なことではなくなったのである。

一九六二年及び一九七三年に開催されたＩＡＥＡの原子炉

の安全に関するシンポジウムの内容に関する膨大な記録を相互に比較することは有益である。一九七三年の会議の記録の第一章が「安全設計の哲学」というタイトルであるのに対し、一九六二年の会議に関する全二巻の書物は、経験を厳密に踏まえた原子炉故障事故の回顧をもって書きはじめられている。一九七三年の記録では、「信頼性分析」の方法論、すなわち、他でもない原子力技術に応用された確率論を取り上げた章が続いている。一方、一九七三年の会議は一九六二年の会議よりもはるかに豊富な経験があるにもかかわらず、その記録には実際に発生した故障事故の詳細な分析を取り上げた章はない。「優れた設計と建築による安全」「よい立地と格納容器による安全」「優れた管理による安全性」などと題されている一九六二年の記録の多くの章は、一九七三年の記録の表題と比べるとより自然体で、明らかに率直さを持ちあわせている印象を与えている。

一九六七年に連邦研究大臣のシュトルテンベルクは、彼には当時馴染みのなかったその「哲学」という概念が、きわめて非哲学的に使用されていることをちゃかしたものであった。すなわち、カールスルーエから「重水喪失を回避するためのこれまでの哲学、及び、多目的研究用原子炉（ＭＺＦＲ）運転の経済性を考慮して重水喪失を回避するためのこれからの哲学」に関する報告があった際に、シュトルテンベルクは次のように述べたのである。「ここには哲学など存在せず、精密な技術的研究があるのみだ」。また、著書の中の次の一文も、まさにそれを立証している。「過去に起こった重水漏れであろうと将来の重水漏れであろうと、重水漏れを阻止することは、運転経験と技術の問題である」。しかし、この段階でできた規則においてすら、時折「哲学」という概念が用いられているのである。それにしても、「安全に関する政策」――ここでは世間の圧力が契機となった安全要求の高揚を意味しているのだが――という概念に対して「安全哲学」の概念が切り札として持ち出されているように見受けられる。

実際にはいくつもの「安全哲学」が重要な役割を果たしていたように思われるが、しかしながら、それらが「哲学」として明確に言及されることはほとんどなかった。たとえば、原子力発電所において、石炭などの火力発電所ですでに実証済みの部材をできる限り応用するという規定や「安全」を一種のリスク制限と理解するといった規定などである。新しいコンセプトをまずはできる限りそれ以前に行われていたコンセプトにつなげるという試みは、学問の歴史においても技術の歴史と同様に当然の成り行きではあるが、しかし一方では、そうした戦略が長期間ずっと成功に結びつくかどうかは疑問が残る。これと同様のことが、すでにほぼ「実証済み」である原子力発電所を安全だと安易に見なすという、特にエネルギー産業界において当初から慣例となっていたルールにも当てはまる。こうした「安全哲学」は、原子炉タイプがどうあろうとも、原子力技術において長期にわたる実証がなおも必要であるという洞察の邪魔立てをするものであった。また、原子力技術の軍事的な起源を考慮に入れると、一番初めに存在していた原子炉タイプは必ずしも最も安全なものではなく、発電所運転にあっても最善であるとは限らない、という洞察を阻むものでもあった。よりにもよって、ドイツにおいて最も長期間「実証」されてきた沸騰水型原子炉が特に作動信頼性が高いわけではないことは、一番後になって判明したのである。

AEG社の代表らは、グンドレミンゲンの沸騰水型原子炉が厳密に次のカールの原則[*6]に従って建設され、リンゲンの沸騰水型原子炉について「その基本コンセプトがグンドレミンゲン原発の沸騰水型原子炉に密接に関係している」と強調した際に、何かためになることを言っているものだと思いこんでいた。しかし、ここに表明された「沸騰水型原子炉の建設と運転においては実証済みのものを可能な限り多く引き継ぐという原則」は、グンドレミンゲン原発が建設中で「実証」についてはまだまったく言及することができなかった時代にリンゲン原発の建設が始まったという事情を覆い隠したものであった。後に、事故の絶えなかったヴュルガッセンの沸騰水型原子炉原発が、事故の再発後に停止されたときに、プロイセン・エレクトラ社の役員の一人はマスコミに対して、原子炉部門における故障はいつも「建設者が実証済みの設計から逸脱し、文化遺産建造物を自ら築こうと意図する」際に起こるのだ、と説明した。実際には、建設者は、アメリカでまだ完成していなかった六〇〇メガワットを超える新種の設計を要求されていたため、そのように設計する以外どうしようもなかったというのが本当のところだったのである。ヴュルガッセンの挫折は、AEG社が自社の原子力技術に関する能力を十分に培う前に、当時の状況からすると非常に巨大な六〇〇メガワットという容量に移行することに先走り――ジーメンス社に対抗するために――納期を非常に短くしたことに当然原因があるのではないだろうか。

長い間アメリカの原子炉で好んで用いられてきた「実証性」という安全哲学は、ドイツ原子力委員会の「原子炉」作業部会の中では、まったく共感を得ることができなかった。一九六三年の終わりにエネルギー産業界は、研究チームに対して、「原則としては」と前置きして、次のように説明した。「すでに単独及び複数の建設のひな型が導入されている。だからある程度の規模の運転経験を有する高度に発達した原子炉タイプは、原型炉のみを比較的短い期間運転したか、もしくは、まったく運転したことのない原子炉タイプよりはリスクが通常は少ないものと評価することができる」、と。これに対し作業部会は、明らかな不快感を示しながら、「決定基準がより詳細に文書化されることを望む」と返答した。名目上の「実証性」に固執することは、少なくとも原子力委員会においては「哲学」の水準にまで到達したとはいえなかったのである。

*1――ウィラード・フランク・リビー（一九〇八〜八〇年）。アメリカの化学者。シカゴ大学、カリフォルニア大学ロサンゼルス校教授を歴任。放射性炭素年代測定法の開発により一九六〇年にノーベル化学賞を受賞。アメリカ原子力委員会の委員を一九五四年から五年務める。

*2――放射線防護の三原則（時間、遮蔽、距離）の一つ。原子力安全の確保のために原子炉等の放射線リスク源と人間や居住地との間に安全な距離をとるべきという趣旨の原則。安全距離確保の原則ともいわれる。

*3――デービッド・オークレント。カリフォルニア大学ロサンゼルス校教授（原子力工学）、アメリカ原子力委員会の原子炉安全対策諮問委員会委員を歴任。

*4――シュテフェン・S・ハーナウアー。アメリカ原子力委員会の原子炉安全対策諮問委員会委員を務めた。

*5――原子炉内の核燃料が溶融し、圧力容器が破損するに至った場合に、溶融燃料を受けとめ、冷却水で冷却することで容器の破損を回避する手段。

*6――一九五八年に建設が開始されたカール原発の建設の基本的な考え方を指す。

「固有の安全」という哲学

逆に、むしろすでに「哲学的な」というレベルそのものが、人は「原子炉の安全」について、原子炉設計全体を通じて保証できる何らかのものを考えるべきか、あるいは、安全とは後から設備やシステムといった形でつけ加えられるものとして理解しなくてはならないのか否か、という根本的な問いかけを有していた。技術の信頼性に対する根本的な懐疑をきっかけとして、人は、原子炉設計の基本的特性によって、すべての安全装置が働かなくなるという想定外の事態においても潜在的な危険が大惨事には至らない範囲に収まるようにすべきと要求することができた。これに対して、巨大技術における「安全」はいずれにせよそもそも存在しておらず、常に特別な安全対策と制御によって保証されなくてはいけないという前提から出発した場合には、安全設備に一番の重点を置くこともできた。実際に原子炉は、許容できる程度の安全性を保証するために、いかなる場合においても、外からの特別な安全対策に頼らざるをえなかった。完全に「安全を生まれつき内在する」原子炉というものは、想像しがたかった。とはいえ人は、もの本来に備わる様々な程度の固有の安全という性質をもとにして原子炉の安全哲学を構築することもできたのである。特に原子炉技術の初期の時代においては、外から作用するすべての機械装置がまったく働かなくなるといった最悪の事態においてもなお備わっている固有安全の原則は、少なくとも理論上は、最も重要な安全性基準として強調されていた。しかし、その時点では、大規模な原子力発電所はまだ公認されていなかったのである。

比較的高い固有安全性は、ある特定の原子炉タイプにおいてのみ想定することができる。たとえば、黒鉛を減速材とした天然ウラン原子炉のようなより原子核密度の低い原子炉タイプである。同様に、著しい「負の減速材温度係数で反応度が低下する」（これは、温度が上昇する際の、核分裂の連鎖反応の中断を意味している）原子炉タイプ、さらに、核燃料交換を常時可能にする燃料要素の構成を持つ原子炉タイプにおいても同様のことがいえる。この最後のタイプのものは、核燃料交換が常に可能であるので、原子炉内にはその時に必要としている量の核燃料要素だけが存在し、余分な反応度を備える必要がない。つまり、固有安全性が重要な意味を持ちえたのは、まだ原子炉のタイプの選択が自由に行えた時代のみであった。

一九五四年にライボルト社の社員が、原子力技術の現地の実態を調査するためにアメリカを訪問する際に、ハイゼンベルクは彼に質疑一覧のリストを渡したが、「安全」というテーマについては、次のような質問一つのみであった。それは、『固有の』安定性が備わっていない原子炉が建設されることがあるかどうか、また、その場合には実際どのようにして安定性が実現されるのか」という質問であった。この表現から、固有の安定性を通例の基準としていたことがわかる。アメリカ側の情報提供者は、自身がこの質問をきちんと理解していなかったとコメントしていた――「おそらくは、この質問があまりにも先を行くものだったからではないでしょうか」と、そのドイツ人社員はハイゼンベルクへの報告の中で述べている。しかし、アメリカ人専門家たちにとって、その質問は、あまりにも当たり前のことを言っていたに違いなかった。なぜなら、一九五九年に定められた原子炉の安全に関するアメリカ原子力委員会の基準は、原子炉「固有の特徴」を最も重要なものとして位置づけていたからである。「固有安全性」は、当時軽水炉に反対する根拠であった。しかし、まさにこの原子炉タイプが勝利をおさめ、これによって安全哲学の働く余地が狭まったのである。軽水炉の成功に関与したエレクトロニクス・コンツェルンの一つであるウェスチングハウス社の広報担当者は、一九五八年に「原子炉をコントロールする」二つの「哲学」を区別した。一つは、「外部から」の制御、もう一つは「内部から」の制御を志向した「学派」である。とはいえ、次のようなコメントが加えられた。「しかしながら、精密な外部制御システムによって得られる設計の自由こそ、最も魅力的なものだ」

一九五四年にハイゼンベルクに情報を提供したアメリカ側の専門家は、均質炉を安定させることの難しさを単に批判する意見を述べるだけであったが、一九五六年にシュルテンは、この原子炉タイプについて固有の安定性がとりわけ低いと警告して、次のように述べた。「原子炉を爆発させるためには、タービンの出力を変える」だけで十分ではないか、と。この核燃料と減速材が一様に混ぜられている、経済的にも技術的にも多くの点で非常に魅力的で、初期にしばしば議論されてきた原子炉タイプは、他の競合する原子炉より早い時期に議論の対象外となったが、その際に、決定的な弱点として挙げられたのは、根本的な安全性の欠陥よりもむしろ、熱交換器の過度な腐食であった。原子力エネルギーの開発の初期段階において専門家間で安全に関する根本的な問題が後の時代よりもオープンにまだ議論されていたことは、安全の観点が当時大きな突破力を備えていたことを必ずしも意味しているわけではないようである。安全は、当初から競争相手を出し抜くための、すばらしい論証として機能していたのである。

固有安全性は、シュルテンによって設計された球状燃料集積型原子炉において、基本的な考え方として最も好まれたものであった。一九五七年にシュルテンは、原子力委員会で次のように説明している。「減速中性子」も——原子炉の制御棒が作動不能になることはなくても——頼りにすることはできない。一方で「精密な制御技術をもってしても、すべてのシステムが突然止まる」可能性を排除することはできない。「それゆえ原子炉システムは、すべての制御設備が停止した場合にも、絶対に安全であるようにつくられなくてはいけない。つまり、核分裂の連鎖反応を抑制するための自己制御という特性が十分でなければならない」としたのである。カールスルーエの増殖炉プロジェクトがまさに始まったばかりの一九六〇年に、ヘーフェレも次のように強調した。増殖炉のタイプの選択は、特に、この炉において特別に重要である安全の問題の観点から行われるべきである。「最も簡単にできることは、ナトリウムを冷却材から除外することだ」。ヘーフェレは、ナトリウム爆発の危険性についてのみ言っているわけではなかった。むしろ彼は、原子炉における核爆発の可能性について述べていたのである。

一九五九年に発表された原子炉の安全性に関するアメリカ原子力委員会の基準のもとでは、原子炉の「固有の性質」が最も重要なものとして位置づけられていた。イギリスにおいては、黒鉛天然ウラン原子炉の利点が強調され、アメリカ式の軽水炉の設計を疑問視する見方が、さらに重要な位置を占めていた。一九六四年に報道されているように、アメリカは、「英国原子力公社（UKAEA）側から提出された総花的な（もちろん非公式な）非難に対して抗議した。その非難の内容とは、アメリカ式の安全哲学は、原子炉格納容器を用いて核分裂生成物を食い止めることを一番の課題としているが、これは本来二次的に必要な努力である。これに対して、イギリスは、すでに核燃料からの核分裂生成物の漏れを防ぐことに着目している。つまり考えうるすべての主要な故障原因を阻止することを目指しているのである」というものであった。

アメリカの原子炉の普及とともに、完全に密閉された頑丈な原子炉格納容器を重要視する、当時アメリカ方式として通用していた「安全哲学」が、一般的に世界規模で広まっていった。イギリスの原子炉政策への批判者の一人は、一九六七年に、イギリス式安全哲学とアメリカ式安全哲学の違いを次のように簡単にまとめた。「アメリカでは水を冷却材として使用しているが、イギリスにおいてはより安全である空気〈炭素ガス〉を使用している。（中略）アメリカは水に自信を持っている」。彼は、イギリス方式を物理学者的とし、アメリカ方式を技術者的だと特徴づけた。何が優先されているのかが、よくわかるではないか。

軽水炉の勝利は、とりもなおさず「工学的安全対策」の哲学の勝利を意味していた。その後に登場する原子炉にあっても、その固有安全という性質がとりわけ良好な状態ではないナトリウム増殖炉が押し通されていったことに、同様の効果を見ることができる。「固有安全性」は、その後は安全設備が機能するための条件として言及されるにすぎなかった。まだ原子炉タイプの選択が自由であった時代である一九六四年に、ヴィルツは次のように記述した。「将来の大規模な高速増殖炉の安全性が、固有の安定性要素に基づくものであるのか、（中略）あるいは特別に精巧な装備に基づくものであるのかは、まだはっきりしていない。この点では、どうやら目下のところ、各人の意見が分かれるようだ」。この状況は、ナトリウム増殖炉にするとの決定がはっきりと下った際に、すぐに変わることになった。一九六九年一月に行われた増殖炉に関する公聴会において、プロジェクト長のヘーフェレは次のように説明している。安全に関する議論は、「高速増殖炉の開発に携わっている全世界の研究チームの間で、意見が収束しつつある。すなわち、安全は工学技術に基づいた対策（工学的安全対策）によって保証されなくてはならない」。一九七〇年代に、この固有安全性のコンセプトはすでに過去のものとなった。それは、原発反対者たちに再発見されることすらほとんどなかったのである。

まさにここにおいて、原子力技術に関する埋もれている代替選択肢を明るみに出すための歴史的な回顧が必要となる。固有安全という「哲学」が、この間に新しい知識によって追い越され陳腐化したかもしれないと言っているのではない。リスク意識の高まりから「可能な限り十分な固有安全性への要求」を導き出したのは、他でもないカール・フリードリヒ・フォン・ヴァイツゼッカーであった。際立つのは、今やこの概念は説明が必要になるほどのものになったことである。それどころか一九八一年のことであるが、この間低迷していた増殖炉開発の歴史を回顧したある公的な文書は、「炉心溶融事故がなく、かつまた、余熱の逃がしについて固有の安全な振る舞いをするナトリウム冷却高速炉のビジョン」を将来のための「魅力的な目標」と述べて、話を締めくくったのである。

行き詰まった「工学的安全対策」という哲学

外部からの安全対策によって保証される安全という「哲学」は、この安全対策が「十分に」、「有り余るほど」存在していたとしても、そもそもそれ自体に根本的な弱点を持ちあわせていることがすでに原子力技術の初期の段階で認識されていた。原子力技術の専門家たちがまだ根本的な問題の意味を見失っていなかった時代に、その弱点は、しばしば印象的な言葉で表現されていた。当時の標準的な書籍であったミュンツィンガーの『原子力――原子力発電所の建設とその問題点』という著書は、次のように警告している。「過剰なほど十分な設備」は、しばしば「運転の信頼性」を下げることになる。「設備が信頼性を高める以上にだ。なぜなら、経験によれば、ほとんど稼働することのない自動装置は特にそれが必要となった場合に、容易に機能不全となるからだ」。一旦ことが起きた場合に投入されるはずの要員も、そのような事態においてはまったくなすすべがない。「先進的なオートメーション化と安全設備に感銘を受けている多くの視察者たちは、この膨大な費用が、常に特別な進歩の象徴であるとは限らないことを、よく考えてみるべきだ」

この警告は、続く数十年の経験を経た後においても、時代遅れのものではないように思われる。一九七七年にルジンスキーは、「新たに認識されたすべてのリスクを安全設備の追加によって防御する」という新たに登場した「原子炉の安全哲学」を批判した。すなわち、その哲学は、「結局のところ、とてつもなく過剰に負荷がかけられた安全システム」に行き着くことになり、そのシステムの「信頼性は投資された費用に釣りあわない」。それにもかかわらず「公共に対する危険を、信頼性をもって排除する」ことができない、としたのである。「安全性技術の過重負担」の模範的な例として、カルカー近郊に設置されたナトリウム増殖炉*が挙げられる。

「工学的安全対策」の中でも最も重要なものとして、様々な種類の非常用冷却システムが有効であると見なされている。軽水炉にあっては、「想定されうる最大の事故」（ガウ）は、本質的には緊急冷却によってコントロールできるものであると定義されている。しかし、内部関係者の間では初期の段階から、実際に重大な事故が起こったときに非常用冷却システムが信頼できるのかどうかを疑問視する声が挙がっていた。一九六三年に、ミュンヘン技術検査協会（TÜV）は、当時建設が開始されたばかりのグンドレミンゲン原発の安全性に関する調査において、「給水管の破裂によって、原子炉圧力容器の圧力が一〇秒間以内にゼロになることを出発点」とした。「緊急冷却が部分的にも機能しなかった場合には、さらに、その後一〇秒以内に（中略）核燃料被覆材が熱せられ、分解ガスの内圧によって爆発することになる」。その際、分解ガスの二〇パーセントが爆発の直後に、残りの八〇パーセントは一時間以内に空中に放出されることが推定される、としたのである。驚くなかれ、このことは、はっきりいえば、何千人もの人の死を意味しているのである。もしそのような予測から結論を導き出したとすれば、人は、原子力発電所の建設自体をすぐに差し止めなければならなかったであろう。特に、グンドレミンゲン原発については、会社側からの最終的な安全報告の提出が、長年引き延ばされてきたのだからなおさらである。

ドイツ連邦共和国では一九六〇年代全体を通して、緊急冷却装置の設置作業の場合には、その他の原子力技術と同様にアメリカの経験と評価に信頼を置いてきた。一九六七年にシュターデとヴュルガッセンという二つの最初の大規模な原子力発電所の建設が発注された後でさえも、さしあたりそうした状況が続いた。しかし、アメリカの安全技術もまだ現実に実証されたものと見なすことができなかったことから、やがて原子炉安全委員会（ＲＳＫ）と原子炉安全研究所（ＩＲＳ）において、原子炉の安全問題に対するそうした緊張感を欠いた状況に不満の声が挙がった。一九六九年に原子炉安全研究所の代表者の一人は、「全世界に存在するすべての軽水炉の緊急冷却の有効性に関して、真の知識が欠如している」ことを指摘した。それゆえ、この時期にジーメンス社とＡＥＧ社による共同の緊急冷却研究計画が開始されることになった。このプログラムはその二つの原子力発電所のためのものであったが、双方とも明確に商業ベースの事業として見なされていたにもかかわらず、国がその費用を負担したのである。将来についてのみ「ＡＥＧ社とジーメンス社が確実に費用を自己負担」するよう、ドイツ原子炉安全委員会は、気配りしながら勧めた。

アイダホのアメリカ原子力委員会の原子炉実験センターにおける実験結果は非常用冷却システムの有効性が十分であるかを疑問視させる契機となったが、このことが世の中に明らかになったのは一九七一年である。その際にまず問題になったのは、模型実験とコンピューターによるシミュレーションのみであり、実際の状況下における実験に関しては問題とされなかった。その後もなお緊急冷却実験は、核燃料要素ではなく、電熱棒について行われていた。緊急冷却の諸問題は、以後長年にわたって絶え間なく続くことになる「世界規模での議論」の対象になったのであった。必然的にそれらは、技術でコントロールすることができない故障事故、すなわち、「ズッパーガウ」、別名「残余のリスク」についての議論に行き着くことになった。一九六九年にルートヴィヒ・メルツは、ドイツ原子炉安全委員会のこの問題を所管する専門委員会において次のように明らかにした。緊急冷却が機能しなかった際には、原子炉格納容器の損傷、つまり放射性物質の空中への放出が予測される、と。そうしたことから、さらなる破裂

〈バースト〉の防護の要求がなされたが、しかし、地下施設の原子力発電所をという要求もありえた。原発に影響を与える可能性のある外部因子とその結果に関して、この時代に集中的に議論が行われたが、それは一貫して同じような結論へ行き着くことになった。すなわち、破壊活動、飛行機の墜落、そして、戦争であった。

原子炉タイプの選択が軽水炉に確定したことによって固有安全性を高めることへの道が断たれたとすれば、「残余のリスク」をいずれかの方法によって耐えうるべきものにするために、なおも残るのは、コストがかかり、しかも異論の余地がある道だけしかなかった。安全性と経済性との対立は、それによって一層激しくなった。というのも、利益を生み出す原子力事業へのいかなる見通しをも壊すことになる安全経費が、残余のリスクによって正当化されるからである。それゆえ、このリスク分野については、説得力のある一般的に認められた安全コンセプトがまかり通ることは決してなかった。

＊――ノルトライン・ヴェストファーレン州のカルカー（ライン川下流）に建設された原発。ナトリウム冷却高速増殖炉SNR－300。一九八五年に完成したが、安全技術上の問題や政治的配慮から一度も運転されずに、プロジェクトは一九九一年に中止された。

ベルリンの壁建設の背後で――西ベルリンにおける原子力発電所建設計画

原子力を巡る対立の絶頂期であった一九七七年に、ゴアレーベン論争に直面していたニーダーザクセン州の科学大臣エドゥアルト・ペステル[*1]は、原子力エネルギーの生産は「工業国の人口密度が非常に高い地域で行うのではなく、アフリカの広大な荒野か南洋の人が住んでいない島のような場所で行ってもらいたい」ものだと公衆の面前で深いため息を漏らした。人口密度が高いドイツ連邦共和国では、そのような理想の夢を十分に実現させることはできなかった。むしろ、しばらくの間は、原子炉の立地に関する人口基準からともかく逃れるために、精力的な措置が講じられた。

大都市近郊で原子力エネルギー生産を行うと同時に、その電気をドイツ最大の都市に持ちこもうとする初めての試みは、ドイツ連邦共和国においてＭＺＦＲ（多目的研究用原子炉）以外まだどの原発も発注されていなかった時代である一九六〇年から一九六二年にかけてすでに企てられていた。その頃ベーヴァク社は、当時の基準から見ると相当大規模な容量であった一五〇メガワットの加圧水型原子力発電所の建設を西ベルリンの南西の辺鄙な地区に計画していた。人がまだ安全の観点に注意を払っていなかったその当時、西ベルリンは、原子力発電所の予定地という宿命を負わされていたかのように思われた。なぜなら、ドイツ連邦共和国〈旧西独〉のドイツの他の都市に比べると、ドイツ民主共和国〈旧東独〉内の孤島のようなこの飛地は、エネルギー源である化石燃料の供給の安全を確保する上できわめて困難な立地にあったからである。特に一九六一年八月一三日のベルリンの壁建設[*2]は、孤立した町への進入路について以前から存在した不安を再びかき立てることになった。もっとも、ベーヴァク社の報告によると、それ以前にすでに「西ベルリンのエネルギー供給の状況」は「非常に危機的」であったが。

しかしながら、さらにその一〇年後に行われたBASF社のルートヴィヒスハーフェン・プロジェクト[*3]と同様に、強調されたのは、その計画の模範性という特性であった。すなわち、「原子力エネルギー使用の将来的展望の評価について誰もが関心を抱いていた」このベルリンプロジェクトは、「ベルリンだけでなく、ドイツ連邦共和国の人口密度が高い地域のためのものでもあった」のである。一九六一年初頭にベーヴァク社は、ボンの連邦原子力大臣に対して、原子力発電所はすでに「完全に計画に組みこまれている」と報告した。それは、西ドイツのエネルギー会社がボン〈連邦政府〉の依頼や補助金によって原子力発電所発注に決して動かされることのなかった時代には、通常ほとんど見られないようなイニシアチブであり、このイニシアチブはといえば、必要な国の助成があらゆる面で得られること、だから費用面でのリスクを冒さなくてもよいことをベルリンがあてにしていたことから説明されるものであった。

おそらく別の都市の場合であれば、原子力省は喜んで好意的な反応を示したであろう。しかし、当時の西ベルリンの政治的状況は、この計画を世の中に対して細心の注意を払って隠さなければならないほど危なっかしいものであった。原子力発電所の建設地として計画されたのは、ヴァンゼー・インゼル地区（プファウエン・インゼル）の南側であった。ここに立地することで原発はベルリン南西のグルーネヴァルトの森によって西ベルリンの住宅地のほぼ大部分からは遮断されたが、しかし、その一キロ先にはドイツ民主共和国の住宅地があったのである。この点について助言を求められたユーラトムの「暫定的安全報告」によると、「原子炉建設地三〇〇〇メートル圏内の住民の数は、約四万五〇〇〇人で、その大部分はドイツ民主共和国の国民」であった。しかしながら、当時の西ベルリン市長であったヴィリー・ブラントが原子力大臣バルケから忠告を受けなければならなかったように、重大な事故の際には非常に広範囲に及ぶ周辺地区に居住する住民を避難させる必要があった。西ベルリンの多くの住民を迅速にドイツ民主共和国内に移動させなくてはいけないと想像することは、ベルリンの壁建設の直後の時期には身の毛がよだつほど恐ろしく、不可能極まりないことであった。大都市近郊の原子力発電所についての、安全を大本とした信頼性に関する根本的な議論は当時まだ行われていなかったが、そうしたベルリンの状況下においては、それなりの考慮は容易に政治的にまとめることができた。

ベーヴァク社は、同社自身が原発の建設を既定の案件と見なした時点で、連邦原子力大臣にまず時期について意見を求めた。この電力会社はバルケに宛てて、「ベルリンの原発プロジェクトを政治的に決定するための必須条件である、技術面での前提事項の解決」のためには、大臣の援助が必要であると書いた。これに対してバルケは、「その因果関係は正しいものなのか」とコメントをしている。事実、西ベルリンにおける原子力発電所は、まずもって政治問題そのものであった。ボンの原子力委員会における当時の安全工学に関する議論の水準からすると、明確な決定基準を得ることはほぼ困難であった。次官のカルテリーリはそれゆえに、次のようにいきりたって述べている。「連邦が（連邦原子力省を通じて）直接的に費用を負担するのか、それとも（ベルリン市の手を借りて）間接的に負担しなくてはいけないのか、この政治的な前提条件を解決することなくプロジェクトを開始することは無責任である」ように思える、と。カルテリーリは、すでにベルリンの壁建設の三ヶ月前に、「この政治情勢」は「今、西側諸国が、キューバやラオス等を横目に、ベルリン問題を特に際立たせることになるこのリスクを冒すかどうかという問題」を提起している、と記していた。彼は、ヴァンゼー・インゼル地区の原発は結果として外交問題を引き起こすことを見越していたのである。

ベルリン市長に対して、バルケは、委託していた技術検査協会の評価の「第一次中間報告書」を踏まえると、すでに「予定していた原発の建設地は適切とは判断できないとの認識」を持っている、と記した。一方、「イギリス及びアメリカの各占領地区統治機関[*4]が原子炉の立地の判断にあたって用いる基準はベルリンの発電所予定地に原発を建設することを容認しないだろうから、安全技術についての懸念は、ますます強まるであろう」。原子炉事故の際の西ベルリン市民の迅速な避難が不可能であるため、「想定される最大級の事故の影響にも耐えることができる原子炉のための特別に設計された安全格納容器」があらかじめ備えられなくてはいけないであろう。しかし、そのための説得力あるコンセプトが欠けている、としたのである。後の大都市近郊で行われたBASFプロジェクトの場合と同様に、ある種の破裂〈バースト〉の防護の方向に考えが向かったのである。後にブラントが連邦政府首相としてBASFプロジェクトを支持したときの、怒りっぽく苛々したさまは、彼が約一〇年前に西ベルリン市長としてヴァンゼー・プロジェクトを体験した憤りの反映であったのかもしれない。そもそもブラントがこのプロジェクトに真摯に取り組んでいたことは、原子炉安全という案件における彼の驚くほどの純情さが証明しているのである。

一九六一年から一九六二年にかけて、技術検査協会は、最終的に次のような玉虫色の判断を下すことによって窮地を切り抜けた。それは、「予定されている建設地は（中略）適しているとはいえない」、しかし「適切な技術的安全対策を講ずることによって」その地域の住民を「不当に危険にさらすこと」は回避できるであろう、という判断であった。ユーラトムの委員会の安全性評価委員も、同じような表現を繰り返す手法でその場をしのいだ。原子力省もベーヴァク社に対して明確な拒否を示さず、一九六一年の年末にはまだ建設許可が保留中であったのに、「確かな先例になる」ことを承知の上でプロジェクト費用の五〇パーセントを負担する準備ができていると表明したのである。

原子力技術の分野ではどこか別の場所においても似たようなやり方で既成事実がつくられるのが常であったので、場合によってはベルリンに原子力発電所が建設されたとしても、連合国管理委員会構成国は彼らの苛立ちをはっきりと示そうとしなかったかもしれない。しかし、ベルリンの壁建設の一週間前に、アメリカ大使館は連邦原子力省に対して、次のように表明した。「アメリカ政府はベヴァーク・プロジェクトの問題で非常に微妙な立場に追いこまれている。ユーラトムとウェスチングハウス社（原注：原発建設のために予定されているアメリカの企業）を考慮すると、今すぐに公式にこのプロジェクトに反対することは難しい」。それにもかかわらず、さらに次のように続けたのである。「ベルリンは、いまだにこのプロジェクトの準備を進めている。このままでは結局プロジェクトがさらに進行した段階で異議の申し立てをせざるをえなくなるであろうことを考慮すると、アメリカ政府は（中略）非常に不快感を覚える」。「アメリカ側には、事前に近隣諸国の政府にコンタクトをとることなく、近隣諸国との国境に直接隣接する場所に原子炉を建設することは許されるべきではないという考えがある」

この原子力発電所のためにドイツ民主共和国と話しあいをしなくてはいけないという見通しは、アデナウアー政権にとってこのプロジェクトを議論から外す理由としては十分であった。一九六二年の初頭に、政府は「政治的理由」によってベーヴァク社に明確な却下を決定事項として伝えた。それにもかかわらず、原子力省によって共同で資金供与されたこのプロジェクトの活動は継続したので、連邦財務省はその行く手を遮り、そうすることでベーヴァク社がなおも頑固に追及していたプロジェクトにとどめを刺したのである。ベルリンのプロジェクトを巡る論争においては、賢明にも世の中にセンセーションを巻き起こすことは避けられた。次官カルテリーリは、ベーヴァク社に対して、いかなる公表も断念するよう指示をした。ＢＡＳＦプロジェクトの後の論争においても、また一九七六年にベーヴァク社から新たに提案されたベルリンにおける原発建設計画においても、一九六一年から一九六二年にかけてのこの出来事は先例となることはなかった。

*1――エドゥアルト・ペステル（一九一四～八八年）。一九五七年から一九七七年までハノーファー工科大学正教授（工学及び制御技術）。一九七一年から一九七七年までドイツ研究振興協会（DFG）の副会長。一九七七年から一九八一年までニーダーザクセン州の学術芸術省（研究省）大臣を務める。この間、CDUに入党。

*2――東ベルリンから西ベルリンへと逃亡する者の激増によるドイツ民主共和国（東独）の経済の破綻の恐れに対処するために、一九六一年八月、ソ連政府の提案を受けて東独政府は東西ベルリン境界線での交通遮断措置をとり、さらに、その効果を高めるために境界線沿いに「壁」の建設を開始した。この「ベルリンの壁」によりベルリンは、文字どおり東西に分断された都市となった。ベルリンの壁は、一九八九年一一月一〇日に東西ベルリン市民により取り壊され、東独の崩壊と、一九九〇年一〇月三日のドイツ再統一につながった。

*3――BASF社が本拠地のライン河畔の都市ルートヴィヒスハーフェンに計画した四発電所建設プロジェクトで、三つの天然ガス火力発電所は稼働した。BASFコンツェルン工場群へのプロセス熱と電力供給を目的にした加圧水型原子炉の原発BASF-Iは、計画だけに終わった。

*4――西ベルリンは、一九九〇年一〇月のドイツ再統一までアメリカ、イギリス、フランスの共同管理地域であった。

大都市近郊への巨大化学産業の進出――RWE社を巡る競争と原子力紛争の拡大の始まり

大都市への原子力の新たな進出は、およそ一九六七年から一九六八年にかけて始まったが、それはドイツ連邦共和国における商業用原子力発電所が台頭したのと同じ時期であった。大都市近郊の立地についての主たる論拠は、今やその立地によって可能になる原発のプロセス熱の有効利用であった。原子力エネルギーによる石炭のガス化については、当時まだその兆しすらなかったにもかかわらず、ルール炭鉱危機によって、この論拠は特に宣伝的価値を帯びるようになった。工業によるプロセス熱利用と結びついた大都市近郊の原発計画を具体的なプロジェクトに置き換えたのは、当時は化学産業だけであった。しかしながら、このことによってエネルギー産業側の計画に障害が生じることになった。原子力産業界全体の賛同を得ていたにもかかわらず、結局この計画はボンの連邦政府によってはねつけられたが、主な理由は、おそらくその点にあったのである。

一九六七年に、六〇〇メガワットの自社用原子力発電所を建設するというBASF社の計画が発表された。一九六八年にはBASF社とRWE社との間で、最大手エネルギーコンツェルンである後者が参加するプロジェクトについての交渉が行われた。この交渉では二つの目的を併せ持つ施設としての原子力発電所の構造が求められたが、これについての合意は実現しなかった。一方、RWE社は、ルートヴィヒスハーフェン〈当時の人口は約一八万人〉からそれほど遠くない場所に、従来のすべての原発の容量を超えるビブリス原子力発電所施設の建設を開始することによって、自らの優位を誇示することになったのである。とはいえ、ＢＡＳＦコンツェルン側もまた、それによって萎縮することはまったくなかった。今やそのプロジェクトは工業的に利用可能なプロセス熱の生産に組みこまれることになった。こうして、化学産業の主導のもとに、この大都市近郊の原子力発電所のためのプロパガンダの波が起こることになったが、その際に、安全に対するあらゆる考慮が、かつてないほど軽く扱われることになったのである。

原子力産業誌の中ですら、「アメリカから導入された距離の原則」を疑い深く見なければならないとして、次のように書かれた記事があった。なぜなら、原子力発電所の事故が起きたとき、もしその原発が都市の中心にあれば、一般的には都市住民が最もよく守られる。「というのも、放射能を帯びて汚染された雲がはじめに放射性降下物を地上に降らすのは、都市の外側だからだ」というのである。なんとも奇妙な論理ではないか。さらに、「巨大化学産業用のプロセス熱の生産に原子力エネルギーを利用するのであれば、化学会社の工場に隣接する場所に原発を建設することがどうしても必要となる」としたのである。インドゥストゥリークリーア紙は、「いくつかの観点で斬新なＢＡＳＦ社のプロジェクト」は、「原子力技術がこの間に新しいレベルへ到達したこと」の証明であると称賛した。フランクフルター・アルゲマイネ紙でさえも、ルートヴィヒスハーフェン・プロジェクトは「建築や経営学上の新しい基準」を生み出した、それも「人口密度が高い地域の真ん中」におけるプロジェクトであるとして、次のように成功を称えた。「ルートヴィヒスハーフェンでは、原発は電力生産のためとしか考えない石炭保護主義の地方の作り話は否定されるであろう」。その際に、原子力ロビーは、まさに原発のプロセス熱を利用して、石炭業界を石炭ガス化の事業へとおびき寄せようとしたのである。

ボンにおいても、ＢＡＳＦ社はしばらくの間は肯定的な反響を想定することができた。一九六八年に連邦議会の所管委員会において、あるＢＡＳＦ社の老練な人物が、「驚くべき、予想だにしない効果を連邦首相の内輪のスタッフ陣に呼び起こした」ことが知れわたった。同じ年に、ラインラント・プファルツ州の現職の経済大臣が、そのプロジェクトに対して「基本的に支持の態度を示している」ことが公になった。一九六九年初頭に行われた連邦研究大臣との協議で、驚くなかれ、ＢＡＳＦ社の代表者たちは、公営電力企業体によって計画されている原子力発電所が、ＢＡＳＦ社がやろうとしている原発のためにある「ライン川の冷却容量」を侵害しているとして、自信満々に訴えたのである。その一方で、原子炉安全の許認可所管官庁は、大都市近郊の原発に対する世間一般の圧力によって、苦境に陥った。このルートヴィヒスハーフェン・プロジェクトの場合ほど、原発は絶対に安全であるという断言を真に受けとめてよいものか否かについて検証されたことは、それまでなかった。すでに前もってＢＡＳＦ社の原発は、ドイツの原発の安全性を保証するものとして称賛されていた。だから、このプロジェクトの撤回は国のイメージを損なうように思われていたのである。

その間、技術検査協会と原子炉安全委員会は、居住地に直接隣接している原発や人口過密地域における原発の信頼性への疑問に対して、おおむね曖昧な反応を示していた。技術検査協会のギュンター・ヴィーゼナックは、アメリカの基準に照らすと、ドイツ連邦共和国全土が、少なくともアメリカの非公式な審査であればまず原発の建設地としての検討から外される「人口過密地域と見なされる」、との見解を述べた。だから、ドイツ連邦共和国では、何らかのやり方でアメリカ式の安全基本原則から逸脱せざるをえない。しかし、大都市近郊の原発の建設にたどり着くまでは、まだ技術面での改善が必要だ、としたのである。結局ヴィーゼナックは、現時点では、「経済的観点からすれば、大都市や工場集中地域から離れた立地を優先させるべきである」という、どうもあまり分別のない主張に逃げこんだのであった。とはいえ、まさに経済的には、工場集中地域における大発電所は非常に魅力的であった。

しかしながら、人は、大都市近郊の原発を巡る議論が原子炉の安全に関わる危機的な根本議論になることを再三にわたって回避しようとしていた。一九六六年に原子炉安全委員会がカールスルーエ原子力研究センターの居住地近くの立地について容認できるかどうかについて立場を明らかにしなければならなかったとき、委員会は、次のような専門評価書をとりまとめた。すなわち、本来であれば、原子力研究センターと居住地の間の空間的な隔たりはまったく不要である。それにもかかわらず、「適切な距離」をとることが望まれる。そのような距離は「在来の巨大施設」においても一般的に同様に望まれている、としたのである。評価書をさらにボンの連邦政府に提出した原子力研究センターのメンバーの一人は、憤りを露わにして次のように述べた。「これまで私は、これほど満足がいかない書類にサインをしたことはなかった。この熟考が多くの相反する事柄を検討した結果として生じたことに気づかされる。（中略）大きな規模と多様性を持つ技術的手段が一体化したセンターの周囲に、可能な限り大きな距離をとって将来に備えることが安全上あらかじめ要求されているという、私の目からすれば基本的な考え方は（中略）言及されていない」。カールスルーエ原子力研究センターのこの代表者は、この件について、原子炉安全委員会と違って、カールスルーエにおける原子力技術に潜む危険についてまともに議論する用意ができていたのである。実際カールスルーエの研究センターは、ボンよりもルートヴィヒスハーフェンに近い立地であった。

一九六八年一一月にワシントンで開催された国際原子力エネルギー会議において、「大都市近郊における立地の選択の問題」に関して各国の意見が割れていることが示された。アメリカの代表は、そのような立地についての許可は「論外である」という立場をあくまでも固持し、一方、ドイツの原子炉安全研究所（ＩＲＳ）の代表は、大都市近郊の立地に反対するという「基本的な考え方」を何とか崩そうと躍起になったが、しかしながら、国際的な共感は得られなかった。原子力産業誌は一九六九年に、「ドイツ連邦共和国がこのように多くの具体的なプロジェクトが存在している国であること」は「非常に興味深い」と書いている。しかし、この点におけるドイツの優位をそのように誇りに思うことができるかどうかは、議論の余地が残った。ことに、いつもであれば原子力技術の分野は意図してアメリカに従うのが慣習とされていたため、なおさらである。

　しかしながら、原子炉安全委員会は、ＢＡＳＦ社から提出された安全レポートが「まったく不完全」であり、同委員会の専門評価書によると大惨事が基本的には起こりうると見なされているにもかかわらず、ＢＡＳＦプロジェクトに関して肯定的な立場の表明を決定した。それゆえ、「周辺の人口分布とＢＡＳＦプロジェクト用地の現地の実態を考慮に入れた、重大事故のための万一の備えとしての、大惨事への綿密な対応計画」が要求された。そのような大惨事への対応計画がそもそもありうるのかという、わかりきった問題は検討されなかった。原発建設が計画されている周辺地域の地方自治体の間では、意見の一致は実現しなかった。ルートヴィヒスハーフェン市長は「熱烈に」このプロジェクトに邁進していたが、その一方で、ルートヴィヒスハーフェンの西側に隣接するマンハイム〈当時の人口は約三三万人〉の市長は、反対側に立って断固とした態度で闘っていたのである。

　一九六九年一〇月に社会民主党と自由民主党の連立政権が成立した直後に、原子炉安全委員会を前にして所管省のある担当官は、いつもと違って詳しく、しかもはっきりと、「安全哲学」に新しい視点をもって臨むことを次のように明らかにした。すなわち、原子炉安全に関する判断基準は、従来、基本的には「アメリカの学問と技術の立場に準拠していた」。しかし、将来的には「ドイツのための独自の安全哲学」を確立することが必要だと見なしている。同時に、ドイツはこの新しい「安全哲学」を必要とする理由やその向かうべき方向を認識した。「ＢＡＳＦ社の用地における原発の建設は、世界の他のすべての工業国にとっても、先例としての意味を持っている」としたのである。ところで彼は、そのようなもっぱら電力の生産にのみ稼働している原発は比較的人口の少ない地域に建設されるべきであるとする一方で、「世界の競争についていけるように」工業地帯にプロセス蒸気を供給するため大都市に隣接して原発を置くことも許されるという立場を固持したので、彼の「哲学」は、むろんすぐに筋が通らないものとなった。この「安全哲学」は、実際、その時々のご都合主義にほかならなかった。それでも彼は、「このような例外的な場合」、少なくとも「中間段階」にあるうちは「特別な安全設備が実現されるべきであり、この点について言えば、防護された下張り床建築方式[*1]が考慮の対象になるかどうか綿密に検証されるべきである」という考えを代弁して、新しい要素を議論に持ちこんだのである。これは経営者たちが甘受しなくてはならない、新しいテーマであった。この企業側にとっての苦い話を、省の役人たちは、ことによると「国が関与する」ことも見込まれると甘い言葉で語ったのである。

しかし、「特別な安全設備」というコンセプトに真剣に関わりはじめるやいなや、原子力産業全体を経済的に魅力ある分野から遠ざけるように思われる道に踏みこむこととなったのである。そのたぐいの安全対策がまだ研究を必要としており、はっきりとした解決方法が既存の評価をひっくり返すこともある、という認識を避けて通ることはできなかった。政治家たちもまた、ドイツ連邦共和国が大都市近郊における原発のプロジェクトの件で一時的に世界から孤立したことを知っていた。新任の連邦研究大臣であるハンス・ロイシンクは、「BASFプロジェクトは、世界の基準から見ると産業集中地域への挑戦であるか、あるいは、これから挑戦となるであろう」と指摘をしている。一九七〇年にロイシンクは、その種の原発に必要な安全対策に関する研究プログラムが実行されるまではと言って、ルートヴィヒスハーフェン原発の許可を二年間先送りした。予想したとおり、二年経っても人は本質的により賢明にはなっていなかった。原子炉安全委員会が長い逡巡を経てようやく同意に達したにもかかわらず、所管省は依然としてゴーサインを出すことを決定できなかったのである。

ドイツ連邦共和国のエネルギー産業界で頭角を現した「原子力の教皇」ハインリヒ・マンデルは、研究省に対して、アメリカでは原発を当分の間大都市近郊に建設しないという結論に達していると注意を促した。BASF社の首脳部では、巨大なビブリス・プロジェクトに差し迫る競争を出し抜くための陰謀があったことを見つけて、「RWE社の横暴さ」にみな激怒した。原子力の「残余のリスク」への視点が突き動かす連鎖反応に注目すると、この点に後の反原発運動家たちが予想だにしなかった歴史の見事な皮肉を見ることができる。大規模な原子力紛争の初期の時代においては、「原子力の教皇」として名を馳せたハインリヒ・マンデル以外には、「わたしが呼び出したいくつもの精霊が、言いつけを聞かず、始末に困っております[*2]」と語る魔法使いの弟子の役割を果たせる人物は存在しなかったのである。

一九七〇年にロイシンクは、そうしたことに関連して、高速増殖炉の建設地として申請されたアーヘン〈当時の人口は一八万人〉近郊のヴァイスヴァイラーを「近隣地域の人口密度の高さを理由に」拒否した。原子炉安全委員会は当時、増殖炉のための立地基準として周辺地域の人口密度が低いことを挙げていた。差し迫っていた増殖炉建設にあっても、内部関係者間での安全に関する議論は危機的な段階へと達した。ＢＡＳＦプロジェクトと同様に、炉心溶融や原子炉圧力容器に爆発に似た負荷がかかること——いわゆるベテ・タイト故障事故[*3]という増殖炉のケース——も設計上の故障事故と認めるという、従来の許可の実務を超えた要求を原子炉安全委員会は受けることとなったのである。その履行義務条件は、ベテ・タイト故障事故を基礎に置かないフランスとの増殖炉の競争に逆戻りするような大きな設計変更と価格の高騰を意味していた。

増殖炉の建設地としてヴァイスヴァイラーが拒否されたことは、当時はまだそれほど注目を集めなかった。これに対して、所管省によるＢＡＳＦプロジェクトの懐疑的かつ暫定な取り扱いは、原子力産業界の大部分——ＲＷＥ社は、それに含まれてなかったのだが——を憤慨させた。ルートヴィヒスハーフェンが原発の安全の具体例として高く称賛されたことへの報いがきたのであった。原子力産業誌の社説は、「この憶測的な発表」がすべての原発の安全性の評判を落としているように思えると、激しく憤った。後に原発批判者たちの代弁者となったディ・ツァイト紙の記事でさえも、熟慮された政府の決定を「十分な具体的根拠を欠く」奇襲であると決めつけたのである。ヘキスト社にあってヴィンナッカーに原発計画を内々に思いとどまらせたヴィルツでさえも、むしろ「ＢＡＳＦ原発の出来事」に驚きを示し、次のように述べた。「我々はみな、目下困難な局面に陥っていると実感している」、と。

その数年後には、イギリスのフィナンシャル・タイムズ紙でさえも過去を振り返って、ＢＡＳＦプロジェクトの延期が、「原子力の安全についての考え方に大きな影響を及ぼした」ことを認めた。「安全哲学、特に都市近郊の立地についての安全哲学」は、「原子炉の安全」という新しい研究プログラムに関する原子力フォーラムの提言の中でも、最も重要な位置を占めた。まさにアメリカの基本的な安全原則にあからさまに背反するＢＡＳＦプロジェクトは、ドイツ独自の安全研究の不足と、これまで慣例とされてきた安全対策の不確かさを政治問題化することに重要な貢献をしたのである。当時は直接関係した市民はまだそれほど反対をしていなかったが、それにもかかわらず、その点にドイツ連邦共和国における原子力紛争の出発点を見出すことができる。ＢＡＳＦプロジェクトとの関連で、ロイシンクは「残余のリスク」という概念をつくり出した。この考え方が当時ルートヴィヒスハーフェン原発のみに有効であったとしても、「ガウ」によって防ぎえないリスクは——原子力産業誌も予想していたように——

長いこと原子力技術全体の弱点として把握されていたのである。けれども、このリスクが大々的に議論されるようになったのは、世論の中であった。一方、この問題を所管する専門委員会の中では、ガウを超える原子炉事故の可能性についての討議は、すぐに再び抑圧されたのであった。

一九六九年頃のこと、原子炉安全委員会の議論は、一時的ではあったが新しい局面にさしかかった。当時、産業界は、非常用冷却システムを原子炉格納容器の中にすべて据えつける義務を原子力発電所に課すという原子炉安全委員会の公式な決定を回避しようと努力していた。とりわけその当時、故障事故の際の原子炉圧力容器の破裂も確実には除外しえない不測の事態があることははっきりと認識されていたのである。蒸気ボイラーでの経験の背後には、そもそも自明の理が存在していた。そこから、少なくとも大都市に隣接した原発においては、特別な破裂防護措置への要求が生じたのであった。原子炉安全委員会や原子炉安全研究所の内部では、この破裂防護措置でさえも完璧な安全を保障するものではないという見解で一致し、そして、時として「絶対的な安全に手が届かない場合には、破裂の防護を断念してよい」という論証もなされた。また、破裂防護措置が原子炉圧力容器の検査と修理を妨げることになり、それゆえリスクを高めることになるという異議も提起された。様々な安全コンセプトが互いの縄張りを荒らし、計画の妨げになったのは、この点においてのみではなかった。こうして破裂防護措置の義務は、まずは大都市近郊の原発のプロジェクトにおいてのみ適用されることになった。

原子力発電所を巡る対立が世の中で活発化する過程で、BASFの原発は建設されなかったが、破裂の防護という必要不可欠な要請は大きな影響力を持つものとなった。一九七七年にヴィールの原発計画に対する異議について判決を下したフライブルクの行政裁判所は、根拠としてその先例を引きあいに出すことができた。裁判所は、破裂防護をヴィールにも要求した。というのも、大都市の住民と同様の防護権を地方の住民が持つことを認めないという法律的な根拠がなかったからであった。この破裂防護のコンセプトは、争っている当事者間の中道を裁判官に与えることになった。とはいえ、破裂防護という必要不可欠な要請が窮地の打開を意味しているかどうかは、判断が難しい。原子力の擁護者たちは、その後、この破裂防護の要求がまるでなかったかのように振る舞おうとした。一九六〇年代後半までドイツ独自の原子炉安全研究はまだほとんど行われていなかったが、その後BASFプロジェクトは、一九七一年に開始された所管省の原子炉安全研究プログラムのきっかけとなった。本来であれば二年以内に大都市近郊の原発の建設許可について明確な基準が設定されるべきであったが、この期間が経過した後もその問題が話題になることはなかった。一旦絶対的な原子炉の安全性という目標を掲げたからには、すぐに止めることはできなかったのである。

ＢＡＳＦプロジェクトはさらなる議論を引き起こすことになった。当時まず、戦争が及ぼす影響に対する備えを原発に施すという要求が議論を巻き起こした。ＲＷＥ社とＡＥＧ社はこの新しい議論のテーマに対して激しく抵抗したが、この議論にすぐにブレーキがかかることはなかった。原子炉安全委員会幹部のヴェングラーは、一九六九年初頭に「戦争の場合」というテーマが「原子炉安全委員会の安全性考察の中で」都合のよい理由をもって「考慮から外された」ことに気づき、同年の秋には、「破壊活動と戦争が安全に及ぼす影響を考えると、巨大な出力と出力密度を備えた原子炉は非常に恐ろしい機械である」と強調した。

原子力のリスクを巡ってつのる不安について問題になったのは、後に原子力ロビーが主張したような、ドイツの特異な道のりや「ドイツの不安」という表現ではなかった。ルートヴィヒスハーフェン・プロジェクトを巡るドイツのドラマの前に、一九六六年にアメリカにおいても同様に内輪のドラマがあり、デービッド・オークレント――当時、アメリカ原子炉安全対策諮問委員会のメンバーの一員であった――は、後に次のように述べて、その出来事の特徴を軽水炉の安全性の評価における「革命」として描写した。すなわち、実験は、原子炉が「コントロール不能」になった場合に、こうした事態に備えて設置された緊急冷却装置が信頼できるかどうかについて疑問を呼び起こした、としたのである。その指摘をきっかけとして、ニューヨーク近郊のレーヴェンスウッドの原発建設計画は中止となった。

それは、画期的とまではいえないが広範な影響のある、原子力エネルギーの歴史における一つの節目であった。この間、「進歩主義」の多くの知識人が、民生用原子力という言葉で原子力爆弾を連想することは無知であると見なし、また、核分裂連鎖反応が制御された「原子力の平和利用」はまさに核爆弾の対極の世界であるという認識を啓蒙的かつ進歩的であると考えていた。けれども、その後、原発において「減速材」を使用して連鎖反応を抑制することには絶対的な信頼が置けない、それゆえ原子力と爆弾の連想はただ単純な偏見ではない、という不安がますます大きくなり、浸透していった。反原発運動の由来を理解し、その合理性を把握するために、人は、この知の転移に注意を払わねばならないし、また、市民運動をただ単に社会現象として厳しく批判してはならない。(自称)コントロール可能な「想定されうる最大の事故」をさらに超える大惨事である「ズッパーガウ」についての思考は、原発への抗議に新たな過激さを与えた。今や原発の抗議は、以前の核兵器への抗議がしたように、同じような感情に訴えることができることとなったのである。

＊1——床枠組の上に床を張っていく建築のやり方。

＊2——ヨーハン・ヴォルフガング・フォン・ゲーテのバラード詩『魔法使いの弟子』（一七九七年）の九一、九二詩行の引用。師匠の魔法使いの留守をいいことに、弟子が呪文で呼び出した掃除道具のバケツやほうきが勝手気ままに動き回るようになり、家中が大洪水になる。このとき、困り果てた弟子が口にする句。人間が目先の利便や欲のためにつくり出したものが、制御がきかずに暴走し、収拾できなくなることを意味する詩句である。なお、詩句の訳は、手塚富雄・神品芳夫著『増補　ドイツ文学案内』（岩波書店、一九九三年、九八頁）を参考にした。

＊3——理論上で観察される増殖炉の炉心損傷事故。

安全議論に刺激を与えた、一〇〇〇メガワット容量からの跳躍

先に引用したヴェングラーの、大規模な原子炉にあっては外界から受ける影響によって引き起こされる故障事故についても考慮しなくてはいけないという警告は、ビブリス近郊に計画されている原発の協議と関連してすでに存在していた。ビブリスの原発にあっては一〇〇〇メガワットという大台を超えることが計画されていたが、これは従来の量的な成長の延長としてのみでなく、質的な跳躍としても意識されていた。マンデル自身が報告しているように、一九六四年にはまだ、エネルギー産業界のあるスポークスマンは、三〇〇メガワットを超えただけでも「無責任である」と述べていたのである。ヴュルガッセン原発で容量が六〇〇メガワット以上に引き上げられたことはＡＥＧ社の技術者たちを困惑させたが、それにもかかわらず、すぐにそのような考え方は時代遅れとなった。けれども、そのビブリス・プロジェクトは、原子炉安全委員会の委員長たちにとって「未知の領域への非常に大きな跳躍」を意味していた。所管省の担当官は、アメリカ原子力委員会ですら「機会があるごとに一〇〇〇メガワット級の原子炉における経験が不足していることを残念に思っている」ことに気づいていた。「人口密度がもっと高い」ドイツにおいては、まずもって原発一基の発電容量に注意を払わなくてはならない、としたのである。一九六八年にラインラント技術検査協会が先走って一二〇〇メガワット級の原発について危惧は不要であると表明した際に、ノルトライン・ヴェストファーレン州の許認可官庁は「気まずい思い」を表した。

まだ一九六八年の秋には原子炉安全委員会の内部は、「おそらくこの一、二年以内に」一〇〇〇メガワットの容量に到達できるかどうかは、シュターデ原発とヴュルガッセン原発における実績の評価によって決定することができるという意見で一致していた。それなのに、一九六九年六月には早くもビブリス・プロジェクトの発注は動かしがたいものとなったのである。一九七〇年にマンデルは、むしろ二〇〇〇メガワット級の原子炉や、「それを超える規模のもの」が「次の数十年」の間に誕生するであろうと予言した。容量を高めることへのそうした陶酔は、安全議論の活発化に目に見えて寄与した。また、そうした規模拡大の流れによって、原子炉安全

委員会内部の基調は、より批判的で、先行きを気づかうものとなった。今や、破裂の防護だけではなく、さらなる「特別な措置」も議論の的になっていた。すなわち、「原子炉二重格納容器、原子炉圧力容器の亀裂を防ぐための破損防護対策、圧力抑制並びに外界からの作用に対する十分な防護及び外敵の攻撃から守る可能な限りの対策」である。

そもそも原発を戦争の影響から効果的に守ることができると本気で思っていたのであろうか。むしろ、人は時折、原発の安全性それ自体について問題提起することなしに「ズッパーガウ」について語れるようにするために、戦争という事態を補強材料として必要としているような印象を受ける。

非常に現実的な、専門家の中で周知のものとなっている危険の根源は、「敵対国から受ける影響」ではなく――我々がすぐに知ることになったように――自国ドイツの空軍の悪習*であった。しかし、これに対して精力的に何らかの対策が講じられることは、決してなかった。一九七二年に開催された第一回ドイツ原子力法制シンポジウムにおいて、ジーメンス社の代表は次のように述べた。「自分の経験によれば」、誰もが「原発の持つ特徴的な建設様式が、目的地に向けて飛行する際の格好の目印となる」ことを知っている、と。しかし、この非常に思慮を欠く行動に対する効果的な行政上の対処措置は講じられておらず、また、原発建屋の丸屋根にも、想定されるすべての不測の事態に備えた覆いが被されてはいなかった。ビブリスに関する原子炉安全委員会内部の議論において、建設事業者（ジーメンス社）の代表は、「私は、原発は飛行機の墜落に対して守られる必要ないと思っている。というのも、そうした事態が起こる確率は、一年あたりおよそ一〇の八乗分の一だからだ」と述べた――まさに上述した自国の空軍の悪習に目を向けたなんと珍妙な主張ではないか。

しかしながら、結局、原子炉の丸屋根を飛行機の墜落に備えたものとするという安全基準は一般的なものとなり、ビブリスはこの目的のために二重の原子炉格納容器を備えるようになった。もっとも、建設にあたった会社のデータによると、それは単に秒速一一〇メートルまでの衝突速度、すなわち時速三九六キロまでの衝突を基礎としたものにすぎなかった。一九七八年にマンデルは、これに関する質問に対し次のように述べている。「飛行機の墜落に備えた安全の要求」は、安全法規においては「無意味」であることの模範例である。なぜなら、飛行機のタイプは常に最新のものとなるので、その安全の要求を、永続しうるような技術的対処方策に置き換えることはできないからだ、と。

*――一九七〇年代にかけて、連邦国防軍の空軍のスターファイター型戦闘機（ロッキードF104）がたびたび墜落事故を起こしたことを示している。同機種は空軍に九一六機採用されたが、一九九〇年までに二一九機墜落した。三六四頁参照。

地下施設の原子力発電所——排除された安全哲学

外界から受ける影響による原子炉圧力容器の破裂や原子炉格納容器の破損を完全に防ぐことはできないことを認める一方で、破裂の防護措置や原子炉二重格納容器といったコンセプトは、議論の余地があるものとなった。というのも、地下の原発施設がまだ逃げ道として残されていたからである。この結論は、注目すべきことに、非常に早い段階で出されたものであったが、その後も再三にわたって言及され、しかも何度も忘れられ、押しやられていた。地下方式の国際的に著名な擁護者であり続けた人物は、「水素爆弾」の父、エドワード・テラーであった。彼は、「原子力の平和利用」を原子爆弾の技術と対照的な輝かしい像として見なすことはせず、むしろそのリスクの高さを指摘して、繰り返し批判していた。すでに一九六〇年代初頭の西ベルリンに計画された原発に関する議論において、地下施設という考え方が再び現れたが、それほどの影響力は持たなかった。オープリヒハイム原発の予備調査において連邦研究省から然るべき提案がなされたときにも同様のことが起きたが、このプロジェクトを計画した会社は、国から融資が確約されていたにもかかわらず拒否的な反応を示し、「原発の緊急事態」を話題にした。

BASFプロジェクトは、そのような建築方式におけるメリットとデメリットに関する徹底的な研究を促すことになった。地下方式と地上方式の実現可能な妥協策として、丘陵方式が注目を集めることになった。丘陵方式の賛同者たちは、むしろこの方式を「想定されうる最大事故」のコンセプトから解放される「チャンス」であると感じていた。「地下方式はこの問題の最良の解決策である」とする見解については、一九六九年に原子炉安全委員会において「多くの支持を集める意見」として言及された。これに対する反対意見として、地下水の放射能汚染による危険性が増すことが指摘されたが、しかし、それ以外の点では——これは最も飛躍している点であるが——「地下方式の場合は（中略）原発の経済的な競争力が疑問視される」という懸念もあった。しかしながら、地下方式により原発の安全性が全体としては向上するということについては、原子炉安全委員会のメンバーたちは多かれ少なかれ意見が一致していたのである。

一九六九年一月に、スイスのリュサンの地下に建設された原発（重水炉の八・三メガワット規模の小規模施設）において、通例の専門用語を使うと、その当時初めて安全議論で真剣に扱われるようになった「ズッパーガウ」に該当する事故が発生したが、この事故は、部分的炉心溶融をともなった重大事故であった。事故の後遺症を狭い範囲にとどめていたのは、地下にある設備だけであった。そこには——少なくとも記録の内容によると——たいていいつも胡散臭く行われていた抽象的な議論の中で散発的に言及されるにすぎなかった事故の具体例が存在したのである。

一九七三年に開催されたＩＡＥＡの原子炉安全会議において、地下原子炉施設について人は経験がほとんどないが、その提案はしかしながら「まったく馬鹿げたものではなく」、詳細な検討に値する、と確認された。一九七四年に原子炉の安全を所管することになったボンの内務省は、「地下施設を使用した原発」と題する研究プロジェクトを委託した。安全及び住民による受け入れという観点のもとになされたそのプロジェクトは、地下方式に対する非常に前向きな評価を得ることとなった。そうした計画は新たに始動しても再び消え去ってしまうことが常であったので、なおさらこれは驚くべきもので、原子力政策の慣性の法則に新たな光を投げかけた。原子力エネルギーを巡る大きな原則論争において、地下方式の原子力施設は最前線に立つこととなったのである。原子炉安全委員会での経験によって地下方式の代弁者となったルートヴィヒ・メルツは、一九八一年に筆者に対して、それを公に支持してからは、自分が書いた論文が関連する専門誌において掲載されなくなってしまった、と嘆いたものである。

原子炉安全委員会のやり場のない怒り

原子炉安全委員会（ＲＳＫ）は一九五七年から一九五八年にかけて、ドイツ原子力委員会と同様に、連邦原子力大臣の諮問委員会として設立された。原子炉安全委員会は人的にもドイツ原子力委員会と結びつきが深かったが、特に報酬の面では――ドイツ原子力委員会の委員は名誉職であったのに対して――原子炉安全委員会は独立した正式な体系を持っていた。学界や経済界における原子力コミュニティーとの密な横のつながりはあったものの、このことは、原子炉安全委員会が、原子力産業界が拡張していく際の諸案件の進行に対して繰り返し批判的な態度をとることの妨げにはならなかった。もっとも、批判は内部にとどまっており、たいていは口先の議論で終わっていた。ＲＷＥ社が発注したカール・アム・マイン近郊の一五メガワット規模の原子炉を持つ原発はドイツ連邦共和国最初の原子力発電所であったが、この原発を巡る出来事は、原子力産業界とエネルギー産業界がその頑固で強情な安全審査機関にいかに対応するか、そのやり方を知るための先触れとなった。一九六一年の初め頃、原子炉安全委員会は、建設の完成を目前に控えていたＲＷＥ社に対して、カール原発における安全対策への著しい疑念を仄めかす履行義務条件のリストを通知した。その疑念に対応することなど思いもしなかったＲＷＥ社は、驚くなかれ、即座に抵抗の意を示し、所管省に対して原子炉安全委員会についての苦情を訴えたのである。

いつもであれば産業界には非常に好意的な所管省の安全担

当官も、そのときは堪忍袋の緒が切れてしまい、次のように批判をした。「経営者側は故意に官庁のすべての行動を否定し、無視しようとしており」、その上さらに、遅まきながら出された行政命令に対しても苦情を言っている。「我が省のとった対応によって、ようやく経営者側のいつものような大きな反抗は収拾された」。実際にカールの原子炉は、許可が下りる前に建設され、完成後になってようやく許可されたのである。当局の専門家たち（技術検査協会及び原子炉安全委員会）の前には、彼ら自身の証言によると次のような既成事実があった。「①選択を誤った立地（カール原子炉は、ドイツ国内のすべての原子炉及び世界中のすべての沸騰水型原子炉の中でも、最も人口密度が高い場所に建設された）、②炉心に非常に大きな、特殊な負荷をかけている原子炉のコンセプト。原子炉の設計は、炉内温度が最も高い所で二七六〇℃を見込んでいるが、これは、実際には核燃料の溶解温度である」。公的助成の場合にすでにそうであったように、安全管理においても連邦が費用を負担せざるをえないほどの高額な賠償は、エネルギー産業界が目下必要とするものを押してまで、連邦政府が原子力エネルギーを貫こうとしていることを明らかにするものであった。それにもかかわらず原発の建設をしぶしぶ受諾したエネルギー企業は、ボンの審査機関が原子力エネルギーを軌道に乗せられないことをあてにして、この原子力プロジェクトを中止させるためにあらゆることするという立場を国に対してとっていることを自覚していた。

建設事業体であるAEG社に関して言えば、同社はゼネラル・エレクトリック社の原子力の経験に全幅の信頼を置いており、原子炉安全委員会の権限をまったく真摯に受けとらなかった。RWE社とAEG社は、カール原発の件で叱責を受けた後も、より慎重に行動しようなどと考えることはこれっぽっちもなく、むしろそのかわりに原子炉安全委員会と許可官庁を国の原子力政策を妨害する悪者の立場に仕立て上げて、今後同じようなことを再び起こさないよう脅しをかけたのである。連邦原子力省でさえ最初の実証用原子力発電所が問題となった際に、安全担当官の異議申し立てに対して、企業と同じ立場に回って、RWE社やAEG社の代表者たちとの協議の後で次のように書き記した。それは、「実験用原発カールの経験の後に、関係者たちは全員、様々な許認可手続きにおける規則に基づいた迅速な処理を最も重要視するようになった」、それゆえ、「計画の迅速な実現についての連邦原子力省の大きな関心が許認可所管官庁に再三強く示唆されたことは、有益である」といえる、とするものであった。

このようにして、原子炉安全委員会は、最初から困難な立場に置かれていたのである。グンドレミンゲンの場合には、誰が原発の建設において指揮をとるのかという事例が文字どおりやり玉に挙がった。当初から原子炉安全委員会には、次のようなきわめて大きな不安の種があった。すなわち、ミュンヘン技術検査協会は、予定されている原子炉のコンセプトにあっては給水管の破裂と緊急冷却の部分的な不全が発生した際は、ガス状で潜むすべての放射性物質が一時間以内に空中に放出されるであろう、つまり想像を絶する大惨事が引き起こされるであろうと予想していることを伝えていた。また、原子炉安全委員会がグンドレミンゲン原発の着工の数ヶ月後に事業者から受けとった「暫定的安全報告書」は「暫定的な文書としてもまだ不完全なもの」であり、その報告には原子炉圧力容器の設計図すら記載されていなかったのである。

原子炉安全委員会は、「安全報告やその他の検査対象の書類が提出された時点で、原子力施設建設がすでにはるかに進捗している場合」には、「原子炉安全委員会は将来、原子力施設の安全性の評価を引き受けない」と、「再度断言」したのである。しかし、この脅し文句は実行に移されることなく、原子炉安全委員会の忍耐はさらに過酷な試練を課されることになった。原子炉安全委員会は、それから一年以上経過した後も、「建設が着々と進んでいる状況にもかかわらず」、あいかわらず最終的な安全報告書を虚しく待つ羽目になったのである。これに代わって提出された「ルーズリーフの紙の束」の受理を原子炉安全委員会は拒否した。そのさらに一年後に、最終的な安全報告とおぼしき冊子がようやく提出された。しかし、それから一年経過してもなお、原子炉安全委員会も原子炉安全研究所も、図面の資料が欲しくなるようなそれらの書類、特に「ゼネラル・エレクトリック社の長年の経験」を引きあいに出した書類を理解するまでに至らなかったのである。

すでに一九六三年に明らかにされていた大事故のリスクへの効果的な措置が講じられていなかったにもかかわらず、原発は一九六七年初めに完成した。原子炉安全委員会はそれまでの審査結果から次のようにまとめている。「原子炉格納容器の外側にある蒸気本管に想定される破損が起きた場合の予想される影響に対する満足のいく安全対策も、十分な証拠や計算も、これまでのところまだ示されていない」。それどころかゼネラル・エレクトリック社がアメリカにおいて同種の原子炉において想定したような安全対策は断念されていたのであった。O・H・グロースは、原子炉安全委員会内で次のようにその苦い結果を総括した。「原発は実際に原子力法の許可がなくても、基本的には事業者が自分でリスクを負って建設することができる」。その上で、この場合、事業者側の損失の一〇分の九は連邦が負担することとなるのを補足しておく、としたのである。

グロースは、グンドレミンゲンにおいて実地に行われた諸手続きを、それがカールにおける手続きをなぞったものであったにもかかわらず、あいかわらず「特異な例」として理解しようとした。しかし、それと同時に、三年前から建設中であるオープリヒハイム原発に関する原子炉安全委員会での議論において、同委員会は、原発の「運転開始の直前に」、「実際に原子炉のために実行された最終的な申請」を受理したとして「話をあわせていた」ことを認めた。最終的に原子炉安全委員会は、AEG社とゼネラル・エレクトリック社に対して、後者がすでにアメリカにおける最新の原子炉に導入していた蒸気流制御装置の取りつけを要求したが、このこと自体に関しても二社とは「不満足な議論」しかできなかった。

リンゲンとオープリヒハイムの原子炉コンセプトについて、一九六四年に原子炉安全委員会は、判を押したような同意の言葉をただ表明するにすぎなかった。すなわち、リンゲンに関しては、「暫定安全報告書において暗示（原注：原典のままの表現）されている安全対策が証明され、順守」されているのであれば、「建設予定地については何の憂慮もない」と述べたのである。部分許認可という手続きの実践は、物事を先送りにするという働きを考え方や議論の領域の中に広げていった。だから、リンゲン原発の場合に「運転事業者側が見込んだエムズ川への年間の放射能排出量」は「非常に高い」と思われる、という文章に一度目がいく。実は、この「非常に」という表現は後になってから書き加えられたものであった。また、この記述が暫定的なものであることが書きとめられ、そして、さらなる説明が予告されていたが、しかし、その説明は、次の機会に行われなかっただけでなく、その後も明確な形ではなされなかった。その一三年後に、リンゲン周辺の子供たちの間で白血病が頻繁に発症したと報じられたとき、世の中は大騒ぎとなった。しかし、十分な統計を欠いていたために、それに関する議論は手詰まりとなった。一九六八年にリンゲン原発の建設が完成したとき、「鉄筋コンクリートの建物に、ガウの負荷が起きた場合の対策に必要な補強がされていなかった」と思われることが判明した。しかし、原子炉安全委員会は、表向きはそこから結論を出すことはしなかった。そうこうするうちに、原子炉安全委員会は、「遅くとも原子炉の完成時までに」最終的な安全報告書が、すでに与えられた事業許可の根拠として提出されれば十分であるということにしたのである。原子炉安全委員会の同意は、ただの形式上のものになってしまったように思われる。

一九六七年に発注されたヴュルガッセン原発の場合には、容量の倍増とあわせて、放射能を帯びた一次循環をタービン建屋内へと回す循環システムを二系列循環システムから一系列循環システムへと移行する措置がとられたが、この一系列循環システムへの移行は、原子炉安全委員会における突っこんだ議論に値するものであった。けれども、これについてはほとんどコメントされていない。しかしながら、専門知識のない出席者に口を差し挟む機会を与えた、ヴュルガッセンにおける安全対策についての委員会協議の際のある情景は、興味を引くものである。議論は、原子炉からの制御棒を引き抜く際の不測の事態に備えて落下制御棒を受けとめる格子がヴユルガッセン原発に設置されるべきであるか否かを巡ってまとまらなかった。出席者の一人は、そのような出来事——いわゆる制御棒落下事故——がどのような結果になるのかという質問を投げかけた。原子炉安全研究所の所長のオットー・ケラーマン*は、それに対して「四〇キロメートル圏内の致死量が想定できるであろう」と簡潔に答えた。このような想像を絶する大事故の予測は、後に公衆の前で可能性は一〇億分の一だとなだめるようにして補足説明することによっても和らぐことはなかった。また別の専門家は、次のように述べてその断言を支持した。制御棒を引き抜くことは、「原子炉格納容器が耐えられない」臨界事故をもたらす。「これは、なぜすべての沸騰水型原子炉が」、中性子の飛び出しを防止する「落下制御棒を受けとめる格子」を備えているかを説明する理由であった。出席者の三分の一は、通常の想定内においても制御棒落下事故は絶対起こるという考えを支持したのである。

いずれにせよ、通常の論理からいえば、ヴュルガッセンでもそのような格子が必要かどうかという問題は、可能な限りはっきりと解明されなくてはならなかったであろう。しかしながら、建設事業者は、そのようなコストがかかる履行義務条件に抵抗の意を示し、最初は成功をおさめた。こうして落下制御棒を受けとめる格子は、検査における邪魔物にすぎなくなった。会社は、さらに原子炉安全研究所の支持も得たのであった。これに関する議論は、検査の機会が少なくなることによって「圧力容器の破損の確率」が高まるという指摘を受けて広がりを見せることになった。その指摘は、原子炉の安全性の根本的なジレンマについての一つの洞察である。最終的には、続いて行われた会議におけるノルトライン・ヴェストファーレン州労働社会省のある局長の簡潔な発言が決定的な影響を与えることになった。「制御棒落下事故が引き起こす結果」については、最後の会議の議事録において次のように記録されている。「そうした理由からも、落下制御棒を受けとめる格子への要求が起きるであろう」、と。原子炉安全委員会は、原子炉安全研究所の強固な意思表示に反して、この見解に同調した。この出来事は、政治的な責任を負った素人の第三者による専門家間協議のコントロールの効果を説明するものとなったのである。

原子炉安全委員会内の議論においては、一九六〇年代後半に入るまで通則的な安全性コンセプト、すなわち体系的な基準の目録がわずかに目にとまるだけであった。一九六八年から一九六九年になってようやく、体系的な方法についての兆候が見られるようになった。一九六九年に、シュターデ原発に関する審査は、とうの昔に行われるはずであった非常用冷却システムの安全性の欠陥についての議論を呼び起こした。ビブリスの一一四五メガワット原発プロジェクト及び大都市近郊の原発であるBASFプロジェクトもまた、安全に関する議論を活発化させ、そして、この議論は原子炉安全委員会内部にも影響を与えたのである。所管省が原子炉安全委員会に、「できるだけ早く」ビブリスに関する決定を下すように要請した際に、同委員会の委員長は、「原発プロジェクト及び安全報告書の審査において原子炉安全委員会に既成事実をつきつける」ことが再三試されたことを記憶していた。人口密度が高いドイツよりも、「他国、特に米国においては」、安全官庁はより長く審議する時間が与えられていたというのに。

＊――原子炉安全研究所（ＩＲＳ）はその後一九七六年に原子炉コントロール・施設安全研究所（ＬＲＡ）と合併し、施設及び原子炉安全協会（ＧＲＳ）となるが、オットー・ケラーマンは、ＧＲＳの初代会長を一九八五年まで務めた。

噛みあわない展開――原子力のＰＲと現実

民生用原子力が現実的な意味を持っておらず、ドイツにはまだまったく存在していなかった時代に、連邦原子力問題省〈連邦原子力省〉、州の原子力委員会及び大規模な利益団体、並びに、ジャーナリズムの中で活発に自己主張した原子力世論が存在し、その一方で、原子力エネルギーが徐々に重い現実性を帯びるようになった一九六〇年代の後半には、原子力省そのものが当初のような形ではやっていけず、世間から注目を浴びることも少なくなったことは、一見すると原子力エネルギーの歴史の全体像の中でのパラドックスのように思われる。そうした現象はドイツにおいてのみ起きていたわけではなかった。一九六四年にフランスで行われた「原子力エネルギーの経済と展望」に関する調査は、不審の念を起こさせるような次の観察で締めくくられる結果となった。「我々が待ち望んでいなかったときに、雷鳴の轟きのような足音で歴史の舞台に登場した原子力エネルギーの運命はなんという怪しげなものなのだ。まだ準備が整っていないときには、産業分野における原子力エネルギーの出現が何度も声高に予告されたのに、現在はといえば、ほとんど誰も興味を示さなくなってしまった。やっと我々の役に立ちはじめたという今でさえそのありさまだ」

原子力産業界と原子力研究中枢機関における情報政策

一九五〇年代及び一九六〇年代の初期には、原子力エネルギーの根本的な賛同者同士が、事細かく話すことはほとんどなかったとしても、原子力エネルギーのリスクを比較的オープンに話す状況が繰り返しあった。一九五〇年代中頃の原子力への陶酔は、原子力の暗い面をも許容するものであり、まさに時としてバロック的な明暗の交錯のコントラストによって成り立っていたのである。

全体としては、初期の時代に原子技術の支持者たちは情報の公開を強く求めた。それどころか、原子物理学者のゲルラッハは、一九五五年に次のように説明している。原子力技術における「人類のために必要な安全」は、放射能の周辺環境への負荷の監視が、「何か機密保持法規のようなものが設けられずに、完全に公開されて実行される」場合にのみ保障される。「空気、雨及び河川に含まれる放射線量は、気温や気圧、天気と同じように伝えられるべきだ」。ゲルラッハがそのように語ったのは、彼が世間一般の原子力への肯定的な基本姿勢を予期することができ、原子力の安全問題は必ずや解決することができるであろうと確信していたためであった。

その後の時代の原子力技術の立役者の多くは、当初はむしろ原子力技術の確実なリスク――通常であればもちろん経済的な形のリスクのみであるが――を取り除くことに関心を寄せていた。特にエネルギー産業は、その時代にあえて自らリスクを負って原子力エネルギー分野に参入するなどということをまったく考えておらず、ますます国の援助を必要とするようになっていた製造業もまたそうであった。さらに、この新しい分野を専門分野とし、原子物理学者の理論だけで多くのことを済ますのではなく、むしろ本来の仕事をまず技術者の実践をもって始めることを重視した技術者たちもそうであった。そうした状況のもとで、人は、むしろ確かなリスクについて公の場で話すことを望むようになった。すでに許可が下りている原発に遅ればせながら安全の義務が課せられていたちょうどその時代には、原発の建設事業者と運転事業者は、存立の保障を盾にとって、国家からの財政面での援助を要求することができた。なんと、そのようにして原子力産業は、一九七〇年代の大規模な原子力紛争にひそかに貢献していたのである。

けれども、国の助成メカニズムが一旦始動すると、PRを要求することは少なくなった。カールスルーエ原子力研究センターをすでに初期の段階から苦しめていた原子力技術のプロジェクトに対する最初の地域規模の反対は、関係者が世間の注目が集まるのを好ましいものとしてではなく、むしろ面倒で避けたいものと見なすようになる一因となった。経験豊かなアメリカ人原子炉専門家のテオス・J・トンプソン[*1]は一九六四年に、カールスルーエ原子力研究センターで有力な聴衆を前にして講演を行い、アメリカにおける負の経験を指摘して、公然と次のように警告した。「国民の心を巧みに読んだ行動」は、「大きな意味を持っている」。また、「心理を巧みに読む」ということは「プロジェクトの初期段階において公な議論を可能な限り避けて通ること」を意味している。なぜなら「そうしなければ、抗議や（実現不可能な）賠償の要求やその他のもめごとが予期されるからである」。アメリカの許認可の方法は、「いずれにせよ、そうしたことで苦しめられているのであり」、むしろイギリスのやり方を手本としたほうがよいと思われる。そして、「公の議論はなくてよい。

ＰＲは後の段階になってからだ」、としたのである。

上述のような警告は、明らかに非常に強い効き目があった。マスコミに対するカールスルーエ原子力研究センターの対応は、一九六〇年代の後半に入るまで「愛想よく丁重にお断りするという特徴があった」。「施設の定礎式、上棟式及び竣工の式典――他の場所では本質的な広報活動（ＰＲ）の構成要素であるのだが――は厳禁とされた」のである。ルジンスキーが新聞などで論陣を張った原子力批判のキャンペーンによってさえ、カールスルーエ原子力研究センターは、なかなか本音を吐こうとしなかった。一九七〇年に原子力産業誌は、原子力産業界がジャーナリストの広報活動の価値をいまだにわかっていないことに憤り、次のように書いた。「発電所が建設され、操業が開始されれば、関係者は全員安堵の息をつく。しかし、大規模な事故が起こらない限り、何が起こっているかについて世間は関知することがない」

しかし、当初から事故についても、関係者は隠匿または粉飾しようとした。それも世間のみならず、企業外のほとんどすべての所管官庁や機関に対してもであった。一九六五年に、所管省の一人の代表が原子炉安全委員会において、バイエルン州の所管官庁の「カール原発の原子炉における故障事故について」という報告を「この報告にはまったく満足がいかない」という趣旨で論じた。「この故障事故、結果として原子炉の大規模な事故が起こりえたのであるが、その影響については口を閉ざしている」、と。かすがいで固定された制御棒は落ちてしまう可能性があった。これは、その数年後にヴュルガッセン原発において議論されることになった制御棒落下事故（二九四頁参照）に該当するものであり、そして、もし大規模な原子力発電所で原子炉圧力容器の破損が起きた場合には、致死量に値する放射線量が周囲四〇キロメートルに及ぶであろうと懸念されたものであった。ところでカールの原発はといえば、よりにもよってフランクフルト〈当時の人口は約六九万人〉の人口密集地から直線距離で二〇キロメートルも離れていない場所に位置している原子炉なのであった。当時、その身の毛のよだつような到達距離の意味が原子炉安全委員会ですら正確に理解されていなかった、その故障事故は、しかしながら、世の中には大見出しで報道されることなく、その後忘れ去られてしまったように思われる。その数ヶ月後にカール原発で新たな故障事故が発生したケースでは、原子炉安全研究所自体も一年半後になって初めてそのことを知らされたのであった――もちろん世間一般については言うに及ばないことだが。同研究所の所長は、その機会を捉えて、「原子炉事故の報道がドイツでは時間がかかりすぎる」と心底から異議を唱えた。

世の中でそれと認識された――もっとも、それは五週間も遅れ、しかも単に口が滑ったことによるものであったが――

ドイツの原発における最初の深刻な故障事故は、一九六七年三月二日にカールスルーエ多目的研究用原子炉〈MZFR〉で発生した故障であった。この事故は、原子力研究センターの内部において激しい権限争いを引き起こすことになったが、これは、その組織が意図的に曖昧なものになっていることに起因していた。MZFRの組織は、公式には原子力研究センターの指揮系統に属していたが、実際には、いわゆる実験施設事業の運営という特別な位置にあった。省の課長を退官してその事務局長となったヨーゼフ・ブランドルは、事故は明らかに、現場の実務家の取り扱う事項であり、首脳部は関係がないという前提から出発して事態に対処した。原子力研究センターが、この事故によって六人が放射能に汚染されたことを認めた際に、ブランドルは、原子力研究センターの所長と激しい口論になった。ブランドルにとっては――皮肉にも彼はとがめられたが――明らかに許容量の範囲内の放射能汚染は、汚染がまったくないも同然であった。彼はこの事故を些細なものとして扱おうとした。つまり、ルーチンワークのようなものであって、いつも起こることであるとしたのである。このブランドルの対応は、カールスルーエ原子力研究センターの首脳部を再び狼狽させた。

故障事故後四日目になってようやく、カールスルーエ原子力研究センターの運営機関の監査役会議長である次官カルテリーリは、その事故について知らされた。それでなくても次官は、自身が同年に行った巨大研究に関する評価において国立の原子力研究中枢機関の有用性について大きな疑問を仄めかしていたが、事故の報告が遅れたことに対してひどく憤慨し、次のように前置きした警告の書簡を出した。「要するに、私がこの事故について深刻に懸念しているということを言いたい」。もっとも、彼の懸念は、その事故そのものに対してだけではなく、原子力研究センター内で喚起した警鐘が原子力研究者や近隣住民に影響を与える可能性に関するものでもあった。

それらは内輪の論争であった。しかし、その五週間後にシュツットガルター・ツァイトゥンク紙が「原子炉の重大な突発事故」という見出しでこの出来事について報じた。これは、それまで「厳しく沈黙が貫かれていた」故障が、「明らかにドイツの原子力研究におけるこの種の最も深刻な突発事故に数えられる」に違いないことを意味していた。バーディシェ・フォルクスツァイトゥンク紙は、もっと痛烈に「不可解な沈黙」という見出しで次のように報じた。「原子力研究センターの周囲の広い地域の住民が――正確に言うとその代表者たちが――近年この不可思議な科学に置いてきた信頼」は、「今や裏切られた」。そうした、世間の信頼を蝕む原子力産官学複合体における長いプロセスは、どんどんと進行していった。

そのすぐ後に、ローベルト・ゲルヴィンはドイツ研究支援機構の特別報告において、カールスルーエ原子力研究センターとジーメンス社を次のように叱責した。「カールスルーエ及びエアランゲンの責任者たちは、包み隠さず、また、時機を失することなく重大な運転事故について公表すべきであった」。「そのような出来事が民主主義の社会において秘密にされているという欺瞞的なことを期待する中で、人は、シュツットガルター・ツァイトゥンク紙の（中略）ある報告記事によって、悪事の現場を取り押さえられた犯罪人のように、自ら化けの皮を剝ぐ危険を冒した」。公開されるはずの情報は、「ジーメンス社の首脳陣の要望によって再三にわたって先に延ばされ」、「その際にAEG社がオープリヒハイム（原注：これは誤記であり、実際にはグンドレミンゲンのことである）の重大な運転事故についてこれまで黙っていたことがそれによって論証された」という印象を受ける。しかしながら、世間を「未成年の子供のように扱う」ことはできない。原子力の分野におけるPRの教育者として名前を残したゲルヴィンは、この教訓を、ジャーナリズムを将来どのように利用できるかについての次のような助言と結びつけた。「突発事故が施設の安全を証明したのであれば、この突発事故をジャーナリズム的に利用することはむしろ容易であったであろう」

それから半年も経過しないうちに、内部で大きな議論を引き起こすことになる不快な故障事故がカールスルーエの多目的研究炉で新たに発生した。このときジーメンス社は、直前の経験に基づいて新たな秘密主義に反対する意向を表明したが、「マスコミが望んでいる、もしくはMZFR組織のあり方が根本的に改善された場合にのみ、報道情報を発表する」と言ってジーメンス社の意見を変えさせた者こそ、ヨーゼフ・ブランドルその人であった。再三にわたって重水の漏失が確認されていて安全性が実証されていないその研究用原子炉に、今後さらに運転の障害が発生することを、関係者は予期していた。カールスルーエ原子力研究センターの運営機関の会長は、次に引用する書簡でブランドルを支持した。この書簡は、その年の春の故障事故を巡る論争の中に存在するある種の負の学習プロセスに光を当てたものなので、詳細な引用に値するものである。「私たちは、自分たちの施設で起きた事故を公表することを、基本的には習わしとするべきではありません。それによって何か公衆の安全に差し障りがない限りは。今日は核燃料積みこみクレーンの事故、明日は重水の漏出、明後日はどこかのバルブの不具合。私たちがこのように続けていれば、いつの日かドアのロックがかかりにくいことまで公表するようになるでしょう。シュツットガルター・ツァイトゥンク紙の記者がしたような奔放で軽はずみな行為によって、私は窮地に追いこまれることはないでしょうし、今でさえも（中略）、当時公表しなかったことについて誰も非難されるべきではないと思っています。そうした問題に立ち入らなければ、マスコミはおのずと関心を失うことになるでしょう。重水で減速された天然ウラン原子炉に多くの国々が関心を持っていますし、また、一部の国々は多目的研究炉に関心を持っていますが、これを目にすると、潜在的な顧客を不安に陥れ、他のライバル国に私たちを打ち負かす機会を与えるようなすべてのものを避けるべきでしょう」。アルゼンチン向けの重水炉輸出案件関係を意のままにできたその手紙の書き手は、自身が何について話しているのかよくわかっていた。つまり、翌年には連邦政府の強力な援助によってアトゥチャの重水炉原子力発電所が発注されたのである。

それにしても特に驚くべきなのは、内部においてすら、この新たに発生した事故の原因についてほとんどオープンに議論されなかったことである。所管省の代表の一人がブランドルに対して、自分自身その出来事の原因を正しく理解していないという趣旨を仄めかした際に、ブランドルは次のように答えている。「それも無理からぬことだ。というのも、これまで発表した報告がそれについては沈黙を押し通しているのだから」、と。そして、ブランドルが仮説以上のものであるとして示した彼自身の内々の説明ですら、その出来事がどういうものであったのか明らかにすることはなかった。同じ頃にはっきりとしてきた原子力エネルギーの商業的な台頭は、原子力のリスクの透明化に貢献することには適していなかった。すなわち、今や具現化した大きな経済的利益は、意見の異なる多く人々の心をも引きつけることができたのである。

ゲルヴィンは、それまで原子力発電所の開発を批判的に見て、事故における秘密主義を非難していたが、一九七一年に立派な装丁の書物『原子力の昨今』を出版した。これは純粋なプロパガンダの傾向を基調とした本であったが、彼はその中で、原発事故を思考上の仮想遊戯であると片づけ、原子力の批判者たちを真剣に扱う必要はないとの見解を示した。一九六四年のゲルヴィンの著書ではまだ「原子のエネルギー」について語られていたとすれば、今や一九七一年の著書では「核のエネルギー」が話題となっていた。当時、原子力の関係者の中では一般的に用語のルールがあった。すなわち、それは、原子爆弾〈Atombombe〉への連想を避けるために「原子（Atom、アトム）」に代わって「核（Kern、ケルン）」という語を使って合成語をつくるというルールであり、「原子（アトム）」という語を使った合成語づくりは原子力批判者たちと彼らを識別する標識となったのである。『原子力産業（アトムヴィルトシャフト）』のような変更できない雑誌のタイトルのみは、それにまだ縛られていなかった時代の化石として残された。それでも原子力産業誌は一九六八年に、「多くの怨念と結びついている」「原子力廃棄物（アトムミューレ）」という表現を将来は避け、「核廃棄物（ケルンアップファール）」という言葉に置き換えるべきだとしたニーダーザクセン州経済省の提言を公表した。たしかに、いわゆる「核廃棄物（ケルンアップファール）」が貯蔵されたのは、ニーダーザクセン州のアッセであった。

一九六〇年代後半までは、原子力プロジェクトを可能な限り人目につかないように実現させ、広告によってすら注目を浴びさせないという戦術が一般的であった。それまでは地域の枠を超えて反対運動が起こることはほとんどなかった。これに対して、オーバーヴェーザー川沿いのヴュルガッセン近郊において初めて容易ならざる状況が浮かびあがったのである。まして、原発による河川水温の上昇の問題の深刻さは当時一般的によく知られていたから、なおさらであった。「ヴュルガッセンの出来事で公然と警告されたことによって」、RWE社はビブリス原発において「まったく新しい観点」だと強調された協調対策をとることに決めた。すなわち、新聞や雑誌の広告で宣伝して、計画されている原発への関心を喚起しようとしたのである。すでにグンドレミンゲンにおいて次のように書き記されていた原発の有益な効果が、ビブリス原発についても称賛された。それは、この土地は、「それ以来さらに美しく、清潔で活性化した」というものであった。ビブリス市民たちの場合には、この宣伝方法が功を奏したように見受けられる。カトリックの司祭は、「おそらく」「この地の人々は確固たる信仰心によって恐れを知らない」のではないかと述べたものであった。原発の近隣でキュウリを栽培している農家は、おそらくカイザーストゥール[*2]のブドウ栽培農家よりも怖がっていないのではないかという推測さえもあった。巨大な原発群の竣工式に捧げる歌として、司祭は次のような詩をつくった。「技術と進歩は素晴らしい／失敗すれば、もろともにあの世ゆき」

そのような単純な方法で住民の不安に対処しても長続きしないことは、当時すでに認識されていた。原子力産業誌でさえも、カールスルーエにおける公の増殖炉議論に関する記事の中で、「今日の世間の思潮についての理解不足が危惧されている」「安全という観点に関する情報についての無頓着さ」を非難した。一九七三年に開催されたＩＡＥＡの原子炉安全シンポジウムにおける専門家協議においても、繰り返し様々な国の参加者によって、原子炉が「絶対的に安全である」というプロパガンダ的主張は「はなはだ無責任な」ものであるだけでなく、実際に原子炉事故が起きているのであるから、「一般の人々に対して」「便益よりも害」を与えるものである、と強調されたのである。

＊1――テオス・J・トンプソン（一九一八〜七〇年）。マサチューセッツ工科大学教授を務め、同大学の実験用原子炉の設計を手がけた。原子炉安全研究の業績を記念したテオス・J・トンプソン賞がアメリカ原子力学会にある。

＊2――ドイツワインの銘柄として有名なバーデン産ワイン用のブドウ栽培で知られた、南西ドイツ、フライブルク近郊（フライブルク市から一五キロメートルほど）の地。ライン河畔の小高い丘陵地で、麓にヴィール原発が計画され、大きな反対運動が起きた。

原子力技術のリスクについて、それまで世間一般が沈黙してきたことの責任は、原子力産業だけがとがめられるものではない。リスクの黙殺は明らかに産業界の役員レベルにも情報の欠如をもたらしたので、リスクについての開かれた議論の必要性がむしろ是認されることも時としてあった。それが顕著に表れているものとして、ヴュルガッセン原発における故障事故についてのAEG社のケースが挙げられる。すなわち、同社の監査役会は、この事故についてどう対処すればよいかわからずまったく途方にくれたのである。その次に起こった多目的研究用原子炉の故障事故の場合には、ジーメンス社は、すでに言及しているように当初は情報の公表に賛成していたが、これに対して原子力研究センターの首脳部は、はっきりと拒否した。一九六九年にBASF社の代表は、ラインラント技術検査協会における原子炉の安全に関する専門家間協議で次のように述べた。「すべての原発事故のケースにおいて隠し事をせずに話すことができればいいに決まっているが、多くの場合、それは公的な機関の邪魔が入る」と。安全の問題を巡る官僚主義的な対応が、これについて公に議論をする上での障害となっていた。原子炉のリスクの存在は公認されていないのであるから、不慮の事故が起こった際には、事故後に関係者は、こともあろうに何も知りえなかったと主張できたのである。

安全に関する公での議論を長いこと妨げていた一番の原因は、一九七〇年代に入っても続いていたマスコミの不思議なまでの無関心ぶりにもあるに違いない。一九七四年にバッテレ研究所*が連邦研究省からの委託で「原子力発電所に関する市民運動」に関する調査を実施し、その際に一九七〇年から一九七四年までのマスコミの報道についての分析を行ったところ、次のような予期せぬ結果となった。すなわち、対象となった原子力エネルギーに関する二万件の記事のうち、「原発というエネルギー源に対する異議」を唱え、それに関係する市民運動を言及に値するものであると評価していたのは「ごく一部の記事のみ」、つまり一二三件のみであった。後年、原子力ロビーのスポークスマンが、センセーショナルな事件を求めているメディアが我々に対する反対運動を呼び起こしたと主張をしたとき、皮肉なことにそれによってこれまで歴史的にメディアがいかに無関心であったのかが証明されたのである。しかし一九六〇年代から一九七〇年代初頭にかけて、一つの大きな例外があった。それは、クルト・ルジンスキーがフランクフルター・アルゲマイネ紙に掲載した記事であった。ルジンスキーは、専門的で詳細な批判をしたことによって長く孤立していたが、経営学的で技術工学的でもある彼の懐疑の基本動機は、その時代の社会批判的な傾向とは一線を画していた。原発に反対する市民運動と「新左翼」との同盟は、後の時代になってようやく実現を見るが、その実現は容易なことではなかった。

たしかに一九七〇年代初頭の原子力産業界には、情報政策に関して様々な傾向が存在し、また、リスクに関する具体的な議論への真摯な取り組みについてまだ関係者全員が認めてはいなかった。しかし、一九七三年秋に発生した中東危機にともなう予期せぬ原油価格の急激な高騰という新たな状況は、原発支持者たちに大衆の扇動という誘惑をもたらし、彼らはこの誘惑にしばしば屈したのである。一九五〇年代の後半以降、大規模な「エネルギーの途絶」への警告は安価な原油によって解決済みという印象が強まっていたが、それが今や突然真実みを帯びているかのように思われてきたのである。それまで主として輸出産業の需要で成り立っていた原子力発電所の開発は、突如非常に宣伝効果が高い社会全体の正当性の基盤を手に入れることとなった。この間にとりわけ家庭電化が進んだことによって、電気が以前よりさらに一般的になり、より身近なものとなったためになおさら正当なものと目されるようになった。どの予測もエネルギー不足が長期的には深刻化すると見ていたが、これをまるで明日の危機のように見せかけて、原子力エネルギーが偉大な救済者として称賛された。しかし、実際には原子力エネルギーは、従来のエネルギー源をただ部分的に長期間代替できるにすぎなかったのであるが。

同じ頃、原子力の専門家たちは、原子力エネルギー全体に向けられた弾劾と対峙したことをきっかけに互いに親密な関係となった。「戦時下で防空壕に逃げこんだときのような自己防衛的な心理状態」が形成されたのである。しかし、原子力技術の内部に代替選択肢や自由に意志決定できる状況がもはや存在していないこと、少なくとも世間一般が知りうるような情報の中には存在していないこともまた、結果として、そうした抵抗の全体的な性格を生み出したのである。そうした状況の中では、批判者たちには何もかもひとまとめにして否定することしか残されていなかった。どのようにしてこの状況に至ったかについては、次の項で考察しよう。

＊――一九二九年に設立されたアメリカの研究機関で、アメリカ国内だけでなくジュネーブにも研究所を置いている。フランクフルトにもバッテレ原子物理学研究所が置かれていたが、一九九〇年代中葉に廃止された。

原子力タイプを巡る議論の終結――選択肢の消滅

アルヴィン・ワインバーグは当時その分野の英雄として称えられ、後にはアメリカの原子力研究の体制批判者となった人物であった。異なる原子炉タイプについての十分な学習プロセスと経験の有効活用が必要であると唱えた彼は、すでに一九五二年に、「原子力の誇大妄想」が実験のための裁量の余地をある一つの枠内に押しこんでしまい、よりにもよってこの表向きはイノベーションの総体とされている原子力技術が「偉大な多くのテクノロジーの中のまったく融通のきかない技術」になりうることを危惧していた。なんと予言的な言葉ではないか。専門家の視野をより狭めたという点では、原子炉タイプの選択の問題ほど際立っているものは他に存在しなかった。原子炉タイプを比較し、時としてその長所と短所を列挙した長いリストを作成していた一九五〇年代及び一九六〇年代初頭を概観すると、文字どおり多様な原子炉タイプの可能性が頻繁に試されていたが、その後、一九六〇年代の後半には原子炉タイプの比較はほぼ徹底的に無視された。そして、それは文献から完全に消滅し、批判者たちによって蘇生させられることもなかった。一九七一年にゲルヴィンは、原子炉タイプの選択の問題は、「いつの間にか自然と解決したも同然だ」と断言した。「ライバルの立つ土俵が明らかになり、生き残るものの序列が明確になったために、かつて熱心に行われた特定の原子炉タイプの利点と欠点についての理論的な議論を行う基盤がなくなった」としたのである。また、ゲルヴィンは「おそらく増殖炉でも同じようにして議論されるであろう、と続けている。しかし、彼の著書が出版されたときには、すでにその分野でも既成事実ができあがっていたのである。

最初に既成事実となったのは、商業用原子力発電所の「第一世代」の分野であった。軽水炉の世界規模での導入がその転換点となったが、ドイツにおいては、その結果、重水炉路線は衰退し、最後には消滅することとなった。フランスとイギリスがなおもガス・黒鉛炉路線を支持し、ドイツも天然ウランを基盤とする独自の開発という古い計画にいまだに固執していた時代に、すでに国際社会では、原子炉タイプに関する議論は弱まりを見せていた。一九六五年に開催されたフォーラトムのフランクフルト会議では、「期待されていたガス・黒鉛原子炉と軽水炉を巡る詳細な討論は、行われることがなかった」のである。軽水炉の導入は、議論の上で勝ちとられたものではなく、設備投資金額が比較的小さいという利点や、アメリカの原子力産業と同国の原子力委員会の勢力と信望に支えられ、むしろほとんど議論もないまま行われた。ドイツにおいては、かつて非常に優遇されていた重水炉は、カナダの重水炉の成功を目前にしても、その選択肢がもはや思い出されもしないほどに忘れ去られてしまった。すなわち、ニーダーアイヒバッハの重水炉の停止によって、それはドイツの原子力発電所のリストから消し去られたのである。

一九七〇年代中頃まで「第一世代」原発の中には、重要視されることはなかったものの、最後の選択が残っていた。すなわち、加圧水型原子炉と沸騰水型原子炉の対立である。それは、一九六〇年代の終わりまで、とにもかくにもジーメンス社とＡＥＧ社間の競争によって特色といえるようなものを備えていた。しかし、この競争がなされているときですら、軽水炉のこの双方の型は十分に比較されることがなかった。ＲＷＥ社がドイツで最初の実験用原子力発電所のためにゼネラル・エレクトリック社とＡＥＧ社の沸騰水型原子炉を選択した際に、ジーメンス社の代表は原子炉安全委員会において、この原子炉タイプは「一般的に用いられている他の実用原子炉」と比較すると、「制御技術的に取り扱いが難しく、コントロールが困難である」と批判した。ＲＷＥ社の顧問であるヤロシェクもまた、この点が加圧水型原子炉に対する沸騰水型原子炉の本質的な欠点であると認めた。とはいえ、ジーメンス社自身も、ＡＥＧ社によって称賛された沸騰水型原子炉の構造がそれほど高度なものではなく単純であることを認めていた。

けれども、エネルギー産業界は、発注するにあたって、その二つの原子炉タイプのうちどちらか一つを選ばなくてはならなかった。一九六八年にＲＷＥ社は、ビブリス原発の一一四五メガワット・プロジェクトのために、まずはＡＥＧ社からの提案を求め、その次にジーメンス社にも同様の依頼を行い、結果としてジーメンス社製の加圧水型原子炉を選択した。その当時ドイツ国内においては、カール原発及びグンドレミンゲン原発における沸騰水型原子炉の長期間の操業実績しかなく、加圧水型原子炉を備えたオープリヒハイム原発は同年になってようやく操業を開始したのであった。ＲＷＥ社は、自らが運転していた沸騰水型原子炉で苦い経験をしたことがあったのであろうか。これについては、公式には否定されていた。すなわち、とがめられたのは、グンドレミンゲン原発のタービンが「原発の施設全体の設備稼働率を六四・五パーセントにまで引き下げた」可能性のある「いくつもの損傷」を受けていたこと、ただそれだけであった。しかし、マンデルは、加圧水型原子炉が本質的により優れているという印象を決して与えようとはしなかった。というのも、彼にとっては、原発供給事業者間の競争を維持することがとりわけ大事であったからである。この時代にすでに、沸騰水型タイプは、安全の点で決定的な欠点があることが確認されていた。一九六九年のミュンヘン研究所による計測技術及び制御技術の調査は「加圧水型原子炉の緊急停止システムのほうが本質的に沸騰水型原子炉のものよりも信頼できる」という結果を示していた。これは、沸騰水型原子炉において以前から指摘されていた制御の問題点を改めて証明するものであった。しかし、こうした観点は、原子炉タイプの選択においてはそれほど重要視されていなかったようである。原発運転事業者側の希望としては、原子力発電所は可能な限り停止することがないほうがよかった。いずれにしても、人は技術的な不都合が世間の耳目に達することを望んでいなかったのである。

情報不足の最大の被害者は、結局のところＡＥＧ社に他ならなかった。クラウス・トラウベは、一九七一年の終わりまでＡＥＧ社に在職していたが、それまで彼自身も含め「誰も」この沸騰水型原子炉の建設によって「財務上いかなる破局」が「二、三年後に起きるか」予期していなかったことを後になって告白した。一九七四年九月二〇日にアメリカ原子力委員会は、冷却システムの亀裂を点検するために国内すべての沸騰水型原子炉の原発を停止するよう命令を下した。それ以降というもの、この原子炉タイプは世界規模で衰退の道をたどることになった。しかし、それはむしろ静かに、しかも暗黙のうちに行われていったのである。その欠陥の原因が、沸騰水型原子炉の根本原理にそもそもあるのか、もしくは、原因は技術的な仕様のみにあるのかという分析を、人は虚しく試みた。また、加圧水型と沸騰水型との包括的な比較を試みたが、これも無駄であった。二〇一一年の福島第一原子力発電所における沸騰水型原子炉の大事故まで、この古い原子炉タイプの対立は長い間忘れられていた。一九七八年のブルンスビュッテル原発の事故は、ドイツ内において、「ブルンスビュッテル、リンゲン及びグンドレミンゲンという原子力の典型的な三大問題児のすべて」――なんと、ここではヴュルガッセンは再び忘却の彼方にあった。また、カールは、世の中ではこれまで「問題児」として扱われたことがなかったのである――が沸騰水型原子炉であるという状況に、ドイツのマスコミの注目を向けさせることになった。しかし、なぜそのすべてが沸騰水型原子炉であるのか、という疑問については、積極的に究明されることはなかった。

その展開は、産業において開発が実験段階から実践へと進展するときに技術史の中でいつも同じことが繰り返されるような、ごく普通の進行といえるのであろうか。この疑問については、技術史の長い道のりのために、まだ研究が必要とされている。少なくともそうした問いかけは、一世紀を超えてしっかりと記録されてきた蒸気機関と蒸気ボイラーの歴史に関していえば、はっきりと否定されることになる。蒸気ポンプが新しく参入した後、かなり長い時間が経ってから蒸気機関の新しいタイプが普及していったことは、よく知られている。蒸気ボイラーにおいても、様々なタイプの選別が一世紀以上にわたって行われていた。むろん、やや古いものとなった技術史とのコントラストは、誇張されてはならない。というのも、原子炉の場合もまた、理論どおりに実験が新しいことの出発点となることは、必ずしもなかったのである。むしろ、非常に短い実験の時代の後に、商業用生産への移行についてその時代にはっきりと決着がつけられたこと、それどころか、実験結果が期待されることも有効に利用されることもほとんどなかったことは、めまぐるしいテンポ、高いリスクと膨大なコストをともなって性急なテンポで行われ、また官僚主義的、大企業的な慣性という負荷まで抱えた原子力技術開発の新たな現実であった。技術的に将来性のある構想が、時間が足りないとして何度も拒否されていたので、実験の時代が長続きしていたら原子力技術の諸問題の違った解決策が活発に出てきたかもしれないという憶測には根拠があったのである。

反原発運動が起きる

核兵器反対キャンペーンとの連続性と断絶

反原発運動はドイツ連邦共和国の歴史上、最大かつ最も影響力ある大衆運動であるのに、その運動の歴史のための標準版となる書物は今日に至るまでない。幅広くしっかりした資料出典を求める歴史学者にとって、この分野での標準版をつくることは容易ではない。とはいえ、その成立の諸状況や前後関係、さらに抗議の初期の段階については、これまで入手できた資料を基礎にして明確な輪郭が得られている。そうしたものの中には、原発に反対する者の現在の意識の中にはもはや存在しないものもある。この点に関していえば、それが実際に原子力技術の持つ特殊な危険によって誘発された運動であったのか、それとも、別なものから派生的に生じて原子力発電所に向けられた反対運動と解釈すべきか、という決定的な問いかけに答える手がかりが得られる。

この場合、原発への不安は核兵器への恐怖に起因するもの、すなわち、核兵器への不安が形を変えて「原子力の平和利用技術」に投影されたものだ、という推測は、とりわけ自然なものである。これについて原発の宣伝者たちは、証明済みの事実を語るかのように、「原子力の平和利用」がひどく不当に扱われているといった趣旨のことをしばしば語ったものである。一方、これとは逆のことを物語るのは、その当時、連邦国防軍の核武装に反対するほとんどすべてのキャンペーンの特徴となっていた原子力の軍事利用技術と平和利用技術という仕分けである。かつての原子物理学者のゲッティンゲン宣言によって裏打ちされたその区分は、民生用原子力技術はまさに原子爆弾の対極を意味するものであり、核兵器反対者にとって自分と民生用原子力技術との一体感が確認できる肯定的な対象となりうるものであるというイメージを抱かせるに至るまで、軍事的な原子力技術と平和的な原子力技術を鮮明に仕分けるものであった。つまり、少なくともその当時の核兵器による死に反対する諸宣言の主流においては、後年の反原発運動とのはっきりとした断絶が存在したのである。それゆえ、一九六〇年代に出版分野において初期の反対運動の最後の走り使いをしていた雑誌『原子力時代』が、よりによって原子力エネルギーが現実のものとなり、だからこそそのリスクをより詳細に分析する必要があったはずの時代（一九六八年）に刊行を中止したことは、象徴的なことと見なされる。

一方、幅広い国民各層の生の感じ方はといえば、一九五〇年代の原爆への恐怖は一九七〇年代における原子力への不安につながっていたのである。種々のアンケートに示されるように、国民の中にはゲッティンゲン宣言後も原子力全体についての根本的な不信が存在し、これが民生用原子力の上にも広がっていた。一九五九年には、質問を受けた市民二〇〇〇人の一七パーセントが、原子力エネルギーはいつの日か核戦争に帰結するという恐れを抱いていることを認めた。これに対して、手放しで原子力を歓迎するとした者は、わずか八パーセントであった。別のアンケート結果にも見られるように、一九六八年になってもなお「原子力」は、もっぱら原子爆弾を連想させるもので、原子炉に結びつけられることはごく稀であった。にもかかわらず、核兵器の潜在的危険により引き起こされた驚愕から原子力発電所に対する批判的考えがどの程度まで意識的かつ能動的に生まれ育っていったのか、つまり、原子力へのやみくもな恐れが十分に考えられないまま単に増殖していっただけではなかったのか、という点については、典型的な回答の事例の中では容易に突きとめることができない。いくつものアンケート結果は、そうした連続性とは逆の材料を提供している。一九五九年の回答者にあっては、六〇歳代以上の回答者が原子力に対してことのほか懐疑的であった。一九七九年のあるアンケートでは、若い世代がむしろ懐疑的であった。この二つの事例において、いうまでもなく男性よりも女性がはっきりと不安を示していた。

とはいうものの、原爆反対運動の中には、傍流ではあったが、放射性物質の使用に対する根本的な憂慮へと通じる流れがあった。そして、それらの一部は、一九五六年に設立された「原爆被害反対闘争同盟」に結集し、また、同じ頃これとは別に創刊された雑誌『良心』（原子力濫用及び原子力の危険に対する闘いのための刊行物）において発言したのである。わけても良心誌は、原子力への最初の陶酔が去った直後から、注目に値するほど急速に民生用原子力技術についても基本的に反対するようになった。同誌や「闘争同盟」には、すでに後に反原発運動の主導者や唱和者となる何人もの人物が集まっていた。「闘争同盟」設立のイニシアチブをとったのはデトモルトの医師ボド・マンシュタインであったが、彼が一九六一年に出版した網羅的な内容の著書『進歩という絞め技』は——率直な質問という形をとったものであり、また、原子力技術に関する詳しい知識がないものではあったとしても——原子力の平和利用について批判的に強い調子で注意を喚起し、また、時代を早々に先取りしたもので、環境保護の文脈で原発を批判したドイツ初の著名な出版物と見なされるものであった。

一九六〇年に設立された「いのちを守る世界同盟」は、原子力に関する初期の批判者同士の連絡を保つことに寄与した。その後この団体は、原子力発電所に反対する初期の論者たちを支えた。初期の反原発運動の育て役となったのは、「闘争同盟」と『良心』の設立時メンバーであった物理学者のカール・ベッヒェルトであった。後年、原子力技術反対に異議を唱えて最も大きく世論に影響を与えることとなったローベルト・ユンクもまた、良心誌において創刊号から論評活動を行った。時には運動を担う人的な「基盤」にも連続性があった。たとえば、ヴァイスヴァイラーの漁師であり、旅館の主人であったバルタザール・エーレット[*1]は、ヴィール原子力発電所に対する現地の抵抗の指導的人物であったが、彼は、かつて「核武装に反対する復活祭行進に特に肩入れした」のである。

原発反対者に初期の核武装反対のイースター行進運動[*2]とのある種の「政治的な遺産相続関係」〈カール・オットー〉があったことは、少なくとも推測しうる。つまり、スタイル、構造、そして社会的プロフィールにおいていくつもの似通ったところがあったのである。いずれのケースにおいても肝要なのは、一点集中型の運動である。それは——原理原則に関する問題の議論で消耗するのを避けるために——ある一つの特定の対象への抗議だけを結束のシンボルとしつつ、社会政策的結果という観点からするとそれ以上の全体を拘束するようなコンセプトは示さない運動であった。その二つの運動は、階層も職業も地位も一様でない人々からなるものであったこと、福音主義教会〈プロテスタント教会〉の牧師が特別な役割を果たしていたこと、さらに、シンボル的な行動を好んだある種のこだわりがあったことを特徴としていた。

米国では、連続性はより明確で、直接的であった。その地の一九五〇年代と一九六〇年代初期の抗議運動は、その超大国においてはもはや変わりようのない事実同然であった核武装に反対するものというよりも、むしろ核実験の継続への反対を志向していた。それは、「死の灰〈放射性降下物〉」の危険に目を向けさせた。だから、原子炉の放射性残留物に存在する危険性へと目が容易に転じたのであった。すでに核実験反対のキャンペーンを行った「パグウォッシュ会議」では、折に触れて民生用原子力エネルギー利用に対する疑念が声高に表明されていた。核実験反対の地方中心地は、特に大量の死の灰にさらされた地域の中にあるセントルイスであった。その地で一九五八年に科学者や一般市民によって設立された原子力情報委員会は、各種の催し物や報告書『セントルイスにおける核戦争』（一九五九年）、月刊誌『原子力情報』をもってすでに世間一般にかなり知られていた。この委員会は、原子力発電所に関する批判的な情報が集まる最も初期の組織にもなっていた。こうして一九六三年から一九六四年にかけて、同委員会は、カリフォルニア州で計画されたボデガ湾原子力発電所[*3]の反対者たちに、起こりうる故障事故の影響に関する詳細な情報を提供したのである。また、モンティセロ（ミネソタ州）近郊のミシシッピ川沿岸に計画された二つの原発は、米国で幅広い反響を呼び、原発に対する継続的な反対運動の先駆けとなる運動を生んだが（一九六九年）、両原発への反対者たちは、反対の論拠の大部分を死の灰論争の場からとっていた。

軍事用原子力技術の反対者と民生用原子力技術の反対者たちをつなぐ重要な要素は、米国では原子力委員会（ＡＥＣ）の「プラウシェア」計画、すなわち公式には民生用とされた地下核爆発の行動計画に対する抗議であった。この計画は、大気圏内での部分的核実験禁止条約（一九六三年）で放置された抜け穴を利用したものであった。民生用の核爆発と軍事的な核爆発との間に技術的な違いが何もないことは、誰の目にも明らかであった。しかも、そのように平和利用の原子力技術と戦争用の原子力技術が仕分け困難なほど相互に絡みあっていたことは、いまだかつてなかった。加えて、その種の実験は、少なくとも地域的な枠組みの中では放射性降下物問題を改めて表沙汰としたのである。「プラウシェア」計画は放射線生物学者のジョン・ゴフマンとアーサー・タンプリン[*4]の声高な激しい反対を燃えあがらせ、彼らはアメリカ原子力委員会を傲慢な暴君たちと無責任な虚言者たちからなる専門委員会であるとしたのであった。ドイツ連邦共和国でドイツ原子力委員会に対してそのような非難がなされることなど、到底考えられなかった。

原発に対する批判は、それによって激しい語気を帯びることとなり、そしてまた、この語気はといえば、ベトナム戦争への燃えあがる怒りと呼応した。子供たちに生じた放射線障害について警鐘を鳴らしたアーネスト・Ｊ・スターングラス[*5]の主張は、一九六九年以来世の中に衝撃を与え、ゴフマンとタンプリンについての評価をも上回るものとなったが、それは、まずは核実験の影響に関するものであった。とはいえ、低レベル放射能の晩発性損傷についての示唆は、原子力発電所をも怪しげなものとしたのであった。上述のアメリカの抗議運動の始まりの諸状況は、原子力施設に関する後年の批判の中でも継続していた。もっとも、ドイツの批判者たちの場合とは異なり、米国では核拡散の危険が中心にあるものではあったが。核拡散禁止への関心は、米国では国家権力の関心と一致したので、この点で幅広いコンセンサスが実現し、このコンセンサスは、ジミー・カーター[*6]大統領のもとで正式な政策となったのである。

「放射能よりも、むしろもっと活動的に[*7]」というドイツの原発反対者たちの闘いのスローガンは、まずは太平洋におけるフランスの核実験への反対キャンペーンとして、「ムルロア環礁における放射能よりもニュージーランドでもっと活動的に」という形で出てきた（一九七二年）。そのとき初めて、グリーンピース[*8]が世界的に評判となったのである。けれども全体として見れば、どちらかといえば核兵器反対運動に対する非連続性が際立って目につく。まさに核拡散防止条約を巡る激しい論争は、タイミング的にも内容的にも両者のつなぎ役となってもいいものであったが、むしろ実際には一九七〇年代の原発紛争の情勢とは様相を異にしていた。核拡散の危険を示唆する記述は、批判的な文献の中では欠けることはなかった。しかし、そうした危険が潜在することは、原発反対の最も初期の段階では運動の出発点かつ主たる標的として見られていたものの、一九七〇年代における反対運動の最初の絶頂期にはほとんど認識されることがなかった。その当時、核兵器を示唆することは、むしろ原子力ロビーの陽動作戦の役割を果たしていたのである。

心理分析的な視角から見ると、まさに核戦争の危険についていつの間にか注意が払われなくなったという状況は、重要なことと考えてもよいであろう。その状況から、一九五〇年代から一九七〇年代にかけて、原子力への隠れた不安が連綿と続いているのが見てとれる。そのための模範例の一つとしてエドワード・テラーは役に立つ。彼は、核実験の危険性をいつも故意に些細なこととして扱い、また、「プラウシェア」計画の最終的な放棄を歴史的規模での国家的破局と嘆いたが、しかし、その一方で、原子力発電所や増殖炉のリスクについてのきわめて早い時期の著名な警告者でもあった。とはいえ、テラーが原発批判者のメンタリティーを典型的に表しているとは言い切れない。核兵器の切迫する危険について長いことほとんど注意が払われなかったとすれば、このことは、平和への新しい動きが始まる前の、まさに一九七〇年代には東西関係の調整が各方面で安定的と考えられていたことによって説明できる。これはまた、原子力の反対者の強迫的行動という仮説を否定するものでもある。一九七〇年代末に始まる平和への新たな動きの急速な広がりは反原発運動の少なからぬ部分を明らかに取り入れたものであったが、それは、民生用原子力施設への抗議が核戦争の危険に反対する何らの精神的なバリケードを築かなかったことを遅ればせながら証明している。

＊1――バルタザール・エーレットが経営者であったライン河畔の旅館兼食堂「漁師の島」は、ヴィール原発と、対岸のフランスのアルザス地方、マッケンアイムで計画された鉛化学工場に反対する市民イニシアチブの拠点となった。エーレットは、有名なスローガン「今日は魚だが、明日は我が身だ」を生み出し、反原発デモの先頭に立った。

＊2――デモ行進の形態で行われた平和運動もしくは戦争反対運動。一九五〇年代のイギリスの反核兵器運動に遡るが、ドイツでは、核弾頭搭載地対地ミサイル、オネスト・ジョンの試射を契機に一九六〇年の復活祭の時期にコンラート・テムペルのイニシアチブで始まった。

＊3――カリフォルニア州のボデガ湾でパシフィック・ガス・アンド・エレクトリック社が建設を計画した原発は、断層による耐震安全性を危惧した約六年に及ぶ住民反対闘争の結果、一九六四年に建設が断念された。

＊4――ジョン・W・ゴフマン（一九一八～二〇〇七年）はアメリカの化学者、医学者。カリフォルニア大学バークレー校教授、国立ローレンス放射線研究所副所長を歴任。放射線の影響の疫学的研究に取り組んだ。一九七三年にカリフォルニア大学教授を辞し、原子力の危険性を伝える市民運動に挺身した。アーサー・W・タンブリンは、生化学・生物物理学者。ローレンス研究所のバイオメディカル研究部門のグループリーダ

ーとして、特に核実験による放射性降下物の人体への蓄積に関する研究の責任者であった。
＊5――アーネスト・J・スターングラス（一九二三～二〇一五年）。ベルリン生まれのアメリカの物理者。ピッツバーグ大学教授等を歴任。核実験の放射性降下物や原子炉から出る放射性廃棄物の人体への影響に関する疫学調査で知られる。
＊6――ジミー・カーター（一九二四年～）。民主党出身の米国第三九代大統領（一九七七～八一年）。二〇〇二年にノーベル平和賞受賞。ソ連との間で核兵器に関する第二次戦略兵器削減交渉を進め、条約を締結した。
＊7――ドイツ語原文は「ラディオアクティーフよりも、むしろもっとアクティーフに」である。「ラディオアクティーフ（放射能）」という語に「アクティーフ（活動的）」という語を掛けた一種の掛詞、駄洒落的なスローガンである。
＊8――一九七一年にカナダのバンクーバーに設立された環境・自然保護を目的とする国際的なNGOで、核実験反対、反捕鯨活動で有名。

原子力施設への反対

「原子力に関する論争の顕著な特徴」は、一九七九年の原子力産業誌のある記事が正しく観察したように、その対立が「長年経過する中で、目標の方向、手段、方法を頻繁に変化させた」ことである。このことは、かなり早い時期に同じようにして原子力を肯定する側から提示された次のような主張に反するものである。すなわち、長いこと「原子力論争」に強く関わると「限られた人間のグループが同じように限られた語彙や論拠をもって」台頭することや、「そうした論拠が」「反論や反証によってほとんど影響されることなく」「繰り返し新たなもののように示される」ことが確認できる、という主張である。そうした印象は、時間軸を広げてみても、歴史の回顧によって証明されることはない。むしろはっきりするのは、時期的に重なりあうことはあるとしても、原子力施設反対運動の中に一九六〇年代以降、明らかに様々な段階があるということである。これを根拠にして次のことが推測される。すなわち、それらの抗議運動は歴史的な関連や学習プロセスを有していること、また、広島の原爆投下に帰する悪夢から生まれた単なる抑圧された恐怖症ではないことである。

原子力産業の歴史の場合と同じように、反対運動にあってもまた、アメリカにおける同時並行的な動きとの比較は重要であり、また、多くを説明してくれる。ドイツの原子力技術は米国を広く志向したので、反対運動がアメリカから強い刺激を得たとしても、それは理にかなっている。実際、力強さと粘り強さを持ったドイツの反対運動と最も容易に比較できるのはアメリカにおける反対運動であり、これに対して、アメリカの原子炉技術を受け継がなかった、もしくは後になってようやく取り入れたイギリスやフランスにおける反対運動は、はるかに弱く、散発的なものであった。

もっとも、ドイツの反対派とアメリカの反対派との間には特徴的な相違があった。すでに叙述したように、米国での原子力への批判は、ドイツにおけるものよりも核実験反対のキャンペーンから発するところが大きかった。この起源は、反対派の社会的なプロフィールをも特徴あるものとした。すなわち、米国の運動は、最初から知識人層や研究者たちを後ろ盾とするものであった。当事者である住民の地方的な抵抗の中と同じように、たしかにそこにもその起源があったのである。これに対して、ドイツの運動はといえば、地方の非知識人層の中に端を発するところが大きかった。アメリカの運動は、すでに早い時期に原子力に関してトップクラスの人々を自分たちの陣営に擁していた。たとえば、アメリカ原子力委員会の初代委員長であり、ニュー・ディールのカリスマ的指導者であったデビッド・E・リリエンタールである。他でもない彼が一九六三年に、その当時行われていた原子力発電所の宣伝に関して辛辣で懐疑的な本を出版したのである。これに対して、ドイツの反対派は、最初は専門家たちからほとんど相手にされず、孤立状態にあった。ちなみに、アメリカにおける批判の連続性は、原子力エネルギーの経済的なチャンスが幾度も悲観的に評価されていた一九五〇年代終わりから一九六〇年代初めにかけての局面を回顧させるほど長く、その源流を遡ることができるのである。一方、ドイツの運動はといえば、原子力ブームの真っただ中に生まれたのであった。

アメリカの反対運動の起源が知識人層により強くあったことと呼応して、米国ではドイツ連邦共和国における以上に長期にわたって、反対運動の重点は行動ではなく議論にあった。ドイツ連邦共和国における反原発運動は、早くも一九七五年二月にヴィール近郊の原発建設用地を占拠することで実力行動へと踏み出したが、これに対して、米国では一九七七年四月三〇日のシーブルック原発建設用地の占拠によってようやく「飛躍」が成し遂げられ、ある論者は、その日をもって「全国規模の大衆運動」に拡大した日と印したものである。つまり総じていえば、ドイツの運動をアメリカの運動の単なる模倣として特徴づけることはできない。アメリカの批判者たちは、一九七〇年代にはドイツの同志たちに対して、原子力技術の弱点に関する詳細な情報の点ではるかに先行していた。もっとも、そうした情報がドイツの反対運動を引き起こしたわけではなかった。ドイツにおいて、それは徐々に取り入れられた。しかし、そうすることによってドイツ連邦共和国でもまた、地方的な抗議活動と批判的な知識人層との同盟関係が初めて可能になったのである。一九六八年の学生蜂起*においても、原発はまだテーマとならなかった。これに対して、一九七〇年代が移りゆく中で「一九六八年学生蜂起世代」の人々は、大挙して反原発運動に流れこんだ。彼らの多くにあっては、原子力は抵抗の標的としては第二の選択であったが、そうであっても、彼らは地方的な反対運動の主唱者たちの政治的能力のネットワーク化に本質的なところで寄与したのである。

ドイツ連邦共和国でもまた、「本来的なものとは違う」原発論争から「本来的な」原発論争への移行が際立ってくるのは一九七〇年代前半である。それまでほとんど常に地方に限られていた、原子力技術関係施設の建設への抵抗が原子力技術の特性とは違う視点――排水による河川の水温上昇、工業コンビナートによる農地の破壊など――をしばしば前面に押し出していたとすれば、一九七三年から一九七四年にかけての時代以降については、反対運動が地域を超えた広がりのものにレベルアップすると同時に、原子炉技術や核燃料サイクル技術について反対する取り組みが拡大し、批判の標的を定めていく様相を目で追うことができる。それ以前の反対運動の原子力技術開発の取り上げ方は、むしろ偶然といった風情のものであったが、今やその運動は、原子力技術開発の弱点それ自体から発する思考論理を次第に備えるようになっていったのである。

＊――一九六〇年代後半に欧米や日本など各国でベトナム戦争反対などを訴える学生運動が起き、ドイツ連邦共和国でも一九六七年六月の学生射殺事件や一九六八年四月のルディ・ドゥチュケ暗殺未遂事件を契機に多くの学生、市民が参加する大規模な反体制の抗議運動に発展した。このドイツにおける動きを総称して「一九六八年運動」、あるいは「一九六八年学生蜂起」（学生反乱）という。また、この運動に関わった世代を「一九六八年世代」あるいは「一九六八年学生蜂起世代」という。

地方自治体の抵抗

原子力技術に対して行政面で最初に立ちはだかったのは、水利の問題であった。この抵抗は、通常は個々の地方自治体を超えて行われた。「議会外の反対派」や市民イニシアチブといった活動形式がまだ時代の傾向ではなかったその頃には、自治体の首長や市議会・町村議会がその抵抗の担い手であることは、ごく普通のことであった。その種の公的なやり方で進められた抗議は、再三にわたって成果を上げた。原子力施設の許認可を手にした州の官庁がまだ原子力エネルギーの支持を明確にしていなかった時代については、特にそれがいえる。住民投票による反対運動が全面的に注目を集めた一九七〇年代を通して、やはり地方自治体は、原子力プロジェクトに対する目立たない反対役ではあったものの、何度も効果的に働いたものであった。

カールスルーエとユーリヒの原子力研究施設のための立地計画は中枢的原子力研究機関の将来の規模をまだ想定させるようなものではなかったが、地方自治体は、いずれの原子力研究施設のための立地計画策定に際しても早々に反対したのであった。そもそも、カールスルーエ原子力研究センターは都市に近接した場所に、後のユーリヒ原子力研究施設はケルンの近くに計画されていた。しかし、両者は、いずれも辺鄙な森林の中に移されざるをえなかった。けれども、そこでもまた邪魔されずにはいられなかった。すなわち、最初の研究用原子炉の建設は、すぐさま抵抗に遭ったのである。最初のカールスルーエの原子炉建設に反対する、周辺の町村フリートリヒスタールとリンケンハイムの訴訟は、一九五七年に全国規模でマスコミの大々的な見出しとなった。もっとも、その大きな見出しはといえば、提訴した者を時代遅れの被害妄想の者と見なすよう仕向けたものであった。それは、原子力への最初の陶酔の時代のことであった。

ところで、その訴訟には、理由がまったくないわけではなかった。というのも、実験が行われる研究用原子炉は、わずかな容量にもかかわらず、通常の発電所用原子炉よりも危険性が大きく、さらに、原子力法制が欠けていたので大災害が起きた際の賠償はまったく法的に整備されていなかったからである。カールスルーエ地方裁判所は、その訴訟を棄却するにあたって「公共の利益」をよりどころとした。批判的な世論が欠けていた時代の、あってもおかしくないような論証のスタイルである。一九六〇年初めに「デューレン、ユーリヒ、オイスキルヒェ及びその周辺町村産業団体連合会」は、ユーリヒ近郊における原子炉建設に対する異議申し立てを行ったが、その提訴の中で彼らがとりわけ主張したのは、風評被害への恐れであった。

カールスルーエ界隈では、その地で使用済み核燃料再処理試験施設（ＷＡＫ）の建設（二一二頁参照）が動き出した一九六六年から一九六七年にかけて新たな抗議のうねりが起きた。この抗議は、原子力に関する諸問題の核心につながるものであったが、しかしながら、地域を超えて注目されることはなかった。その一〇年後になって、ようやく再処理試験施設は原子力技術の中でも最もリスクの高い領域であることが、世間一般に広く理解されたのである。カールスルーエ市は、かつては、そうした反対に逆らってでもその原子力の中心施設を市域に誘致しようと尽力したものであった。しかし、他の多くの都市と同じように「緑の中の都市」のイメージを大切にするようになった市当局は、市の広報パンフレット類の中にカールスルーエを代表する名所の一つとして原子力研究センターを載せることを、なんと後になって故意に避けたのであった。

ニュルンベルク市は、飲料水についての懸念から拒否権を行使したが、この結果、最初の実証用原子力発電所は計画どおりにベルトルトスハイムに置かれず、〈約五〇キロメートル南西の〉グンドレミンゲン近郊に設置されることとなった。この地でそのプロジェクトは、「グンドレミンゲン・オッフィンゲン原発の危機打開の会」の抗議活動に遭った。しかし、この抵抗が将来徴収されることとなる営業税の税収という魅力によってすぐに沈黙するであろうことは、目に見えていた。地方の抵抗は、岩塩鉱山アッセに計画された放射性廃棄物貯蔵施設に対しても起きた。しかしながら、この抵抗もまた、当時は効果を上げず、さらに放射性廃棄物問題はすでにその頃早くも世間の耳目を集めていたにもかかわらず、表面的にはほとんど注目されることはなかった。所管省のある課長は、一九六五年に「住民側の抵抗は、原子力施設がプロジェクト化された地において常に予期されるもの」と、宿命論的な、しかも、無表情な口調で述べたものであった。

「時代遅れの」抗議——ウラン採掘に反対したメンツェンシュヴァント村

きわめて大きな影響があったのは、ウラン採掘に反対するホッホシュヴァルツヴァルト地方のメンツェンシュヴァント村[*1]の長年にわたる抵抗である。この抵抗は、初期の地方的な反対運動の典型的な特徴をうかがわせるものであるので、なおさら詳細な叙述をするにふさわしいものである。メンツェンシュヴァントにおけるウランの埋蔵が発見されたのは、一九五七年からであった。続く時代に、ドイツ連邦共和国の他の埋蔵地でのウラン採掘が不採算であることが判明し、また、連邦政府の助成がないことからそれらが操業停止となると、メンツェンシュヴァントは、なおもドイツ連邦共和国の核燃料の自給自足に向けて努力した人々の希望の星となった。たとえば、誇張したいくつもの記事が、マスコミに現れた。たとえば、こうである。口にされたのは、「ドイツ連邦共和国最大のウラン埋蔵」だけでなく——メンツェンシュヴァントにおいて人が嘆いたように——なんと「ヨーロッパ、いや、世界最大のウラン埋蔵」であった。

ウラン採掘作業が村の抵抗で停止となったときの大きな憤懣については、そのことから説明がつく。メンツェンシュヴァントにおけるウラン埋蔵は「そのウラン含有量からして世界でも最も豊かな鉱床」であると思いこんだフランクフルター・アルゲマイネ紙は、「ドイツのウランの悲劇」を記事にした。連邦経済大臣シュトルテンベルクは、報道陣に対して、メンツェンシュヴァント住民に洞察力がなかったのでドイツ連邦共和国に「大きな経済的被害」が生じた、と伝えた。連邦地下資源研究所の所長は、ドイツ原子力委員会の「燃料」作業部会の名前で、ヴィンナッカーに宛てて次のような書簡を送った。「世間一般に認められているとおり連邦共和国の公的な利益となる」その採掘作業の息の根を止めることは、「実行可能なありとあらゆる手段を使って阻止されねばならない」。そして、彼は、あたかもドイツ原子力委員会が最高の権威であるかのように、次のように述べたのである。もし連邦領土内にある地域レベルの裁判所が委員会の勧告をやすやすと無視するとしたら、「ドイツ原子力委員会の威信は危機にさらされることとなる」、と。

しかし、まさにそれが、シュヴァルツヴァルトのその村の強情な村長にはできたのである。村の経済的な利益は、最初からはっきりしていた。すなわち、その頃、力強い成長基調にあった観光・保養は、近くのクルンケルバッハタール谷でのウラン採掘によって壊滅の危機に脅かされたのである。いつも同地で余暇を過ごす常連客たちは、ウラン採掘はどうなるのかと、手紙で問いあわせた。メンツェンシュヴァントの保養事業責任者は、「その作業が継続される場合には、保養などで訪れる者の大部分が遠ざかることとなる」と、不安を口にした。警鐘の声が広く行きわたった。もっとも、村のそれからの行動の決め手となったのは、後に苦境に喘いだ多くの自治体仲間とは違って、この村が「上部」から見捨てられなかったという状況であった。すなわち、この村は、郡長や、区裁判所、地方裁判所から、そして、州政府そのもののかなりの部分から、抵抗に際して支持を得ていたのである。それより前（一九六〇年）にブルンヒルデ共同鉱山会社に採掘作業権を与えたはずのバーデン・ヴュルテンベルク州経済大臣その人も、州議会において、「観光保養の村として栄えている」メンツェンシュヴァントの存在が危機にある、と表明した。州文部大臣もまた、自然保護という名目で村の後ろ盾となった。連邦研究省とドイツ原子力委員会は、長年にわたって「州の諸官庁の引き延ばし戦術」を嘆かざるをえなかったのである。

そうした状況のもとで、メンツェンシュヴァントの人々の、州の諸機関への信頼は保たれていた。住民投票や超法規的な戦略を考えることはなかった。また、市民イニシアチブのようなやり方で反対運動を独り立ちさせる考えもなかった。攻撃的な口調でスキークラブを代弁したある保養客は、愚直なメンツェンシュヴァント村長ヴァルター・シュラーゲターの闘争心を煽ろうと次のようにたきつけたが、それは無駄な骨折りであった。「ボーリングや、ダイナマイトの爆破が我々を二度と驚かすことのないように、ボンの連邦政府の諸計画に反対の立場をとり、抵抗の闘いをしよう。そして――シュトルテンベルク大臣がもし姿を見せるようなことがあれば――大臣を追い払おう。私は、そうしたことに熱心に身を捧げよう。というのも、ボンは、すでに多くの災いを引き起こしてきたからだ」と。とはいえ、彼の具体的な提言は、それほど好戦的なものではなかった。彼が勧めたのは署名集めだったからである。しかし、村長はこれを承諾することは決してなかった。

ドイツ国産ウランへの渇望に反対する、その当時最も重要な根拠が何であるか、村長は早い時期にわかっていた。それは、国産ウランの採掘が市場経済的にナンセンスだということである。一九六二年に彼は、ある報告書で次のように強調している。「ドイツ連邦共和国が、近年大きく下落した国際市場価格を考慮して比較的安い価格の外国産ウランで需要を賄う」ことができる限りは、ドイツは農業地域や自然保護地域を維持すべきだ、と。彼の最も重要な武器となったのは、一九六六年に出されたカールスルーエ工科大学の地質学者の調査評価書であった。その結論は、メンツェンシュヴァントのウラン埋蔵量はそれまでのいくつもの調査評価書によって非常に過大評価されていた、というものであった。その限りでは、村の抗議はすでに学問的な専門性に支えられていたのである。

それにもかかわらず、よりによって放射能の危険が語られることはなかった。たしかに「多くの客が二度とメンツェンシュヴァントには来ないと、はっきり言った。というのも、彼らは危険に身をさらしたくないからだ」という事実については、気づかれていた。しかし、その危険がいかなるものであるかについては、それ以上究明されなかったのである。たとえば、ウランの放射能とその有毒性が自明の理であることを、その理由とすることはできない。むしろ人々は、問題のその面について実際何も懸念しておらず、むしろ採鉱作業で流入した外国人労働者のことを心配していたのであった。加えて、実際、シュヴァルツヴァルト速報紙は原子力エネルギーが本当に石炭より安くなるのかどうかまだ解明されていないことを折に触れて示唆していたが、しかし、人々は原子力エネルギー開発を根本から問題にすることなどほとんど考えもしなかったのである。

一九六〇年代末頃、穏便な和解が成立した。採鉱作業は、局所的な試掘に縮減された。また、外国人に代えてその土地に昔から住む労働者が採用され、さらに隣村のヒンターツァルテンの会社が事業に関わることとなった。観光・保養の急成長は継続したのである。すべてが終わった後になって、メンツェンシュヴァントの抵抗が一九七〇年代の原発を巡る対立からいかにかけ離れたものであったかについて光を当てるような奇妙な小話があった。遅ればせながら、人々は、ウラン鉱床から発する放射線についてようやく理解し、なんとこれを肯定的な情報、すなわち保養事業の拡大を可能にする手段として利用したのである。その根底にあったのは、放射能をもっぱら治療手段として理解していたかなり早い時期の見方であった。雑誌出版者のフランツ・ブルダはメンツェンシュヴァントの地に狩猟権を持ち、ウラン採掘への抵抗を支えた人物であったが、彼はウランから放出されるものを療養に利用する計画へと村の住民たちを駆り立てた。メンツェンシュヴァント近傍の埋蔵ウランと「それによって生じた放射能を帯びた環境を何らかの方法で保養事業に組みこむことは不可能なのか」という調査が発注されたのである。

商魂たくましいある医師がそうした計画を後押しした。場所をどこにするか、文字どおり熱狂的に調べられた。当時の村長シュラーゲターが筆者との対談で回想したように、多くの村の住民が「金箔がほどこされたドアの取っ手」がある新時代を期待して、家屋を増築して大きくした。メンツェンシユヴァントはラドン温泉、すなわち、「シュヴァルツヴァルトの温泉地」となる定めにある、というのである。ブルダが出資した「保養事業会社」が設立された。あろうことか、同社は、かつて闘った相手であったブルンヒルデ共同鉱山会社を使ったのである。しかし、ラドンを含有した水は、ごくわずかであることが判明し、保養事業会社は倒産した。その後一〇年ほどしてフライブルクの「放射線防護作業グループ」がなおも続いているウラン採掘作業のいかがわしさについて調査しようとしたとき、そのグループは、多くの村民たちに拒絶されたのであった。

一九七〇年代半ばまで土地ごとに地方で局所的に行われた原子力施設反対運動は、専門的な能力を有する科学者たちによる支援を欠いていることに苦しんでいた。とはいうものの、すでに一九六〇年代を通して「いのちを守る世界同盟」に、懸念を抱いた医師や生物学者のグループが集まっていた。学生蜂起が頂点に達した一九六八年には、初期の原子力批判書と違って、妥協のない厳しい調子で民生用原子力技術を弾劾することに注力した最初の二冊の本が出版された。その二冊の本は、その当時、新左翼とは縁遠い、世に知られていない存在であった原子力批判を記録したものである。コルベット艦の艦長であったエルンスト・ヤッケルは、すでに一九五〇年代に原子力エネルギー反対キャンペーンを張っていたが、彼の本（『原爆よりも命取りとなるもの――原子力は生命力を犠牲にする』[*2]）は、西側諸国を知らぬうちに破壊するというボリシェビズムの陰謀を原子力エネルギーの中に見てとったものであった。このイデオロギー的な恐怖が要因となって彼は、キリスト教民主同盟のある国会議員の連邦政府に宛てた説明要求の対象とされたのであった。その頃ヤッケルは、原子力反対の闘いをＶＥＢＡ社[*3]の株主総会で行った。同社の子会社であるプロイセン・エレクトラ社がヴュルガッセン原発を建設していたからである。そこで実際に故障事故が発生したとき、ハンデルスブラット紙は、『ミヒャエル・コールハース』[*4]の特徴を帯びたそのコルベット艦艦長に大々的な見出しを進呈したのであった。

一九六八年に出版されたオーストリア人のギュンター・シュヴァブ[*5]の論争的な書物『明日は悪魔が君を連れに来る』もまた、同じように広範な内容を有していた。自然をテーマとした著述家であったシュヴァブは、一九五九年に「いのちを守る世界同盟」を設立し、また、早くも一九五八年には民生用原子力技術の危険を指摘していた。科学者を保証人として引きあいに出すことができたシュヴァブは、原子力技術に反対する根拠に驚くほど幅広い視点をすでに持ちこんでいたが、しかし、同時にまた彼は、科学には縁遠かったその頃の原発批判者たちの状況が、理性的な根拠を持つ批判に魔物のような衣を着せて人目にさらそうとするような面を持ちあわせていたことを示した。モーリス・ジョリー[*6]の書『地獄に落ちたマキアヴェリとモンテスキューの対話』を思い起こさせるような筋書きの中で、地獄における悪魔同士の原子力技術に関する賛否両論の議論が描かれている。それは、ドイツ連邦共和国の現実世界に関してその種の議論がまだ存在しなかった時代の作品であった。にやにや笑った悪魔は、人間が原子力そのものによって破壊されるさまを見て楽しむが、その際、彼らは、合理的な議論のために山と積まれた、目を見張るような論拠を挙げるのである。その本が出版されると、すぐに「いのちを守る世界同盟」議長のマックス・オットー・ブルカー[*7]は、ヴュルガッセン原発反対の最初の論争においてギュンター・シュヴァプを引きあいに出した。かくしてヴュルガッセン原発を巡る対立は、「本来的なものとは違う」原発論争から「本来的な」原発論争への移行の頂点と見なされるのである。

＊1――シュヴァルツヴァルト地方の最高峰でスキーのメッカとしても知られるフェルトベルク山を擁する観光・リゾート地。

＊2――ロシア革命の経験とレーニンの思想理論を核とするマルクス主義の潮流（レーニン主義）の思想、立場。

＊3――一九二九年にプロイセンの鉱山会社数社が合併し合同電力鉱山株式会社として創立された（VEBAはその頭文字を組み合わせたもの）。第二次世界大戦後、一次、連邦の持ち株会社となり、一九五九年に民営化される。電力供給と鉱業の大手企業として一九九八年時点の従業員数は一三万人、総売上高は四二〇億ユーロであった。二〇〇〇年に同様の業態のVIAG社（合同製造株式会社、一九二三年設立）と合併し、今日のE・ON社になって消滅した。

＊4――ハインリヒ・フォン・クライスト（一七七七～一八一一年）の有名な小説の主人公。主人公と同名の小説は、横暴な貴族に馬を奪われた馬商人の抗議と、権利奪還の闘いを描いている。

＊5――ギュンター・シュヴァプ（一九〇四～二〇〇六年）。オーストリアの小説家、エッセイスト、脚本家。『悪魔との踊り』（一九五八年）など早い時期から環境保護に関する多くの作品を著した。シュヴァプのイニシアチブで一九五八年に創設された「いのちを救う世界同盟」は、その後「いのちを守る世界同盟」に名称を変更し、彼はその初代会長になった。

＊6――モーリス・ジョリー（一八二九～七八年）。フランスの作家、弁護士。

＊7――マックス・オットー・ブルカー（一九〇九～二〇〇一年）。医師、著述家であり、また、環境保護などの市民運動の政治活動家でもあった。「いのちを守る世界同盟」の発起人の一人で、二期（一九七二～七四年、一九八二年）にわたって代表を務めた。

反対運動の国際的な前史――ボデガ湾からヴュルガッセンに至るまで

ドイツだけでなく米国自身においてすら、反原発運動の起源がアメリカにあることは後年ほとんど忘れ去られた。米国では、原発を巡る紛争がすでに一九六〇年代に絶頂に達していた。そこでは、核兵器の実験に対する抗議運動から民生用原発の抗議に直接移行した。しかも、それだけでなく、成功裡に終わった世界で最初の反原発イニシアチブは、カリフォルニアで早くも一九五八年に始まったものであり、そして、それは、サンフランシスコ北部のボデガ湾沿岸の原発に対して向けられたものであった。最初にあったのは、その湾の美しさを心配した抗議であった。しかし、その後、内部のある者が反対運動の闘士たちに地震の危険を気づかせ、そして、この論拠が決定的なものであることが判明したのである。長いこと忘却の彼方にあったその歴史は、まさに福島の原発事故の後になった今、考えさせられるものがある。地震でも安全な建築物に関しては世界の頂点にいると人々が信じていた日本と違って、カリフォルニアでは、サンフランシスコの大部分を破壊した一九〇六年の地震が、あいかわらず警告のシグナルとして効果を発揮していたのである。

原発計画に反対するヨーロッパで最初の大規模なデモが一九七一年にフランスで——もちろん成果はなかったが——行われたこと、しかも直接行動というフランスの伝統でなされたこともまた、今日では忘れ去られた事実である。アルザス地方のフェッセンアイムで一九七一年四月一二日に行われた建設用地の占拠と、そのすぐ後の、ローヌ河畔のビュジェの原子炉建設用地でのさらに大がかりな大衆デモがそうである。加えて、一九七一年一二月二八日には、ストラスブールで様々な国々から来たおよそ五〇の反原発イニシアチブの代表が顔を合わせた。反原発の国際会合が誕生したのである。その点で一層重要な推力は、米国から来たものであった。アメリカにおける原生的自然保護運動のカリスマ的人物であったデビッド・ブラウアー[*1]は、一九六九年に最初の国際的な環境保護運動組織、フレンズ・オブ・ジ・アース〈地球の友〉を設立した。この団体は、従来の野生を夢見るロマン主義から離れて原子力技術に反対する闘いに注力したのである。ブラウアーは、それ以来有名になったスローガン「地球規模で考え、地域で行動する〈Think globally, act locally〉」を発表した。それは、必ずしもすべての環境保護の行動の場で長いこと使用されることのなかった、逆説的ともいえる内容のスローガンであったが、とはいえ、原子力と争う際には、有意義なスローガンであった。というのも、知ることが決定的に重要であり、アメリカの原子力批判者たちは、情報に関してははるかに先行していたからである。情報を欠いた他の地の反原発運動は、時代遅れの、とされる古い考えの中に足を取られて身動きがとれないかのようであった。フレンズ・オブ・ジ・アースのドイツ連邦共和国の支部の設立者であるホルガー・シュトローム[*2]は、アメリカの多くの情報に支えられて、反原発の論拠についてのドイツ語で初めての総合的なハンドブック『平和的に破局の中へと』を執筆した。この本は、刊行後も常に新しい内容が加わる形で改訂版を重ね、バイブルともいえるものとなった。地方における抗議行動はといえば、ドイツ連邦共和国ではすでに一九五〇年代の終わり頃に最初の小規模な実験用原子炉建設に反対するものがあった。けれども、その抗議行動は、広域的なジャーナリズムからは真剣に受けとめられなかった。これに対して、根拠を新たに集積することで、抗議行動は、今や知識人層にとっても興味を引くものとなった。

反原発運動の前史からその本流への移行の転換点となるのは、ドイツ連邦共和国では、一九六八年以降建設工事がなされたオーバーヴェーザー地方のヴュルガッセン原子力発電所に反対する抗議行動である。この行動では、訴えを起こした者は専門家の包括的な諸情報をすでに自由に手にしていた。それらの情報は、ある部分はギュンター・シュヴァプの著作からのものであり、あるいは、化学の大学正教授、かつ、一九六二年から一九六五年まで連邦議会の原子力エネルギー委員会委員長を務めた社会民主党の連邦議会議員カール・ベッヒェルトに由来するものであった。反対運動家たちは、建設用地に近いレムゴの医長であり、自然治癒療法の立役者、「いのちを守る世界同盟」のドイツ支部の議長でもあったオットー・ブルカーから物質的にもアイデアの面でも支援を得ていた。当時の反原発運動パンフレットのスタイルには民族的・純血主義的要素がまだあったが、しかし、ここに初めて新左翼との横のつながりが生まれたのである。

一九六八年七月一二日――とにもかくにも抗議行動が起きる気配が漂っていた時期――ブルカーは、左翼の一画を占めていたドイッチェ・フォルクスツァイトゥンク紙〈ドイツ大衆新聞〉（デュッセルドルフ）において「民主主義の危機――ヴュルガッセン原発で示されたもの」という弾劾記事を掲載した。それは、それ以前のドイツの新聞雑誌風土にはなかったような、民生用原子力技術に反対して鳴り響いたファンファーレであった。ヴュルガッセン原発のケースから、とブルカーは言う。「報道規制や、故意に誤った情報を計画的に出すこと、正しくない数値を広めること、そして、独裁的な諸措置によって民主主義の原理がどのようにして笑劇に化したのか、その手法を学習事例から読みとるようにして、把握することができる」

「ヨーロッパ最大の原子力発電所は、人々を逆上させた――ヴュルガッセン原発を巡る原子力の修羅場」、そのように一九七〇年一一月二〇日の南ドイツ新聞の大見出しは書いた。けれども、ヴュルガッセン原発プロジェクトに反対する闘いは、数々のハプニングや大衆デモをともなった一九六八年世代のスタイルではなく、ましてや、好戦的な手法を持ったものでもなく、もっぱら司法的手段によって行われたのである。市民イニシアチブの指揮は、カールスハーフェンの弁護士ホルスト・メーラーのもとにあった。たしかに彼は、直接的に建設を止めることへと動かなかったが――この沸騰水型原子炉は、稼働後に頻繁に起きた事故によって天下に赤恥をさらした後にようやく停止したのである――とにもかくにも一九七二年に連邦行政裁判所のいわゆる「ヴュルガッセン判決」を勝ちとるに至ったのである。その判決は、それまで原子力技術の推進と安全の保障を同格に並列するという二つの顔を持っていた一九五九年の連邦原子力法第一条を、安全優先という趣旨で解釈したものであった。その判決をもって、将来の原発反対運動家のための重要な法律上の可能性が生み出され、そして、「法を巡る闘い」によってその可能性は具体的なものとなったのである。法廷は、実際にマスメディアからほとんど注目を集めることはなかったが、原子力を巡る争議の重要な脇舞台となった。このことはまた、オーバーライン地方のヴィールに計画された原発を巡る闘いについても該当する。そして、この闘いをもって、論争はセンセーショナルに激化したのであった。

＊1――デビッド・ブラウアー（一九一二～二〇〇〇年）。アメリカの著名な環境保護運動家で、有力な自然・環境保護団体シエラ・クラブの初代最高執行役員。

＊2――ホルガー・シュトローム（一九四二年～）。著作家。原子力エネルギーの危険性を書いた著作『平和的に破局の中へと』（一九七一年）は、六四万部を数えた。

大々的な拡大――ヴィールからゴアレーベンに至るまで

一九七五年二月一八日。この日、一九七二年の設立以来活動している市民イニシアチブ（「原発による環境破壊の危険に反対するオーバーライン行動委員会」）の数百人の会員は、ヴィールに計画された原発の建設用地を占拠した。それをもって、非合法的行動への敷居は初めて越えられたのである。その事例では、最終的に抵抗運動は成功をおさめた。建設用地に集まった人々は、その地方から来た農民やワイン製造関係者――女性の割合の大きさが観察者の目を引いた――さらに、近くに位置するフライブルク大学の学生たちであった。それは、ドイツ連邦共和国ではそれまで普通は見られなかったような連合体であった。そのことを思い出しながら、今日、フライブルク市は、ドイツの環境運動の発祥の都市であることを祝っている。後年の見方からすれば珍事ともいえるのは、地方の狩猟協会が抵抗運動家を支援していたことである。農民は自分たちのお手本を、一九六八年代の学生運動にというよりも、むしろ、その頃、鉛化学工場建設反対の闘いで成果を上げていたライン川の対岸のフランス、アルザス地方の仲間たちの行動からとった。

座りこみの二日後に、占拠者たちが暴力的な振る舞いをしなかったにもかかわらず、警官隊が放水銃をもって建設用地になだれこんできた。このとき、とりわけその反対行動はマスメディアの大見出しとなり、反対運動家は、共感する人々の自発的な歓迎のうねりにあちこちで迎えられることとなった。二月二三日、この日、同じ場所にフランスやスイスから来た人々も含めて二万八〇〇〇人もの原子力反対者が流れこみ、警官隊とのつかみあいの末に、改めて建設用地を占拠し、そして、そこにドイツ初の反原発村を設立したのである。彼らは、部分的ではあるが成果も迅速に上げた。すなわち、一九七五年三月二一日にフライブルク行政裁判所は、部分建設許可を取り消し、次いで建設中止の仮命令を出したのである。一九七七年三月一四日に同裁判所は、計画された原発は、故障事故の発生時に他のすべての安全予防措置が役に立たなくなった場合にも放射性物質の環境への漏出を阻止する「突発的な原子炉圧力容器の破裂に対する防護対策」を備えた鉄筋コンクリートの覆いがなされる場合に限って設置が許可されるという趣旨の命令を下した。その判決はフライブルクの裁判官の勇気ある試みであり、同僚たちは、すぐにはその判決に続かなかった。とはいえ、突発的な破裂に対する保護措置が初めて条件とされた、ルートヴィヒスハーフェン近郊のBASF社の原発プロジェクトを巡る部内の争いの影響が遠くにまで及んでいることがわかる。BASF社は、その当時防護措置のための出費を行う気になっていたようであるが、しかし、ボン政府から青信号が得られなかった。ヴィール原発の場合には、それと反対に、「突発的な破裂に対する保護措置」命令は、エネルギー事業者がそのプロジェクトへの関心を失う結果となった。

遅くとも、ヴィール原発の建設用地での劇的な場面の中で、ベトナム戦争終結や新東方政策[*1]によって本来的な目標の対象を失った学生主導の左翼運動もまた流動化した。自分の行為を理論的に根拠づけようとする一方で、どこかで何かに対してデモが行われても簡単に同調して行動することがなかった一九六八年世代活動家は、原子力反対に向けた転換と容易に向きあうことができなかった。その後、原子力ロビーが判を押したように想定した、原子力反対の「ヒステリー」については、話題にもならなかった。

その当時のネオマルクス主義においては、それまで次のような思考モデルが普及していた。すなわち、社会の進歩は、生産力の進歩によって促進される。そして、生産力の進歩は、科学化の進展に基づいている。それゆえ、知識人は革命の前衛であり、また、同じ理由から原子力技術は、最も「科学的な」技術として進歩の頂点に立つ、というものである。哲学者エルンスト・ブロッホは、「原子力の平和利用」の恵みに陶酔し「後期資本主義に潜伏するラッダイト信奉者[*2]」を、素晴らしいエネルギー源を精力的に増やそうとしないと非難していたが、彼が陶酔していることそれ自体、原子力ロビーの宣伝を上回る宣伝効果があった。このブロッホを、一九六八年の学生運動の聖なる象徴であったルディ・ドゥチュケは高く評価していた。一九七七年五月の日記の中でもなおドゥチュケは、次のように嘆息している。「ブロクドルフとイツヘーにおいて反原発へと大衆を動員することは、私では理論的にも、政治的にも困難である。子供たちと一緒に、また、子供たちのために『オールド・シュールハンド第二部[*3]』を読むほうが、ずっと楽だ」

疑いは何もない。一九六八年世代活動家の多くの者が原子力反対運動に参加したのは、パニック的な不安からではなかった。それは、少なからぬケースにおいて骨の折れる学習過程を経たものであり、結局は、「草の根の者」とのコンタクト、すなわち、一九六八年に虚しく求めたことのある広範な大衆との接触を見出したいという願望に駆られてなされたものであった。その際、ドイツ共産党に近いグループについては、彼らがドイツ民主共和国と親しいことが妨げとなった。というのも、東独では、あいもかわらず原子力技術の批判はタブーであったからである。一方、毛沢東主義の共産主義グループは、やりたい放題に原子力反対について過激な主義主張をぶちまけた。なぜなら、原発は、普通は辺鄙な農村に設置され、田舎の暮らしをかき乱したからであった。また、農民との闘争同盟にも、毛沢東主義的な特徴があるにはあった。けれども、ドイツ連邦共和国の社会的政治的風土のもとでそうした毛沢東主義的色彩を帯びた連携が存在したのは、もっぱら夢物語の中だけであった。農民は、たしかにトラクターをもって建設用地への進入路をふさいだが、しかし、とりわけブロクドルフとグローンデの建設地のかたわらで一九七六年と一九七七年に演じられた警官隊との文字どおりの乱闘にはただただ尻込みするばかりであった。

　ヴィールの同盟は、学生とブドウ生産者が一緒になって持ちこたえたとき、ロマンチックな記憶となり、大量の文献によって引用されるものとなった。しかし、幅広い広がりを持った連合は、共産主義グループによる暴力的行動によって崩壊の危機に瀕したのである。原発建設現場の鉄の柵囲いの際でなされた市民戦争的な闘争シーンは、たしかにマスメディアを魅了したが、しかし、必ずしも法廷の共感を呼び起こすものではなかった。多くの警官隊の容赦ない粗野な振る舞いそのものも平和的な原発反対者の中に激しい怒りを引き起こしたが、彼らの中は――口にしたか、しなかったかは別として――常に非暴力の原則が貫徹していた。原発反対運動家は、成功しない闘いはしなかったのである。無慈悲な「原子力国家」――これはローベルト・ユンクのベストセラー（一九七七年）〈『原子力帝国』アンヴィエル、一九七九年〉のタイトルである――に対して素手で立ち向かう闘いという戦慄を覚えるようなシナリオは、一〇年前の「ナチスのキージンガー」[*4]によるドイツ連邦共和国の再ファシズム化とおぼしきものに対する闘いのように、演劇的な夢物語であることが徐々に明らかになってきたのであった。

　一九七〇年代後半の反対運動が、とりわけカルカー近郊の増殖炉建設とゴアレーベン近郊の再処理施設プロジェクトに集中したことは、熟慮の上でのことであった。というのも、そこでは、人々は、原子力コミュニティーのかつてのお手本であった米国からの追い風を受けていたからであった。なぜなら、新しいカーター大統領の政府は、増殖炉と再処理施設を、核兵器になりうる核分裂物質の「拡散」がそこでは可能になるという観点で拒絶したからであった。アメリカでは、国際的に著名な専門家たちが増殖炉や再処理施設反対の動きの後ろ盾となった。これは、増殖炉や再処理施設の場合には、新種の次元のリスクをともなう、ほとんど確かめられたことのないテクノロジーが問題となっていたからである。加えて、その経済的利用については一段と疑問が増していた。それゆえ、エネルギー産業界は、外部に向けては原子力の非の打ちどころのなさ（「核燃料サイクルが完結していること」）を理由にそれらのプロジェクトの側に立っていたとしても、プロジェクト推進の強力な後ろ盾ではなかった。

　ドイツの反原発運動の歴史的な頂点となったのは、ゴアレーベン・プロジェクト、すなわち、その当時世界最大の再処理施設計画に対する抵抗であった。「ゴアレーベンは生きなければならない」[5]というスローガンのもとに非暴力の信奉者は、やり抜いたのである。ヴィール原発の際と同様に、その土地の多くの農民との連帯が成立した。そして、辺鄙なヴェントラント地方における原子力プロジェクト反対の闘いは、当時にまた、ヴィール以上に、まだ自然の植生を比較的とどめていた景観を守る闘いともなった。最初はただ技術的な安全性が問題となっていた反原発運動が、ヴェントラントでは完璧な意味での「環境保護運動」となったのである。人々が森の中で「既存のものを拒否して、より人間らしい別なもう一つの〈アルタナティーフ〉」暮らしを実験した「ヴェントラント自由共和国」は、緑〈環境保護〉の神話となった。

　しかし、そこだけでなく、他のいくつかの地でも決定的な出来事が起きていた。原子力に関する争いの大きな転換点と見なされうるのは、ハリスバーグのスリーマイル島で起きた原発重大事故[6]や過去最大の反原発デモと時期的に重なった、一九七九年三月末のハノーファーでの国際ゴアレーベンシンポジウムである。原子力エネルギーの専門家陣営が瓦解したハノーファーでのシンポジウムは、論争に新しい質のものをもたらした。人は、いつも同じ論拠であった画一的な議論の応酬を乗り越えることができたのである。シンポジウムの閉会にあたり、ニーダーザクセン州首相のエルンスト・アルプレヒト[7]は、当初の規模のゴアレーベン・プロジェクトは「政治的に通用しない」として撤回した。プロジェクト責任者は、これはドイツ原子力産業の「カンネー」[8]だとうめき声を上げた。他方、後にエネルギー産業界では、人はそもそも反対運動家たちに感謝すべきだ、というのも、おかげでエネルギー供給事業体はその歴史上最大の誤った投資から守られたからだ、という名文句が広まったのである。シンポジウムは、カール・フリードリヒ・フォン・ヴァイツゼッカーが議長となって開催されたが、ヴァイツゼッカー――原子物理学の出自――はといえば、原子力コミュニティーの最高の精神的権威と見なされた人物であった。しかし、その彼自身、とりわけテロのリスクの観点から原子力技術とは距離を置くようになっていたのである。一九七〇年代の終わり近くになると、赤軍派による暗殺事件[*9]の結果としてテロリズムがドイツの世論において注目を集め、しかもそれは、矛盾を含んだ影響をともなったものであった。すなわち、そのテーマは、暴力的に行動する反原発運動家の信用を失墜させたが、しかし、原子力を弁護する者の数々の主張の評判をも落としたのである。

ハリスバーグのスリーマイル島やハノーファーの会議が転換期となったのは、次のようなことにもよる。すなわち、一九七九年三月二九日に連邦議会の「将来の原子力エネルギー政策」調査委員会は、ブロクドルフでのデモ行進で負傷したことのある社会民主党の若い連邦議会議員ラインハルト・ユーバーホルストを委員長として仕事を開始した。この委員会をもって、それまでもっぱら議会外で解決が図られてきた原子力を巡る紛争は、議会という段階に到達したのである。当初は救いがたいような行き詰まり状態を見せていた審議の中で、ユーバーホルストは、相手方との間に「歴史的な妥協」を狙いどおり手に入れることができた。すなわち、対立していた議員たちは、原子力エネルギーありのオプション、もしくは、なしのオプションという、いくつかのエネルギー政策のオプションが可能であること、そして、極端な大事故のリスクを生じる可能性がきわめて小さいと称して軽視してはならないことで、最終的に意見の一致を見たのである。委員会報告は、その当時は直接的な効果をほとんど上げなかった。とはいえ、その報告は、今日の視点からすると、政治家たちがエネルギー産業に関して、もはやそれ以前のように、やむをえない事情とおぼしきものの単なる執行者であると自任しなくなった、一つの進歩的な展開の画期的な出来事のように思われる。

ドイツの反原発運動の粘り強さと成果は、運動の内部的な構造からだけでなく、市民の抵抗とマスメディア、政治、行政、司法、そして、学問の世界との相互作用から説明されるが、これについて人は最初から見抜いていた。そうした動的なダイナミズムは、ドイツ連邦共和国の環境保護運動をアメリカの運動と結びつけているのである。それと同時に、フランスや日本などの国々との違いも認められる。つまり、それらの国々では、たしかに住民から発する抗議運動に欠くことはないが、しかし、上述したような演じ手や組織・機関同士のダイナミックな相互作用は、ほとんど育っていないのである。原子力に対する反対運動は、一九六八年の学生蜂起世代と環境保護運動とのつなぎ役となった。その運動なしには、緑の党[*10]の成功は説明しえない。国際的に最強の反原発運動と、同じように最強の緑の党がドイツ連邦共和国で生まれたことは、周知のように因果関係があるのである。

＊1——ヴィリー・ブラント率いるSPD・FDP連立政権がとったソ

連やワルシャワ条約機構諸国に対する緊張緩和の外交政策。
＊2――ラッダイト信奉者。一九世紀初頭のイギリスの繊維工業地帯で起きたラッダイト運動と呼ばれる機械破壊運動を念頭に、現代の高度に機械化した現代文明を嫌悪する人々または思潮を指す。
＊3――ドイツの大衆小説作家カール・マイ（一八四二～一九一二年）が一八九四年の時代を描いた挿絵入りの物語で、一九〇九年に初版が出版された。映画化もされた。
＊4――キリスト教民主同盟の政治家クルト・ゲオルグ・キージンガーは、一九六六年から一九六九年までエアハルトの後を受けて大連立政権時代の連邦首相を務める。議論の多い緊急事態法の導入を図ったことや、ナチス時代にナチス党員かつ外務省ラジオ放送課課長代理であった過去をたびたび批判された。
＊5――ドイツ語表記は「ゴアレーベン　ゾル　レーベン」。名の「ゴアレーベン」（地名）と、「レーベン」（「生きる」を意味する動詞）を掛けたスローガン。
＊6――一九七二年にアメリカ、ペンシルバニア州ハリスバーグ郊外のスリーマイル島原子力発電所で起きた炉心融解の重大事故。
＊7――エルンスト・アルプレヒト（一九三〇～二〇一四年）。CDUの政治家。一九七六年から一九九〇年までニーダーザクセン州の首相を務める。この間、一九八〇年の連邦議会選挙に際して、CDU・CSUの連邦首相候補の一人となるが、フランツ・ヨーゼフ・シュトラウスに僅差で敗北。また、一九八三年には連邦大統領選への出馬を要請されたが断る。州首相在任中に人口密度の低いリュヒコフ・ダンネンベルク郡に「原子力のセンター」の設置を決定する。これは、ゴアレーベンの核廃棄物中間貯蔵場の他に、中央ドイツの核燃料最終貯蔵場、原子力発電所（エルベ川沿いのランゲンドルフ）及び使用済み核燃料再処理施設（ドゥラガーン）を含むものであった。
＊8――古代ローマ時代にハンニバルによってローマ軍が全滅した古戦場。
＊9――「赤軍派」あるいは「ドイツ赤軍」という極左の過激派グループ。一九七〇年代に活発に活動し、司法や財界の要人を暗殺するなどした。
＊10――環境主義を掲げる政党。一九七九年に設立され、急速に成長し、一九八三年に連邦議会で初議席を獲得した。その後、連邦議会、州議会レベルで党勢を拡大し、一九九八年にはSPDと連立を組んで連邦政府の一翼を担った。なお、一九九三年に同盟90（旧東ドイツにおける民主化運動グループ）と統合し、正式には「同盟90・緑の党」という。

反原発運動と平和運動との結びつき、そして、緑の党の台頭

すでに一九七〇年代の反対運動の中に、原子力への批判をその後今日に至るまでの三〇年間にわたって左右してきた主導的テーマが存在した。一九八〇年前後にそれに加わった新たなテーマは、わずかに一つであったが、しかし、これが数年で主要テーマとなるのである。すなわち、民生用原子力技術と軍事的原子力技術との横の結びつきである。その当時、抗議のシナリオは、「軍備拡張」、すなわち、冷戦時代の軍拡競争の最後の推力への抵抗一色であった。わけても、この新たな平和運動の兆しの中で形を整えていったのが緑の党であった。それまでドイツ連邦共和国において民生用原子力技術は、米国よりもはるかに核兵器と関連するテーマとして認識されていた。ドイツ連邦共和国の原子力研究者は、連邦国防軍の核武装に反対する一九五七年四月の「ゲッティンゲン宣言」――これは民生用原子力技術の容認と結びついたものであった――をもって批判的な知識人層の英雄となっていた。

一九七〇年代になってもなお、原子力の本当の危険は核兵器による脅威であり、この脅威が不当にも「原子力の平和利用」の上に投影されているという主張が、原子力擁護の根拠となっていたのである。

しかし、ウラン濃縮施設、プルトニウム、そして技術に関するノウハウを通じて、双方のテクノロジーはまさにつながっていたのである。最後の大規模な抗議運動は、一九八〇年代にゴアレーベンに代えてバイエリッシュ＝フランケン地方のヴァッカースドルフ近郊に計画された再処理施設に向けられた。この施設は――おそらく不当にも――軍備拡張と関係したものと見なされ、その核燃料再処理には核爆弾技術に関する下心があると言われたのである。しかし、一九八〇年代中頃からソ連の「ペレストロイカ」[*1]が進行し、冷戦が終わりを告げると、原子力に関する雰囲気は世紀的な大変化を遂げ、核拡散の危険は世界中に引き続き存在してはいたものの、反原発運動と平和運動との結びつきはその意味を失った。

一九八一年秋以降、環境に関する憂慮は、「森の死」[*2]についての警鐘一色となった。こうして批判は石炭火力発電所に集中し――その当時、そもそも新たなプロジェクトがほとんどなかった――原子力発電所は、激しい批判の対象から外れることとなった。ドイツの森について憂慮することで、初めて環境悪化への抗議は、左翼的な、より自然と調和した人間らしい別な暮らし方を求める人々からキリスト教民主同盟への投票者層にまで広がる国民的な運動となった。けれども反原発運動家は、森林死というテーマについて多くのことに取り組みはじめるすべを知らなかった。森が問題とされている分野では、少なからぬ時間をかけなければ得られない、まったく違った専門的な能力が必要であったのである。また、考え方の構造も違っていた。およそ一九八四年頃から環境保護の世界で関心の中心となった遺伝子技術のリスクとの関係は、森林死の場合とはまた違ったものであった。この分野では、原発のたぐいの大きな攻撃対象がなく、しかも、その被害リスクが原子力エネルギーの場合に比べて仮説的な性格を帯びるものであったが、それでも人は原子力のリスクを規定する際の基本的なモデルを遺伝子技術に転用しようとし、成果がまったくなかったわけではなかった。

＊1――ブレジネフ時代に成熟して停滞腐敗の様相を示していたソ連の改革を志向した、一九八六年半ばからのゴルバチョフ書記長主導の取り組み。一九九一年のソ連解体で終わったとされる。

＊2――一九八〇年代に顕在化した、硫黄酸化物や窒素酸化物などに起因するいわゆる酸性雨によって起きた大規模な森林の枯死。

「ドイツ人のヒステリー」とは――反原発運動の合理的な論理

思い起こしてみよう。ＡＥＧ社の経験豊かな古参の原発建設専門家であり、一九五〇年代に原子炉建設に関するドイツ初の標準的な専門書を著したフリードリヒ・ミュンツィンガーが、すでに一九六〇年代に次のように断言していたことを。「我がドイツ国民の多くは、いくつかの原子力に関する研究機関の設置への反応が示すように、原子力の施設に対して、たとえばアメリカ人よりも懐疑的である」。けれども、大方の期待に反して、彼はそうした人々の考えを「ドイツ人のヒステリー」だと決してはねつけずに、むしろ、まったく理性的と考えていた。逆に彼は、「専門的な知識にまったく裏付けされていない大袈裟な作り話」である約束の地と結びついた「平和的な原子力」に対する他の国々の異常なまでの熱狂ぶりを「原子力異常心理」と名づけたのであった。彼にとって、ドイツ人が懐疑的であることは、この国では技術の問題において音頭をとっているのが技術者であり、いかさま師ではないことの印であった。事実、ドイツの技術者の活動の歴史には、技術の「発展」を、強引になされる「開発」という意味よりも進化という意味で慎重に熟慮するという確かな伝統が見てとれるのである。

それゆえ、原子力に対するドイツ人の懐疑は、合理的に説明されうるものである。原子力技術がいくつもの著しいリスクと結びついたものであることは、そのことを知ろうとする者には最初からわかっていたことであった。核保有国は、軍事的目的のために莫大なコストをかけて設置される核分裂物質生産施設に民生用という意味を与え、そこで莫大な軍備コストを隠そうとするために、「原子力の平和利用」という言葉を用いたのである。ドイツ連邦共和国のような非核保有国にとっては、そうした軍事的な動機は考慮されることがなかった。人口密度の高い国には、原子力の〈可能な限り安全策を講じても存在する〉残余のリスク」について心配する理由が、米国におけるよりもはるかに多くあった。たしかに、いずれも日本のような国にも当てはまる。しかし、日本と違って、ドイツ連邦共和国は豊かな石炭を自由にできたのである。よりによって、ドイツ最大のエネルギー生産事業者であるRWE社は、ボンの連邦研究省の不興を買ったものだが、一九六〇年代後半まで原子力エネルギー開発にブレーキをかける最強の力であった。つまり、同社は、莫大な瀝青炭田を開発し、原子力を厄介な競争者と見なしていたのである。

原子力が商業的に台頭した、まさに一九六七年以降の時代に、万一の場合の緊急冷却は信用がまったく置けないものであることが判明した。けれども、巨額の資金が投資されたとき、人はもう後戻りできなかったし、したいとも思わなかったのである。専門家の中ではもはや腹蔵なく表現することが許されなくなった「残余のリスク」についての心配がそのときから世間一般の中で広がっていったが、それにはそれなりの論理があった。国際的にはドイツ語圏諸国のある種の特別な位置を――ドイツ帝国の興亡とは関係なく――見てとることができる。というのも、オーストリアやスイスにおいても、原子力に対する批判者が一九七〇年代後半に次第に世論で優勢になり、そして、エネルギー技術の拡充にストップをかけたからである。このことは、アルプス諸国では自然保護運動家が当初は原子力に好意的であったので、なおさら注目に値するものであった。それまで原子力は、アルプスの美しい渓谷を台無しにする恐れのあった水力発電用ダム建設プロジェクトに反対する論拠としてそもそも用いられていたのである。

たしかにアルプスの住民にあっては、特にノスタルジーへと向かう風潮が見られたが、しかし、ヒステリーの傾向はほとんど見られなかった。長年、原発反対運動を嘲笑する論評において定番の駄洒落となっていた、ドイツ人の不安と称されるものについてのあてこすりは、歴史について無知である。一九七〇年代にその反対運動が台頭した際、人は、原子炉の大事故を一つも目にしていなかった。最初にあったのは、パニック的な不安はないといういくつもの情報であった。後にしばしば主張されたように、最初の推力を与えたと思われるものは、マスメディアによるセンセーショナルないくつもの報道ではなかった。全般的にマスメディアは、ヴィール原発建設地の座りこみ後に、初めてそのテーマに飛びついた。メディアにおける流行は、時代に左右されるものである。これに対して、反原発運動は、そのしぶとい生命力で再三にわたって人を驚かす。全体として見ると、その不屈の生命力は、特定のグループの利害関心や、イデオロギー、論議に由来するものではないのと同様に、マスメディアによるセンセーショナルな報道から導き出されたものでもない。

加えて、原子力に反対する闘いの背後にデビッド・ブラウアーやバリー・コモナー[*1]がいた米国と比べると、ドイツ連邦共和国における運動にはカリスマ的な指導者の姿が欠けていることが目につく。人は、ギュンター・シュヴァプであるか、カール・ベッヒェルト、ホルガー・シュトローム、イェンス・シェール、マンフレート・ヴュステンハーゲン、ヘルベルト・グルールであるか、はたまた、テュービンゲンの教師ハルトムート・グリュンダーであるかはさておき[*2]、本質的なきっかけを与えた抗議の数多くの先駆者がその後再び忘れ去られたことを発見するが、それはほとんど衝撃的ともいえる。このうちグリュンダーは、連邦研究省によって組織化された「原子力エネルギーについての市民との対話」の会の一員であったが、一九七七年の懺悔と祈りの集会の際、ハンブルクのペトリ教会の階段で焼身自殺した人物である。ローベルト・ユンクは、抵抗運動の絶頂期にその先頭に立っていた。

反原発運動はマックス・ヴェーバーの「カリスマ的指導者」の理論をもってしてもほとんど説明できないが、同様に「新たな社会的諸運動」[*3]の理論——官僚主義の傾向と緑の党という事実によって論駁されたもの——あるいは、言うところのポストモダン、ポスト物質的主義的意識をもってしても説明されえない。そうしたすべての理論は、特定の一時期だけで見ればそれらしいものとして納得させられるが、しかし、その抗議運動を大きな時間の枠組みの中で見るや、すぐに納得できないものとなる。数十年という時間が経過する中で原子力への批判をもたらした文献の流れを通読すると、旧式な啓蒙主義の進歩思想の隠れた汚点に継ぎ足しをしたような新しい啓蒙主義について語るのは、無茶なことではない。もし反原発運動を「ポストモダン」とか「ポストモダン、ポスト物質的主義的意識」といった観念的な括りに押しこもうとするのであれば、人はその運動を理解していないといえよう。そうではなく、人は、その運動が問題にしているものに携わるときにだけ、運動の本質を理解するのである。

*1――バリー・コモナー（一九一七～二〇一二年）。アメリカの生物学者、生態学者。ニューヨーク市立大学の地球環境科学の教授などを歴任、同国の初期の環境保護運動のリーダーの一人。

*2――イェンス・シェール（一九三五～九四年）は、原子物理学者であり、一九七〇年代の原子力反対運動の指導的人物の一人であった。ヘルベルト・グルール（一九二一～九三年）は、一九六九年から一九八〇年まで連邦議会議員。当初はCDUであったが、一九七八年に離党し、「緑の行動・未来」（GAZ。一九八〇年に緑の党に合流）を結成。その後、同党を離れて、最終的に保守系右派の環境保護団体「独立環境保護運動家・ドイツ」の会長となる。一九七五年の著書『蹂躙される惑星』は有名。ハルトムート・グリュンダー（一九三〇～七七年）は、環境保護運動家。一九七七年一一月一六日の焼身自殺は、当時の連邦政府の原子力政策におけるアッセ岩塩鉱山などについての「誤った情報」に対する抗議であったという。

*3――一九六八年運動の過程で生まれた新たな社会的潮流やグループ形成の動きで、社会全般にわたる既成の体制、考え方、暮らし方から離れて、新たな別な道を志向し、提唱するもの。オルタナティーフ運動ともいう。

チェルノブイリから福島まで

一九八六年四月二六日にウクライナで起きた原子炉の破局的大事故の後、初めて多くのドイツ国民の中で原子力に対して生存に関わる不安が広まった。一九八五年一二月一二日からヘッセン州には、緑の党の世界初の環境大臣ヨシュカ・フィッシャー[*1]がいた。彼は、たしかに反原発運動の出身ではなかったし、また後に自ら告白したように、その当時は環境保護についての権限を意のままに行使できなかった。しかし、とにもかくにも彼は、ヘッセンで測定された放射能の上昇に関する詳細なデータの遅滞ない公表を指示したのである。他の諸州も、これに追随した。これは、フランスとの違いの一つである。すなわち、フランスでは――その後、定番の冷やかしのネタとなったが――独仏国境で放射能がなくなると信じこむことができたのである。データの公表を受けて、原発技術の拒絶は、ドイツ連邦共和国においてすぐに多数意見となった。技術者自体の中でもそうであった。その経過は、デモ行進だけで説明されるものではなく、原子力技術のリスクが現実のものとなったことや、まさに専門家の中にも懐疑が常に潜在していたことからも説明されるのである。

まずは森に有害な大気汚染物質に対する闘いのためにグリーンピースから分かれて一九八二年に設立された「ロビン・ウッド[*2]」は、その当時、次のようなスローガンを掲げた。「だから、死に犬同然の原子力エネルギーを世話するのはせいぜい必要なときだけでよい。しかも、ごくわずかでよい。我々は、新しいエネルギー供給構造の潜在力が開花するのを手助けすることに専念しようじゃないか」。しかし、再生可能なエネルギーの潜在能力は、チェルノブイリ大事故当時は、その二五年後の福島原発の大事故のときに比べると、まだおぼつかないものであった。その普及は、技術的な専門知識と、辛抱強い開発の仕事、そして、エネルギー供給事業体の協働を必要とした。石炭への回帰は、少なくとも長期的視点では受け入れられるものではなかった。というのも、まさにチェルノブイリ大事故の起きたその年、一九八六年に大気中の二酸化炭素濃度の増大の結果としての地球規模での温暖化を予測する最初の、気候変動に関するけたたましい警鐘が鳴り響いたからであった。一九八六年八月一一日のことであるが、デア・シュピーゲル誌は、悪名高いタイトルを掲載した[*3]。そして、表紙のそのタイトルの文言の上には半分水没したケルン大聖堂が描かれていたのである。それらすべては、なぜチェルノブイリ大事故の後すぐにエネルギーの大転換が起きなかったのかを説明している。

　とはいえ、その原子炉の破局的大事故の長期的影響は甚大なものであった。それがどの程度の規模であったのか、これについて人は、時間が経ってからようやく知ることとなる。最初に犠牲となったのは、すでにそれ以前から後ろ盾を全般的に失っていた高速増殖炉であった。運転準備が整う矢先のその廃止は、当時ほとんど人目を引かなかった。しかし、それとともに原子力エネルギーは、最初からその大きな魅力となっていた、再生可能なエネルギーというカリスマ性を最終的に失ったのである。その後ドイツ連邦共和国においては、「たしかに原子力発電所を当分の間、動かし続けるが、しかし、原子力を単に移行的なエネルギーと見なす」という言い回しが公式なものとなった。もっともこれが、まずは時間稼ぎのための単なる言い逃れなのか否かについては、はっきりしないまま残った。他の「未来原子炉」、すなわち、固有の安全性が著しく高いことから軽水炉の多くの批判者からも長い間ひそかに有望視されてきた高温ガス炉の開発もまた、大きな注目を集めることもなく産業界によって打ち切られた。原子力技術の内外に、その後、もはや代替の選択肢はなかったのである。

　その当時、事実上分裂状態にあった――福島原発事故後の状況との違いの一つでもある――緑の党は、時間の恩恵を全体として利用するすべをほとんど知らず、しかも、それどころか一九九〇年にはドイツ再統一に横槍を入れた失策に苦しみ、これを当時多くの者が同党にとっての終わりと考えていた。しかし、そうした状況にもかかわらず、同党は再生可能エネルギーの促進を一貫して前に進め、その結果、再生可能エネルギーは、福島原発大事故のときには経済的に有力なものとなっていたのである。とはいうものの、原子力エネルギーが実際に「死に犬」であったのか否かについては、ごく最近に至るまで不確かであった。反対運動の対象となったものに潜む力は、存在したままであった。反対運動の目標の中には、新しい原発の発注がまったくないという、いつの日か起こりうるシナリオによって影響を受けたものもあった。こうして、抗議は、（暫定的な？）最終貯蔵施設ゴアレーベンへの使用済み核燃料の輸送に集中したのである。しかしながら、その重点は戦術的に構築されたものではなかった。むしろ、最終貯蔵施設問題の解決策のなさは、「核のゴミ」の放射能の強さが数千年継続することを目にすると、最初から原子力技術の不都合なジレンマであり、このジレンマは――いつしか明確になったように――使用済み核燃料再処理施設によっても軽減されなかったのである。岩塩鉱山アッセに関して言えば、それはたまたま見つけた臨時的な施設であり、安全な最終貯蔵施設ではなかった。こうした認識を世間一般は共有することとなった。最終貯蔵施設というジレンマは、ドイツ連邦共和国のように人口が密集した国では、ロシアや米国のような巨大な国におけるよりも刺激的に働いたが、それにはそれなりの理由があったのである。

最近二〇年間のドイツの反原発運動の歴史は、これまで試みとして書かれたこともなかった。そこで成し遂げられた反原発運動の若返りのプロセス――チェルノブイリ後の多数の母親による反原発運動の市民イニシアチブによって「ベクレル[*4]的運動」と揶揄された「古参の闘争家」との緊張なしになされたわけではなかったが――は、将来の歴史家にとって一つのテーマである。そのプロセスは――一九七〇年代には反対者の標的として他にほとんど競合するものがなかった――原子力技術が環境保護活動家のもとでも今や他の諸目標の幅広い多様性と競合することとなったので、なおさら注目に値するものなのである。原子力に反対して抗議をする者は、承知の上で選択した。だから、後年なされた抗議運動は、文献の中、あるいは、神話づくりにおいてはヴィールやゴアレーベンよりも印象的なものではないとしても、それらを単に一九七〇年代の反対運動の苦い後味として評価することは、適切とはいえないであろう。

*1――ヨシュカ・フィッシャー（一九四八年～）。本名はヨーゼフ・マルティン・フィッシャー。一九八三年の連邦議会選挙で当選して以降、緑の党の政治家として連邦、ヘッセン州で活躍。一九八五年にヘッセン州で成立したSPDと緑の党連立政権（SPDのホルガー・ベルナーが首相）で環境・エネルギー大臣となるが、ハーナウの核燃料企業 Nukem 社へ許可の撤回を連立の存続の条件としたことから一九八七年に罷免される。一九九一年に再度成立したSPD・緑の党連立政権（ハンス・アイヒェル首相）で副首相兼環境大臣に復帰。一九九四年の連邦議会選挙

後、活躍の場は連邦に移り、一九九八年から二〇〇五年までゲアハルト・シュレーダーを首班とするSPD・緑の党連立政権で外務大臣兼連邦副首相を務める。

＊2――一九八二年に、森林死や酸性雨問題に注力するためグリーンピースから分かれた環境保護活動家によって設立されたドイツの自然・環境保護団体。

＊3――ドイツの有力な週刊誌『デア・シュピーゲル』（一〇〇万部を超える発行部数を誇るクオリティー・ペーパー）は、現在世界遺産ともなっているケルン大聖堂が半分水没した表紙の一九八六年八月一一日号を出した。この号のメインタイトルは、「南極大陸上空のオゾンホール、最近一〇年に記録された三つの地球規模の温暖化、真っ先に直撃された海洋プランクトン――気象研究者は警告する（以下省略）」というものであった。

＊4――そもそもはフランスの物理学者アンリ・ベクレル（一八五二～一九〇八年）にちなんでつけられた、放射能の単位（一秒間に一つの原子核が崩壊して生じる放射能の量）の名称。一時期の反原発運動家につけられた異名である。

ドイツ民主共和国における原子力エネルギーの歴史に寄せて

ミケ・ライヒェルトの博士論文「ドイツ民主共和国における原子力エネルギー産業――発展の諸条件、構想と、その実現の程度」[*1]（一九九九年、ザンクト・カタリーエン社）についてのヨアヒム・ラートカウの所見

昔のドイツ連邦共和国〈旧西独〉に生まれた者にとって、ドイツ民主共和国〈旧東独〉は、多くの分野と同様に原子力技術分野においても、馴染みのないものと見慣れたものが混在する全体像を提供している。しかし、私がミケ・ライヒェルトの博士論文を通じて旧東独の原子力エネルギーの歴史の深部に立ち入ったとき、その像は、次第に馴染みあるものとなっていった。マクシー・ヴァンダー[*2]は惜しくも四〇代半ばで世を去ったが、旧東独に親近感を抱いていた旧西独の左翼層が、旧西独の原子力紛争の絶頂期であった一九七八年に、その頃称賛された彼女の書『おはよう。君、美しき者よ――ドイツ民主共和国のおける女性たち』の中で報じられたある一人の東独の女生徒の次の発言に偶然出くわしたとすれば、彼らは、つばを飲みこんだに違いない。「学校から帰ってくると、私はすぐに外出するの。（中略）私にはたくさんのアイデアがあるのよ。たぶん原子力発電所の中にね。それは何か新しいものだし、それには将来があるわ」

しかし、私の少年時代には、「進歩的な」旧西独の少年も似たようなことを喋っていたかもしれない。そして、東独では、戦後の時代だけでなく、反動としてそれに続いた時代もまた、西側諸国におけるよりも長いこと原子力への陶酔が持続していた。チェルノブイリ大事故の後少ししてから、東独の学生グループがビーレフェルト大学を訪れ、そして、原子力に関する憤りを多くの人々と分かちあったが、このとき、イエナから来た一人の学生は、私に向かって次のような怒りを口にした。「西側にいるあなた方は、甘やかされて神経過敏だ。どこもかしこも空気は褐炭の煤煙の匂いだらけの東独では、人は原子力技術に期待している」。もっとも、私がミケ・ライヒェルトから聞いたところでは、エーリヒ・ホーネッカー[*3]はその当時西側の会談相手に対して次のように認めたそうである。もし我が国〈東独〉に瀝青炭があったなら、我が国は原子力エネルギーを放棄するだろう、と。

ミケ・ライヒェルトは、旧東独は原子力技術において

大きなチャンスを有していた可能性があるという前提から出発する。彼の認識の主たる関心は、多くを約束するいくつかの糸口が、なぜ結局、隠されたままとなってしまったのかという疑問に狙いを定めている。旧東独終焉後にあまりにもやすやすと調子をあわせたような「決定論的挫折理論」を彼は拒絶する。彼がそれに代えて問題としているのは、より早い時期の意志決定の未解明な状況を構成しなおすことである。その際彼は、旧東独の始まりから、ドイツ再統一後の旧東独の原子力発電所の廃止に至るまで対象を広げる。彼の博士論文の主要な功績は、ドイツ再統一まで歴史研究が知ることのなかった多様かつ包括的な一次史料を開拓したことにある。この点でライヒェルトは、多くの新しく、かつ、重要な、しかも、わくわくさせる結果をもたらした。私の目から見て注目に値する新知見は、次の一〇の事項である。

一．目を引くのは、特に初期の頃の東独に西独の原子力エネルギー開発と類似するものが多くあることである。まず旧東独と旧西独において、似たような思考構造と将来への期待を持った同じ研究者風土が見出される。旧東独は代表を送っていなかったが、旧東独でも最初の強い刺激は一九五五年のジュネーブ原子力会議を通じてやってきた。旧東独でも最初は、重水炉を第一とするドイツ独自の原子炉開発という野心があり、それは第二次世界大戦時に生まれたウラン協会の伝統に沿ったものであった。それと並行して、核燃料と冷却材を混合する「均質型の」原子炉タイプに物理学研究者や工学研究者が魅了されることがあった。いわゆる「粥状ペースト原子炉」[*4]、すなわち、後で振り返ると本当に冒険的な原子炉の一つで、それは、一時ユーリヒで好まれた溶融塩炉を思い起こさせるものである。冒険的なものではあったが、旧東独では、旧西独同様に、独自の増殖炉開発の野心があった――レオニード・ブレジネフ[*5]がそのたぐいの諸計画にただただ目を見張るばかりであったことは理解できる。旧西独では中枢的原子力研究機関の未来の原子炉と産業側の現役の原子炉とのせめぎあいは、全般的にはむしろ潜在的なものにとどまっていたが、これに対して旧東独では、その二つの行動路線の間には「激しい争い」があった。そして、この争いは、人が中央計画経済体制の「全体主義的」国家の内部の生き様についてしばしば誤ったイメージを抱いていたことに光を当てるものである。

二．他にもまた、旧東独の原子力エネルギー政策の歴史には、全体主義体制という通念に当てはまらない多くのことがある。原子力問題のために設置されたドイツ社会主義統一党[*6]の党委員会は、開発の有効な舵取りという点からすると、対するボン政府のドイツ原子力委員会と同じようにほとんど能力がなかった。それどころか、旧東独における様々な研究者グループ同士のライバル意識と縄張り争いは、しばしば西側におけるよりもむしろ激しかった。また、旧東独の指導部は、最初は少なくとも原子力研究者たちにかなりの敬意を払っていた。だから、彼らは驚くほど多くのことができたのである。原子物理学者の実践的な活用は、見たところ、ボンのキリスト教民主同盟の政治家による評価以上に、科学を信奉する共産主義者によって過大に評価されていた。ところが、原子物理学者は原子力発電所を建設できないことを、人は、ようやく徐々に理解していったようである。これに関してこの論文の著者、ライヒェルトが下した結論は、「旧東独における原子力エネルギー産業の先天的な欠陥は、科学者に押しの強さが欠けていたことにある」というものだが、私には、この結論は検証が必要なように思われる。というのも、原子力研究者たちは、著しく大きな特権を享受していたし、自意識についても欠くことはなかったように思われるからである。しかし、原子力発電所の建設が結果として成功するのは、産業側の主導下のみであった。それゆえ、私は、原子力産業に向かう旧東独のスタートにとって、ハンディキャップは産業側の当初の慎重さであった、と推測している。

三　旧西独の文書を研究するとき、しばしば私は、やや昔の政治学研究によって画期的な出来事と目された原子力行動計画が事案の進行にとって取るに足りないようなものであったことに唖然とする。しかし、旧東独においても、中央計画経済ではあったが、事情はほとんど違わなかったようである。同国でもまた、効果的な中央の舵取りを欠いていた。そして、人は、ソ連の協力が事前に確かめられなかったケースでは、原子力に関する計画策定者は見込み違いをすることとなった、という事実に再三にわたって遭遇する。原子力の案件で長期的な責務を負っていなかったソ連はソ連で、繰り返し旧東独に不快な驚きをもたらした。この点に、たしかに旧東独の原子力政策の根本的なジレンマがあった。けれども、困難は、旧東独自身の内部からも生じた。論文の著者がコメントしているように――よりによって一九八三年の原子力エネルギー行動計画は旧東独の歴史上「最も包括的で詳細な行動計画であった」が、皮肉は、まさにこの点にある。というのも、それは、旧東独が原子力技術においてほとんど進展を見せていなかった時期に決定されたからである。ちなみに、旧西独最大の原子力行動計画、すなわち一九七三年から一九七六年にかけての計画もまた、最大の失敗であった。なんと、東西ドイツが隠れたところで一致していたのである。

四．とりわけ手に汗を握るのは、旧東独が、ソ連の干渉のもとに完全に置かれていたとはいえ、自国のウラン埋蔵資源をどの程度まで自分たちの原子力に関する展望の中に決定的要素として組みこんでいたかという問いである。この分野は、ドイツ再統一に至るまで世間一般ではまったく不透明であった。ウランは本来であれば国内資源であるという基本的な立場が、どのように旧東独指導部の中で繰り返し浸透していったのか、そしてまた、ヨーロッパ最大のウラン埋蔵を有しているという自意識がどのように示されているのか、これらは、きわめて興味深い問題である。旧東独は褐炭だけでなくウランを持っていたので、エネルギー経済面では潜在的に自給自足状態にあった。その種の自意識は、旧東独にはいうまでもなく存在した。その限りでは、そもそも旧東独は、原子力エネルギー開発を推し進めようという強烈な動機を持っていたのである。フライベルク鉱山学アカデミー[*7]を中心として、その周囲に正真正銘の「ウランロビー」が育っていった。とりわけ国内のウラン鉱床に目をやりつつ、旧東独は、原子炉建設がその手から奪われたとき、核燃料製造に活路を求めた。それは、後から振り返ると、必ずしも幸運な決定ではなかった。にもかかわらず、ウラン複合事業体のヴィスムート社の存在は、旧東独にとって常に禁句であり続けた。この点でソ連は容赦がなかったのである。その軍事的に最も敏感な点に旧東独は、自国が敗戦国であることを絶えず感じざるをえなかった。一九五〇年代、一九六〇年代には、そのような形で敗戦国の立場を思い知ることになるなど、誰も予期していなかったのである。

五．旧東独の公文書からは、同国の指導部を必ずしも非難できないという印象、また、彼らは新しいテクノロジーの意味を過小評価していたという印象を人は常に受けざるをえなかった。しかし、私はむしろ、旧東独では先端技術の意味は過大に評価され、日常的技術は過小に評価されていたという印象を受ける。公文書の訴える力には限りがあることが、そこに模範的に示されている。ライヒェルトは、原子力技術への公式な信条は次第にベールに覆われていったこと、そして、実際は別なものが優先されていたことを指摘している。旧東独は、実際には、長いこと、見かけほど、そしてまた、彼らのエネルギー資源の論理から期待できるほど、原子力エネルギーに熱狂していなかったのである。

六．特に興味を引くのは、一九六〇年代前半の旧東独の原子力エネルギー政策の大転換に関するライヒェルトの切れ味鋭い説明である。というのも、その意味については、世間一般に知られていないからである。一九六二年に旧東独は独自のタービン生産を放棄し、さらにまた、一九六五年には、独自の原子力発電所設備の生産をも放棄した。後になって見ると、旧東独独自の産業史の一部としての原子力技術の歴史は、それをもって基本的には終わっていたのである。その転換は、どのように説明されるのであろうか。旧東独はソ連の決定に屈せざるをえなかったのであろうか。ライヒェルトの説明によれば、本質的なきっかけはあたかも旧東独自身の中から出てきたように見える。現に褐炭という基礎があるのでエネルギー供給が途絶えることはない、というヴァルター・ウルプリヒト[*8]の一九六〇年一一月[*9]の発言は、理解に役立つものである。褐炭の品質が悪化の一途をたどっているという問題は、その頃まだわかっていなかったのだろうか。むしろここで暗示されるのは、微妙な事案については国家の最高指導者でさえ情報が入らなかったことである。ところで、注目に値するのは、その頃になるとウルプリヒトがエネルギー経済の観点で判断を下していることである。ライヒェルトが示しているように、一九五〇年代にはまだそうではなかった。ウルプリヒトが一九六五年にクラウス・フックス[*10]の野心的な原子力計画を非常に素っ気なく突き返したことは、驚くべきことといえよう。旧東独にはそのための産業基盤が欠けていた。また、その計画は、国民の生活水準を犠牲にするだけであった。ライヒェルトは、ウルプリヒトがその事案をフックスよりも現実的に見ていたとしたが、これはまったく正しい。

とはいえ、なんとも奇妙なのは、ウルプリヒトが一九六七年にソ連のブレジネフとコスイギンに向かって、語気も鋭く、挑発するかのようにして、原発建設と、旧東独産業の原子炉建設を含むすべての分野への参入を迫ったことである。このことは、彼の数年前の発言とどのように整合するのであろうか。一九六六年に稼働したラインスベルク原発についての経験は、必ずしも多くを期待できるものではなかったようである。だから私は、その頃「世界水準」という言葉――具体的に「世界水準」を意味するもの――を好んで口にしたウルプリヒトは、原子力の分野で世界的なものとなっていた傾向を志向していたのではないかと推量する。米国から発したものであるが、一九六〇年半ばから原発発注の第一次のブームが起きた。こうした状況の中で、自国がそれを目にしながら原発ビジネスから降板したことは、旧東独にとっては不愉快なことであったに違いない。一九六〇年代早々の原子力関連の全般的な不況は、旧東独指導部のそれ以前の態度に影響を受けたものである。RWE社もまた、その当時、グンドレミンゲン原発を不本意ながらも建設していたが、それは、もっぱらボンの連邦政府に迫られたからである。

七．論文の叙述は、同時並行的に注意を払う必要のあるいくつかの副次的な様相を含んでいる。私の目から見て特に興味深いのは、旧東独の歴史が進行する中での政治的文化の変化や、意思疎通スタイルあるいは世代のメンタリティーの変化である。ライヒェルトは、原子力についての初期の時代の文書は訴える力が最も大きいが、時代が下るとともに、内容に面白みがなくなってくることを見つけた。旧西独の文書においても、私は広範囲で同じことを観察した。最初はまだ、紋切型の語り口がなかったし、弁護すべきような既成事実もなかった。たしかに、多少の差異があることが重要なのである。一九五〇年代に指導部の席を占めていたのは、旧東独になってからの教育を経験したことのない、しかも、運命に激しく翻弄された世代であった。その頃は、少なくとも内部の意思疎通においては、問題ある事柄をはっきりと主張し、その際、歯に衣を着せずに語ることがまだ普通であったように思われる。「ロシア人は、いつも怠惰であった」（グスタフ・ヘルツ[*11]、一九五七年）――一九七〇年代の文書の中にそのような発言を想定することは困難である。

　あるいは、ハインツ・バルヴィヒス[*12]は、西側における会議の席上で、ものの見事に官僚主義の裏をかいたこと、しかも、機密文書などまったく気にもかけなかったことを告白した（それらは、まさに一九五八年のことである）。これは、指導的な原子力科学者がシュタージ[*13]をまだそれほど心配する必要のなかった一時代の記録である。興味深いものといえば――この博士論文におけるものだけではないが――ウルプリヒト時代とホーネッカー時代が価値の再評価をどのように経験したかという問題もそうである。「とがったあごひげの男」〈ウルプリヒトのあだ名〉はその昔非常に恐れられ、恨まれていたが、反対に「ホンニ」〈ホーネッカーのあだ名〉は、西側にあってさえも人気があった。それは、西側においてウルプリヒトは、科学や技術を大変よく知る国家元首で、問題点を比較的明瞭に見て、見せかけにすぎないものを一つも後に残させなかった人物であったのに対して、エーリヒ・ホーネッカーはといえば、見た目にも風采が上がらない凡庸な人物だったからである。

　ドイツ連邦共和国の原子力エネルギー史からすると、人は、とりわけ旧東独における原子力の安全に関する諸問題の扱いにはらはらさせられる。しかし、これについては、多くのことを見出せない。世間一般の中だけでなく舞台裏でも、原子炉の安全に関する濃密な議論は明らかに存在しなかった。旧東独では、旧西独の原子炉安全に関する研究やそれ以外の文書を人は研究していたものの、旧西独で長年にわたって激しく猛威を振るい、しかも、時として騒乱の瀬戸際までエスカレートしたこともある原子力エネルギー紛争については、驚いたことに、ほとんど印象に残らなかったようである。ドイツ再統一の頃に私がドレスデン工科大学、すなわち「何も知らない人々の谷」（なんと、西側のテレビ番組の受信ができなかったのである）において旧西独の原子力産業の歴史について講演をしたとき、その地の一人の原子力技術者は、私にこう質問した。ここ東側では原子力の安全についてかなり心配されているが、西側でも同じようなことはあるのですか、と。

八．この論文に引用された多くの文書は、原子力発電所をソ連から受け継いだように、人は原子力の安全をもっぱらソ連に委ねていたという、すでに得られていた印象を裏づけている。ソ連製の原子炉の安全や、これに対応したソ連の原子力技術の見直しに関して批判的に議論することは、チェルノブイリ大事故までは許されなかった。「コンクリートの代わりに知性を」がスローガンであった。はっきり言えばこうである。原子炉格納容器を欠いていることを、素晴らしい教育を受けた人材によって埋めあわせること。原子炉格納容器が必要とされるような故障事故が起きないことを保証する人材によって埋めあわせること。しかし、根本的にそうした安全哲学は、災い転じて福となすということを意味するものであった。というのも、知性ある者は、例外なくコンクリートの代替物にふさわしくないからである。もし、リスクに関する議論がそのようにほとんど許されないとしたら、事故が起きかねないいきな臭い状況の中での機転のきいた対応は、いったいどこから生じるというのであろうか。

旧西独のゴアレーベン使用済み核燃料再処理施設に関する文章には、ある種のきわどい冗談がつきものとなっている。このきわめて激しい議論を呼んだプロジェクトは、そもそも旧東独に対する挑発を意味していた。というのも、ゴアレーベンは、旧東独国内に突き出した形の嘴《くちばし》状の一角に位置していたからであり、大事故で放射能汚染物質が大気中に放出された場合には、特に旧東独に害を与えることになるからであった。むろん旧東独は抗議した。しかし、それは彼らが再処理施設の安全性に真剣に疑問を抱いたからではなく、「核のゴミ」の処理問題で旧西独を相手取った儲かるビジネスにありつきたいという理由からであった。

九．これに対して、民生用原子力技術と軍事的原子力技術との結合の問題は、ライヒェルトが示すように、初期の頃は西側の研究者の場合と違って、旧東独の原子力研究者にはほとんど注目されなかった。たしかに、旧東独にはゲッティンゲン宣言と対をなすようなものはなかったが、しかし、勇敢なマックス・ステーンベック[*14]は、いかなる場合にも核兵器の開発に協力する用意がないことを明言していた。他の研究者もまた、軍に対する深い嫌悪感を隠そうとしなかった。興味深いのは、旧東独首脳部もそれに配慮したことである。とはいえ、ソ連の核兵器開発への旧東独の協力については、とにもかくにもまったく議論の対象外であった。

一〇．たしかに、あらゆる仕事の中で一番難しいのは、評価の問題である。旧東独が原子力エネルギー分野で達成したものを何で量ればいいのであろうか。しばしば評価は、旧西独と対比してなされる。けれども、このことは容易に誤った結論へと行き着くのである。というのも、旧西独は、経済の構造、規模、国際関係など、どれをとっても旧東独とは違う可能性を有していたからである。それに対して、チェコスロバキアとの比較というライヒェルトがとった道は、より現実的であった。なぜなら、この国は、経済的にも、ワルシャワ条約の加盟国という点でも似通った出発条件を有していたからである。この道筋を追求することは、将来の歴史家にとってやり甲斐あるものとなろう。

論文著者ライヒェルトによって報告されたいくつものエピソードもまた、驚くべきものであり、熟慮に値する材料を与えている。たとえば、ロッセンドルフ研究用原子炉[*15]が一九五七年に稼働した際のどたばた騒ぎがそうである。技師長は頑なに抵抗したが、ワイシャツ姿になった大臣フリッツ・ゼルプマンは勝手に封印を破った。次いでソ連人の原子炉始動班は、勝手に核分裂連鎖反応の運転を開始したのである。いやはや、なんという話なのだ。ところで旧東独にとって「旧西独との競争は寸刻を争うものであった」というライヒェルトの叙述は、私には同意できかねる。旧東独国民の幸福にとって、そのたぐいの研究用原子炉が二、三週間早く稼働しようと遅く稼働しようと、まったくどうでもいいことであった。もっとも、旧西独でもまた、似たような競争はあった。

評価についての問いは、厄介な問題であり続ける。旧東独の歴史は、全体として、また細かい部分で、どのように評価されうるのか。これに関して歴史家たちは、価値判断問題に総じて身を置く限りは、たしかにまだ長いこと論争するだろう。客観的に見て、旧東独が原子力技術においていかなるチャンスを有していたのか。これは、旧東独の経済力全体の評価、代替選択肢のプロジェクトの長所あるいは原子力技術の長所と短所の評価に基づくものである。次から次へと問いが出てくる。とはいえ、人は一つだけ心にとめておくことができるように思われる。すなわち、独自の原子炉建設を断念したとすれば、原子力エネルギーにおける関与を最小にすることは分別あるものだった、ということである。というのも、そうなると、残るのはきわめて魅力のない、核燃料サイクルの分野だけとなるからである。だから、私は、旧東独が原子力技術で大きなチャンスを逃したかどうか、疑問に思っている。旧西独の電機産業部門の指導的人物たちもまた原子力技術に強力に関与したのをずっと後悔していることは、やはり考慮されねばならない。多くの人々は、旧西独はそれによって電機産業分野で立ち遅れたと思っているのである。化学産業や褐炭精製加工分野でいくつもの大規模な計画を持っていたなら、おそらくは旧東独には原子力技術での支出を抑える以外に道は何ものも残っていなかったであろう。にもかかわらず、私は、旧東独の歴史の総括にあたっての「逃されたチャンス」という仮説が新たな認識の発見を助ける価値を持っていることと、そして、人は、決定論的かつ宿命論的路線にはやばやと方向転換すべきでないことを、ライヒェルトに対して喜んで認める。

旧東独の原子力発電所の終焉を、どのように評価すべきなのか。もちろん、ライヒェルトは次のように正しく評価している。その終焉は、外から、すなわち旧西独のエネルギー産業によって押しつけられたものである、そして、旧西独で成功しなかった西側の原子力反対者もまた、ついに成功体験を贈ってくれた地盤を、崩壊しつつある旧東独に見出したのだ、としたのである。そこから辛辣な結論の趣旨は説明されているのだろうか。しかし、ライヒェルトもまた、旧東独は長いことソ連の原子炉開発の「実験の場」に身を落としていた、と総括する。それは、チェルノブイリという背景の前の、まったくやり甲斐のない役割であり、仮に原子力技術を基本的に肯定したとしても割にあわないものであった。一九八八年のことであるが、チェルノブイリ大事故後に指導的地位に上ったソ連のある原子力技術者が、ソ連の原子炉安全哲学に関する私の質問に笑顔で次のように応じた。その哲学は、チェルノブイリ原発の大事故までは次の一文でまとめることができる。「ソ連の技術者が建てたものは、安全だ」(そして、チェルノブイリ大事故後は、「ドイツ連邦共和国から来た部品は安全だ」という別な文章に括られる)。これは、冗談ではまったくない。このことは、このライヒェルトの博士論文を読むとわかる。

＊1――論文の原題は、「Mike Reichert: Kernenergiewirtschaft in der DDR. Entwicklungsbedingungen, konzeptioneller Anspruch und Realisierungsgrad (1955–1990). St. Katharinen (Scripta Mercaturae Verlag) 1999.」である。

＊2――マクシー・ヴァンダー（一九三二～七七年）。ヴィーン生まれの女流作家、脚本家。一九五八年から没年までオーストリア人作家の夫とともに東ベルリンに住む。本書で言及された代表作『おはよう。君、美しき者よ』（一九七七年）は、様々な出自、年齢の東独女性の日常的な体験、様相、願望に関する言葉を綴ったものであり、東独のみならず、西独でもベストセラーとなった。また、一九七八年にベルリン・ドイツ劇場で初演された。
＊3――エーリヒ・ホーネッカー（一九一二～九四年）。ドイツ民主共和国の政治家で、一九七六年から一九八六年まで国家評議会議長（元首）、ドイツ社会主義統一党書記長。
＊4――Breipastenreaktor。マックス・ステーンベックが考案した原子炉。
＊5――レオニード・ブレジネフ（一九〇七～八二年）。一九六四年からソ連の最高指導者（ソ連共産党中央委員会第一書記、書記長）として君臨。一九七七年からは国家元首である最高会議幹部会議長を兼任する。当初、首相アレクセイ・コスイギン（一九〇四～八〇年）、最高会議幹部会議長ニコライ・ポドゴルヌイの三人でトロイカ体制と呼ばれた集団指導体制をとった。
＊6――ドイツ社会主義統一党。一九四六年にソ連占領地区のドイツでドイツ共産党とドイツ社会民主党が合体して結成された政党。ドイツ民主共和国が崩壊するまで政権政党として事実上、一党独裁体制を敷いた。
＊7――ドレスデン近郊のフライベルクにある一七六五年創立の鉱山学専門の大学。現在の名称は鉱山学アカデミー工科大学フライベルク。ドイツロマン主義の文人、ノヴァーリスが学んだことでも知られる。
＊8――ヴァルター・ウルブリヒト（一八九三～一九七三年）。ドイツ民主共和国においてドイツ社会主義統一党第一書記、書記長、国家元首（国家評議会議長、一九六〇～七三年）を歴任した。
＊9――一九六〇年一一月にソ連のトップである共産党第一書記のニキータ・フルシチョフと行った会談。
＊10――クラウス・エミール・ユリウス・フックス（一九一一～八八年）。ナチス体制下で英国に亡命。その後原子物理学研究者として英米で活動するが、原爆製造技術に関するソ連のスパイとして一九五〇年に英国で逮捕・収監。その後、恩赦され、東独に移住し、ロッセンドルフ原子力中央研究所副所長などとして東独の原子力政策に大きな影響を与えた。
＊11――グスタフ・ルートヴィヒ・ヘルツ（一八八七～一九七五年）。物理学者。戦前、ハレ大学教授であったが、ユダヤ系のためこれを追われた。一九四五年にソ連で一時原子力研究に携わるが、一九五四年秋、ドイツ民主共和国に帰国し、ライプツィヒ大学物理学研究所所長などを務めるとともに、ドレスデン中央原子力研究センター（今日のドレスデン・ロッセンドルフ研究センター）の整備拡充など東独の原子力研究の構築をリードした。
＊12――ハインツ・バルヴィヒス（一九一一～六六年）。ロッセンドルフ原子力中央研究所の初代所長。第二次世界大戦後、ソ連の核爆弾プロジェクトに大きく関与したが、一九六四年に西独に亡命。
＊13――国家公安局の略称。旧東独の秘密警察組織である。
＊14――マックス・ステーンベック（一九〇四～八一年）。原子物理学者。一九四七年からソ連で同位体分離のためのガス拡散法の開発に従事。一九五七年に帰国後、東独の原子力研究・技術開発に大きく関与した。
＊15――ロッセンドルフ研究用原子炉（一〇メガワット）は、東独初の原子炉であり、一九五七年一二月に臨界に達した。これを祝う火入れ式には、産業大臣フリードリヒ・ヴィルヘルム・ゼルプマン（フリッツ・ゼルプマン、一八九九～一九七五年）等の政治家が臨席した。

頂点か、それともあだ花か

一九六〇年代にドイツ連邦共和国は、原子力エネルギーの利用に参入した。最初は理念的に、次いで実験的に、最後には商業的に、という段階を追ってである。まずは、出力一五メガワットの沸騰水型原子炉のカール実験用原子力発電所におけるような数個の小規模な原型炉が設けられた。カールの原子炉は一九五八年に建設が始まり、一九六二年に商業的に稼働し、これをもってドイツの地における最初の原子力発電所となった。それから、原子炉に関する多様な路線の取捨選択がなされ、後期の沸騰水型原子炉の二つの実証施設が建設された。すなわち、一九六二年に建設が開始され、一九六七年に商業的に稼働した出力二五〇メガワットのグンドレミンゲンA号基と、一九六八年に四年の建設期間を経て二五〇メガワットの電力を給電することとなったリンゲン原発である。

その後、軽水炉を持った大型の原子力発電所の建設が始まった。その最初のもの、オープリヒハイム原発は加圧水型原子炉で、建設は一九六九年に始められた。この原発は、定格出力が三五七メガワットで、一九六九年に商業運転が始まった。圧倒的なのは一九七〇年代で、二〇基の軽水炉の建設が始まり、その多くは一九七五年から一九八五年にかけて電力供給を開始したのである。

建設地の柵囲いの際での抗議行動や、デモ隊と警官隊とのつかみあいをともなう初期の抵抗があったにもかかわらず、原子力産業のブームが起きた。原子力争議はマスメディアの大見出しとなったが、そのことから注意を逸らしてはならない。たしかに広範な国民の中には原発への懐疑や拒絶が目に見えて増大し、それは政治にも影響を及ぼした——一九八〇年以後、緑の党が議会に登場したのである。しかし、さしあたり、事実は別な様相を語っていた。ほぼ毎年のように、原発が送配電網に連結したのである。電力生産に占める原子力エネルギーの割合は、増大し続けた。いわゆるコンボイ型施設*をもって、成熟し、標準化された加圧水型原子炉技術が見出され、そして、常に長々とした新たな許認可手続きは余計なものとなったかのように思われた。それにもかかわらず、標準化という目標は、連邦と州という構造からなるドイツの許認可法制に阻まれ挫折した。次いで三つのコンボイ型原子力発電所（イザール二号基、エムスラント、そして、ネッカーヴェストハイム二号基）の建設という事態になったのである。原子力産業のその当時の声明は、ようやく力強い拡充の段階に立ったという確信を書きとめている。一九八〇年から一九八五年にかけて原子力産業は、原子力エネルギーの「整理統合」についてまったく楽観主義的であった。世の中で高まる反対に対して、産業界は「情報」で対抗できると信じこんでいた。新技術に対するすべての抵抗が結局のところ効果なく消えていき、最終的に技術の進歩のとどまるところを知らない進行によって蹂躙されたと、歴史は証明したとでもいうのであろうか。経済界のそれとわかるグループの中では、あいもかかわらず、原発反対の大衆抗議行動は、無知の蔓延から生まれたものにすぎず、だから国民も最後にはわかるだろうという思いこみがあった。広報活動を強化することによって、国民は原子力エネルギーがいかに放棄できないものであるか、コスト的にも有利なものであるか、さらに、環境にも優しく、かつ、安全なものであるかわかるだろう、というのである。そうした戦略を成功に導くものは、時間の問題、息の長さの問題でしかないように思われた。一九八〇年代以降、原子力エネルギーを巡る状況が比較的平穏になったとき——それまでの何年間もの闘争的な衝突と比べるとであるが——その確信は裏づけられたように思われた。

一九七〇年代に原子力エネルギーへの幅広い参入が始まったとき、原子力エネルギーの拡充の規模の観点で、ある部分では誰も彼もが壮大な思いを描いていた。そして、そうした想像は、一九七三年秋の石油危機によってさらに駆り立てられたのである。他の者にとっては、石油危機は『成長の限界』——一九七二年のローマクラブの世界的ベストセラーのタイトル——の到来の決定的な証明であった。それは、エネルギー節約への大きな転換の必要性を示唆したものであった。しかし、それと並行して、産業界や政治の世界では原子力の夢が新たな花を開かせていたのである。

事例として役立つと思われるのは、連邦議会の「将来の原子力エネルギー政策」調査委員会において持ち出された将来図である。もっともそれは、現在ではエネルギー節約を志向した多くの道筋の一つでしかないが。委員会は一九七九年から一九八三年まで活動した。そして、原子力エネルギーというテーマを議会で取り扱うという観点で非常に大きな業績を上げた。一九八〇年六月二七日の『作業状況と成果に関する報告書』において、委員会はエネルギー政策に関して可能性のある筋書きを列挙した。その当時の大きく裾野を広げた多様なイメージをはっきりとさせるために、委員たちは五〇年を期間とする次の四つの代表的なエネルギー政策の道筋を構想した。道筋を数量的に表すために、人口の推移、経済成長、個人消費者の嗜好水準、経済構造、エネルギー節約の規模、一次エネルギーの変化のためのテクノロジー及び一次エネルギー源の種類などの要因が取り入れられた。原子力エネルギーの利用に関して、道筋一と道筋二は原子力エネルギーの強力な拡充という考え方から、道筋三は二〇〇〇年まで利用するという考え方から、そして、道筋四は原子力エネルギーの全面的な放棄という考え方から出発して、それぞれ検討されたものであった。道筋一と四については、極端なシナリオとして早々に片づけられ、これに対して、道筋二と三は、中庸なものと見なされた。政治家や専門家、そして、世間一般は、しばしばそれらを信ずるに値するバラエティーとして見たものであった。

原子力エネルギーの件に関しては、道筋二と三は次のようにして区分される。すなわち、道筋三は二〇〇〇年までに原子力エネルギーの利用を終えるという考えから出たものであるが、これに対して道筋二は、二〇〇〇年までに一年につき二ギガワット〈一ギガワットは一〇〇〇メガワット〉増設し——つまり二年ごとに大型原子力発電所を三つということである——その後は二〇三〇年まで四ギガワットから四・五ギガワットを増設する——毎年、大型原発三から四基の増設を意味する——という考えに基づくものであった。これは、二〇〇〇年には一三〇〇メガワット級原発三〇基に相当する約四〇ギガワットの、そして二〇三〇年には、同じく九〇基に相当する約一二〇ギガワットの原発が設置されていること、そして、この約半数は高速増殖炉であることを意味するものであった。また、それに加えて、巨大技術による再処理施設が少なくとも一ヶ所あることとされていた。

道筋二の根底にあいかわらずあった想定は、その当時の見方からすればそれほど違和感のないもの、あるいは、非現実的なものではなく、それどころか、むしろ穏健なものであった。その想定のためのキーワードは、およそ次のようなものであった。すなわち、思いのほか小さい経済成長、化石燃料への追加的な需要、大きなエネルギー節約、そして、ほどほどの構造変化である。エネルギー産業の将来と原子力エネルギーの寄与についての似通ったシナリオは、一九七〇年代——一九七三年の「石油危機」後——には、ごく一般的なものとなった。これに対して、原子力発電所なしのエネルギー政策の将来図（道筋四）、あるいは脱原子力エネルギーをともなった将来図（道筋三）は、まったくこの世離れしたものとは思われなかったとしても、非現実的と見なされた。その限りでは、調査委員会の道筋二は、原子力産業界が彼らの現実として見ていたようなものを反映していたのである。

＊——原発の標準化プラントの呼称で、一三〇〇～一四〇〇メガワット級の加圧水型原子炉を備えた三原発（イザール二号基、エムスラント、ネッカーヴェストハイム二号基）の建設方式を指す。

現実は陶酔感をもっては前に進まない

にもかかわらず、大規模な軽水炉の発注、建設開始、稼働という展開——つまり、原子力発電所地区全体の実際の整備——を詳しく見ると、かつての原子力への陶酔とは必ずしも合致しないいくつかの目立った点があることに気づく。ドイツ連邦共和国全体では二一施設ができあがった。三基の大型軽水炉の建設は、一九七〇年以前に始められた。すなわち、オープリヒハイムは一九六五年、シュターデは一九六七年、ヴュルガッセンは一九六八年である。一九七〇年から一九七九年にかけて一五施設の建設が着手された。それが一九八〇年以降は、わずかに三施設となる。加圧水型原子炉路線の三つのコンボイ施設である。このことは、原発建設ブームが一九七〇年代に起きたことを意味する。一九八二年以後は、プロジェクトはもはや何一つ始まらなかった。

それらに加えて、原子力発電所の運転開始の時点を考慮に入れると、似たような、しかしやや時期がずれた図式が明らかとなる。施設の大部分は、一九七五年から一九八五年の間に運転を開始した。それが一四施設ある。そのうち二施設は、一九七五年以前に送配電網につながった。五施設は一九八六年と、それ以後に運転を開始した。すなわち、コンボイ施設三ヶ所は一九八八年であった。ブロクドルフ原発は一九八六年一二月に、そして、ミュールハイム・ケーリヒ原発は一九八七年だった——これは言うまでもなく一年も経たないうちの出来事であった。ドイツの二一基の巨大な軽水炉のうちほとんどの建設開始と運転開始は、すべてがすべて一九七〇年から一九八五年の間であった。原子力発電所地区全体の整備拡充は、事実上一九八二年に終わった(ちなみに、これは米国における状況と符合している。かの地では、すでに何年も前から、すなわちジミー・カーター政権以降、新しい原子力発電所は一つも発注されなかった)。その理由は、今日に至るまで不透明なままとなっている。それは、通例であれば経済的な性質のものといえるであろう——建設費は高騰し、加えて設備過剰の状態にあった。政治や広報宣伝が次第にしっかりと本来の役割を演ずるようになった。原発は、世の中にますます受け入れられなくなったのである。

実用原子炉のほとんどは、一九八八年から一九八九年にかけて、すなわちチェルノブイリ原発事故直後も稼働していた。それは、二一基の軽水炉とTHTR-300(トリウム高温ガス炉300)が電力を供給し、全体としてドイツ連邦共和国の電力需要の約三分の一をカバーしていた時期であった(表1参照)。

つまり、軽水炉の拡充は、ドイツではすでにチェルノブイリの破局の前に終わっていたのである。原発メーカー側とその運転事業者側の楽観主義は、特に一九八〇年代前半には、建設中の施設を可能な限り完成させること、そしてまた、すでに運転中の施設とともに、できるだけ長期間それらが電力を供給することへと向けられていた。

軽水炉路線に属さないハム・ウェントロープとカルカーの二つの原発プロジェクトは、一九八〇年代初めには心配の種となるようなものではなかった。ハム・ウェントロープでのTHTR-300の建設は、一九七一年に開始された。一二年の建設期間を終えて——プロジェクト化の期間は五年であった——それは一九八三年に完成した。そして、早くも運転開始時に異常事象が起きたのであった。この原子炉は一九八五年に初めて送電線に電気を送った。SNR-300(増殖

表1　原子力利用の最盛期である1988年、1989年に運転中であった商用原子炉

場所	略称	出力（メガワット）	建設開始時期	運転開始時期
イザール2	KKI 2	1485	1982. 9. 15	1988. 4. 9
ブロクドルフ	KBR	1480	1976. 1. 1	1986. 12. 22
フィリップスブルク2	KKP 2	1468	1977. 7. 7	1985. 4. 18
グローンデ	KWG	1430	1976. 6. 1	1985. 2. 1
ウンターヴェーザー	KKU	1410	1972. 7. 1	1979. 9. 6*3
クリュンメル	KKK	1402	1974. 4. 4	1984. 3. 28*3
エムスラント	KKE	1400	1982. 8. 10	1988. 6. 20
ネッカーヴェストハイム2	GKN2	1400	1982. 11. 9	1989. 4. 15
グラーフェンラインフェルト	KKG	1345	1975. 1. 1	1982. 6. 17
グンドレミンゲンC	KGG C	1344	1976. 7. 20	1985. 1. 18
グンドレミンゲンB	KGG B	1344	1976. 7. 20	1984. 7. 19
ミュールハイム・ケーリヒ	KMK	1302	1975. 1. 15	1987. 1. 10*1
ビブリスB	KWB B	1300	1972. 2. 1	1977. 1. 31*3
ビブリスA	KWB A	1225	1970. 1. 1	1975. 2. 26*3
フィリップスブルク1	KKP 1	926	1970. 10. 1	1980. 3. 26*3
イザール1	KKI 1	912	1972. 5. 1	1979. 3. 21*3
ネッカーヴェストハイム1	GNK 1	840	1972. 2. 1	1976. 12. 1*3
ブルンスビュッテル	KKB	771	1970. 4. 15	1977. 2. 9*3
シュターデ	KKS	672	1967. 12. 1	1972. 5. 19*3
ヴュルガッセン	KWW	670	1968. 1. 26	1975. 11. 11*3
オーブリヒハイム	KWO	357	1965. 3. 15	1969. 4. 1*3
ハム・ウェントロープ	THTR	308	1971. 5. 1	1987. 6. 1*2

＊1：1988年9月9日まで稼働。
＊2：1988年4月29日まで稼働。
＊3：2012年12月現在運転停止中。

炉）については、一九七二年からカルカー近郊の地で建設が続けられていた。問題が山積した長期にわたる建設期間と、コストの非常な高騰の後、一九八二年から一九八五年にかけて許認可手続きの点でも、建設作業においてもこの原子炉の建設は明確な進展を見せた。一九八五年に施設は完成し、こうして、しようと思えばいつでも運転開始が可能となったのである。

核燃料サイクルの完結はユートピアのまま

国産の再処理の諸計画に関していえば、たしかに一九七九年のゴアレーベンにおける放射性廃棄物処理センター（NEZ）の挫折と、これにともなうニーダーザクセン州の再処理施設プロジェクトからの撤退は、原子力産業の深刻な敗北であった。とはいえ、原子力産業界は当初、それによって意気消沈することはなかった。なぜなら、バイエルン州政府が、同じタイプの施設を同州に受け入れる用意があるとその直後に表明したからである。

一九八一年にヴァッカースドルフが立地に関する狭い選択肢の一つとなった。すぐさま住民の中に強い反対が起きたにもかかわらず、申請者であるドイツ使用済み核燃料再処理会社[*1]（DWK）は、場所をそこに決めたのである。一九八五年九月、バイエルン州環境省は、許認可所管官庁として第一次の部分建設許可を与えた。その年に建設作業は始まった。

一九八五年から一九八六年に年が替わるとき、ヴァッカースドルフを巡る最初の、一部では非常に激しい争いが起き、それは一九八六年、さらにその後もエスカレートしていった。しかしながら、その時点まで申請者であり運転予定事業者でもあるドイツ使用済み核燃料再処理会社は、自身を法的に正しいと見ていた。というのも、許認可官庁と裁判所が申請とその手続きに同意していたからである。その限りでは、原子力産業界は、抗議が大きくなっていったにもかかわらず、自分たちのやり方が認められたと見ていた。包括的な原子力エネルギーを確固としたものとする総合的な戦略に疑問を差し挟むような理由は、何一つなかった。ヴァッカースドルフで今まさに攻撃されている再処理施設は、そのシステムの中で中心的な役割を果たすはずであった。それを押し通すことは可能であり、しかも仮に問題となったとしても、経済的あるいは政治的な力関係でどうにでもなるように思われたのである。

実際のところ、「核燃料サイクルの完結」は、一九七〇年代を通じて原子力の未来像の魅惑的な言葉であった。この場合、最終貯蔵施設問題は時として、忘れ去られたかのようであり、また、それは、見かけ上は原子力エネルギーは完結したサイクルという新しい環境保護的な理想を達成したかのように見られたのであった。けれども、批判的な精神の持ち主は――唯一原発だけを問題としていた原子力産業界の、金縛りにあったような思考に抗して――その後も変わることなく核燃料サイクルの完結について注意を促し続けた。原子炉で燃え尽きた核燃料要素を再処理する、核燃料の（ほぼ）完結したサイクルを開発するという、それに対応した検討が、一九七〇年代の初めから具体化されていった。このサイクルにあっては、まだ使用可能な核分裂生成物であるウラン２３５とプルトニウムが燃料から取り出される。そして、続いてそれを新たな燃料要素に仕上げるプロセスがつけ加えられるのである（図1参照）。濃縮する際に、核分裂するウラン同位元素ウラン２３５の割合は、天然ウランにおける〇・七パーセントから、物理的な理由から軽水炉での使用に必要とされる四ないしは五パーセントに高められる。さらに、かなりな量の燃料が軽水炉において使われる。そして、再処理から得られたプルトニウムが燃料に添加されるのである（ウラン・プルトニウム混合酸化燃料ＭＯＸ）。

ドイツの原子力発電所用の核燃料製造の中核として、後にジーメンス・ブレンエレメンテヴェルケ・ハーナウとなったハーナウ核燃料企業群がこれに寄与した。分業が計画され、一九六〇年代末に実現した。研究用原子炉のための核燃料の製造に予定されたのは、原子力化学金属会社（ＮＵＫＥＭ）であった。また、軽水炉でのウラン燃料要素の担当は原子炉・燃料ウニオン社（ＲＢＵ）、軽水炉と増殖炉でのＭＯＸ燃料要素の担当はアルファ化学金属会社（ＡＬＫＥＭ）とされた。高温ガス炉用の燃料要素の製造を委託されたのは、最終的に高温ガス炉燃料会社（ＨＯＢＥＧ）であった。

「核燃料サイクル」においては、使用済みの燃料棒から再処理されたウランをも活用する燃料要素の仕上げが一番重要であった。けれども、ハーナウ核燃料企業群の許認可の歴史は、履行義務条件の不履行や法的な諸問題や、いくつもの政治的な争いによって形づくられた、つじつまのあわないことだらけの長い歴史だったのである。一九七五年の原子力法改正の結果、厳しくなった安全に関する履行義務条件は、ハーナウ核燃料企業群に許認可の事後手続きをとることを強いた。最も厳しかったのは、従業員や周辺地域にとって非常に高いリスクのあるプルトニウムを大量に貯蔵し、加工していたＭＯＸ燃料要素製造会社ALKEM社を巡る対立であった。ＡＬＫＥＭ社の古い施設が安全性の理由から操業を続けられないことが明らかになると、一九八二年の建設開始を見込んだまったく新しい施設が構想されたからである。

ハーナウ核燃料企業群に対する法的な手続きは一九八〇年から一九八五年の間にとられた。一九八一年には、「ＡＬＫＥＭ旧工場」の操業停止を迫った連邦監督措置が発せられた。政治的なレベルでもハーナウ核燃料企業群は、特に緑の党が一九八二年に初めてヘッセン州の州議会で議席を得、さらに一九八三年の選挙でも新たな議席を得た後、ますます激しい

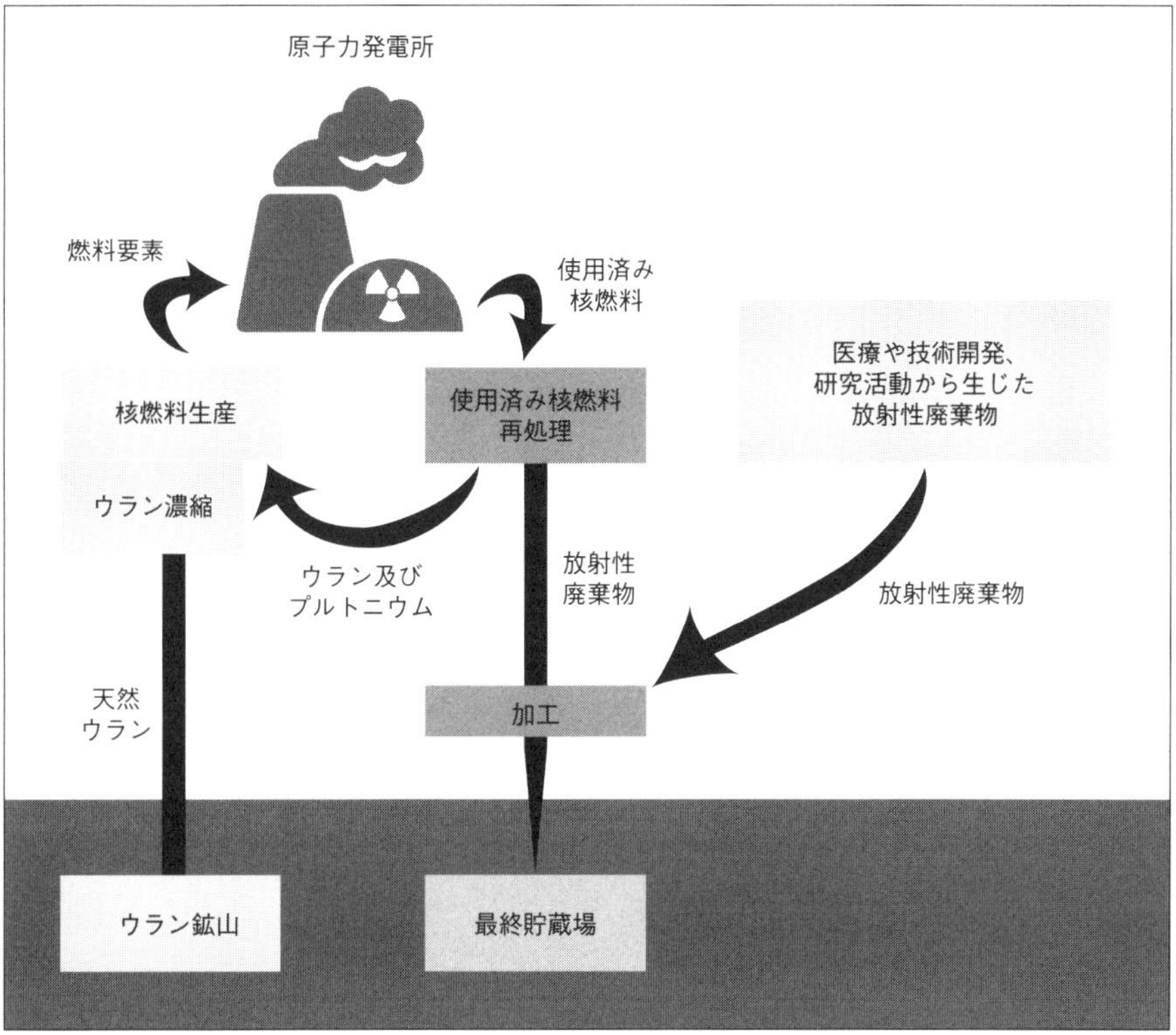

図1　核燃料サイクルとその流れ

批判にさらされるようになった。ホルガー・ベルナー[*2]は、当初、議会に過半数の与党を持たない暫定的ともいえる首相であったが、一九八三年からは緑の党の意見を政府部内に容認させたのであった。一九八五年に初めての社会民主党・緑の党連立政権が樹立され、ヨシュカ・フィッシャーが州環境大臣となって、緑の党の新しいスターになった。もっとも、原子力政策の責任は州経済省に残った。

ハーナウ核燃料企業群を巡る長期の争いは、社会民主党と緑の党が、一九八五年にヘッセン州の原子力政策のための勧告をまとめる専門委員会をつくるきっかけとなった。委員会は、社会民主党と緑の党からそれぞれ四人任命された委員から構成され、このため委員会は冗談まじりに「二掛ける四〈ドッペルフィアラー〉」と呼ばれた。社会民主党は、かつての連邦議会議員で「将来の原子力エネルギー政策」調査委員会の委員長であったラインハルト・ユーバーホルスト、かつて原子力関係会社の部長であったクラウス・トラウベ、ヘッセン州のドイツ労働組合連合会のホルスト・ホッホグレーヴェ、そして、フランクフルト大学の行政法教授のルドルフ・シュタインベルクを任命した。委員会で緑の党側に座ったのは、法律家のアレクサンダー・ロスナーゲルとヴォルフガング・バウマン、エコ・インスティテュートの研究員ミヒャエル・ザイラー、本書の著者の一人ロータル・ハーンであった。作業チームは、ヘッセンにある諸施設のための現行許認可手続きにおける連邦政府の法的な裁量の余地を検証することを求められた。ハーナウ核燃料企業群の場合には、委員会は、ＡＬＫＥＭ社の許認可申請を却下する可能性があるという認識になった。

けれども、ハーナウ核燃料企業群は手つかずのままであった。ＡＬＫＥＭ社の新規施設の建設はさらに進行し、一九八五年には事実上完成したのである。住民や市民イニシアチブ、緑の党側からの抵抗は虚しく消えたかのようであり、ハーナウ核燃料企業群は首相ベルナーの庇護のもとにあるかのように思われた。事業者側は、一九八五年には、核燃料工場の拡充計画を問題とする理由は何もないと見ていた。原子力産業界は、諸問題について厚顔無恥を装ってじっと耐え抜くという戦略で自分たちが認められたと感じ、また、ハーナウ核燃料企業群をもって彼らの原子力エネルギーに関するコンセプトと、核燃料サイクルと呼ばれるものの重要な支柱を自由に手にすることとなるという考えを変えなかったのである。

放射性廃棄物の最終貯蔵施設の問題は、早くから世間一般の大きな関心を集めていた。一九七九年のゴアレーベンにおける放射性廃棄物処理センター（ＮＥＺ）の挫折の後、たしかに地上での処理技術による施設は断念されたが、しかし、依然としてゴアレーベンの岩塩岩株は、高レベル放射性廃棄物のために計画された最終貯蔵施設の一つとして残ったままであった。ゴアレーベンは、一九七七年に著名な専門家たちの勧告に反して選定された――それはまさに政治的な理由からであった。それ以前は、代替選択肢の立地箇所が何ヶ所も口にされていたのであるが、しかし、それらは退けられていた。ゴアレーベンにおける地質調査作業は一九七九年に始まり、一九八〇年から一九八五年にかけて継続された。一九七五年には、低・中レベル放射性廃棄物のために、ザルツギッター近郊のかつてのコンラート鉄鉱山の廃坑の坑道が選ばれた。適性を判断するための事前調査が肯定的な結果であったことを受けて、その当時の所管官庁であった連邦物理工学院は、一九八二年にその申請の計画確認手続きを開始した。

原子力エネルギーの反対者にとっては、相当前から、その未解決の放射能処理問題と最終貯蔵施設の欠如は反対する最も重要な論拠の一つであったが、しかし、原子力産業界の目からすると一九八〇年から一九八五年にかけての時期には、これを欠陥として原子力エネルギーのさらなる拡充を阻むものは何もなかった。最初に反論の俎上にのったのは、最終貯蔵施設には時間という圧力がない、なぜならあらゆる種類の廃棄物のために十分な中間貯蔵容量が存在するからだ、という主張であった。さらに、立地調査が始められていたことや、適性という考え方に対抗する何らの知見もないことが指摘された。「適性頻度」という概念ができあがり、そして、それは次第に頻繁に使われるようになった。しかし、それは本来、たとえば鉄鉱石や石炭の採掘可能な鉱床を発見する確率を表記する鉱床学の概念であった。

いずれにせよ、コンラート坑道をもって低・中レベルの放射性廃棄物に適した立地が見出された、許認可プロセスはすでにとられている、と称されたのである。その限りでは、放射能除染問題に進歩があった。それをもって、原子力発電所のさらなる運転と、未完成の施設や、まだ運転許可を得ていない施設のための許認可に関する法的な前提は整った、その前提は一九七〇年代半ばから放射能の除染が安全であることを証明している、とされたのである。除染の問題においても、原子力産業界にとって一九八五年は、世界はまだ順調に進んでいた。

＊1――ドイツ使用済み核燃料再処理会社は、原発運転中及び運転計画のあるドイツのエネルギー供給企業一二社が社員となって一九七五年に設立された。

＊2――ホルガー・ベルナー（一九三一～二〇〇六年）。ＳＰＤの政治家。連邦交通省政務次官などを歴任後、一九六七年から一九八七年までヘッセン州首相を務める。なお、当初はＳＰＤとＦＤＰの連立政権であったが、一九八二年の州議会選挙でＳＰＤとＦＤＰが敗北し（ＦＤＰは議席を失う）、緑の党が初めて議席を得て躍進した結果、過半数を超える与党の政権が成立できなくなり、一九八三年までベルナーは選挙管理内閣の首相を務めることとなった。ベルナーは、当初緑の党と距離を置いたが、一九八三年の選挙後、同党の容認の下、ＳＰＤを少数与党とする首相に再度就任。さらに、一九八五年の選挙後、ＳＰＤと緑の党の連立政権がドイツで初めて誕生し、ベルナーは首相に再選された。

ますます抵抗にあう楽観主義

けれども、そうした原子力エネルギー側の体制拡充の進展と並行して、一九七〇年から一九八五年にかけて反対運動が著しく大きくなった――それは、最初は個々の施設に対する反対運動であったが、後には原子力エネルギー利用全体に対するものとなっていったのである。地域住民、市民イニシアチブ、そして環境保護団体が抗議を表明し、抵抗を行った。環境保護運動が起き、大きな政治的な運動へと拡大し、それはドイツ連邦共和国の建国以来起きたことがないような規模で政党風景を変化させた。一九七〇年代末に環境保護活動から緑の党が生まれたが、同党は当初は議会において、そして後年は政府の連立パートナーとして環境政策や原子力政策を協働してつくっていったのである。

政治や世間一般の風景の変化と並行して――ほとんど目立たないものであったが内部変化のプロセスも生まれた。原子力に関する争いは、ほとんど無数ともいえる数の本、論文、批判的研究をもたらした。多くの事例では、技術に対する度しがたい敵対者がいて、反対者はその中から出たという原子力ロビーの主張とは違うものがあった。むしろ、技術的・学問的なレベルでは原子力エネルギーや安全性、効率に関する対立した議論が展開されたのであった。いつまでも好き勝手な議論から離れられなかったのではなく、新しい社会的な仕組みが生まれた。それは、大学の作業グループから、フライブルクのエコ・インスティテュートやハイデルベルクのエネルギー・環境研究所（ＩＦＥＵ）、ハノーファーのグルッペ・環境保護などの組織の設立に至るまでのものである。そうしたことすべての結果、原子力エネルギーを巡る争いは、一九七〇年代と一九八〇年代のドイツにおける社会的テーマの中心となり、その後も議論は途切れることがなかった。政党や市民大学、アカデミー、あるいは教会や労働組合の各種グループにおける数多くの催し物や議論フォーラムは、原子力エネルギー問題でドイツ連邦共和国の社会にいかに深い亀裂が入ったかを明らかにした。

社会においてそうした対立が大きくなっていったのを目にすると、原子力産業界がとりわけ一九八〇年から一九八五年まで原子力エネルギーの将来についてなおも楽観的な確信を持っていたことは、驚きである。自分たちはよりよい論拠を持っているが、それを理解しないのは対立する相手側だけだという考えは、確信といえるようなものなのであろうか。一九七〇年代に好んで言われた、原子力エネルギーがなければ照明は消える、あるいは、原子力エネルギーなしには自然も気候も救えない、さらには、経済や働く場が損なわれるといった主張は、確かなものだったのか。それは使命感だったのか。はたまた、利益追求だったのか。もしくは政治の自己過信だったのか。

一九八〇年から一九八五年にかけて原子力産業界をそそのかして「原子力エネルギーの整理統合」について語らせたものは、眩惑であったのか。たしかに、一九七〇年から一九八五年にかけて原子力技術の諸施設の計画策定や建設、運転開始といった面での進歩には注目すべきものがあった。けれども、そうした進歩が部分的には大きな諸問題と結びついていたことは、見過ごされてはならない。

技術的な諸問題は、再三にわたって、結果としてしばしば非常に大きなタイムラグや、計画を大幅に超えるコストを生んだ。最初の大型原子炉の一つであり、最初の大規模な反原発運動の標的となったヴュルガッセン沸騰水型原子炉は、原子炉メーカーであるAEG社に甚大な損失を献上した。技術的問題と並んで、再三再四、費用の増大や建設の遅延、さらには個々のプロジェクトの挫折につながることも稀ではなかったのは、高まる安全技術の要請であり、また、許認可手続きにおいて自らが招いた困難な状況であった。

その限りでは、一九七〇年から一九八五年までの年月の原子力を巡る場面は、二つの対抗する極端な流れを特徴とする全体像を我々に示している。片側には原子力発電所ブームがあり、その対岸には高まる反対運動がある。そして、この反対運動は、社会の多くのグループにどんどん拡大し、ドイツ連邦共和国における新しい環境意識の主流となったのである。


原子力産業の隆盛は一九八五年に終わった。そして、その際に原子力産業の危機を誘発し、最終的にこれを没落へと導いたものは、社会における原子力エネルギーの受容の危機、あるいはコスト超過や遅延だけではなかった。没落は、突発的なものではなく、一九八五年よりはるかに前に始まっていた、きわめて継続的な展開であった。たしかにそれは、ある稀に見る出来事と劇的に重なり、加速化されたものであった。その出来事とは、一九八六年四月二六日に起きたチェルノブイリの破局的な原発大事故である。しかし、ドイツ原子力産業の没落を原子炉の大事故によって引き起こされたパニックによって説明することは、あまりにも単純すぎるといえよう。チェルノブイリは――二五年後の福島原発の大事故と同じように――それまでためらいがちに、そっと歩んでいたプロセスの単なる触媒として作用したにすぎなかったのである。

第5章

忍び寄る没落から明らかな没落へ

没落の経緯をたどってみると、その多層性や複雑な因果関係が一段とはっきりする。テクノロジー面での急激な暗転があっただけではなく、連邦と州における原子力政策の重要な変更も行われた。すなわち、原子力産業のコンセプトと戦略が挫折し、戦略上の誤った決定が行われてしまったということである。この結果、原子力施設の稼働が予定より早く停止されるか、あるいは、まったく稼働されないという事態が明白となった。

一つひとつだけを見るならば、そうした経緯も出来事も、ドイツにおける原子力エネルギーの全体の発展に必ずしも否定的な影響を与えずに済んだであろう。しかしながら、すべてが一緒になると、これらの要件は不都合な傾向のネットワークとなり、互いに強化しあって、結果的に崩壊につながったのである。

突然の暗転、故障、トラブル続きの原発、そしてズッパーガウ

軽水炉技術がドイツにおいて巨大技術として普及していく一方で、一九七〇年代にはいくつかの事件があった。それは、原子力技術のいわば小児病ともいうべきもの、あるいは、特定の原子炉の特殊な不完全さとして片づけることができるが、しかしながら、原子力技術全体の基本的問題の指標として理解することもできる。

カールシュタイン・アム・マインの一地区であるグロースヴェルツハイムにある加熱蒸気炉（ＨＤＲ）は一九六九年に運転に入り、一九七〇年に電気を供給したが、一九七一年には燃料要素の技術的問題のために運転が停止された。問題となったのは、特別な構造で出力二五メガワットの沸騰水型原子炉の原型炉であった。同じ敷地内にはカール原子力発電所

もあった。

　ニーダーアイヒバッハ原子力発電所の場合は、天然ウラン、つまり濃縮されていないウランで稼働させるために二酸化炭素ガスで冷却され重水で減速される圧力管型原子炉が問題となった。出力は一〇〇メガワットで、プロジェクトの開始は一九六六年であった。商業的な運転は一九七三年に始まった。一年半経って、この施設は蒸気発生器の技術的問題のため一九七四年に閉鎖された。重水炉のコンセプトはこれ以後、追求されなくなった。つまり、表沙汰にはならなかったが、実は一九六〇年代後半にはすでに好まれないものになっていたということである。

　グンドレミンゲン原発Ａ号基は、出力二五〇メガワットというドイツで最初の大規模な沸騰水型原子炉であり、一九六二年に着工された。商業運転の開始は一九六七年である。一九七七年一月一三日に、重大な故障事故が起こった。外部の高圧電線のショートのせいで、コントロールがきかなくなったのである。この結果、原子炉建屋に大量の放射性物質を含んだ汚染水があふれ出して、施設は恒久的に閉鎖となった。

　エムス川河畔のリンゲン原子力発電所は、出力二六八メガワットの沸騰水型原子炉を備えていた。この原発は、一九六八年に運転を開始し、一九七七年の蒸気転換システムの破損により同じ年に恒久的に稼働停止となった。

　原子力技術に関係する設備において、安全上重要な管や部品の材料として選ばれている鋼鉄の適格性を疑って、当時の連邦政府の監督官庁であった内務省は、原子炉安全委員会の助言に基づいて、当時運転中の沸騰水型原子炉、あるいは建設方針69[*1]に基づいて建設中だった沸騰水型原子炉について、大規模な管の交換を命じた。この対象となったのは、ヴュルガッセン（ＫＷＷ）、ブルンスビュッテル（ＫＫＢ）、イザール一号基（ＫＫＩ－1）そして、フィリップスブルク一号基（ＫＫＰ－1）の各原発であった。非常に頑丈ではあるが加工しにくい鋼鉄（業界名称ＷＢ35）が、頑丈さには劣るが、耐久性があり加工しやすい鋼鉄のものと交換された。四つの施設における交換コストは一五億マルクを超え、運転停止期間は、一施設ごとに少なくとも一二ヶ月となった。

　一九五六年四月一八日、造船海運原子力利用協会（ＧＫＳＳ）がゲースタハトに設立された。後に原子力技術におけるドイツの巨大中枢研究機関の一つに昇格することになるＧＫＳＳは、一九六三年から一九六八年にかけてキールのホーヴァルツヴェルケン・ドイッチェ造船所のもとで実験用の原子力貨物船「オットー・ハーン」号の造船を行った。オットー・ハーン号は、湾に入る許可を得るためにいつも問題を抱えていた。この原子力船は、伝説の「さまよえるオランダ人」[*2]になぞらえて、あざ笑われたものである。というのも、「さまよえるオランダ人」は大洋を横切って、落ち着くところなくさまよっていたからである。スエズ運河やパナマ運河の通航は拒絶された。原子炉の運転は、六五万海里の走行の後に一九七九年に停止された。船は売り払われ、通常の装備に戻された。経済的な競争力を持つまでには至らなかった。また、研究政策的に役に立ったという認識は今日までない。原子力駆動の貨物船は、もはや世界のどこでも稼働されることはないであろう。

これらの技術的暗転の事例それ自体は、このテクノロジーに未来があるかどうかという疑問を必ずしも引き起こすものではなかった。思わぬ故障などの技術上の問題、故障事故、失敗などは、技術の歴史にいつも見られるものである。それらは新しい技術の根本的ジレンマを示唆することもあるであろう。そして、原子力技術のそのようなジレンマは、次から次へと起こる故障に直面することによって際立つものとなった。これもまた技術の歴史においては、新しいことではない。実際、事故というものは、技術的問題解決を促進するきっかけともなってきたのだから。

しかしながらここに、付け加わったものがある。世間一般に対して、原子力施設でそもそも重大事故が起こりうるかどうかという問いについて長年にわたって反論がなされていたこと、そして多くの場合、重大な放射能漏れがあったことが完全に否認されていたことである。全世界の経験を分析すると、原子力技術の黎明期からすでに、事故や事故寸前という状態がいくつも存在したこと、そして、それらは隠蔽され、無害なものとされ、ことさらに軽視されてきたことが確認できる。後になって公表されて初めて、当事者や官庁の流す情報が真実ではないということがわかったのである。そのため、一九五〇年代の原子力への陶酔の中でつくられた原子力への信頼はどんどん崩され、住民は原子力のリスクに対して敏感になっていった。たとえ例外があろうとも、そしていくつかの故障事故が無害なものとされないまま容認され、安全の改善に必要な証拠として導入されることがあったとしても、である。

ドイツでは多少変則的な状態が起こったが、グローバルな状況においては部分的には劇的な場合もあった。

そうした正常な状態から逸脱した出来事の比較を可能にするために、一九九〇年に逸脱した出来事の評価と段階付けの尺度が導入された。いわゆる国際原子力事象評価尺度（ＩＮＥＳ）である。原子力施設に関する出来事についての評価尺度は1（逸脱）から7（深刻な事故）までの段階に及ぶ。1段階から3段階までは「異常事象」と名づけられ、それ以上のものは「事故」とされる。年を経るとともに、安全上の影響がない、あるいは関係しない出来事を、非公式ではあるが「レベルゼロ」とすることが通例となった（表2参照）。

出来事をリスト化するために、基準の包括的な目録が引きあいに出されるようになった。ゼロから7までは報告義務があり、それは三つの観点から評価される。すなわち、①事業

表2　国際原子力事象評価尺度（INES）
（レベル0：尺度以下。1～3：逸脱、異常事象。4～7：事故）

	表示（英語）	事業所外への影響	事業所内への影響	事例
7	深刻な事故 （Major accident）	放射性物質の重大な外部放出（ヨウ素131等価で数万テラベクレル*以上の放射性物質の外部放出）。広範な周辺地域における健康や環境への影響。大規模な地域での晩発性健康障害	原子炉と関連施設のほぼ完全な壊滅	1986年：ウクライナ、チェルノブイリ原発事故（400万～640万テラベクレル） 2011年：日本、東京電力福島原発事故（約50万～100万テラベクレル）
6	大事故 （Serious accident）	放射性物質の著しい外部放出（ヨウ素131等価で数千から数万テラベクレル相当の放射性物質の外部放出）。大災害防御のあらゆる対策の投入		1957年：ソ連、キシュテム事故（マヤーク原子力技術施設）（40万～890万テラベクレル。ことによるとレベル7の事故か？）
5	事業所外へリスクをともなう事故 （Accident with wider consequences）	放射性物質の限定的な外部放出（ヨウ素131等価で数百から数千テラベクレル相当の放射性物質の外部放出）。個別的な大災害防御対策の投入	原子炉の炉心や放射性物質障壁の重大な損傷	1957年：英国、ウィンズケール（セラフィールド）のプルトニウム生産用原子炉火災（1800～4万7000テラベクレル） 1979年：米国、スリーマイル島原発事故（ハリスバーグ）（750テラベクレル）
4	事業所外への大きなリスクをともなわない事故 （Accident with local consequences）	放射性物質の少量の外部放出（数十から数百テラベクレル）。自然界の放射線被曝とほぼ同じ程度の住民の放射線被曝	原子炉の炉心や放射性物質障壁の損傷。重大な放射性物質による汚染及び（または）きわめて急性の放射線健康障害につながりうる従業員の放射線被曝	1977年：スロバキア、ボフニス原発事故 1999年：日本、動燃東海再処理事業所火災事故
3	重大な異常事象 （Serious incident）	放射性物質のごく微量の外部放出。自然界の放射線被曝の一部に相当する量の住民の放射線被曝	重大な放射性物質による汚染及び（または）急性の放射線健康障害を生じる従業員被曝。安全予防措置の広範な段階的機能不全	1975年：旧東独、ルプミン。グライフスヴァルト原発 2005年：英国、セラフィールド施設におけるウランとプルトニウムの外部放出
2	異常事象 （Incident）		安全予防措置の段階的な機能不全	2001年：ドイツ、フィリップスブルク原発 2006年：スウェーデン、フォルスマルク原発
1	逸脱 （Anomaly）		原子炉と関連施設の正常な運転からの逸脱（問題の原因を除かない場合には、より高レベルの事故、事象が起こりうる）	1987年：ドイツ、ビブリス原発 2009年：フランス、カットノン原発 2011年：フランス、フェッセンアイム原発
0	尺度以下 （Below scale-No safety significance）		安全技術上まったく、もしくはほとんど重要ではない	2007年：ドイツ、クリュンメル原発における変圧器火災 2011年：ドイツ、ブルンスビュッテル原発における冷却水漏れ

＊ テラベクレル：10の12乗ベクレル

所外における放射線の影響（人間及び環境）、②事業所内における影響（放射線の防護及び管理）、③事業所の安全対策の阻害（安全防護策）である。

チェルノブイリ及び福島の原発事故（INESレベル7）を含め、今日まで全世界では、レベル4以上の事故が三〇件以上起きている。そのうちのいくつかを、以下のページで取り上げたい。重大性と並んでそれらの共通項といえるのは、情報が住民に与えられなかったこと、あるいは遅くなって初めて与えられたということであろう。この隠蔽的、あるいは事態を軽視する態度によって、それらの事故は、技術者と住民にとっての学習効果を減少させ、ますます原子力の平和利用への信頼を失わせた。

一九五二年一二月一二日のカナダのチョーク・リバー原子力研究所の事故は、研究用原子炉で燃料棒が溶融し、放射性物質の放出をともなう水素爆発が発生した（レベル5）。一九五五年一一月二九日には、米国のアイダホフォールズにおいて、同様に研究用原子炉で一部溶融が起きた（レベル4）。一九五七年一〇月一〇日に、英国の原子力施設群ウィンズケール（一九八一年にセラフィールドと改名）の原子炉で黒鉛炉心の火災が起こり、やはり大量の放射能が放出された（レベル5）。英国政府はこの火災の後、周辺住民に対し、ミルクの流通を一定期間禁止する命令を出した。周辺のいくつかの農場のミルクが集められ、アイリッシュ海に廃棄された。一九六一年一月三日には、アイダホフォールズにおいて、また重大な事故が起こった。一つの原子炉が暴走し、施設内ではかなりの機材破壊と高濃度の放射線放出が起こり、三人の作業員が亡くなった（レベル4）。一九六九年一月二一日、スイスのリュサンの山腹の横穴式地下施設内に設置された実験用ガス冷却原子炉で、冷却材が喪失し、炉心燃料が一部溶融する事故が起きた（レベル5）。

一九七〇年代には、米国の商用の原子力発電所の二つの事故が、世界の耳目を集め、ある程度の学習効果をもたらした。一九七五年のブラウンズフェリーにおけるケーブル火災と、一九七九年のスリーマイル島（ハリスバーグ）の事故である。一九七五年三月二二日、アラバマ州ブラウンズフェリー原子力発電所において、作業員がろうそくの火を用いて空気の流れを検知して原子炉建屋の気密状態をチェックする作業を行っていた際、ろうそくの火が絶縁部材に引火した。そこから原子炉建屋内のケーブルに延焼、火災事故となり、重要な安全装置も破壊された。多くの幸運と、運転チームの冷静な行動のお陰で、重大な事故には至らなかった。この出来事からの教訓は、防火対策や安全設計審査指針における空間的隔離という点で生かされることとなった。一九七九年三月二八日、スリーマイル島（TMI－2）で原子炉事故が起きた。それは、商業用原子力発電所においては最悪のものであった。運転員の技術的能力のなさと、誤判断、誤操作により、原子炉の冷却がしばらく行われず、部分的に溶融が起こった。水素爆発の脅威の前に、世界は固唾をのんだ。すでに妊婦と子供の避難が開始されていた。幸いにも核爆発は避けられた。特に衝撃的だったのは、後になってわかったことだが、現場の運転員の労働モラルに配慮がなされていなかったことである。主な弱点は人間という要素であったことが、それによって明るみに出た。

同年、亡命ソ連人である生物学者ジョレス・A・メドベージェフ[*3]による報告のドイツ語版が出た。それは、一九五七年に発生し、その後数十年間秘密にされてきたソ連南ウラル地方のキシュテム近郊のマヤークの原子力技術施設での大災害の報告であった。使用済み燃料再処理施設において重大な爆発が起こり、高レベルの放射性物質が放出されたのである。なかでも、プルトニウムが、マヤークをレベル6という最悪の事故とした。しかしとりわけ驚くべきことは、事故が二〇年以上隠蔽されてきたという事実であった。鉄のカーテンはかくも分厚かったということなのか、それとも西側の原子力専門家たちは、この証拠となる事実を意識的に見過ごしたのであろうか。

ドイツ連邦共和国においても原子力発電所での異常な逸脱や故障事故には事欠かなかった。たしかに、炉心の損傷をともなう事故という段階には至らなかったにせよ、他の理由から世間一般の注目を集めたのである。

一九七八年六月一八日、ブルンスビュッテル原発において、蒸気発生システムのひび割れから二トンの放射性蒸気が装置建屋に流れ出し、さらに、そこから屋根を伝って屋外に漏れ出した。これが二時間以上続いたのである。というのも、運転チームが自動安全装置を切っていたからであった。

一九八七年一二月一六日、ビブリスA号基においても、異常事象が起こった。放射能汚染水が七秒間、原子炉格納容器の外に漏れ出したのである。弁は開いたままで動かず、その後ろの弁が最初の弁を水洗するために運転要員によって開けられたが、しかし、閉まらなかった。ここでもまた、運転要員の誤った操作が起きたのである。

一九九八年六月には、ウンターヴェーザー原発で安全文化に関わる鳥肌が立つような欠陥が白日の下にさらされた。蒸気パイプ施設のための安全施錠システムの雑な操作によって、四つの蒸気パイプ系列の一つが働かなくなったのである。別な場所で同じような粗雑な操作がなされた場合には、破滅的な事故が起きる可能性もあったのである。

ブルンスビュッテル原発では、二〇〇一年一二月一四日に水素爆発が起き、二メートルから三メートルに及ぶ冷却管が破壊され、原子炉圧力容器と原子炉格納容器に危険が及んだ。運転事業者は、この故障事故が及ぼす影響の大きさを明らかにわかっておらず、損傷の検証のために原子炉の運転を止めるように求めた監督官庁に抵抗し、二ヶ月以上もその事件をうやむやにしようと図ったのであった。

二〇〇七年六月二八日、クリュンメル原発でオイルが燃えたことによる大量の発煙をともなった変圧器の火災が発生した。原子炉の出力を下げる過程で運転員同士の意思疎通問題が生じた結果、諸条件が欠けることとなり、技術上の軽微な故障となったのである。

＊1――ドイツの沸騰水型原子炉は四世代にわたる。第二世代のものは、一九六九年に当時のクラフトヴェルク・ウニオンによってコンセプトが設計された。その典型的な特徴は、箱形の建物と原子炉建屋内の球形の安全容器である。このコンセプトによる沸騰水型原子炉の建設方針は「建設方針69」と呼ばれている。二〇一一年現在、この方針によって建設された原発で稼働中のものは、ブルンスビュッテル、イザール一号基、フィリップスブルク二号基、クリュンメルの四つである。なお、二〇一一年三月の政治月刊誌『ファクト』は、建設方針69による原子炉の構造上の欠陥を指摘したオーストリアの研究を掲載し、センセーションを起こした。

＊2――「さまよえるオランダ人」の伝説とは、呪われた船長が最後の審判の日まで幽霊船に乗って、どこの港にも寄港できず、世界をさまようというもの。これを題材にしたリヒャルト・ヴァーグナーのオペラが有名である。日本でも初の原子力船むつ号が初航行試験中に放射線漏れを起こし、母港に帰港できず、一六年にわたって各地をさまよったことが思い起こされる。

＊3――ジョレス・A・メドベージェフ（一九二九年〜）。ロシアの生化学者。歴史家。オブニンスクの放射線医学研究所在職中の一九六九年に出版された著書によりソ連の国籍と市民権を剥奪され、その後ロンドンに住んで国立医学研究所の研究者として活躍。ウラル東部のチェリャビンにあった原子爆弾製造用のプルトニウム生産原子炉を持つ秘密施設、マヤーク原子力技術施設で一九五七年九月二九日に起きた大事故について一九七六年に報じて大きな反響を呼んだ。また、その後、一九七九年に出版した『ウラルの原子力大惨事』において、その事故で核爆発が起きたとした。なお、この事故についてソ連が公式に認めたのは、ゴルバチョフ時代の一九八九年六月のことであった。

新しい危険の温床――テロリズムと航空機

原子力発電所の安全技術に関する設計について要請が高まったのは、原子力施設の事故と異常事象のせいだけではない。一九七〇年代のことであるが、外界からの作用に対する原子力発電所の安全確保という要請に影響を及ぼしたものが二つあった。すなわち、スターファイター型の戦闘機の墜落頻度が高かったこと、そしてテロ活動の増加である。一九七〇年代後半に、それまで原子力コミュニティーにおいて最高の権威であったカール・フリードリヒ・フォン・ヴァイツゼッカーですら原子力技術から距離をとるようになったのは、まさにそれらの影響によるものであった。赤軍派のテロ行為が引き起こした騒ぎは、一九七七年には「ドイツの秋」において頂点に達したが、それは好戦的な反原発族も、原発それ自体も、疑いの目で見られることになるという矛盾した効果を及ぼしていた。

したがって、一九七〇年の終わりには、「ＥＶＡ」異常事象――外界からの影響による異常事態――に対して防御コンセプトの拡張が図られることとなった。とはいえ、破壊活動やテロリズム、戦争や自然災害を考慮に入れると、どのみち困難で際限のない問いになるのであるが。こうして結局、「ＥＶＡ」を線引きしなければならなくなったのである。特に、高速で飛ぶ軍用機が墜落した場合に備えて原子力発電所を設計することが望まれた。その結果、一九八〇年以降に稼働する原子炉の建屋については、約二メートルの厚さのコンクリートで防護することとなった。その結果誘発される震動に対する防護など、さらにいくつかの追加の要請が、コンセプトを補完することとなった。外界からの影響に対するさらなる措置、そして他の「過剰で冗長なものを含む」影響に対する措置として、いわゆる危機状況システムが要請された。これは、重要なシステムが破壊された場合には、追加の安全システムによって設備を掩蔽《えんぺい》された空間からもっと安全な状況に移すというものであった。

しかしながら、決定的なのは、住民が多くの異常事象や重大事象、そして事故を通して、原子力のリスクについて敏感になったことであろう。もっとも、運転事業者や官庁のしばしばスキャンダラスな情報操作のため、原子力エネルギーの受容については次第に口にされることがなくなっていった。チェルノブイリの事故によりこれらすべてが陰に追いやられるようになるまでは。

一九八六年のチェルノブイリの大惨事

一九八六年四月二六日、ウクライナにある、ソ連のチェルノブイリ原子力発電所の四号基の原子炉において、世界的規模で史上最悪の事故が発生した。原子炉の建屋損傷の規模、放射性物質の拡散規模は絶大であり、放射性降下物がヨーロッパの広範囲を汚染し、それらは世界に大きな衝撃を与えた。

ウクライナ、白ロシア[*1]、そして南ロシアの最も影響があった地域における健康被害についての公的報告は、ソ連の官庁の側からのものも、国際原子力機関（ＩＡＥＡ）によるものも、人をミスリードし、重大性を見ようとしないものであった。自国における放射性降下物の危険についての各国政府の当初の見通しも、同様であった。今日に至るまで、犠牲者の数の概算は様々である。一九九六年四月二四日のフランクフルター・アルゲマイネ紙には、「チェルノブイリ一〇周年記念」の特集記事が掲載された。それは以下の文章で始まっていた。「チェルノブイリの惨劇から一〇年経ったが、それは数字の名人たちが活躍した一〇年であった」

しかし、大災害の経緯と原因についてもまた、意識的に、間違った情報――これだけが結論として残っているのであるが――が流されたのである。ＩＡＥＡの最初の国際チェルノブイリ会議は一九八六年八月にヴィーンで開催された。とにもかくにも事故の数ヶ月後には開催されたわけであるが、そこで、ソ連の公的筋からは、人的ミスが唯一の事故原因として、さながらそれが「用語のルール」であるかのように議論に持ちこまれたのである。それは、「最後に残った者は馬鹿をみる」という言い回しがあるとおり、昔からよく知られているような責任の押しつけであった。ソビエト連邦の閣僚評議会副議長ボリス・シチェルビナは、一九八六年一〇月二日、ウォールストリート・ジャーナル紙上で次のように主張していた。「チェルノブイリが爆発したのは、人的ミスのせいである。施設の設計やソ連のエンジニアの技術に誤りはなかった」、と。

どのようにして原子炉の大災害は起きたのか。四月二五日、施設の定例の点検が開始された。点検の間、電気工学技術に関するテストが行われたが、それはある安全技術上の特性を証明するためのものであった。つまり、外部電源が遮断された場合、非常用ディーゼル発電機が起動完了するまでに、原子炉の蒸気タービンの慣性による回転のみで各システムへの電力を充足できるかどうかのテストであった。安全上の理由から、原子炉熱出力は必ず、定格熱出力の二〇～三〇パーセントに下げて行うことになっていた。この範囲を下回る場合、炉はその設計上、不安定な状態になる。四月二六日の深夜の点検においては、この規定の出力範囲を下回る状態であり、ある操作ミスにより熱出力は定格の一パーセントにまで下がってしまった。すでにその時点で、炉は不安定な状態にあったので、即座に停止されて然るべきだったのである。

しかしそうするかわりに、運転員たちは熱出力を回復するために、炉心内の制御棒を引き抜くという許されない操作を行い、熱出力を七パーセントまで回復させた。テストを行うために、彼らは、緊急停止装置の信号を解除して作業を開始した。大惨事はすでに準備されていたといえるだろう。一時二三分頃にテストが開始されたが、原子炉の熱出力は急激に上昇し、制御棒を挿入しても原子炉内の蒸気圧は上昇するばかりであった。いや、むしろ、制御棒の挿入は当初、出力をますます上げるだけであった。数秒後に爆発のような状態が起こり、急激に上昇する出力は、定格出力の一〇〇倍となった。巨大なエネルギーが放出された結果、炉と周辺の建物はひどく破壊され、巨大な黒鉛構造物は火に包まれ、炉心の大部分は周辺に吹き飛ばされた。そして放射性蒸気爆発の後、黒鉛減速材が火災を起こしたため、これが気流に乗って世界各地へ飛散し、風や雨などの気象条件によりヨーロッパの広範囲な地域に汚染をまき散らすこととなったのである。

人的ミスという仮説は、西側からも唯々諾々と受け入れられた。それはまさに、原子力技術全体についての疑念を生じさせまいという戦略にはぴったりだった。今日では、人的ミスだけが原因だったというのは、一つの神話であったことを我々は知っている。この神話は意図的に、知識と良心に逆らって、世界にもたらされたものであることを。人間の行為がチェルノブイリの惨事をもたらし、事故の経緯をますます厳しいものにしたことは事実である。しかしながら第一の原因は、テスト計画そのものや、テスト中に繰り返し安全措置に抵触する行為を繰り返させた、マネジメントの欠陥であるというべきであろう。しかし、このような多くのミスを数え立てることで、チェルノブイリ型原子炉の安全技術上の設計における次のような重大な欠点を見逃してはならない。すなわち、①ボイド効果〈ボイドすなわち蒸気の泡による冷却材・減速材の密度低下〉が高すぎたこと、②停止装置の効果が不十分であったこと、③完全に外れた制御棒を挿入する際に停止装置が働きすぎたことである。

特に考慮すべきは、これらの中心的な設計上の不備は、ソ連の原子力専門家たちの間ですでに事故の前から知られていたという事実である。専門家たち、あるいは一部の専門家たちの名誉のために付け加えるならば、不備に対するしっかりした批判と詳細な改善提案に事欠かなかったということも、思い出しておくべきであろう。これは、意思決定を担う当局の無責任さを一段とはっきりさせるものである。

すでに一九七〇年代に、ボイド係数は、燃焼によって非常に大きくなることが検証されていた。一九七五年には、レニングラード第一原子力発電所（ソスノヴィ・ボール）において、限定的な臨界事故が発生し、原子炉が損傷した。これがチェルノブイリ事故の前触れとなった。チェルノブイリ事故の数日後、当時のＲＢＭＫ[*3]（チェルノブイリ及び他のロシアやウクライナで使われていた原子炉のタイプのロシア語略称）原子炉安全グループのリーダーであったヴィヤチェロフ・ヴォルコフは、一九八六年五月九日付で、ソ連の指導者、なかでもミハイル・ゴルバチョフ書記長、ニコライ・ルイシコフ首相、検事総長アレクサンドル・レクンコフに宛てて、次のように記している。「チェルノブイリの事故は、運転員たちの行動によってもたらされたものではなく、炉心の設計と、そこで引き起こされる中性子に関わるプロセスについての理解がなかったことから起こっております」

ポジティブ・スクラム、つまり制御棒を挿入することでますます核分裂連鎖反応が活性化する効果についても、事故のかなり前から知られていた。一九八三年末に、イグナリアの原子力発電所の運転と――また、これを聞くと驚いてしまうのだが――チェルノブイリ原子力発電所の四号基の運転において観察されていたのである。これらの危険の指摘と改善提案は文書化されている。後にクルチャトフ研究所でＲＢＭＫプログラムの学術マネージャーを務めることになるヴィクトル・シドレンコは、一九八三年一二月二三日のある手紙において、この効果を指摘し、出力が落ちたときに起こる危険性を強調した。さらに彼は制御棒の構造の変更を提案し、完全に外れた制御棒の数を規制するための包括的規則をつくることを薦めている。

それらのことから、チェルノブイリ事故が、本質的な部分において安全設計上の欠陥によって起こったということだけでなく、この欠点が事故のはるか以前から知られていて、詳細かつ効果的改善提案が文書で存在していたということが、証明されていたのである。人間の操作ミスがある場合には、まず技術・学問上の、あるいはさらに、提出された認識から正しい結論を導き出すことを怠る、政治的既存体制の怠慢が存在する。運転員の人的操作ミスをチェルノブイリ事故の主な原因とする仮説は、以後はもう支持されなくなった（三七一頁参照）。

チェルノブイリの不幸はなんという深い痕跡を、ソ連の政治と学問に残したことか。ヴァレリー・レガソフ教授の運命からもそれがわかる。彼は原子炉事故の調査委員会委員長であった。無機化学の高名な学者で、ソ連科学アカデミーの会員でもあった。彼は一九八六年八月、国際原子力機関のチェルノブイリ会議でソ連代表団の報告を行った。「これについて報告するのは私の義務である」というタイトルの、プラウダ紙に掲載された彼についての報告記事には、以下のような言明が見られる。

運転員はどうしても、「名誉にかけて」テストを終わらせたかったので、間違いを犯した。

テストの計画は、決して周到に準備されたものではなく、責任者の認可を得たものでもなかった。

運転員たちの、事故直前の通話はこうである。「プログラムには、何がなされなければならないかが書いてあるが、たくさんのことが削除されている。いったい私は何をすればいいんだね」。通話相手は少し考えてこう言った。「消されていることをやったほうがいいよ」

「チェルノブイリに滞在した後にはっきりわかったのは、この不幸は、数十年間にわたる我々の国でのずさんな管理の最たるものだということだ」

チェルノブイリ事故二周年記念の日に、レガソフ教授は自ら命を絶った。

チェルノブイリ事故の後で、ドイツ連邦共和国においては原子力技術との決別が叫ばれた。これに対する反対は当初ほとんど表面に出てこなかったものの、しかし、決別は結局なされなかった。原子力技術については、再び声は止んで静かになった。後には、ドイツ民主共和国の崩壊が新聞のトップ記事から原子力の話題を追いやってしまったし、原子力反対派は諦めていった。「何も動かなかった」というわけである。しかし、そうした印象は誤っていた。惨劇の二七年後の今日、[*4] 振り返って次のように言うことができる。一九八六年四月二六日のチェルノブイリの惨事はドイツの原子力の歴史の転換点であったと。今やはっきりしている。エネルギー産業が大規模な原子力発電所を建設する際に必要とされる数十年という長さの安全計画は、原子力技術において存在しなかったのであると。原子力産業をリードするトップの人々の間でも、悲観主義が台頭してきたのである。五年ごとに新しいチェルノブイリ事故が起こらないとは決して言いきれないのではないか。振り返って考えると、再生可能なエネルギーを力強く、持続的に促進する動きは、あの時代に端を発しているのである。

ところで、認められた、あるいは認められることがなかった故障事故と並んで、一九七〇年代終わりから、すでにドイツの連邦ベースでの原子力産業にとってますます困難をもたらす重要な成り行きが存在した。それは、政治的な枠組みとなる条件の変化である。

＊1——ソ連崩壊後の国名は、ベラルーシである。
＊2——黒鉛減速沸騰軽水圧力管型原子炉。
＊3——原著の刊行年は二〇一二年である。

【付説】チェルノブイリ大惨事の経緯

一．事故の推移

事故の展開、原子炉出力の重要な経過や運転要員のきわめて重大な過誤を、時系列的に描写する。

一九八六年四月二五日一時、毎年行われる保守点検とテストのために施設の出力低下が開始される。

同三時四七分、熱出力が一六〇〇メガワット時（これは、定格出力のほぼ半分を意味する）に低下。出力は当初、そのレベルで維持された。

同七時一〇分、反応度操作余裕（ORM）が許容値以下に低下したので、原子炉は即刻止められなければならなかった。しかしながら、運転要員による必要な停止措置は、なされないままにおかれた。熱出力は、依然として五〇パーセントに保持されたままであった。というのも、送配電網への熱出力の供給が要請されていたからであった。テストの実施は延期された。

同二三時一〇分、出力低下が再開された。この間、運転要員のシフトの交代が行われた。こうして、当初予定されていた要員はテストに参加しなくなった。テストのために予定されていた出力範囲を許容できないほどの出力の低下が起きた。

四月二六日〇時二八分、ある操作ミスの結果、原子炉出力は実質的にゼロとなった。この時点でORMは、本来、原子炉を止め、テストの実施を延期しなければならないほど再び低下した。しかしながら、テストができるようにするために、出力が可能な限り高められた。制御棒の引き抜きがなされた後、出力は約二〇〇メガワット時（定格出力の約七パーセント）に達した。

同〇時四三分、テスト開始の際に自動的に緊急停止措置が働くはずの重要な保護信号が、状況によってはテストを再開するために、機能しないように設定された。

同一時二二分三〇秒、ORMが著しく低下した。原子炉は、改めて即刻止められなければならなかった。

テスト開始直前になって、安全技術上いくつかの不都合、かつ、ある部分は許可されていない条件が数個重なったことにより、施設はきわめて不安定な状態になっていた。それにもかかわらず、テストは一時二三分四秒に開始された。冷却材の炉心流量の減少と〈汽水分離器の〉圧力の低下の結果、炉心のボイド率が上昇し、出力が増加した。

一時二三分四〇秒、炉の緊急保護システムのボタンが押された。その効果が加わり、さらに出力が上昇した。続く数秒間に出力の暴走、すなわち、出力が定格出力の一〇〇倍から五〇〇倍にまで急上昇し、また冷却材の自発的な気化、圧力管の破断、原子炉の破壊が起きた。

二．事故の原因

人間の行動がチェルノブイリの大災害に寄与し、事故の経過を悪化させたことについては、異論はない。とりわけマネジメントの欠陥や安全諸規則の違反は原因に数えられる。ＯＲＭは、テストを準備する中で何度も許容最小値を下回った。主に出力を上げる目的でなされた制御棒の引き抜きは、定格出力のわずか七パーセントの出力でのテスト開始と同じように、許容されたものではなかった。

しかし、本当の原因は黒鉛減速沸騰軽水圧力管型原子炉（ＲＢＭＫ）タイプの原子炉の安全技術上の設計にある深刻な欠陥に存在するのに、それが誤った操作や処置が積み重なったことにあると思い違いをしてはならない。すなわち、本当の原因は、高いプラスのボイド効果、完全に引き抜かれた制御棒を挿入する際のプラスの出力低下効果、そして、出力低下諸装置が十分に機能しなかったことにあった。ＯＲＭの許容値を下回った場合の自動的な運転停止装置があったなら、原子炉は一九八六年四月二五日七時一〇分に自動的に止められていたかもしれない。

三．事故発生後の出来事

爆発によって原子炉施設の重量三〇〇〇トンのプレートが吹き飛ばされ、建屋の上部が破壊された。放射能を帯びた物質や燃えている黒鉛が飛び散った。原子炉は炎上し、さらなる火災がいくつも周囲に起きた。続いて放射性核分裂生成物の大量の放出が起きた。一九八六年四月二六日五時頃、隣接する三号基の運転が停止された。四月二七日、一号基（一時一三分）、及び二号基（二時一三分）が停止された。

四月二七日から五月一〇日までの間、原子炉は大量の様々な物質が注ぎこまれ遮蔽された（特に、二四〇〇トンの鉛、二六〇〇トンのホウ素、ドロマイト、砂及び粘土）。この処置をもって、破壊された原子炉からの核分裂生成物の放出と放射線の直接の放射は抑制され、炉心の領域で燃える黒鉛は被覆されることとなった。五月四日には、原子炉を冷却するために、大量の窒素が炉心領域に送りこまれた。

五月六日以降、破壊された原子炉からの放射性核分裂生成物の放出は大幅に終息した。

四．放出された放射性物質の拡散

大量の放射性物質の放出が一〇日間以上続いた。この間に原発所在地の近傍及び広範な地域における気象条件が著しく変化した。原子炉施設の爆発と火災によって一九八六年四月二六日に放出された放射性物質は、当初は大部分が北西方向へ向かい、白ロシアを経てフィンランドとスウェーデン中部及び北部にまで運ばれた。翌日、風向きが西に変わった。放射能で汚染された気団は、わけてもポーランド、チェコ、オーストリアを経てドイツ南部に広がり、それらの地に四月三〇日から五月一日までに達した。

次いで気団は北西方向に向かい、ドイツ西部を越えてフランス北部にまで広がり、五月二日にはイングランドやスコットランドにまで達した。その間に事故現場では、さらなる拡散の気流が立ち上り、これがモスクワ南部までの地域の比較的弱い汚染の原因となった。放射能汚染の規模の決め手となったのは、風向きや風速などの気象要因だけではない。まったく決定的であったのは、放射性物質を洗い落とし、地上に降らす雨の強さや頻度であった。それに応じて、局所的に非常に異なる汚染の度合いが表れた。加えて、土壌表層や、たとえば森林地域などの植生被覆状況もまた一定の役割を果たした。

五．講じられた対策

直接的かつ長期的な対策は、事故後に広範に報告された。すなわち、原子炉の際で事故を食い止めるための消防隊による活動、いわゆる廃炉、住民の避難、周囲三〇キロメートルの立ち入り禁止区域の設定、石棺の建設である。

六．放射能汚染地域と健康への影響

放射性物質による土壌汚染は、大規模で網羅的な測定、特にかつてソ連であった地域や他の多くのヨーロッパ諸国内におけるセシウムの沈積の測定によって調査され、記録された。

原発の三〇キロメートル圏以外で最も深刻な汚染地域は、明らかにウクライナ北部、白ロシア及びロシア南部である。死者をともなう急性放射線障害は、原発従事者、消防隊員、そして事故を食い止めるために直接関与した人々に生じた。放射線を受けた結果、住民に起きた晩発性損傷については、非常に異なるいくつもの評価がある。それらの中で犠牲者数が極端に多いものや極端に少ないものは、様々な利害によって導かれたものと思わざるをえない。

チェルノブイリ・フォーラム――IAEA傘下の作業部会で、チェルノブイリ大災害の結果の調査を目標とした組織――は、二〇〇五年に次のことを前提に話を進めた。すなわち、特に関与したグループ（一九八六年から一九八七年に廃炉に従事した者二〇万人、立ち入り禁止区域となった特に強く放射線を浴びた地域から疎開させられた住民一二万人）及び立ち入り禁止区域外で最も強く放射線の影響を受けた地域の住民二八万人からなる約六〇万人の人々の中で、発がんにより数千人の死者が見込まれるとしているのである。加えて、白ロシア、ロシア及びウクライナの被曝地域に住んでいる人々七〇〇万人の中で数千人の死者が出たとしている。つまり、死者の合計は、五〇〇〇人から一万人である。

そうした推計と結びついている大きな不確かさを目にすると、それらの数字についてあれこれ論評することは無益なことと言わざるをえない。真の犠牲者数を突きとめることはできないという前提から出発する以外はないのである。チェルノブイリ大事故による被害の調査にあって忘れてならないのは、放射線被曝による急性の死亡や長い潜伏期間後の死亡と並んで、次のような広範な結果を考慮しなければならないということである。すなわち、死には至らないものの、被曝によるものと見られるがん、がん以外の健康障害、精神的障害もしくは心身障害、放射能汚染による環境の被害、経済的、政治的、社会的被害である。

（出典：施設及び原子炉安全協会報告一二一号）

ブラントからコールまでの原子力エネルギー政策

原子力法の枠内における原子力発電所の許認可及びそれについての監督は、連邦の委任によりそれぞれの州が行う。[*] この分野では、州は連邦の監督下に置かれ、これは法律執行の合法性と目的性にまで及ぶ。連邦は連邦監督行政の枠組みの中で、一般的な行政規則あるいは指示によって、州に関与できる。原子力法に基づいた許認可や監督について、連邦と州の考えに違いがない限り、連邦監督行政の構造は、通常、問題がない。一九八〇年までは、一般的にそうした状態であった。つまりその時点までは、連邦でも州でも、政権与党は、ドイツにおける原子力エネルギーの平和利用について似通った考えを持っていたからである。つまり、平和利用賛成という考えであった。しかし、一九八〇年代に変化が起こった。

*──憲法にあたる連邦基本法第三〇条は、「国家の権能の行使及び任務の遂行は、この基本法が特段の既定をなし、また、これを許さない限り各州の責務である」と規定している。連邦と州の関係を、日本の国と都道府県の関係と混同してはならない。すなわち、連邦国家であるドイツ連邦共和国では連邦と州が国家としての統治権能あるいは主権作用を持つ。基本法第七〇条は、連邦の専属立法権を持つ分野（外交、通貨、関税等）と、連邦と州がともに立法権限を持つ競合的立法分野を定め、また、この分野で連邦が連邦法を立法した場合の法の執行について州に委任することができるとされている（第八三条）。この連邦法の州への委任にあたって、連邦政府は、州を代表する連邦参議院の承認を得て行政法規を定めることができるとともに、州に対して監督権限を行使できる（第八四条）。

原子力でいがみあう連邦と州

原子力エネルギー廃絶の真剣な運動は、州レベルで始まった。まずここで中心となるのは、一九八〇年頃に、多くの原子力発電所が稼働していた州、あるいは稼働中の州における原子力エネルギー政策の展開である。バイエルン州については、ここでは触れない。というのも、この自由国家[*1]は、原子力エネルギーの事案については独自の例だからである。バイエルン州は長い間、原子力賛成派の一員としてその戦いの最前線に立ってきた。遠いルール地方の石炭に依存する構造が伝統的に州経済の足かせとなっていたからである。このため、他のほとんどの州に比べて、原子力エネルギーについての政治的に重要な基本的意見の対立は、ここではほとんど見られなかった。もっとも、太陽光に恵まれたバイエルン州は近年、太陽光エネルギーを切り札として発見した。これによって、南ドイツの「政治的環境」における急進的な転換が明瞭になっているのである。新しいドイツ諸州（旧東独地域）についてもまた、ここではとりあえず言及しないでおくこととする。

ノルトライン・ヴェストファーレン州の原子力発電所にとって重要な時期とは、もっぱら、社会民主党が政権の単独与党の間、つまりヨハネス・ラウが一九七八年から一九九八年まで州首相であり、州経済大臣ライムート・ヨヒムセン（在任期間：一九八〇～九〇年）がキーパーソンだった時期であった。[*2]州政府で政権が交代しても、原則として原子力エネルギーについての反対はなかったが、それでも、州政府と連邦政府の間には、次第に考え方の違いが出てきた。連邦監督行政の枠内で実際に対立があったのはカルカー原発のＳＮＲ－３００の場合だけであったが、その対立は長年尾を引いた。一九八二年一二月三日、ドイツ連邦議会は、調査委員会勧告に従って、この高速炉に対して肯定的な態度を表明した。コストのコントロールがきかなくなっていたそのプロジェクトの財政的な立て直しは達成され、一九八五年に発電所は完成した。しかしながら、安全技術上の議論が終わったわけではなかった。ナトリウム冷却炉の特別なリスク、特にプルトニウム産業への参入それ自体のリスクについては、さらに経済と政治において異なった評価がなされた。ノルトライン・ヴェストファーレン州政府の懸念は、増大した。一九八五年以後に起きたこと、それは州政府の許認可官庁（州経済省）と連邦監督の所管官庁（連邦環境省）の監督との間の類例を見ないような綱引きであり、命令や、連邦行政裁判所での訴訟手続きを含むものであった。州当局は「撤退を志向した法律執行」を理由に非難され、連邦は連邦で、高速増殖炉の特別なリスクを低く見積もっていると非難された。州はすでに有利な立場にいた。そうこうしているうちにプロジェクトのコストは七〇億マルクに高まっていたので、州政府は一九九一年に、かつて社会民主党の労働大臣フリートヘルム・ファートマン[*3]が「カルカーの地獄の釜」と呼んだ原子力発電所を閉鎖した。安全性を考慮したからというよりも、単純に採算を考えたからである。

ハム・ウェントロープにあるトリウム高温ガス炉（ＴＨＴＲ－３００）は当初、ノルトライン・ヴェストファーレン州政府に重視されていなかった。州政府は、とりわけ工業と石炭精製のための高温のプロセス熱の供給を通じて州独自の石炭政策を補完することを高温ガス炉に期待していた。しかしながらＴＨＴＲ－３００は、操業停止用の予備費の準備に関して連邦政府、州政府、運転事業者及び電力事業者の意見が一致を見ず、一九八九年には恒久的に廃炉にされた。連邦監督上の対立は存在しなかった。一九九四年のヴュルガッセン原子力発電所の操業停止の理由は、技術的なものであった。炉心遮蔽壁の亀裂の修理が膨大な費用を必要としたためである。運転事業者は修理そのもののコストよりも、許認可のリスクを恐れるようになっていた。なぜなら、許認可官庁が原子炉圧力容器に必要な修理の検査の範囲をどこまで拡大するかわからなかったからである。

伝統的に社会民主党の強い州であるヘッセン州においては、一九八二年までは、原子力発電所を巡って何の摩擦も存在しなかった。原子力エネルギーを歓迎する社会民主党と、一時期与党の一翼を担った自由民主党の連立政権の政府のもとで、ハーナウの核燃料工場群[*4]も成立し、ビブリス原発のA号基とB号基も認可され、運転に入っていたのである。この状況に変化が起こったのは、一九八二年、社会民主党が州選挙に敗れ、ホルガー・ベルナーがまず後継首班として州首相になり、それから一九八三年の州選挙の後で、緑の党によって容認された少数与党政府として統治を開始したときである。一九八五年には、ついに社会民主党と緑の党の、いわゆる赤緑の連立政権が誕生した。ハーナウの核燃料企業群とその許認可の歴史は、連立を組む党の間で、政治的論争の中心点となったのである。けれども一九八七年には、社会民主党・緑の党連立政権はアルファ化学金属会社（ＡＬＫＥＭ）の工場新設許可を巡って決裂した。キリスト教民主同盟のヴァルター・ヴァルマン[*5]は予定より早められた州選挙で勝利し、自由民主党と連立政権を樹立し、この政権が一九九一年まで続いた。しかしながら、こともあろうにこの時期に、原子力についての注目すべき暗転が起きたのである。

まず、トランスヌクレア社のスキャンダルである。一九八七年三月にハーナウの企業で、原子力化学金属会社（ＮＵＫＥＭ）の子会社であるトランスヌクレア有限会社が、放射性廃棄物の輸送と申告において法律に抵触していることが知られるに至った。贈収賄と放射性物質の非合法的輸入に関わるスキャンダルのため、ヘッセン州と連邦の所管官庁が介入し、世間一般における評判が失われないように努めることとなった。賄賂の発覚、また、核廃棄物についての事実と異なる申告が発覚した後の一九八七年一二月に、連邦環境大臣クラウス・テプファーはトランスヌクレア社に対して放射性廃棄物についての輸送許可を取り消したのである。一九八八年一月中旬には、ヘッセン州環境大臣カールハインツ・ヴァイマール[*6]が、親会社ＮＵＫＥＭの営業認可も取り消した。トランスヌクレア社及びＮＵＫＥＭ社に対する原子力法上の処分とあわせて、贈収賄などの出来事により、原子力産業は世間において、道徳的に断罪されたのである。

一九八八年一一月、ビブリスA号基で一九八七年一二月に起きた故障事故が知られ、この処理を巡って州政府とＲＷＥ社との信頼関係にひびが入った。一九九一年の州選挙の直前、バイエルン技術検査協会（今日のテュフ・南）による安全分析に基づいて、四九項目の安全技術上の履行義務命令が出された。

一九九一年の州選挙では再び社会民主党・緑の党連立政権が勝利した。緑の党はその直前に、ドイツ再統一後初の連邦選挙で大敗し、じきに政党として終わりだというのが大方の予想であった。しかし、緑の党は、今回は環境問題を所管することとなり、原子力政策を論点としたのである。最初の大臣はヨシュカ・フィッシャーであった（ヘッセン州環境大臣として彼の二期目は一九九四年まで続いた）。その後、ルーペルト・フォン・プロットニッツ、イリス・ブラウル、マルガレーテ・ニムシュ、そしてプリスカ・ヒンツが州環境大臣となった。[*7] 州首相は一九九一年から一九九九年まで、ハンス・アイヒェル[*8]であった。

ビブリスを巡って、州環境省とＲＷＥ社との対立は八年間続いた。また、ハーナウ核燃料企業群、特にＡＬＫＥＭ社を巡るジーメンス社との対立も八年に及んだが、これは原子力産業にとって惨劇に終わった。古い施設は閉鎖され、新しい施設は操業されることがなかった。ハーナウに終わりが来たのである。

ハーナウの核燃料工場群の喪失にともなって、ドイツ連邦共和国の原子力産業全体も重要な戦略的拠点を失った。ハーナウは操業が停止してからも話題には事欠かなかった。わけても、もしかしたら環境に対する放射能汚染があるかもしれない、燃料の残滓が地中に残っているかもしれない、軍事的な営みが行われているかもしれない、また、施設を中国に売却することが計画されているようだ、あるいは、検察の捜査が入ったようだなどと言われたのである。

ビブリス原発については、主要な安全技術上の履行義務が実現されないままでいた。連邦環境大臣は、運転事業者にとって都合のいいようにその指示権限を繰り返し行使した。連邦と州の間では監督に関して数多くの協議が行われ、ローラント・コッホ（キリスト教民主同盟）がヘッセン州首相になった一九九九年の秋に、原子力政策における対立の多い年月は終わったのである。

シュレースヴィヒ・ホルシュタイン州では、一九八七年のバルシェル事件[*9]の後、社会民主党が一九八八年に絶対的多数の政権党となり、一九九六年まで単独政権が続いた。その後二〇〇五年までは社会民主党・緑の党連立政権となった。首相は、一九八八年から一九九三年までビョルン・エングホルム、二〇〇五年まではハイデ・ジモニスであった。[*10] 原子力の監督は州社会省の管轄であり、社会大臣は一九八八年から一九九三年までギュンター・ヤンセン、その後二〇〇三年まではクラウス・メーラーであった。[*11] 特にギュンター・ヤンセンは、原子力エネルギーに反対であり、シュレースヴィヒ・ホルシュタイン州の原子力発電所、すなわちブルンスビュッテル、クリュンメル、そしてブロクドルフの閉鎖への道を探究した。

まさにブロクドルフ原発を巡って、一九七〇年代に特に激しい闘争があった。しかしながら、その後は、比較的妨害されずに発電できた。ブルンスビュッテル原発については故障事故が再三再四あり、また、クリュンメル原発の周囲においては白血病の症状が頻発した。連邦政府は、一九九八年まではキリスト教民主同盟・キリスト教社会同盟と自由民主党の連立政権〈黒黄連立政権〉、その後二〇〇五年までは社会民主党・緑の党連立政権、そして二〇〇九年まではキリスト教民主同盟・キリスト教社会同盟と社会民主党の大連立政権の時代であったが、すべての時代を通して、連邦政府とシュレースヴィヒ・ホルシュタイン州政府との間には、すなわちキールの州政府とベルリンの連邦政府〈一九九〇年のドイツ統一により連邦政府の大部分の機関はボンからベルリンに移転した〉との間には、原子力連邦監督に関する対立は存在しなかった。とはいえ、原子力政策を巡って、連邦と州政府の間に特に緊密な政治上の一致が見られるというわけでもなかった。

ニーダーザクセン州には、ウンターヴェーザー、グローンデ、エムスラント、そして二〇〇三年に停止されたシュターデ原子力発電所がある。さらに、建設中の低・中レベル放射性廃棄物最終貯蔵場コンラート、長年、試験的な最終貯蔵施設とされてきたアッセ放射性廃棄物貯蔵場、ゴアレーベンの最終貯蔵技術調査施設、ゴアレーベン最終貯蔵場条件調査施設、輸送用格納容器・中間貯蔵施設、低・中レベル放射性廃棄物の中間貯蔵施設ゴアレーベン、そして、リンゲンの核燃料製造施設（ANF）があった。ゴアレーベンに最終貯蔵施設をつくるかどうかについての政治的論争を除くと、連邦監督との摩擦があったのは、モニカ・グリーファーン[*12]が、ゲアハルト・シュレーダー[*13]のもとで州環境大臣を務めていた一九九〇年から一九九八年までの間だけであった。

バーデン・ヴュルテンベルク州においても、連邦監督との間に潜在的な対立が存在したのはごく短い間だけであった。すなわち、大連立時代の一九九二年から一九九六年、社会民主党のハラルド・B・シェーファー[*14]同州環境大臣が原子力発電所の許認可と監督を所管していた時代に、連邦との間で意見が異なっていたのである。連邦環境省との争点、そのあるものは州政府の中にも存在するものであったが、それはオープリヒハイム原子力発電所（KWO）に関するもので、とりわけ、議論の余地がある原子炉圧力容器の脆弱性損傷に関する安全証明並びに確率論的な安全分析の結果を巡るものであった。最終的に運転許可が下りた一九九六年以後、特に同年の政権交代の後においては、いがみあいは避けられた。

原子力発電所が運転された、あるいは運転されるはずであった州で、その計画、建設、あるいは運転が頓挫した州は他にもある。いい例は、廃炉となったラインラント・プファルツ州のミュールハイム・ケーリヒ原発である。これは、一九九八年に連邦行政裁判所の最終審で、認可が破棄された。また、バイエルン州ヴァッカースドルフにおいて計画されていた使用済み核燃料再処理施設が放棄されたという例もある。ちなみに、後者の場合は、国際条約が引き金となってなされた企業による決断であった。

ここで確認しておきたいのは、以下のことである。一九八〇年代に連邦と州の間で共有していた原子力エネルギーへの肯定的評価は、チェルノブイリ事故が起こる前に、すでに終わっていたということである。原子力法の解釈は異なってきたし、行政規則や諸規程類は、何度も連邦監督上の対立の火種になっていた。社会民主党がチェルノブイリ以後に、原子力に対する態度を根本的に変更し、各州ではっきりと原子力依存を脱却することを表明する大臣を立てるに至って、対立は鮮明になった。部分的には危機的なこともあったせめぎあいの結果、監督官庁と運転事業者との関係は悪化し、これが安全文化を悪化させ、最終的には原発の安全にも悪影響を及ぼしたのである。

＊1――ドイツ連邦共和国を構成する一三州の中でも、バイエルン王国をいわば引き継いだバイエルン州は、独自性が強く、州の憲法を持つとともに、州の名称の前に「自由国家」という呼称を置いている。

＊2――ヨハネス・ラウ（一九三一～二〇〇六年）は地方、州、連邦を舞台に幅広く活躍したSPDの政治家。一九七八年から一九九八年までノルトライン・ヴェストファーレン州の首相。この間、一九八七年の連邦議会選挙ではSPDの連邦首相候補となった。一九九九年から二〇〇四年まで連邦大統領を務めた。ライムート・ヨヒムセン（一九三三～九九年）はSPDの政治家、経済学者。キール大学の正教授（経済政策学）、学長、連邦教育学術省次官などを歴任後、ノルトライン・ヴェストファーレン州の第一次ラウ内閣で経済・研究大臣、一九八〇年から一九九〇年にかけての第二次から第三次までのラウ内閣で経済・中小企業・交通大臣、経済・中小企業・技術大臣を務める。

＊3――フリートヘルム・ファートマン（一九三〇年～）。SPDの政治家。連邦議会議員を経て、一九七五年からノルトライン・ヴェストファーレン州議会議員。この間、一九七五年から一九八五年まで同州の労働・保健・社会大臣を務める。

＊4――フランクフルトに近いドイツ中部の都市ハーナウには、ドイツの原発用核燃料（ウラン・プルトニウム混合酸化燃料MOX）の製造に携わるハーナウ核燃料企業群の一連の工場が集積された。ハーナウの核燃料企業群（ハーナウアー・ベトゥリーベ）については、三五二頁を参照されたい。

＊5――ヴァルター・ヴァルマン（一九三二～二〇一三年）。CDUの政治家。法律家。フランクフルト市長を経て、チェルノブイリ原発事故後に設置された連邦環境・自然保護・原子炉安全省の初代大臣（一九八六～八七年）に任命される。その後、一九八七年から一九九一年までヘッセン州首相を務める。

＊6――カールハインツ・ヴァイマール（一九五〇年～）。CDUの政治家。一九八七年から一九九一年までヘッセン州のヴァルマン内閣で環境・原子炉安全大臣。その後、CDUのローラント・コッホ（一九五八年～）を首相とする内閣（一九九九年から二〇一〇年まで三次にわたる）で二〇一〇年まで財務大臣を務める。

＊7――いずれも緑の党の政治家。ルーペルト・フォン・プロットニッツ（一九四〇年～）は、一九九一年から一九九四年までヘッセン州議会の緑の党会派代表。一九九四年にヨシュカ・フィッシャーの後任として同州環境・エネルギー大臣、兼副首相に就任する。イリス・ブラウル（一九五五年～）は、一九八二年以降、ヘッセン州議会議員として活躍。一九九一年に同州のアイヒェル内閣で青少年・家族・保健大臣に、一九九五年には環境エネルギー大臣を兼任。同年、辞任し、政界を引退。ビブリスA号基の停止に注力。マルガレーテ・ニムシュ（一九四〇年～）は、フランクフルト市の要職を経て、一九九五年から一九九八年までブラウルの後任として第二次アイヒェル内閣の閣僚となる。プリスカ・ヒンツ（一九五九年～）は、一九八五年からヘッセン州議会議員、二〇〇五年から二〇一四年まで連邦議会議員。この間一九九八年から一九九九年まで同州環境・エネルギー・青少年・家族・保健大臣。また、二〇一四年に同州環境・地球温暖化防止・農業・消費者保護大臣に就任。ブラウル、ニムシュ、ヒンツは、女性政治家。

＊8――ハンス・アイヒェル（一九四一年～）。SPDの政治家。一九九一年から一九九九年までヘッセン州議会議員、二〇〇二年から二〇〇九

年まで連邦議会議員。カッセル市長を経て一九九一年から一九九九年までヘッセン州首相。この間、連邦参議院議長（一九九八～九九年）。その後一九九九年から二〇〇五年まで連邦政府で財務大臣を務める。

＊9――一九八七年にシュレスヴィヒ・ホルシュタイン州で起きた政治スキャンダル事件。時の州首相ウーヴェ・バルシェル（ＣＤＵ）が州議会選挙戦にあたり、有力なマスコミ、ジャーナリストを使って、対抗するＳＰＤとその首相候補ビョルン・エングホルムに対する誣告中傷キャンペーンを仕掛けたとされる。バルシェルは、同年一〇月二日に退陣し、九日後にジュネーブのホテルの一室で不可解な死を遂げた。

＊10――いずれもＳＰＤの政治家。ビョルン・エングホルム（一九三九年～）は一九六九年から一九八三年まで連邦議会議員。その後一九九三年に引退するまでシュレースヴィヒ・ホルシュタイン州議会議員。この間、連邦教育学術大臣（一九八一～八二年）、連邦食糧農業森林大臣（一九八二年）を経て、一九八八年から一九九三年までシュレースヴィヒ・ホルシュタイン州首相。ハイデ・ジモニス（一九四三年～）はシュレースヴィヒ・ホルシュタイン州財務大臣（一九八八～九三年）を経て、一九九三年から二〇〇五年まで、ドイツ初の女性の州首相として同州首相を務める。

＊11――いずれもＳＰＤの政治家。ギュンター・ヤンセン（一九三六年～）は、一九八〇年から一九八八年まで連邦議会議員、一九八八年から一九九三年までシュレースヴィヒ・ホルシュタイン州社会・保健・エネルギー大臣、一九九二年から一九九三年にかけて副首相兼務。クラウス・メーラー（一九四二年～）は、社会・保健・エネルギー省次官（一九八八～九三年）を経て、一九九三年三月、ヤンセンの後任となる。その後、ジモニス内閣で一九九三年五月から二〇〇三年まで同州財務・エネルギー大臣を務める。

＊12――モニカ・グリーファーン（一九五四年～）。ＳＰＤの女性政治家で、一九九〇年から一九九八年までニーダーザクセン州の環境大臣、一九九八年から二〇〇九年まで連邦議会議員を歴任。グリーンピース・ドイツの共同設立者の一員でもあり、一九八四年から一九九〇年までグリーンピース・インターナショナルの初の理事を務めた。

＊13――ゲアハルト・フリッツ・クルト・シュレーダー（一九四四年～）。一九九九年から二〇〇四年までＳＰＤの党首を務める。一九九〇年から一九九八年まで三期にわたってニーダーザクセン州首相、また、一九九八年一〇月から二〇〇五年一一月まで二期にわたって連邦首相。いずれもＳＰＤと緑の党の連立政権であった。

＊14――ハラルド・Ｂ・シェーファー（一九三八～二〇一三年）。ＳＰＤの政治家。一九七二年から一九九二年まで連邦議会議員。この間、一九八三年から一九九二年まで連邦議会において環境・自然保護・原子炉安全委員会委員等を務める。その後、一九九二年から一九九六年までバーデン・ヴュルテンベルク州政府の環境大臣。

赤黄連立政権とその総括

一九七〇年代に原子力を巡る論争が始まったときから、連邦政府は常に、その原子力政策を正当化あるいは修正しようとしてきた。一九六九年から一九八二年までの社会民主党・自由民主党連立政権〈赤黄連立政権〉は、思いもよらない反対運動に見舞われた。原子力の「平和的な」利用の推進は、それまでは進歩的だと評価され、政権の当初においては、原子力エネルギーは何ら政治的テーマではなかった。政府と野党は、連邦においても州においても、原子力賛成という路線で比較的一致していた。連邦首相ヴィリー・ブラントは、ベルリン市長当時は原子力推進者と見なされていた。一九七三年に提出されたエネルギー行動計画は、一九八五年までに五万メガワットの電力を原子力で発電することを提言している――それはデア・シュピーゲル誌が書いているように「そうすることで外国からの原料供給依存度が下がるという間違った仮定の上でのもの」であった。ブラントの連邦首相の後継者ヘルムート・シュミット[*1]も、やはり原子力の積極的推進者であった。ブロクドルフ原子力発電所を巡る論争において、シュミットは電力不足という作り話をして人々を煽った。一九七六年、ハンブルク近郊のブラーム湖畔の彼の別荘では、冬の半年、夜間に暖房用の電力供給が滞っていたというのである。マインツの物理学者であり、社会民主党の連邦議会議員であるカール・ベッヒェルトや、私〈本書の共著者ロータル・ハーン〉は聞く耳を持たなかったが（ちなみに私は一九六〇年代にマインツで物理学を学んでいた）。

公における論争に対する連邦政府の最初の積極的反応は、議論フォーラムの設立であった。それは当時の連邦研究大臣であったハンス・マットヘーファーが、「原子力エネルギー市民対話」という名前で、一九七五年に呼びかけたものであった。それは、原子力エネルギーについての賛否の意見や情報が交換される一連のイベントであった。当時の社会民主党と自由民主党の連立政府は、根本的には、原子力エネルギーの必要性とその原子力政策に確信を持っていた。住民の間で反対や抵抗が高まっていくのは、彼らの知識が足りないからであると考え、積極的な情報政策を推進したのである。その結果、この「原子力エネルギー市民対話」は、原子力反対派からは、単なるアリバイ工作のイベントであると片づけられ、拒否された。原子力産業の側でも、個々のイベントや市民対話全体の出席者、あるいは、それらにおける協力関係にバランスを欠いていることを理由に否定的となった。実際は、原子力反対派に対してフォーラムを提供することを業界側が恐れたのであろう。事実、多くの賛成のみならず反対意見も含んだ「市民対話」の赤表紙の記録本は安価で大量に印刷されて、学校教育の場にまで出回った。今日でもなお、それらは、当時の原子力を巡る論争の宝庫となっている。「原子力エネルギー市民対話」は短期的には、対立の解決の役には立たず、一九八二年に、キリスト教民主同盟・キリスト教社会同盟と自由民主党連立政権の連邦政府により停止された。

これに対して、政治的な見せ場となったのは、「未来の原子力政策」という名の連邦議会の調査委員会であった。これは一九七九年に開始され、当初は素晴らしい働きをした――まず一九八〇年までは社会民主党のラインハルト・ユーバーホルスト委員長、そして一九八三年まではハラルド・B・シェーファー委員長のもとでの活動である。委員会は最初の段階で、当時非常に注目を集めた原発推進派と反対派との「歴史的妥協」も達成した。それは、長期目標は異なっていても、まずは共通の様々なオプションを検討するというものであった。オプションとは、原子力エネルギー、代替エネルギー、そして特に、エネルギー節約戦略であった。一九八〇年一〇月の連邦議会選挙後にも、この調査委員会は再び設置され、一九八一年から一九八三年まで引き続き活動した。この第二段階においては、高速増殖炉ＳＮＲ－３００の運転が勧告された。しかしながらこれは、全会一致でなされたものではなかった。むしろ、委員会メンバーは、再び昔の賛成反対の立場に固執した。こうして、反対五票に対して一一票の賛成で、高速炉の稼働が勧告されたのである。その後、調査委員会はエネルギーと地球温暖化防止というテーマで活動した。たとえば、二〇〇〇年から二〇〇二年までは「グローバル化と民主化の条件下における持続的エネルギー供給」というテーマで活動していたが、初期の委員会が有した意義には遠く及ばなかった。

一九六九年から一九八二年までの社会民主党・自由民主党連立時代における原子力政策を振り返ってまとめてみると、あたかもバレエのスプリット[*2]のごとく正反対のことを同時に試みているかのように見える。すなわち、一方で原子力エネルギー問題における伝統、つまり、まったくもって社会民主主義的な進歩信仰とこれに結びついた技術的・経済的ユートピアについての予見を継承しつつ、他方では、フェアな対話によって、満足のいく社会的コンセンサスを得ようとしていたのである。彼らは原子力エネルギーに賛成する政策を基本的に疑問視しなかった。とにもかくにも、この時代にほとんどの大規模技術の原子力発電所が着手され、認可され、建設され、ついには稼働されるに至った。コンセンサスが得られなかった場合には、オプションを決めずにおくというやり方で結論を下すことを回避、あるいは先送りした。ヘルムート・シュミット首相のもとでの連立の最後の時期においては、原子力技術に対する疑念は明らかに増した。もともと原子力に反対であった議会外の反対派は、議会の中でも次第に賛同を得るようになったのである。

＊1――ヘルムート・シュミット（一九一八年～）。ＳＰＤの政治家。連邦国防大臣、連邦財務大臣などを経て、一九七四年から一九八二年まで連邦首相を務めた。高級紙として有名な週刊新聞『ディ・ツァイト』の共同出版人を一九八三年以来務めている。

＊2――両足を左右一直線に広げて床に座る、バレエやアクロバチックダンスの姿勢。

関心と情報の欠如の間で――コール政権の原子力政策

一九八二年から一九九八年までの、ヘルムート・コール[*1]政権における原子力政策は、全体的に精彩がなく、受身的なものであった。政権発足時は、国民の中で次第に反対されるようになっていたにせよ、原子力産業が上昇気流に乗っている時代であった。ボンにおける連邦政府の交代においてもその動きはまだ加速していた。キリスト教民主同盟・キリスト教社会同盟及び自由民主党の連立政権は、与党からほとんど絶対的ともいえる後ろ盾を得ていたし、特に原子力エネルギーについて党側からあれこれ注文がつけられることはなかった。しかし現実には、それまで社会的に孤立していた原発反対運動が、この時代に、にわかに力を増してきていたのである。一九八三年には、もともと原子力反対運動から生まれた緑の党が連邦議会で二七議席を獲得した――社会民主党に向かうはずの票の一角を崩したのである。そして、物理学者ですら、仲間の中で原子力技術の反対者だと表明することは決して不可能ではなくなっていたのである。

この段階は嵐の前の静けさであった。そして、一九八六年四月二六日にチェルノブイリの大惨事がまさに原子爆弾のようにして起きたのである。またしても、連邦政府は、原子力エネルギー問題について備えがなかった。世間に対する情報政策は破滅的であった。チェルノブイリのような事故はドイツの原子力発電所では起こらないという判断は、まず外見的には正しかった――なにしろ、チェルノブイリの原子炉のタイプは、ドイツには存在しなかったから。しかしながら、ウクライナの原子炉の惨事が、予想できない、底なしの、原子力の「残余のリスク」を際立たせたことは間違いなかった。

放射性降下物による健康被害の発生を完全に否定する一方で、食品における放射能の限界値を下げるということは、矛盾していた。大災害防護システムの有効性についての疑問は、答えが得られぬまま残った。いくつかの政治的修正措置がとられ、特に、いわば安定剤のようにして新しい省庁が設置された。一九八六年六月三日、コール首相は短く次のように述べている。「最近数週間、すべての実情を注意深く吟味した結果、連邦環境・自然保護・原子炉安全省の設置を決定した。フランクフルト市市長のヴァルター・ヴァルマン博士を、この省の大臣に任命することを連邦大統領に提言する」。コールの独断専行は、チェスでいえば、上手な駒の差し方であった。なぜなら、それまで環境問題を所管していた連邦内務大臣フリードリヒ・ツィンマーマン[*2]（キリスト教社会同盟）の、人々をなだめようとした発言（「危険は、原子炉の半径三〇キロから五〇キロメートル圏内にのみ存在する。そこでは危険は高い。我々は二〇〇〇キロメートル離れている」）は、見る間に信用されなくなっていたからであり、また、政府の危機管理は不足どころの話ではなかったからである。さらに、原子力を救い、緑の党の伸長を阻止することも必要であった――一九八七年一月のニーダーザクセン州選挙に続いて、次の連邦議会選挙が控えていたからである。一九八九年には、ついに放射線防護庁が設置されたが、この組織は、のちのちあまりよい結果を生まなかった。

しかしながら、キリスト教民主同盟・キリスト教社会同盟及び自由民主党連立政権の連邦政府は、チェルノブイリのショックにうまく対処できなかった。これに関する様々な正式発表は、耐え抜くことや、頑張り通すことを述べているにすぎないように聞こえた。連邦議会の社会民主党は——この時期は野党であったが——既成政党としては初めて抜本的な路線変更を行った。チェルノブイリの事故の後、一九八六年八月のニュルンベルクにおける党大会において決定されたのは、もし政権与党になったら、一〇年以内に原子力エネルギーから撤退するというものであった。キリスト教民主同盟と自由民主党は、全体としては、チェルノブイリ大事故後も原子力エネルギー推進路線にとどまり、事故をあまり重大にとらないように働きかけを行っていた。これはいくつかのケースにおいてグロテスクに見えることもあった。ツィンマーマンは口でたいしたことはないと言っただけであったが、バイエルン州環境大臣アルフレート・ディック[*3]は、テレビカメラの前で放射能に汚染されたホエー（乳清）を舐めてみせるということまでやってのけたのである。しかしながら、党員一人ひとりを見てみると、キリスト教民主同盟・キリスト教社会同盟だけでなく自由民主党においてすら、疑念が高まり、原子力エネルギーを過渡的なテクノロジーと見なす者の数が増えていった。

　コール首相は、こと原子力に関しては、できれば表に立ちたくなかった。チェルノブイリ原発大事故後の連邦政府の原子力政策は明らかに受動的であった。一九八六年から一九九一年に原子力産業の衰退が起こったことでもわかるとおり、政府は事態をなすすべもなく見守っていたのである。

原子力産業の衰退には、非常にはっきりした契機があった。一つはハーナウ核燃料企業群の核廃棄物輸送事件である。これはチェルノブイリ原発事故後に連邦レベルで起きた最初の大きなスキャンダルであった。マスコミは非常に大きく反応し、一人のマネージャーは自ら命を絶ち、経営トップは裁判にかけられた。結果は、原子力産業全体への信頼の甚大な喪失であった。

　二年後、転換点となる事件がさらに起こった。一九八九年四月に、ドイツのエネルギーコンツェルンＶＥＢＡ社とフランスの原子力コンツェルンＣＯＧＥＭＡ社[*4]が非常に画期的な契約を締結したのである。そこには、ＶＥＢＡ社が所有する原子力発電所から排出される使用済み核燃料要素は、将来、ラ・アーグにある再処理施設で処理されるという取り決めが含まれていた。ＶＥＢＡ社の当時の社長であったルドルフ・フォン・ベニングゼン＝フェルダーがこの決定を下したのは、主にコストの理由からであった。この契約——ちなみに、連邦政府の意思に反して結ばれたものであった——をもって、建設中であったヴァッカースドルフの再処理施設は不必要なものとして封印され、ドイツ国内の再処理技術の終わりが告げられたのである。

　一九九〇年に、ついにエネルギーについてのコンセンサスづくりのための相手の意向を探りあう最初の動きが始まった。ルドルフ・フォン・ベニングゼン＝フェルダー社長は怜悧に数字を計算するだけでなく、理路整然と考える人間でもあった。そして、原子力エネルギーの失われた信頼を取り戻そうとし、対立が加速したことについて遺憾の意を表明した。彼にとって原子力技術は過渡的テクノロジーであり、党派を超えたエネルギー政策についてのコンセンサスの確立を不可欠だと考えていたのである。一九八九年一〇月二八日、彼は急死し、クラウス・ピルツが後を継いだ。彼は前任者よりもさらに穏健な路線をとった。原子力積極拡大推進派（特にヘルマン・クレーマー）とのコンツェルン内部での政治抗争にピルツは打ち勝ち、結果的にエネルギー産業界の一部と政治家との協議が行われた。そこで原子力エネルギー問題についてのコンセンサスが探られたのである。この協議に出席したのは、ピルツと、一九九〇年に新しくニーダーザクセン州首相になったゲアハルト・シュレーダーであった。

そうした相手の腹の探りあいは具体的な結果には結びつかなかったが、それでも原子力エネルギー論争における明確な転換点となった。まず、原子力産業側が初めて率直に原子力エネルギーの終焉の可能性について語るようになったのである。非公式の場では初めて、終焉までの残り時間について語られるようになった。一九九二年一一月二三日、ＶＥＢＡ社の社長であったクラウス・ピルツと、ＲＷＥ社の社長であったフリートヘルム・ギースケが、共同でコール首相に書簡を送った。この書簡では、原子力エネルギーについてのコンセンサスの必要性が指摘されている。書簡ではまた、さらなる措置についての提言と、ゆっくりと原子力エネルギーから撤退することを考える用意があることについても述べられている。しかしこの新しいコンセンサス確立の途上で、またもや突然の死があった。一九九三年四月一二日、クラウス・ピルツは、アルプスで雪崩事故のため亡くなったのである。

何はともあれ、一九九〇年代初頭においては、将来を託すに足るエネルギー政策は議会の会期を超えた信頼に足るような枠組み条件に基づいて、協働で達成されるべきものである、という見解があらゆる筋から次第に広がっていった。一九九三年にエネルギーに関するコンセンサスについての協議が、連邦及び州政府、そしてそれを担っている各政党のメンバーからなるいわゆる交渉グループにおいて行われるようになった。参考人意見を求めるべく招かれたのは、労働組合や環境保護団体、電力産業や製造業（ワーキンググループ）の代表たちであった。そこでは原子力エネルギー、地球温暖化防止、石炭政策という基本問題が扱われた。一九九五年三月には、コンセンサス協議の第二ラウンドが開始されたが、同年六月に具体的な結果がないまま終了した。協議が不調に終わったにもかかわらず、見過ごすことができないのは、参加者が特定の点においてすでに非常に似通った見解を持つに至っていたことである。

実際、コール首相時代にスキャンダルはまだ続いた。一九九八年二月には、使用済み核燃料を積んだ輸送容器の表面に放射能汚染が発見された。表面は部分的に放射能汚染上限値を大幅に上回っていたのである。ディ・ツァイト紙は、当時以下のように報道した。「一九九七年初頭以来、ドイツ国内の発電所からノルマンディー地方ヴァローニュの街へ、六八回の輸送が行われた。そのうち一六回は、部分的に非常に高い放射能汚染度を示していた。最高値は一万三四〇〇ベクレルまで上っていた」。そして、この汚染度が限界値を超えたものであったことを企業や官庁も数年間知っていたことが判明すると、この事件はスキャンダルになり、マスコミや世論において再び原子力産業への信頼は激しく揺るがされ、それはあとあとまで尾を引くことになったのである。輸送は当時の連邦環境大臣アンゲラ・メルケル[*5]によって差し止められ、二〇〇〇年になってやっとユルゲン・トリッティン[*6]環境大臣により再び許可された。その他のスキャンダルは、世間に対して長く隠匿されていた。二〇〇九年に南ドイツ新聞がすっぱぬいたレポートによれば、一九八三年に、コール首相はゴアレーベンに関する調査評価書が下した批判的な評価箇所を削除させたという。また、二〇一〇年にデア・シュピーゲル誌が暴露したところによれば、ヘルムート・コール率いるキリスト教民主同盟・キリスト教社会同盟及び自由民主党連立の連邦政府は、ドイツの原子力エネルギーを守るために、アッセの核廃棄物最終貯蔵施設へ注水した事実をもみ消していたということである。

コール首相の在任中には、その他にも多くの原子力発電所が、予定された期間の終了前に停止された。ドイツでは当初、運転許可に期限がつけられていなかったとはいえ、人はやはり、運転期間は限定されているという前提で考えていたのである。一般的な部品やシステムに関する計画においては、通常、運転期間は四〇年が原則であったが、それが原子炉の運転期間としても目標となっていた。この期間が終わるより前に停止となったことには様々な理由があった。

ベルリンの壁が崩壊した時代には、グライフスヴァルト〈旧東独〉近郊のルブミン原子力発電所[*7]の敷地で四基の原子炉施設が運転中であり、一基はテスト運転中、そして三基が建設中であった。そこで問題になっていたのは、ソ連型の加圧水型原子炉WWER－440であった。一号基から四号基までは、一九七四年から一九七九年までに稼働した。西側、すなわちドイツ連邦共和国の基準に比べて安全性が低いので、これらの四基は一九九〇年に停止された。五号基はすでに一九八九年一一月に運転停止となっていた。六号基から八号基の建設は見送られた。技術上、財政上、そして許認可法制上のリスクを引き受ける企業がなかったので、停止は恒久的なものとなった。その間に連邦所有となったエネルギーヴェルケ・ノルト社（ＥＷＮ）が、以前の企業コンビナート「ブルーノ・ロイシュナー」原子力発電所の法律上の権利を引き継ぐ形で所有者となり、一九九五年には原発を撤去した。ラインスベルクは、ドイツ民主共和国で最も古い原子力発電所であった。ソ連から供給されたこの原発は、一九六六年に運転が始まったが、一九九〇年には安全上の問題から、計画より二年早く停止された。

ところで、ドイツ連邦共和国を見ると、カール原発は一九六二年に稼働し、二三年間の運転後、一九八五年に停止された。ミュールハイム・ケーリヒ原子力発電所は、商業用発電を開始して一年足らずで、送配電網に関する裁判所の判決により一九八八年九月に停止となった。所管のラインラント・プファルツ州環境省は認可を更新しようとしたが、地震が起きた場合の危険についての調査及び評価が足りないということで、一九九五年にコブレンツの上級行政裁判所により棄却された。一九九八年一月には連邦行政裁判所はこの決定を、最終上訴審として確定した。ハム・ウェントロープのTHTR－300原子炉は、一九八三年に送配電網につながった。この原子炉は一九八七年に商業発電を開始し、一九八九年九月に技術及び経済的理由から停止された。ヴュルガッセン原発は一九七五年から一九九四年までの一九年間稼働した。停止の理由は、原子炉圧力容器の領域内に損傷（炉心格納容器の亀裂）が見られたこと、そして、修復のための認可に見込みがないことであった。

その時代には、その他の発電所は運転すらされなくて、多くのプロジェクトが計画中に取りやめとなった。完成はしたが稼働しなかったのは、カルカーの高速増殖炉である。建設中止になったのはシュテンダル一号基と二号基である。ヴィール原発もこれにあたる。ここでは建設は開始されたが、市民の抵抗に遭い、建設現場は占拠され、裁判となったため、建設中止となった。計画段階においてすでに中断されていた原子力発電所プロジェクトは、ビブリスC号基及びD号基、ボルケン（ヘッセン州）、ノイポッツ（ラインラント・プファルツ州）である。それ以外にも、話にのぼっても具体的プランにならないまま立ち消えになった多くのプロジェクトが存在した。

これらの反動から、コール首相の任期が終わった一九九八年までの間に、原子力産業は回復することがなかった。同時に、代替エネルギーが、コール時代のエネルギッシュな環境大臣テプファー（在任期間：一九八七～九四年）により、力強い第一歩を踏み出したのである。

＊1――キリスト教民主同盟・キリスト教社会同盟及び自由民主党の連立政権。ヘルムート・コール（一九三〇年～）は、CDUの政治家。一九七三年から一九九八年まで同党の党首。一九六九年から一九七六年までラインラント・プファルツ州首相を務めた後、一九八二年から一九九八年まで連邦首相を務める。一九八九年から一九九〇年にかけてのドイツ再統一で中心的な役割を果たした。

＊2――フリードリヒ・ツィンマーマン（一九二五～二〇一二年）。CSUの政治家。フランツ・ヨーゼフ・シュトラウスと道をともにした。一

九五七年から一九九〇年まで連邦議会議員。ヘルムート・コール政権下の連邦政府で一九八二年から一九八九年まで内務大臣を、一九八九年から一九九一年まで交通大臣を務める。

＊3——アルフレート・ディック（一九二七〜二〇〇五年）。CSUの政治家。一九六二年から一九九四年までバイエルン州議会議員。この間、州環境省次官、環境大臣（一九七七〜九〇年）を務めた。

＊4——COGEMA（Compagnie Générale des Matières Nucléaires）は、フランス原子力庁の一部を母胎にして一九七六年に設立された会社で、ウラン採掘に始まりウラン濃縮、再処理、再処理で得られた核燃料のリサイクルなどを行う会社であった。同社は二〇〇一年九月にフラマトム社やFCI社と統合、アレバ（Areva）社グループとなり、現在に至っている。

＊5——アンゲラ・ドロテア・メルケル（一九五四年〜）。CDUの政治家。ハンブルク生まれであったが、東独で育ち、物理学を学ぶ。東ベルリンにあった物理化学中央研究所の理論科学部門で働いていたが、ドイツ統一後の一九九〇年一二月に行われた最初の連邦議会選挙で初当選。連邦議会議員となったメルケルは、すぐに第四次ヘルムート・コール政権で連邦婦人青少年大臣に起用され（一九九一〜九四年）、次いで第五次コール政権で連邦環境・自然保護・原子炉安全大臣を務める（一九九四〜九八年）。二〇〇〇年四月以降、CDU党首。二〇〇五年一一月以降、CDU・CSUとSPDとの連立政権（二〇〇五〜〇九年、二〇一三年〜）及びCDU・CSUとFDPとの連立政権（二〇〇九〜一三年）の首班として連邦首相の座にある。

＊6——ユルゲン・トリッティン（一九五四年〜）。緑の党の政治家。一九九〇年から一九九四年までニーダーザクセン州のシュレーダー連立内閣で連邦及びヨーロッパ事案担当大臣を務めた後、一九九八年から二〇〇五年まで連邦環境・自然保護・原子炉安全大臣として、SPD・緑の党連立政府の脱原発政策と再生可能エネルギー政策を担当した。二〇〇五年から二〇〇九年まで、連邦議会の緑の党会派副代表。

＊7——ドイツ民主共和国時代にできた原発。

批判者が枢要なポストに就く

それらのはっきりした、そして部分的にはマスメディアが取り上げた出来事と並んで、幾分ベールに覆われて、世間には気づかれなかったような変化が起こった。原子力エネルギーを次第に拒否するようになっていた世間一般と政治は、官庁や諸組織が原子力技術施設の監督及び許認可の風土においていつまでも重要なポジションを占めることを動かしがたい事実として受けとめなくなったのである。一九八〇年代中頃になると、連邦及び州の所管官庁における部局長ポストは、もはや熱狂的な原子力推進派ばかりで占められるという状態ではなくなった。連邦放射線防護庁の長官ポストについてもそれは同様であった。このポストは、一九九八年から原発反対の人物が就くようになったのである。一九五八年以降ずっと原子炉の安全について、これを所管する最上級の連邦官庁に助言する立場にあった原子炉安全委員会（RSK）は、一九九九年からは様々な意見の代表者によって構成され、原発反対派がトップの座に就くこともあった。こうした状況は、放射性廃棄物処理委員会（ESK）においても同様であった。放射線防護委員会（SSK）は一九九九年に、従来と比べるとやはり非常に多様な意見の人々から構成されるようになった。施設及び原子炉安全協会（GRS）の学術・技術業務担当会長は、原子力安全問題の調査評価者として、またノウハウの提供者として連邦政府のために活動しているが、二〇〇二年から二〇一〇年までこのポストに就いていたのは、原発に対して批判的な人物であった。そうした変化によって、原発に批判的な人々は、行政や学術における専門家として、並外れた経験知を身につけることが可能になったのである。

脱原発を巡る右往左往

赤緑連立政権がコンセンサスをまとめあげる

一九九八年九月の連邦議会選挙で社会民主党・緑の党の連立政権〈赤緑連立政権〉ができたとき、ドイツの原子力エネルギー政策の新しい一章が記された。すなわち、原発からの撤退〈脱原発〉である。

連邦政府とエネルギー企業との間で二〇〇〇年六月一四日に合意ができあがったが、多くの緑の党の議員の要求を受けた「即時に原発から撤退する」という決定がなされたわけではなかった。それはまた、社会民主党が一九八六年のニュルンベルク党大会で決議したように、一〇年以内の原発からの撤退というわけでもなかった。むしろそこで取り決められたのは、それぞれの原子力発電所について定められた残存発電電力量に目標を置いて停止させるという事項だけであった。

具体的には、これから生産されるべき発電量が各発電所に割り当てられ、この量が約三二年の総運転期間に発電されるというものであった。さらに、ゴアレーベンに計画中の最終貯蔵施設について、最大で一〇年の調査猶予期間が決定された。

交渉に携わったグループは、残存運転期間内の原子炉の安全基準や、発電所のそばに中間貯蔵施設を設置すること、フランスや英国の再処理施設への輸送を止めること、モニタリンググループの設置などについても、狙いどおりにコンセンサスを得た。次の一歩は、この取り決めの最も重要な点を、二〇〇二年の原子力法の改正において法的拘束力があるものとすることであった。

このコンセンサスの取り決めは、大変な苦労の末に達成された妥協であり、お互いのギブアンドテイクを一まとめにしたものでもあった。両方の側が効き目のある、潜在的な脅しを含んでいた。社会民主党・緑の党連立の連邦政府は、監督権限と放射性廃棄物処理の問題で、原発事業者の生殺与奪権を握っていた。電力コンツェルンは、これまで享受してきた保護を盾に、訴訟提起や補償の要求をすることで自らを守った。両者とも痛みを感じながら受け入れざるをえなかったのである。政府は、最新の原子力発電所がなおも約二〇年間運転することを容認した。企業の側は、より年数の経った原子炉が早期に運転終了となることに同意した。結果として、双方の関係者からは、この取り決めに対して激しい批判が起こり、それぞれの容認や譲歩は行きすぎだという非難がなされた。しかしながら、この合意に達したことは、原子力エネルギーに関する対立にとって、ある種の満足をもたらした。というのも、特段、原発からの撤退の時期、速度について社会的な合意がなされていないにせよ、とにもかくにも、多数者にもはや受容されていない原子力エネルギーから撤退することが初めて拘束力があるものとして文章化されたからである。

たしかに双方とも、オープンにあるいは水面下で、この合意を自分の都合のよい方向に変更するか、なきものにしてしまうことを望んでいた。社会民主党・緑の党連立政権は、厳格な監督によって個々の原子力発電所が早期に停止することを期待していた。電力コンツェルンは、特に当時の野党、キリスト教民主同盟と自由民主党がこの合意の折衝に参加していなかったことに期待をかけ、後の連邦政府が、将来的に原発からの撤退にブレーキをかけてくれることを望んでいた。しかし、そうした希望は実現しなかった。社会民主党・緑の党連立政権は二〇〇二年の連邦議会選挙でも再び勝利し、合意の取り決めはその後三年間、予定より早く行われることとなった二〇〇五年の連邦議会選挙まで有効となったのである。

ちなみにこの時代には、他の二つの原子力発電所の運転が停止した。二〇〇三年にはシュターデ、二〇〇五年にはオープリヒハイムである。シュターデ原発は一九七二年から三一年間稼働し、二〇〇三年に経済的理由から停止した。それは割り当てられた発電量を発電し終える一年前ほど前のことであった。残りの発電量は他の発電所に譲られた。オープリヒハイムは、一九六九年に運転を開始し、二〇〇五年に停止した。三六年の運転期間において、何度か比較的長い期間にわたって停止したことがある。フィリップスブルク原発一号基の、五五〇〇ギガワット・時の残存発電電力量が委譲されていたために、この原発は、原子力法に基づく取り決めよりも約二年半長く運転していた。

社会民主党・緑の党連立政権の連邦政府時代の特別な成果について、ここで言及しておきたい。それは、最終貯蔵施設立地選定手続きに関するワーキンググループ——AKEnd——の仕事である。連邦環境大臣ユルゲン・トリッティンが一九九九年二月にこのワーキンググループを設置し、「ドイツにおいてあらゆる種類の放射性廃棄物を最終的に安全に貯蔵するために最もよい場所を探し、選定するための手続きと基準をつくる」ことを委託した。その調査結果、選択基準の提言、そして選定手続きの実施について、AKEndは文書化し、二〇〇二年一二月に最終報告した。注目すべきは、このワーキンググループが異なった意見を持つ様々な人々から構成されていたにもかかわらず、一致した答申を決定したことである。これは非常に評価されてよいことである。というのも、委員や利害代表組織機関（たとえば、連邦地理・地下資源院、施設及び原子炉安全協会、エコ・インスティテュート、連邦放射線防護庁、あるいは様々な大学）の選定によって、「ワーキンググループにおいて同じ一つの専門領域の代表的意見を網羅すること」が担保されていたからである。構成員は、地球諸科学、社会学、化学、物理学、数学、鉱山学、廃棄物処理技術、工学、広報の専門家であった。

　ワーキンググループＡＫＥｎｄの勧告は、国際的な最新知識を考慮に入れた最終貯蔵場探しの新しい始まりであった。残念なのは、連邦政府が二〇〇二年以降、政治上の抵抗に直面してこの勧告を実行するに至らなかったことである。これに対して、スイスは勧告を採択した。いずれにせよ、二〇一二年以後、とるに値する真剣な選定手続きをともなった最終貯蔵場探しについて、ドイツは新しいスタートラインにつき、少なくともそこではＡＫＥｎｄのいくつかの成果が考慮されたのであった。

　前倒しとなった二〇〇五年の連邦議会選挙においては、赤緑連合も、黒黄連合も過半数をとれなかったため、キリスト教民主同盟・キリスト教社会同盟及び社会民主党の大連立政権が、アンゲラ・メルケル首相のもとで誕生した。原子力エネルギー政策においてはこの両者は対立する立ち位置にあり、この点では政策上の一致が見られなかった。この手詰まりの状況の結果、原子力法は変更されず、二〇〇〇年に交渉がなされて二〇〇二年に取り決められた形での原発からの撤退決定は、その後の四年間、塩漬けのままとなった。大連立の時代には、原子力エネルギーについて連邦政治における大胆な決断はなかった。そうはいっても、しかし、見る人が見れば注目に値する結果と進展が見られる。

　ある面では、国際的な枠組みにおいて原子力エネルギーの利用は新しいブームの前に立っているように見えた。特に、化石燃料への依存が、長い目で見ると地球の温暖化のような気候変動の元凶とされ、不信の目で見られるようになったからである。「原子力ルネッサンス」が、マスコミのスローガンとなった。その背後には、特に米国とアジアにおける野心的な原発強化拡大計画が潜んでいた。それに加えて、多くの国、特に第三世界が原子力エネルギーに参入した。そうした発展は国際機関によって支援されていた。たとえば、国際原子力機関（ＩＡＥＡ）、あるいは経済協力開発機構[*1]（ＯＥＣＤ）の下部組織の原子力機関（ＮＥＡ）などである。

　しかしながら他方では、代替エネルギー部門における著しい進歩が特にドイツで見られた。それまで不可能と思われていた様々なことが可能になったのである。技術力の水準だけでなく経済的な競争力も伸長した。かつての「専門家」たちの予見では、太陽光あるいは風力エネルギーはドイツにおいては「自然科学的法則上の理由により」必要とされる供給量のごく一部しか満たすことはできないとされていたが、この予見はどんどん外れていった。同時に、エレクトロニクスの急速な進歩により、予測しなかったほどの規模で自律分散的なエネルギー生産が考えられるようになった。すなわち、いわゆるスマートグリッド[*2]により、地方ごとに異なっているエネルギー産出量とエネルギー消費量の調整が可能となったのである。再生するエネルギー源のための固定価格買取保証制度を持った再生可能エネルギー法[*3]（ＥＥＧ）のようなエネルギー政策の大枠となる条件もまた、同じように大きな役割を演じた。力強い拡大拡張の動きが起き、この分野で産業が興り、ブームを迎えた。風力エネルギー産業と太陽光エネルギー産業だけに未来があったわけではない。地域の電力供給事業者や地方自治体公営企業も、今や中央集権的ではなくなってきたエネルギー供給構造に投資するための、満足で確実な計画が作成できるようになってきたのである。原発の寿命が限られているという背景があるので、多くのエネルギー生産者や使用者は、目前に控えているエネルギー転換に照準をあわせていたのである。

とすれば、四つの巨大原子力発電所を運営しているコンツエルン[*4]（Ｅ・ＯＮ社、ＲＷＥ社、ファッテンファール社、ＥｎＢＷ社）もまた、目前に迫った一つの時代の終わりを迎えるにあたって、その準備を行い、原発停止の後の具体的プランをつくり、そのための投資を行っていた、と期待したとしてもおかしくはないだろう。というのも、原発停止の時期は近づいており、二〇〇九年には、いくつかの発電所にとって停止は目前にあった。ネッカーヴェストハイム一号基、ビブリスＡ号基、イザール一号基がリストに載っていた。すぐその後に続いたのは、ビブリスＢ号基、フィリップスブルク一号基、ブルンスビュッテル及びウンターヴェーザーであった。しかしながら、来るべき時代に備える代わりに、まったく違うことが起きていたのである。これらのコンツェルンは、二〇〇九年の連邦議会選挙の時期を超えて、原発停止の時期を引き延ばそうとしていたのである。そのためには策略もいとわなかった。たとえば発電の抑制や、広範な監査、停止期間の延長、システムアップによって、残存発電電力量を連邦議会選挙の前に「使い果たさない」ようにした。使い果たせば、当時の原子力法に基づくと、運転認可取り消しとなるからである。しぶしぶ行った運転停止も、同じ方向への効果を狙ったものであった。たとえば、ブルンスビュッテル原発やクリュンメル原発に対してシュレースヴィヒ・ホルシュタイン州が下した州の所管官庁の指令に基づいた、不具合や故障事故の後の運転停止である。考えてみれば、グロテスクな話である。というのも、原子力産業は、自分自身の技術がうまくいかなくなることで利益を得ようとしていたのだから。

これ以外の運転停止引き延ばしの方策として、運転事業者が、運転停止の恐れがある新しい施設の残存発電電力量を古い施設に委譲することを申請するというやり方があった。残存発電電力量の移行は、たしかに原子力法において明確に想定されていた。しかしながら、それはあくまで古い施設から新しい施設への移行であって、新しい施設ではもちろん安全性も高いはずだという仮定があったのである。ところが、新しい施設から古い施設への移行となると、原子力法上、連邦環境省の承認には連邦経済省の同意が必要であった。ミュールハイム・ケーリヒ原発がビブリスA号基に、クリュンメル原発がブルンスビュッテル原発に、ネッカーヴェストハイム原発二号基が同一号基に残存発電電力量を移行したいという申請は、すべて却下された。

実際のところ、この時点では、ドイツ原子力産業界の重要な戦略は、いずれにせよすでに実現できなくなっていた。ドイツにおける再処理が一九八九年に、ハーナウでのMOX核燃料要素製造が一九九五年に、ドイツにおける増殖炉テクノロジーが一九九一年にそれぞれ挫折したこと、そして、ついには、外国における再処理が二〇〇五年に終了したことをもって、原子力による循環型経済という理想像は終わったのである。一九七〇年代と一九八〇年代に何度も何度も繰り返し呼び起こされた「核燃料サイクル」――それは、それでなくても現実的なチャンスを常に限定的に反映するものでしかなかったが――は、そもそも一九九〇年代が始まる時点ですでに何の役割も果たしていなかった。使用済みの核燃料要素と外国の再処理施設から再び引きとられた放射性廃棄物の処理は、中間貯蔵施設に限定され、そして、最終貯蔵施設が探されることとなった。これとともに、プルトニウム産業への参入もまた、廃語となったのである。テクノロジー上のリスクや放射能のリスク、さらに核拡散のリスクが加わることから、計画されていたプルトニウムの取り扱いについては、いずれにせよ大変な議論を呼んでいた。けれども、増殖炉がなくとも、現にある原子力発電所は、その原発では用いられないプルトニウムを引き続きつくり出し続けていた。そして、このプルトニウムは、その問題を深刻化させる一方であった。最後には、増殖炉の教皇、ヴォルフ・ヘーフェレその人さえ、二〇一一年のヨアヒム・ラートカウとの対話の中でこう嘆息したものである。「我々は、プルトニウムの中で息が止まる」

ところで、忘れてならないのは次のことである。すなわち、事態を悪化させた運転事業者のそうした策略は、二〇〇五年から二〇〇九年にかけてドイツの原発においても諸外国の原発でも様々な故障事故や軽微な故障に、そして、なかには、たいしたことではないとしても不快な出来事が起こることにつながったのである。その事例としては、スウェーデンのフォルスマルク原子力発電所において二〇〇六年七月に発生した深刻な故障事故が挙げられる。この事故では、施設外で起きた電流のショートの後に外部の高圧電線網とつながらなくなり、さらに四つの非常用ディーゼル発電機のうち二つが動かなくなったのである。ドイツの原子力施設の場合には、ブルンスビュッテルとクリュンメルの原発における故障事故――双方の施設は、二〇〇七年から事故の原因が解明されるまでスイッチが切られ、そして、解明後は二度と運転されることがなかった――並びに、正しく設置されなかっただぼ接合部の交換のために計画外の運転停止に至ったビブリス原発の二基の原子炉施設を挙げることができる。

実際には、原発を巡る状況は次のようなものであった。すなわち、連邦議会の二〇〇五年から二〇〇九年までの会期、すなわち、アンゲラ・メルケル首相の任期中に、ドイツにおいてただちに三基の原発施設が、そして、さらにそのすぐ後に四基の施設が停止した。二基の原発は、二〇〇七年から運転されていなかった。二〇〇五年に動いていた一七施設のうち、まだ送電線につながる状態にあるか、もしくは運転期間がまだ残っているといっていいような状態にあったのは、九施設であった。

＊1――OECD（経済協力開発機構）。二〇一四年現在、ヨーロッパ諸国を中心に日・米を含め三四ヶ国の先進国が加盟する国際機関。欧州経済協力機構（OEEC）が、一九六一年に発展的に解組されOECDが設立された。専門機関として、加盟国政府間の協力を促進することにより、安全かつ環境的にも受け入れられる経済的なエネルギー資源としての原子力の開発をより一層進めることを目的とした原子力機関（NEA）が置かれている。

＊2――ドイツではインテリジェンス・電力ネットワークという語が使われている。

＊3――再生可能エネルギー優先法（略称、再生可能エネルギー法EEG）。二〇〇〇年四月に制定。風力、太陽光、木質バイオマスなどの再生可能エネルギーで発電した電力を二〇年間一定価格で電気事業者が買い取ることを保証。固定買取価格はエネルギー源別に設定され、太陽光発電価格は比較的高く、また地熱発電などのエネルギー源には導入を促進するため補助金が出される。さらに同法には、再生可能エネルギーの系統接続にあたり優先性を持たせる「優先接続」、優先的に給電させる「優先給電」などの優先規定が盛りこまれている。EEGは、二〇〇〇年の施行以降四回（二〇〇四、二〇〇九、二〇一二、二〇一四年）大幅に改正された。

＊4――E・ON社は、二〇〇〇年にVEBA社とVIAG社が合併して設立されたドイツ最大のエネルギー供給コンツェルン（ガス及び電力）で、欧州会社法に基づくSE（欧州会社）の形態をとる。二〇一四年現在の従業員数は五万八五〇〇人、総売上高は一一一五億ユーロ（約一五兆円）。なお、同年にプロイセン・エレクトラ社とバイエルンヴェルク社が合併し、E・ON社の子会社としてE・ONエネルギー株式会社が設立された。ファッテンファール社は、スウェーデンに本社を置くヨーロッパ有数のエネルギー供給企業で、スウェーデン政府の一〇〇パーセント持ち株会社。ドイツにおける子会社ファッテンファール有限会社は、E・ON社、RWE社、EnBW社に次いでドイツ第四位のエネルギー供給企業である。エネルギー・バーデン・ヴュルテンベルク株式社（EnBW）は、一九九七年にバーデンヴェルク、ネッカーヴェルケなど数社が合併して設立されたドイツ第三位のエネルギー供給企業（本社カールスルーエ）。

原子力ロビーに屈したメルケル

「トリッティン殿、貴殿が喜ぶのは、早すぎます。私たちは、貴殿が原発からの撤退と名づけたものを撤回させてみせましょう」。キリスト教民主同盟の原子力に精通した政治家クラウス・リッポルト[*1]は、二〇〇〇年に表明したその脅し文句を正しいと言い張り、ドイツ原子力産業界に今一度希望が出てきたように見えた。二〇〇九年にキリスト教民主同盟・キリスト教社会同盟と自由民主党が第二期に入ったメルケル首相を立てて政権の座に就くと、原発撤退決定の撤回を期待する連邦政府への圧力は非常に大きいものとなり、さらに電力コンツェルンの側からは、期間の限定のない許認可に関わる諸規定を持った当初の原子力法に戻れという要求がなされるまでになった。いずれにせよ、連立政権内には深刻な意見の対立が起きたのである。こうした中で、再生可能エネルギー分野での大きな進歩を目にして、そしてまた、原子力エネルギーが世間一般ではほとんど支持を得ていなかったことから、二〇〇九年の終わりから二〇一〇年の初めまで「架け橋となるテクノロジー〈ブリッジテクノロジー〉」という概念、つまり、チェルノブイリ原発事故後の歳月の中ですでに折に触れて口にされるようになっていたお定まりの言い回しが原子力エネルギーに使われることとなった。それとともに、この間、キリスト教民主同盟や自由民主党の一部も、原子力エネルギーの利用は時間的に限られたものであると基本的に見なすようになった。

けれども、再生可能なエネルギー源への架け橋は、どのくらい長いものなのか。可能な限り短く、最善なのは原発の運転期間を延長することなく、と、新任の連邦環境大臣ノルベルト・レトゥゲン[*2]らは主張した。できるだけ長く、しかも、市場の推移に応じて、と述べたのは、連邦経済大臣のライナー・ブリュデアーレ[*3]やキリスト教民主同盟の経済族議員であった。電力コンツェルンは、たとえば新聞広告で飾り立てた宣伝キャンペーンを張るなどして強力な圧力をかけた。その際、RWE社の社長ユルゲン・グロースマンは、その先頭に立って活躍したのである。連立政権内で最終的に成立した妥協は、次のようなものであった。①原発撤退及び原発新設禁止の決定は基本的にそのまま維持する〈架け橋となるテクノロジー〉。②原発の運転期間は、平均約一二年延長される。③比較的古い施設（一九八〇年以前に稼働したもの）にあっては、運転期間の延長は八年とする。④比較的新しい施設（一九八〇年以降に稼働したもの）にあっては、運転期間の延長は一四年とする。

つまり、これは、ドイツ全体で原子力エネルギー使用が再度実質をともなって拡張されることとなること、それまでの使用期間にさらに全部で二〇〇年の原子炉運転年数が付け加えられることになることを意味していた。しかも、その想定によれば、最後の原子力発電所は二〇四〇年直前になって初めて送配電網につながることになるというのである。個々の施設は、総運転期間が五〇年を超えるとされた。

その運転期間延長は、世の中の多くの人々から、人を馬鹿にしたものと受けとられた。南ドイツ新聞は、次のように書いた。「九月五日から六日にかけての深夜に行われ、明け方五時二三分に、その運転期間延長の協定が署名された。この協定については、連邦議会のキリスト教民主同盟・キリスト教社会同盟会派の代表すらほとんど予想もしなかったものであった。原子力エネルギーコンツェルンの交渉相手は、この件によって税収が上がることを期待した連邦財務省であった。この財務省を支えたのは連邦首相府であった。メルケルの政府は、自分自身を、そしてこの国を、二〇一〇年の晩夏と初秋にもう一度原子力の監獄に閉じこめたのである」。批判は、再生可能エネルギー源によって施設建設、運転、保守管理で利益を得る者たちの中からきただけではない。中小企業の一部や公営電気事業者、地方自治体のエネルギー生産事業体などの利益団体、さらには、地方分散をより強く志向したエネルギー転換に向けて設立され、然るべき投資を行ってきた多くの企業や団体関係者が、その新たな原子力政策を批判した。連邦環境庁[*4]（UBA）、環境問題専門家評議会（SRU）などの諸機関や委員会もまた、運転期間延長に反対した。原子力エネルギーの利用の延長に反対を表明した者は、それまで以上に大きな裾野を持った。

第一一次の原子力法改正のための法律案における運転期間延長の理由説明書は、実際、まったく不十分なものとして見られても仕方のないものである。まずは運転期間延長の格別長くも短くもない期間がそうであった。期間のこの長さがエネルギー政策的見地から意味があり、必要であるとする説明は、なされなかった。再生可能なエネルギーの時代への移行がどのように進捗するのか、その道筋も明らかではなかった。どのようなものであろうと、マスタープランとおぼしきものはなかった。同じように、原子力の安全という観点でも、すなわち、リスクは延長運転によってどのように高まるのか、なぜ余計なリスクを受け入れなければならないのかについても、納得がいくような論拠が欠けていた。なぜ比較的古い施設には八年、比較的新しい施設には一四年という区分が安全技術上適正なのか、なぜ個々の施設に特化した考察がなされずにおかれたのか。こうしたことについての理由も欠けていた。驚きはない。というのも、そのための技術的に筋の通った根拠は、何一つなかったからである。

比較的古い施設について部品や装備を増強していいのかどうかというジレンマは、一つの大きな問題となった。二〇〇〇年合意事項〈三九〇頁参照〉において（そしてまた、二〇〇二年の原子力法改正において）合意の当事者は、比較的わずかな運転期間しか残っていない施設にあってはコストも時間もかかる部品や装備の増強を断念することで一致していた。——運転期間の延長を視野に入れた——原子力法の第一二次改正では安全要求が強化されると予告されていた。けれども、その予告が本気なのか、人は疑わざるをえなかったのである。というのも、第一二次改正法案における該当条文からは、安全技術上の施設の停止について何らかの追加的な要求がなされるかどうかが、読みとれなかったからである。そこには、それでなくてもすでに国内外で要求されてきたことが、何一つ書かれていなかった。

運転期間延長が筋の通った、エネルギー経済に関する理由づけや安全技術上の正当性を欠いていたこと、それはむしろ政治的に「決着が図られた」ものであること、だからこそ恣意的なものであったといえること、そうしたことすべてを記憶にとどめておかなければならない。だからこそ、批判も激しく、広がりのあるものであった。同じ年のこと、ＲＷＥ社の会長ユルゲン・グロースマン（在任期間：二〇〇七～一二年）は、「今年の古色蒼然とした人物」賞、すなわち、ドイツ自然保護連盟によって創設された不名誉な賞を得たのである。それは、「原発運転期間延長について傍若無人に、かつ、挑発的に連邦政府に影響を与えた」（ドイツ自然保護連盟会長オラフ・チムプケ）ことに対する賞であった。誰からも同じように非難されたのは、苦心惨憺してようやく得られた社会的なコンセンサスが運転期間の延長をもって苦もなくほごにされたことであった。二〇一〇年一〇月二八日、ドイツ連邦議会はキリスト教民主同盟・キリスト教社会同盟及び自由民主党会派の多数をもって原子力法の改正を議決した。その改正原子力法は、二〇一〇年一二月一四日に施行された。そのわずか三ヶ月後に、福島原子力発電所の原子炉大惨事が起きた。

＊1――クラウス・リッポルト（一九四三年～）。ＣＤＵの政治家。一九八三年から連邦議会議員。二〇〇五年から二〇〇九年まで連邦議会の交通・建設・都市開発委員会委員長。また、一九九四年から二〇〇〇年までＣＤＵ・ＣＳＵ会派の環境・自然保護・原子炉安全作業部会の部会長を務める。

＊2――ノルベルト・アロイス・レトゥゲン（一九六五年～）。ＣＤＵの政治家。二〇〇九年二月から二〇一二年五月にかけてＣＤＵ・ＣＳＵとＦＤＰの連立政権で連邦環境・自然保護・原子炉安全大臣を務める。

＊3――ライナー・ブリュデアーレ（一九四五年～）。ＦＤＰの政治家。ラインラント・プファルツ州経済大臣、ＦＤＰ副党首などを経て、二〇〇九年一〇月から二〇一一年五月まで連邦政府の第二次メルケル連立内閣で連邦経済技術大臣を務める。

＊4――連邦環境省の下部機関。学術的見地から連邦環境省に助言すること、CO_2排出権取引・化学物質・農薬等の薬物の許認可、環境保全のための世論形成等を所管する。

二〇一一年の福島原子力発電所の大災害

二〇一一年三月一一日に、日本の北東部で大地震が起き、それに続いて津波が発生した。福島第一原子力発電所ではチェルノブイリ以来の最も甚大な原子炉大事故が起きた。六つの原子炉施設うち被害が大きかったのは四基であった。一号基から三号基まではこの時点で稼働していたが、四号基は検査点検中で、燃料は使用済み核燃料プールに移されていた。五号基と六号基は停止中であったが、しかしながら、燃料は原子炉の圧力容器に存在していた。

地震は現地時間で一四時四六分二三秒に、本州の東岸の海底で起こった。地震波は震央から一七八キロメートル離れた原子力発電所に二三秒後に達した。地震によって外部電源が喪失した。運転中の一号基から三号基では自動的に緊急停止装置が作動した。

地震は二分間続きマグニチュード九・〇に達した。一五時三五分になると、一三メートルから一五メートルの高さの津波が発電所の敷地内に達し、一号基から四号基は五メートル、五号基と六号基は一メートル水没した。この自然災害のために、一号基から四号基では電力の供給が完全に停止し、冷却装置が動かなくなった。圧力容器と使用済み燃料プールにおける核燃料の冷却は、もはや十分にはできなかった。一号基から三号基の炉心は高温となり、溶融が起きた。放出された水素により激しい爆発が起こり、原子炉建屋と、部分的には原子炉格納容器の損傷につながった。

燃料プール内の燃料の冷却もうまくいかなくなった。特に四号基がそうであった。ここでもまた燃料の温度は高温になる危険があった。三月一五日には四号基の格納容器で爆発があり、建屋が大破した。

応急処置――まず放水、次いで外部のポンプの使用、そして最後に応急的に造成された冷却装置――が講じられ、それによって結局、数ヶ月後には温度は落ち着いた。一号基から三号基で核燃料のオーバーヒートと炉心溶融が起きている間に、大量の放射性物質が発生し、その後長い間、原子炉格納容器と原子炉建屋の損傷により周辺の大気中に拡散し、さらに冷却水とともに地下と海に流出した（表3参照）。

三月一一日二〇時五〇分には福島第一原発の二キロメートル圏内の住民の避難が始まった。避難地域の半径は、

表3　福島原発事故——炉心と使用済み燃料プールにおける核燃料要素〈燃料棒〉の分布と事故後の燃料要素の状態

区分	炉心内の燃料要素		冷却貯蔵プール内の燃料要素	
	数量	状態	数量	状態
1号基	400	溶融	292	不明
2号基	548	溶融	587	不明
3号基	548	溶融	514	損傷と推測
4号基	0	—	1331	重大な損傷はないと推測
5号基	548	損傷なし	946	損傷なし
6号基	764	損傷なし	876	損傷なし

二一時二三分には三キロメートルとなり、その一時間後には縮まったが、翌朝五時四四分には一〇キロメートルに、そして三月一二日の一八時二五分には、二〇キロメートルに拡大した。当初、二〇から三〇キロメートル圏内の住民は自宅待機するように言われていたが、後には、自主的にその地域を立ち退くように勧告された。さらに離れた地域も放射能に汚染されたので、住民に対しては、避難に至るまでの様々な防護措置がとられた。

放射性物質の放出は、土壌、地下水、そして海の汚染をもたらした。これは食糧と飲料水の使用を制限することとなった。魚の汚染ラベル表示、そして食糧の輸出入禁止という措置がとられた。

地震と津波の数時間後にすでに官庁が住民避難措置を始めていたことは、運転事業者と官庁が最初からこの大惨事の規模についてはっきりと知っていたことの証左である。これと反対に、情報伝達政策と危機管理は惨憺たるものであったと言わざるをえない。運転事業者の東京電力と、政府、そして住民の保護の責任を担っている官庁、そして技術や学術に関するブレインたちが、事故後に強く非難されることは避けられなかった。

しかしながら、原子炉の安全に責任がある組織機関も、この大惨事以前からすでに役に立っていなかったことが判明した。危険な場所に立地している原子力発電所を、地震や津波に対する十分な守りもなく運転させたことは、途方もない無責任の所産であり、特にそのような警告が欠落していたことは、責任の放棄としか言いようがない。

ついに脱原発

「さあ、方々、お座りください。首相を真ん中に、五人の原子力諸侯の方々、今はみな脱原発を望んでいる方々よ。彼らは、州境に原子力発電所をお持ちの州の首相の方々である。バイエルン、バーデン・ヴュルテンベルク、ヘッセン、ニーダーザクセン、そしてシュレースヴィヒ・ホルシュタイン州の首相である。ほとんど全員が昨年、発電所の運転期間延長のために戦った人々である。ドイツの原発一七ヶ所を世界で最も安全だと称賛した人々である。しかしながら、ハイテクの国日本での原子力災害の後、彼らはみな、その席から抜け出そうとしている」。『シュピーゲル・オンライン』は、日本の大惨事の三日後の二〇一一年三月一四日に、これらの言葉で、いわゆる原子力モラトリアムを知らせた。そこで報道されていたのは、ドイツのすべての原発一七ヶ所が安全検査を受けること、七つの旧式原発は三ヶ月停止すること、それまで稼働していなかったクリュンメル原発は廃炉にすることであった。安全検査は原子炉安全委員会（ＲＳＫ）に託された。それと並行して、エネルギー供給倫理委員会が設置された。クラウス・テプファーとマティアス・クライナー[*1]（ドイツ研究振興協会会長）をトップとした一七人の委員会は、社会の数多くの領域の専門家や代表者から構成された。その中には、社会学者ウルリヒ・ベック、政治家クラウス・フォン・ドーナーニ、フォルカー・ハウフ、そしてアロイス・グリュック、ミュンヘン・フライジングの大司教ラインハルト・マルクス[*2]、そしてポツダムの地球科学研究センター所長のラインハルト・ヒュットゥルなどがいた。彼らは、原子力エネルギーの技術上のリスクを倫理的かつ社会的に評価し、早期に脱原発を行い、他のエネルギーに舵を切ることについて検討することになったのである。

軌道に乗ったメルケル首相の原発撤退路線は、連立内閣において論議がないわけではなかった。グイード・ヴェスターヴェレやエルヴィン・フーバーといった指導的政治家たち[*3]は明らかにその路線に距離を置き、ライナー・ブリュデアーレは、ドイツ人を「ヒステリック」とさえ言った。また、元首相であるコールは大惨事のあった三月にすでに批判的な発言をしていた。すなわち、ドイツが原発から撤退して「他の国々が我々についてくると見込むならば、それは容易ならぬ間違いだ」、と彼は論じたのである。福島の大惨事は我々すべてを「茫然とさせた」が、しかしながら「現実への視点まで狂わせてはならない」。性急な原発からの撤退は「危険な行き止まりとなるだろう」と。

しかしながら、国民は違った見方をしていた。三月二六日には「記録的なデモ」（シュピーゲル・オンライン）が行われた。ドイツ全土から二五万人の参加者が集まった。「ベルリンだけで一二万人の原発反対者がデモに参加し、ハンブルクでは五万人が抗議の叫びを上げ、ケルンとミュンヘンでは四万人にのぼった」のである。そして、三月二七日には、バーデン・ヴュルテンベルク州の州議会選挙の投票箱で住民たちは権利を行使した。福島の事件から得た印象と、さらに、おそらく原子力エネルギーについて首尾一貫した、信じるに足る路線をとるのは緑の党だということを知って、住民たちは投票行動により最強の政治的力を行使した。よりにもよって、経済的には最も成功した州で、経済に最も関心の高い保守派の人々の伝統的牙城と見なされてきたところで、ついに初の緑の党・社会民主党連立政権が、緑の党のヴィンフリート・クレッチマン州首相[*4]のもとに誕生したのである。

原子炉安全委員会は、委託されたとおり新しい基準に従って五月に安全検査を終了した。同委員会は、とりわけ原子力発電所の堅牢さの評価を行った。すなわち、過去に起きた以上の大きな影響や負荷がかかった場合に大丈夫かどうかを評価したのである。選択されたテーマの一つであったのは、外界からの影響、すなわち、地震や航空機事故などの影響であったが、周辺の状況が悪化した場合、つまり従来よりも長期間電力が供給されなくなった場合も想定された。結果として建設様式や経過年数により、発電所ごとに様々な像が出てきた。約六週間という短期間の中で、そして書類も十分に集まらない中で、原子炉安全委員会は、さらなる分析と対策のための最初の勧告を出した。

エネルギー供給倫理委員会は、最初の報告書を二〇一一年五月三〇日に提出した。この報告では、原発からの撤退は一〇年以内に完了されるべきであるという確信を披歴している。ただし、これはすべての関係者にとって大変難しい挑戦であるということも付言された。

二〇一一年五月二九日及び三〇日に、ドイツ連邦共和国政府は、猶予期間中の八つの原子力発電所の恒久的運転停止を決定した。すなわち、七つの古い原子力発電所、及び二〇〇七年から事実上発電していなかったクリュンメル原子力発電所の運転停止である。

かつてなく高揚して、メルケル首相は二〇一一年六月九日、「未来のエネルギー」のためにと題する政府施政演説を連邦議会で行った。そこで彼女はドイツ連邦共和国における原発撤退のための連邦政府の諸対策を次の言葉で提示したのである。

九〇日前、日本は、北東部で史上最大の地震に見舞われました。それに続いて、一メートルから一〇メートルに及ぶ高い津波が東海岸を襲いました。その後、福島原子力発電所一号基においては冷却システムが機能しなくなりました。日本政府は原子力緊急事態宣言を行いました。

今日、この恐ろしい三月一一日の九〇日後のこの日、我々は以下のことを知っております。三つの原子炉で炉心溶融が起こりました。今でも、放射線は空中に放出されています。広範囲に及ぶ避難地域は、まだそのままでありましょう、そして、恐ろしい報道がこれで終わったと考えることはできません。つい先週も、一号基周辺では今までで最も高い放射線量が確認されたばかりです。国際原子力機関は、福島のこの状況を、引き続き非常に深刻なものである、としています。

我々は本日、ドイツにおけるエネルギー供給の新しい構造に関する広範な計画について審議いたします。しかしその前に、私が希望するのは、日本の人々に心を寄せることです。我々は犠牲者を悼み、愛する人々や財産、持ち物、故郷を、回復できないまでに失ってしまった人々と思いをともにしたいと思います。

二〇一一年六月三〇日、ドイツ連邦議会は圧倒的多数で原子力法の改正に賛成した。先に言及した八原発の恒久的運転停止とあわせて、残りの九原発も二〇二二年まで順次に運転停止とすることをにらむものであった。

それにともなって、八ヶ月前に決定されたばかりの残存期間延長も取り下げとなった。新しい原発撤退計画は、古いものと非常に似通っていた。新しい規則では、原子炉運転年数はあわせて約一二年増加した。新しい発電所の残存運転年数は、まとめると約二〇年プラスとなった。グローンデ原発とグンドレミンゲン原発C号基が、このプラス分にあたっている。古い発電所については、実際は、社会民主党・緑の党連立政権当時の原発撤退決定と比べて、まったく変わりはなかった。新しい計画において敗北したのはクリュンメル発電所で、八年間の残存期間を失ってしまった（表4参照）。

二〇一一年の原子力法改正で、歴史的決定が下されたのである――歴史的というのは、それがキリスト教民主同盟・キリスト教社会同盟、自由民主党、社会民主党、緑の党すべての賛成で成立したからでもある。そして国民は、これに満足した。同年九月に行われたアンケートでは、八〇パーセントのドイツ人が原発撤退に賛成であり、八パーセントのみがそれを間違いとし、一二パーセントはわからないと回答している。

＊1――マティアス・クライナー（一九五五年～）。ドルトムント工科大学の環境工学教授。二〇〇七年から二〇一二年までドイツ研究振興協会会長を務める。

＊2――ウルリヒ・ベック（一九四四～二〇一五年）は、ミュンヘン大学ほか英仏の大学で教授を務める。一九八六年の著書『リスク社会――もう一つのモデルネへの途上で』は三五ヶ国語に訳されている。クラウス・フォン・ドーナーニ（一九二八年～）は、ＳＰＤの政治家。連邦教育学術大臣、ハンブルク市市長（州首相と同格）などを歴任。アロイス・グリュック（一九四〇年～）は、ドイツ・カトリック教徒中央委員会の会長。ＣＳＵの政治家としてバイエルン州で活躍、州国土開発環境問題省次官、州議会議長などを歴任した。ラインハルト・マルクス（一九五三年～）は、

表4　脱原発の年、2011年におけるドイツの原子力発電所

場所	原子炉タイプ	運転停止時期による区分		
		2000年の社会民主党・緑の党連立政権の合意に基づく運転停止時期	2010年の運転期間延長政策による運転停止時期	2011年のエネルギー政策転換に基づく運転停止時期
エムスラント	加圧水型	2020年	2034年	2022年
イザール2	加圧水型	2020年	2034年	2022年
ネッカーヴェストハイム2	加圧水型	2022年	2036年	2022年
ブロクドルフ	加圧水型	2019年	2033年	2021年
グローンデ	加圧水型	2018年	2032年	2021年
グンドレミンゲンC	沸騰水型	2016年	2030年	2021年
フィリップスブルク2	加圧水型	2018年	2032年	2019年
グンドレミンゲンB	沸騰水型	2015年	2030年	2017年
グラーフェンラインフェルト	加圧水型	2014年	2028年	2015年
ネッカーヴェストハイム1	加圧水型	2010年	2019年	2011年
ブルンスビュッテル	沸騰水型	2012年	2020年	2011年
イザール1	沸騰水型	2011年	2019年	2011年
クリュンメル	沸騰水型	2019年	2033年	2011年
フィリップスブルク1	沸騰水型	2012年	2020年	2011年
ウンターヴェーザー	加圧水型	2012年	2020年	2011年
ビブリスA	加圧水型	2010年	2020年	2011年
ビブリスB	加圧水型	2011年	2020年	2011年

ドイツ司教協議会の議長でもある。また、二〇一〇年から枢機卿。教皇フランシスコが設置した九人の枢機卿による国際枢機卿評議会の一員である。

＊3——グイード・ヴェスターヴェレ（一九六一年〜）はＦＤＰの政治家で、二〇〇一年から二〇一一年まで同党党首。二〇〇九年一〇月から二〇一三年五月まで第二次メルケル内閣で外務大臣を務める。エルヴィン・フーバー（一九四六年〜）はＣＳＵの政治家で、バイエルン州財務大臣、ＣＳＵ党首などを歴任。

＊4——ヴィンフリート・クレッチマン（一九四八年〜）。緑の党の政治家。バーデン・ヴュルテンベルク州議会議員、フライブルク市長などを務める。二〇一一年の州議会選挙で緑の党は大躍進し、第二党となり、第三党のＳＰＤと連立政権を組んで、クレッチマンが首相となる。ドイツ初の緑の党の州首相の誕生であった。

間違った方向への進展と誇大妄想

ここまでの進展をもう一度振り返ってみると、以下のことがいえる。チェルノブイリ事故と福島の事故が、原子力産業の没落を実質的に確定した。しかしながら、原子力産業自身が自らの衰退をもたらしたということを見落としてはいけない——特に、その情報政策と戦略上の決断のミス、そして想定のミスという点である。

世間一般に対する情報政策、あるいは、ある部分は所管官庁に対する情報操作は、長年にわたって、もみ消しや取り繕い、ことなかれ、そしてミスリードや透明性の欠如などをその特徴としてきた。ドイツ連邦共和国の原子力技術の創始者の一人であり、後年ドイツ研究振興協会（ＤＦＧ）の会長を務めた、マイアー＝ライプニッツですら、すでに一九七九年のハリスバーグのスリーマイル島原発の故障事故の後、専門家は信頼性を失ってしまったと認め、その上で、なぜなら、それまでの予防措置では制御できないような大きな故障事故についての議論を組織的に抑圧したから、としたのである。彼自身も体験したのであった。大統領ヴァルター・シェール＊さえも、最大の故障事故リスクについて知ろうとしたときに、専門家たちから何の答えも得られなかったことを。

そうしたことに加えて、技術上の、また特に経済上の潜在的進展を評価する場合の現実感覚の欠如に表れる、判断の誤りというものも大きい。これについては以下の例を挙げる。

＊——ヴァルター・シェール（一九一九年〜）。ＦＤＰの政治家。連邦経済協力大臣（一九六一〜六六年）、連邦外務大臣兼副首相（一九六六〜七四年）を経て一九七四年から一九七九年まで連邦大統領を務める。

ゴアレーベンの惨事——原子力産業の最初の敗退

核燃料に関する一連の処理方法を構成するサイクルの最後の部分となるのは、放射性廃棄物の最終貯蔵であった。今日まで高レベル放射性廃棄物の最終貯蔵場が存在しないので、それらは、中間施設に貯蔵されてきたのである。別の種類の放射性廃棄物は、安全技術上、部分的には冒険的な条件のもとで、旧東独時代のモアスレーベン最終貯蔵施設とアッセに貯蔵されている。

低レベル、あるいは、中レベル放射性廃棄物は、特に原発の運転と解体から生じるものであるが、その最終貯蔵場としては、ザルツギッター近郊のかつてのアイゼンエルツベルク鉄鉱山のコンラート坑道が予定されていた。認可（計画確定決定）は二〇〇二年に下され、操業開始は、連邦放射線防護庁により二〇一九年とされた。しかしながら、高レベル放射性廃棄物の最終貯蔵場については、大変困ったことに、早い時期からゴアレーベンの岩塩鉱山に設けることが決まっていた。しかも、それは、激しい反対闘争の的となっていた再処理施設がプロジェクト化されていたまさにそのときだったのである。我々は、次のことを思い出す。ゴアレーベンでは、ドイツ使用済み核燃料再処理会社（ＤＷＫ）が、巨大な原子力最終処理センターを計画していた。けれども、反対者たちは、国内外の専門家たちにより、自分たちでそのプロジェクトをチェックすることができた。結果は「ゴアレーベン国際レビュー」に記録され、ハノーファーにおける一九七九年春のいわゆるゴアレーベン公聴会で「賛成、反対」というタイトルで紹介された。ちなみに、座長はカール・フリードリヒ・フォン・ヴァイツゼッカーであった。その計画は、使用済み核燃料要素のための水で冷却された貯蔵プールを設置し、また、恒久的に冷却される必要がある高レベル放射性廃液を大きなタンクに集めるというものであったが、こうしたＤＷＫの具体的計画が徹底的にそこで論議されたのである。ヒアリングの最中に、処理施設の責任者であるヴァルター・シューラーは、発言を撤回し、そのコンセプトから距離をとった。ニーダーザクセン州首相エルンスト・アルプレヒトは、一九七九年の政府施政演説において、弊害をはっきりと指摘して次のように述べた。「州政府は、ＤＷＫのコンセプトをこのまま認可するわけにはいかない。使用済み核燃料の受け入れと保管は、それ自体安全になされるべきであり、冷却は技術装置が機能するかどうかとか、人的な信頼性があるかないかに左右されるべきではない。高レベルの放射性廃棄物は液体の形では通常の施設に貯蔵されるべきではなく、緩衝タンクに安全に貯蔵されるべきである」

これに続く有名なアルプレヒトの言葉、「再処理場建設についての政治的前提は、少なくとも今のところは、存在しない」は、放射性廃棄物処理センター（ＮＥＺ）の終わりを意味した。このように、原子力産業の非常に大きな計画の一つが、技術・学術的な議論と世論の圧力によって、初めて頓挫したのである。それは、最も重要な技術的対策を同じ場所にある一つのセンターに集中させようという試みが挫折したことを意味するだけではない。ＮＥＺの挫折によって、原子力法上要求されている放射性廃棄物処理の証明を一括して査定し提出しようという試みも揺らいだのである。

ところで、地質学者などの専門家の意見を考慮せず一九七七年に高レベル放射性廃棄物最終貯蔵地として選定されたゴアレーベンの岩塩岩株は、住民側の予期せぬ強い抵抗にあうこととなった。

ゴアレーベンは原子力エネルギー利用に対する抵抗の一つのシンボルとなり、それは、後にはゴアレーベン中間貯蔵施設への放射性廃棄物の保管及び輸送容器（キャスター）[*1]の搬入への反対運動にもはっきり表れた。

多くの国々で最終貯蔵場プロジェクトが暗礁に乗り上げ、あるいは挫折した後で、その一方では、欧州委員会などの国際的な機関が最終貯蔵場探しにおける基準と手続きのプロセスについてのコンセンサスづくりの点で進捗を果たしていた。ドイツではワーキンググループＡＫＥｎｄが提案を作成し、二〇〇二年にこれを提出した。この提案の本質的な内容は、国際的な推薦と歩調をあわせて、いくつかの立地の中から選定を行うことであり、また、段階的な措置、地質学及び社会学的な選定基準を用いることであった。

三〇年以上に及ぶ対立と政治的な足踏み状態の後で、二〇一二年前半にやっと、最終貯蔵場問題に転換が訪れた。原発撤退とエネルギー転換におけるコンセンサスに勢いづけられて、各政党や、連邦と州との間で対話が行われ、最終貯蔵場探しを新たに始めるべきであるということで意見が一致した。連邦環境大臣の声明は、秋のうちに最終貯蔵場選定手続きについて連邦議会による純粋な立地選定対策とあわせて議決される可能性があることを示唆していた。しかしながら合意は得られず、ニーダーザクセン州の州選挙が近づき、二〇一三年の連邦議会選挙が迫るにつれて、それは怪しくなっていく一方であった。

二〇一二年一一月三〇日、連邦環境大臣ペーター・アルトマイアー[*2]は、ゴアレーベンでは「少なくとも」二〇一三年九月の連邦議会選挙までは、これ以上地質調査を行わないことを決定した。議論の末にたどり着いたものは、ドイツにおける唯一の最終貯蔵場としてのゴアレーベン岩塩岩株の終焉を意味している――これは、それまでの原子力産業の戦略を凌ぐ理性の勝利であった。ゴアレーベンをそもそも選択肢に入れるべきかについては、それまで最も大きな争点になっていた。学術的な観点からすれば、いわば白地図から出発して立地を考えるべきで、どこも可能性として最初から除外してはいけないということであったといえよう。しかしながら、南ドイツ新聞が二〇一二年一二月一日付で報じたように、ゴアレーベンは、すでに「歴史の贈り物によって非常に汚染されて」しまっていたのである。

＊1――キャスター（Castor）とは、英文表記「cask for storage and transport of radioactive material」の略称である。ドイツ原子力サービス社の商標登録された放射性廃棄物保管運搬容器である。
＊2――ペーター・アルトマイアー（一九五八年～）。ＣＤＵの政治家。

二〇一二年、ノルベルト・レットゥゲンの後を受けて第二次メルケル内閣で連邦環境大臣に就任。二〇一三年一二月から第三次メルケル内閣の連邦特命問題大臣兼首相府長官。

戦略上の判断ミス――THTR-300と沸騰水型原子炉の「建設方針69」

原子力産業界がTHTR-300〈トリウム高温ガス炉〉を原型炉として選んだこと、そして最初の高温ガス炉路線の商用原子炉をハム・ウェントロープに選んだことは、明らかに戦略上の判断ミスであった。三〇〇メガワットの電力では、理論的にいっても、期待されている高温ガス炉の安全上の長所は発揮できない。高温ガス炉のこのタイプの原子炉の名称〈ペブルベット型高温ガス炉〉は、球体状の燃料要素にちなんで名づけられたものであるが、この球体状の燃料要素の安全技術上の重要な特性は、それまでもいつも強調されてきた。つまり、約一六〇〇℃の高温まで、放射能を帯びた核分裂生成物のためのバックアップ能力を維持するというものである。すべての冷却装置が完全に停止した場合に、炉心内のどこでも温度が熱伝導と放熱による消極的な熱の逃しだけをベースにしてこの一六〇〇℃以下にとどまっている限りは、球体状の黒鉛からできている炉心は無傷で密になったままである。軽水炉の場合のような炉心溶融は起きない。ただし、一六〇〇℃を下回るための前提は、炉の出力が約一〇〇メガワットを超えないことである。つまり、三〇〇メガワットの出力のTHTR-300は、故障事故が起きないようにするために大規模な送風装置の形で余熱を逃す排熱システムを必要とした。この積極的なシステムの作動が必要となるときにシステムが停止した場合には、炉心の最も高温の箇所（炉心の中央）の温度は、約二五〇〇℃に上昇する――これに対応した大量の核分裂生成物とともに。余熱の消極的な排熱と核分裂生成物の抑制という高温ガス炉本来の安全技術上の利点を、THTR-300は、その出力規模の大きさだけが原因となって発揮することができなかったのである。

ユーリヒ原子力研究施設の実験用原子炉AVRは後になってから別な理由で大々的に書き立てられたが、それはそうとして、上述の特性は、その電気出力一五メガワットのAVRで実験的に確認された。だからなおさらのこと衝撃的であったのは、AVRがあらかじめ計算された温度を二〇〇℃超える炉心の最大温度でかなり長期にわたって運転されていたことであった。ユーリヒの研究者ライナー・モーアマンはこの事実を公にしたが、この行動や安全技術に関する結論についての論考と引き換えに、大きな圧力を受けることとなった――二〇一一年に彼は、その公表に対していわゆる「内部告発賞」と、これによる職務経歴上の不利益を得たのである。

高温ガス炉コミュニティー内部の体制批判者の中でも、安全問題についての腹蔵のない議論は、軽水炉路線を支配する既存体制の場合と似たように往々にして抑圧された。このことは、高温ガス炉の信奉者と原発批判者との間に安定した同盟関係が育まれなかった理由の一つである。

別なところでは、「スケールアップ」という策略が教訓となった。すなわち、後になって生まれた高温ガス炉プロジェクトは、それ相応の低い出力と改善された炉心形状の両方、あるいはその片方をもって概念設計がなされたのである。たとえば、約一〇〇メガワットのモジュール型高温ガス炉がそうであり、これを基本に南アフリカでの計画が立案された（この計画は、そうこうするうちに再び中止されたが）。

安全技術から見て不利な高い出力という条件に制約されたTHTR－300は、小型の高温ガス炉に比べて技術的に費用のかかる、より複雑なものとなった。そればかりか、一連の不都合な特徴のあるその構造は、THTR－300を故障に対して脆弱なものとし、また、その維持修繕を難しいものにしたのである。わけても弱点は、制御棒を炉心に入れる際に球形燃料の集積密度の計算を誤った場合に起きる球形燃料の予期せぬ高い破損率であった。加えて、THTR－300の場合には、とりわけ高温ガス炉の長所として称賛されたある特性を欠いていた。すなわち、プロセス熱の解放である。原型炉THTR－300は――情報が不十分であったノルトライン・ヴェストファーレン州の多くの政治家が落胆したものであるが――純然たる発電用原子炉であった（とはいえ、熱の解放がTHTR－300をさらに故障に弱くさせ、かつ、複雑にしたと推測せざるをえない。プロセス熱の解放については、他の高温ガス炉プロジェクトで例証されるべきであったのかもしれない）。

THTR－300の計画策定や建設に際してコンセプト上誤った決定がなされた理由は、決して公にされることがなかった。けれども、軽水炉との競争における真の原型炉施設であることをわからせるという技術的、経済的な重圧が重要な役割を演じていたことに、その発端があると考えて間違いないであろう。一九八九年九月一日、その四〇億マルクを投じた高価な施設の最終的な停止が決定された。

沸騰水型原子炉建設方針69の開発と構築もまた、後になってみると戦略的に誤った決定と見なさざるをえない。クラフトヴェルク・ウニオン社（KWU）によって一九六九年に開発されたその建設方針は、ゼネラル・エレクトリック社と提携したAEG社によって構想された沸騰水型原子炉の第一世代をさらに発展させたものであり、カール原発やグンドレミンゲン原発A号基、リンゲン原発の施設はその方針に沿ったものであった。

KWU社は、ジーメンス社とAEG社の共同出資子会社で、一九六九年に両コンツェルンの発電所部門が統合することにより設立された。原子力発電所分野では、AEG社はそれまで沸騰水型原子炉をゼネラル・エレクトリック社の技術をベースにして建設していたが、これに対して、ジーメンス社はといえば、加圧水型原子炉をウェスチングハウス社のライセンスで開発していたのである。加圧水型原子炉と沸騰水型原子炉のそれぞれの専門家の間の競争圧力とせめぎあいが、KWU社内部でもまた継続した。一九七七年、ジーメンス社は、KWU株式会社の単独の株主となった。

建設方針69に属したのは、ヴュルガッセン原発の前身となる施設、さらには、ブルンスビュッテル原発、イザール原発一号基、フィリップスブルク原発一号基、トゥルナーフェルト原発（オーストリアのツヴェンテンドルフ近郊。一九七八年の住民投票により運転されなくなる）並びにクリュンメル原発の後継施設であった。建設方針69の開発は、簡素でコンパクト、さらに、場所をとらない建築方式によるコスト節減に向けた努力を特徴とするものであった。ジーメンス社が伝統とする加圧水型原子炉よりも安いものとするという動機づけが、その当時あった。答えは沸騰水型原子炉であった。それは、たしかに最初はコスト面で長所があったが、しかし、故障事故に脆弱であることをさらけ出し、後になってシステム全般の補強対策が必要となった原子炉であった。

加えて、沸騰水型原子炉建設方針69には、安全技術上の不都合な特性があった。その根本的な理由は、原子炉格納容器の構造であった。場所をとらないようにするために、格納容器の体積は――十分な耐圧性のある原子炉格納容器を備えた加圧水型原子炉と違って――配管が損傷した場合に漏れ出す冷却材の水と蒸気の混合物全体を受容できる状態にないほど小さいものとされたのである。小さくするかわりに、復水器の設計が選択された。漏れ出た蒸気はそこに導かれ、次いで水に凝結され、こうすることにより原子炉格納容器内の圧力は制限されるのである。復水器は、建設方針69の原子炉の弱点であったし、また弱点であり続け、一九七二年四月のヴュルガッセンの故障事故後に構造を強化したことによっても取り除くことができなかった。ちなみに、この故障事故にあっては、非常に長く開けっ放しのままになっていたバルブを通して流れこんだ水が、復水器の底に亀裂が入るほど強く負荷をかけたのであった。

そうしたことと並んで、さらなる欠陥もあった。使用済み核燃料プールを格納容器の外部の高所に配置するのと同じように、復水器を設置することによって、建設方針69の原発施設は、地震や航空機の墜落といった外界からの影響に対して壊れやすいものとなったのである。

ビブリス原発を巡るRWE社とヘッセン州政府との長い争い

ビブリス原発を巡る長い争いの中で、その運転事業者であるRWE社は、原子力産業全体に不利になるような影響を与える決定的な過ちを犯した。

一九九一年一月二〇日、社会民主党・緑の党連合はヘッセン州の州議会選挙で勝利し、そして、一九九一年四月からの八年間、州政府を担った。首相ハンス・アイヒェルと環境大臣ヨシュカ・フィッシャーの政府は、ビブリス原発の停止を目標に置いた。その停止が達成できない場合には少なくとも、以前キリスト教民主同盟の環境大臣カールハインツ・ヴァイマールによってビブリス原発A号基に指令された四九項目の安全履行義務命令を完全に実現に移そうとしたのである。

その履行義務命令の基礎となったのは、バイエルン技術検査協会による同原発の安全性分析に関する証明書であった。最も重大な欠陥は、安全システムが部分的に空間的な隔離を欠いていること、システムや部品の耐震設計、そして、わけても規則に適合した非常事態システムの欠如であった。ドイツの他のすべての施設は——事後に取りつけられたものもあったが——独立してコンクリートで遮蔽された非常事態システムを備えていた。それは、たとえば監視室が外界からの諸作用により機能不全に陥った場合に、施設を自動的に安全な状態に移行させ、少なくとも一〇時間その状態を保つものであった。しかし、RWE社は時間稼ぎをし、期限を超えても意に介さず、いくつもの重要な履行義務条項を果たさなかったか、または中途半端にしか果たさなかったのである。RWEコンツェルンは、裁判所と、その当時の連邦環境大臣テプファーをあてにした。そして、実際にテプファーは、その後、種々の手法で州政府へ指示することにより何度も干渉したのである。

ヘッセン州環境省とRWE社との長期戦は八年を超えて繰り広げられ、その際、運転事業者と役所との信頼関係は著しく損なわれた。RWE社は、相手よりも大きな力を持っていると錯覚していた。一方、役所側はといえば、RWE社の存立を困難にさせようとしたのである。ビブリス原発A号基に対する運転停止命令は、連邦環境省によって破棄された。その当時、この件に責任を持っていたのは、連邦環境大臣アンゲラ・メルケルと担当課長ゲラルト・ヘンネンヘーファーであった。履行義務は履行されず、非常事態システムの事後の装備はなされないままであった。それらは、すべてがすべて同社の安全文化と馴染まないものであった。

その経過は、他のドイツの原発事業者たちの間にまずは驚きの念を、それどころかさらに怒りの念を引き起こした。自分たちは——一部の者は自発的に——古い施設に後から多額の経費をかけてシステムを追加して取りつけたのに、RWE社はといえば、ビブリスのケースでは多かれ少なかれその難を逃れた、というのである。手詰まりの膠着状態は、キリスト教民主同盟がヘッセン州選挙で勝利した一九九九年二月まで続いた。そして、一九九九年四月七日に同党のローラント・コッホが州首相に選出された。ビブリス原発の事業者を抑える手綱は解かれたのである。

しかしながら、この間に連邦レベルでは、状況は一変していた。すなわち、一九九八年に社会民主党・緑の党連立政権が連邦議会選挙で勝利をおさめていた。そして、ゲアハルト・シュレーダーが連邦首相に、フィッシャーが連邦副首相に、さらにユルゲン・トリッティンが連邦環境大臣になっていた。合意に至る交渉の中でRWE社は、一九九〇年代のビブリスの追加設備問題の際の対応の仕返しを受けた。交渉の席についたトリッティンの次官ライナー・バーケは、一九九一年から一九九八年までヘッセン州環境省次官を務めた人物であった。

二〇〇〇年の合意においてビブリスA号基は重要な役割を演じていた。合意の付属文書二においてA号基の追加設備のさらなる方法が明確にされた。たしかに非常事態システムの追加装備は残余の耐久年数を考えるとすでに解決済みであった。けれども、ビブリスA号基の停止は、諸規則や送電量によって利潤を得られるその他の原発よりも抗いがたいものがあるように思われた。ビブリス原発はシンボルになっていたのである。それもヘッセン州だけでなく、連邦全土で。すなわち、原子力エネルギーを巡る些細な争いが安全文化の重荷となる無意味さのシンボルになったのである。これに多大の貢献をしたのがRWE社であった。RWE社のイメージは、原子力エネルギー全体が受けたものよりも大きく傷ついた。RWE社は、自身の分野にかえって迷惑をかけたのであった。

イノベーションの準備不足、実験による学習の欠如

原子力エネルギー分野におけるイノベーションの用意が欠けていたこともまた、誤った展開の基本的な一つに数えられねばならない。原子力産業は一九七〇年以降、政治や世論の圧力に交互にさらされて続けてきた。

遅くともチェルノブイリ原発大惨事以降、また連邦及び各州で社会民主党・緑の党連立政権の所管省が原子力技術関係の諸施設の監督と許認可を管轄することになって以来、施設の許認可を疑問視するような紛争がいくつも起きる事態となったのである。原発事業者と原子力法の所管官庁との信頼関係は、安全技術に関する問題を腹蔵なく話すことができないほどおかしくなることがよくあった。相互の不信は、事業者が所管官庁に徹底的に底意地悪く振る舞い、官庁職員はといえば、事業者が悪事をもみ消したり、評価審査者らと裏取引していることを前提とするほどにまでなったのである。双方ともその相互不信を数多くの事例で証明できると思ったが、実際、いくつかのケースでは、その認識は正しいともいえるものであった。事実、あらゆる面が、相互不信の雰囲気が大きくなることに寄与した。そうした事情のもとで、結果的に安全文化が育つことができないのは、明白である。一九九〇

年代初めから、当事者である諸機関や人々の中では、原子力技術における安全文化とは、原子力の安全に対して他のあらゆる利益に優先する最上位のプライオリティーを認める原則であると理解されている。

原子力技術施設のイノベーションについて事業者側の用意が遅れたのは、そうした展開の結果の一つである。そうした遅れは、既存のものを守ろうとし、いかなる変革も――技術に関するものであれ、管理運営に関するものであれ――拒否しようと努める姿勢におのずと表れた。具体的にそれが意味したのは、安全技術上の改善につながるものであるにせよ、一度許認可が与えられれば、これを盾として現状を固守し、施設の技術的な改変やシステムの増強を避けることであった。

原子力法の基本理念は、学術や技術のそれぞれの状況に基づいて被害に対して必要な備えを講じるというものであるが、事業者のそうした姿勢はこの考え方に反するものであった。原子力法の理念は、許認可が与えられたその時点にだけ当てはまるのではない。事業者は、自分の施設の運転中もまた学術や技術のさらなる発展を追求し、場合によってはそこから自分の施設に必要な対策を導き出し――状況に応じて――これを実現させなければならないのである。加えて、いくつかの原発に対しては、実施する上で乗り気のしないものであってもそれらが履行義務事項として文書化されることがある。

事業者がイノベーションへの心構えを欠いていたことは、結果的に施設の安全水準に悪影響を及ぼした。こうした展開の結果は、次のようなものである。その一つは、事業者が必要な許認可手続きと結びついたリスクを躊躇したために、技術的に可能ないくつかの改善がなされないままとなったことである。彼らが恐れたのは、すでに獲得していた許認可が危うくなるほど、許認可官庁が審査の範囲を拡大することであった。施設内部の非常事態対策は、以前からもはや必要性が議論されなくなったものの――あいかわらず――おそらく自由意志に基づいて実施されていたのである。事業者は、官庁が決められた分野を踏み超えた対策を命令し、もしくは、その実施の細部を規制する権限を持つことを容認しなかった。いま一つは、炉心溶融があいかわらず仮説的なものとされ、残余リスクの一つとされていたことである。事業者の資金による研究は、実質的に、経済性の向上、燃料の使用効率の改善、安全に関するゆとりの見直しといったことに用立てられている。安全技術について熟慮された原子炉コンセプトは、事業者の既存施設に不利益を与える特性が明らかになった場合には阻止された。イノベーションの拒絶は主として既存の施設を堅持することには役立ったものの、それは全体として原子力技術の安全技術面でのさらなる開発を妨げたのである。以上のようなことが、将来に向けた何らかのテクノロジーに関する能力を助長しないことは、明らかである。

少し前の技術の歴史を踏まえると、実験による学習の欠如は、最初から原子力エネルギー開発の際立った特徴となっている。原発事業者や原子炉等のメーカー、評価審査機関、国際機関のもとに包括的な経験システムやデータの集積があるにもかかわらず、おかしなことに特定の出来事や過ちが繰り返されている。たとえば、ある特定の施設において短期間のうちに同じ操作でまったく同じ間違いが繰り返されたことが頻繁に観察できるのである。原因として考えられるのは、文書による指示やトレーニング、運転担当チーム内の意思疎通が不十分なこと、また、好ましくない作業環境などがある。

そうしたものとは別の種類の学習能力のなさ、あるいは学習意欲のなさもあるが、これは明らかに軽薄で謙虚さを欠く態度に基づいたものであったし、現在もそうである。他の諸施設から得られた知見については——とりわけ、他の施設タイプもしくは外国に由来するものである場合には——その転用可能性をたとえば次のように検証もせずに、終わったこととして済ますことが数々あった。すなわち、自分の施設で同じことが起きる可能性はないのか、我々は別な（よりよい）技術を持っているのか、といったふうに。運転の経験から——また、言うまでもなく、研究界や他の産業部門からの知見の源泉から——学ぶにあたって、そうした欠陥の原因が何であるかという問いは、現に行っている研究の対象である。データに欠けることはありえない。むしろ、個々人や個々の機関が多すぎるデータであふれかえる危険がある。経験を生かし改善するための鍵の一つは、おそらくデータや情報の材料のプロフェッショナルで利用しやすい加工処理にある。さらにもう一つの鍵は、要員の新規養成や研修などの安全文化の改善を目標とした対策にあるだろう。

国内や国際的な数多くの組織機関は、そうしたテーマに携わり、データを収集し、推奨すべき行為をとりまとめ、ワークショップや会議を組織している。というのも、言うまでもなく、原発がまだ送配電網につながっている限りは、そうしたことがまさに急務となっているからである。

ますます失われていく専門能力

まさに原発からの撤退とその撤去もまた、高度な能力のある専門家を今後とも求めている。だから、専門能力が長期にわたって人目につかないまま失われていったこと、そして、現在もそうした状況にあることは、なおさら奇妙に思われる。二〇世紀から二一世紀に替わる頃、一見新しい問題が表沙汰となり、公に議論された。それは、その頃、原子力産業の存続を脅かす焦眉の問題であった。すなわち、原発事業者や官庁、評価審査機関において原子力技術に関する専門能力がひそかに失われていくという問題であった。原子力技術関係の講座や学生数の減少に関する統計が根拠になって、原発の安全な運転や必要なインフラの維持、効果的な国の監督、専門能力に裏打ちされた審査評価制度などを担保するための十分に質の高い要員が近いうちに自由に得られなくなると思われることが明確になった。責任のなすりあいがすぐに起きた。技術を敵視していることや、原発からの撤退の決定、あるいは、ドイツにおける原子力技術の魅力のなさが、将来についての展望の欠如とあいまって、人々が原子力エネルギーからますます離反する原因であるとされた。けれども、差し迫った専門能力の喪失の本当の理由は、もっと複雑である。

専門能力の喪失は、原子力技術の問題でも、国内的な問題でもない。他の諸外国も——ごく少数の例外を除いて——原子力技術分野で専門家不足が起こりはじめている事態に直面していた。それだけではない。他のほとんどすべての自然科学部門や工学部門においても、学生数や課程修了者の劇的な落ちこみが記録されていた。そうこうするうちに、今日ドイツは、技術者が数万人も不足しているという問題に直面している。自然科学や工学は、一九八〇年代に学生にとって魅力的なものではなくなっていたのである。これは、社会的な問題であり、原子力技術の問題ではない。

学生数の落ちこみは、まずは目に見えるような結果をともなわなかった。大学卒業者は、一九六〇年代末から一九七〇年代初めにかけて劇的に高まった、比較的若年層の専門家への需要をカバーした。原子力技術分野の労働市場は、当初の数十年は飽和状態にあった。しかしながら、その当時三〇代であった者は、二〇〇〇年以降どんどん引退することとなったのである。その頃から間隙が目に見えるようになった。けれども、このことは、一九八〇年代——学生数が減少した時期——にすでに予見できていたのである。一九九〇年に、ユーリヒ専門単科大学教授のイエルク・シュヴァーガーは、ある調査で原子力技術分野における専門家不足が差し迫っていることをすでに警告している。この問題が多少軽減したのは、ドイツ再統一によるものであった。往時のドイツ民主共和国の原発の終止は、旧連邦諸州における原子力技術分野の事実上あらゆる部門への優れた学卒専門家の流入をもたらした。往年のシュタージの原子力専門家であってさえも、原子力法の所管官庁に職を見つけたのである。「シュターツジッヒャーハイト〈国家の保安〉」とは、東独では原子炉安全をも対象としていたのである。

最大の失策は一九九〇年代に起きた。世間では原子力エネルギーの将来についての関心がますます小さくなっていき、大学でも計画ポストは減少するか、あるいは埋まっていったが、このような状況の中で、人はまさに要員が必要とされたところで大きな過ちを犯したのである。すなわち、官庁ではポストが減少し、また、質のよくない要員が登用されることがしばしばあった。さらに事業者もまた、広い視野に立った人事政策などに配意せず、需要があれば必要な人材をどこかで手に入れることができると、まぎれもなく期待していたのである。

専門能力の喪失は、興味深いことに、社会民主党・緑の党連立政権への政権交代後の一九九八年にテーマとなった。連邦環境省の諮問機関である原子炉安全委員会は、一九九九年から専門家不足を警告していた。連邦経済省のイニシアチブで、二〇〇〇年には原子力技術専門機関連絡協力会議が設立された。この組織は、四大研究機関――カールスルーエ、ユーリヒ、ロッセンドルフ、施設及び原子炉安全協会――並びに、それらの機関と提携しているカールスルーエ大学、アーヘン工科大学、ドレスデン工科大学及びミュンヘン工科大学から構成されていた。その当時、定員に初めて厳しい欠員が生じていたのは、連邦政府と州政府の諸官庁、さらには評価審査機関であった。二〇〇〇年から原子力技術分野での要員状況は、幾分改善された。しかし、問題があったのは、あいかわらず放射線防護部門であった。専門能力の維持も構築も、ともに約一〇年という時間を視野に置いた長期的な課題である。原子力技術における最高の専門能力は、ドイツのような原発撤退国では、さらに数十年必要となる。原子力産業界は、この課題を長いこと過小評価していたのである。

ある種の誇大妄想がまだあるのか

ドイツにおける原子力技術の開発がスタートしてからずっと、計画づくりは、それだけでなくその実現についての約束もまたそうであるが、今日では頭の中で追体験することが難しい出来事によって大きな影響を受けてきたのである。それは、原子力エネルギーの利用に結びついた技術的、エネルギー産業的、経済的な可能性を際限なく過大評価したいくつもの出来事であった。非常に有名になった初期の事例は、原子力エネルギーから生み出された電気は積算電力計を据えつけてもその甲斐がないほど安いものである、という主張である。後年の事例では、まったく非現実的であることが後になって証された軽水炉のいくつもの強化計画がそうである。また、たとえば連邦議会の「将来の原子力エネルギー政策」調査委員会の道筋一と道筋二における原子力発電所の二〇〇〇年時点の容量に関する予測や、特に二〇三〇年時点の容量に関する予測がそうである。さらに増殖炉と結びついたビジョンもまたそうである。すなわち、増殖炉のテクノロジーは、あらゆるエネルギー問題を長期にわたって解消する奇跡の手段であるかのように、そしてまた数世紀来虚しく探されてきた永久運動機関であるかのように――というのも、増殖炉は消費した以上の燃料をつくり出すとされていたからであるが――称賛されて、特別な魅力を発していたのである。言葉に重みがあったヴォルフ・ヘーフェレの、増殖炉のコスト的利点と送配電網に接続された原子炉出力の成長率に関する予測は、とりわけ後になってみると馬鹿馬鹿しく響くが、一九六〇年代と一九七〇年代には大臣や政治家に大きな影響を与えたのである。

それだけでなく、現実と大きく乖離した想定については、まさに数え切れないほどの事例がある。SNR－300やTHTR－300、ヴァッカースドルフの再処理施設のようなプロジェクトにあってのコストの上昇は、まだ比較的中庸なものであった。そう、テクノロジー開発のスタート時点では先駆者やその立役者たちが彼らのテクノロジーを燦然と輝くあふれんばかりの光の中に出現させることが日常茶飯事であった。また、かなり早い時期にはデータや経験値、コストの詳細に関するあらゆる知識の不足――著しく不足していたこともあった――が軽視されていたことも、格別おかしなことではない。開発が始まる時点で、たとえば改造や拡張についての潜在力をシステム内部から、あるいは、システム外から制約する限界を知ることを、人は期待しえない。けれども、尋常と言えないのは、その誇張の程度であった。それは、まだ不十分な知見しかない者が説明できることを、しばしばはるかに超えるものであった。だから人は、目的についての楽観主義や、世間一般と政治、資金提供者を己の事案に熱狂させようとする試みと並んで、一種の誇大妄想や現実感覚の喪失、そしてまた使命感がその原動力であったと推量することができる。明らかに原子力産業界は、とりわけそうした傲慢さに捕らわれたのであった。

それ自体を個別に見たとしても、個々の誤った決定や対応は、テクノロジーの開発を止めるほど十分ではない。もしそれが十分であれば、不都合な状況の中で、それらは負の傾向を助長し、それどころか極端なケースでは「あまりと言えば、あまりにひどすぎる」状況にする可能性がある。誤った決定や評価の結果の一部は、たとえば誤った投資あるいはコストの上昇の程度が金額で表現されるように、定量化されうる。これに対して、イメージや信頼性、さらには受容にマイナスの影響を与えるようなものは、結果が定量化できない。そうした定量化できない「損害」を、原子力産業界はとりわけ強く感じるようになるのであった。

「将来のエネルギーへの道」

原子力産業の没落の歴史は、時代史の手に汗を握るような一章である。多くのことが明らかになっていない。いや、それだけでなく謎だらけであり、その解明や探究が待ち望まれている。いずれにせよ、一つはっきりしていることがある。すなわち、その歴史は、単純な因果関係の中では明らかにならないことである。一九八六年のチェルノブイリの原子炉大事故は、疑いもなく原子力エネルギーの歴史の転換点であった。そして、原子力エネルギーの終焉は福島原発大災害によっておそらく最終的に確定されたのである。

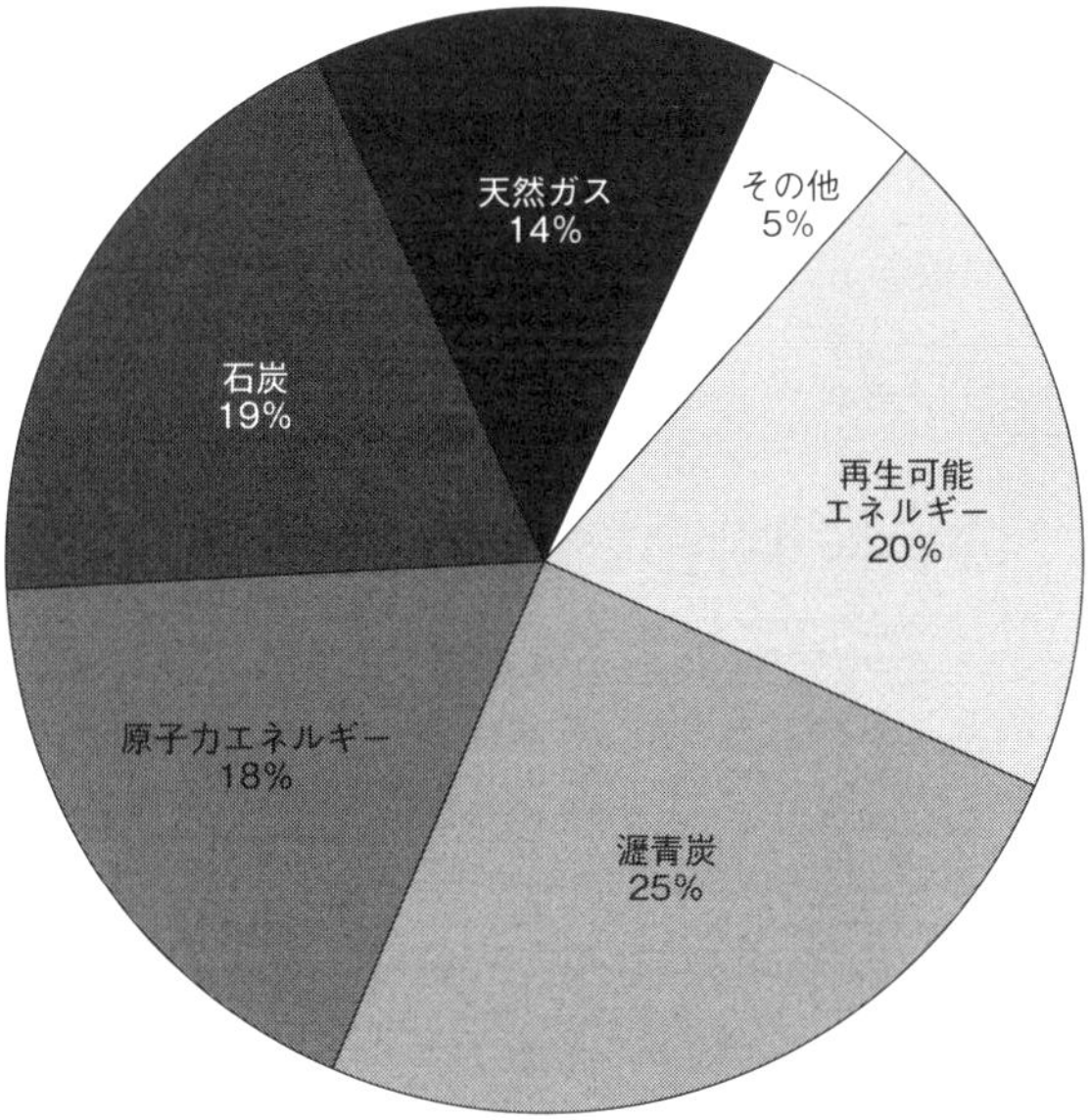

図2　ドイツにおける電源構成比率（2011年12月現在）

前進する再生可能エネルギー

福島原発事故後の状況は、ある決定的な点でそれ以前の、チェルノブイリ後の二五年間の状況とまったく異なっている。再生可能なエネルギーの担い手たちは、その間にわかに、多くを約束するようなめざましい発展を見せてきたのである。テクノロジーの進歩やコスト的に有利な生産方法によって、また再生可能エネルギー法（ＥＥＧ）の固定価格買取制度に支えられて、再生可能エネルギーによる発電は思いもよらないブームを経験した。こうして、エネルギー総生産量に占める再生可能エネルギーの割合は、二〇〇〇年の六パーセントから二〇一一年には二〇パーセントに増大し、他方、原子力エネルギーの割合は減少し、二〇一一年には約一八パーセントとなっている（図2参照）。

とりわけ風力発電施設や太陽光発電施設の驚くような拡充はさらに可能であるという見解が広く存在する。再生可能エネルギー源から二〇二〇年に三五パーセント、もしくは二〇三〇年に五〇パーセントの電気を実際に生産できるようにすることが取り組みの目標となっている。ただし、その前提は、送配電網の改善拡充と蓄電という周知の問題が解決されることである。

同じように今世紀の最初の一〇年間に、再生可能エネルギーをベースとした発電能力を結合するための国際的な計画づくりがスカンジナビア諸国（水力発電）、地中海沿岸諸国（太陽光発電、たとえばデザーテック）[*]などの地域で始まった。一九八〇年代と違って、この間、賛同者たちのもとでは、ドイツでは原子力エネルギーに将来はあるのかという問いは、もはや提起されることはなくなっている。というのも、福島原発の大惨事は、西側の国、しかも非常に高い技術を持つ国における最初の重大な原発事故とされたからである。まさにその様相は、結果的にドイツの政治に劇的な反応を生み、息つくひまもないほど素早い針路転換につながったのである。

連邦首相アンゲラ・メルケルは、二〇一一年六月九日の政府施政演説において次のように述べた。「福島の出来事で私たちは、日本のようなハイテク国家であってさえ原子力エネルギーのリスクを確実に制することができないことを認識せざるをえませんでした。このことを認識する者は、必要な結論を出さなければなりません。このことを認識する者は、価値評価を新たにしなければなりません。だから、私は自分自身のために新たな価値評価を行いました。なぜなら、原子力エネルギーの残余リスクを容認できる者は、それがおよそ考えられる限りでは起きないと確信している者だけだからです。しかし、万一それが起きた場合には、その結果は、空間的な広がりにおいても、時間的な長さにおいても他のエネルギー源のすべてを凌駕する破壊的で広範なものになります。原子力エネルギーの残余リスクを、私は福島原発事故の前に容認していました。なぜなら、高度な安全基準を持つハイテク国家において、残余リスクは、およそ考えられる限りは起きないと確信していたからです。しかし、今、それが起きてしまったのです」

原子力エネルギーに迅速に終止符を打つことは、それ以降、連邦議会における既存の諸政党のもとでの幅広いコンセンサスとなっている。エネルギー政策の転換は、すべての政党の公約された政策目標となっている。国民の支持は、圧倒的であるように思われる。

＊――砂漠における太陽光発電や風力発電による電力を消費地に送電するという構想で、ローマクラブとドイツのデザーテック基金が推進しているもの。

将来への覚悟ができなかったコンツェルン

南ドイツ新聞のヘリベルト・プラントル[*1]のこの表題の言葉は、物事の核心を突いたものである。社会にマイナスの影響を与えた者に授与される「殻を閉ざしたカキ」賞の授与にあたっての賛辞で、彼は、受賞者のＲＷＥ社、ＥｎＢＷ社、ファッテンファール社、Ｅ・ＯＮ社を厳しくやり玉に挙げた。「この国はエネルギー転換を目の前にしている」として、プラントルは次のように続けた。ただエネルギーコンツェルンだけがそれに反対して我が身を守っている、と。「彼らは我が身を守っている。なぜなら、巨大な原子力発電所で電気を非常に安く生産できるからだ。彼らは我が身を守っている。なぜなら、彼らにとって昨年秋からの運転期間の延長は毎日数百万ユーロの利益を保証するものであったからである。原子力コンツェルンは自己防御している。なぜなら、彼らは競争を自分たちの中で分けあっているからだ。つまり、彼らは貧弱な同業者、すなわち都市の公営企業を妨害し、もてあそび、力のままに競争から追い落としたからだ。彼らは防戦している。なぜなら、エネルギー生産を一社が中心になって行うような時代は過ぎたことに彼らは気づいているからだ。また、それなのに分散的なエネルギー生産に向けて覚悟ができていなかったことに気づいているからだ。再生可能なエネルギーの背後には、従来の四大コンツェルンの力を弱める強い推進力があるのだ。将来は、再生可能エネルギーのものである。しかし、その将来に向けてRWE社も他社も、ほとんど準備ができていない――なかんずく一番できていないのはRWE社である」

　事実、電力の四大コンツェルンにとってその転換は、状況の情け容赦のない悪化を意味していた。確実だと信じられていた利潤は、もはや実現できないのである。ビジネスの諸方針の整理、外国の原発プロジェクトへの参加の返上、さらにポストの廃止の通告がなされている。予想どおりにコンツェルン各社は、法廷で原子力法反対の訴訟を起こし、また損失の補償を請求している。その先頭に立っているのは、ここでもまたRWE社とE・ON社である。ファッテンファール社は二〇一二年六月にこれに追随した。EnBW社は、二〇一一年五月からバーデン・ヴェルテンベルク州の緑の党・社会民主党連立政権の影響下にあり、これまで違憲訴訟を提起していない。電力コンツェルンの訴訟についての最終的な判決は、ここ数年のうちに出ると見込まれている。

　コンツェルン各社は、あたかも彼らが何の準備もできないままエネルギー政策転換の不意打ちを食らったかのような印象を与えている。このことは、運転期間の延長と福島原発事故後の転換との間に半年があったことからすると、一層驚きである。二〇一〇年一〇月以前に、すでに新しい法律と似たような撤退スケジュールを含む法律[*2]が施行されていた。その法律は八年間効力を持っていたが、そもそも一〇年前の連邦政府とエネルギー企業間の合意に遡るものであった。コンツェルン各社は、その当時、その事態にいかに備えようとしていたのであろうか。原発の段階的な停止が法定され、目前にあることへの準備を整えなかったのであろうか。投資計画策定はどのようなものであったのか。停止される原発の補償はどのようになされるはずであったのか。なぜ再生可能エネルギーに当然のごとく投資しなかったのか。要員の計画はどのようなものであったのか。将来のビジネスモデルはいかなるものであったのか。

電力コンツェルン各社は、与えられた期間内に、エネルギー供給の将来に対する彼らの政治的、経済的、技術的責任についての問いに答えを下さざるをえなくなるであろう。

いずれにせよ、彼らの政治的な威信と経済への影響が小さくなったこと、そして、もし彼らがエネルギー政策転換をともに担い、ともにその実現を図ろうとしないのであれば、将来はそれらがさらに低下するであろうことは、何はともあれ明白である。

＊1――ヘリベルト・プラントル（一九五三年〜）。ジャーナリスト、著作家。二〇一一年から南ドイツ新聞の編集主筆。

＊2――二〇〇二年四月二二日に施行された改正原子力法。この改正は、二〇〇〇年六月一四日にシュレーダー政権のもとでなされた連邦政府とエネルギー供給企業との合意（商業用原発の新設禁止、既存原発の運転期間を運転開始時から平均三二年とすること等の原発に関する合意）を法的に保証するものであった。三九〇頁を参照願う。

将来への率直な問いかけ――メルケルの政府施政演説

キリスト教民主同盟の党首であり、連邦首相であるメルケルが二〇一一年六月九日に連邦議会に対して「将来のエネルギーへの道」というタイトルで提示したものこそ、具体的な目標数値とその達成を可能にするべき政策的な手段を網羅した包括的な行動計画であった。彼女は、次のように一つひとつ詳しく述べている。

将来のエネルギー供給の主柱は、再生可能なエネルギーとなるべきです。（略）二〇一〇年秋のエネルギーに関するコンセプトをもって連邦政府は、そのための方向を定め、そして、野心的な諸目標を明文化しました。エネルギー総消費量に占める再生可能エネルギーの割合を、二〇五〇年までに六〇パーセントに、電力消費量に占める割合を八〇パーセントに高めましょう。二〇二〇年には、我が国の電気の少なくとも三五パーセントは風力、太陽光、水力、さらにその他の再生するエネルギー源から産出されねばなりません。

地球温暖化につながる二酸化炭素排出量は、二〇二〇年までに一九九〇年の値に対して四〇パーセント、二〇五〇年までに少なくとも八〇パーセント減少されねばなりません。二〇五〇年までに我が国のエネルギー一次消費を、二〇〇八年に対して五〇パーセント低下させねばなりません。このことは、私たちがそれを半減しなければならないことを意味しています。仕組みや構造全体の精力的な立て直しは、従来の進捗率に比べて倍にされねばなりません。また、電力消費量を二〇二〇年までに一〇パーセント低下させねばなりません。

これこそまさに、私たちが二〇一〇年秋に決定したエネルギーコンセプトの目標です。このコンセプトは、形が変わってもなお有効です。しかし、それらの目標の達成は、私たちのエネルギー供給の仕組みや構造を徹底的につくり変えることによって、新しい構造や最新のテクノロジーの投入によって、初めて可能となるのです。なぜなら、ドイツにおける私たちの産業の力はきわめて健全だからです。この力は維持されねばなりません。拡充されねばなりません。なぜなら、そのおかげで私たちの豊かさがあるからです。ですから、私たちは、単純に原発から撤退するのではなく、明日のエネルギー供給のための前提条件を創出するのです。まさにこれまでドイツになかったのは、これなのです。

「Aを言う者は、Bも言わなければならない」という格言[1]を私たちは知っています。だから私たちはまた、一つのことを、別なもう一つのことなしにしてはならない、すなわち、乗り換えることのない撤退はないことも知っています。まさにこれが肝心なのです。ですから、ドイツ全土における送配電網を最新のものとし、整備拡充を行わない道程はありません。送配電網の場合に整備拡充が必要な送電線は、ゆうに八〇〇キロメートルを超えています。これまで完成したのは、わずか一〇〇キロメートルにもなりません。なぜなら、計画された送電線はいつも現場で反対運動に出くわすからです。計画策定手続きは——もともと、それが決まりなのですが——しばしば一〇年以上かかります。しかし、そうした運動は容認できるものではありません。

ここでは、著しい加速と同時に、より多くの受容を達成しなければなりません。片側では原発からのあまりに早期の撤退を願わない動きがあり、しかし、もう一方では、再生可能エネルギーへの乗り換えに必要不可欠な送配電網の整備拡充に反対する抗議行動が始まる、そうしたことはあってはなりません。まさに、こちらでも反対、あちらでも反対という堂々巡りは、打ち破られねばならないのです。

そのために連邦政府は、送配電網整備拡充促進法の改正案を決定しました。この法案は、他でもない、地域の枠を超えたヨーロッパという意味での高圧送電線の、連邦全土を一体とした計画の作成を予定しています。それだけでなく、同法は、洋上風力発電基地を一体的に結合させるための諸規定並びに洋上送配電網計画の策定のための諸規定を含んでいます。さらに、そうした計画に、できるだけ早い時期の、しかもできるだけ国民のみなさんの幅広い参画を保障しようと考えています。

私たちが可決した、エネルギー産業法の包括的な改正もまた、送配電網整備拡充の加速のための諸規定を含んでいます。さらに、改正エネルギー産業法には、来るべきスマートグリッドによる優れた送配電網の手始めとしてスマートメーター[2]の設置が規定されます。それらに加えて、エネルギー市場での競争の強化や蓄電施設の助成のための措置も数多くあります。新しいエネルギー研究実施計画の枠組みの中で、再生可能エネルギーから産出されるエネルギー供給量のめまぐるしい変動を定常的なものにするために必要な新たな蓄電テクノロジーの開発と応用を支援します。

もう一度申し上げましょう。「Aを言う者は、〈次の〉Bも言わなければならない」と。一つのことは、別なもう一つのことをせずに、してはならないのです。これは送配電網の整備拡充に当てはまりますし、同じように、必要な新しい発電能力、とりわけ風力、太陽光、バイオマスといったものにも当てはまります。ここで指針となるのは、コスト的な効率と市場志向の姿勢の強さです。この目標に役立つのが再生可能エネルギー法の改正なのです。これまで大変成果を上げてきた再生可能エネルギーの助成の基本的な柱は、そのまま維持されます。法的な買い取り補償、供給の優先及び送配電網への接続については、変更なく現行のままです。それらをもって、私たちは、さらなる整備拡充に必要な投資を確実なものにしたいと考えています。

将来の整備拡充の重点は、陸上及び洋上の風力となります。洋上風力発電施設のための資金調達条件は改善されます。また、たとえば再生可能エネルギーの施設面積要件の緩和など建築計画法制の改正によって、私たちは、陸上風力施設の整備拡充や迅速な最新化に寄与して参ります。

しかしながら、これが新しいところですが、再生可能エネルギーが将来もっと早くエネルギー供給の大きな割合、つまり三五パーセント、これはなんといっても将来の電力消費量の三分の一以上ですが、これを引き受けるべきだとするなら、そのために私たちは、必然的にコスト的な効率と市場統合に配意しなければなりません。この道への一歩となるのは、再生可能エネルギーを市場の実態に沿うよう誘導するいわゆる市場での最適な報奨措置なのです。これは質的に新たなアプローチですが、再生可能エネルギーが電力供給の最大の割合を引き受けるとすれば、私たちにはそうすることが必要となります。

太陽光発電及びバイオマス発電の分野においては、コスト低下のための現行の措置の潜在力を余すところなく使いたいと考えています。それだけでなく、諸規制の簡素化は再生可能エネルギー法の基本理念です。可能なものについては、特例規定や特例的な助成措置を廃止するか、簡素化します。それをもって、助成の実務は簡素化され、より透明なものとなります。

我が国の経済、そして、なかんずくエネルギーを大量に使用する産業は、電気を信頼の置けるやり方で、かつ競争可能な価格で購入できることを必要としています。エネルギー産業の約一〇〇万人の従業員は、我が国における付加価値の創出に中心的な貢献をしています。

ドイツでは企業も、国民一人ひとりのみなさんも、将来も使用料金を払って電気の供給を受けざるをえません。ですから、私たちは、できるだけ早く再生可能エネルギーを市場で取引できるまでに成熟させ、効率的な形にしたいと考えています。再生可能エネルギー法に基づく賦課金は、現行の規模以上のものとなるべきではありません。この賦課金は、今日、キロワット時あたり三・五ユーロセント近辺にあります。長期的には、私たちは、再生可能エネルギーからの電気を買い取るためのコストをはっきりとわかるように下げたいと考えています。

電力を大量に消費する企業に視点を置いて、私たちは、二酸化炭素排出行為に制約された電気料金の値上げを埋めあわせるための補助金を予定したいと考えています。連邦政府は、このことを私は今日ここではっきりと確認しますが、ヨーロッパ内で我が国の企業が公正な競争条件を得るよう、ブリュッセルにおいて全力を投入いたします。それだけでなく、二〇一二年からは再生可能エネルギー法の重大損失に係る諸規定は拡張されます。

原子力エネルギーからより早く撤退し、再生可能エネルギーに乗り移ろうとするのであれば、移行期のために化石燃料系の火力発電所が必要となります。これを避ける道はありません。そのために、私たちは、高効率の石炭火力発電所や天然ガス火力発電所のための枠組みをさらに発展させます。電熱併給に関する法律の改正案をもって、供給の確保と電力生産の効率に寄与します。最初の一歩の中で、私たちは、助成が適正とされた熱電併給施設[*3]の助成期限を二〇二〇年まで延長し、助成条件を弾力的にします。本年中に私たちは、さらなる進展を決定するでしょう。

二〇一三年までに約一〇ギガワットの出力となる、現在建設中の化石燃料系火力発電所は、電力供給の保障と送配電網の安定のために不可欠です。少なくとも一〇ヶ所、いや、むしろ二〇ヶ所、その種のギガワット級の施設が来る一〇年のうちに追加建設される必要があります。加えて、計画策定促進法によって、私たちは、発電所容量の遅滞ない増強を確実にしたいと考えています。特に、中小規模のエネルギー供給事業体に視点を置いて、さらに新しい発電所助成プログラムを公表いたします。これもまた、供給の確保に資するものであります。

しかしながら、本当のところをお話ししましょう。再生可能エネルギー及びこれに必要とされる送配電網の整備拡充のためのきわめて野心的な対策すべては、我が国におけるエネルギー消費効率が計画どおり上がらなければ、十分ではないのです。ここで中心を占めるのは、建築物の分野です。この分野だけでドイツのエネルギーの約四〇パーセントが消費されているのです。これは、CO_2排出量全体の約三分の一です。まさにこの分野に、私たちは手をつけなければなりません。目標は、私たちが秋にすでに決定したとおり、二〇五〇年までにほぼカーボンニュートラルな状態の建築物を達成することにあります。エネルギー消費効率の高い機器やプロセスの分野においてもまた、電力消費量を二〇二〇年までに必ずや一〇パーセント引き下げるために多くのことをしたいと考えています。

そのため、私たちは、ドイツ復興金融金庫のカーボンニュートラル建築物改修プログラムのための資金として年間一五億ユーロを積み立てます。これに加えて、建築物の改修のための税制上の優遇措置を講じます。これは、特定の目標を持つ助成にさらに一五億ユーロを増やすものです。

省エネルギー令の改正で、私たちは、一般の建築物については二〇二〇年以降に、公共の建築物についてはそれより早く二〇一八年以降にエネルギー最少家屋が達成されることを定めたいと考えています。

公的な事業の発注にあたっては、エネルギー消費効率を最も重要な基準とすべく法律で定めます。加えて、私たちは、それに応じて公共発注に関する政令を変更します。それだけでなく、連邦所有建築物の熱需要を二〇〇〇年と比べて二〇二〇年までに二〇パーセント引き下げることを目標として、連邦所有の公共建築物の省エネ改造の工程表を策定します。

ヨーロッパという次元でも、私たちは、いわゆるトップランナー・アプローチ[*4]の枠組みで建設的な内容に富む製造物省エネルギー基準に注力します。エネルギー消費効率を、ドイツだけでなく、ヨーロッパにおいても新しいトレードマークとしましょう。

エネルギーコンセプトのそうした数々の対策のための資金調達は、しっかりとした基盤の上になされます。二〇一二年からCO_2排出クレジットの競売から生じる剰余金は、昨年秋に設立されたエネルギー・地球気候基金に直接入ることとなります。二〇一二年からこの基金の資金は、増強されることになるのです。

はっきりと申し上げましょう。私たちが取り組んでいるのは、ヘラクレス的な、巨大な課題なのです。「もしも」とか、「しかし」はありません。巨大な産業国家である私たちが、地球温暖化防止という目標をリスクにさらすことなく、エネルギーを大量に使う産業における働く場を危うくすることなく、電気料金の社会的に耐えられないほどの高騰を甘受することなく、電力不足の危険を誘発することなく、周辺諸国が同じ道をとるようなことなく、どのようにして原子力エネルギーなしでどれもこれも同時にうまくやろうとしているのか。そうした疑問を持つ方々は、みなさん、イデオロギーの語り手でもなければ、時代遅れの者でも、妄想家でもありません。なぜなら、彼らは、重要な問題を提起しているからです。彼らの疑問や意見は聴かれねばなりません。それらは真剣に受けとめられねばなりません。そして、私たちは、それらについての解答を見出さなければならないのです。

まさにそうなのです。私たちがしようと考えたこと、これをすべて成し遂げようとすることは、不可能なことをせよというのにほぼ等しいように思われます。

ですから、五番目の点は、緊要で不可欠なものでありまず。すなわち、途切れることのないモニタリングというプロセスです。そうすることによってのみ、私たちは、将来のエネルギーへの道にある諸目標が実際に達成されているのか、それが間違っていると思われる場合に追加的にしなければならないものは何か、そうしたことを検証できるのです。問題は、原子力エネルギーからの早期の撤退ではありません。早期の撤退は、揺るぎません。問題となるのは、ドイツのような国が固有の利益の点で断念してはならない、諸々の対策の実行計画の実施に関する定期的な検証なのです。このモニタリングは、正しいプログラムマネジメントという意味で実行されねばなりません。

このため、連邦政府は、その検証を毎年実施し、その結果をドイツ連邦議会に対して提出し、審議していただくこととしています。検証は、関係諸機関並びに連邦統計局、連邦ネットワーク管理庁[*5]、連邦環境庁の報告に基づいてなされます。それらの結果について、連邦政府は連邦議会にお知らせし、また、場合によっては、さらなる措置について提言することとしています。

ここで提示された――部分的には、何年も前から実際には実行に移されていた――プロセスの政治的な姿形がどのようなものなのか。これについては、将来活発に論議されるであろう。従来の巨大発電所を持った中央集権的な構造からより分散的な構造への移行それだけでも、エネルギー産業における途方もない変化のプロセスを要する。

現在のところ、そして近い将来もおそらくそうであろうが、集中的に議論されるのは次の一連の諸問題である。

どの程度の規模の送配電網の整備拡充が必要となるのか。なぜそれは進捗しないのか、市民参加との関係はどのようなものなのか。

新しい蓄電テクノロジーの観点で研究や開発の取り組みは十分なのか。諸々の細々としたテクノロジーはどのような可能性を秘めているのか。

再生可能エネルギー法は、どのようにして、またどの方向へとさらに発展するべきなのか。助成が過剰であるという問題は実際に存在するのか。再生可能エネルギーは過剰な助成の成果の犠牲ともいえるようなものなのか。

化石燃料の埋蔵容量をどのように扱うのか。再生可能エネルギーが十分に生産されない場合に、電力生産にのみ用立てられる天然ガス発電所への投資にどのように刺激を与えるのか。そのために、どのような技術的、法的枠組みが必要とされるのか。

調整がなされないまま種々の業務を行っている所管組織機関が多すぎるのではないか。なぜマスタープランが存在しないのか。我々は、中心となる官庁、エネルギー省、それどころかエネルギー転換省といったものを必要としているのではないか。

エネルギー消費量を低下させる従来の取り組みは十分なものなのか。電力消費にあっては、それはどうなのか。熱消費の分野ではどうなのか。建築物の省エネ改修の場合には、何がなされるのか。

もちろん、列挙された一連の諸問題同士には相互関係がある。エネルギー問題専門家であり、消費者保護の活動家であるホルガー・クラヴィンケル[*6]は、三つの鍵となる問題にその障害を集約した。その鍵とは、市場と国家との関係を明確にすること、連邦と州のそれぞれの任務を定義すること、そして、中央集権的構造と分散的構造の間の調整を行うことという政治的な課題である。

再生可能エネルギーを完璧に、あるいは少なくとも幅広く供給する将来への道の途上に障害と問題があるように見えるかもしれないが、しかし、その一方で、旧システムに戻るための論拠は何もないのである。さらに、化石エネルギー源は、いやも応もなく乏しくなる一方であり、抗いようもなく高値になるのである。

地球温暖化問題は現実のものであり、持続性のある解決策が必要となっている。再生可能エネルギーは、みなを自立させる。工業国も開発途上国も。このことを望まない者は、一体全体いるのだろうか。ドイツは、経済的に力強く、技術的に高度に発展した国としてエネルギーの転換を通じて率先垂範する者となり、再生可能エネルギーの将来へと移行するにあたって世界市場のリード役となる定めにある。エネルギーを巡る議論は、ドイツでは世界の他のどこよりもはるかに進展している。

エネルギーの転換は、歴史的な一歩であり、党派を超えたコンセンサスである。これを取り消そうなどと思う者は、はたしているのであろうか。

＊1――「言い出したら、それを最後まで首尾一貫してやる」という意味の格言。

＊2――通信機能を持った電気使用量の検針メーターで、需要予測や節電を可能にする。

＊3――コージェネレーションまたは熱併給発電とも言われる。内燃機関あるいは外燃機関の排熱を利用して動力、温熱等を取り出すことで総合的なエネルギー効率を高めるエネルギー供給システムをいう。

＊4――我が国の省エネ法にも規定されている省エネ実現の方策である。

＊5――電力、ガス、電話、郵便、鉄道のネットワークの監督、それらの市場における競争の促進などを所管する連邦官庁。前身は連邦郵便電信電話省である。一九九八年に設置されたが、以降、逐次、所管分野が

拡大して、今日に至っている。

＊6――ホルガー・クラヴィンケル（一九五六年〜）。シュレースヴィヒ・ホルシュタイン州エネルギー省職員を経て、一九九四年にシュレースヴィヒ・ホルシュタイン・エネルギー財団の理事長に就任。二〇〇四年から消費者保護センター連邦連合会の建築・環境・エネルギー部門長として、消費者保護分野で活躍。

総決算と展望

エネルギー産業における構造改革と新しいタイプの担い手の必要性

この本は、総選挙の真っただ中に*、すなわち、エネルギー政策に関する論争が一段と先鋭化している状況の中で出版される。関係者内部でも、世間一般においても、わけても環境保護運動家あるいは環境懐疑主義者によって繰り返し何度も疑い深く問われているのは、次の問題である。すなわち、キリスト教民主同盟・キリスト教社会同盟と自由民主党の連立政権主導のもとでしゃにむになされたエネルギー政策転換は、真剣に受けとってもいいものなのか。あるいは、単にパニックの反動が問題となっているにすぎないのか。問題となっているのは、福島原発事故の大惨事の生々しい印象のもとでの日和見的な楽観主義なのか。不十分な調整、送配電網と蓄電容量の拡充の停滞、あれこれの助成措置の疑わしい効果、それらは、とにもかくにも——次回以降の選挙では——全体が単なる見せ物として理解されるものにすぎないことを明かしているのであろうか。それとも、我々はここで、既存体制のもとにあるエネルギー企業に罠を仕掛けるようにして、製造工程全体から利益を上げさせて、最後まで頑張るように激励するなどの手法で再生可能エネルギーを市場に定着させようという、手仕事にも似た惨めな試みをしている自称市場経済の見張り番を観察しているのであろうか。

さて、本書の著者二人は、政治的主役たちの心の奥底を見てとることができるなどと自惚れてはいない。二人のように若き頃に一九五〇年代の原子力への陶酔をともに体験した(また、その一部にあずかった)者は、エネルギー分野での世界の将来に関する情熱的な予測に慎重になるであろう。しかし、そうはいっても、歴史の回顧は、予測に対して少なからず単なる懐疑以上のものをもたらしている。その描写から少なくとも一つ、はっきりいえることが浮かびあがる。すなわち、エネルギー政策転換とは福島原発事故の単なる瞬間的な反応にとどまらない、ということである。驚くべきことに、しばしば忘れられるのは、それが以前の状態、すなわち、社会民主党・緑の党連立政権のもとで二〇〇〇年に合意された状態に回帰するものであるにすぎないことである。さらに言えば、こうである。ある部分は公然と、ある部分は隠れて、原子力エネルギーからの撤退は数十年来、明瞭に存在していた。このことは、本書において詳細に叙述されている。

＊――本書の原著が刊行されたのは二〇一三年二月二五日であるが、二〇一三年九月に連邦議会の総選挙が行われた。

無意識のうちに収斂する利害関心

新たな原子力発電所は、すでに一九八二年からこのかた一つも発注されなかった。おそらくその原因は、原発の経済的な魅力の低下だけでなく、原発の予期せぬような設備過剰にあったと思われる。一九〇九年のノーベル化学賞受賞者であったヴィルヘルム・オストヴァルト*は、すでに一世紀も前に、エネルギー効率を上げる進歩を倫理的至上命令へと格上げしたものであったが、エネルギー産業の多くの経営者は、一九七三年の石油危機後も長いことエネルギー節約の巨大な潜在能力を把握することに対して頑強に抵抗した。自動車を使わない日曜日が人々にエネルギー節約の可能性をセンセーショナルに意識させ、また、すでに一九七五年にはエネルギー産業における設備過剰がはっきりと認められたのにもかかわらず、彼らにとって石油危機は、まずはドイツ連邦共和国の歴史の中でも最も野心的な原子力行動計画の開始の号砲として働くにすぎなかった。本来であればエネルギー産業の経営者は、反原発運動の活動家に感謝することができたかもしれないのに、である。反対運動とエネルギー産業の客観的な利害関心との、そのひそかな、しかも、ほとんどの関係者には意識されていない一致は、原子力の歴史の大きな皮肉である。

原発建設のテンポは、見てのとおり、エネルギー産業全体としては非常に長い時間を経て落ちたが、それは目的意識を持って計画された調整のプロセスというよりも、その場しのぎの対応のプロセスであった。これは不思議なことではない。というのも、先見の明を与える事実は、規模が大きいエネルギー部門の場合には、その規模が大きすぎるあまり、強い印象を与えないからである。他の産業部門同様にこの部門でもまた、計画策定にあっての時間に関する視野は、口では持続性という考えを信奉していると公言しているにもかかわらず、まさにここ数十年でむしろ狭まったのではないか、という疑念が世の中にはある。持続性という言葉とは裏腹に、回想における糸の断裂もまた、未来の喪失と同時に進行した。かつて一九七九年から一九八〇年にかけて連邦議会「将来の原子力エネルギー政策」調査委員会をもって始められたエネルギー政策に関する幅広い合意に向けてのスタート――二〇一一年のエネルギー政策転換の多くを少なくとも現実的なオプションとして先取りしていたいくつものスタート――すべては、忘却の彼方となり、こうして人は再三再四、最初から始めなければならず、また、最初から始めるべきものと信じていたのであった。

過ぎ去った数十年を振り返る者は、原子力エネルギーからの撤退から改めて手を引くことは、モラルの崩壊となるだろうという結論に達している。環境保護に関してだけでなく、経済的にも、政治的にもモラルの崩壊になると。しかも、個人的に原子力エネルギーに賛成か反対にまったく関わりなく、その判断に達したのである。一世紀このかた「緑の」主導的な力と見なされ、また、全世界における革新的精神の持ち主が好奇心と驚愕の念をもってドイツの展開を追っている現在ほど、ドイツが世界の中で敬意を表されていることはなかった。この立ち位置は、輸出のための非常に大きなチャンスでもあり、かつまた、精神的にもテクノロジー面でも世界に影響を及ぼす非常に大きなチャンスを提供している。そうしたことすべては新たな方向転換の成否にかかっているが、優柔不断な方向のブレによって駄目になるかもしれない。また、エネルギー産業は、ドイツ国内では国民の中に幅広いコンセンサスをまったく持っておらず、そこかしこで敵意の的となっているとも言われている。すでにチェルノブイリ原発事故後にあったように、多くの経営者は、彼ら自身の子供たちの目を見つめることがもはやできなくなるのではないかという恐れを抱いているのである。

＊——ヴィルヘルム・オストヴァルト（一八五三〜一九三二年）。ラトビア（リガ）生まれのドイツ化学者。一九〇九年に触媒作用等に関する研究でノーベル化学賞を受賞。

原子力に関する能力の衰微

技術開発が大きな成果を上げるには、勢いと熱狂を必要とする。それは、トップクラスの人間にとっては魅力的であるに違いない。しかし、ドイツの原子力部門において、その勢いと熱狂はもはや存在しない。すでにかなり前から存在していないのである。極端なコントラストがあるのを知るために、原子力産業の草創期を振り返っていただきたい。草創期には、実際のエネルギー転換に先立って潜在的なエネルギー転換があったことが、すでにかなり前からはっきりと認められる。一九七〇年代の「原子力の教皇」ハインリヒ・マンデルは、きわめて教養のある人物であった。彼は、原子力のリスクについて熟慮を重ね、また、原子力発電所を人口が密集する中心地のすぐ近くに置くのを阻止することにより、人々の視線を残余のリスクに向けることに寄与した。そのことを思い起こすとき、人は、「莫大なお金をもたらすものは、さらに推進しなければならない」というおおまかな決まり事にすべての教えを依拠していた後年の経営者たちが原発の故障事故に対処した厚顔無恥ぶりや、彼らの無能さとの鮮明なコントラストに一層気づくのである。

たしかに、それとは違う者も常にいた。しかし、アメリカの原子力技術を築いた輝かしい始祖の一人であるアルヴィン・ワインバーグが一九七一年のクリスマスにおけるスピーチで、原子力のリスクを監視するために「原子力についての僧職」が必要であると言ったのを顧みるとき、結果は今日、明瞭である。すなわち、それからおよそ四〇年経過したが、この間にそのような聖職者が出現した形跡はない。そのかわり、原子力に関する専門的能力が驚くほど衰えていることに気づく。原子力エネルギーに回帰する見込みは、ドイツ連邦共和国にとって経済的にも技術的にもないといえよう。それでなくてもドイツは、この分野での優位をすでにずっと以前から失っていた。そして、この能力の喪失は、原子力の安全に関する懸念のさらなる根拠となっているのである。

ドイツの——もっと詳しくいえば、ドイツ北部の——工業化の初期における切り札は、安い石炭であった。それは世界においてドイツ製品に「安く」て「粗悪だ」というイメージがつきまとっていた時代であった。その言葉は、フランツ・ルーロー[*1]が一八七六年のフィラデルフィア万博について報じたときのものである。その言葉は挑発であったが、「メイド・イン・ジャーマニー」は、その後数十年もしないうちにまったく違う反響を得ることに貢献した。すなわち、専門性の高い仕事による高品質の製品はドイツの成功への道となり、また、それは今日もなお続いているのである——ドイツの多くの専門家は、誤った成功の処方箋をアメリカや中国から受け継ぐことに熱心になりすぎるあまり、そのことを時たま忘れることがあるが。経済史研究家のヴェルナー・アーベルスハウザー[*2]が記したように、「ドイツの生産方式」にとってエネルギーというコスト要素は、付随的な役割を演じるにすぎない。それどころか、エネルギーコストの上昇は、廉価生産における見通しの立たない競争に専念するかわりに、自身の優れた品質を再認識させる刺激を与えることもできる。それにもかかわらず、多くの者の頭の中で今日に至るまで徘徊しているのは、ドイツ経済の運命たるや安いエネルギーに依存しているという固定観念である。なんと、かつての連邦研究大臣フォルカー・ハウフは、我が身のためにならないのに常にエネルギーを病的すぎるまでに欲求する「エネルギー・ジャンキー」のことを口にしたのである。エネルギー価格が数セント上昇するだけで人殺し、助けてくれと大声で叫ぶが、そのくせ豪勢な自動車のために大枚をはたく「エネルギー・ジャンキー」について。「リニューアブル〈再生可能〉」なるもののための現行の助成施策（二〇一二年末時点）が、一般の消費者の負担でエネルギー大消費者に有利なようになされているという奇妙で馬鹿げた事態は、そのようにして説明がつくのである。

＊1――フランツ・ルーロー（一八二九〜一九〇五年）。ドイツの技術者で機械工学の分野を専門とした。機械工学の学問化に尽力したとされる。その功績に対してカールスルーエ工科大学は名誉博士号を授与した。

＊2――ヴェルナー・アーベルスハウザー（一九四四年〜）。ボッフム大学経済・社会史教授、欧州大学院（在フィレンツェ、EU加盟国が設立）教授、ビーレフェルト大学経済・社会史教授などを歴任。

世界に広がりつつある「ドイツ人の不安」

　原発の放棄に対抗する模範的な論拠は、数十年来、次のようなものである。「我々ドイツ人が降板して、何の益があるのか。そうしたところで、他の連中は、原子力エネルギーを続行し、ドイツ人の不安をただ笑うだけだ」。これもまた、歴史について無知な論証である。我々が見てきたように、原発反対運動の源流は米国にあった。また、原子炉建設用地の最初の占拠はフランスで起きたのである。それらの国の国民の中でもまた、原発についての拒絶は、かなり以前からドイツにおけるものと比べて勝るとも劣らず広まっていた。ただ、石炭に乏しいフランスでは、原子力エネルギー技術への依存度は、はるかに大きかった。また、フランスの中央集権主義は、地方の抵抗運動にほとんどチャンスを与えなかったのである。原子力の草創期の原子力への陶酔感は、かなり前から全世界で粉々に砕け散っていた。二〇一二年三月一二日にエコノミスト誌は、幅広い注目を集めた社説「原子力――失敗した夢」を発表した。それは、福島原発事故の一年後のことであった。すなわち、最初のセンセーションが過ぎ去り、だからこそ、なおさら日本のその原子炉大災害の持続的な影響を振り返らせるによい時期であった。

　その場合、決定的な点として次のことに注目しなければならない。すなわち、世界のどこを見ても、増殖炉が広範囲にわたってまかり通ったところはどこにもないことである。かつての原子力ビジョンを背景にして、人は、それが何を意味するのかを知ることができる。原子力発電所は、尽きることがないエネルギーという古いカリスマを久しく失っていたのである。そして、カリスマは、「リニューアブル」なものに飛び移っていたのである。思い出していただきたい。四〇年前に、RWE社のそれまで取締役会の一員であったハインリヒ・シェラーが引退後の趣味としてカールスルーエの多目的研究用原子炉の建設の指揮を引き受けたさまを。たしかに彼は、原子力エネルギーに関わることは、経済的に見れば、最終貯蔵場の巨額のコストだけからしても無意味なものとなるだろう、という懸念をすでに抱いていた。しかし、それにもかかわらず、その技術は彼を虜にし、これをいじくり回すことは、彼のまったく素朴な楽しみとなったのである。人は、それ以降激しく変容したものを知るために、そうした人間的な要素を思い起こさねばならない。すでに一九九〇年代にジーメンス社の重役たちが陣取るフロアにおいては、原子力エネルギーがもたらすもののうち利益は二パーセントにすぎず、九八パーセントは癪の種だ、という悪態がつかれていたのである。

シェラーと逆の役を演じたのは、軍需産業の雄メッサーシュミット・ベルコウ・ブローム社（ＭＢＢ）の創立者であり、フランツ・ヨーゼフ・シュトラウスの友人であったルートヴィヒ・ベルコウ*である。ベルコウは、第一線を退いた年金受給者として太陽光エネルギーによる水素の生産に積極的に関与し、チェルノブイリ原発大事故のあった年、一九八六年にオーバープファルツ地方のノイエンブルクの森の前にそのための施設を建てた。これは、その当時はまだ、いかなる経済的計算からもかけ離れたものであった。しかし、それは技術に関するファンタジーを鼓舞し、さらに、ベルコウは二〇〇三年に九一歳で他界するが、そのベルコウ翁に生きる意味や未来について手応えを感じさせるものであった。ＲＷＥ社の部長クラス自体の中でも、その当時、エネルギー応用部門の部長であったベルント・ストイは、全身全霊で太陽光発電技術に取り組むと同時に、経済成長とエネルギー消費を「連結させない」戦略づくりに傾注した。しかし、これは、実は結果的に彼の重役会への昇進を阻み、出世コースを頓挫させることとなったのである。

*――ルートヴィヒ・ベルコウ（一九一二～二〇〇三年）。技術者、実業家。メッサーシュミット社などと合併し、一九六九年にメッサーシュミット・ベルコウ・ブローム社となる。

発明家精神の恐ろしいまでの萎縮

特に二〇一一年のエネルギー政策の転換以降、人は、技術の創造について新しいいくつのも見方が文字どおりダムが決壊したかのようにあふれ出し、新しいアイデアの絶えざる流れへと通じていく様子を日々追うことができる。たしかに、反動と失望がなくなることはないだろう。とはいえ、人は、原子力技術から自由になることへの展望が、いかに新たな技術世代を解き放つことにつながるのかを知るのである。原子力へのこだわりが、数十年このかた発明家精神を萎えさせてきた。たとえば効率を上げることは、軽水炉にあっては発明家精神の働く余地を狭くした。熱電併給施設――一九二〇年代からエネルギーの最適化の王道となっているもの――は、それが人口密集地域近くに置かれる必要があることから、原子力発電所の場合には無責任であることが明らかになり、忘却の彼方となった。カールスルーエ原子力研究センターの技術部門の長であったカール・ヴィルツ（一九一〇～九四年）でさえ、友人のカール・ヴィンナッカーがヘキスト社のために熱併給発電を備えた原子力発電所をフランクフルト都市圏内に建設する気になったとき――一九八九年に彼がヨアヒム・ラートカウに語ったように――腰を抜かさんばかりの反応を示したものであった。「そうなれば、それでヘキスト社は終わったかもしれない。そこではすべてが放射能まみれになったかもしれない」、と。

さらにいくつかの示唆を原子力技術の歴史から読みとることができる。たとえば、「再生可能なもの」という不可欠な開発に向けた針路をそらせるものとして繰り返し機能し、最近、影響力の大きな経済研究者であるハンス＝ヴェルナー・ジン*（『環境保護のパラドックス』）によって改めて時代遅れのものとされた「核融合炉」というテーマである。歴史を知る者は、この巨大な金食い虫の原子力技術が一九五五年のジュネーブ原子力会議以降現在までずっと永遠の蜃気楼として亡霊のようにさまよっていることを知っている。それは、二〇年以内に実現するとされるが、しかし、その二〇年が過ぎると、再び実現のための二〇年という期間が繰り返されるのである。また、歴史の回顧は、太陽というお手本に即してエネルギーを生み出すという、あるいは、具体的には水素爆弾にならってつくるとされるその夢のような原子炉が、それまでのあらゆる巨大技術の経験の枠から途方もなくはみ出したものであることをきわめて明白にする。一〇〇年後、二〇〇年後にどのようなエネルギー技術があるのかは、もちろん誰も予見できない。しかし、今現在においては、エネルギー技術の代替選択肢の小道を核融合炉に目をやることでなおざりにすることは、馬鹿げたことといえるであろう。

球状燃料集積型原子炉については、そのように単純ではない。その発案者であるルドルフ・シュルテン（一九二三〜九六年）は、ドイツ連邦共和国の原子炉技術における傑出した発明家魂の持ち主であった。また、いくつかの観点からすると、彼の原子炉コンセプトは何かしら魅力的なものを持っている。本書の二人の著者も、かつて一時期シュルテンと彼の原子炉に夢中になっていたことを告白する。ロータル・ハーンにとってシュルテンは、時として父のような友人であったし、ヨアヒム・ラートカウもまた彼とよい関係にあった。チェルノブイリ原発大事故後にラートカウがソ連の二人の指導的原子炉技術者とともに彼から夕食に招待されたとき、その二人をシュルテン原子炉に賛同させようとして、彼はロシア民謡を歌いはじめた。ロシア人たちは、感激して一緒に唱和したが、しかし、その原子炉を受け入れることはなかった。

*——ハンス＝ヴェルナー・ジン（一九四八年〜）。一九八四年からミュンヘン大学教授、一九九九年からドイツ有数の経済研究所であるIfo経済研究所所長を務める。

見たところどこにでもあるようなこと、というリスク

思うに、そのロシアからの客人たちには彼らなりの理由があったのだろう。チェルノブイリ原発の大災害で発生した黒鉛炉の火災は、そのタイプの原子炉の不測の事態の一つでも

あった。だから、高温ガス炉グループの者は、既存体制である軽水炉側の者がしたように率直なリスク議論の邪魔をした。これもまた、原子力技術の歴史から得られる教訓の一つである。すなわち、しばしば悪魔は細部の中に隠れている。そして、その悪意は、より長い経験や巨大技術の次元を通じて初めて明らかになるのである。クラウス・トラウベは、増殖炉建設の技術部長の経験から次のことを示唆している。すなわち、誰一人考えたことのない、見たところどこにでもあるようなことから最大のリスクが迫ってくる、としたのである。それゆえ、高温ガス炉を対案に据えることはかなり前から現実とかけ離れたものとなっていた。エネルギー産業界は、その開発に久しく歯止めをかけていた。高温ガス炉の支離滅裂な歴史は、それが公然とした敵でなく、むしろ偽の味方によって、なおさら挫折したのではないかという疑念を起こさせる。

ドイツ原子力産業の没落は、政治が重大な過失を犯したことを理由に本質的に説明されるのであろうか。これは、人が用いる尺度の問題である。本書において報告された歴史は、たしかに、多くの箇所で批判のための手がかりを提供している。そして、このことは、知ったかぶりをするように過去を振り返ることからだけでなく、その時々の判断基準に照らしてもそういえるのである。非常に難しいのは、諸外国と比較した評価である。というのも、今日に至るまで原子力エネルギーに全幅の信頼を置いた国々の大部分を扱った、幅広い文書資料に基づいた詳細な歴史記述が存在しないからである。とはいえ、ある一つの点できわめて明確なのは、次のような全体的な印象である。すなわち、国際的に見てドイツ連邦共和国の原子力政策が特に際立って情け容赦のなさや、貪欲、腐敗、隠蔽といったものに支配されていたようだと、言うことはできないことである。核保有国と比べて、まったく決定的ではあるものの影響面での評価が難しい長所があったことも忘れてはならない。それはすなわち、ドイツ連邦共和国には、当初の軍事的な下心はさておき、絶大な力を持ち、隠蔽のためのシステムを形成するような原子力関係の大規模な軍事的複合体がなかったことである。さらにまた、公式には非核保有国であるが、それにもかかわらずこれを軍事的なオプションとして留保しようとしてきた日本における「原子力ムラ」と比べると、ドイツ連邦共和国の原子力政策において派閥支配はまったく無害なものであった。そのようにして見ると、ドイツの反原発運動の強さは、なんと、まさにドイツ連邦共和国の、とりわけ一九七〇年代から今日まで続くその政治文化の数々の長所によって生み出されたものである。

歴史的な瞬間を利用する

現在のところ、福島原発事故による政策転換以降の新たなドイツのエネルギー政策への批判は、総花的なものである。すなわち、十分に考え抜かれ、広い視野に立った計画づくりや調整に欠けているという批判である。いつの間にか、環境保護の高い理念を（率直に、あるいは、見せかけかは別にして）引きあいに出して、現実的な環境政策をどれも物笑いの種にするような文献の一ジャンルが存在するようになった。そのたぐいの批判を行うことは、とりわけ、自身が当事者の一人ではなく、したがって何ら責任がない著作者には困難ではない。しかし、歴史や国際舞台を眺めると、破壊的な酷評について警告する理由が十分にある。書斎の机で、世界の諸問題の途方もない複雑さに対して政治がその「複雑さに屈している」と非難することは常に容易である。これに対して、現実の政治は――ニクラス・ルーマン[*1]の説に従う限りは――複雑さが大きく低下していることを認めさせる以外の何ものでもない。歴史に関するすべての知見は、歴史は非常に限定的に計画されうるにすぎず、環境政策は最良の意志のもとにあってさえ決定的な問題解決のない中途半端なしろものにとどまるものであることを示している。

　このことは、福島原発大事故後になされた唐突な政策転換に特に当てはまる。人はもっと時間に多くを委ねるべきであったのだろうか。けれども、ここでもまた、歴史的な知見から危惧を表明するに十分な理由がある。歴史的な瞬間を利用することが、きわめて大事であることが間々あるのだ。「カイロス」、すなわち「幸せな瞬間」、神学者セーレン・キルケゴール[*2]が言うところの幸福の予期しないきっかけである。人がほんの少々長く待ったとしても、新たな未来に向けて開かれていた窓が再び閉まることは起こりうるのである。「おそらく我々がそのような瞬間をすぐにも体験することは、知る人ぞ知る」と、（物笑いの種になるという心配を少々持ってはいたが）ヨアヒム・ラートカウは、福島原発大事故の二週間前に出版された著書『エコロジーの時代』[*3]を締めくくった――その後、この結語は再三にわたって引用されている。

　著者二人が本書の締めくくりのメッセージをどうするかについてクラウス・テプファーと話をしていたとき、テプファーは、その日本の原子炉大災害を、連邦政府の一員として彼自身が体験した一九八九年一一月のベルリンの壁が開いた後の歴史的瞬間と対比したものであった。もしドイツ再統一があのように唐突にではなく、東西ドイツが徐々にともに育むという長いプロセスの中でなされたとしたなら、新しい連邦諸州における経済的、社会的な不幸はあらゆるところで避けられたかもしれない、という批判的な見方が当時から数知れずあった――しかし、これは歴史とは無関係の、しかも非政治的な考えである。すなわち、その当時は、誰もが、すべてがすぐにまた過ぎ去ってしまうこともありえたその時間という唯一の恵みを利用することを思っていたし、その一瞬に集中していた。また、「旧東独から引き継いだ事案の事後処理」についての批判がすべて根拠あるものであったとしても、そのような驚くべき状況とテンポの中では、細部に至るまで完璧に計画されたドイツ再統一プロセスなど不可能であったことをよく考慮しなければならない。

＊1――ニクラス・ルーマン（一九二七〜九八年）。ドイツの社会学者。ビーレフェルト大学教授。社会システム理論で有名。

＊2――セーレン・キルケゴール（一八一三〜五五年）。デンマークの哲学者、思想家。実存哲学に大きな影響を与えた。

＊3――ラートカウのこの著書は次のとおりである。Joachim Radkau. Die Ära der Ökologie: Eine Weltgeschichte. München (Verlag C. H. Beck) 2011.

未来志向の政治――未知のものとのゲーム

それは、まさにあれこれ多くを思い煩うきっかけを与える思索である。つまり福島原発大事故後の状況と一九八九年のベルリンの壁崩壊後の状況との類比は、つじつまがあっているのだろうか。どう考えても明らかにつじつまはあっていない。本書が示すように、原子力エネルギーからの撤退については、公然としたものか、潜在的なものであるかはさておき、かなり前からその兆しがあった。テプファー自身、すでに一九八七年に「我々は原子力エネルギーのない未来を構想しなければならない」と告げて党〈キリスト教民主同盟〉の多くの仲間を困惑させたことを回想したものであった。その前年、社会民主党は、基本方針決定において原子力エネルギーからの撤退を要求していた。驚くなかれ、一九五九年に「原子力という原初の力」を新時代のシンボルと見なしていたこの党が、である。また、同じく一九八七年には、ドイツ福音主義教会の教会会議が「現在の原子力エネルギー産出」は「大地を耕し、そこを守れ＊という聖書の〈人間への〉委託と合致しない」と表明したのである。

しかし、エネルギー産業界は、キリスト教民主同盟や自由民主党も含めてすべての政党の支持を得た福島原発大事故後のエネルギー政策の転換を、そのように真剣に受けとめているようには見えない。エネルギー供給の大手事業者は明らかに幅広い視野を欠いており、さらに、彼らは嫌な役割を政治に押しつけたので、エネルギー関係の政治家の現在の状況は容易ではない――このことを人は忘れてはならない。かなり前から我々は、政治や経済の文献の中に新しい独善家の波があることを体験してきた。「なぜこれまで、あれやこれやのことが完全に誤ってなされたのか、また、どのように人はそれを正すのか」というお手本に沿った、疑問符なしの、いかにして、あるいはなぜ、というタイトルが繰り返し新たに現れるのである。これは、大きな子供のための文学のジャンルである。未来志向の政治は、常に未知のものとのゲームである。そして、それが知性をもって営まれる場合、また、自らその不確実さを承知している場合には、それは、所々でジグザグの軌道となることもありうる数個のオプションを比較考量するゲームなのである。

このことは、新しいエネルギー政策にも特に当てはまる。――エネルギー生産から新しい送配電網や蓄電施設に至るまで――整合がすべてにわたって完璧にとれるようにするには、人は、まだ決着がついていない多くのものについて詳しく知る必要があるはずである。サハラ砂漠に洋上風力発電施設にも似たような施設や太陽光発電施設を建設することは、どの程度意味があるのであろうか。地熱は、どのような潜在能力を秘めているのか。蓄電池技術には、いずれ大きな技術革新が期待できるのであろうか。多くの者は、それらの問いに対するすべての答えはすでにわかっていると主張している。けれども、ここで新参者は誰もが、何はさておき次のことをはっきりさせなければならない。すなわち、エネルギーに関する言説は、ハーバーマスの言うところの、統治から自由な言説ではないことである。エネルギーの事案においては、他意のない情報はほとんどないし、それどころか、底意のない予測などまったくないのである。だからこそ、正確な予測がきわめて大きな確実性を持って告げられる場合には、これにとりわけ大きな不信を抱いてもおかしくないのである。

もう一度クラウス・テプファーの言葉を引用しよう。「君はどのような時間的尺度でこの新たに建設中の送電線を評価するのか、私に話してください。私は君に聞きたい。君はエネルギー政策の転換に賛成なのか反対なのか」。まさにここで問題となっているのは、エネルギー経済の専門家――およそ誰でもいいのだが――という狭い内輪の人間だけが完全な展望を有するというきわめて神秘的なテーマなのである。もう一つ別な大きな神秘は、電気の生産コストである――自由経済においては「コスト」は固定した値ではないから、なおさら不可思議である。それにもかかわらず、我々は、原子力技術の全体の歴史――たしかに原子力技術に限ったものではないが――につきまとう専門家のジレンマに突き当たる。加えて、専門家たちは先入観を持っているのである。さらにまた、実際に他人を介さずに自ら知識を駆使する者は、普通は高度に専門化していて、大きな、全般的な問題については言うべきことを持たない。その一方で、世間一般に「専門家」として登場する者は、本当は大変なロビイストであり、ＰＲを担う人物であることが少なくともしばしばあるのだ。

＊――旧約聖書の創世記二一‐一五の引用。

行うことによって学ぶ――補助金と環境保護

ドイツの太陽光発電の立役者の中でもカリスマ的人物であるヘルマン・シェーア[*1]は、社会民主党・緑の党連立政権のもとで一九九九年に一〇万戸住宅屋根太陽光発電行動計画[*2]の貫徹に誰よりも貢献したが、その彼は、同じ年に自身のベストセラー『ソーラー発電の世界経済』においてあからさまに「太陽光発電補助金の奸計」について示唆した。彼から発想を得たその行動計画もまた、補助金という奸計に捕らわれていた。ここでは、人は実践的な経験を通じて学ばなければならなかったのである。あいもかかわらず助成の問題は、環境保護の舞台で最も白熱した議論となっている微妙で厄介な問題なのである。それは、再生可能なエネルギーを促進する知的で効果的な方策に関する問いである。その問いが一度に全部答えられるようなものでないことは、明白である。けれども、このことは忘れられることが多い。大袈裟な助成や、あるいは助成の大きな落ちこみを根拠に「再生可能なもの」の危機を認識しようとする不快な警告の叫びが、今日、支離滅裂に響いている。経済理論もまた、確固としたよりどころを見つけ出そうとする者を恥知らずにも見殺しにし、大雑把な空理空論の立ち位置を提供するにすぎない。だから、学校の教師が教えるような「歴史の教訓」なるものはたしかにないとしても、ここにもまた、歴史の知見の中によりどころを求める理由がある。助成が技術革新志向であるべきかどうかについてイメージを得るためには、新技術がすでに成熟していて、必要なのは力強い量的な刺激だけであるのか、あるいは、新技術がまだ開発の最中にあるのかについて、ある程度まで評価される必要がある。

この点でゲアハルト・メネールの太陽光発電技術についての著作と、マティアス・ハイマン並びにマリオ・ノイキルヒ[*3]の風力発電についての著作は、道を切り開くものである。双方の事例は、似通った結論を有している。厄介なのは、ドイツ連邦共和国におけるそれらの技術が、実は彼らの著作がまだ存在しなかった時代にすでに成熟していたと思われていることである。だから、とってつけたような量的な成長に向けての滑り出しは、時期尚早で、落胆するようなものであった。愕然とするような例は、「グローヴィアン」という名のゴリアテ[*4]、すなわち一九八〇年代の「大規模風力発電施設」である。そして、これが原因となって、「再生可能なるもの」の潜在能力は一九九〇年代に入ってもなお過小評価されていたのである。巨大なエネルギーコンツェルンの「専門家たち」は、自然法則と称するものを提供した。それによれば、再生可能なエネルギーは需要のごくわずかな一部しか満たすことができないというのである。これは、陽光に乏しいドイツにおけるソーラーエネルギーはアラスカにおけるパイナップル栽培のようなものだという、素人の常識と見なされているものと呼応している。この点で、枠組みに関する諸条件にも注意を払う歴史の批判的分析は、「再生可能なるもの」がその開発の終点にすでに位置していたのかを疑う理由を常に与えていたといえるだろう。こうして人は、一九五〇年代と一九六〇年代の原子力への陶酔はエネルギーの代替選択肢を脇に押しのけ、「再生可能なるもの」の開発を停滞させたことを知るのである。

太陽光エネルギーの利用にいずれどこかでまったく新しい道が開く可能性があることについて著者ヨアヒム・ラートカウに最初に気づかせた者は、ルドルフ・シュルテンをおいて他にいない。従来その分野では機械製作者が完全に優位に立っていたが、彼らには自然への適応に必要な感性が欠けていたという。まさにごく最近のことだが、太陽光発電技術に途方もなく大きな発展の潜在力がまだあることが、驚くべき経緯ではっきりしたのである。本質的に肝心なのは経験知、すなわち「行うことによって学ぶ」ことであり、そして、物理学の理論だけでは未来を予測できないということが、再三にわたって判明した。歴史の皮肉である。つまり、まったく同じ経験を、人はかつて原子力エネルギーの場合にもしたはずであった――にもかかわらず、注目すべきことに、そこからほとんど何も結論を導くことがなかったのである。すでに述べたように、軽水炉に対しては理論的に将来を約束する多数の代替選択肢があった。しかし、人は結局、ほとんどどれ一つとして、徹底的な検証の時間をとろうとしなかったのである。これにもまた、それなりの理由があったことは認めよう。原子炉コンセプトの巨大技術に関する試験は非常にコストがかかり、損失をこうむる恐れもあるので、エネルギー産業界のためらいは、実感としてよくわかる。ここでの経験は、少なくとも比較対象となる被験者に委ねるという意味を得る。そのようにして、本書で描かれたような歴史的な単一路線の固執、すなわち、軽水炉路線への固定化が生じたのである。

さて、エネルギー政策転換もまた、決然とした態度と目標に向けての努力を要求している。この転換は、マスメディアの気分によってあれこれと惑わされてはならない。原子力技術の歴史は、印刷して公にされた意見が実は邪道であったというくつものグロテスクな例で満ちあふれている。とはいうものの、将来、いずれかの路線への偏執狂的な固執を避けること、そしてまた、一か八かの勝負をしないことを是とする十分な理由もある。原子力技術における偏執ぶりを明らかにした本書で述べてきた理由の多くは、再生可能エネルギーの場合には認められない。たしかにこの分野でもまた、邪道であると判明するたくさんのものが列をなしている。しかし、不気味な残余のリスク、すなわち、最も恐ろしい軍事技術との結びつきというリスクはない。同様に、将来の世代のことを考えに入れることができないくらい技術的な解決が超長期の次元であるように思われる使用済み核燃料最終貯蔵の問題もない。再生可能エネルギーにあっては、人は実験を行うことができる。というのも、リスクは限りあるものであり、比較的見通しのきくものであって、さらに採択された道も巨額の出費なしに再び後戻りしうるものだからである。シュヴァルツヴァルトの山々の頂きに設置された風力発電基地がエネルギー的には割のあうものでないことが判明する場合には、そしてまた、それが何年も後になってから景色を台無しにするものとして受けとられることとなる場合には、人は施設をすぐに再び撤去するのである。「最初は、我々は自由だ。二回目には、我々は従僕だ」。『ファウスト』の中のこのメフィストの言葉[*5]は、「再生可能なるもの」には当てはまらない。アルヴィン・ワインバーグは、原子力技術を「ファウスト的な悪魔との契約」とした。これは、その代替選択肢である再生可能なものについては当てはまらない。だからこそ、この分野に多様な形で助成して、より大きなエネルギーの産出に向けたさらなる開発に報いるあらゆる理由があるのである。

＊1――ヘルマン・シェーア（一九四四～二〇一〇年）。ＳＰＤの政治家。一九八〇年から没年まで連邦議会議員。議会内外において再生可能エネルギーに尽力し、再生エネルギーの促進に関する多くの連邦法や施策、組織の設立を主導した。一〇万戸住宅屋根太陽光発電行動計画はその一つである。なお、デザーテックについては、電力コンツェルンの独占が強化されるなどの観点から批判した。

＊2――二〇〇三年の年末まで新しい太陽光発電施設設置を促進するというプロジェクトで、再生可能エネルギー法による施策の一つである。一九九九年から二〇〇三年までの間に、個人、ＮＰＯ、中小企業は利子補助のあるドイツ復興金融公庫の融資を受けることができ、その助成融資は二〇〇二年一一月で一〇億ユーロに達した。この行動計画は、新設の太陽光発電施設の総容量が三〇〇メガワットを超えたことから、二〇〇三年末に終了した。なお、一〇万戸住宅屋根太陽光発電の名称は、一九九〇年の「一〇〇〇棟の住宅の屋根に太陽光発電システムを設置するプログラム」に由来する。

＊3――マティアス・ハイマン（一九六一年～）は物理学者、環境史学者。ベルリン工科大学で教授資格を得た後、現在、デンマークのオーフス大学准教授。マリオ・ノイキルヒは、現在、シュツットガルト大学社会学研究所助教。

＊4――旧約聖書に登場する巨人戦士で、ダビデに石で打ち殺される。

＊5――ゲーテの悲劇『ファウスト』第一部、書斎の場面における悪魔メフィストフェレスの言葉（第一四一二詩行）。この言葉を聞いた主人公ファウストは、メフィストフェレスに契約を申し出る。有名なファウストの悪魔との契約（自分の魂と引き換えに、財産、権力などこの世で望むことすべてがかなえられる力を手にする。ただし、「この瞬間よ止まれ、お前はなんと美しいのだ」と口にすると、悪魔に魂を差し出す、すなわち、この世の生を失う）のきっかけとなる言葉である。

国の干渉対市場の独占

原子力エネルギーの歴史を研究するとき、国の干渉によって邪魔されることのない市場経済のいくつかの利点を改めて随所に発見できる。次のことについて疑う余地はない。もし原子力技術が民間企業に隅から隅まで委ねられ、さらに彼らが一切の賠償責任を引き受けざるをえなかったとしたら――しかも、莫大な非課税の内部留保なしに――原子力産業は今のようにはならなかったかもしれない。もし、リスクを安全の保証に耐えられる限界ギリギリで止めておくような原子炉タイプがあるとしても、それを用いた別な原子力エネルギーになるのは、はるかに先の話であろう――そうしたものがありうるか否かは、まだわからない段階だが。

今日、再生可能エネルギーの立役者たちによって、かつて原子力エネルギーが巨額の助成を国から得ていたことを論拠に再生可能エネルギーにも高い水準の助成を要求していいのではないかという議論が行われることがあるが、そうした論法ついては、注意深く吟味する必要があることは言うまでもない。原子力技術の出現にとって決定的であったのは、我々が見てきたように、損害賠償義務を限定することが国によって定められたことである。中枢的原子力研究機関や未来の原子炉と誤認されたものの中に注ぎこまれた巨額の税金から原子力産業が得たものは――儲けの大きな原発受注を除けば――多くはない。驚くなかれ、巨額の助成によって促進された原子炉プロジェクトのどれ一つとして、ほんのわずかな成功すらおさめていなかったのである。助成の無意味さも含めたそのような経験も詳細な分析に値するものであり、かつまた、忘れられないようにすべきである。

とはいえ、「自由経済」という万能薬を欲しがる雅歌は、巨大な権力の集中が優越するエネルギー産業の前では無邪気なものといえるだろう。権力の独占が砕かれ、対抗する力が国の助けも借りて築かれなければならないことについては疑いようがない。実は、このことは、ルートヴィヒ・エアハルトの最良の伝統の中に存在するのである。というのも、この「経済の奇跡の父」は、カルテルに対抗する絶え間ない闘いの際に、競合する売り手がたくさんいることによって真に自由な市場が生まれるよう国家は尽力することを要求されているという、歴史的にも十分根拠のある信条を説いたからである。今日のネオリベラリズムではなく、まさにこれこそ創始者のいう「社会的市場経済*」であった。エアハルトの伝統を引きあいに出してエネルギー市場における制約なき競争の速やかな実現を求める者たちは、そのことを握りつぶしている。今日の状況に照らしてみると、彼らが言う市場における制約なき競争とは、エネルギー産業における巨大恐竜の単独支配を維持するための単なるトリックにすぎないのだ。

総じてそうなったのは、長期間にわたって支配的であった見解、つまり電気が送配電網と一蓮托生であることが電力市場における競争を阻害しているという見解から説明される。これもまた画期的な転換である。電力生産が送配電網と切っても切り離せないという強迫観念、すなわち、技術的にそうせざるをえない、という信仰は過去のものである。ＥＵの電力市場における新たな自由化は特に電力の巨大企業によって利用されるという危険が、一九九〇年以降今日に至るまで明白に存在する。彼らは、エネルギー政策の転換についても自分たちの独占状態を保証する方向に操縦しようとしている。洋上風力発電基地やデザーテック、すなわち、サハラで生み出される太陽光発電電力を見ていただきたい。地方分散を優先する考えから生まれたその種のプロジェクトを杓子定規に拒絶することは、おそらく不毛であろう。けれども、なおさらはっきりと際立つのは、そうすることで地方分散的な代替選択肢が片隅に押しのけられないように配慮するという政治の任務である。環境に関する課題に至るまで、いかなる仕掛けをもってそのたぐいのことが起きるのか。原子力技術の歴史は、そのための多くの教訓に富む事例も提供する。

しかし、国のエネルギー政策が何かを生むことができる、いや、それどころか、路線を定めうることもまた、然りである。もっとも、最初の頃、エネルギー関係の政治家はドイツのエネルギー産業の小規模乱立化（「バルカン化」）に立ち向かわなければならないと信じこんでいた。厄介なジレンマ的決定を喜んで取り除いてくれる巨大な数社がパートナーとして自分たちの前にいるのを見たとき、彼らは気が楽になった。今日、政治上の逆コースをとるべきときが来ている。四〇年このかた技術政策や環境政策分野を熟知し、また、かつて原子力技術の代弁者でもあったフォルカー・ハウフは、今日、政治という手段を用いてエネルギー供給における地方分散を精力的に促進するよう呼びかけている。とはいえ、完璧な解答は、今のところ見つかっていない、と彼はいう。「地方分散を追求し続けよ」、これが彼のスローガンである。

＊――「社会的市場経済」は、「経済の奇跡の父」と呼ばれた経済大臣エアハルトの経済政策を支えた政策理念で、基本的に競争と市場経済原理に立ちつつ、国家が公正な競争の維持等に配慮するというもので、具体的にはカルテル禁止法による自由競争市場経済秩序の形成と、競争市場経済秩序に適合しない分野（年金・社会保険、住宅、農業政策など）の市場機構からの分離と所得移転を枠組みとした。

多様な小道

エネルギー政策転換にあっては、技術における道の多様性それ自体が構想されている。そこに、新しいアイデアをもって生き生きとエネルギー問題に取りかかる技術者や経営者の大きなチャンスがある。しかし、まさにこの状況は、エネルギー関係の政治家には容易なことではない。これは、原子力政策と対比することにより判明する。原子力政策において政治家たちは、とりわけその初期に、内部にいる人間誰もが互いのことを熟知しているコミュニティーと向きあっているのを知った。また、人は、国が原子力に関係する自治体に税金を財源とした予算をたっぷりと注ぎこめば、原子力案件は円滑にきびきびと流れに乗っていくと信じることができた。けれども、まさにこの点でその印象は錯覚であったのである。すなわち、文書類が明かしているように、ドイツ原子力委員会は常に決定の当事者能力に欠けていたし、また決定を行ったとしても、それは実践的な意味を持たないことがしばしばであった。そうしたことを回顧することによって、今日のエネルギー政策に非現実的な期待を抱くことはなくなる。

しかし、再生可能なエネルギーの場合には、原子力エネルギーの場合に秘匿されていたそうした問題は、よく知れわたっている。つまり、全体を取り仕切るような能力のあるコミュニティーは存在しないのである。最初から政治が求められ、そして、政治は政治家とは別な多くの主体が当事者能力をもって建設的にともに考える場合にのみ、その使命をまっとうすることができるのである。とすれば、問題は次のことである。すなわち、ソーラーエネルギー、風力——この二つは、中央的なものと地方分散的なものに分かれ、さらにソーラーエネルギーはソーラー熱と太陽光発電に分かれる——様々な種類のバイオマスエネルギー、地熱エネルギー、蓄電技術、熱電併給、家屋の断熱、省エネ照明、さらには、それ以外の各種省エネルギー技術である。それらはすべて多彩な舞台を一体化して提供しているが、その多彩さは距離を置いて見るとき、最もよく識別できる。なぜなら、それぞれの関係者の多くは、ひいき目だけで自分の関係する舞台を見ていて、他をライバルあるいは偏向者と見なすからである。

それ以外の何も期待できないかのように、ここでもまた人間特有の独善や、狭い分野に閉じこもりがちな心情をもってことが進む。まして、そうした小道すべてが、それぞれ異なる専門能力と異なる人間特有の個性と結びついているから、なおさらそうなのである。巨大な太陽光発電施設のビジョンに耽溺する者にとって、古い建物の断熱化は、限界のある、つまらないものである。これに対して、ありふれた平凡なものに大きな意義を認める者は、同じ額の資金で、太陽光発電を用いるより一〇〇倍以上も大きな地球温暖化防止効果が単純な断熱技術によって得られると計算してみせるのである。これは、初期の典型的な学習過程である。しかし、そうした数字もまた、ある一つの時代と結びついたものである——「環境保護などの観点からの対案となる代替選択肢」の舞台でもまた、特定の小道の潜在力に関する主張がまったくの無垢ではないこと、特定の利害から手つかずのままではないことがよくあるのである。現実的なよりどころは、幅広い内容の情報をより長期にわたって追求する場合に、きわめて容易に得られる。一九八〇年代には、エネルギー効率を高めることについての政治的なコンセンサスは大変簡単に形成されたので、優先的にそれを助成することはなおさら筋が通っていた。エネルギーの浪費に反対する闘いに誰が異議を唱えることができようか。その目標は、今日に至るまで現実的意義を失っていない。人は専門家から、自動車のエンジンの場合でさえ一〇〇年後もなお燃料節約可能性のための何らかの開発がなされるだろうことを、驚きを持って聞く。とはいえ、それをいいことに代替選択肢となるエネルギーを促進することを後回しにするのは、今日では近視眼的といえよう。エネルギー効率を高めることと、代替選択肢のエネルギーを促進することは、両方とも、それぞれの立役者はまったく異なっているとしても、互いに密接な関係があるのである。福島原発大事故の頃にもまだ、風の強いドイツにおいて風力は太陽光発電技術よりもはるかに将来性があるという話をよく聞くことができた。けれども、そうこうするうちに他の様々な情報が増加しているのである。いずれにせよ、ある一つの小道だけを偏執狂的に追うのは邪道であると明白にいえよう。

エネルギー政策の論考に不足するもの

同じように明々白々なのは、原子力技術の場合だけでなく代替選択肢となるエネルギーの場合にも、合理的な、公共の福利を志向する小道に圧力団体が（時として特定の州政府を経由する途上で）まぎれこむという危険が存在することである。これについてのよく知られたおぞましい例は、ごく最近のバイオアルコール〈バイオエタノール〉である――とはいえ、これは農業用燃料として植物油の使用が立派な意味を持つ可能性まで排除するものではない。水銀を含んだ省エネ電球は、まさに環境保護意識を持った多くの人々の悲鳴を引き起こした。それは、エネルギーの節約や地球温暖化防止に関して他のすべての観点を忘れてはならないことの模範例である。もっとも、省エネ照明の追求を十把一絡げにして物笑いの種にすることは間違いであるが。

教条的な十把一絡げの評価は、「再生可能なるもの」の分野で活躍している者を救いがたいほど粉みじんにするように思われる。けれども、エネルギー関係の文献の流れを徹底的に掘り起こすとき、残念ながら人は、そうした差異を事物に即して議論し尽くした出版物、そうしたことを土台にして不確実さや未解明な問題をわからせてくれる熟慮された概説書を長い時間をかけて探し求めざるをえなくなる。この点では、単なる賛成か反対かという論考は将来のための政策的コンセプトを何一つもたらさなかったという意味で、原子力エネルギーの論議は一歩先んじていた。

文字どおり強大な「ソーラーの教皇」であるヘルマン・シェーアは、技術的詳細にあまりに拘泥せずに、新規参入者を探すように呼びかけた。最初は技術そのものが、細かくばらばらなものであった。たしかに、そもそもソーラーエネルギーや風力エネルギーは、互いに補完的なものであり、また、蓄電施設やエネルギー効率向上の戦略と組みあわされなければならない。しかし、同時にまた、あまりにも明白なことが一つある。すなわち、純然たる技術的能力と合理性だけでは、その舞台は、調和的に扱うことのできるような一つのまとまりにならないのである。ここでは、新たな仲介役や、新しいタイプの経営者が求められている。これまでの経験は、そのような人物が従来のエネルギー産業界の重役陣の中に存在するという確信を抱かせる根拠を与えてくれない――この表現は、まだ控えめなものである。巨大な発電所の時代に育ち、それが感性に刻みこまれた者は、知性の面でも情緒面でもエレクトロニクス技術やソーラー革命のチャンスに順応するのが容易ではない。このことを、本書の著者二人は自身の経験から知っている。しかし、周囲を見渡すとき、二人はいつも、我々の時代が必要とする新しいタイプの演じ手がそれでもあらゆるところに見てとれると思っている。

これを、新しい理想的な人間への大袈裟な心酔とか、環境保護と人間の社会的問題をもろともに苦もなく解決するソーラー時代というビジョンへの熱狂と理解してはならない。往時の原子力への陶酔の愚かさが、原子力への対案となるエネルギーの時代に繰り返されてはならない。熱狂とは、しばしばまったく脈絡のないビジョンと結びつくものであるが、それが結果的に何かよいものをもたらすことはこれまでほとんどなかった。その意味でエルンスト・ブロッホの著書『希望の原理』は、今日、とりわけ時代の証言としての魅力を持っている。とはいえ、本書の二人の著者がエネルギーの転換は引き返すことができないものであることを確信しているとすれば、二人は『希望の原理』に従っているといえるのであろうか。クラウス・テプファーは、自らの座右の銘に目を向けるよう我々二人を促した。その座右の銘は、スペインのイエズス会士、バルタザール・グラシアン*の一六四七年の『処世神託』からとった次のものである。「希望とは、真実の偉大な偽造者である。思慮深さは、この偽造者を厳しく叱責し、喜びが期待を上回るよう配慮する」。しかし、夢中で自転車を走らせる者は誰でも、エネルギーの転換を、自転車のペダルを踏む中ですでに享受できていること、そして、将来の世代に思いを寄せることがなくても満足感が得られることを知っている。カール・フリードリヒ・フォン・ヴァイツゼッカーは、一九七七年にハンブルクのベルゲドルフにおけるある対談で次のように嘆息したものである。「我々が」、生活様式を「ごくわずかなエネルギーでやり繰りするように」変えるなら、「誰もがもっと幸せであろう」。「しかし、我々はそうしようとしない。というのも、我々は不幸せでありたいからだ」。けれども、この賢人の嘆息は、おそらく挑発を意味するものであったに違いない。

*――バルタザール・グラシアン（一六〇一～五八年）。一七世紀のスペインの神学者で哲学者。教育的、哲学的散文を多く残す。『処世神託』は、「賢人の知恵」などとして邦訳され、出版されている。

訳者後書き

本書は、ドイツの歴史学者ヨアヒム・ラートカウと原子力技術の専門家ロータル・ハーンの共著である『Aufstieg und Fall der deutschen Atomwirtschaft』を訳したものである。本書が出版されたのは、福島原発事故の約一年後の二〇一二年春である。本書は、出版されるとすぐにドイツ語圏諸国での新聞、雑誌、テレビ、ラジオの書評などでこぞって取り上げられ、大きな反響を呼んだ。

原著のタイトルは、そのまま訳せば『ドイツ原子力産業の興隆と没落』となるが、その内容は、単なるドイツの一産業史にとどまらず、政治、経済、学術、技術、環境保護、社会思潮全般にわたる戦後史であり、かつ、もちろんドイツを主要な舞台とするが、ヨーロッパ諸国やアメリカは言うに及ばず、旧ソ連、日本にまで及ぶ広範なものとなっている。さらに、より重要なのは、その中で個々の人間がいかなる働きをしていたのか、歴史を動かした主役である人間に光を当て、その意力、諸欲、野心、慢心、安逸や惰性、自己防衛、怯懦、過誤、陶酔、願望、失望など様々な面から原発をはじめとする原子力分野の意志決定や営為について立体的に彫り出していることにある。邦訳のタイトルを『原子力と人間の歴史——ドイツ原子力産業の興亡と自然エネルギー』としたのは、そうした意味で本書の特徴をより鮮明にしたいと考えたからである。

本書に描かれた原子力を巡るドイツの戦後史でえぐり出された意志決定の過程や安全問題、原発を巡る権力と金や中央と地方の問題、原子炉・原発の裏に潜む核兵器、意志決定や責任の所在の曖昧さ、あるいは一度動き出したら止まらないという巨大事業の問題など様々な事柄は、日本との類似性に富み、福島原発事故後いまだに大きく揺れ動いている日本の原子力問題、エネルギー問題を考える上で大きな示唆を与えるものである。我が国の原発問題、エネルギー問題は今、大きな岐路に差しかかっている。福島原発事故を契機に、私たちは、原発やエネルギーの問題が国民一人ひとりの暮らしに直結する問題であることを、身をもって知った。だからこそ、本書は、政治家や経済人あるいは原子力関係の研究者や技術者などの専門家だけでなく、少しボリュームはあるが、多くの一般市民の読者に是非お読みいただきたいと思っている。

著者前書きに述べられているように、本書は、人文科学に属する歴史学の研究者と科学技術の専門家であり、実務の世界にも身を置いた経験のある人間の共演の作品である。ビーレフェルト大学の近現代史学の名誉教授であるヨアヒム・ラートカウは、近現代史、技術史をはじめ、近年は環境史の研究で特に名高い。なかでも、前書きにも述べられているように、本書のベースとなる一九八〇年に出された『ドイツ原子力産業の興隆と危機』と題する教授資格論文は、この分野の研究の先駆的な業績として高く評価され、以来、ラートカウは原子力の歴史研究の第一人者として活躍している。一方、物理学者ロータル・ハーンは、連邦政府の原子炉安全委員会委員長、ＯＥＣＤの原子力機関（ＮＥＡ）の原子炉施設安全委員会の委員長などを歴任し、二〇一〇年に施設及び原子炉安全協会の会長（学術・技術担当）を最後に現役から退いた、現代ドイツを代表する最も著名な原子力エネルギーの専門家の一人である。原子力、原発に関する書物は、ことの性格上、時局も反映して賛否のいずれかに大きく偏った論述になるものが多い。ラートカウとハーンは、現在、原発や原子力に批判的な立場をとっているが、しかし、本書は、読者が自分自身の判断を下せるように客観的な事実を多く提供するという立場が貫かれている。ドイツを代表する新聞の一つディ・ヴェルト紙の書評もまた、「ラートカウは原発の歴史に関する背景を提供している。エネルギー転換の問題は、本書を踏まえて議論されるべきであろう」と書いている。以上のような両者の経歴と執筆の姿勢からしても、本書の持つ意味が一目瞭然となる。思うに、ドイツの原子力史は、ここに二人の最適、最強な執筆者を得たといえよう。

ところで、本書が異なる専門分野の著者の協働の作品であるとすれば、この訳書もまた、その協働に文学分野のトリオが加わり、その輪をさらに広げたものである。この訳書が誕生したのは、訳者の一人であり、全体のとりまとめを担当した山縣がヨアヒム・ラートカウの別な著書『木材と文明』（原著のドイツ語タイトルは『Holz』）の訳書を約二年前に築地書館で上梓したときに、同社の土井社長からラートカウの原子力史の最新書が出され、出版社のOekom社から日本語版出版を勧められているが、やってみないかというお誘いを受けたことに端を発している。まだ東日本大震災と東京電力福島原子力発電所の大事故の衝撃が生々しい二〇一三年のことであった。一読して是非とも日本でも世に出すべき本と考えた山縣は、上智大学大学院文学研究科出身の仲間、長谷川純と小澤彩羽に声をかけ、翻訳作業が始まった。長谷川はアルフレート・デーブリンの研究者、小澤はインゲボルク・バッハマンの研究者として、それぞれ二〇世紀の社会と人間の生を鋭く描いた文学の専門家である。山縣もまた森林・林業や環境政策の実務や研究のベースはあるものの、ドイツロマン主義文学を研究する者であり、原子力分野についてはは門外漢である。換言すれば、全員が素人である。しかし、そうした事情を知ってか知らずか、ラートカウが「日本語版への著者前書き」に書いているように、原発をはじめとする原子力の諸問題は、研究者や技術者、あるいは直接それらに利害関係を有する政治家や官僚、経済人の狭い世界、産官学の狭いトライアングルの中だけで扱われてはならないのであり、期せずして訳者の構成は著者の意向に沿うものとなったようである。

以上のようなことから、よくある訳者後書きのように、本書の内容を概括してここに紹介し、若干のコメントを加えることは、訳者の能力を超えるものであり、読者をミスリードすることになりかねないので、差し控えさせていただくこととし、原著のカバーにある次の一文を紹介することでそれに代えたい。

ヨアヒム・ラートカウとロータル・ハーンは、ドイツの現代史に関する書物を書き上げた。すなわち、第二次世界大戦後の原発に夢を抱いた時代から反原発運動が起きた時代を経て、リスクある技術から最終的に撤退する時代に至るまでの間の現代史である。彼らは、錯覚に満ちあふれた楽観主義や、多様な権力の利害、野心から生まれた思弁で刻印された一時代を白日の下にさらし出し、そして、技術が約束するものが、技術では計算しえない危険についていかに真実を曇らせるのかを印象深く指し示す。

と同時に、言葉の意味を大切にする文学研究を専門とする者ならではの翻訳作業におけるエピソードについても一言触れておきたい。それはStörfallという語を巡る訳者間の議論である。このドイツ語は、福島原発事故後に我が国でも一般によく知られるようになった国際原子力事象尺度（ＩＮＥＳ）では、レベル２（異常事象）及びレベル３（重大な異常事象）の「異常事象」に該当する語として使われている。ところでＩＮＥＳは、レベル４から最も深刻なレベル７までを事故（ドイツ語表記ではUnfall）として、「異常事象」と区別した言葉遣いをしている。しかし、本書では、本文中でたとえば炉心溶融が起きた有名な米国のスリーマイル島原発の事故（レベル５）をUnfallではなく、Störfallとして叙述されているのである。それではどう訳すべきかということになって、結局、ラートカウに確認したところ、ＩＮＥＳ関係の記述以外では、StörfallとUnfallを厳密に書き分けていない、そもそも、ＩＮＥＳができるまでは概念的に大きな違いがなく語用されていたとのことである。これを受けて、Störfallについては、文脈に応じて事故、故障事故、異常事象と書き分けて邦訳した次第であるが、このことを通じて湧き起こったのは、そもそも、異常な出来事を専門家はなぜ「事象」という言葉を用いて「国際原子力事象尺度」として権威づけたのか、なぜわかりやすく「国際原子力事故尺度」としなかったのかという疑問である。いや、疑念といってもいいであろう。「事故」とは、広辞苑によれば「思いがけず起こった悪い出来ごと、または支障」である。また、「異常」とは「通常とは違うこと。並外れたところのあるさま」であり「好ましくない意を込めて使うことが多い」とある。「事象」は「出来ごと」とほぼ同義語である。つまり、一般の市井の人間の理解では、「異常な」という形容詞がつくかつかないかに関わりなく、日常の言葉遣いではINESにいう「事象」も「事故」も同じことである。そもそも、原子力の専門家が、「重大な放射性物質による汚染及び（または）急性の放射線健康障害を生じる従業員被曝」は、「事故」ではなく、「事象」であると言い張るのであれば、それは、「思いがけず起こった」ことではなく、「思っていて」起こったことという、安全上きわめて由々しき、不条理な論理となるのではないか。そうした本来起きてはならない出来事を、「事故」「事象」「逸脱」と書き分けることで、市井の人々は「事象」「逸脱」とINESで称される事態を事故とは違うものと錯覚するのではないか。専門家の手によって物事はいよいよ精緻に、そして、ますます不鮮明になる。原発や原子力施設の事故に段階をつけるにあたって表現を変える必要性は認めるとしても、現在の表記にはことの重大性を敢えて素人にはわかりづらくしようという意図はまったくなかったのか。本書では、あえて「最終貯蔵」と訳したが、使用済み核燃料の「最終処分」という語も然りである（二一五頁訳注）。今では誰も不思議に思わず使っているが、この用語の置き換えは、なぜ行われたのか。ハーバーマスあるいはラートカウの言葉（四四〇頁）を借りれば、統治からの自由な言葉、他意のない言葉はない。

ここで注目したいのは、「原子力」という言葉を「核」という言葉に置き換える用語のルールもしくは合成語づくりのルールがある時期からドイツの原子力関係者の間で暗黙の了解となっていたという本書の第4章二五四頁あるいは三〇〇頁の指摘である。それは、原子力は一般の者に原子爆弾を想起させるので、これを避けることを意図したものであったという（なお、訳文では「用語のルール」としたが、ドイツ語原文では「言語統制」「検閲」という意味もある語が使われていることに触れておきたい）。さらに、原子力の平和利用、あるいは、民生用原子力という言葉や概念にもまた、軍事的利用との違いを「平和」や「民生用」という語で際立たせることで、原子力にある危険性から市井の人々の目をそらす意図があったという。折しも現在国会で審議されている安全保障関連法案にも見られるように、原子力に限らず様々な分野において、専門家や利害に直結した者だけの閉鎖された世界では、都合の悪い問題についてややもすれば言葉のすり替えによるまやかしとも言うべき操作が往々にしてなされることは、霞が関の官庁街に長年身を置いた訳者の経験からも実感できる。「事故」「事象」等の表記の仕方についても、同じような操作があったかどうかは定かではないし、また、その真相の究明は、我々素人の訳者トリオの仕事ではない。しかし、こと原子力という、人命や社会の安全にきわめて甚大な影響を及ぼす事柄について、一般の市井の人間にそうした疑念を起こさせるようなことは避けるべきではないか。

本書を訳し終えた今、あらためて、事故も含めて原子力の歴史が、科学技術が標榜する合理性や客観性からかけ離れた、あまりに人間的などろどろしたもの、人間の心の危うさと裏腹のものだと強く感じる。本書第4章二八三頁で触れられたゲーテの詩「魔法使いの弟子」は、楽をしたいという欲得が呼び起こし、ついには手に負えなくなった掃除道具のバケツやほうきによって我が身に降りかかった危機に苦しむ弟子の姿を描く。バケツによって洪水のように水があふれかえった家の中は、師匠の魔法使いが帰宅し、呪文を唱えることで何事もなかったかのように収まるが、原子力・原発の場合には、そうはいかない。一旦ことがあった場合に甚大な影響を受けて長く苦しむのは、福島原発事故やチェルノブイリ原発事故が雄弁に語る。訳者の一人、小澤は、翻訳の仕事の途上で初めての子の出産を迎え、今育児に勤しんでいる。その子を含め、生まれてくる多くの子供たちのことを思うと、特に原子力・原発に関して私たちは、人間は万能ではないという謙虚さと正直さ、そしてこれに裏打ちされた高い倫理観を持って接する必要があると考える。研究者や技術者、政界や経済界の関係者一人ひとりの良心が大きく問われる問題は、原子力の問題をおいてほかにないと言っても過言ではない。もちろん、原発の利便性を享受してきた我々一般の市井の人間もそうであることは、言うまでもない。

本書の本文中の〈　〉の括弧書きは、原著のドイツ語や訳者による簡単な補足説明である。また、広範な読者にお読みいただきたいという思いから、日本の読者にはあまり馴染みのないと考えられるドイツの政治家、経済人、研究者、技術者、あるいは、組織機関や団体、会社、諸種の制度等を中心にできるだけ訳注を加えた。索引についても、原著にはないが、読者の便宜のために付けた。ただし、各章に頻繁に出てくる連邦首相、原子力省などの大臣や省庁の名称などは、スペースの関係で事項索引に含めていない。なお、第二次世界大戦後、ドイツは、西側のドイツ連邦共和国と東側のドイツ民主共和国の二つの国家に分かれたが、一九九〇年にドイツ民主共和国がドイツ連邦共和国に編入され、再統一された。再統一前の両国は、しばしば「西ドイツ」あるいは「西独」、「東ドイツ」あるいは「東独」と呼ばれたが、本書では特別な場合を除き、この呼称を使わず、正式名称を用いている。

本書の翻訳は、小澤が第4章の第1節を、長谷川が第5章の第1節から第5節までを、それ以外を山縣がそれぞれ分担し、訳注の作成と全体の監修を山縣が行った。本書の文責は、山縣にある。本書の訳にあたっては、原子力関係の専門用語や概念、専門的な記述についてできる限り正確を期すように努めたつもりである。しかし、専門家の方々から遺漏や過誤のご教示があれば、言うまでもなく正していきたいと考えているので、忌憚のないご指摘をお願いしたい。

本書の出版にあたってラートカウ氏に「日本語版への前書き」をお願いしたところ、氏の熱い思いのこもった日本の読者へのメッセージを快くご寄稿いただいた。それだけでなく、内容についての度重なる問い合わせにいつも温かく対応していただいた。ラートカウ氏のご厚情に心より感謝の意を表する。また、本書の翻訳にあたって、原子力技術関係やドイツの法律関係等について数人の日独の専門家の知人、友人から貴重なご意見をいただいた。お一人お一人のお名前は挙げないが、各位に心よりお礼申し上げる。また、この訳書が世に出ることとなったのは、土井二郎氏や黒田智美さんをはじめとする築地書館の皆さんのおかげである。とりわけ黒田さんには、大部になる原稿について細々としたチェックや有益なアドバイスをいただいた。築地書館の皆さんに対して厚くお礼申し上げる。

二〇一五年五月

山縣　光晶

【ワ行】

【ヤ行】

【ラ行】

【マ行】

【ナ行】

【ハ行】

【タ行】

【サ行】

【カ行】

事項索引

太字のページ数は注を表す

ラッツェル，ルートヴィヒ　Ratzel, Ludwig　119, 125, 244
リーマー，ホルスト・ルートヴィヒ　Riemer, Horst Ludwig　97, **98**
リッコーヴァー，ハイマン・G　Rickover, Hyman G.　185, **186**
リッツ，ルドルフ　Ritz, Ludolf　198, 205
リッポルト，クラウス　Lippold, Klaus　395, **398**
リビー，ウィラード・F　Libby, Willard F.　265, **269**
リリエンタール，デビッド・E　Lilienthal, David E.　49, **50**, 74, 313
ルイシコフ，ニコライ　Ryschkov, Nikolai　368
ルーズベルト，フランクリン　Roosevelt, Franklin　19, **24**
ルーマン，ニクラス　Luhmann, Niklas　438, **439**
ルーマン，ハンス＝ヨッヘン　Luhmann, Hans-Jochen　14
ルーロー，フランツ　Reuleaux, Franz　433, **434**
ルジンスキー，クルト　Rudzinski, Kurt　171, **172**, 176, 189, 200, 205, 273, 297, 302
レーヴェンタール，ゲアハルト　Löwenthal, Gerhard　118, **119**, 241
レーブル，オスカー　Löbl, Oskar　62, 71, 92, 140
レガソフ，ヴァレリー　Legasov, Valery　369
レクンコフ，アレクサンドル　Rekunkov, Aleksandr　368
レトゥゲン，ノルベルト・アロイス　Röttgen, Norbert Alois　396, **398**
レンツ，ハンス　Lenz, Hans　187, **190**
ロイシュ，パウル　Reusch, Paul　102
ロイシンク，ハンス　Leussink, Hans　164, **166**, 283
ローゼンベルク，ルートヴィヒ　Rosenberg, Ludwig　69, 111, 125
ローマー，ウルリヒ　Lohmar, Ulrich　177, **178**
ロスナーゲル，アレクサンダー　Roßnagel, Alexander　354
ロビンス，エイモリー・B　Lovins, Amory B.　241, **242**

【ワ行】

ワインバーグ，アルヴィン　Weinberg, Alvin　98, **100**, 153, 303, 433, 443

335
ペステル，エドゥアルト　Pestel, Eduard　275, **279**
ベック，ウルリッヒ　Beck, Ulrich　402, **404**
ベットゥヒャー・アフルレート　Boettcher, Alfred　130, **132**, 176, 190
ベッヒェルト，カール　Bechert, Karl　33, **35**, 80, 129, 309, 322, 331, 382
ヘップ，マルセル　Hepp, Marcel　228
ベニングゼン＝フェルダー，ルドルフ・フォン　Bennigsen-Foerder, Rudolf von　385
ベルク，フリッツ　Berg, Fritz　34
ベルコウ，ルートヴィヒ　Bölkow, Ludwig　435
ヘルツ，グスタフ　Gustav, Hertz　341, **345**
ベルナー，ホルガー　Holger, Börner　354, **355**, 377
ベン＝グリオン，ダヴィド　Ben-Gurion, David　58, **59**
ヘンネンヘーファー，ゲラルト　Hennenhöfer, Gerald　412
ホーネッカー，エーリヒ　Honecker, Erich　336, **345**
ホッホグレーヴェ，ホルスト　Hochgreve, Horst　354
ポドゴルヌイ，ニコライ　Podgorny, Nikolai　345
ポロック，フリードリヒ　Pollock, Friedrich　58, **59**

【マ行】

マーシャル，ジョージ・C　Marshall, George C.　40
マイアー＝ライプニッツ，ハインツ　Maier-Leibnitz, Heinz　7, 23, **25**, 29, 37, 50, 116, 130, 150, 203, 406
マイアース，フランツ　Meyers, Franz　161, **166**
マイゼンブルク，ヘルムート　Meysenburg, Helmut　96, **98**, 141, 145
マイホーファー，ヴェルナー　Maihofer, Werner　10
マクミラン，ハロルド　Macmillan, Harold　123, **124**
マットヘーファー，ハンス　Matthöfer, Hans　177, **178**, 382
マラー，ハーマン・ジョーゼフ　Muller, Hermann Joseph　239, **242**
マルクス，ラインハルト　Marx, Reinhard　402, **404**
マルゲール，フリッツ　Marguerre, Fritz　**102**, **104**
マンシュタイン，ボド　Manstein, Bodo　308
マンデル，エルネスト　Mandel, Ernest　74, **76**
マンデル，ハインリヒ　Mandel, Heinrich　37, **38**, 40, 47, 50, 53, 85, 89, 93, 144, 164, 185, 190, 194, 210, 218, 220, 234, 257, 258, 283, 287, 305, 432
ミュラー，ヴォルフガング・D　Müller, Wolfgang D.　4, 254
ミュラー，ヘルベルト・F　Mueller, Herbert F.　68, 88
ミュラー，ミヒャエル　Müller, Michael　14, **16**
ミュンツィンガー，フリードリヒ　Münzinger, Friedrich　60, **67**, 85, 118, 242, 273, 329
メーラー，クラウス　Möller, Claus　378, **381**
メーラー，ホルスト　Möller, Horst　322
メドベージェフ，ジョレス・A　Medvedev, Zhores Aleksandrovich　363, **364**
メネール，ゲアハルト　Mener, Gerhard　14, 441
メルケル，アンゲラ・ドロテア　Merkel, Angela Dorothea　387, **389**, 392, 396, 402, 412, 420, 422
メルシュ，カール　Moersch, Karl　171, **172**
メルツ，ルートヴィヒ　Merz, Ludwig　260, 274, 290
メンネ，ヴィルヘルム・アレクサンダー　Menne, Wilhelm Alexander　65, **67**, 72, 95, 101, 112, 118
モーアマン，ライナー　Moormann, Rainer　409
モネ，ジャン　Monnet, Jean Omer Marie Gabriel　79, 82, 121

【ヤ行】

ヤッケル，エルンスト　Jäckel, Ernst　319
ヤロシェク，カール　Jaroschek, Karl　34, **35**, 53, 60, 72, 190, 257, 305
ヤンセン，ギュンター　Jansen Günther　378, **381**
ユーバーホルスト，ラインハルト　Ueberhorst, Reinhard　10, **12**, 327, 354, 382
ユンク，ローベルト　Jungk, Robert　17, **24**, 309, 325, 331
ヨヒムセン，ライムート　Jochimsen, Reimut　376, **380**
ヨルダン，パスクアル　Jordan, Pascual　52, **54**, 55

【ラ行】

ラートカウ，ヨアヒム　Radkau, Joachim　435, 442
ライヒェルト，ミケ　Reichert, Mike　336
ラウ，ヨハネス　Rau, Johannes　375, **380**

【ハ行】

バーケ, ライナー　Baake, Rainer　413
バーデ, フリッツ　Baade, Fritz　45, **46**
ハーナウアー, シュテフェン・S　Hanauer, Stephen S.　266, **269**
バーバ, ホミ　Bhabha, Homi　51, **54**, 68
ハーバーマス, ユルゲン　Habermas, Jürgen　9, **10**, 440
バール, エゴン　Bahr, Egon　237, **238**
ハーン, オットー　Hahn, Otto　7, 20, **24**, 29, 33, 56, 79, 111, 244
ハーン, ロータル　Hahn, Lothar　354, 436
ハイゼンベルク, ヴェルナー　Heisenberg, Werner　5, 7, 18, 26, 32, 36, 49, 52, 56, 68, 81, 102, 111, 128, 150, 158, 161, 167, 172, 241, 244, 270
ハイマン, マティアス　Heymann, Matthias　441, **443**
ハウゼン, ヨーゼフ　Hausen, Josef　118, 241
ハウフ, フォルカー　Hauff, Volker　14, **16**, 402, 433, 445
バウマン, ヴォルフガング　Baumann, Wolfgang　354
バウム, ゲルハルト　Baum, Gerhard　256, **258**
ハクセル, オットー　Haxel, Otto　7, 18, **24**, 35, 47, 64, 78, 129, 167, 256
バッゲ, エーリヒ　Bagge, Erich　18, **24**, 47
バナール, ジョン・D　Bernal, John D.　75, **76**
バルヴィヒス, ハインツ　Barwichs, Heinz　341, **345**
バルケ, ジークフリート　Balke, Siegfried　**5**, **7**, 52, 57, 61, 66, 84, 89, 92, 94, 105, 107, 109, 127, 135, 168, 181, 187, 191, 251, 276
ビートン, レオナード　Beaton, Leonard　237
ヒュットゥル, ラインハルト　Hüttl, Reinhard　402
ビルクホーファー, アドルフ　Birkhofer, Adolf　262, **265**
ピルツ, クラウス　Piltz, Klaus　386
ヒンツ, プリスカ　Hinz, Priska　378, **380**
ファートマン, フリートヘルム　Farthmann, Friedhelm　376, **380**
ファールーク王　Farouk　237, **238**
フィッシャー, ヨシュカ　Fischer, Joschka　332, **334**, 354, 377, 412
フィッシャーホーフ, ハンス　Fischerhof, Hans　249
フィンケ, ヴォルフガング　Finke, Wolfgang　136, **138**, 154, 180, 189, 203, 213, 218, 223, 246
フィンケルンブルク, ヴォルフガング　Finkelnburg, Wolfgang　22, **25**, 47, 50, 54, 82, 115, 130, 169, 172, 194, 195, 221
フーバー, エルヴィン　Huber, Erwin　402, **406**
フックス, クラウス　Fuchs, Klaus　340, **345**
ブラウアー, デビッド　Brower, David　321, **323**, 331
ブラウル, イリス　Blaul, Iris　378, **380**
ブラウン, ヴォルフガング　Braun, Wolfgang　264, 266
ブラント, ヴィリー　Brandt, Willy　228, **231**, 237, 276, 381
ブラント, レオ　Brandt, Leo　31, **32**, 45, 58, 64, 77, 91, 97, 111, 119, 158, 176
プラントル, ヘリベルト　Prantl, Heribert　420, **422**
ブランドル, ヨーゼフ　Brandl, Josef　298
フリードリヒ, オットー・A　Friedrich, Otto A.　112
ブリュデアーレ, ライナー　Brüderle, Rainer　396, **398**, 402
ブルカー, マックス・オットー　Bruker, Max-Otto　320, 322
ブルクバッハー, フリッツ　Burgbacher, Fritz　96, **98**, 103
フルシチョフ, ニキータ　Khrushchyov, Nikita Sergeevich　345
ブルダ, フランツ　Burda, Franz　318
プレヴァン, ルネ　Pleven, René　31, 125
ブレジネフ, レオニード　Breschnew, Leonid　337, **345**
プレッチュ, ヨアヒム　Pretsch, Joachim　105, 130, 161, 175, 188, 213
ブレンターノ, ハインリヒ・フォン　Brentano, Heinrich von　184, **186**
プロスケ, リュディガー　Proskes, Rüdiger　235, **236**
プロットニッツ, ルーペルト・フォン　Plottnitz, Rupert von　377, **380**
ブロッホ, エルンスト　Blochs, Ernst　58, **59**, 324, 448
ヘーフェレ, ヴォルフ　Häfele, Wolf　21, **25**, 36, 61, 120, 151, 161, 169, 176, 190, 197, 200, 207, 210, 216, 234, 237, 262, 271, 394, 417
ベクレル, アンリ　Becquerel, Antoine-Henri　334,

シェラー，ハインリヒ　Schöller, Heinrich　50, 62, 68, 91, 434
シチェルビナ，ボリス　Shcherbina, Boris　366
シドレンコ，ヴィクトル　Sidorenko, Victor　368
ジモニス，ハイデ　Simonis, Heide　378, 381
シュヴァーガー，イエルク　Schwager, Jörg　416
シュヴァブ，ギュンター　Schwab, Günther　319, 320, 322, 331
シュヴァルツ，ハンス・ペーター　Schwarz, Hans-Peter　7
シューマッハー，エルンスト・フリッツ　Schumacher, Ernest Fritz　6, 7
シューラー，ヴァルター　Schüller, Walter　407
シューラー，エドゥアルト　Schüller, Eduard　103
シュタインベルク，ルドルフ　Steinberg, Rudolf　354
シュティンネス，フーゴー　Stinnes, Hugo　85, 86
シュトラウス，フランツ・ヨーゼフ　Strauß, Franz Josef　6, 7, 9, 29, 37, 45, 47, 51, 56, 79, 104, 105, 107, 112, 114, 118, 126, 129, 135, 149, 158, 227, 241, 435
シュトラウス，ルイス　Strauss, Lewis　105, 107
シュトルテンベルク，ゲアハルト　Stoltenbergs, Gerhard　138, 140, 141, 164, 200, 218, 234, 244, 267, 316
シュトローム，ホルガー　Strohm, Holger　321, 323, 331
シュヌール，ヴァルター　Schnurr, Walther　48
シュペングラー，オスヴァルト　Spengler, Oswald　86, 87
シュミット，カルロ　Schmid, Carlo　76, 77
シュミット，ヘルムート　Schmidt, Helmut　382, 383
シュラーゲター，ヴァルター　Schlageter, Walter　317
シュルテン，ルドルフ　Schluten, Rudolf　8, 10, 22, 161, 176, 245, 270, 436, 442
シュレーダー，ゲアハルト　Schröder, Gerhard　184, 186, 229, 413
シュレーダー，ゲアハルト・フリッツ・クルト　Schröder, Gerhard Fritz Kurt　379, 381, 386
ジョリー，モーリス　Jolys Maurice　319, 320
ジョルダーニ，フランチェスコ　Giordani, Francesco　67
ジン，ハンス＝ヴェルナー　Sinn, Hans-Werner　436
スターングラス，アーネスト・J　Sternglass, Ernest J.　310, 312
ステーンベック，マックス　Steenbeck, Max　343, 345
ストイ，ベルント　Bernd, Stoy　435
スミット，ディーター　Smidt, Dieter　260
ゼルプマン，フリッツ　Selbmann, Fritz　343, 345
ソディ，フレデリック　Soddy, Frederick　79, 82
ゾンバルト，ヴェルナー　Sombart, Werner　87

【タ行】

タンプリン，アーサー　Tamplin, Arthur　310, 311
ツィメン，カール・E　Zimen, Karl E.　259
ツィンマーマン，フリードリヒ　Zimmermann, Fridrich　384, 388
ディープナー，クルト　Diepner, Kurt　20, 25
ティーリンク，ハンス　Thirring, Hans　68
ディック，アルフレート　Dick, Alfred　385, 389
デーラー，トーマス　Dehler, Thomas　113
テプファー，クラウス　Töpfer, Klaus　14, 16, 377, 388, 402, 412, 438, 439, 448
テラー，エドワード　Teller, Edward　52, 54, 289, 311
デンホーフ，マリオン・グレーフィン　Dönhoff, Marion Gräfin　64, 67
ドゥ・ホフマン，フレデリック　de Hoffmann, Frederic　175
ドゥチュケ，ルディ　Dutschke, Rudi　324
トゥホルスキー，クルト　Tucholsky, Kurt　iii, vii
ドーナーニ，クラウス・フォン　Dohnanyi, Klaus von　402, 404
ド・ゴール，シャルル　de Gaulle, Charles　31, 124, 126, 184, 228
トラウベ，クラウス　Traube, Klaus　9, 10, 177, 306, 354, 437
トリッティン，ユルゲン　Trittin, Jürgen　387, 389, 391, 395, 413
トンプソン，テオス・J　Thompson, Theos J.　296, 301

【ナ行】

ニムシュ，マルガレーテ　Nimsch, Margarethe　378, 380
ノイキルヒ，マリオ　Neukirch, Mario　441, 443

Martin 256, **258**
オークレント，デービッド Okrent, David 265, **269**, 286
オーレンハウアー，エーリヒ Ollenhauer, Erich 125, **126**
オストヴァルト，ヴィルヘルム Ostwald, Wilhelm 431, **432**
オッペンハイマー，ロバート Oppenheimer, Robert 74, **76**

【カ行】

カーター，ジミー Carters, Jimmy 310, **312**, 325, 349
カルテリーリ，ヴォルフガング Cartellieri, Wolfgang 95, **98**, 110, 113, 119, 127, 130, 149, 168, 170, 277, 298
キージンガー，クルト・ゲオルグ Kiesinger, Kurt Georg 325, **328**
ギースケ，フリートヘルム Gieske, Friedhelm 386
ギボン，エドワード Gibbons, Edward 11, **12**
キュッパース，ギュンター Küppers, Günter 52, **54**
キュヒラー，レオポルト Küchler, Leopold 101, 211, 213
キルケゴール，セーレン Kierkegaard, Sören 438, **439**
キルヒハイマー，フランツ Kirchheimer, Franz 27, 33
クーベ，アレクサンダー・フォン Cube, Alexander von 178
クネーリンゲン，ヴァルデマール・フォン Knoeringen, Waldemar von 76, **77**
クビィ，エーリヒ Kuby, Erich 244, **246**
クライスト，ハインリヒ・フォン Kleist, Heinrich von 320
クライナー，マティアス Kleiner, Matthias 402, **404**
クラヴィンケル，ホルガー Krawinkel, Holger 428, **429**
グラシアン，バルタザール Gracián, Balthasar 448
グリーファーン，モニカ Griefahn, Monika 379, **381**
クリフォート，ヴェルナー Kliefoth, Werner 79, **81**
グリュック，アロイス Glück, Alois 402, **404**
グリュム，ハンス Grümm, Hans 99, **100**
グリュンダー，ハルトムート Gründler, Hartmut 331, **332**
グルール，ヘルベルト Gruhl, Herbert 331, **332**
グレーヴェ，ヴィルヘルム Grewes, Willhelm 228, **231**, 234
クレーマー，ヘルマン Krämer, Hermann 386
クレッチマン，ヴィンフリート Kretschmann, Winfried 403, **406**
グレロン，ジュール Guéron, Jules 213
グロース，O・H Groos, O. H. 292
グロースマン，ユルゲン Großmann, Jürgen 396
ケネディ，ジョン・フィッツジェラルド Kennedy, John Fitzgerald 184, **186**
ケラーマン，オットー Kellermann, Otto 294, 295
ゲルヴィン，ローベルト Gerwin, Robert 175, **178**, 230, 233, 253, 255, 298, 304
ゲルラッハ，ヴァルター Gerlach, Walther 55, 63, 85, 244, 296
ゴーズミット，サミュエル・A Goudsmit, Samuel A. 18, **24**
ゴーデフロイ，ハンス Goudefroy, Hans 247
コール，ヘルムート Kohl, Helmut 383, **388**, 402
コスイギン，アレクセイ Kossygin, Aleksei 340, 345
コスト，ハインリヒ Kost, Heinrich 112, **113**
コッホ，ローラント Koch, Roland 378, 412
ゴフマン，ジョン・W Gofman, John W. 310, **311**
コモナー，バリー Commoner, Barry 331, **332**
ゴルバチョフ，ミハイル Gorbatschow, Michail 368
コルンビヒラー，ハインツ Kornbichler, Heinz 204

【サ行】

ザイラー，ミヒャエル Sailer, Michael 354
ザリーン，エドガー Salin, Edgar 33, **35**, 50, 55, 64, 75
シェーア，ヘルマン Scheer, Bermann 440, **443**, 447
シェーファー，ハラルド・B Schäfer, Harald B. 379, **381**, 382
シェーファー，フリッツ Schäffer, Fritz 39, **40**
シェール，イェンス Scheer, jens 331, **332**
シェール，ヴァルター Scheel, Walter 406

人名索引

太字のページ数は注を表す

【ア行】

アーベルスハウザー，ヴェルナー　Abelshauer, Werner　433, **434**

アーレント，ヴァルター　Arendt, Walter　97, **98**

アイゼンワアー，ドワイト・D　Eisenhower, Dwight D.　123, **124**

アイヒェル，ハンス　Eichel, Hans　378, **380**, 412

アインシュタイン，アルベルト　Einstein, Albert　74, **76**

アデナウアー，コンラート　Adenauer, Konrad　112, **113**

アデナウアー，コンラート・ヘルマン・ヨーゼフ　Adenauer, Konrad Hermann Joseph　6, **7**, 26, 81, 104, 108, 109, 113, 127, 226

アプス，ヘルマン・ヨーゼフ　Abs, Hermann Josef　64, **67**, 100, 181

アブドゥル＝ナセル，ガマール　Abdel Nasser, Gamal　237, **238**

アルトマイアー，ペーター　Altmaier, Peter　408

アルブレヒト，エルンスト　Albrecht, Ernst　326, **328**, 407

アルペロビッツ，ガー　Alperovitz, Gar　228, **232**

アルマン，ルイ　Armand, Louis　67

アンゲロプロス，テオドロス　Angelopoulos, Theodoros　58, **59**, 74

ヴァーグナー，フリードリヒ　Wagner, Friedrich　245

ヴァイツゼッカー，カール・フリードリヒ・フォン　Weizsäcker, Carl Friedrich von　7, 18, **24**, 236, 272, 326, 364, 407, 448

ヴァイツゼッカー，リヒャルト・フォン　Weizsäcker, Richard von　24

ヴァイマール，カールハインツ　Weimar, Karlheinz　377, **380**, 412

ヴァルマン，ヴァルター　Wallmann, Walter　377, **380**, 384

ヴァンダー，マクシー　Wander, Maxie　336, **345**

ヴィーゼナック，ギュンター　Wiesenack, Günter　281

ヴィルツ，カール・オイゲン・ユリウス　Wirtz, Karl Eugen Julius　7, 21, **25**, 27, 35, 36, 46, 50, 52, 58, 81, 117, 120, 150, 167, 170, 176, 182, 185, 193, 212, 220, 237, 272, 284, 435

ヴィンナッカー，カール　Winnacker, Karl　21, **25**, 33, 36, 58, 101, 111, 115, 117, 129, 134, 139, 147, 185, 193, 211, 220, 232, 284, 316, 435

ヴェーナー，ヘルベルト　Wehner, Herbert　77, 125

ヴェーバー，マックス　Webers, Max　3, 86, 331

ヴェーラー，ハンス＝ウルリヒ　Wehler, Hans-Ulrich　5, 8

ヴェスターヴェレ，グイード　Westerwelle, Guido　402, **406**

ヴェストリック，ルドガー　Westrick, Ludger　93

ヴェングラー，ヨーゼフ　Wengler,Josef　164, **166**, 243, 262, 286, 287

ヴォルコフ，ヴィヤチェロフ　Volkov, Vyacheslaw　368

ヴュステンハーゲン，マンフレート　Wüstenhagen, Manfred　331

ウルブリヒト，ヴァルター　Ulbrichts, Walter　340, **345**

エアハルト，ヘンドリック　Ehrhardt, Hendrik　14

エアハルト，ルートヴィヒ　Erhards, Ludwig　27, **32**, 66, 93, 100, 105, 181, 229, 444

エーレット，バルタザール　Ehret, Balthasar　309, **311**

エッツェル，フランツ　Etzel, Franz　65, **67**

エルラー，フリッツ　Erler, Fritz　76, **77**

エングホルム，ビョルン　Engholm, Björn　378, **381**

オイラー，アウグスト＝マルティン　Euler, August-

著者略歴

ヨアヒム・ラートカウ（Joachim Radkau）

ビーレフェルト大学名誉教授。1943年生まれ。ドイツにおける環境史の創始者の一人として著名。環境史や自然保護史、技術史分野での基準となる数々の著作がある。1970年、ハンブルク大学で博士号取得。1980年、『ドイツ原子力産業の興隆と危機』と題する論文で教授資格取得。1981年からビーレフェルト大学歴史・哲学部教授（近現代史）。教授資格取得論文以来、その分野において最も大きな業績を上げた研究者として知られている。
邦訳書に『自然と権力――環境の世界史』『ドイツ反原発運動小史――原子力産業・核エネルギー・公共性』（以上、みすず書房）、『木材と文明』（築地書館）がある。

ロータル・ハーン（Lothar Hahn）

ドイツの原子物理学者であり、かつ、原子力分野の内部精通者。1944年生まれ。マインツ大学などで物理学を学ぶ。1978年からエコ・インスティテュートの原子力エネルギーの専門家として活躍した後、2001年から現役引退の2010年まで施設及び原子炉安全協会の会長。1999年から2002年まで連邦政府の原子炉安全委員会委員長。また、2006年から2008年までOECDの原子力機関（NEA）の原子炉施設安全委員会委員長。

訳者略歴

山縣光晶（やまがた・みつあき）

ドイツ環境政策研究所所長、林業経済研究所フェロー研究員。1950年生まれ。1972年、東京農工大学農学部卒業。2013年、上智大学大学院文学研究科（ドイツ文学専攻）博士後期課程修了。林野庁国有林野総合利用推進室長、近畿中国森林管理局計画部長、岐阜県立森林文化アカデミー教授、東京農工大学・京都精華大学講師、林道安全協会専務理事、全国森林組合連合会常務理事、一般財団法人林業経済研究所所長などを歴任。日本独文学会会員。専門は、森林政策、環境政策、ドイツロマン主義文学。『木材と文明』（築地書館）などの訳書、著書がある。

長谷川純（はせがわ・じゅん）

1957年生まれ。1983年、上智大学大学院文学研究科（ドイツ文学専攻）博士前期課程修了。ルール大学、ボン大学に学ぶ。2012年上智大学大学院文学研究科（ドイツ文学専攻）博士後期課程修了、博士（文学）、日本独文学会会員。ドイツ銀証券調査部を経て、現在日系IT企業グループ人材育成部門に勤務。著書『語りの多声性――デーブリーンの小説『ハムレット』をめぐって』（鳥影社）。

小澤彩羽（おざわ・あやは）

2008年、上智大学大学院文学研究科（ドイツ文学専攻）博士前期課程修了。この間、フライブルク大学にも学ぶ。修士（文学）。インゲボルク・バッハマンなどの20世紀ドイツ文学を研究。

原子力と人間の歴史
ドイツ原子力産業の興亡と自然エネルギー

2015年 10月30日 初版発行

著者――――ヨアヒム・ラートカウ＋ロータル・ハーン
訳者――――山縣光晶＋長谷川純＋小澤彩羽
発行者――――土井二郎
発行所――――築地書館株式会社
東京都中央区築地 7-4-4-201 〒 104-0045
TEL 03-3542-3731 FAX 03-3541-5799
http://www.tsukiji-shokan.co.jp/
振替 00110-5-19057
印刷・製本――――シナノ印刷株式会社
装丁――――吉野愛

 ISBN978-4-8067-1498-9

ドイツ・原子力の本

《価格（税別）・刷数は二〇一五年一〇月現在のものです》

ナチスと自然保護
景観美・アウトバーン・森林と狩猟

フランク・ユケッター［著］ 和田佐規子［訳］

三六〇〇円＋税

郷土の自然の荒廃に立ち向かった人びとが勝ち取った、ドイツの「帝国自然保護法」。ヨーロッパの森林政策、環境政策をリードする自然保護思想・運動のルーツを辿り、第三帝国の自然保護の実像を描く。

原発をやめる100の理由
エコ電力で起業したドイツ・シェーナウ村と私たち

「原発をやめる100の理由」日本版制作委員会［著］

西尾 漠［監修］ ◎3刷

一二〇〇円＋税

ドイツの小さな村の自然エネルギーによる電力供給会社の冊子に、日本の実情を加えた。ウラン採掘から使用済み核燃料、再処理工場、原発の本当のコスト、被曝労働など、原発の問題がまるごとわかる。

木材と文明
ヨアヒム・ラートカウ［著］ 山縣光晶［訳］

◎3刷 三二〇〇円＋税

ヨーロッパは、文明の基礎である「木材」を利用するために、どのように森林、河川、農地、都市を管理してきたのか。王権、教会、製鉄、製材、造船、狩猟文化、都市建設から木材運搬のための河川管理まで、錯綜するヨーロッパ文明の発展を木材を軸に描き出す。

ATOMIC BOMB INJURIES
原爆症 新版
草野信男［編著］ 七二八二円＋税

放射能にさらされた人体は、どのように破壊されるのか。原爆による被害の写真、原爆症の臓器の写真、原爆症病変の顕微鏡写真を収録、原爆の残忍さを改めて認識させてくれる貴重な記録である。